*Kaiser* · Vor uns die Sintflut

# Peter Kaiser

# Vor uns die Sintflut

Langen Müller

© 1976 by Albert Langen · Georg Müller Verlag GmbH, München – Wien
Schutzumschlag: Atelier Blaumeiser, München
Satz: FSZ, Deutsch-Wagram
Druck und Binden: Jos. C. Huber KG, Dießen vor München
Printed in Germany 1976
ISBN: 3-7844-1629-2

# PROLOG

Ich habe dieses Buch geschrieben, um meine Polsprungtheorie zu untermauern. Meiner Anschauung nach wird unser Planet in gewissen Zeitabständen von Katastrophen heimgesucht. Es gibt nun verschiedene Anzeichen, wonach eine neuerliche Naturkatastrophe in nicht zu ferner Zukunft zu erwarten ist. Deshalb vertrete ich die Meinung, das, was ich zu sagen habe, sei für die Menschheit und das Leben auf unserer Erde von existenzieller Wichtigkeit.

Ich bin von Beruf wissenschaftlicher Journalist, und es ist mir daher nicht möglich, meine Beweisführung nach den üblichen Methoden der Naturwissenschaften zu bewerkstelligen. Das heißt, meine Thesen stützen sich nicht Punkt für Punkt auf großzügige Berechnungen elektronischer Datenverarbeitungsanlagen; ich muß mein Vorstellungsmodell vielmehr durch mir bekannte wissenschaftliche Ergebnisse erhärten.

Auf den folgenden Seiten führe ich, sozusagen, einen Indizienprozeß. Der Leser soll zugleich Richter sein. Meine Beweisführung: Katastrophen im Gefolge von Polsprüngen bewirken Veränderungen der Landschaft, des Klimas und, in der letzten Phase dieses Prozesses, auch des Menschen.

Ein weitgespannter Bogen ist erforderlich, um alle Aspekte zu erörtern. Es soll gezeigt werden, daß sich das Menschengeschlecht während Katastrophenzeiten Schritt für Schritt von seinen tierischen Ahnen her entwickelt hat. Sintfluten, Eiszeiten, Erdbeben, Vulkanismus und Strahlungsschock bilden unsere Erbmasse durch Mutationen um und bieten damit die Chance, daß unter der Vielfalt neuer Typen auch positiv veränderte aufscheinen, die sich

5

dann, entsprechend dem Gesetz der Auswahl der Arten, dank ihrer überlegenen Konstitution durchsetzen.

In diesem Werk sind zwei Bücher vereinigt. Das erste ist dem Menschen gewidmet, es zeigt auf, wie er sich aus dem Tierreich gelöst und wie ihn die Evolution seines Gehirns zum Beherrscher unseres Planeten befähigt hat. Das zweite Buch befaßt sich mit ebendieser Erde. Auch hier verwende ich die neuesten wissenschaftlichen Erkenntnisse und erkläre, warum die Kontinente über den Globus wandern, und welche Kräfte dabei wirksam sind: Gewalten, die immer wieder Katastrophen auf unserem Blauen Planeten auslösen, Katastrophen, die sich tief ins Unterbewußtsein des Menschen eingegraben haben. Ich will sichtbar machen, daß die Information über diese Naturkatastrophen bereits vorhanden und den meisten Menschen auch bekannt ist. Es gibt keine Religion, in deren Mythen und Legenden der Ablauf der Geschehnisse, wie sie bei einem Polsprung eintreten müssen, nicht präzise geschildert wird. Allerdings sind die Fakten verschlüsselt in Symbolen dargestellt. Götter und gottähnliche Tiere lösen dort den Mechanismus der Naturkatastrophen aus, deren Folgen dann in aller Welt und bei den Menschen aller Rassen dieselben sind. Sie werden übereinstimmend, wenn auch mit unterschiedlichen Worten und Metaphern geschildert.

Schließlich will ich noch aufzeigen, wie dieses Wissen, dieses kollektive Unbewußte, wie Carl Gustav Jung es nennt, in uns selbst steckt. Plötzlich beschäftigen sich wissenschaftliche Forschungen und Berechnungen mit der Katastrophe, plötzlich – um nur ein Beispiel zu nennen – sind immer zahlreichere Meteorologen der Ansicht, wir stünden unmittelbar vor einer neuen Eiszeit. Die Ökologen prophezeien den Untergang der Menschheit durch Umweltverschmutzung, die Biologen die Ausrottung des Homo sapiens infolge nicht zu behebender genetischer Dauerschäden. Die Wirtschaftsfachleute sehen keinen Ausweg aus dem exponentiellen Wachstum der Wirtschaft und der menschlichen Bedürfnisse einerseits und der Erschöpfung der Vorräte andererseits, und kein ernstzunehmender Forscher hat ein Rezept gegen die Überbevölkerung anzubieten. All das sehe ich als Symptome eines gestörten Bewußtseins an, als Boten des künftigen Debakels.


## Zuerst: die abstrakte Urgeschichte

Dazu nur soviel: In meinem Buch „Die Rückkehr der Gletscher" habe ich meine „Polsprungtheorie" vorgestellt, die ich hier erweitern und untermauern werde. Kurz zusammengefaßt beinhaltet sie: Die Erdkruste verschiebt sich von Zeit zu Zeit. Es handelt sich dabei nicht um eine Verlagerung der Polachse, sondern um eine Verlagerung der starren Scholle unserer Kontinente und des festen Meeresbodens. Diese von mir *Polsprünge* genannten Ereignisse führen zu Katastrophen, ermöglichen aber meiner Meinung nach überhaupt erst Leben auf unserem Planeten. Vermutlich wären unsere Kontinente – von relativ kleinen Zonen abgesehen – in erster Linie von Wüsten und nahezu unfruchtbaren Steppen bedeckt, wenn es Polsprünge und damit klimatische Veränderungen nicht gegeben hätte. In den Zwischeneiszeiten besteht nämlich eine Tendenz zur Wüstenbildung. Als vor über 10.000 Jahren die letzte Eiszeit endete, war zum Beispiel die Sahara fruchtbar.

Wodurch werden nun Polsprünge ausgelöst? Nach einer derzeit gängigen Hypothese zirkulieren im Erdinnern Materialien aus sehr gut Elektrizität leitenden Substanzen. Die Bewegung dieser Materialien wird von verschiedenen Kräften verursacht: von der Erdrotation, von der Trägheit des Erdkerns gegenüber der Drehgeschwindigkeit des Erdmantels und vom *Corioliseffekt* – das ist die scheinbare Ablenkung eines Gegenstandes, der sich über die Oberfläche einer sich drehenden Kugel bewegt.

Diese Kräfte treiben die von unten her aufgeheizten Massen an die Grenze zwischen Erdkern und Erdmantel. Durch die Zirkulation der mit metallischen Elementen angereicherten flüssigen Massen bauen sich bestimmt angeordnete elektromagnetische Felder auf. Hat diese Bewegung eine Generalrichtung, werden die

7

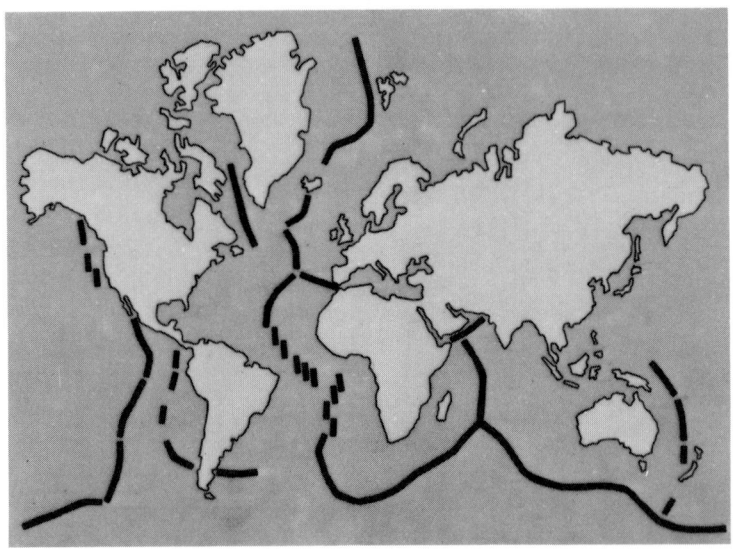

Diese Karte zeigt schematisch den Verlauf der unterseeischen Gebirge, auch Ridges genannt. Aneinandergereiht haben diese vulkanischen Formationen eine Länge von fast 70.000 Kilometern. Die Ridges begrenzen die Krustenplatten.

elektromagnetischen Felder einander verstärken. Als Folge wird ein *Dynamoeffekt* ausgelöst. Im Laufe der Zeit können sich die elektromagnetischen Felder aber so überlagern, verschieben und beeinflussen, daß sie sich nicht mehr verstärken, sondern abschwächen, möglicherweise sogar auslöschen. Dann hätte die Erde kein Magnetfeld mehr. Die physikalische Auswirkung wäre an jedem Kompaß abzulesen: dieser wäre danach ungefähr so brauchbar wie eine stehengebliebene Uhr.

Da aber der Kreislauf tief unter der Erdoberfläche weitergeht, entstehen nach wie vor elektrische Ströme. Elektromagnetische Kraftfelder bilden sich, die in einer anderen Stellung zur Erdachse schließlich wieder einen Verstärkereffekt aufeinander ausüben. Dann wird sich ein neues magnetisches Feld aufgebaut haben, wobei allerdings Nord- und Südpol andere Lagen einnehmen werden. Dieser Prozeß, so nimmt die Wissenschaft an, wirkt wie ein Regelkreis: Je größer der Magnetismus, um so geringer die

Geschwindigkeit der zirkulierenden Massen, je schwächer das Magnetfeld, um so weniger wirksam der Bremseffekt, um so rascher bewegen sich die Materialien, und um so schneller wird sich wieder ein Magnetfeld aufbauen.

Von dieser Basis aus bin ich nun in meiner Theorie einen Schritt weitergegangen: Gibt es nämlich diese zirkulierenden Massen im Erdinnern, dann müssen sich – nach den Gesetzen der Hydrodynamik – auch Gegenströme, sogenannte Wirbel, bilden. Das ist bei sehr homogenen Materialien zu erwarten. Die Gegenströme müssen aber eine andere Polarität aufweisen als das Hauptfeld. Bildet sich durch einen Umpolungsprozeß ein neues Magnetfeld in einer anderen Lage zur Rotationsachse, dann werden – ähnlich wie bei einem Elektromotor – die gegenläufigen Ströme in die neuen, durch den elektrodynamischen Prozeß gebildeten Feldlinien einschwimmen. Es kommt – wie zwischen Rotor und Polschuhen eines Elektromotorstators – zu einem Kraftschluß und damit zu einer Bewegung. Diese Bewegung setzt sich im Material des Erdmantels fort und löst die Krustenverschiebung an der Erdoberfläche aus.

Inzwischen hat man neue Erkenntnisse gewonnen. Aufgrund dieser ist ein weiterer Vorgang, der hier erstmals dargelegt werden soll, als Auslösemoment denkbar: Der Startmechanismus könnte auch durch die von Sonnenflecken ausgehenden Sonnenwinde eingeleitet werden. Man hat festgestellt, daß erhöhte Sonnenaktivität einen Bremseffekt auf die Erdrotation ausüben kann. Unter bestimmten Umständen könnten auch diese geodynamischen Vorgänge Polsprünge einleiten.

Das ist – in groben Zügen skizziert – meine Theorie. Um nicht in den Verdacht zu geraten, mit ihrer Hilfe alles erklären zu wollen, habe ich versucht, aus dem umfangreichen Nachrichtenmaterial, das im Zeitalter der Wissensexplosion tagtäglich auf dem Schreibtisch eines wissenschaftlich arbeitenden Redakteurs landet, jene Forschungsergebnisse zu sammeln, die meine Ansicht bestätigen. Darüber hinaus habe ich auch versucht, Spezialwissenschaften untereinander in Beziehung zu setzen und so ein größeres Vorstellungsmodell zu schaffen.

Unsere Welt verfügt über eine Fülle an Spezialwissen, das eben wegen dieser Fülle nicht zum Allgemeinwissen wird. Ein Journalist kann deshalb heute nicht mehr nur Relaisstation sein, die – mit Simplifizierungsfiltern ausgestattet – neue Erkenntnisse auf ein Mindestmaß reduziert. Vielmehr ist er verpflichtet, die bei ihm eintreffenden Nachrichten abzuwägen und in einen Zusammenhang zu bringen, den der Spezialist nicht erkennen kann oder erkennen darf, weil er sich sonst sehr bald auf dem Glatteis eines benachbarten Fachgebietes tummeln müßte: das aber verbietet ihm die bestehende autoritäre Form des wissenschaftlichen Betriebes.

Immer mehr macht man die Wissenschaften, insbesondere die Naturwissenschaft, für die Misere unserer Tage verantwortlich. Die zu Hilfe gerufenen Geister haben sich vielfach der Kontrolle entzogen. Der „Fortschritt" droht die Menschheit auszurotten. Je seriöser ein Naturwissenschaftler von heute ist, um so pessimistischer scheinen seine Ansichten über die Zukunft zu sein. Immer näher rückt jener Zeitpunkt, zu dem, infolge der Bevölkerungsexplosion, der Zusammenbruch eintreten muß. Man wirft der Wissenschaft vor, sie habe die ökologischen Bremsen gelockert und damit das Gleichgewicht in der Natur empfindlich gestört. Weil die Fruchtbarkeit der Spezies Homo sapiens durch nichts mehr gebremst wird, vermehre sich die Menschheit geradezu explosionsartig. Mühelos ließe sich ausrechnen, wann sie sich – theoretisch – erdrücken und auslöschen werde.

Ich will in diesem Buch zu beweisen versuchen, daß vielleicht eine Naturkraft das exponentielle Wachstum der Erdbevölkerung verursacht. Reproduzierbare Experimente – allerdings mit Insekten – zeigen, daß die Fruchtbarkeit mit Hilfe elektromagnetischer Wellen gesteuert werden kann. Falls auch die menschliche Fertilität derartigen Steuerimpulsen unterworfen ist, kommt man dem Geheimnis näher, wenn man Situation, Herkunft und Entwicklung des Menschen erörtert. Man weiß, daß gesteigerte Radioaktivität nicht ausreicht, um die Zahl der Mutationen und Genveränderungen zu erhöhen. Es muß ein weiterer Umstand wirksam werden: die extreme Streßsituation. So überlappt sich meine

Polsprungtheorie auch mit dem umstrittenen Komplex der Entwicklung des Lebens auf unserem Planeten bis hin zum Menschen.

Man geht soeben mit Millionenaufwand und auf internationaler Basis daran, den Problemkreis „Kontinentaldrift" zu erforschen; man sucht also nach jener Bewegung, die ein *permanentes* Auseinanderschwimmen der Kontinente verursachen und die Bildung neuer Ozeanböden ermöglichen soll. Doch man wird weder die hierfür erforderliche Kraft noch die Bewegung selbst finden. Die Landmassen oder Krustenplatten treiben nämlich nicht – wie angenommen wird – mit einer Jahresrate von wenigen Zentimetern auseinander . . .

Anderseits steht fest, daß es die Kontinentaldrift gibt. Darüber besteht kein Zweifel. Alle neuen wissenschaftlichen Entdeckungen beweisen die unumstößliche Tatsache: vor Jahrmillionen bildete Eurasien mit Amerika, Afrika, Australien und der Antarktis *einen* zusammenhängenden Kontinent. Dieses Pangäa ist auseinandergebrochen. Eine gleichförmige, stete Bewegung konnte aber nicht festgestellt werden. Alle diesbezüglichen Messungen mit hochpräzisen Geräten sind negativ verlaufen. Weder konnte man ein Auseinanderdriften noch eine Geschwindigkeitsrate feststellen. Ich habe bereits früher ausführlich darauf hingewiesen: Die Kontinente und Landmassen bewegen sich nicht allmählich (permanent) auseinander, sondern werden jeweils bei Polsprüngen auseinandergerissen. Dabei verschiebt sich die gesamte Erdkruste, und die Polarzonen driften in niedrigere Breiten. Diese sich immer wiederholenden Bewegungen haben ihre Handschrift hinterlassen, den „remanenten Magnetismus". Steine, die aus Vulkanen geflossen sind oder die sich durch Ablagerungen im Meer gebildet haben, und angewehte Erdschichten zeigen die immer wieder auftretenden Verschiebungen unserer Pole an. Die Gesetzmäßigkeit dieser Umkehrungsprozesse hat als erster der Amerikaner Allan Cox erkannt. Als er die großen Zusammenhänge begriffen hatte, schrieb er: „Es besteht immer eine Zeitspanne zwischen dem Augenblick, da man zum erstenmal weiß, was sich abspielt, und dem Augenblick, da es jedermann zur Gewißheit wird, daß man recht hat."[1]

Ich bin in einer ähnlichen Situation; das kann ich ohne Überheblichkeit sagen, denn dieses Buch habe ich neben meiner Tätigkeit als Fernsehredakteur geschrieben. Mögen meine Ideen auch einige Jahre lang „zwischen dem Augenblick, da man zum erstenmal weiß, was sich abspielt" und jenem stehen, da dieses Wissen Allgemeingut wird: Meine berufliche Laufbahn bleibt – anders als die des bedauernswerten Fachwissenschaftlers – davon unberührt. Ich kann also frei – stets unter Bedachtnahme auf mein journalistisches Gewissen – Schlüsse aus dem in vielen Jahren zusammengetragenen Material ziehen. Dieses Buch wird dem Leser nicht nur eine Präzisierung und Erweiterung meiner Theorie bringen, sondern vielfältige Informationen liefern. Ich habe versucht, zum Teil noch wenig bekannte Forschungsergebnisse in Zusammenhang mit nicht verwandten Fachgebieten zu setzen. Auf diese Weise werden neue Perspektiven erkennbar, werden eingewurzelte, aber dennoch falsche Meinungen widerlegt und neue, großräumige Wechselwirkungen aufgezeigt.

# ERSTES BUCH

# Adam kam aus der Eiszeit

# WOHIN GEHST DU, MENSCH?

*Der mißlungene Ausbruchsversuch oder:*
*Versuch einer Standortbestimmung*

Seit sich der Homo sapiens in dieser Welt bewegt, setzt er sich mit seiner Umwelt auseinander. Dennoch ist es dem Menschen weder gelungen, sich ein klares Bild von sich selbst zu machen, noch eine Begründung für sein Dasein zu finden. Wir sind nicht einmal in der Lage, vorauszusehen, wie wir in bestimmten Situationen reagieren werden; niemand weiß, wieviel Freiheit uns wirklich zugemessen ist: handeln wir nur programmiert, oder liegt es in unserer Hand, das eigene Schicksal zu steuern? Die Antwort auf diese Frage ist entscheidend für unsere Zukunft. Sind wir nämlich nur passive Erfüllungsgehilfen eines göttlichen Gesetzes, ist es ziemlich aussichtslos, Steuerimpulse zu setzen, um die auf uns zukommenden drohenden Gefahren abzuwenden. Ist der Mensch zum Fatalismus verurteilt? Das Studium der Anthropogenese, also der Menschwerdung, versucht diesen Fragenkomplex zu beantworten.

Über unsere frühen Vorfahren, die steinzeitlichen Jäger und Sammler, haben wir nur indirekte Berichte, Zeugnisse, die das Menschenbild sehr unvollständig widerspiegeln. Trotz ihrer scheinbaren Roheit haben diese Menschen die Natur besser begriffen als wir. Vielleicht ist das „Göttliche" in uns das Bestreben, aus der Uniformiertheit auszubrechen und unsterblich zu werden. Hier zeigt sich aber das Janusgesicht unserer Existenz: Psychologen und Verhaltensforscher sagen uns, daß dieses Bestreben letzten Endes unsere Lebensbasis zerstört. Anderseits ist diese

Triebfeder zweifellos der Motor für die Entwicklung unserer Kultur. Sie führt über die reine Existenzbefriedigung, über Selbsterhaltungs- und Sexualtrieb hinaus ins schöpferische Dasein. Gerade dieser Expansionsdrang aber setzt die zerstörenden Kräfte frei. So zeigt sich bei dem Versuch, unser Tun in Gut und Böse einzuteilen, die Ambivalenz unseres Verhaltens.

Leider können wir die „Psyche" einer vergangenen Epoche nicht ganz erfassen, wissen wir doch selbst über die „Psyche" unserer eigenen Zeit viel zuwenig. Die Wissenschaft schenkt den Bereichen der Gruppen- und Völkerpsychologie zwar Aufmerksamkeit, setzt sich aber vor allem mit dem Individuum auseinander. Es ist, als würde man die genaue Form und Struktur sowie die chemische Zusammensetzung eines Sandkorns studieren, um daraus die Wanderung der Dünen in den Wüsten abzuleiten. Der Einzelmensch verhält sich aber, auf sich selbst gestellt, völlig anders als in der Gemeinschaft.

In den folgenden Absätzen streife ich eine Reihe von Fragen, die auch mit den Mitteln der modernen Wissenschaft nur unzureichend beantwortet werden können. Nicht absichtslos formuliere ich hier Gretchenfragen oder präsentiere Binsenwahrheiten, schon deshalb, weil ich glaube, daß man dadurch – reduzierend – eher auf den Wahrheitsgehalt einer Feststellung kommen kann als innerhalb einer vernebelnden Suada, die sich in Details verliert und eigentlich das Ganze außer acht läßt.

Manche der hier aufgezeigten Probleme scheinen nichts mit meiner Polsprungtheorie zu tun zu haben. Und dennoch: Es ist bewiesen, daß elektromagnetische Felder biologische Prozesse sehr entscheidend beeinflussen. Ändert sich die elektromagnetische Strahlung, kann sich auch die Populationsrate beträchtlich verändern. Das wird später ausführlich geschildert werden. Die Änderung der Strahlung kann selbst die Psyche verwandeln: Man denke nur an das bei Föhn auftretende Fehlverhalten vieler Menschen. Wenn nun ein gestörtes irdisches Magnetfeld die Ursache für unser gleichfalls immer gestörteres Verhalten ist, ist das ein sehr wichtiges Symptom, das innig mit den magnetischen Anomalien verbunden ist, deren fossile magnetische Handschrift

16

die Polsprünge in den Gesteinen unseres Planeten zurückgelassen haben. So spiegeln die aufgezeigten menschlichen Fehlreaktionen gleich einem Wetterleuchten die drohende Gefahr wider.

Unser soziales Verhalten wird außer durch die Uniformierung noch durch einen Effekt gestört, der als Folge unseres Bestrebens auftritt, das sogenannte Gute zu erreichen. Wir haben Individualismus gegen soziale Sicherheit eingetauscht. Der Rentenanspruch soll die Existenzangst eliminieren. Wer aber nicht zu kämpfen gezwungen ist, zweifelt schließlich an seiner Kraft. Es ist uns unbekannt, ob der Mensch nicht den Kampf im Alltag, die ständige Existenzbedrohung benötigt, um sein Leben wirklich zu durchmessen. Soziale Sicherheit konnte bisher keineswegs das ersehnte irdische Paradies schaffen. Sie kann die Urangst nicht besiegen, die tief in unserer Seele schlummert. Sie steht immer wieder auf und löst psychotisches Verhalten aus. Neurosen und Ängste sind mitunter die Antwort auf das vom Staat her gesicherte Leben. Die Urangst schafft sich ihre eigenen Gespenster und Schimären. Der Kampf mit ihnen bringt keinen Sieg, sondern nur neue Ticks und Fehlreaktionen. Aber selbst wenn keine psychopathischen Reaktionen auftreten, kann soziale Sicherheit nur in den seltensten Fällen Glück gewährleisten. Vielleicht ist die Urangst ein psychisches Fossil, das im kollektiven Unbewußten bewahrt ist (Carl Gustav Jung). Mag sein, daß diese Urangst die schrecklichen Erlebnisse unserer Vorfahren bei Polsprüngen reflektiert. Diese Störquelle in unserer Seele freizulegen, würde wahrscheinlich die Möglichkeit schaffen, das Fehlverhalten in vielen Situationen zu steuern.

Lächerlich ist auch die von manchen Politikern heute noch vertretene Ansicht, jeder neue Erdenbürger werde von der Natur gleichermaßen mit Intelligenz ausgestattet. Das ist frommes Wunschdenken. Ebenso wie die Natur Schönheit und Häßlichkeit scheinbar wahllos verteilt, wird auch die Intelligenz durch die Zufälligkeit der Verbindung zweier mit unterschiedlichen Eigenschaften ausgestatteter Gene zum Zeitpunkt der Empfängnis ein für allemal vorprogrammiert. In jedem Monat reift in der Frau ein neues Ei heran. Aber der Ausdruck „sie gleichen einander wie ein

Ei dem anderen" kann nicht angewendet werden. Jedes Ei unterscheidet sich in seinem genetischen Muster vom anderen. Das klingt nicht nur logisch, sondern auch harmlos. Aber diese Meinung enthält brisanten politischen Sprengstoff. Sie bildet nämlich die Grundthese der Rassisten. Die intoleranten Verfechter der Nürnberger Gesetze sprachen mit Inbrunst von „ererbtem Volkstum", von der „arischen Rasse" und vom „germanischen Herrenmenschen". Als Reaktion auf die Untaten des „Dritten Reiches" schwang das Pendel nach dem Zweiten Weltkrieg ins andere Extrem: Nach Meinung vieler formten nun ausschließlich Erziehung, Milieu und Ausbildung den Menschen.

Die Symptome dieser Haltung sind in der Tat bedenklich. Am 8. Mai 1973 wollte der weltbekannte Psychologe Hans Jürgen Eysenck in London vor Hörern der *School of Economy* über die Ursachen der menschlichen Intelligenz sprechen. Eysencks Forschungen hatten ergeben, daß die Erbanlagen den Grad der zu entwickelnden Intelligenz in überwiegender Weise bestimmen. Schon vor der Vorlesung versuchten etwa zwei Dutzend Studenten, ihre Kommilitonen gegen den Vortragenden aufzuhetzen, stießen jedoch bei den übrigen 500 Hörern auf Ablehnung. Dennoch stürzten sich die jungen Gegner, als Eysenck den Saal betrat, auf den Forscher, rissen ihn zu Boden und schlugen ihn nieder.[1]

Nicht besser war es zuvor dem Nobelpreisträger und Miterfinder des Transistors, William Shockley, ergangen. Der Professor, Kybernetiker an der Stanford-Universität in Kalifornien, vermutet, der Intelligenzquotient (IQ) des Menschen sei zu achtzig Prozent vom Erbfaktor abhängig. Shockley bat die Akademie der Wissenschaften der USA, seine Schätzung anhand der Forschungen über eineiige Zwillinge zu überprüfen. Das Gelehrtengremium antwortete negativ: Es wäre gegenwärtig nicht opportun, derartige Fragen zu untersuchen, ließ man Shockley wissen. Auch seine eigene Universität machte Schwierigkeiten. Sie nahm die Vortragsreihe über die Heredität der Intelligenz nicht in das Vorlesungsverzeichnis auf. So konnte Shockley seine Arbeiten über die Erbbedingtheit des menschlichen Geistes nur in privaten Zirkeln publik

18

machen. Der Druck auf den Gelehrten verstärkte sich sogar: Die Universität Leeds (England) zog die bereits angekündigte Verleihung des Ehrendoktorats an Shockley wieder zurück.[2]

Ein ähnliches Schicksal erlitt auch der Erziehungswissenschaftler Arthur Jensen von der University of California in Berkeley. Er studierte zusammen mit dem Harvard-Professor Richard Herrnstein die Entwicklung von eineiigen Zwillingen, die – bald nach ihrer Geburt voneinander getrennt – in unterschiedlichen Milieus aufgewachsen waren. Obwohl nur einem der Zwillinge günstige Bedingungen für die geistige Entwicklung geboten wurden, wiesen später beide nahezu den gleichen IQ auf.[3]

Warum wehren sich so viele Menschen gegen diese Meinung? Unsere Sozialstruktur gibt jedem Neugeborenen sozusagen einen Blankoscheck für die Zukunft: Bietet man allen Staatsbürgern gleiche Start- und Entwicklungsbedingungen, müßte auch jeder jedes im Staat zu vergebende Amt und jede Stellung erreichen können. Verteilt jedoch die Natur die Portionen an Intelligenz nicht gleichmäßig, dann werden viele a priori von der Erreichung bestimmter, eng mit geistiger Regsamkeit verbundener Posten ausgeschlossen. Stimmt das, müßte etwa die amerikanische Verfassung umgeschrieben werden; viele andere politische Doktrinen wären nicht mehr praktikabel. Weil man der politischen Brisanz wegen die Sage vom Milieu braucht, das den Menschen formt und prägt, bekämpft man die These von der erbbedingten Intelligenz.

Natürlich muß auch der Standpunkt der Rassisten abgelehnt werden, die behaupten, die Neger in den USA wiesen im Durchschnitt einen um 15 Prozent niedrigeren IQ auf als die Weißen. Die Psychologie weiß ja, daß ein intelligentes, aber in seiner Entwicklung gestörtes Kind die Tendenz hat, in Neurosen zu flüchten. Selbst wenn die Aufschlüsselung stimmt, nach der die Vererbung zu achtzig Prozent und die Umwelt zu zwanzig Prozent für die Entwicklung der Intelligenz verantwortlich sind, bleibt der Spielraum für milieubedingte Schwankungen des IQ groß genug.[4]

Wir wissen nicht, ob unser „denkendes Hirn" nicht vielleicht eine Fehlkonstruktion ist. Wenn wir in bestimmten Situationen nicht verstandesgemäß reagieren, sondern „konditioniert", „emotionell" oder „vom ererbten Verhaltensmuster gesteuert", sind unsere Handlungen nur zum Teil das Werk vernunftbegabter Wesen. Was die Menschheit mit Überlegung aufgebaut hat, ist jederzeit durch einen Durchbruch des tierischen Urverhaltens, also durch eine unkontrollierbare Massenaffekthandlung gefährdet.

Wir sind von der Natur als Sammler und Jäger konzipiert. Dazu benötigen die Menschen aber einen weiten Raum. In unserer vorprogrammierten Verhaltensweise ist jeder unidentifizierte Mensch ein potentieller Feind. Der österreichische Satiriker Johann Nestroy hat vor 150 Jahren geschrieben: „Wenn ein Wolf durch den Wald geht und einen anderen Wolf sieht, denkt er: ‚Sieh da, ein Wolf.‘ Geht ein Mensch durch den Wald und sieht einen anderen Menschen, dann denkt er: ‚Ui je, ein Räuber.‘" Dieses Instinktverhalten ist auch beim hochzivilisierten Menschen immer präsent. Das archaische Verhaltensmuster stört stets von neuem das friedliche Zusammenleben der Menschheit. Dagegen scheinen andere, heute nur mehr ganz wenigen Naturvölkern eigene Grundsätze dem zivilisierten Menschen abhanden gekommen zu sein: Das Bestreben, das Gleichgewicht in der Natur nicht zu stören und an den Vorräten und Bodenschätzen dieses Planeten keinen Raubbau zu betreiben.

Man hat sich darüber Gedanken gemacht, wodurch die weltweite ökologische Krise verursacht wurde. Manche Forscher schieben der christlichen Religion die Schuld zu: „Gott schuf den Menschen nach seinem Ebenbild", heißt es in der Bibel. Damit war vielleicht der sich heute so unheilvoll auswirkende Trend vorgezeichnet. Im Bestreben, seinem Gott, den er nicht ermessen kann, ähnlich zu sein, wirkt der Mensch zerstörend. Es gelingt ihm auch nicht, die einmal genossene Frucht vom Baum der Erkenntnis zu begreifen. Wohl aber hat sich der Mensch, wie es ebenfalls im Heiligen Buch zu lesen ist, die Welt untertan gemacht. In den meisten anderen Religionen, vor allem im antiken Heidentum, war der Mensch nicht dazu berufen, göttlich zu werden; er war einfach Teil der Natur. Es gab keinen Gegensatz zwischen ihm und seiner Umgebung. Weder bei den Germanen, noch bei den Griechen und

Römern. In den meisten Religionen im Nahen Osten, in Kleinasien und im übrigen Mittelmeerraum hat jeder Baum, jede Quelle,
jeder Fluß, jeder See und jeder Berg seinen eigenen Schutzgeist,
den Genius loci. Diesen Geistern wurden menschliche Eigenschaften zugeschrieben, sie waren aber dennoch in ihrem von der
Phantasie geprägten Aussehen von anderer Gestalt und von
unterschiedlichem Verhalten. So glaubte man an Elfen, Dryaden,
Laren, an Nixen, Faune und Zentauren. Der Mensch mußte, ehe er
in die Natur eingriff, diese Halbgötter versöhnen. Eine religiöse
Handlung war notwendig, um einen Baum zu fällen oder einen
Bachlauf zu verändern, ja sogar um eine Grotte zu betreten.

### Gottes fehlerhaftes Ebenbild

Das Christentum gesteht nur dem Menschen eine Seele zu. Tiere,
Pflanzen und alle anderen Naturerscheinungen sind seelenlos. Als
die Missionare ausschwärmten und die Länder Europas christiani-
sierten, bekämpften und zerstörten sie die Symbole des Heiden-
tums: die heiligen Haine, die Göttereichen und die animistischen
Opferstellen. Anstelle der Naturgeister traten Teufel und Engel.
Aber diese haben mit der Natur wenig zu tun. Ihre Aufgabe
besteht darin, Fühlen und Handeln des Menschen zu beeinflussen.
Es sind zwar viele Heilige als Schutzpatrone der Menschen
ausersehen. Aber sie haben keine Ähnlichkeit mit jenen antiken
Geistern, die eine schrankenlose Ausbeutung der Natur verhinderten. Die Götter in den Naturreligionen sollten das ökologische
Gleichgewicht erhalten. Das setzte voraus, daß der Mensch nur als
gleichberechtigtes Lebewesen *neben* der Vielfalt der Arten angesehen wurde. Die ersten christlichen Philosophen änderten diese
Einstellung. Der große Umschwung scheint gekommen zu sein, als
man sich den Naturwissenschaften zuwandte. In seinem 1266 an
Papst Clemens IV. gesandten *Opus Majus* schlug Roger Bacon,
jener gelehrte englische Franziskanermönch, der auch, in einem
Anagramm versteckt, das erste Rezept zur Herstellung von
Schießpulver hinterlassen hat, die Reform der christlichen Erzie-

hung vor. Im Hinblick auf den Aufschwung der Naturwissenschaften sollte die Philosophie in den Hintergrund treten. Damals wurden die Weichen für die weitere, sich später als unheilvoll erweisende Entwicklung gestellt.

Es ist freilich wenig erfolgversprechend, nach den Wurzeln der heutigen Misere zu graben. Es gibt ja keine Möglichkeit, festzustellen oder sich auszurechnen, wohin die „primitive" antike Philosophie den Menschen geführt hätte. Am Beispiel der Hochblüte Arabiens ist zu erkennen, daß auch Sackgassen möglich sind. Sind der Wissenschaft und der Technik ähnlich Grenzen gesetzt wie dem Leben, wäre unsere Zukunft vorgezeichnet. Das würde dem Menschen einen beträchtlichen Teil seiner Verantwortung abnehmen, ihn weitgehend entgöttlichen und zu einem willenlosen Werkzeug einer bisher noch nicht erkannten Kraft machen. Lynn White, Professor für Geschichte des Mittelalters und der Renaissance an der Californian University of Los Angeles, kommt bei der Suche nach den Ursachen der Fehlentwicklung zu folgender Ansicht: „Unsere derzeitige Naturwissenschaft und unsere derzeitige Technik sind zu sehr von orthodoxer christlicher Arroganz der Natur gegenüber durchsetzt, als daß von ihnen allein die Lösung unserer ökologischen Krise erwartet werden könnte."[5]

Am Ende dieser langen Entwicklung stehen wir heute vor einem weiteren Paradoxon: In einem Teil der Welt versuchen die Menschen, den errungenen Überfluß zu bewahren und weiter auszubauen, selbst wenn sie sich dabei zu Tode wachsen. In anderen Ländern hingegen ist das Gros der Einwohner zum Verhungern verurteilt. Es liegt nun einmal nicht im Charakter des Menschen, auf das Erworbene verzichten zu können. Wer das, was er sich hart erarbeitet hat, ohne Kampf aufgibt, gibt sich selber auf.

Nehmen wir an, der „Fortschritt" würde tatsächlich für immer gestoppt. Dann wären alle Bestrebungen des Menschen vergeblich gewesen, sein verlorenes „Paradies" neu zu errichten. Die daraus resultierende Frustration müßte zu einem höchst gefährlichen psychischen Verhalten führen.

Irgendwie fühlt die Menschheit die herankommende Katastrophe: Sie ist in ihrer Vogel-Strauß-Politik gestört. Immer häufiger tritt unterschwellig Angst auf und hat verschiedenstes Fehlverhalten zur Folge. Als der Mensch seiner selbst noch sicher war, wählte er die autoritäre Gesellschaftsform. Meist von Monarchen regiert, gab es die streng voneinander getrennten Kasten und Stände. Der Ablauf des Lebens war gesetzlich reguliert, und drakonische Strafen sorgten für die Einhaltung der reglementierten Ordnung in Stadt und Land. Diese Hierarchie ist zerstört, weil niemand mehr imstande ist, die Begriffe „gut" und „böse" oder „nützlich" und „schädlich" zu definieren.

Selbst die Wissenschaft nicht. Sie hat nur nach Ursachen und Zusammenhängen geforscht, nicht aber die Konsequenzen bedacht. Es ist auch sinnlos, irgend jemanden für diese Fehlentwicklung verantwortlich zu machen. So etwa – um nur ein Beispiel anzuführen – jenen Paul Hermann Müller, der im Jahre 1939 das farblose, geruchlose, kristalline Dichlor-Diphenyl-Trichloräthan entdeckte, also jenes DDT, dessen Anwendung so furchtbare Folgen hatte. Ist es vorzuziehen, daß Millionen Menschen dank der Anwendung des DDT nicht an Malaria, Typhus oder Fleckfieber zugrunde gegangen sind, oder ist das neuentdeckte Mittel ein Unglück für die Menschen, weil Milliarden Lebewesen – die nach den ökologischen Gesetzen am Ende der Nahrungskette stehen – mit DDT verseucht sind? In manchen Gebieten der Erde trinken Säuglinge mit der Muttermilch bereits DDT in giftiger Konzentration. Und die Gefahr einer erbbiologischen Schädigung infolge Genveränderung steigt ins Unermeßliche. Das Paradoxe dieser Situation: Vielleicht hat das DDT die Existenz dieser Kinder überhaupt erst ermöglicht. Hätte der Schweizer Nobelpreisträger dieses auf Insekten als Nervengift wirkende Pulver nicht erfunden, wären vielleicht viele der Eltern und Großeltern der jetzt durch DDT gefährdeten Kinder am Stich einer Anophelesmücke oder einer Tsetsefliege gestorben. Die Unsicherheit im Gebrauch der Begriffe „gut" und „böse" ist für den Menschen, der gewohnt ist, Gebote, Gesetze und Verhaltensregeln zu befolgen, irritierend. Demagogen, die genau sagen können, was zu tun und was zu lassen ist, haben immer Hochsaison. Der Mensch will die Welt nicht transparent, sondern schwarz-weiß sehen.

Mit nostalgischer Sentimentalität weinen die Naturschützer den Zeiten nach, als auch in den Industrieländern der größte Teil der Einwohner nur knapp die Nahrungsbedürfnisse befriedigen konnte. Damals war für Luxus kaum Geld vorhanden. Eine stillgelegte Fabrik verschmutzt keinen Fluß, und ein Arbeitsloser kann sich kein umweltverschmutzendes Auto leisten.

Gibt es Vorstellungen, wie die politische Krise überwunden werden könnte? Der große Philosoph Arnold J. Toynbee sah die einzige Rettung in einem straffgeführten Weltstaat. Anderenfalls werde der Untergang des Abendlandes nicht zu vermeiden sein.[6] Auch im Nachlaß Albert Einsteins findet sich eine ähnliche Notiz. Nobelpreisträger Professor Konrad Lorenz, der Pionier der Verhaltensforschung, sieht in der Zerstörung der Natur durch den Menschen ein nahezu teuflisches Prinzip. Er will das aus der Welt verschwundene Gute und Böse wieder zurückholen und beklagt die Involution des menschlichen Geistes, das Verschwinden von Ethik und Ästhetik.[7]

Unsere Umwelt und die Situation, in der wir uns befinden, spiegeln sich sehr gut in der Auswahl einiger Meldungen, die in letzter Zeit von Nachrichtenagenturen veröffentlicht wurden. Hier die kunterbunte Mischung:

Von 21 Krokodil- und Alligatorenarten sind nach Ansicht maßgeblicher Wissenschaftler 15 vom Aussterben bedroht. Schuld an dieser Entwicklung ist die unkontrollierte Jagd auf Reptilien. Um die Nachfrage der Lederbranche zu befriedigen, werden Tausende Echsen abgeschossen.[8]

Zwischen 1960 und 1970 hat sich die Zahl der Studenten mehr als verdoppelt. Sie stieg in Westeuropa von 1,1 auf 2,5 Millionen, in den Vereinigten Staaten von 3,7 auf 8,4 Millionen.[9]

26 Millionen Bombenkrater in Indochina: Durch den jahrelangen Luftkrieg wurden weite Strecken des Urwaldes in Indonesien vermutlich für immer zerstört. Die 26 Millionen Bombenkrater erstrecken sich über eine Gesamtfläche von etwa 1600 Quadratkilometern.[10]

Siebzig Prozent der brasilianischen Kinder sind unterernährt, stellte Maria Lins de Cunha, Professor am brasilianischen Ernährungsinstitut, fest. Es mangle vor allem an Proteinen. Das hat zur Folge, daß die Lernerfolge der Schüler immer schlechter werden. Am schwierigsten ist die Situation im Norden des Landes.[11]

Den höchsten selbsttragenden Turm der Welt baut die Eisenbahngesellschaft CN in der kanadischen Stadt Toronto. Er wird 550 Meter hoch werden und den Ostankino-Turm in Moskau um zwanzig Meter überragen. Der aus Stahl und Beton hergestellte Turm wird 21 Millionen Dollar kosten und eine Fernsehantenne tragen.[12]

Infolge von Industrieabgasen hatte jedes vierte im Raum Niedersachsen untersuchte Kind zu viel Blei im Körper. Zahlreiche Kinder wiesen Gesundheitsschäden auf, andere waren in ihrem Wachstum behindert.[13]

Innerhalb von 3400 Jahren hat die Menschheit nur 204 Friedensjahre erlebt. Das teilte der sowjetische Professor Emilianow auf der Friedenskonferenz in Genf Anfang Oktober 1972 mit. Zur Zeit sind etwa fünfzig Millionen Menschen in der Kriegsindustrie beschäftigt. In der ganzen Welt stehen ständig 23 bis 24 Millionen Soldaten unter Waffen.[14]

Im Jahre 1972 gab die Menschheit fast sechshundert Milliarden D-Mark für die Produktion von Waffen und Kriegsmaterial aus. Das entspricht etwa sechseinhalb Prozent des Wertes aller im gleichen Zeitraum erzeugten industriellen und landwirtschaftlichen Produkte. Die gleiche Summe wurde auf der ganzen Welt für die Erhaltung der Gesundheit, die Erziehung und den Wohnungsbau aufgebracht. Im Jahre 1972 wurden allein siebzig Milliarden D-Mark für die Forschung auf militärischem Gebiet bereitgestellt. Die medizinische Forschung erhielt hingegen nur Dotierungen in Höhe von knapp zwölf Milliarden D-Mark. Pro Kopf der Erdbevölkerung wurde für Waffen mehr ausgegeben, als mancher Staatsbürger in unterentwickelten Ländern jährlich verdient. An sogenannter Entwicklungshilfe wurde hingegen nur 0,3 Prozent des Weltbruttosozialproduktes aufgewandt. Diese Ziffern gehen aus dem UNO-Bericht über die globale Wirtschaftsproduktion im Jahre 1972 hervor.[15]

Infolge der Inflation hat der Materialwert des menschlichen

Körpers zugenommen. Er „schnellte" von 3,40 D-Mark auf 11,80 D-Mark empor.[16]

Nach den Statistiken der Weltgesundheitsorganisation (WHO) haben zwischen 1957 und 1971 in einigen europäischen Ländern die Syphilisfälle um sechzig bis vierhundert Prozent zugenommen. In der gleichen Periode erhöhte sich die Zahl der Gonorrhöe-Patienten um neunzig bis fünfhundert Prozent. Schuld an dieser Steigerung sind nach Ansicht der Experten in Genf die Entwicklung des modernen Tourismus, die Anti-Baby-Pille und die Wandlung der Sexualmoral. Außerdem sind eine Reihe von Gonokokkenstämmen, also die Erreger der Gonorrhöe, bereits gegen Penicillin nahezu immun.[17]

Der Mensch der Zukunft wird in „Sonnenstädten" leben. Mit Hilfe von Spezialröhren wird man das Sonnenlicht selbst in unterirdische Gärten leiten können. Ein System von enormen Parabolantennen, die im Weltraum aufgehängt werden sollen, soll das Sonnenlicht auch nachts in konzentrierter Form zur Erde lenken. Die so erleuchteten Städte sollen gigantischen, leicht verzerrten Pyramiden ähneln. Diesen Vorschlag unterbreitete einer der sechshundert Spezialisten, die im Juli 1973 im UNESCO-Gebäude in Paris Zukunftsplanung betrieben. Auch die Verwendung von Sonnenenergie wurde in verschiedenen technischen Variationen angeboten.[18] (Daß sich große Nationen gegen das Aufhängen von Parabolspiegeln im Weltraum oder die Anlage von Sonnengeneratoren, die Sonnenenergie mit Hilfe von Ultrakurzwellen zu irdischen Empfangsstationen leiten könnten, zur Wehr setzen werden, liegt auf der Hand. Mit Hilfe von konzentriertem Sonnenlicht oder gebündelten elektromagnetischen Impulsen im Zentimeter- oder Dezimeterband ist man nämlich in der Lage, ganze Städte zu verbrennen. Man hätte also eine sehr wirksame und schwer zu bekämpfende Offensivwaffe zur Verfügung.)

Weltweit sind Pilzerkrankungen, besonders der Haut und der Schleimhäute im Hals-, Nasen- und Ohrenbereich zu beobachten. Das ist eine Folge der Verwendung von Antibiotika, also jener Kleinpilze, die nicht nur die den Menschen gefährlich werdenden

26

Mikroorganismen und Bakterien töten, sondern auch alle nützlichen Keime umbringen, die natürlichen Feinde der Pilze. Die Mykosen breiten sich ungehindert aus. Hautpilze und Hefen gedeihen blendend auf der Oberfläche von Mensch und Tier. Schimmelpilze, wie Aspergillus und Sorpilz, dringen in tiefe Bereiche der Epidermis ein, und selbst Pilzerkrankungen, die bislang nur auf die Tropen beschränkt waren, werden nun in gemäßigten Breiten beobachtet.[19]

Nach einem Report der Gesundheitsbehörde von New York waren im Jahre 1972 fast fünfundvierzig Prozent der Schüler der High Schools drogensüchtig. In den Grundschulen waren es zwanzig Prozent. In der Stadt am East River wird hauptsächlich Marihuana geraucht. Aber auch sogenannte Weckamine finden reißenden Absatz.[20]

Der amerikanische Pflanzengenetiker Frank S. Santamour züchtete „großstadtharte" Bäume. Sie sollen die durch die Motorisierung und den Smog vom Aussterben bedrohten Alleebäume ersetzen. Bisher konnte er allerdings nur kleine Teilerfolge erzielen.[21]

Von 425 Hepatitis-Fällen, der infektiösen Gelbsucht, die von Mai 1968 bis Oktober 1971 an der Frankfurter Universitätsklinik behandelt wurden, waren vierundzwanzig auf den Genuß von Austern und anderen Muscheln zurückzuführen. Die Ableitung der Abwässer ins Meer hat zu einer Virusverseuchung in der Umgebung der Muschel- und Austernbänke geführt. Die Muscheln pumpen Wasser in ihre Körper und filtern Schwebstoffe und Mikroorganismen aus. Davon ernähren sich die Schalentiere. Hierbei kommt es zu einer Anreicherung von Hepatitisviren, die eine besonders hohe Resistenz besitzen und selbst von kochendem Wasser nicht abgetötet werden.[22]

Um die zwanzig Säugetierarten zu erhalten, die allein in Europa vom Aussterben bedroht sind – zu ihnen gehören Wildkatze, Eis- und Braunbär, Wolf, Luchs, Fisch- und Sumpfotter –, sollen nach Ansicht des Zellbiologen T. C. Hsu vom Anderson Hospital der Universität Texas Zellen von noch lebenden Tieren in großem Umfang gesammelt und tiefgefroren werden. In jeder Zelle ist der gesamte genetische Code, die DNS (Desoxyribonukleinsäure), gespeichert. Hsu nimmt an, man werde einmal in der Lage sein – wie das schon bei Pflanzenzellen möglich ist –, aus den tiefgefrorenen Zellen höherentwickelter Lebewesen Tierarten zu züchten, die dann vielleicht schon ausgestorben sind.[23]

Viel gefährlicher als Rauschgift ist der Alkoholismus. In Amerika registrierte man 200.000 Heroinsüchtige, aber fünf Millionen Alkoholiker. Der Anteil an Frauen und Jugendlichen unter den Alkoholikern nimmt weltweit rasch zu. In der Bundesrepublik Deutschland schätzt man die Zahl der Rauschgiftsüchtigen auf 20.000 bis 60.000, hingegen gibt es 600.000 Alkoholkranke. Zu diesen 600.000 wurden nur jene Alkoholiker gezählt, die bereits organische oder geistige Schädigungen durch den Alkoholgenuß aufweisen und nur durch drastische Entziehungskuren von ihrer Sucht geheilt werden können.[24]

Im Jahre 1972 wurden in den Vereinigten Staaten etwa zweieinhalb Milliarden Tonnen Müll auf die Abfallhalden gekippt oder verheizt. In allen Staaten der Welt wird die Bewältigung der Müllawinen zu einem immer kritischer werdenden Problem.[25]

Fischessen wird in Zukunft immer gefährlicher werden. Zunehmend werden die Zellgewebe der Fische mit Giften wie Quecksilber und Schwermetallverbindungen angereichert. In Japan starben zwischen 1953 und 1966 111 Personen, nachdem sie quecksilbervergiftete Fische gegessen hatten. Mehr als zweihundert Patienten liegen noch heute schwer geschädigt oder unheilbar in den Krankenhäusern. Die Konzentrierung dieses heimtückischsten aller Gifte nimmt im Meer von Jahr zu Jahr zu. Das wurde von Experten der Welternährungsorganisation der Vereinten Nationen erhoben.[26]

Man könnte dieses keineswegs sorgfältig kollektionierte Sammelsurium aus scheinbar schizophrenen Manifestationen beliebig lange fortsetzen. Was ich hier veröffentlicht habe, ist keineswegs skurriler Abfall aus der Berichterstattungswerkstätte. Es ist sozusagen der bürgerliche Durchschnitt, den die großen Nachrichtenagenturen aussenden. Die Meldungen lassen erkennen, wie wenig Aussicht besteht, die auf uns zukommenden Probleme zu lösen.

Wir haben den Kulminationspunkt unserer zivilisatorischen Entwicklung bereits überschritten. Die nächsten zwanzig bis dreißig Jahre werden zu einer zunehmenden Verschlechterung, zu weltweitem Elend und zu unvorstellbaren nationalen Tragödien führen. Die überall herrschende Gigantonomie droht alles zu verschlingen: Vor uns die Sintflut.

Nun erhebt sich also die Frage, wie sich die Menschheit in diese Situation hineinmanövriert hat. Um das zu verstehen, muß der Werdegang des Akteurs kennengelernt werden, der letztlich für unseren heutigen Zustand verantwortlich ist. Wie hat sich dieses Wesen entwickelt, das eben dabei ist, zu seinem eigenen Henker zu werden? Der Mensch ist das einzige Geschöpf mit einem perfekten Denkapparat. Wie hat sich der Homo sapiens aus dem Tierreich gelöst, und wie ist er zum höchstentwickelten Primaten aufgestiegen? Dieser Weg läßt sich freilich nur in Spuren verfolgen. Die menschliche Ahnengalerie zeigt sehr große Lücken.

### „Adam, wo bist du?"

Bevor die historische Entwicklung geschildert werden soll, sei eines vorausgeschickt: Damit sich die Erbmasse des Menschen verändert, müssen die Gene mutieren. Sie enthalten die Erbsubstanz. Solche sprunghaften Veränderungen treten zwangsläufig dann häufiger auf, wenn neben gesteigerter Hitze vor allem erhöhte radioaktive Strahlung einsetzt. Das aber ist stets während eines Polsprungs zu erwarten, weil dann das irdische Magnetfeld zusammenbrechen oder schwer gestört sein wird. Die aus dem Weltraum kommende Strahlung kann nicht mehr abgeschirmt werden und trifft direkt auf die Lufthülle unseres Planeten auf.

Die Situation des Menschen gleicht jener eines Findlings in einem Waisenhaus, der sich fragt: Wer sind meine Eltern? Woher stamme ich? Jahrhundertelang durfte es über die Herkunft des Menschen keine Diskussion geben. Die Religionen gaben dogmatisch festgelegte Antworten, und wer zu zweifeln wagte, galt als

Ketzer. Zur Zeit der Heiligen Inquisition konnte jede In-Frage-Stellung ein unterzeichnetes Todesurteil bedeuten.

So erging es dem Naturforscher und Polyhistor Lucilio Julius Caesar Vanini – er wurde 1584 in der Nähe von Otranto geboren. Obwohl geweihter Priester, hatte er über die Entstehung der Welt persönliche Ansichten geäußert. In seinem 1616 in Paris gedruckten Werk *De admirandis naturae arcansis* behauptete er, der Mensch stamme vom Affen ab. Diese These führte zur Anklage wegen Atheismus. Vanini versuchte, nach England zu flüchten. Das Vorhaben mißlang. Er wurde im November 1618 in Toulouse verhaftet und am 19. Februar 1619 auf dem Scheiterhaufen verbrannt.

Etwas glimpflicher verlief das Schicksal Isaac de La Peyères. Er schrieb (1655) in seiner Bibelinterpretation, Kain habe nicht seine Schwester geheiratet, sondern eine andere Frau. Daher könne Adam nicht der erste Mensch gewesen sein; schon vor ihm müßten andere Menschen existiert haben. Peyère nannte sie „Präadamiten". Auch diese Schlußfolgerung führte zu Anklage und Todesurteil. Der Gelehrte wurde jedoch von Papst Alexander VII. begnadigt. Peyère hatte zu Füßen des Heiligen Vaters seinem Irrglauben abgeschworen und sich so dem Scheiterhaufen entzogen.

In der Tat, bei der Frage nach der Abstammung des Menschen verstanden die Menschen keinen Spaß. Denn nie hat ein einziger Satz größere Unruhe ausgelöst wie die Feststellung von Charles Darwin in seinem „Ursprung der Arten" (1871): „Der Mensch hat eine dem großen Affen äußerst ähnliche Anatomie, er ist mit diesem daher tatsächlich verwandt und stammt von irgendeiner dieser Affenformen ab."[27]

Dieser Satz schlug wie eine Bombe ein. Daß der britische Forscher gegen die geistigen Bastionen der traditionellen Bibelanhänger verstoßen hatte, war ihm klar gewesen. Damals, in der zweiten Hälfte des vorigen Jahrhunderts, erreichte der Krieg zwischen den Zeloten der christlichen Kirchen auf der einen und der Naturwissenschaft auf der anderen Seite einen Höhepunkt. Darwin selbst war überrascht, welche Emotionen seine Worte in der Bevölkerung hervorgerufen hatten. Dabei war er keineswegs als erster zu diesem Schluß gekommen. Darwin hatte zahlreiche Vorgänger gehabt, die schon achtzig Jahre vorher dieselbe Meinung vertraten: Im Jahre 1779 folgerte der französische Arzt und Naturforscher Vicy D'Azyr aus anatomischen Studien, Mensch und Affe müßten einen gemeinsamen Ursprung haben. In der ersten jemals erschienenen Enzyklopädie schilderte auch Diderot den Enwicklungsprozeß vom Tier zum Menschen. Die Gelehrten Buffon, Leibniz und Maupertuis hatten ähnliche Ideen, und Jean-Baptiste Lamarck versuchte, die Evolution seinen Ideen und seinen Theorien gemäß als die Anpassung eines Lebewesens an die jeweils besonderen Umstände darzustellen. Auch seiner Meinung nach entwickelte sich der Mensch über verschiedene Stadien vom Tier bis zum Homo sapiens.

Mit dieser Tatsache hat sich auch der Mensch von heute nicht ganz abgefunden. Versuche, die Menschwerdung auf unschuldige Astronauten abzuschieben, sind hiefür symptomatisch: Raumfahrer sollen in grauer Vorzeit auf der Erde notgelandet sein; in ihrer Sexualnot fanden sie keinen besseren Ausweg, als harmlose Affenweibchen aus dem Urwald zu locken und zu schwängern. Ein phantasiebegabter Autor, gewiß; interessanter als diese Geschichte ist das Phänomen des Erfolges, den er – und auch seine Vorgänger und Epigonen – mit diesen Ansichten erzielen konnte.

Die Evolutionstheorie ist – obwohl auf exakter Forschung aufbauend – von vielen Emotionen geprägt. Diese haben alle Spekulationen über biologische Prozesse ausgelöst. Über Themen der Anthropogenese, der Menschwerdung, sind bereits Hekatomben von Papier bedruckt worden. Die Entwicklungslinie wurde dennoch nicht klarer erkennbar. Selbst heute nicht, obwohl die Anthropologen im Laufe der letzten dreißig Jahre eine Fülle von Fossilien entdeckt haben. Je mehr Versteinerungen man fand, um so unübersichtlicher, komplizierter gestaltete sich die Erforschung. Der jahrzehntelang gebräuchliche Begriff des „missing link" ist heute nicht mehr aktuell. Man sucht nicht mehr nach *einem* „missing link", sondern nach rund einem Dutzend Zwischengliedern. Diese sollen sozusagen nahtlos die Entwicklung zum Menschen durch exakte Dokumentation und Datierung erkennen lassen.

John R. Napier, ehemals Direktor des Programms für Primaten-biologie am Smithonian Institute in Washington und heute Profes-sor am Queen Elizabeth College an der Londoner Universität, gilt als führender Fachmann auf dem Gebiet der Primatenanatomie. Sein Kommentar über die Entwicklung des Menschen lautet, auf kürzesten Nenner gebracht: „Die Reise wird etwa einer Eisen-bahnfahrt zwischen zwei Städten gleichen, die tausend Kilometer auseinander liegen. Die Eisenbahnanlagen sind sehr kompliziert. Die Schienen weisen unzählige Verzweigungen, Weichen, Neben-linien und Sackgassen auf. Wir müssen ständig aufpassen, daß wir nicht auf ein totes Geleise gelangen und dann vor ein paar rostigen Puffern stehenbleiben. Die Gefahr ist sehr groß, da in der Evolution häufig die Nachahmung eine Rolle spielt, so daß ähnliche Merkmale auch in nichtverwandten oder weit entfernt verwandten Formen auftauchen."[28]

Man kann sich die Entwicklung zum Homo sapiens leichter vorstellen, wenn man sich an meine Theorie erinnert: In gewissen Abständen kommt es zu Polsprüngen. Die Erdkruste verschiebt sich, das Magnetfeld der Erde bricht zusammen. Der Van-Allen-Gürtel, die Schutzzone gegen die Weltraumstrahlung in der Ionosphäre, schwächt sich ganz beträchtlich ab oder bricht zusammen. Sonnenwinde und Teilchen der Weltraumstrahlung prallen direkt auf die Lufthülle der Erde auf und erzeugen Sekundärstrahlungen. Diese dürften Mutationen in der Erb-masse auslösen, da die Individuen einem ungeheuren Streß aus-gesetzt werden. Diese Meinung werde ich später noch näher erläutern. Jedenfalls gibt es um die komplexen Vorgänge bei der Anthropogenese wohl viele Theorien, aber keine wurde bisher von allen Wissenschaften anerkannt.

Mit anderen Worten: So glatt, wie man sich vor siebzig oder achtzig Jahren die Entwicklung des Menschen von einem dem Menschenaffen ähnlichen Wesen bis zu seiner heutigen Form vorstellte, ist sie nicht vor sich gegangen. Heute weiß man, daß es offenbar vielerlei Entwicklungstypen und Primitivformen des

Menschen gegeben hat, die gleichzeitig nebeneinander existiert haben müssen. Wie aber sollen wir feststellen, wer von diesen Affenmenschen ein „echter Ahne" unserer heutigen Menschenfamilie war und wer nur ein „entfernter Onkel" oder ein Vetter, dessen Stamm aus irgendwelchen Gründen längst ausgestorben ist?

Weiters ist bemerkenswert, daß die Paläoanthropologen, Primatenforscher, Biologen, Verhaltensforscher, kurz: alle, die sich mit der menschlichen Evolution befassen, überaus aggressiv sind. Möglich, daß die starre Meinungsfront, die jahrzehntelang gegen die Darwinsche Abstammungslehre bestand, dieses Gelehrtenvolk kämpferisch werden ließ. In der Terminologie der Anthropologen könnte das auch so formuliert werden: Die Anfeindungen entsprachen einem sehr großen Selektionsdruck. Offensichtlich konnten nur „kämpferische" Naturen die Ordinariats-Stühle besetzen.

Robert Ardrey, selbst Anthropologe und Zoologe, darüber hinaus Autor von Erfolgsbüchern wie „Adam kam aus Afrika" und „Adam und sein Revier", schildert im „Gesellschaftsvertrag" die Situation auf diesem Forschungsgebiet: „Auf diesem ebenso faszinierenden wie umstrittenen Wissenschaftsgebiet, wo jedes Jahr neue Entdeckungen auf alte Vorurteile prallen, muß für Professionals wie Amateure die Devise lauten: Veröffentlichen und in Deckung gehen."[29]

So geballte Angriffslust könnte zu Fehlschlüssen führen. Man zweifelt, ob unsere Vorfahren diese Jägermentalität tatsächlich auf uns vererbt haben. Jene Aggressionen, die uns, der zivilisierten Menschheit, so sehr zu schaffen machen. Ich bin Journalist und darf auf das Pardon der Wissenschaft nicht rechnen. Was immer ich auch zu sagen haben werde, wie auch immer der evolutionäre Prozeß der Menschwerdung hier geschildert wird: das Schicksal eines Outsiders ist mir sicher. Sei's drum!

Die heute gängige Ansicht über die genetische Höherentwicklung muß nicht immer zutreffend sein. Vorerst nur ein Beispiel: Im Jahre 1874 wurde in der Südtiroler Gemeinde Hafling eine kleine, unscheinbare Bauernpferdstute einem Araberhengst zugeführt. Nur durch Zufall war der wertvolle Deckhengst El' Bedavi XXII

Die kleinen zähen Haflingerpferde werden bei der Gebirgsjägertruppe des Österreichischen Bundesheeres nach wie vor als Tragtiere verwendet. Im Hochgebirge sind die Pferde nur durch Hubschrauber zu ersetzen.

auf die Gebirgsweiden dieses Alpenteils gekommen. Das Produkt der Paarung war ein stämmiger, ponyähnlicher Hengst mit auffallend weißer Mähne und ebensolchem Schwanz. Zunächst beachtete man dieses Tier wenig: Es war eben ein Bastard, der unter der Bezeichnung Folie 249[30] in den Zuchtbüchern registriert wurde. (Folie war der Name des Vintschgauer Bauern, dem die Stute gehörte.) Viel später stellte sich erst heraus, daß man es nicht mit einem Kreuzungsexemplar zu tun hatte, sondern daß der seltene Fall einer Mutation vorlag. Alle späteren Versuche, durch Einkreuzungen von Warm- und Vollblutpferden ein gleiches Zuchtresultat zu erzielen, scheiterten.

Nehmen wir an, es gäbe keine Pferde mehr; man könnte auf die Eigenschaften dieser Tiere nur aus Funden fossiler Knochen schließen. Höchstwahrscheinlich würde man – nach Auffindung von Bruchstücken – erklären, der Haflinger wäre eine Zwischenform vom zentralasiatischen Urpferd des Typs Przevalski – oder

34

des Tarpans – und dem viel größeren Noriker. Manche könnten sogar vermuten, man habe es mit dem direkten Zwischenglied vom Equus robustus zu den schweren norischen Kaltblutarten zu tun, so etwa zu dem auch in der Nähe beheimateten Pinzgauer. Falls also keine exakte Datierung möglich wäre, dürfte der imaginäre Knochenfund vom zähen, lebhaften Alpenpferd der Haflingerrasse entwicklungsgeschichtlich falsch eingeordnet werden.

Ein Paläontologe käme vielleicht zu der einfachen, scheinbar logischen Definition: „Die kleinen stämmigen Pferde mußten aussterben, weil sie infolge ihrer Gedrungenheit nicht so rasch flüchten konnten, also besonders leicht das Opfer ihrer natürlichen Feinde wurden. Auch kleinere Raubtiere machten auf die schwächeren Pferde Jagd. Deshalb wurden die Tiere sehr bald ausgerottet. Sie hatten keine Überlebenschance." Diese Konklusion wäre denkbar, würde man die Geschichte der Haflinger-Mutation nicht in allen Details kennen.

Die Haflinger gehören zu den jüngsten Pferderassen. Die Spezies entwickelte sich nicht nach dem Darwinschen Gesetz, wonach Tiere mit überlegenen Eigenschaften auch größere Überlebenschancen besitzen, sondern nach einer noch nicht definierten Maxime: Die kleinen Pferde werden nämlich deshalb so rasch vermehrt, weil sie sich günstig verkaufen lassen. Die Aufzucht floriert. In unserer modernen Welt wird die Entstehung der Arten auch durch Angebot und Nachfrage bestimmt.

Diese Geschichte wurde erzählt, um zu beweisen, wie schwierig es ist, aus Fossilienfunden die Entwicklung von Rassen chronologisch zu rekonstruieren.

### Was also ist der Mensch?

Hier die in einem Fachlexikon angeführte Erklärung: „Hominidae: Höchstentwickelte Familie der Hominoidea, wird manchmal sogar als eigene, im Quartär entstandene Neuordnung angesehen. Gegenwärtig umfaßt sie nur die Gattung *Homo*; paläontologisch sind drei weitere Unterfamilien bekannt. *Archanthropinae:* Atlanthropus, Sinanthropus, Pithecanthropus, das sind die Frühmenschen. *Paläanthropinae:* Homo neanderthalensis, Altmenschen; *Neanthropinae:* Homo sapiens, die Jetztmenschen."[31] Diese Definition läßt sich – wie die Praxis zeigt – auch zu dicken Büchern auswälzen. Freilich kann allein aus dieser zoologisch-biologischen Perspektive das Phänomen Mensch nicht erklärt werden.

Bleibt man beim Thema, scheint es unerheblich zu sein, zunächst jene Merkmale anzuführen, die den Menschen vom Affen unterscheiden. Vielleicht kommt es manchen Nicht-Anthropologen unorthodox vor, wenn man versucht, den Menschen mit seinem tierischen Vetter, dem Schimpansen, zu vergleichen, und wenn man dann den armen Verwandten nur deshalb bloßstellt, weil er ein kleineres Hirn hat.

Aber nicht nur in seiner relativen Größe unterscheidet sich das Gehirn des Schimpansen vom menschlichen Gehirn, sondern vor allem im unterschiedlichen Verhältnis von Größe und Form der frontalen, temporalen, parietalen und okzipitalen Lappen. Alle diese Teile des Gehirns sind jeweils für bestimmte Aufgaben und Fähigkeiten von Bedeutung. Um nur ein Beispiel zu wählen: Der Okzipital- oder Hinterhauptlappen des Neocortex (Neuhirn) beherbergt die Zentren für das Sehvermögen. Andererseits ist der Parietallappen für verschiedene Empfindungen zuständig, und wenn der Stirnlappen eine entsprechende Ausbildung hat, bedeutet das ein anpassungsfähiges Verhalten an bestimmte Lebenssituationen. In diesen Gehirnbereichen unterscheidet sich der menschliche Cortex sehr beträchtlich von der Gehirnform der Schimpansen. Der neurologisch versierte Anthropologe kann aus Schädelknochenfunden ohne weiteres die Entwicklungsstufe eines Lebewesens zwischen Affen und Menschen erkennen, weil bestimmte Gehirnzentren und gewissen Lappen die Menschwerdung sozusagen signalisieren. Sind etwa die temporalen und parietalen Hirnlappen schmal, der Hinterhauptlappen aber groß ausgebildet, dann sprechen diese Merkmale für ein mehr äffisches Wesen. Ein kleinerer Okzipitalcortex und ein größerer Stirnlappen zeigen hingegen eine Entwicklung zu den Hominiden an.

Der Mensch besitzt seit mindestens 350.000 Jahren ein Super-

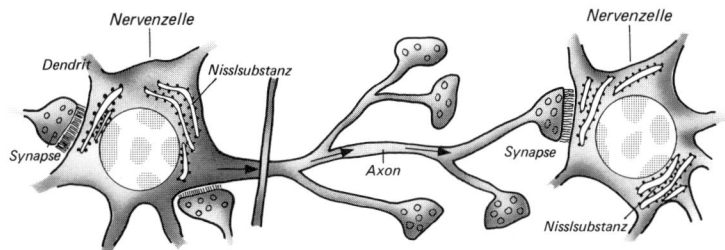

Schema einer Nervenzelle. Eiweiß, das in der Nisslsubstanz erzeugt wird, wandert im Axon zur Synapse. Auf diesem System dürfte im wesentlichen die Gedächtnisspeicherung im Gehirn beruhen. Im Detail kennt man die Vorgänge jedoch noch nicht. Vielleicht speichert eine Nervenzelle keine Einzelinformation, sondern sogar das Gesamtwissen.

hirn, das ein Volumen zwischen 950 und 2000 Kubikzentimetern haben kann. Menschen mit kleinen Hirnen müssen keineswegs benachteiligt sein. Der berühmte französische Romancier Anatole France hatte ein Schädelvolumen von nur tausend Kubikzentimetern. Er gilt noch heute als einer der klügsten und geistvollsten Köpfe Frankreichs. Der Autor von *Gullivers Reisen,* Jonathan Swift, und der russische Erzähler Iwan Turgenjew dagegen hatten über zweitausend Kubikzentimeter große Gehirne. Wichtig für den menschlichen Verstand ist nur die Größe des Neocortex, des Neuhirns. Der Neocortex in diesem Ausmaß ist eine echte Erwerbung der Primaten. Allerdings hat der Mensch einen wesentlich größeren Neocortex – er weist etwa zehn bis zwölf Milliarden Neuronen auf – als seine äffischen Verwandten (3,5 bis 4 Milliarden Neuronen).

Zur Zeit weiß man noch nicht, warum der Mensch über eine so große Anzahl von Neuronen verfügt. Theoretisch würden drei bis vier Milliarden ausreichen, ein Universalgenie mit Wissen zu versorgen. Unser Neuhirn ist also einfach zu groß. Kein Mensch kann seine Kapazität voll ausschöpfen. Allerdings ist nicht die Größe, sondern die Struktur bzw. die Oberflächenbeschaffenheit für die Leistungsfähigkeit des Gehirns ausschlaggebend.

Das menschliche Gehirn verfügt also im Neocortex über zehn bis zwölf Milliarden Neuronen. Wie der englische Professor Sir

John Eccles in seinen Arbeiten bewies – im Jahre 1963 wurde ihm der Nobelpreis verliehen –, sind zwischen diesen Gehirnzellen feinste, nur unter dem Elektronenmikroskop sichtbare Nervenverbindungen – die Synapsen – vorhanden. Über sie führen die Impulse von einer Zelle zur anderen. Pro Quadratmillimeter der Hirnrinde konnten bis zu 50.000 Neuronen gezählt werden, und jede dieser Hirnzellen steht mit etwa 10.000 anderen Neuronen in Verbindung.

Grundlegende Arbeiten auf diesem Gebiet leistete besonders der Leiter des Zürcher Hirnforschungsinstituts, Professor Konrad Akert. Er stellte mittels einer neuartigen Präparierung von Gehirnzellen bei Untersuchungen unter dem Elektronenmikroskop viele bisher unbekannte physiologische Prozesse fest: Die Verbindungen zwischen den Zellen sind kleiner als die Hälfte eines tausendstel Millimeters. Diese Mikronerven übertragen die elektrischen Impulse zu den synaptischen Kupplungen. Das Gedächtnis selbst dürfte aber – das ist freilich noch Theorie – auf chemische Weise speichern. Nur wenn bestimmte organische Verbindungen, etwa Gamma-Amino-Buttersäure (GABA) bzw. eine Reihe anderer Säuren vorhanden sind, werden die Impulse über den synaptischen Spalt (Synapse) in die Nachbarzelle weitergeleitet. Die Öffnung und Schließung des Spaltes wird von den chemischen Verbindungen durchgeführt.

Wenn einmal bekannt ist, wie Denkprozesse zustande kommen, wird man auch das Rätsel lösen können, warum das menschliche Gehirn sozusagen um mehrere Nummern zu groß ist. Wer ständig zwei bis drei Millionen Neuronen seines Gehirns aktiviert, ist schon geistig außergewöhnlich rege und verfügt gewiß über großes Wissen und einen hohen Intelligenzquotienten. Freilich werden beim Lernen die Hirnzellen nicht wie Schubladen gefüllt. Das bedeutete ja, daß unser Gedächtnis einmal ausgenützt sein und kein Wissen mehr speichern könnte. Es sind aber alle Hirnzellen ständig „in Betrieb". Die „Klugheit" verbirgt sich offensichtlich hinter sehr komplizierten und vielfältigen chemischen Vorgängen. Sonst wäre es möglich, auch beim Menschenaffen einen ähnlichen Intelligenzwert wie beim Homo sapiens zu erzielen. Das Gehirn des Schimpansen weist, wie gesagt, vier- bis viereinhalb Milliarden Neuronen auf.

Der Begriff „Cortex" bedeutet soviel wie „Rinde", „Kruste". Zuoberst liegen jene „kleinen grauen Zellen", mit deren Hilfe Agathe Christies Meisterdetektiv Hercule Poirot auch die verzwicktesten Fälle lösen kann. Die Anatomie bezeichnet alle Organe, die über eine Außenschicht mit konzentrischer Struktur verfügen, als Cortex. Dieser besteht nicht nur aus der äußeren grauen, sehr aktiven Substanz, sondern aus weiteren Schichten, die von außen nach innen liegen und sich durch ihre Zellenart und Größe unterscheiden. Unter der grauen Großhirnrinde liegt die Molekularschicht, die die Schaltungen zu benachbarten Regionen ermöglicht. Darunter findet sich die „äußere Körnerschicht", die aus anderen Hirnregionen kommende Impulse aufnimmt. Die nächste Zone, die „äußere Pyramidenschicht", enthält vor allem die Schaltbahnen zu den inneren Partien der Großhirnrinde. Es folgt die „innere Körnerschicht", die die Schaltungen und Weiterleitungen der aus den entfernteren Regionen des Gehirns stammenden Informationen besorgt. Die vorletzte Zone, die „innere Pyramidenschicht", ist offenbar Zentrale für die motorischen Vorgänge, also jene organischen Steuerungen, auf die der Wille des Menschen keinen Einfluß hat, so etwa den Herzschlag und die Bewegungen und Reaktionen des Magens bei Nahrungsaufnahme. Ganz innen liegt die „Spindelzellenschicht", die als Schaltzentrale zwischen den einzelnen Hirnhemisphären gilt.

Die Großhirnrinde des Menschen ist sehr stark gefältelt, und die Hirnwindungen, die Ganglien, sind durch Furchen voneinander getrennt. Die einzelnen Zonen des Gehirns haben bestimmte Aufgaben. Sind gewisse Teile des Gehirns – sogenannte Zentren – besonders ausgeprägt, so begünstigen sie Talente und Fähigkeiten. Aber auf die Frage: Wie muß das Hirn eines intelligenten Menschen aussehen? wird die Antwort schon sehr schwer fallen. Ebensowenig ist es möglich, bei der Autopsie festzustellen, ob das Gehirn einem geistigen oder einem manuellen Arbeiter gehört hat.

Unser Hirn ist tatsächlich das prächtigste in der bekannten Natur. Dennoch weist es eine Reihe von Fehlern auf. Möglich, daß dieser Umstand Konrad Lorenz veranlaßte, den Homo sapiens als eine Zwischenform auf halbem Entwicklungsweg vom Affen zum Menschen zu bezeichnen.

Unser Denkapparat ist nicht aus einem Guß gefertigt. Die Natur hat die seltsame Eigenheit, überaus ökonomisch zu sein. Sie will, was sie einmal erzeugt hat, nicht wegwerfen. So wurde das menschliche Hirn bei der Schaffung des Homo sapiens nicht neu konzipiert, sondern nur durch einige Anhänge erweitert. Es ist ähnlich wie bei einem alten Haus, das durch verschiedene Um- und Überbauten eine neue und größere Gestalt erhält, bei dem man aber die alte Raumordnung im Zentrum noch erkennen kann.

Unser luxuriös ausgestattetes Gehirn besteht aus einem Urhirn mit zwei „Anbauten". Das erste Hirn haben wir gleichsam von den Reptilien geerbt. Mit Hilfe dieses Nervenknotens haben vor siebzig, achtzig Millionen Jahren die Saurier ein vielleicht etwas geistloses, aber dennoch die Welt beherrschendes Leben geführt. Dieses auf uns gekommene Althirn macht den Menschen heute einigermaßen zu schaffen: Es besteht aus dem Stammhirn, sozusagen der Fortsetzung des Rückenmarks, dem entwicklungsgeschichtlich ältesten Teil. Dieses Stammhirn (der Hirnstamm) hat Aufgaben zu erfüllen, die durch unseren Willen kaum beeinflußbar sind. Es reguliert – gemeinsam mit der inneren Pyramidenschicht – Atmung, Herzschlag und Blutdruck, dirigiert also das vegetative Nervensystem. Auf einer etwas höheren Ebene liegen die Aufgaben des Zwischenhirns: Es enthält die beiden Organe Thalamus und Hypothalamus. Letzterer regelt die Körpertemperatur, löst die Gefühle für Hunger und Durst aus und steuert die Hormondrüsen im Körper. Der Thalamus bezieht seine Informationen aus den verschiedensten Regionen der Großhirnrinde, prüft, vergleicht und wertet diese Nachrichten aus, um sie dann an andere Gehirnabschnitte weiterzuleiten. In seinen Grenzbereichen werden aufgrund ganz bestimmter Sinnesreize Wut und Angriffslust, Trauer und Abscheu, Ekel und Furcht ausgelöst. Es sind dies die „elementaren Reaktionen". Hierzu zählt auch die Sexualität.

Schließlich gehören zum Althirn auch Teile des Kleinhirns. Dieses regelt den Ablauf aller Körperbewegungen und ist eine

40

Koordinationsstelle für alle Befehle, die an die Muskeln der Gliedmaßen und des Rumpfes gesendet werden. Es kontrolliert, ob die zupackende Hand wirklich den zu erfassenden Gegenstand erreicht. Ähnlich wie das Großhirn, also der Neocortex, ist auch das Kleinhirn symmetrisch angelegt. Die beiden spiegelbildlichen Hälften sind durch ein dickes Nervenfaserbündel, den Balken, miteinander verbunden. Mit Hilfe des Operationsmikroskops stößt die moderne Neurochirurgie bis in die tiefen Gehirnregionen vor. Eingriffe können dort bis auf einen halben Millimeter genau vorgenommen werden. Diese Operationstechnik hat die anatomischen Kenntnisse über die Hirnfunktionen erheblich erweitert.

Das Althirn ist für unsere Affekthandlungen verantwortlich, es steuert unsere Triebe, es veranlaßt unseren Körper, in bestimmten Situationen zwangsläufig zu reagieren. Das sieht in der Praxis etwa so aus: Wenn plötzlich ein Feind unser Leben bedroht, aktiviert das Althirn – das „limbische System" – unser Drüsensystem. Die Nebenniere schüttet Adrenalin aus, ein Hormon, das quasi eine Alarmsirene auslöst: Alle Mechanismen, die der Abwehr dienen könnten, werden aktiviert, die Muskeln werden „gedopt", der Mensch ist bereit, zuzuschlagen, zu kämpfen, sich mit Brachialgewalt seiner Gegner zu erwehren.

Der gleiche physiologische Zustand tritt ein, wenn zwar kein blutrünstiger Räuber auftritt, aber der Vorgesetzte oder Kollege negative Kritik äußert. Das limbische System spürt Gefahr und reagiert, indem es den Körper „klar zum Gefecht" macht. Der limbische Knoten kann den Charakter eines Menschen rasch verändern. So mancher charmante Plauderer, der eben noch bei Tisch eine Gesellschaft liebenswürdig unterhalten hat, kann sein Wesen ändern, wenn er hinter dem Volant seines Autos Platz nimmt. Übersteigt der Streß eine gewisse Grenze, wird aus dem Charmeur ein aggressives Individuum, ein Verhalten, das auch bei Raubtieren auftritt. Hat man den Vorausfahrenden überholt, ist der Jagderfolg erreicht. Das limbische System hat auf einen Reiz in typischer Form geantwortet und damit so reagiert wie der Leopard beim Anblick einer Gazelle. Das muß nicht Aggression sein. Die Umwelt präsentiert plötzlich Symbole, die schon in Urzeiten bestimmte Reaktionen auslösten. Da erwacht das alte Jäger-Beute-Verhältnis, da wird zum Beispiel der in einem kleineren Wagen sitzende Verkehrsteilnehmer zur Beute, die geschnappt werden muß, bevor sie entwischen kann.

Das von den Reptilien auf uns gekommene Althirn mobilisiert auch den Sexualtrieb. Ein kaum verdeckter Busen, der unter einem Minirock hervorblitzende Oberschenkel eines Mädchens können auslösende Symbole für den Hormonspiegel des Mannes sein. Das Urhirn löst auch das Imponiergehaben aus. Es sorgt dafür, daß der Einzelmensch die höchstmögliche Sprosse auf der hierarchischen Leiter unserer Gesellschaft erklimmen will. Wird die errungene Position nicht von der Umgebung beachtet, reagiert das limbische System mit den gleichen Mitteln, die seinerzeit notwendig waren, um einen Platz in der großen Horde zu behaupten. Eng mit der Funktion des Althirns ist auch die Position des einzelnen in der Gruppe verbunden. Diese Konstellation schafft die von Lorenz in „Das sogenannte Böse" bezeichnete „positive Aggression", die das Individuum – andere Begleitumstände vorausgesetzt – zum Führer einer Gruppe macht. Die Verhaltensforschung hat den Begriff „Alpha" für den Führer einer Gemeinschaft geschaffen. Sowohl in der Pavianherde wie in unserer Gesellschaft gibt es solche Alphas. Keiner darf es wagen, diese Position anzuzweifeln, sonst werden ihm sowohl der „Alpha" in der Pavianherde wie auch der Vorgesetzte drastisch beweisen, wie die Machtpositionen festgelegt sind.

Unser Hirn ist für manche Gelegenheiten unseres modernen Lebens falsch programmiert, aber es ist imstande, abstrakte Begriffe genau zu definieren: Es ist geeignet, logisch zu denken. Dennoch ist unser Verstand nicht in der Lage, scheinbar widersinnige Anweisungen des Urhirns zu blockieren oder einzuschränken. Dieses Reptilienhirn ist überaus heimtückisch. Versuchen wir, ihm jenen Platz anzuweisen, den es nach unserer modernen Vorstellung vom geistigen Leben einnehmen müßte, kann es zu überschiebenden Reaktionen kommen. Wer nämlich versucht, die Befehle des Urhirns zu mißachten, wer also „den Ärger in sich hineinfrißt", wer seine Hungergefühle gewaltsam unterdrückt, gütig dort ist, wo er Zorn empfindet, um eines höheren Zieles willen wach bleibt, obwohl er Schlafbedürfnis hat, zahlt für diese Vergewaltigung einen hohen Preis: Er nimmt in Kauf, daß das vom Willen gebremste Echsenhirn dort zuschlägt, wo der menschliche Wille versagt: Im vom Willen nicht kontrollierbaren Bereich des menschlichen Körpers, der vom autonomen Nervensystem versorgt wird. Dieser Zwiespalt stört das vegetative Nervensystem.

Daß sich aus Echsen Säugetiere entwickelten und diese ihren Siegeszug über den Erdball antraten, war erst durch die Veränderung des Mesocortex und des Hipothalamus möglich. Diese Drüse regelt den Wärmehaushalt im Körper der Säugetiere. Die Warmblütigkeit war die Voraussetzung zum Auszug aus den Tropenzonen und aus einem Dasein, das ausschließlich in warmer Witterung möglich war.

Reptilien können nur bei Wärme leben. Wird es kalt, erstarren sie in einem winterschlafähnlichen Zustand.

Im Jahre 1973 entdeckten russische Geologen in Sibirien einen Eisblock, in dem eine Eidechse eingefroren war. Als das Eis auftaute, kehrte Leben in das Reptil zurück. Man barg einige organische Substanzen, die in dem Eisblock mit eingeschlossen gewesen waren und konnte so mit Hilfe der C-14-Methode den Zeitpunkt der Erstarrung feststellen. Das Ergebnis war verblüffend: Hundert Jahre lang mußte die Echse im Eis gefangen gewesen sein. Ihre Lebensfunktionen hatten durch den Kälteschock nicht gelitten.[32]

Nach neuesten Berechnungen des amerikanischen Professors Robert T. Bakker von der Yale-Universität in New Haven müssen die meisten Dinosaurier schon Warmblüter gewesen sein. Einige zweibeinige Dinosaurier, die sowohl fleisch- als auch pflanzenfressenden Gattungen angehörten, können sich nur ähnlich wie Känguruhs, andere nur wie der Vogel Strauß fortbewegt haben. Dabei dürften sie, den Skelettformen nach zu schließen, kurzfristig Geschwindigkeiten zwischen fünfzig und achtzig Kilometern in der Stunde erreicht haben. Ein derartiges Tempo bedeutet große körperliche Anstrengung, die Kaltblüter nicht hätten erbringen können. Um die Muskeln für solche Leistungen ausreichend mit

Sauerstoff zu versorgen, muß eine Wärmeregulation vorhanden sein. Die Ansichten des amerikanischen Forschers stützen sich auf zahlreiche Berechnungen und Rekonstruktionen von Dinosaurier-Skeletten.[33] Warum allerdings die Tiere zu Ende der Kreidezeit ausstarben, wird aufgrund der neuen Erkenntnisse noch rätselhafter. Bisher glaubte man, plötzlich einsetzende Kälte habe die faulen Riesen, die hauptsächlich im Wasser gelebt hätten (auch das bezweifelt man nun), zum Aussterben verurteilt.

Nimmt man aber an, eine Folge von Polsprüngen habe zu furchtbaren Katastrophen geführt, dann erscheint das Verschwinden der Saurier als logische Konsequenz. Das beginnende Zeitalter des Tertiärs ist geologisch als Zeitwende sehr genau markiert. Mit dem Verschwinden der Saurier endete auch das geologische Mittelalter (Mesozoikum).

Wir müssen mit einem nicht ganz störungsfreien Hirn existieren. Je leistungsfähiger es ist, je mehr es stapeln kann, je besser es reagiert und sich adaptiert, um so höher ist sein Wert in unserer Zivilisation. Funktioniert das Gehirn gut, verschafft es uns eine bessere Position und mehr Gewinn. Streben nach Wohlstand ist ja die transformierte Form der Nahrungssuche. Wir sind noch darauf programmiert, uns diese Nahrung durch Beutemachen, Bergen von Früchten, Sammeln von Samen und Ausgraben von Wurzeln sowie Jagen nach größeren und kleineren Tieren zu verschaffen. Das ist in unserer Gesellschaft nicht mehr möglich. So ist in unserer Zeit die Ausbeute der permanenten Jagd der wöchentlich oder monatlich ausbezahlte Lohn, der Gewinn im Geschäft, die Rendite aus dem Wertpapier oder die dynamisierte Rente. Alle Teile des Gehirns wirken zusammen, um uns diese „Nahrungssuche" zu ermöglichen.

Es gibt aber noch andere aus der Frühzeit stammende Verhaltensmuster, die unser etwas unzeitgemäß arbeitendes Hirn in andere Symbole umgesetzt hat. Da ist zum Beispiel der wuchtige Schreibtisch, hinter dem wir sitzen, oder das übermotorisierte Auto; alles „eroberte Trophäen"; da sind aber auch Teppiche, Barockmöbel, Farbfernseher, Kunstgegenstände und das Hirschgeweih im Jagdzimmer – wenn nur jedermann den Wert erkennen kann. Sie entsprechen dem Federschmuck des Indianers, der Drohgebärde des Tieres, dem prächtigen Rad eines balzenden Pfaus.

Unser Hirn ist, wie gesagt, rund 1400 Kubikzentimeter groß und in der Lage, Eindrücke zu speichern, Erfahrungen zu sammeln, neue Verhaltensmuster zu erlernen, Gelesenes aufzunehmen und zu reproduzieren. Vor allem aber gibt uns dieses Hirn mittels der Sprache die Möglichkeit zur Kommunikation. Das Sprechen, das Erzählen, das Fabulieren, die Beeinflussung unserer Mitmenschen durch die Sprache ist nur dem Menschen möglich. Natürlich können auch andere Lebewesen Warnrufe, Locklaute, Balz- und Brunfttöne ausstoßen oder ihre Artgenossen auf aufgefundenes Futter aufmerksam machen. Miteinander sprechen können aber nur Menschen; es ist sogar fraglich, ob unsere fernen Vorfahren fähig waren, zu artikulieren, Sätze zu bilden, abstrakte Begriffe zu formulieren.

Ein weiteres sehr wichtiges Merkmal des Menschen: er vermag auf zwei Beinen zu gehen. Das „Gehen auf zwei Beinen" erfordert ein sehr kompliziertes Zusammenspiel von Muskeln und Gelenken. Selbst die Halsmuskeln werden da eingesetzt, die Schritt für Schritt den Kopf ausbalancieren müssen. Wird der linke Fuß vorgesetzt, schiebt sich automatisch die rechte Schulter vor. Im gleichen Takt schwingen die Arme mit. Das Becken hingegen pendelt – sich über dem Standbein des rechten Fußes drehend – aus. Der rechte Fuß rollt den Schritt von der Ferse über die Zehen ab.

Der aufrechte Gang hat dem Menschen den entscheidenden Entwicklungstrumpf verliehen. Nur dadurch ist er imstande, seine Überlegenheit anderen Lebewesen gegenüber voll auszuspielen. Er kann seine beiden Hände frei gebrauchen; und das ist ein weiteres, sehr entscheidendes Merkmal. Die feinfühlige, empfindliche Hand, die dennoch kräftig zupacken kann, ist nicht nur dem Menschen eigen. Auch die Affen der Alten Welt, vor allem die Menschenaffen, besitzen ähnlich geformte Hände; vier Finger stehen jeweils dem Daumen in oppositioneller Stellung gegenüber. Durch diese Struktur wird die Hand zu einem höchst differenzierten Organ, das im Pinzetten- und Zangengriff äußerst sensible Tätigkeit ermöglicht, im Faustgriff aber höchste Kraftentfaltung zuläßt.

Erst wenn sich ein bestimmtes Zentrum im Kleinhirn entwickelt hat, kann der junge Mensch seine Finger präzise einsetzen. Schimpansen haben es schwer, zwischen Daumen und Zeigefinger kleine Gegenstände anzufassen und zu halten. Bei Menschenaffen erfolgt der Griff in erster Linie mit den Handinnenflächen; der Daumenballen ist ebenso daran beteiligt wie die fest geschlossenen vier Finger.

Die besonderen Merkmale des Menschen sind also, zusammenfassend: Der Mensch besitzt das höchstentwickelte Gehirn mit hoher Speicherkapazität und günstigen Voraussetzungen für Schaltkombinationen. Der Mensch geht aufrecht, seine Hände sind daher frei und für andere als der Fortbewegung dienende Tätigkeiten verwendbar. Diese Hände gestatten es, Werkzeuge anzufertigen und die bei diesen Tätigkeiten erworbenen Kenntnisse als Erfahrungswerte zu deponieren. Die Werkzeuge sind wieder so spezialisiert, daß sie den natürlichen Waffen der Tiere überlegen sind. Mit Händen schaffte sich der Mensch aber auch die Kleidung, die ihn befähigte, sich neue – infolge des rauhen Klimas ursprünglich nicht für ihn bestimmte – Lebensräume zu erschließen. Im Laufe der Entwicklung sind einige Sinne verkümmert: So hat sich der Geruchssinn rückgebildet.

Eines der markantesten Unterscheidungsmerkmale zwischen Tier und Mensch ist das Gebiß. Für den Paläontologen ist es der am häufigsten herangezogene Identitätsnachweis. Die fossilen Zähne sind die dauerhaftesten Visitenkarten der Urmenschen. Der Fachmann kann daraus erkennen, wie weit die Anthropogenese – die Entwicklung vom Affen zum Menschen – fortgeschritten war.

Mit den Affen der Alten Welt hat der Mensch die Anzahl der Zähne gemeinsam, nämlich 32. Affen der Neuen Welt verfügen über mehr Zähne. Ein menschliches Gebiß setzt sich aus Schneide-, Eck-, Backen- und Weisheitszähnen zusammen. Besonders die Backenzähne, die auch Mahlzähne bzw. Molaren genannt werden, weisen charakteristische Formen auf. Sie haben nicht so scharfe Zacken wie Affenzähne. Entscheidend ist, ob das Gebiß rund ist, ob also die Zähne nicht mehr in einer spitzen Schnauzenform angeordnet sind. Im Unterschied zu den Affen sind beim Menschen alle Zähne fast gleich lang; es gibt keine überlangen Reißzähne. Weil die Zahnsubstanz das widerstandsfähigste Körpermaterial ist, haben sich von vielen ausgestorbenen Tieren, aber auch von einigen frühen Menschenrassen, nur noch Zähne erhalten.

Wer – auf der Suche nach frühen Menschen – einen Steckbrief erließe, müßte die eben erwähnten Merkmale als wichtigste Kennzeichen des Homo einsetzen. Nur so wird die Fahndung nach Adam erfolgreich sein. Dann gilt es, jenen Zeitpunkt zu bestimmen, zu dem sich die Menschenrasse von den Stämmen unserer Affenväter abgespalten hat. Da aber setzen unüberwindlich scheinende Schwierigkeiten ein. Derzeit gibt es darüber nicht weniger als vier verschiedene Lehrmeinungen. Die Trennung könnte sich vor vierzig, dreißig oder zwanzig Millionen Jahren vollzogen haben. Nach anderen Ansichten ereignete sie sich erst vor weniger als zwei Millionen, vielleicht aber auch erst vor einer Million Jahren. Wo es vier Standpunkte gibt, gibt es auch vier Parteien. So kommt es bei Kongressen über diesen Fragenkomplex zu endlosen Diskussionen, und alle Debattenredner führen gewichtige Argumente für die Richtigkeit ihrer Thesen ins Feld.

## Menschenaffen und Affenmenschen

Die ersten Primaten tauchten als Halbaffen im Eozän, der zweiten Epoche des Tertiärs auf, also vor etwa 60 bis 65 Millionen Jahren. Speziell ein makiähnliches Tier, der *Notharctus*, scheint alle Merkmale dieser Art besessen zu haben. Auch die zu der lemurenartigen Familie der *Adapidas* zählenden Vorläufer der Affen, *Smilodectes* und *Tetonii* genannt, lebten im Eozän. Bei diesen Tieren scheinen drei besondere Merkmale auf, die später für den Menschen charakteristisch sind: die nebeneinanderliegenden Augen sowie Hände, die anstelle der Krallen flache Nägel zeigen, und Fingerspitzen mit feinfühligen Kuppen. Damals begann sich auch die spitze Schnauze rückzubilden.

Diese längst ausgestorbenen Tiere lebten auf Bäumen. Auf jenen Bäumen, die später den Grundstoff der Braunkohle bildeten. Der Paläozoologe nennt diese affenähnlichen Tiere *Prosimiae*. Sie hatten bereits ein relativ großes Gehirn. Wenn sie sich fortbewegten, richteten sie immer wieder ihre Körper auf. Allerdings waren ihre Hüftgelenke und Knie noch sehr stark abgewinkelt.

Das Zeitalter des Eozän, benannt nach Eos, der griechischen Göttin der Morgenröte, dürfte rund zwanzig Millionen Jahre gedauert haben. Ein unvorstellbar langer Zeitraum! Der Mensch ist nicht imstande, sich solche Spannen auch nur annähernd zu vergegenwärtigen. Die Geschichte mancher Gebiete auf unserem Planeten kann aus schriftlichen Aufzeichnungen rekonstruiert werden. Sie umfaßt dann aber maximal einen Zeitraum von 5000 Jahren. Doppelt so lang ist es her, seit die Gletscher zurückgegangen sind und die letzte Eiszeit endete. Was sich in jenen 5000 Jahren der Vorgeschichte ereignet hat, versucht man aus Einzelfunden zu rekonstruieren. Dennoch ist unser Wissen über diese Epoche äußerst mangelhaft. Der Versuch, einen großen Zeitraum, angenommen 20.000, 30.000, 40.000 oder gar 50.000 Jahre historisch zu erfassen, ist aussichtslos. 50.000 Jahre ist sozusagen die letzte erreichbare Zeitgrenze, die mit physikalischen Mitteln überhaupt untersucht werden kann: Mit Hilfe der sogenannten C-14-Methode kann das Alter von organischen Substanzen bestimmt werden.

Zwar kennt man heute neben der C-14-Methode auch auf atomphysikalischen Phänomenen basierende Untersuchungstechniken, mit deren Hilfe man das Alter bestimmter Gesteinsarten, verschiedener Bodenschichten und organischer Substanzen ermitteln kann. Aus dem Verhältnis gewisser Isotopen, die sich beim Zerfall in andere Elemente verwandeln, können die Geburt mancher Gesteine und der Tod von Lebewesen datiert werden. Dabei erhöht sich allerdings die Toleranzgrenze sprunghaft, je älter ein Fossil ist. Es fehlt auch an sich überlappenden Techniken, so daß für einige Epochen keine exakten Zeitangaben möglich sind. Bei organischen Substanzen ist es relativ einfach: Ein Stück Holzkohle, das vor dreitausend Jahren als Rest eines Lagerfeuers zurückgeblieben ist, kann mit Hilfe der Kohlenstoff-14-Methode datiert werden. Freilich ist man nur in der Lage, das Jahr des Fällens festzulegen. Man wird also feststellen können: Diese Holzkohle ist vor 3000 Jahren – plus/minus 150 Jahren – entstanden; der Baum kann also frühestens vor 2850 Jahren oder spätestens vor 3150 Jahren abgestorben sein. Wahrscheinlich brannte das Holzscheit an irgendeinem Tag innerhalb dieser 300 Jahre, wobei es nicht ganz veraschte, sondern verkohlte.

Der Isotopenkalender wird – wendet man ihn bei größeren Zeiträumen an – in steigendem Maße unverläßlich. Bei 35.000 Jahren beträgt dieser Unsicherheitsfaktor bereits plus/minus 1300, also 2600 Jahre. Nun ist die C-14-Altersbestimmung im Augenblick die exakteste Datierungsmöglichkeit. Fossile (also organische) Gegenstände, die älter als 50.000 Jahre sind, können – von ganz wenigen Ausnahmen abgesehen – nicht mehr durch kernphysikalische Altersermittlungen datiert werden. Man bestimmt ihr Alter indirekt aus Mineralien, die in ihrer Umgebung liegen. Diese Materialien müssen ebenfalls radioaktive Elemente enthalten. Das ist etwa dann der Fall, wenn Pechblende mit Uran und Thorium bzw. Glimmer mit Kalium vorhanden sind. Auch andere Gesteine enthalten Isotope, aus denen man auf ihr Alter schließen kann. Daß freilich, wie auch bei der C-14-Methode, durch plötzliche Veränderungen im Isotopenverhältnis Fehler entstehen können, liegt auf der Hand. Weist das Isotopenmaterial lange Halbwertzeiten auf, wird die Altersbestimmung weniger exakt.

Sehr häufig wird die Kalium-Argon-Methode zur Datierung eingesetzt. Mit ihrer Hilfe kann das Alter von Gesteinen, die älter als etwa 300.000 Jahre sind, bestimmt werden. Wenn wir rund fünfzig, sechzig Millionen Jahre alte Knochenreste finden, ergibt sich ein Unsicherheitsfaktor von bestenfalls plus/minus 500.000 Jahren. Das sind Zeiträume, in denen es in der Tierwelt zu gewaltigen Veränderungen gekommen sein muß. Während einer Periode von einer Million Jahren haben sich ganze Arten entwickelt oder sind für immer von unserem Planeten verschwunden.

Eine so enorm lang dauernde Ära müssen wir aber als Unsicherheitsfaktor in Kauf nehmen. Deshalb klingt es geradezu blasphemisch, wenn es in der Humanpaläontologie heißt: „Innerhalb der folgenden 13 bis 15 Millionen Jahre dürfte sich in der Entwicklung der Prosimiae nicht viel getan haben." Doch selbst wenn wir differenziertere Messungen vornehmen könnten, wäre über die Entwicklungsgeschichte des Menschen nicht viel mehr zu eruieren, fehlt es doch an entsprechenden Fossilien.

*An der Wurzel des Menschenstammbaumes*

In der dem Eozän folgenden Epoche, dem Oligozän, tauchten die ältesten der sogenannten Anthropoiden auf: der Aegyptopithecus wurde im Fajum in Oberägypten gefunden. Dort muß vor etwa 25 bis 35 Millionen Jahren dichter, tropischer Urwald bestanden haben, in dem zahlreiche affenähnliche Primaten lebten. Der Aegyptopithecus hatte einen ziemlich nahen Verwandten, den Propliopithecus. Einige Anthropologen halten den Aegyptopithecus für den unmittelbaren Vorfahren des Menschen, andere lehnen diese Ansicht ab und meinen, er sei Urahn der Schimpansen und Gorillas. Innerhalb eines bestimmten Zeitraumes – man gibt hier oft mehrere Millionen Jahre an – entwickelten sich diese frühen Primaten zu Brachiatoren: das heißt, es bildeten sich bei diesen Lebewesen kräftige und muskulöse Arme. Schließlich konnten diese Primaten jeden Arm abspreizen und so einen halbkugeligen Raum erreichen. Die Hände wurden frei beweglich und für manuelle Tätigkeiten brauchbar. Die Brachiatoren konnten sich, im Gezweig hängend, von Ast zu Ast weiterhangeln. Sowohl die Knochenstruktur als auch die Muskulatur veränderten sich. Die Unterarme wurden länger, und besonders die vier dem Daumen gegenüberliegenden Finger (Oppositionsstellung des Daumens) bildeten sich zum festen Zugreifen aus. Dieser Prozeß ging allerdings sehr langsam vor sich: Weder der Propliopithecus noch der nachfolgende Pliopithecus dürften diese Eigenschaften schon voll entwickelt haben.

Diese Tiere waren nicht sehr groß. Der Pliopithecus wog zwischen acht und zwölf Kilogramm und dürfte ein Vorfahr des Gibbons gewesen sein. Der erste Fund von Pliopithecus-Knochen gelang dem französischen Paläontologen Edouard Lartet im Jahre 1834. Obwohl man inzwischen schon zahlreiche andere Fossilien dieser ausgestorbenen Affenart gefunden hat, gibt es über das Aussehen und die Stellung des Pliopithecus in der Genealogie des Menschen noch zahlreiche ungeklärte Fragen.

Ein affenähnliches Wesen, das verschiedene menschliche Merkmale aufweist, wurde in Kenia entdeckt: der Proconsul. Vermutlich haben diese Primaten vor 25 bis 30 Millionen Jahren gelebt. Sie scheinen dem Gorilla und Schimpansen näher verwandt zu sein als dem Menschen, aber es zeigen sich gegenüber der Anatomie von Menschenaffen doch verschiedene auffällige Abweichungen. Die meisten Schädel- und Knochenteile des Proconsuls entdeckte man auf einer Insel im Victoria-See. Man unterscheidet drei Arten dieses Typs: den Proconsul africanus, den Proconsul major und den nanzae.

Den hochtrabenden Titel Proconsul erhielten die Affenmenschen nicht nach dem in der römischen Republik zu vergebenden Amt. Der afrikanische Frühaffe heißt nach einem zahmen Schimpansen, der zufällig Consul gerufen wurde. Bei der Untersuchung hatte man große Übereinstimmung zwischen den Skeletten heutiger Schimpansen und den Millionen Jahre alten Knochen entdeckt.

Der Proconsul hatte noch spitze Eckzähne. Seine Backenzähne unterschieden sich jedoch schon sehr beträchtlich von den Molaren der heutigen Menschenaffen. Bei der Untersuchung der Schneidezähne entdeckte man überraschenderweise das sogenannte Cingulum, einen kleinen Wulst aus Zahnschmelz, der bei menschlichen Zähnen an der Innenseite zu finden ist. Der Proconsul dürfte in Baumkronen gelebt haben. Im Vergleich zu Orang-Utans oder Gorillas waren seine Arme wesentlich kürzer. Sein Schädel weist keinen knöchernen Scheitelkamm auf, wie er an den meisten Affenschädeln zu finden ist. Ebenso fehlen die für Affen charakteristischen Augenbrauenwülste. Selbst der Neandertaler hatte noch sehr starke Knochenwülste. Der Proconsul besaß zwar auch eine vorspringende Schnauze mit einem kräftigen Gebiß, seine Augenhöhlen und sein Stirnansatz waren aber viel „menschlicher" als die Schädelreste Millionen Jahre jüngerer Frühmenschen.

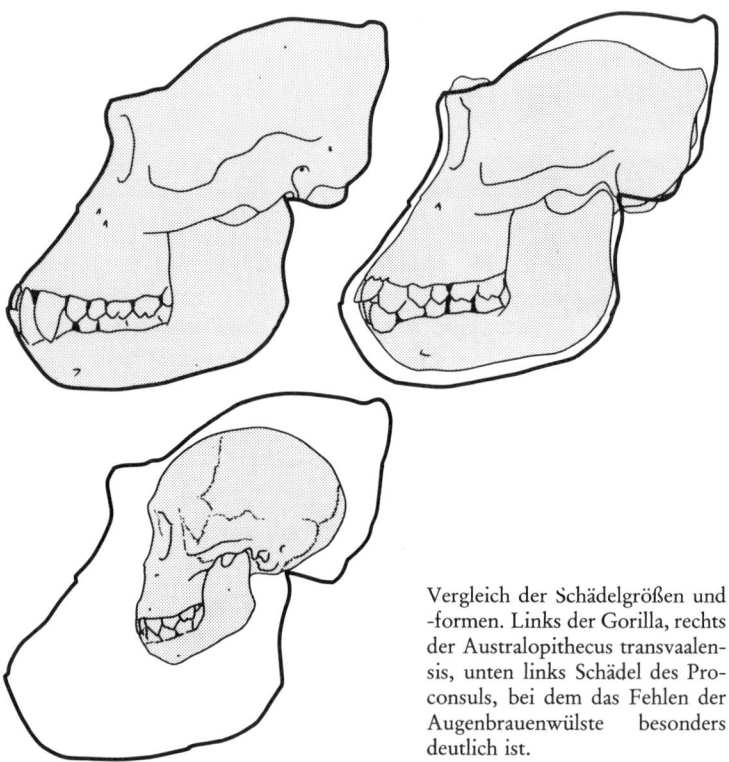

Vergleich der Schädelgrößen und -formen. Links der Gorilla, rechts der Australopithecus transvaalensis, unten links Schädel des Proconsuls, bei dem das Fehlen der Augenbrauenwülste besonders deutlich ist.

Eine Zeitlang meinten viele Anthropologen, der auf der Rusinga-Insel im Victoria-See gefundene Proconsulschädel gehöre einem Wesen an, das in die Ahnenreihe des Menschen einzuordnen sei. Später änderten sie ihre Ansicht. Heute, da man schon viele Proconsul-Fossilien gefunden hat, glaubt man ziemlich einhellig, der Proconsul gehöre einer Seitenlinie der menschlichen Rasse an. Vielleicht war er nur eine Abart des sogenannten Dryopithecus, einer in jüngeren Erdschichten gefundenen urtümlichen Menschenaffenart. Verschiedene frühe Menschenaffenarten scheinen nebeneinander in Rudeln gelebt zu haben.

Der erste echte Großaffe – er wurde etwa einen Meter groß und hatte ein Gewicht von 25 bis 30 Kilogramm – ist dieser Dryopithecus. Man entdeckte die Fossilien in geologischen Schichten, die 20 Millionen Jahre alt sein dürften. Zwölf Millionen Jahre lang scheinen sich die Dryopithecinen gehalten zu haben. Man hat Fossilien dieser Art sowohl in Süd- und Mitteleuropa wie auch in der Türkei und in Indien festgestellt.

Wieder war es der französische Paläontologe Edouard Lartet, der bereits 1856 in der Haute Garonne bei der Ortschaft Saint-Gaudens den ersten Unterkiefer eines Dryopithecus, der auch Eichenaffe genannt wird, gefunden hatte. Er entsprach nicht mehr einem Affengebiß, wies aber auch noch nicht die für Menschen typischen Charakteristika auf. Die Schneidezähne waren zwar viel schmäler als jene der Affen. Auch die „Zahnlücken", die sogenannten Diastemata, in der die beiden Reißzähne des Kiefers Platz haben, waren nur mehr sehr schmal, aber es waren eben noch sehr spitze Eckzähne im Unterkiefer vorhanden.

Heute meinen die meisten Paläoanthropologen, der Dryopithecus wäre nur ein Vorfahre der Menschenaffen und nicht des Menschen selbst gewesen. Vor allem jene Forscher, die eine frühe Spaltung der Primatenstämme annehmen, lehnen es ab, im Eichenaffen einen Urahn unseres Geschlechtes zu sehen.

Wie heute Gorillas, Schimpansen und Orang-Utans gleichzeitig existieren, scheint auch der Eichenaffe einen Vetter gehabt zu haben, der gleichzeitig mit ihm auf Bäumen hauste. Er trägt den schönen Namen Oreopithecus. 1872 wurde in der Toscana (Italien) ein Kiefer dieser Frühaffenart gefunden. Der Oreopithecus war bereits ein sehr kräftiger Junge, vermutlich der erste Primat, der seine vorderen Extremitäten nicht mehr zum Gehen verwendete. Mit kühnem Schwung schaukelte er sich von Baum zu Baum, durch Urwälder, die später in Braunkohlenflöze verwandelt wurden. In einer Braunkohlengrube bei Grosetto, einer Stadt, die ebenfalls in der Toscana liegt, fand man im Jahre 1958 ein fast vollständiges Skelett.

Alle diese Affenmenschen, diese affenähnlichen Menschen oder menschenähnlichen Affen, lebten in Baumkronen. Ihre Umwelt waren die tropischen oder subtropischen Wälder. Sie ernährten sich hauptsächlich von Früchten und Blättern, suchten vermutlich nach Käferlarven, waren aber doch überwiegend Vegetarier. Nun stellt sich die Frage: Wer hat mit welchen Versprechungen unsere äffischen Ahnen aus dem Urwald gelockt? Warum diese glücklich im Paradies der grünen Urwälder lebenden Menschenaffen plötzlich in die Steppe wanderten, ist mehr als schleierhaft.

Möglicherweise stammen viele der ausgegrabenen Fossilien jeweils von den letzten Individuen eines Stammes, einer Rasse. Daß sich Knochen erhalten, ist ja die Ausnahme. Auf der Erdoberfläche verwittern Gebeine sehr rasch. In kalkhaltigen Böden können sie hingegen versteinern. Fast stets findet man verschiedene Fossilien auf engstem Raum beisammen. In einer bestimmten geologischen Schicht haben sich Tausende oder Millionen Knochenreste erhalten. Die Horizonte darüber und darunter sind hingegen fossilienleer. Es sieht oft aus, als sei man auf regelrechte Friedhöfe gestoßen. Wer aber hat diese Vielfalt an Knochen zusammengetragen? Wenn man an die Folgeerscheinungen von Polsprüngen denkt, wird es vorstellbar, daß etwa die Fluten eines durch Erdrutsch aufgestauten Flusses mit sintflutartigen Überschwemmungen und Springfluten die Leichen von Tausenden Tieren anschwemmten und mit Kalkschlamm oder Lößerde bedeckten. So entstanden die Fossilien nach Katastrophen und zeugen aber auch von diesen Sintfluten.

Einem vermutlich legitimen Vorfahren des Menschen dürfte vor etwa 14 Millionen Jahren die Geburtsstunde geschlagen haben. Damals jedenfalls schien der nächste Sproß in der Entwicklungsreihe der Primaten auf. Nach Ansicht einer Gruppe von Anthropologen könnte er sich von seinen weitverzweigten Onkel- und Großonkelstämmen bereits dadurch unterschieden haben, daß er auf zwei Beinen dahinschritt. Der menschliche Anthropoide wurde Ramapithecus genannt. Weil er eher einen Gorilla-Look trug als menschliche Züge, wurde auch der Ramapithecus von anderen Humanpaläontologen aus der menschlichen Ahnengalerie verstoßen. Allerdings ist der Ramapithecus an diesem Meinungs-streit gewissermaßen selbst schuld, denn bisher präsentierte er sich nur durch Kiefer und Zähne. Andere Knochen von ihm haben sich nicht gefunden.

Dennoch sagen auch die Zähne einiges aus. Die Anthropologen haben nämlich mit kriminalistischem Spürsinn die Verhaltensweise des in grauer Vorzeit lebenden Ramapithecus zu klären versucht. Der amerikanische Paläoanthropologe G. E. Lewis fand im Jahre 1932 in Siwalik, Indien, das erste entsprechende Gebiß. Nach Untersuchungen seines Fundes kam er zu der Überzeugung, dieser Oberkiefer mit den zwei vorderen und den zwei hinteren Backen-zähnen sowie einem Eck- und einem Schneidezahn sei das Kauwerkzeug des ersten echten Prähominiden, also eines Vorfah-ren des Menschen. Zu Ehren des indischen Helden Rama – er ist Gott Vischnu in seiner siebenten Inkarnation – erhielt der älteste Einwohner des Subkontinents dessen Namen.

Was sagten nun die Zähne aus? Sie weisen ein stärkeres Zahnemail auf als Zähne anderer Anthropoiden aus der gleichen Zeit. Der Ramapithecus dürfte also kein Bananenfresser gewesen sein. Seine Kost scheint nicht mehr, wie etwa bei Schimpansen, fast ausschließlich aus reifen Früchten bestanden zu haben, sondern aus kräftigeren Nahrungsmitteln. Der indische Großaffe dürfte nicht nur Nüsse, Wurzeln, Samen, Insektenlarven, Schößlinge und Vogeleier geliebt haben, er scheint auch ein Jäger gewesen zu sein. Diese für einen Primaten offensichtlich neue Lebensweise trug ihm den Namen Raubaffe ein.

### Sensationen aus der Olduvaj-Schlucht

Gut Ding braucht Weile. Daß der Ramapithecus ein Vorfahre des Menschen sei, wurde zunächst nur vom Entdecker Lewis und einigen seiner Freunde geglaubt. Später fand man einen weiteren Unterkiefer in Indien und benannte seinen Träger nach dem Hindugott Brahmapithecus. Aber sowohl die Fossilien des Rama- wie auch des Brahmapithecus verschwanden in den Schubladen von Museen. Ja, manche Humanpaläontologen waren sogar der Meinung, man habe da nichts anderes als die Überreste von relativ jungen Affenarten entdeckt. Dann erhielt Lewis unerwartete Schützenhilfe aus Afrika: ein sehr berühmter Paläoanthropologe, Louis B. Leakey, fand in Fort Ternan (Kenia) Fossilien, die den Kiefern des Rama- und Brahmapithecus sehr ähnlich waren. Nun wurde der ganze Fragenkomplex neu aufgerollt und in der Fachwelt diskutiert. Leakey war es auch, der zum erstenmal das Alter der Schädelteile schätzte, beziehungsweise durch Isotopen-Untersuchungen eine Datierung vornahm: der Fund ist 14 Millionen Jahre alt. Neuerliche Untersuchungen lassen vermuten, daß die indischen Ramapithecinen um etwa zwei bis drei Millionen Jahre jünger sind als der von Leakey gefundene Schädel, den er Keniapithecus wickeri taufte.

Fast zu gleicher Zeit, als Leakey seine Ausgrabungen in Fort Ternan machte, reiste der amerikanische Professor Elwyn Simons von der Universität Yale von einem anthropologischen Institut zum anderen und untersuchte die Fossilien in den Sammlungen. Simons versuchte, alle Knochenreste von prähistorischen Affenmenschen und Hominiden zu klassifizieren und besonders prägnanten Typen zuzuordnen. Er ist erklärter Gegner der Aufsplitterung in die verschiedensten Spezies. Er studierte auch die Fossilien der Ramapithecinen. Als er sich den Keniapithecus wickeri angesehen hatte, fand auch er Übereinstimmungen zwischen den Knochen des indischen Ramapithecus und den von Leakey gefundenen Fossilien. Schließlich kam er zur Überzeugung, auch Leakey habe, rund 6000 Kilometer entfernt von Indien, Spuren von der Existenz eines Individuums gefunden, das offensichtlich sehr weit über die Erde verbreitet gewesen sein muß. Dennoch waren selbst für Simons der Ramapithecus und seine Vettern nur Seitenzweige im Stammbaum des Menschen. Er hält sie für eine sehr selbständige Affenmenschen-Familie mit dem gleichen Schicksal wie andere Tierarten, die menschenaffenähnliche Charakteristika aufwiesen, dann aber ausstarben. Simons beurteilte die Fossilien der Ramapithecinen zwar nicht wie andere Anthropologen. Er hält sie nicht für eine Unterabteilung des

56

Dryopithecus, sondern für eine eigene Art früher prähominider Menschenaffen, glaubt jedoch, sie seien für die Menschwerdung ohne Bedeutung. Anders dagegen Louis B. Leakey.

Er war bald in der Lage, seine Entdeckung mit einem zweiten Fund zu vergleichen, der allerdings aus dem Jahre 1902 stammte, später aber mehr oder weniger in Vergessenheit geraten war. Das Fragment, ein Oberkiefer, war einem Affenmenschen, dem Keniapithecus africanus, zugeschrieben worden. Leakey war felsenfest davon überzeugt, zum erstenmal zwei echte Vorfahren des Menschen entdeckt zu haben. Der Forscher meinte dazu: „Zwar ist diese Ansicht nicht allgemein anerkannt, aber das Beweismaterial ist sehr überzeugend. Jedenfalls ist der Keniapithecus africanus viel eher Vorfahre des Menschen als die gleichzeitig mit ihm lebenden anderen Menschenaffen." In weiterer Folge meint der Forscher: „Der Keniapithecus wickeri hat nicht nur typisch hominide physische Eigenschaften, wie kleine Eckzähne, schaufelförmige Schneidezähne, einen gerundeten Unterkiefer und ein kurzes Gesicht, sondern benützte auch Steine zum Aufbrechen der Schädel- und Röhrenknochen von Antilopen, um Hirn und Mark herauszusaugen. Das belegen Funde von Knochen und Hirnschalen, die eingedrückte Brüche aufweisen, und ein Stein mit Spuren, die anzeigen, daß er zum Zerschlagen von Knochen benutzt wurde. Mit anderen Worten: Ein im späten Miozän, vor etwa zwölf Millionen Jahren, in Kenia lebender Vorfahre hat seine Ernährung schon über die nur pflanzliche hinaus mit tierischem Eiweiß ergänzt."[34]

Leakey bewies in diesem Fall unglaublichen Scharfblick und überraschende Beobachtungsgabe. Er hatte in Fort Ternan die vielen herumliegenden Knochenreste untersucht. Dabei waren ihm einige Steine aufgefallen, die offensichtlich nicht ganz zu den Gesteinsmaterialien paßten, unter denen sie lagen. Es handelte sich um basaltische Felsbrocken, die aber etwas kleiner waren als die losen Gesteinsknollen abseits in der gleichen Schicht. Es hatte den Anschein, als wären die Knollen zertrümmert worden. Nun verglich Leakey die fossilen Knochen mit den scharfkantigen Steinen; dabei entdeckte er mehrere Knochen, die ganz charakteristische Hiebmerkmale aufwiesen. In diese Marken paßte genau ein Stein, der an einer Seite knollenartig, an der anderen scharfkantig war. Offensichtlich hatte der Keniapithecus mit diesem Stück Stein versucht, an das Knochenmark heranzukommen. Er hatte also ein „Werkzeug" benützt. Das zeugt von Intelligenz, und Intelligenz ist eine menschliche Eigenschaft.[35]

Allerdings wird diese Erkenntnis etwas getrübt durch die Beobachtung eines anderen weltberühmten Anthropologen. Der amerikanische Forscher J. S. Weiner berichtet über einen Kapuzineraffen im Londoner Zoo, der, ohne daß er dazu angehalten worden war, ebenfalls Werkzeuge verwendete. Konnte das Äffchen mit seinen Zähnen eine Nuß nicht knacken, ergriff es mit beiden Händen einen schweren Markknochen und hieb damit auf die Nuß so lange ein, bis diese aufbrach.[36]

In Südafrika leben Vögel, die Steine aufheben und als „Bomben" benützen. Diese kiebitzähnlichen Tiere trinken gerne Straußeneier aus. Mitunter ist aber die Schale dieses riesigen Vogeleis zu hart. Dann nehmen die kleinen Vögel einen Stein und lassen ihn auf das Ei fallen. Sie wiederholen ihre Versuche so lange, bis das Straußenei zerbricht. Jane van Lawick-Goddall berichtet von Schimpansen, die Termitenhügel aufbrachen und die Insekten mit Halmen herauskitzelten, Zweige knickten, vorsorglich die Blätter abstreiften und die Äste auf ein handliches Knüppelmaß zurichteten. Mit diesen Keulen gingen die Tiere gegen Feinde vor. Die Gegner wurden auch mit gezielten Steinwürfen vertrieben.

Der Gebrauch von Werkzeugen scheint also nicht immer spezifisch menschlich zu sein. Das spricht aber nicht gegen Leakeys brillante Beobachtungsgabe und seine kühnen Schlußfolgerungen.

Wer war dieser Louis S. B. Leakey? Wenn er auch wiederholt der Meinungsphalanx seiner Kollegen gegenüberstand, gilt er dennoch als „Großmeister" unter den Paläoanthropologen. So sehr seine Kollegen viele seiner Ansichten bekämpften, die großen Leistungen, die Leakey bei der Erforschung des Urmenschen erbrachte, anerkennen sie uneingeschränkt.

Leakey starb am 1. Oktober 1972 im Alter von 69 Jahren in London, eben, als er neue Großprojekte entwarf. Seine Pläne, das Dunkel um die Evolution des Menschen weiter zu erhellen, werden nun von seinen Söhnen verwirklicht. Leakey war im Jahre 1903 in Kenia als erstes weißes Kind in diesem britischen Kolonialland zur Welt gekommen. Sein Vater war Missionar. Auf der Station verbrachte der Junge seine Kindheit und Jugend. Seine Spielkameraden waren Eingeborene, die im Missionsunterricht das kleine Einmaleins und das ABC erlernten. Leakey hat seine erlebnisreichen und aufregenden Jugendabenteuer in seinem Buch „Black African" veröffentlicht. Er schildert dort die Freundschaften mit seinen Spielgefährten, die fast alle dem Stamme der Kikujus angehörten. Der Junge konnte sich mit seinen schwarzen Kameraden in ihrer Mundart unterhalten. Er sprach die Kikuju-Dialekte besser als englisch. Nach der Grundschule übersiedelte er nach England. Als „Fellow of St. John's College" belegte er in Cambridge die Fächer Urgeschichte und Anthropologie. Schon 1934 schrieb er sein erstes Fachbuch, „Adam's Ancestors". Es wurde ein großer Erfolg. Der junge Wissenschaftler kehrte in sein afrikanisches Geburtsland zurück. Von diesem Zeitpunkt an wurde sein Name fast stets in Verbindung mit der sogenannten Olduvaj-Schlucht (Serengeti-Steppe) genannt. Daß die an Fossilien und kulturellen Überresten aus der frühen Steinzeit so reiche Olduvaj-Schlucht überhaupt entdeckt wurde, ist reiner Zufall. Im Jahre 1911 verfolgte in der damals in Deutsch-Ostafrika gelegenen Steppe ein deutscher Schmetterlingssammler einen besonders schönen Falter: Dr. Kattwinkel – er war im östlichen Zipfel der Ebene unterwegs – übersah in seinem Jagdeifer einen Abhang. Vermutlich wäre der junge Zoologe zu Tode gestürzt, wäre es ihm nicht gelungen, sich an einem Busch festzuklammern. Er turnte sich auf eine kleine Plattform, die etwa in halber Höhe des Abhangs zur Schlucht liegt. Reichlich zerschunden, versuchte er nun, seiner mißlichen Lage zu entrinnen, und kletterte den Steilhang hinab. Als er sich an einem Stein anhielt, brach dieser aus. Schon wollte Kattwinkel das Felsstück wegwerfen, als er bemerkte, einen fossilen Knochen in der Hand zu halten. Später stellte sich heraus, daß er das Bein eines dreizehigen Pferdes gefunden hatte.

Der heißbegehrte Schmetterling war zwar davongeflogen, aber der fossile Knochen sollte sich als größere Sensation erweisen. Nach Berlin zurückgekehrt, zeigte Kattwinkel den Fund seinen Kollegen vom urgeschichtlichen Institut der Universität. Er animierte die deutschen Professoren, eine Expedition auszurüsten. Anfang 1913 war es soweit. Leiter des Unternehmens war der Berliner Professor Reck, der eigentlich Vulkanologe war, doch auch Zoologie studiert hatte. Über ein Jahr lang dauerte diese Expedition. Als der Professor nach Berlin zurückkehrte, brach der Erste Weltkrieg aus. Danach gab es keine deutschen Kolonialgebiete mehr. Ostafrika war britisch geworden. In Deutschland herrschte bittere Not. An größere Forschungsprojekte war nicht zu denken. Nach der Inflation traf die einsetzende Weltwirtschaftskrise auch die wissenschaftlichen Institute besonders hart; es gab praktisch keine Möglichkeit, Studienprojekte zu finanzieren.

Leakey war Anfang der dreißiger Jahre heimgekehrt. Niemand hätte ihn daran hindern können, allein in die Serengeti-Steppe zu fahren und dort die Grabungsarbeiten fortzusetzen. Aber der angehende britische Gelehrte hatte Zeit seines Lebens ein ausgeprägtes Gefühl für fair play. Er lud den deutschen Professor Reck ein, mit ihm gemeinsam die weiteren Forschungen durchzuführen. Ja, Leakey erklärte sich sogar bereit, Professor Reck, der dazu nicht in der Lage war, die Reise und den Aufenthalt in Afrika zu finanzieren.

Leakeys Beobachtungsgabe war geradezu unwahrscheinlich. Seine Kollegen hatten zuweilen den Eindruck, er steuerte wie magisch angezogen einem bestimmten Punkt zu, um dort ein kaum sichtbares Fossil zu entdecken. Er hatte sich die Techniken der Steinzeitjäger angeeignet. Mit wenigen Hieben konnte er Steingeräte und Waffen herstellen, die den jeweils ausgegrabenen sehr ähnlich waren. Er häutete mit diesen Steinwerkzeugen in erstaunlich kurzer Zeit Antilopen ab oder zeigte, wie rasch man eine Steinspitze oder einen Speer herstellen kann.

60

Der Faustkeil war das erste Werkzeug des Menschen, das eine sorgfältige Bearbeitung erforderte.

Die Olduvaj-Schlucht ist zwischen fünfzig und hundert Meter tief. An vielen Stellen ist der Steilabhang unbewachsen und läßt deutlich vier Schichten erkennen. In der untersten Etage liegen die primitivsten Geräte. Sie werden „Olduvan" genannt. Man benötigt allerdings große Fachkenntnisse, um den Charakter dieser Steingeräte zu erkennen. In den höheren Schichten liegen „technisch fortgeschrittene" Geräte. Die Faustkeile (Biface-Geräte = Zweiseiter) wurden nicht mehr einfach abgekantet; sie sind bereits an zwei Seiten angeschlagen. Dadurch entstand eine keilförmige Schneide mit einer breiten Spitze. Dort, wo die Hand dieses Werkzeug anfaßte, beließ man meist die runde Knollenform des Feuersteins.

Als Leakey mit ·Reck zur Olduvaj-Schlucht reiste, war das bereits seine dritte Expedition. Vorher hatte er im Gebiet des Victoria-Sees und an verschiedenen anderen Plätzen Ostafrikas gegraben. Diese Forschungen hatten ihm sensationelle Erfolge gebracht. Heute gibt es kaum eine zusammenfassende anthropologische oder paläontologische Arbeit, in der nicht auch Louis S. B. Leakey genannt ist. Er war nicht nur der Motor der prähistorischen Forschung im östlichen Teil Afrikas, er war auch Promotor verschiedener Expeditionen. So protegierte er die bereits genannte englische Verhaltensforscherin Jane van Lawick-Goddall, die berühmt wurde, weil sie jahrelang allein mit einer Gruppe wilder Schimpansen im Urwald lebte. Die Hoffnung mancher Fachkollegen, der Tod von Louis Leakey werde ein Einschlafen der revolutionären Ideen in der Humanpaläontologie zur Folge haben, erfüllten sich nicht. Unter der Leitung des 1940 geborenen Richard Leakey setzte die Familie ihre aufsehenerregenden Berichte fort. Eine Gruppe einheimischer Forscher hat sich inzwischen dem Grabungsteam angeschlossen. Seither nennt die Fachwelt den Leakey-Clan nur mehr die „Hominiden-Gang".

Nur einmal wurde Leakeys Tätigkeit unterbrochen: In den fünfziger Jahren, als die Mau-Mau-Aufstände Tod und Verderben über Kenia brachten. Ohne militärischen Schutz ging Leakey in den Busch und suchte jene Stämme auf, in denen seine ehemaligen Spielkameraden, die Kikujus, lebten. Er beschwor sie, Frieden zu machen. Leakeys Bruder – er besaß eine Farm in Kenia – wurde damals auf grauenhafte Weise ermordet. Als der Aufstand, der vermutlich nur deshalb ausgebrochen war, weil die britischen Kolonialbehörden die alten Stammesriten, darunter die Beschneidung der Mädchen, verboten hatten und Verstöße gegen dieses Gesetz mit hohen Strafen bedrohten, schließlich zusammenbrach, wurde Leakey Dolmetscher. Er übersetzte vor Gericht die Kikuju-Dialekte. Für einige Mau-Mau-Angehörige, von denen er wußte, daß sie gezwungenermaßen in die Revolte hineingezogen worden waren, bezahlte Leakey sogar die Kosten der Verteidigung.

Erst als Ruhe im Land eingezogen war, konnte Leakey seine Grabungen wieder aufnehmen. Bald danach entdeckte er den Keniapithecus wickeri (1961). Schon zwei Jahre zuvor hatte man an Ort und Stelle zu graben begonnen und nach und nach etwa 1200 Fossilien freigelegt; fast durchwegs Knochen von Tieren, von denen man annimmt, sie seien von den Affenmenschen erbeutet worden. (Es könnte aber ebensogut eine Anschwemmung erfolgt sein!) Darunter befanden sich auch jene Antilopenknochen, die mit Hilfe eines Lavabrockens aufgeschlagen worden waren. Viele Knochen befanden sich noch im Verband mit anderen. Weder Aasgeier noch Schakale oder Hyänen, die es ja damals schon gab, hatten sie verschleppt. Die meisten Tiere mußten durch ein Naturereignis getötet und gleichzeitig von einer Schicht einsedimentiert worden sein. Und diese Schicht, die über den Knochen lag und auch den Vormenschen vom Stamme des Keniapithecus unmittelbar nach seinem Tod bedeckt hatte, besteht aus vulkanischer Asche. Wie in Pompeji und Herculaneum muß ein ungeheurer Vulkanausbruch in der Nähe der heutigen Schlucht stattgefunden haben. Nicht nur in Afrika, auch an anderen Plätzen hat man immer wieder Fossilienansammlungen gefunden. Aus der Lage der Knochen oder des Gesteinsmaterials konnte man stets auf Katastrophen schließen. Sandstürme, Schlammuren oder Sintfluten sind häufig zu erkennen. Wenn Fossilien bis auf unsere Tage erhalten bleiben, ist das – wie gesagt – nicht die Regel, sondern die Ausnahme. Skelette, selbst Zähne, vermodern innerhalb von hundert Jahren fast vollkommen. Damit die Natur Knochenteile präparieren kann, sind viele Voraussetzungen erforderlich. Von den Milliarden Lebewesen, die alljährlich sterben, wird ein, zwei Jahrhunderte nachher keine Spur übriggeblieben sein. Selbst Muschelschalen, Schneckengehäuse und die Zähne von Raubfischen lösen sich auf. Wenn ein Knochen Millionen Jahre überdauert hat, ist das keineswegs die Norm, sondern ein Wunder.

*Polsprünge trieben die Vormenschen in die Steppe*

Will man eines der großen Rätsel lösen, nämlich wann und warum die Vormenschen den Wald verlassen haben und zu Jägern wurden, muß man versuchen, aus dem Verhalten der Menschenaffen auf die Lebensart der Vormenschen zu schließen. Eine Möglichkeit wäre die zwingende Notwendigkeit, andere Nahrung anzunehmen, als sie der Urwald zu bieten hatte.

Wir wissen heute, daß etwa die Kost der Schimpansen nicht nur

aus Früchten, Insekten und „vegetarischem" Futter besteht.
Mitunter machen die Großaffen Jagd auf kleinere Artgenossen. Sie
töten sie und fressen ihr Fleisch. Jane van Lawick-Goddall hat
derartige Jagden mehrmals beobachten können. Ja, es werden
sogar Fälle von Kannibalismus in Affenhorden berichtet. So
töteten ältere Tiere ein nur wenige Wochen altes Schimpansenbaby
und aßen das Fleisch.

Nach neuesten Forschungen sind nicht nur Schimpansen, sondern auch Paviane Allesfresser. S. L. Washburn und Irven DeVore
berichteten als erste über fleischfressende Paviane. Schon im Jahre
1959 konnten sie in Kenia mehrere Pavianmännchen beobachten,
die eine junge Antilope jagten und fingen. Die Affen töteten das
Tier und fraßen das Fleisch auf. Andere Verhaltensforscher
bestätigten diese Beobachtung.

Genaue Aufzeichnungen über den Speisezettel von Schimpansen
und ihren Appetit auf fleischliche Kost machte der in Amerika
lebende Anthropologe Geza Teleki. Als Assistent von Jane van
Lawick-Goddall im Gombe-Reservat von Tansania beobachtete er
zwölf Monate lang die Eßgewohnheiten der Schimpansen. Wiederholt war er Zeuge, wie die Menschenaffen Säugetiere bis zu einem
Maximalgewicht von zehn Kilogramm jagten. Fleischeslüstern
sind nur erwachsene Männchen. Manchmal gelingt es einem
einzelnen Schimpansen, ein Buschschwein, eine Antilope oder
einen kleinen Affen zu fangen. Meist helfen einander mehrere
Menschenaffen bei stummen, aber organisiert wirkenden Jagden.
Die Beute wird untereinander geteilt.[37]

Schon die Anlage des Gebisses weist den Menschenaffen, ebenso
wie den Menschen, als Omnivoren – Allesfresser – aus. Viel Zeit
und Mühe wurden von der Wissenschaft zur Klärung der Frage
aufgewendet, ob der Mensch von Herbavoren oder von Karnivoren abstamme, ob sich die Primaten also von Pflanzen- oder von
Fleischfressern abgespalten haben. Das ist keine belanglose Frage.
Viele Psychologen und Verhaltensforscher wollen aus den auf uns
überkommenen Verhaltensmustern unsere massenpsychologi-
schen Reaktionen ableiten. Manche meinen sogar, der Mensch töte
seine Artgenossen nur deshalb, weil er von Pflanzenfressern

abstamme. Die Urmenschen wären gar nicht imstande gewesen, ihre Konkurrenten mit ihrem schwachen Gebiß und bloßen Händen bei Kämpfen um das Weibchen oder um die Position in der Hierarchie des Rudels zu töten. Tiere, die mit einem einzigen Prankenhieb, mit einem Biß oder mit einem Stoß ihres Gehörns den Nebenbuhler vernichten können, hätten dieser Ansicht nach einen natürlichen Schutzmechanismus eingebaut. Ein Instinkt hindere sie, im Kampf unterlegene Artgenossen zu töten. Stammt nun der Mensch von Pflanzenfressern ab, dann besitzt er solche artspezifische Hemmungen nicht. Als er später dann todbringende Waffen erzeugte, habe er diese Werkzeuge bedenkenlos gegen andere Menschen angewendet. So sei er vielleicht das einzige Wesen, das rücksichtslos gegen seine eigene Rasse vorgehe.

Diese Theorie wird allerdings von anderen Forschern als zu simplifizierend abgelehnt. Sie meinen, ein einzelnes Verhaltensmuster im rudimentären Instinktbereich des Menschen könne nicht allein verantwortlich gemacht werden. Der Fehler entstehe ja schon, wenn man versuche, alles auf einen Nenner zu bringen. Dieser lautet heute: „der mordende Mensch". Man übersieht hiebei allerdings die Tatsache, daß die meisten Menschen nie einen Artgenossen erschlagen, aufgespießt oder erschossen haben.

Es dürfte mehr als schwierig sein – um jetzt auf unseren Ausgangspunkt zurückzukommen –, diese überaus komplexen Vorgänge allein aus der Anordnung der Zähne im menschlichen Gebiß erklären zu wollen. Eines ist jedoch sicher: die Zahnformen und die Verteilung der Zähne im Kiefer zeigen, daß der Mensch von nahezu allen Säugetieren etwas geerbt zu haben scheint. Man kann da noch auf Insektenfresser zurückschließen: die Schneidezähne hinwiederum verraten die Verwandtschaft mit Fleischfressern. Größere und spitzere Augenzähne, die zu einer Schnauze vorgezogenen Kiefer und die Höcker auf den Molaren, die als atavistische Reste spitzer Raubtierzähne gedeutet werden können, weisen auf ein Karnivorengebiß hin. Sind die Mahlzähne breit und massiv, so stellen sie Kauwerkzeuge von samen- und pflanzenfressenden Tieren dar. Man könnte aus dem menschlichen Gebiß auch einen weiteren Schluß ziehen. Der für alle Möglichkeiten ausgerüstete Beißmechanismus bildete eine natürliche Voraussetzung für die Chance des Menschen, sich besser als jedes Tier anzupassen und in den verschiedensten Gebieten der Welt siedeln zu können.

Eine neue, bei Humanpaläontologen viel beachtete Methode der exakten Klassifizierung von Zähnen hat der belgische Forscher Dr. I. Kovacs eingeführt. Er untersuchte das Größenverhältnis zwischen Zahnwurzel und Zahnoberfläche. Bei Karnivoren wird der Zahn nur als Schneidewerkzeug eingesetzt; bei Omnivoren und Herbavoren muß die Nahrung zerkaut, also zermahlen werden. Die Zähne der Fleischfresser haben keine seitlichen Kräfte aufzunehmen und benötigen nur kleine Wurzeln. Die Alles- und Pflanzenfresser brauchen dagegen starke, festverankerte Zahnwurzeln. Solche Eigenschaften weisen etwa Gorillazähne auf. Auch einige Hominidenarten sind mit diesen Charakteristika ausgestattet, nicht aber der Homo sapiens. Die Zähne der heutigen Menschen haben fast dieselben Größenverhältnisse zwischen Wurzel und Zahnoberfläche wie die der Karnivoren. Dr. Kovacs – er arbeitet als Zahnarzt und Stomatologe – hält dieses Mißverhältnis für die hauptsächliche Ursache der Parodontose.[38]

Vielleicht waren unsere direkten Vorfahren Omnivoren mit einem Trend zu pflanzlicher Kost. Wo aber klimatische und andere Umwelteinflüsse zu wenig vegetarische Nahrung boten, konnten Vormenschen auch zu fleischfressenden Jägern werden und deckten dann ihren Eiweißbedarf hauptsächlich aus gefangenen Fischen und erlegtem Wild. Daß unsere Vorfahren jegliche vegetarische Nahrung mieden, ist kaum anzunehmen.

Vielleicht ist der Mensch nicht so blutrünstig, wie ihm von manchem Forscher versichert wird. Es dürfte sogar eine hohe Bereitschaft bestehen, die Jagd zu meiden und den Hunger durch Früchte, Wurzeln, eßbare Rinden und junge Triebe zu stillen. Allerdings war der Mensch kaum je reiner Vegetarier, sondern hat sein Essen durch den Genuß von Vogeleiern ergänzt. Er hat kleine Tiere gefangen und Insektenlarven gesucht. Daß sich für diese These in der Gegenwart praktische Beispiele gefunden haben, soll noch ausführlich geschildert werden.

Es gibt in den Fachwissenschaften verschiedene Meinungen,

warum die Prähominiden bzw. die Hominiden ihre Lebensweise gewechselt haben. Stimmt die Ansicht Leakeys, spaltete sich also der zum Menschen führende Zweig von der Stammlinie des Affen bereits im Miozän ab, dann kann jene Theorie nicht stimmen, die besagt, die urzeitlichen Waldaffen seien gezwungen gewesen, den Dschungel zu verlassen, weil eine globale Wetteränderung tropische Regenwaldgebiete in Steppen und Wüsten verwandelte. Deshalb mußten die Affen nun in der Steppe leben. Dort wuchs hohes Gras, und, um herannahende Feinde rechtzeitig erblicken zu können, richteten sich die Tiere immer häufiger auf. Schließlich gingen sie auf zwei Beinen. Weil aber in den Steppen der Tisch nicht so reich gedeckt war, weil es viel zuwenig Früchte gab, griffen die Affenmenschen zum nächsten Stein, schlugen ihn kantig und jagten die Tierwelt. Mag sein, daß kein Paläoanthropologe die Evolutionstheorie so banal zusammenfaßt. Aber dem Sinn nach wird die Entwicklung in dieser Art geschildert.

Zu diesen Schlußfolgerungen kam die Wissenschaft, als Geologen Schichten aus dem Pliozän fanden, aus denen ein Wechsel vom regenreichen zum Steppenklima festgestellt wurde. Das Pliozän dauerte acht bis elf Millionen Jahre. Erst in diesem Zeitraum konnten sich Affen und Menschen in ihrer Entwicklung voneinander getrennt haben. Es gäbe ja sonst heute keine im Urwald lebenden Affen mehr, sondern nur Steppenbewohner.

Nehmen wir an, es hätte innerhalb dieser acht oder elf Millionen Jahre tatsächlich ein ganz allmählicher Übergang von humidem (regenreichem) zu aridem (trockenem) Klima stattgefunden. Wenn ein derartiger Prozeß sich über einen so großen Zeitraum erstreckt, ruft er natürlich keinen Streß hervor, es erfolgt eine langsame Adaption. Irgendwo muß es immer Regenwälder gegeben haben. Sie sind ja keine Laune der Natur, sondern durch den Wetterablauf bedingt. Äquatoriale Regenzonen haben sicherlich auch während der Vergrößerungen der Steppengebiete existiert.

Einleuchtender wird diese „Flucht in die Steppe", wenn die Klimaveränderungen plötzlich eingetreten sind. Vielleicht waren die Schwankungen im Pliozän nicht so groß wie die während der letzten 50.000 Jahre in Nordamerika und Europa aufgetretenen

Abweichungen. Aber es hat auch im Pliozän Eiszeiten gegeben. Wenn Eiszeiten aber die Folge von Polverschiebungen sind, ist es sehr wahrscheinlich, daß feuchte Zonen in regenarme Gebiete gelangen und zu Trockenbereichen werden. Anderseits rutschen bisher regenarme Breiten in regenreiche Gürtel. Auch die Sahara war ein blühender Garten, während in Europa und in Nordamerika die Eiszeit herrschte.

Viele Geologen sind der Ansicht, die Pole hätten ihre heutige Lage im Pliozän eingenommen. Auch die Vergletscherungen auf Grönland dürften sich im Verlauf des Pliozäns gebildet haben. Die Bohrungen der G l o m a r   C h a l l e n g e r haben einwandfrei ergeben, daß die Antarktis ihre Eiskalotte schon vor etwa zwanzig Millionen Jahren bekam. Die Fahndung nach exakten Daten ist im Gange. Unter der Federführung der UNESCO wird seit Ende 1973 die Erforschung der Kontinentaldrift mit modernsten Mitteln vorgenommen. Auch die globalen Klimaänderungen innerhalb der letzten Jahrmillionen sollen soweit wie möglich erfaßt werden. Ähnlich wie im Geophysikalischen Jahr beteiligen sich an diesem weltweiten Projekt alle einschlägigen wissenschaftlichen Institutionen. Aus den paläomagnetischen Aufzeichnungen läßt sich jedoch die Lage der geographischen Pole nur annähernd bestimmen. Die beiden Punkte, durch die unsere Erdachse führt, sind ja mit den ständig wandernden Magnetpolen nicht identisch. Die Differenz kann Tausende Kilometer betragen.

Ich bin der Ansicht, daß die geographischen Pole vor dem Pliozän weitab vom Festland, im Pazifik, gelegen haben. Eine stattliche Anzahl von Geologen vertritt dieselbe Meinung. In diesem Falle müßte weltweit ein anderes Klima geherrscht haben als heute. Infolge der damals sehr geringfügigen schwimmenden Packeisschichten waren die Kältezentren sehr verkleinert. Wenn es keine extremen Temperaturgegensätze gegeben hat, kann unsere „klimatische Wärmekraftmaschine" nur mit halbem Schwung gelaufen sein. Das Klima muß weltweit feuchtwarm und ausgeglichen gewesen sein und sich gleichmäßig auf die großen Kontinentalblöcke Eurasien und Afrika sowie Amerika, Australien und das antarktische Festland ausgewirkt haben. Diese Landmassen erstreckten sich ja nicht so wie heute von Nord nach Süd, sondern verliefen vielleicht sogar annähernd parallel zum Äquator.

Das paradiesische Klima ging zu Ende, als sich die Pole verschoben und die Landmassen in ihre heutige Lage einschwenkten. Auf dem Festland, in der Antarktis, in Kamtschatka und Ostsibirien bildete sich Eis. Auch in Amerika muß sich das Klima entscheidend verändert haben. Die Westwinde mußten die entlang des Pazifik gelegenen Bergketten übersteigen und verloren dabei an den Westflanken der Anden und der Rocky Mountains ihre Feuchtigkeit. Nach und nach trockneten die Gebiete östlich dieser Gebirge aus. Die tropischen Wälder verschwanden, es kam zur Bildung der Prärie und der Pampas.

Auch in Afrika änderte sich das Klima. Für die primitiven Menschenaffen gab es über weite Strecken keinen Wald und damit auch keinen Lebensraum mehr. Dort starben die an tropisches Klima gewöhnten Affenmenschen aus. In anderen Teilen Afrikas bestand der Urwald weiter. Nach wie vor hausten dort auf den Bäumen „unsere Vorfahren". Diese Regenzone befand sich aber nicht mehr in Ostafrika; der äquatoriale Gürtel hatte sich in eine Gegend verschoben, die heute in einer Wüstenzone liegt. Forschungen über den Mittelmeerraum bestätigen diese Ansicht. Wenn man einmal im Süden des Ahaggar- und des Tibestigebirges nach Fossilien suchen wird, wird man vermutlich auch Knochen von Ramapithecinen sehr ähnlichen Geschöpfen entdecken. An den alten Grabungsstätten hingegen hatte die sich bildende Steppe und Wüste den Affenmenschen keine Lebenschance mehr geboten. Im tieferen Süden des afrikanischen Kontinents dürften die Verhältnisse besser gewesen sein. Dort könnten sich sogar etwas veränderte Hominiden dem neuen Lebensraum angepaßt haben.

Wenn also zu Ende des Miozäns eine plötzliche Verschiebung erfolgte, wenn sich das Klima weltweit veränderte und sich erstmals Steppen in großem Umfang bildeten, bedeutete das für sämtliche Bewohner unseres Planeten einen ungeheuren Streß. In der letzten Phase des Tertiärs, im Pliozän, haben sich mindestens zwanzig komplette Umpolungen ereignet. Paläomagnetische Messungen bestätigen, daß die Pole ausgedehnte Pendelbewegungen mitgemacht haben. Mag sein, daß dabei in manchen Gebieten Ostafrikas periodisch wieder ein für das Leben der Affenmenschen günstigeres Klima zurückgekehrt ist. Beim Wechsel zum Pliozän müssen die einschneidendsten Veränderungen eingetreten, die Situation muß katastrophal gewesen sein. So katastrophal, daß Tausende Tierarten in der letzten Phase des Miozäns verschwanden. Am schwersten dürften es die reinen Früchtefresser gehabt haben, denn für sie gab es plötzlich keinen gedeckten Tisch mehr. Die Omnivoren konnten sich besser adaptieren, konnten ihren Eiweißbedarf aus anderer Nahrung decken.

Nehmen wir an, eine Flut, eben eine Sintflut, wie sie die Bibel beschreibt, habe im Ostafrikanischen Graben gewütet. Das ist keineswegs eine phantastische Annahme, denn im Verlauf dieser geologischen Verwerfungszone gibt es große Seen. Weil nun der ostafrikanische Grabenbruch eine aktive Schwächezone dieser Erde ist, müssen dort bei Polsprüngen Zerrungen, Pressungen und Verschiebungen in der Erdkruste aufgetreten sein, es muß zu Erdrutschen und Aufstauungen gekommen, das Wasser der Seen kann über die Ufer getreten sein. Die Flutwellen könnten Tausende Kadaver angeschwemmt haben, Tierleichen mit zum Teil noch zusammenhängenden Gliedmaßen. Es wäre also durchaus denkbar, daß ein Rudel hungriger Uraffen das Fleisch der toten Tiere gegessen hat. Vielleicht haben die Affenmenschen auch geschwächte oder verletzte Antilopen gejagt. Sie fraßen nicht nur das Fleisch, sondern holten sich auch das Mark aus den Knochen. Die Benützung eines Werkzeuges, nämlich des nächstbesten Steins zum Aufschlagen, ist zweifellos ein Lernprozeß, der in diesen Situationen durchaus natürlich ist, ja vermutlich sogar in privaten Forschungszentren reproduziert werden könnte.

Als die Uraffen eben dabei waren, ihren Magen zu füllen, kam es zur zweiten Katastrophe. Infolge der Zerrungen in der Erdkruste brachen Vulkane aus. Ein Aschenregen ging in der Umgebung der feuerspeienden Berge des Ngorongoro-Kraters nieder, und eine dicke, heiße Aschenschicht deckte alles zu.

Mit dem Tode Louis Leakeys hatte zunächst die Frage, ob der Keniapithecus ein echter Vormensch war oder ob er zu einer

Unterabteilung der baumbewohnenden Uraffen zählte, ihr akutes Stadium verlassen. Manche Kollegen des Paläontologen Simons von der Yale-Universität teilten dessen Meinung, viele Anthropologen und Humanbiologen gaben Leakey recht. Dieser Keniapithecus hatte keine spitzen Eckzähne mehr. Er kaute – gleich dem Menschen – mit seitlichen Kieferbewegungen. Er mahlte also die Speisen zwischen den Backenzähnen. Die Ramapithecinen hingegen scheinen plötzlich verschwunden zu sein. Verläßt man sich nur auf die in Ostafrika aufgefundenen Fossilien, dann scheinen die Hominiden in den nächsten Jahrmillionen ausgestorben zu sein. Nirgendwo entdeckte man bisher Knochen von Affenmenschen, die in der unteren Pliozän-Epoche existiert haben müssen, da ja die Entwicklung weiterging. Dieser Prozeß scheint einem Karstfluß zu gleichen, der plötzlich im Untergrund verschwindet und kilometerweit entfernt wieder an der Oberfläche auftaucht. Von einer einzigen Ausnahme abgesehen, gibt es zunächst keine fossilen Zeugnisse für den weiteren Evolutionsprozeß in der Anthropogenese. Die Ausnahme ist ein Unterkiefer, der im Jahre 1968 am Lothagam-Berg, westlich des Rudolfsees, also ebenfalls in Ostafrika, gefunden wurde. In dem Knochenfragment steckte nur ein einziger Backenzahn. Professor Bryan Patterson von der Harvard-Universität untersuchte das Fossil und ermittelte sein Alter: der Knochen dürfte von einem vor fünfeinhalb Millionen Jahren lebenden affenähnlichen Menschen stammen. Da dieses Fragment zu dürftig ist, wurde es nicht eigens benannt. Patterson nimmt aber an, es handle sich um eine Zwischenform, die vom Ramapithecus zu den Hominiden führte. Das ist eine Hypothese, die durch andere Funde noch nicht bestätigt wurde. So bleibt letztlich das Rätsel bestehen: Was geschah in jenen vier oder fünf Millionen Jahren, als die Ramapithecinen bereits ausgestorben waren? Die weitere Erbfolge kann nicht mit Hilfe von gefundenen Fossilien ersichtlich gemacht werden. Aber die „Hominiden-Gang" des Leakey-Clans sorgte auch hier für einen Knalleffekt. Etwa einen Monat nach dem Tode von Louis Leakey präsentierte sein Sohn Richard auf einer Pressekonferenz in London den Schädel 1470. Er ist 2,6 Millionen Jahre alt. Dieses aus dreißig

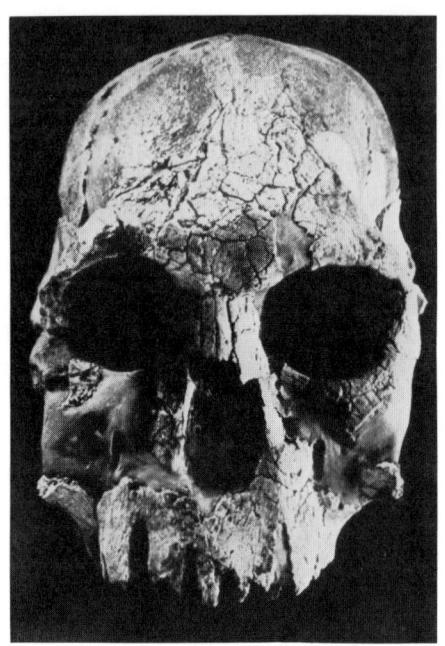

Der Schädel 1470 bedeutet die große Wende in der Human-biologie. Das Fossil war eines der lange gesuchten „missing links" in der Ahnengalerie der Menschheit.

Bruchstücken bestehende Fossil war im gleichen Jahr von Bernard Ngeneo am Rudolfsee gefunden worden. Der Kopf war das 1470ste Objekt, das dieser Grabungsplatz freigegeben hatte, und erhielt deshalb diese Nummer als Namen. Er hat ein Gehirnvolumen von etwa 800 Kubikzentimetern und ist damit fast ebenso groß wie die Schädel der Java- und Pekingmenschen. Über sie wird noch berichtet werden.[39]

Knochen von Vormenschen des gleichen Schlages fand der amerikanische Anthropologe Professor Dr. Carl Johanson von der Cleveland-Universität (Ohio) zwei Jahre später. Er entdeckte die Fossilien von zwei verschiedenen Menschen. Sie lagen zusammen mit Knochenüberresten von Nilpferden, Affen und Elefanten in Äthiopien. Der Grabungsplatz befindet sich hundert Kilometer östlich von Dessie, der Hauptstadt der abessinischen Provinz Wollo. Diese Fossilien sind sogar um mindestens 500 000 Jahre älter.[40]

Besonders interessant sind die Fragmente eines weiblichen Skeletts. Etwa 40 Prozent des gesamten Knochengerüstes sind vorhanden. Man nannte die hominide Dame „Lucy"; sie war nicht viel größer als 1,05 Meter. Der Fund besteht aus Knochenteilen von Hand und Handgelenk, dem rechten Arm, Schädelteilen samt Kinnlade, Becken, Kreuzbein sowie erheblichen Teilen der Beinknochen. Lucy, die offensichtlich am Strand eines Süßwassersees gelebt hatte – der Fundort barg Krebsscheren und Krokodilgebeine – stellt ein spätes Verbindungsglied zum Ramapithecus dar. Sie wurde in Äthiopien im Afar-Dreieck gefunden, einer geologisch hochinteressanten Senke, die wechselweise Meeresboden und Festland war und noch vor nicht allzu langer Zeit mit der arabischen Halbinsel in Verbindung stand.

Johanson und sein Team fanden während der letzten Jahre in der Afar-Senke nicht weniger als zehn Fragmente von verschiedenen Hominiden aus unterschiedlichen Epochen. Zu manchen Zeiten müssen sogar verschiedene Hominidenrassen zugleich gelebt haben. Zwei Funde, die die Anthropologen bis dahin zu den Vorfahren des Homo sapiens gezählt hatten, wurden allerdings durch Leakeys Schädel 1470 aus der Ahnenreihe des Menschen ausgestoßen. Leakey revolutionierte die Humanpaläontologie.

### Geheimnisvoller Südaffe

Vorher hielt man den Australopithecus für den Urahn des Menschen. Sein Name Südaffe stammt von Dr. Raymond A. Dart, der, wie sein berühmter Kollege, der Paläontologe und Anthropologe Dr. Robert Broom, in den zwanziger Jahren in Südafrika wirkte. Obwohl die Fossilien des ersten Australopithecus bereits 1924 gefunden worden waren, beschrieb Dart diesen Fund erst im Jahre 1929 ausführlich. Später faßte man unter dem Begriff Australopithecinen zahlreiche andere Funde zusammen. Der bei Taung in Transvaal gefundene Kopf eines etwa sechsjährigen Kindes wurde dem Professor für Anatomie an der Witwatersrand-Universität gebracht. Der Unterkiefer zeigte eine eigenartige

73

Mischung zwischen Affen- und Menschenmerkmalen. Die Zähne sind jenen von Menschen sehr ähnlich, doch springt das Gebiß noch ziemlich weit vor. Andererseits fehlen, wie auch beim Proconsul, die Augenbrauenwülste, typische Kennzeichen von Affenschädeln.

Es hatte seine besonderen Gründe, warum Dr. Dart erst so spät einen vollständigen Bericht ablieferte. Er hatte bereits am 7. Februar 1925 an die Britische Anthropologische Gesellschaft geschrieben und seinen Kollegen mitgeteilt, er habe einen Schädel mit interessanten Abweichungen entdeckt. Dart meinte selbstsicher: „Das Exemplar ist von Bedeutung, weil es eine ausgestorbene Affenrasse repräsentiert, die wir als Entwicklungsstufe zwischen den heute lebenden Menschenaffen und dem Menschen ansehen können."[41]

Das bedeutete nicht mehr oder weniger als: „Ich habe das Missing link gefunden." Dart wollte also jene Zwischenform entdeckt haben, von der schon Darwin geträumt, Haeckel ausführlich geschrieben und nach der Dubois jahrelang in Java gesucht hatte. Wie es stets in solchen Fällen zu gehen pflegt: auch der südafrikanische Professor erntete statt Anerkennung zunächst nur Spott. Jedermann kann sich vorstellen, welche Gefühle der Forscher hatte, als auf einem Kongreß ein Vortragender ironisch von „Darts Babies" sprach und dieser „Scherz" vom Auditorium mit höhnischem Gelächter quittiert wurde.

Es gab kaum einen ernstgenommen sein wollenden Anthropologen, der es gewagt hätte, sich auf die Seite Darts zu stellen. Selbst der als fair geltende, in Amerika wirkende Dr. Aleš Hrdlička gab sich zurückhaltend. Immerhin war er einer der wenigen, die nach Südafrika gefahren waren, um den Taung-Schädel zu untersuchen. Hrdlička meinte, man werde die Verwandtschaft zum Menschen oder die zum Gorilla und Schimpansen erst dann einwandfrei klären können, wenn man weitere, vor allem ausgewachsene Exemplare gefunden habe. Viel später wurde Dart rehabilitiert.

Die Familie der Südaffen besteht aus reichlich verschiedenen Typen. Dennoch versucht man, die Australopithecinen in zwei Hauptgruppen einzuordnen: Den grazilen, schmächtigen Typ, der zusammenfassend Australopithecus africanus genannt wird, und in die Gruppen, der die schwereren und kräftigen Arten zugerechnet werden. Diese werden dem Typ Australopithecus robustus zugeordnet. Es gibt so viele Abarten, daß die Klassifizierung nicht immer leicht ist. Manche haben mehr Ähnlichkeit mit Affen denn mit Menschen. Da gibt es riesenwüchsige, wie den Gigantopithecus, der in China gelebt hat und vermutlich über zwei Meter groß geworden war. Es gibt den Paranthropus crassidens aus Afrika, den Telanthropus capensis, den Paranthropus robustus, der ebenfalls im Süden Afrikas bei Kromdraai, einem Ort nächst Pretoria in Transvaal, entdeckt wurde. Der von den Paläonthologen G. Terblanche und R. Broom (1938) gefundene Kiefer zeigt eine Entwicklung zu den Fleischfressern. Die meisten anderen Fossilien deuten darauf hin, daß die Südaffen Allesfresser waren.

Der Australopithecus wurde lange von den meisten Anthropologen als das angesehen, was Dart schon nach der ersten Untersuchung behauptete: als Missing link in der Anthropogenese. So beurteilte ein moderner Anthropologe, Professor William W. Howells von der Harvard-Universität in den Vereinigten Staaten und langjähriger Präsident der Amerikanischen Anthropologischen Gesellschaft, das fast fünfzig Jahre zurückliegende Ereignis: „Der Schädel, der Dart gebracht wurde, war offenbar der eines Kindes. Er lag in einer Kiste inmitten anderer Fossilien, die aus Taung kamen. Aufgrund von Gesichtsform und Zähnen stufte ihn Dart zwischen Mensch und Menschenaffen ein und benannte ihn Australopithecus – Süd(menschen)affe –, aber er hatte kein vollständiges, ausgewachsenes, genau datiertes Skelett gefunden – das ist nie der Fall –, und seine Kollegen verwarfen seine Idee. Sie hielten diesen Kinderschädel mit seinen Milchzähnen lediglich für ein Beweisstück für eine neue, interessante Affenart. Erst viel später kamen nach und nach die zahlreichen Funde ans Licht, die zeigten, daß selbst Dart zu vorsichtig geurteilt hatte. Die Australopithecinen hatten große, aber menschenartige Hinterzähne, die zum Kauen zäher Nahrung dienten. Die vorderen Zähne (Eck- und Schneidezähne) waren klein und ausschließlich hominid. Während mehrerer Millionen Jahre gab es zwei Hauptgruppen

So stellt man sich die Entwicklung der Hominiden bis zum Menschen unserer Tage vor
1) der gibbonähnliche Pliopithecus, 2) der vor 8 bis 20 Millionen Jahren lebende Eichaff
oder Dryopithecus, 3) der Ramapithecus, der heute als legitimer Vorfahre des Mensche
angesehen wird, 4) der primitive Australopithecus vom Typ africanus, 5) der als erste

von Australopithecinen: den Australopithecus, der knapp die
Größe eines afrikanischen Pygmäen von heute erreichte, und den
etwas größeren Paranthropus. Dessen Kiefer, kräftig gebaut wie
der des Gorillas, war kurz und tief (um mit den Backenzähnen die
Nahrung zu zerreiben) und hatte so große Eckzähne wie der
Gorilla (zum Abreißen der Waldpflanzen)."[42] Howell kam zu der
den Anthropologen damals geläufigen Meinung, die Australopithecinen seien unsere unbestrittenen Ahnen aus jener Epoche; es
habe gar keine anderen möglichen Kandidaten gegeben.

Dieser Standpunkt war so lange gültig, bis Leakey mit seinen
neuen Funden aufwarten konnte. So kam schon 1969 der erste
massive Widerspruch zur These über die Stellung des Australopithecus in der Ahnenreihe des Menschen. Leakey schreibt: „Die
meisten heutigen Lehrbücher fügen die Gattung ‚Australopithecus‘ (ebenso wie den Zinjanthropus, den Paranthropus und andere
vergleichbare Formen) noch in die direkte Ahnenreihe der Gattung Homo und damit des Homo sapiens ein. Dieser Standpunkt
ist wissenschaftlich nicht mehr haltbar. Natürlich müssen die
Australopithecinen und der ‚Homo‘ zweifellos irgendwo im

76

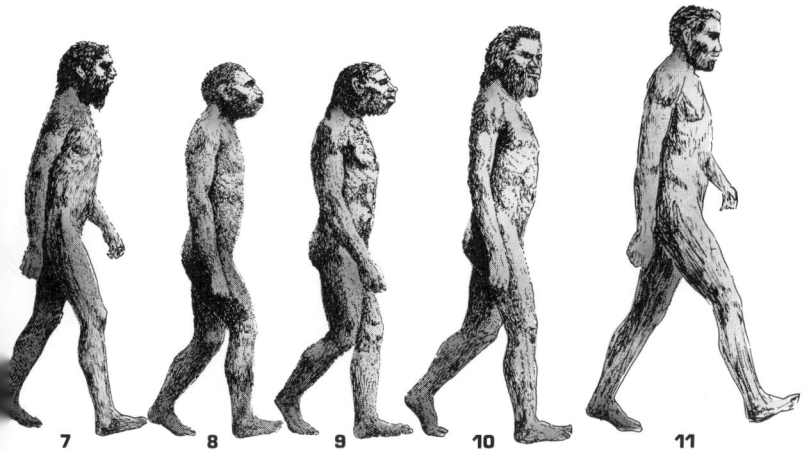

7      8      9      10      11

Werkzeuge verwendende Australopithecus, 6) der Homo erectus, 7) der Steinheim- oder Swanscomb-Mensch, 8) eine ausgestorbene Seitenlinie der Solo- oder Rhodesiamenschen, 9) der Neandertaler, 10) der Cro-Magnon und 11) der Homo der Gegenwart.

(Zeichnung nach R. Zallingen)

Zeitraum zwischen dem späten Miozän und dem unteren Pleistozän einen gemeinsamen Ahnen gehabt haben, doch ist dieser bisher noch nicht gefunden worden. Die Tatsache aber, daß vor rund zweieinhalb bis drei Millionen Jahren ein sehr kräftiger Australopithecus mit einer Anzahl ganz spezieller Eigenschaften und der Homo Zeitgenossen gewesen sind, macht die Theorie, nach welcher der Australopithecus unser direkter Ahne gewesen ist, zunichte. Sollte man eines Tages einen Stamm entdecken, aus dem diese beiden Hominiden-Typen hervorgegangen sind, so wird er wahrscheinlich Eigenschaften beider Hominiden aufweisen, sich aber von jedem der beiden deutlich unterscheiden."[43]

Um diesen Standpunkt verstehen zu können, muß man die Anzahl der Funde kennen, die Leakey gemeinsam mit seiner Frau Mary und seinen beiden Söhnen in Ostafrika gemacht hat. In den vier Schichten-Komplexen von Olduvaj stieß Leakey in der untersten Schicht auf primitivste Geröllgeräte, Steine, die nur schwer als Werkzeuge zu erkennen sind. Sie waren nur durch ein oder zwei Abschläge zu einem Arbeitsgerät geformt worden.

In der Schlucht wurde bei einer Grabungsexpedition (1959/60) auch der Zinjanthropus boisei gefunden. „Zinj" ist in der Sprache der Kikujus der Name für Ostafrika. Scherzhaft wurde aber der ostafrikanische Vormensch anders genannt: „Nußknackermensch". Er ist durch seine massive Kinnlade ein Ebenbild jener Holzfiguren, die früher zum Aufbrechen der Nußschalen geschnitzt wurden. Der Schädel lag zwischen Knochenresten von Tierarten, die zu Beginn der Eiszeitperiode ausgestorben sind, so etwa vom Dinotherium, Stylohipparion oder Machairodus. Es waren dies meist sehr große Tiere, die in einem warmen Tertiärklima gelebt haben. In anderen Teilen der Welt müssen sie schon früher zugrunde gegangen sein, vermutlich Ende des Miozäns. Es sind Säugetiere mit zum Teil phantastischem Aussehen, wie die Insassen eines Gruselkabinetts. Auch von diesen Funden kann man auf eine Katastrophe schließen, bei der sowohl der Vormensch wie auch die vorsintflutliche Tierwelt den Tod gefunden hatten.

Man hat mit Hilfe der Kalium-Argon-Methode das Alter des Zinjanthropus festgestellt: 1.750.000 Jahre. Später wurden von den Leakeys ja noch andere Exemplare eines viel „menschlicheren" Typs gefunden, und zwar im Omotal.

Der ostafrikanische Fluß fließt in den Rudolfsee. Er hat sich in den vergangenen hunderttausend Jahren tief in den Untergrund gegraben und Schichtungen freigelegt, die einen Zeitraum von nahezu viereinhalb Millionen Jahren umfassen. Im Jahre 1932 begannen an den Ufern des Omoflusses französische Paläontologen unter der Leitung von Professor C. Arambourg nach Fossilien zu forschen. Bis zu sechshundert Meter hoch sind die Abhänge des Omotals, und man kann deutlich vier fossilienführende Schichten unterscheiden.

Das Omotal ist noch immer eine der reichsten Fundstätten der Welt. Man hat Leakey wiederholt versichert, sein bester Fund wäre der Zinjanthropus gewesen. Aber der Anthropologe war seit der Auffindung des Homo habilis anderer Meinung. Die Zinjanthropinen zeigen noch eine fliehende Stirn und Augenbrauenwülste, aber schon eine Schädelkapazität von 660 bis 800 Kubikzentimetern, fast doppelt soviel als ein Schimpansenhirn. Die Zähne des

Zinjanthropus sind sehr mächtig, die Eckzähne kleiner als beim Paranthropus. Dem Gebiß nach war der Zinjanthropus Pflanzenfresser. Das sogenannte Hinterhauptloch liegt ziemlich weit vorne: der Zinjanthropus muß also seinen Kopf sehr aufrecht getragen haben und auf zwei Beinen gegangen sein. Das Hinterhauptloch ist jene Öffnung im Schädel, durch die das Rückenmark vom Rückgrat her in das Gehirn eintritt. Je näher es dem Genick zu liegt, um so sicherer hat sich dieses Wesen noch auf vier Füßen fortbewegt.

Der „Nußknacker-Mensch" hingegen scheint schon fröhlich durch lichten Buschwald marschiert zu sein. In der Nähe der Zinjanthropus-Knochen fand man primitive Steinwerkzeuge, die der sogenannten Pebble-Kultur zugerechnet werden.

Im Jahre 1973 haben die Anthropologen Tobias und Partridge das Alter der südafrikanischen Australopithecinen neuerlich an Hand der geologischen Verhältnisse überprüft. Die Forscher kamen zu der überraschenden Feststellung, daß der von Dart entdeckte Kinderschädel das jüngste dieser Fossilien ist. Sein Alter wurde auf 800.000 Jahre geschätzt. Die anderen Funde, speziell die aus dem Transvaal, seien 1,5 und 3,7 Millionen Jahre alt. Diese Anthropologen vertraten die Ansicht, der Übergang vom Tier zum Menschen habe im Spättertiär stattgefunden. Die Australopithecinen vom A-Typ (africanus) seien phylogenetisch als Hominidenform zu werten, seien ergo unsere Vorfahren.

Eine der letzten Empfehlungen, die Leakey vor seinem Tod an seine Kollegen richtete, lautete: Alle Sammlungen, in denen Australopithecinen vorkommen, sollten genau durchgesehen und die Fossilien neuerlich studiert werden. Seiner Meinung nach würde es sehr bald möglich sein, die genauen Unterschiede zwischen den Vormenschen des Typs Australopithecus und den Urahnen des Menschen vom Typ Homo zu erkennen.[44]

Warum war Leakey so überzeugt, daß der „Homo" den Vormenschen zuzurechnen ist? Der „Homo" hatte ein größeres, anders geformtes Hirn als die Australopithecinen. Und die Gehirngröße ist für die Entwicklung des Menschen von entscheidender Bedeutung.

Die frühen Hominiden hatten eine durchschnittliche Gehirngröße von 450 bis 500 Kubikzentimetern. Das ist um rund hundert Kubikzentimeter mehr als bei Schimpansen. Der wesentlich größere Gorilla hat etwa eine gleich große Schädelkapazität. Dennoch hatten die ersten Vormenschen um neunhundert bis tausend Kubikzentimeter weniger Gehirn als der Homo sapiens. Zwar ist die absolute Gehirngröße für die Intelligenz nicht ausschlaggebend. Man kann aber auf einen höheren IQ schließen, wenn die Gehirngröße in einem entsprechenden Verhältnis zum Gesamtgewicht des Wesens steht. Das Verhältnis zwischen Hirn und Gewicht beträgt beim Menschen 1:51, beim Schimpansen 1:119. Aber auch hier gibt es Ausnahmen. Ein Totenkopfäffchen müßte intelligenter sein als ein Mensch, denn das Gewicht seines Gehirns verhält sich zu seinem Gesamtgewicht 1:30. Wildkatzen können es auf 1:56 bringen, der Löwe hingegen liegt in dieser Tabelle bei nur 1:546.

Wesentlich für die Leistungsfähigkeit des Gehirns scheint ein anderer Faktor zu sein: die Entwicklung und die Integrierung des Neocortex. Der Schimpanse etwa besitzt – wie erwähnt – ein sehr ausgeprägtes Neuhirn, das drei bis vier Milliarden Neuronen aufweist. Es ist noch fraglich, ob die Hominiden, die um rund hundert Kubikzentimeter mehr Schädelvolumen hatten, dieses größere Gehirn auch besser benützen konnten.

Der amerikanische Anthropologe Ralph L. Holloway hat sich intensiv mit der Gehirnentwicklung der Hominiden befaßt. Obwohl es meist an vollständig erhaltenen Schädelfossilien fehlt, können auch Bruchstücke der Schädelkalotte wertvolle Hinweise liefern. Die Blutgefäße der Gehirnhaut etwa zeichnen sich auch nach Millionen Jahren sehr deutlich auf der inneren Oberfläche der Kranien ab. Die Größe der Blutgefäße gibt Auskunft über die Versorgung der einzelnen Gehirnzentren und der Gehirnwindungen, die als Zentren bestimmter Fähigkeiten anzusehen sind. Holloway hat die meisten vorhandenen Schädelkalotten der Australopithecinen nach dieser Methode studiert. Sie zeigen deutliche Unterschiede zum Affenhirn. Die einzelnen Gehirnpartien und Gehirnlappen haben bereits spezifische Veränderungen erfahren, besonders der von Leakey 1972 in Kenia am Rudolfsee gefundene Schädel weist deutliche neurologische Unterschiede zu den Australopithecinen auf – schon infolge der Gehirngröße. Darüber hinaus können zahlreiche Gehirnzentren erkannt werden, die eine Überblendung vom Affenhirn zum menschlichen Neocortex sichtbar werden lassen.[45] Auch der amerikanische Anatom Alan Walker untersuchte den 1470er Schädel. Der Forscher will die Ausbildung eines Sprachzentrums festgestellt haben. Er hält es also für möglich, daß die Vormenschen vom Typ Homo schon miteinander gesprochen haben.

Um die geistige Aktivität der Prähominiden zu erkennen, können auch andere Wege gegangen werden. Rekonstruiert man die Umwelt, in der etwa die Australopithecinen lebten, kann man eine Relation zu ihrer Gehirnleistung herstellen. Diese Vormenschen haben vermutlich den harten Lebenskampf nur dank ihrer höheren Intelligenzstufe bestehen können. Die ihnen von der Natur mitgegebenen Waffen – Fingernägel und Zähne – waren in ständiger Rückbildung. Je mehr diese tierischen Attribute verkümmerten, um so mehr näherten sich ja unsere Urahnen dem Menschentum. Um zu überleben, mußten sie also einen wirksamen Ersatz für das Schwinden ihrer natürlichen Abwehrwaffen schaffen. Zwar gibt es Tiere, die über keine Waffen verfügen, um sich zur Wehr zu setzen; sie suchen vielmehr ihr Heil in der Flucht. Aber die Vormenschen, die sich auf zwei Beinen fortbewegten, konnten vermutlich nur eher unbeholfen gehen. Ein einzelner hatte jedenfalls gegenüber einem jagenden Leoparden kaum eine Fluchtchance. Die Hüft-, Bein- und Beckenknochen der Frühmenschen unterscheiden sich von unseren beträchtlich. Diese Wesen konnten gar nicht schnell laufen, obwohl sie bereits gewölbte Füße hatten und vermutlich nicht mehr so schwerfällig daherwatschelten wie Menschenaffen. Es ist vor allem die große Zehe, die dem Fuß Halt verleiht. Sie gibt dem Zweibeiner relative Behendigkeit beim Gehen. Ein Gorilla ist auf unebenem Gelände durchaus imstande, mit einem laufenden Menschen mitzuhalten. Sobald er seine langen Arme zu Hilfe nimmt, wirft er sich auf ihnen – die Handknöchel auf den Boden gestützt – wie auf

Krücken vor. Obwohl der Gorilla dabei sehr große Schrittlängen erreicht, kann er diese Fortbewegungsart nicht allzu lange durchhalten.

Für die ersten auf dem Boden lebenden Frühmenschen kann das Dasein kein echter Fortschritt gewesen sein. Wie aus Fossilien hervorgeht, war ihr Körperbau noch für typische Bewegungen in den Kronen der Bäume konzipiert. Diese tollpatschigen Zweibeiner waren auf dem Erdboden, falls sie es wagten, abseits der Horde nach Futter zu suchen, viel zu langsam, um einer jagenden Raubkatze zu entkommen. Schon diese Überlegung deutet darauf hin, daß unsere halbmenschlichen Vorfahren nicht von heute auf morgen den Waldboden verlassen haben können. Es muß vielmehr ein langsamer Anpassungsprozeß vor sich gegangen sein. Vielleicht wechselten die ersten waldflüchtigen Hominiden auch saisongemäß ihre Jagdreviere. Denkbar wäre ein Aufenthalt nach der Regenzeit in der Savanne und eine Rückkehr in den Wald oder Busch, sobald die Steppe austrocknete.

Entscheidend für die Überlebenschancen der Frühmenschen war jedoch ihr soziales Verhalten. Die Affenmenschen konnten nur in der Gemeinschaft existieren. Im Rudel, in der Horde war der Homo seinen Feinden und seiner Umwelt überlegen. Diese Gemeinschaft, ob sie nun Herde, Horde, Stamm oder Rudel genannt wird, könnte eine eigene Phylogenese durchgemacht haben. Diese moderne Auffassung setzt sich unter den Naturwissenschaftlern immer mehr durch.

Selbstverständlich verschaffte der Gebrauch von Werkzeugen den Frühmenschen weitere Überlegenheit. Die Nachfolger der Ramapithecinen verwendeten keine unbehauenen Steine mehr; sie hatten bereits gelernt, ihre Geräte zweckentsprechend zu fertigen, vor allem Schaber und Schneider. Feuersteinknollen oder Quarzitsteine wurden durch wuchtige Schläge zu brauchbaren Instrumenten geformt. Als „Waffen" in unserem Sinn waren diese primitiv behauenen Steine und Geräte nicht zu verwenden. Aber mit Hilfe der Schaber konnten die Vormenschen Zweige abschneiden und zuspitzen. In den spitzen Stäben und den der Länge nach aufgespleißten Knochen könnte man schon recht brauchbare

Werkzeuge erkennen. Damit wurden nicht nur Feinde abgewehrt, sondern auch jagdbare Tiere erlegt.

Dennoch dürfte die Hauptkost dieser Prähominiden nicht Fleisch gewesen sein. Heute weiß man, daß die Frühmenschen das Feuer nicht gekannt haben. Für viele Anthropologen bedeutete seine Verwendung ein Kriterium, das ebenso wie ein 750 Kubikzentimeter großes Hirn die unterste Voraussetzung für die Klassifizierung eines Wesens als Mensch darstellt. Jetzt ist man von dieser Einstellung abgekommen. Vielleicht überschätzt man überhaupt die Bedeutung des Feuers für den Menschen. Vielleicht benötigte er gar nicht den Brand, um über die Tierwelt herrschen zu können. Es ist möglicherweise nicht das Feuer, vor dem die Raubtiere zurückschrecken; es mag sein, daß sie sich viel mehr vor den Menschen selbst fürchten. Weil aber das Feuer ein Attribut des Menschen ist, setzen sie es mit dem Menschen gleich und nehmen Reißaus, sobald sie Rauch riechen.

Robert Ardrey zitiert das Erlebnis des Verhaltensforschers Georg Adamson in einem Freiwildgehege in Kenia. Der Heger mußte von Zeit zu Zeit menschenfressende Löwen abschießen. Im allgemeinen weichen die großen Raubkatzen dem Menschen aus. Wenn aber einmal ein Löwe, ebenso wie in Indien der Tiger, Menschenblut geleckt hat, hat er auch gelernt, wie leicht und gefahrlos unbewaffnete und damit wehrlose Menschen zu schlagen sind. Der Wildhüter Georg Adamson hatte seine eigene Methode, den „Maneater" – wie die menschenfressenden Raubkatzen genannt werden – anzulocken. Er setzte sich in der Nähe jenes Ortes nieder, an dem die Raubkatze zum letztenmal gesehen worden war. Wenn die Dämmerung anbrach, entzündete Adamson ein Lagerfeuer. Menschenfressende Löwen werden dadurch besonders angelockt. Der für die feinen Nasen der Raubkatzen leicht aufspürbare Rauch signalisiert ihnen die Anwesenheit von Menschen außerhalb des Dorfes. Und die sind ihrer Erfahrung nach eine leichte Beute. Adamson pflegte immer so lang mit seinem schußbereiten Gewehr zu warten, bis er die Augen der anschleichenden Raubkatze im Feuerschein aufleuchten sah. Dann schoß er und hatte fast stets den gewünschten Erfolg.

Adamson gilt heute als einer der besten Löwenkenner. Es ist ihm gelungen, zahme Löwen wieder an das Leben in freier Wildbahn zu gewöhnen. Dieses Löwenrudel studiert nun der ehemalige Wildheger aus nächster Nähe. Adamson war einer der ersten Verhaltensforscher, der die wildlebenden Großkatzen exakt beobachtet hat.[46] Durch sein Buch „Die Löwin Elsa" wurde er auch berühmt.

## *Affen sprechen nicht*

Eine der wichtigsten Fragen in der Beurteilung des Entwicklungsverlaufes vom Tier zum Menschen lautet: Wann entdeckten die Vormenschen die Sprache? Aus Fossilien und Skelettresten ist es mehr als schwierig, gültige Aussagen über bestehende Möglichkeiten einer entwickelten artikulierten Sprache abzuleiten. Theoretisch wäre es nicht erforderlich, zu „sprechen", um sich mit Artgenossen zu verständigen. Es ist also nicht notwendig, eine Reihe von kombinierten Lauten und Geräuschen in eine Artikulationsfolge zu bringen. Eine sprachliche Kommunikation könnte akustisch auch durch Pfeifsignale, durch Klapper- und Schnarrgeräusche oder aber auch optisch durch Stellung der Arme und Finger in bestimmten Figuren in einer festgelegten Folge und Bedeutung, ja selbst durch taktmäßiges Beugen des Rumpfes in verschiedene Richtungen erfolgen. Aber der Mensch moduliert durch komplizierte Veränderungen der Mund- und Rachenhöhle, der Lippen, der Zunge, des Kinns und des Gaumensegels einen in Schwingungen versetzten Luftstrom. Auf diese überaus komplexe Art werden Grund- und Obertöne, tonlose oder tönende Konsonanten, Vokale und Diphtonge, Resonanzeffekte und dentale, nasale, labiale oder gutturale Laute erzeugt. Dennoch erscheint es uns kinderleicht, zu sprechen. Ein längst gewohnter physiologischer Vorgang verlangt keinen überlegten Steuerungsprozeß vom Gehirn aus.

Wie schwierig die Natur des Sprechens aber tatsächlich ist, wird dann klar, wenn man etwa versucht, regelmäßig angewandte

Sprachfehler, mit denen man sozusagen aufgewachsen ist, zu eliminieren. Ebenso muß man sich umstellen, wenn man einen oder mehrere Zähne verloren, einen Zahnersatz erhalten hat oder wenn infolge genossenen Alkohols die „Zunge schwer wird"; wenn es also dem Gehirn nicht mehr möglich ist, die Steuerungsbefehle zu koordinieren. Zu Sprachschädigungen kommt es auch, wenn durch eine Verletzung oder durch einen Schlaganfall die entsprechenden Gehirnzentren ausgeschaltet oder gestört sind. In solchen und ähnlichen Situationen wird einem erst bewußt, wie schwierig es ist, zu plaudern.

Im menschlichen Gehirn gibt es nicht nur einen einzigen Sprachbereich. Es müssen mehrere Felder zusammenwirken, um das Sprechen zu ermöglichen. Um ein Wort zu artikulieren bzw. einen Satz zu bilden, müssen sehr komplexe Schaltvorgänge erfolgen und in Impulse umgesetzt werden. Schon beim Denken gehen diese Impulse zu den Sprechzentren im Mund und Kehlkopf. Man hat mit Hilfe von Elektromyographen (Geräte, die feinste Muskelkontraktionen durch Aufzeichnung von Schwingungen registrieren) die Sprechorgane des Menschen getestet. Im Zuge dieser Arbeit entdeckte man, daß jeder Denkprozeß die Muskeln und Stimmbänder im Kehlkopf so anregt, als würde gesprochen werden. Eines der wichtigsten Sprechzentren wurde bereits Mitte der sechziger Jahre des vorigen Jahrhunderts entdeckt. Der französische Professor für Chirurgie Paul Broca entdeckte das motorische Sprachzentrum. Im Jahre 1865 untersuchte er schwer Sprachgestörte. Die meisten hatten, wie sich bei der späteren Autopsie herausstellte, Verletzungen in der linken Hirnhemisphäre, im unteren Teil der dritten Gehirnwindung. Dieser Teil des Gehirns wird seither „Brocasches Zentrum" genannt.

Der 1824 in der Gironde geborene Wissenschaftler war aber nicht nur Chirurg und Anatom, sondern auch einer der ersten Anthropologen. Schon im Jahre 1859 gründete er in Paris die Anthropologische Gesellschaft und wurde deren Generalsekretär. Dieses Amt übte er bis zu seinem Tod (1880) aus. Der Forscher machte sich auch als Praktiker einen Namen: Er konstruierte sinnreiche medizinische Apparate und erdachte eine Technik, Schädel und Knochen für anthropologische Zwecke exakt zu vermessen; er untersuchte die Ausbildung des Gehirns und sein Verhältnis zur Schädelform. Das 1869 erschienene Buch „Mémoires sur les caractères physiques de l'homme préhistorique" beschreibt – zum Teil in prophetischer Voraussicht – viele Eigenschaften des Frühmenschen. Als man später die Fossilien der bis dahin noch unbekannten Vormenschen gefunden hatte, erwiesen sich die Vermutungen und Voraussagen Brocas über das Aussehen der prähistorischen Menschen in vieler Beziehung als richtig.

Broca, von dem auch der Ausdruck „limbisches System" stammt, hatte mit dem bis dahin bei Anatomen verbreiteten Irrtum aufgeräumt, Sprachstörungen seien ausschließlich eine Folge von Sprachmuskellähmungen. Er erkannte die Funktionen im Gehirn und nannte die von ihm entdeckte Sprechbehinderung „Aphemia", änderte jedoch später diesen Namen auf „Aphasia". So heißt das Leiden heute noch.

Neun Jahre nach Broca veröffentlichte der an der neurologischen Klinik in Breslau als Assistent wirkende Carl Wernicke eine Arbeit über einen weiteren Bereich der Sprachbildung. Dieses Zentrum liegt meist in der linken Gehirnhälfte hinter dem Brocaschen Bereich, zwischen der Heschl- und der Angular-Windung im Scheitellappen und ist für die Wortwahl zuständig. Ist es verletzt, können die Betroffenen bestimmte Begriffe nicht aussprechen. Wenn sie etwa sagen sollen: „Gib mir den Hammer!" werden sie entweder „Gib mir das Dingsda" oder „Gib mir das Papier" sagen. Es ist ihnen also unmöglich, gewisse Begriffe auszudrücken. Das Sprechen ist bei diesen Patienten allerdings nicht gestört.

Nicht bei allen Menschen sind die Sprechzentren in der linken Gehirnhälfte lokalisiert. Bei etwa fünf Prozent liegen sie in der rechten Hirnhemisphäre. So haben etwa die Linkshänder ihr Sprechzentrum in der rechten Hälfte. Die Nervenbahnen als Übermittler der Reize und elektrischen Impulse kreuzen sich. So hört das linke Ohr in der rechten und das rechte Ohr in der linken

Gehirnhälfte. Ähnlich, wenngleich etwas komplizierter, ist das auch beim Sehen.

Wieso die meisten Menschen Rechtshänder sind, ist nicht geklärt; es gibt jedoch eine einleuchtende Theorie: Die Ursache ist der Sitz des Herzens, das sich zum überwiegenden Teil in der

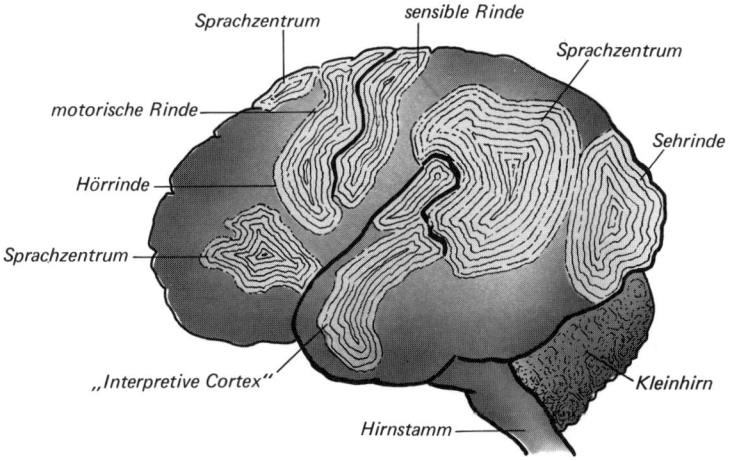

Diese schematische Darstellung des menschlichen Gehirns zeigt die Verteilung der einzelnen Sinneszentren. Ein Zentrum für das Gedächtnis wurde nicht gefunden.

linken Brusthälfte befindet. Das Herz ist nun das lebenswichtigste Organ jedes Wesens. Um es zu schützen, wendet man es von jedem potentiellen Gegner ab. Dann muß aber der rechte Körperteil besonders abwehrbereit sein und durch gewandte Glieder in diesem Bereich stärker gemacht werden. Man hat psychologische Experimente durchgeführt und diese Ansicht bestätigt gefunden. Betritt ein Mensch einen ihm unbekannten Raum oder einen Platz mit fremden oder noch nicht identifizierten Personen, dann wendet er sich fast stets nach links. Er wird also im Sinne des Uhrzeigers seine Runde machen. Dieses Verhaltensmuster ist eine aus dem Instinktbereich stammende Schutzmaßnahme und vielleicht durch den natürlichen Ausleseprozeß entstanden: Menschen, deren linke Hirnhälften aktiver waren, hatten eine Spur

Vorteil voraus. Sie erlitten seltener tödliche Herzverletzungen als die mit dem linken Arm kämpfenden Artgenossen.

Als erste entdeckten zwei preußische Militärärzte die Kreuzung der aus dem Gehirn kommenden Nervenstränge. Gustav Theodor Fritsch und Eduard Hitzig experimentierten Anfang der sechziger Jahre des vorigen Jahrhunderts an Verwundeten mit offenen Schädelverletzungen. Als die Mediziner schwache elektrische Reizströme durch einzelne Zonen des offen zu beobachtenden Hirnes sandten, reagierten immer Muskeln, die auf der anderen Seite des Körpers lagen. Fritsch und Hitzig erkannten neben dem Kreuzungsphänomen auch, daß durch im Hirn entstehende schwache Ströme die Muskeln zur Bewegung veranlaßt wurden. Der elektrische Reiz zwang die Muskelfasern, sich zusammenzuziehen. Dazu entdeckten sie die „motorischen Zentren".

Der 1838 in Kottbus geborene Gustav T. Fritsch war ein vielseitig begabter Mensch: Er beschäftigte sich mit den unterschiedlichsten naturwissenschaftlichen Fächern, beobachtete totale Sonnenfinsternisse, reiste als Anthropologe und Ethnologe nach Südafrika und beschrieb als einer der ersten das Leben der Buschmänner und Hottentotten. Er betrieb aber auch in Oberägypten Archäologie und verwendete erstmals photographische Aufnahmen zur Dokumentation. Seine Arbeiten geben einen Überblick über seine Universalität: „Drei Jahre in Südafrika", „Die Skulpturen und die feineren Strukturverhältnisse der Diatomazeen", „Über das stereoskopische Sehen im Mikroskop und die Herstellung stereoskopischer Mikrotypien auf photographischem Weg", „Untersuchungen über den feinen Bau des Fischgehirnes", „Die elektrischen Fische im Lichte der Deszendenzlehre", „Die Gestalt des Menschen für Künstler und Anthropologen", „Beiträge zur Dreifarbenphotographie" und „Ägyptische Volkstypen".

Das Zusammenwirken der einzelnen Gehirnpartien bei der Artikulierung ist noch nicht restlos erforscht. Wie man weiß, werden die an die Sprechzentren angrenzenden Bereiche der Gehirnrinde zur Formulierung von Sätzen und zur Abberufung von Wörtern und Begriffen benötigt. Sind diese Sprachzentren infolge der Schädigung der umliegenden Cortexzellen isoliert – als Folge von Vergiftungen und Sauerstoffmangel im Gehirn – kommt es zu besonderen Sprachphänomenen: Die Patienten können fehlerlos alles nachplappern, was man ihnen vorsagt, sind jedoch nicht imstande, selbständig ihre Gedanken in Sprache umzusetzen.

Mitunter basieren Witze auf guter Beobachtungsgabe. Die Geschichte von der stotternden, schwer sprachbehinderten Magd, die eilig die Feuerwehr informieren soll, gehört in diese Kategorie: Das Mädchen bemüht sich verzweifelt zu sagen, daß ein Bauernhaus brenne, ist aber so aufgeregt, daß es kein Wort herausbringt. Da fällt ihr ein: Singen ist leichter als Sprechen. Und so schmettert sie ihre Meldung heraus: „Das ganze Häusel steht in Flammen! Hollodrio!" Diese alte Witzweisheit wurde inzwischen wissenschaftlich voll bestätigt. Das Gesangszentrum liegt im Gehirn an anderer Stelle; es reagiert autonom und selbst dann normal, wenn die Brocaschen oder die Wernickschen Zentren verletzt sein sollten. Sprachgeschädigte können also meist das, was sie sagen wollen, fehlerlos singen. Sie scheitern aber beim Versuch, sich in klaren Sätzen auszudrücken.

Zur Sprachbildung müssen auch andere Hirnteile intakt sein, zum Beispiel der Hörsinn. Ist das entsprechende Zentrum von Geburt an gestört, sind die Patienten meist taubstumm. Ist das Leiden erst später aufgetreten, können diese Menschen ihre eigenen Wörter nicht mehr hören. Die Wörter werden immer undeutlicher artikuliert, es fehlt die akustische Kontrolle, und schließlich geht das Sprechen in Lallen über. Gilt es, Gelesenes wiederzugeben, müssen auch die visuellen Zentren im Gehirn eingeschaltet werden. Das Sprechen ist ein überaus komplexer Vorgang, der eine sehr breite Steuerungsbasis vom Gehirn her erfordert. Die Frage, ob bestimmte Frühmenschen bereits sprechen konnten, ist also sehr entscheidend. Eine Antwort darauf gäbe Auskunft über die Entwicklungsgeschichte von den Hominiden bis zum Homo.

Haben unsere frühesten Vorfahren diese komplizierte Art der

Artikulation von Sprechlauten beherrscht? Lange Zeit nahmen die Anthropologen an, diese Frage könne damit beantwortet werden, ob man am fossilen Kiefer die oberen Kinnhöcker – die „Spina mentalis" – finden kann. Beim Menschen ist dort der Ansatzpunkt für Muskelgruppen, die beim Sprechen von entscheidender Bedeutung sind. Affen haben keine entsprechenden Höcker. Aber man findet diese kleinen Erhebungen auch nicht bei allen Menschen. Bei manchen Volksstämmen fehlen jedem vierten die Kinnhöcker. Dennoch sind diese Menschen nicht stumm. Auch die Analyse der fossilen Schädel brachte keine Klärung, denn manche Vormenschen haben die Spina, obwohl sie viel affenähnlicher aussehen als jene Schädel, bei denen Knochenhöcker nicht vorhanden sind und die zu den weit menschlicher entwickelten Hominiden zu zählen sind.

Natürlich könnten die Anthropologen wesentlich präzisere Aussagen über diese Frage machen, stünden ihnen die fossilen Knorpel des Kehlkopfes zur Verfügung. Aber diese sehr feinen und empfindlichen kleinen Knorpelchen sind noch bei keinem ausgegrabenen Hominiden-Schädel gefunden worden. Bei Schimpansen ist der Kehlkopf nicht – wie beim Menschen – vom Gaumen getrennt, sondern noch angewachsen. Deshalb können Menschenaffen keine langanhaltenden, volltönenden Laute von sich geben.

Jedermann weiß, daß Tiere einzelne Wörter verstehen können. Man kann ihnen Befehle erteilen, kann bei ihnen Freude, Trauer, Aggression und Jagdlust oft nur durch ein einziges Wort, durch eine einzige Geste auslösen. Es gab und gibt aber noch viele Kontroversen unter den Verhaltensforschern, ob das Wort selbst oder ob nur der Klang der Stimme, die Geste und die Situation beim Tier die bedingten Reflexe auslösen, die als Verstehen des Wortes gedeutet werden. Diese Frage scheint jedoch sekundär zu sein. Inzwischen sind geradezu unglaubliche Lernleistungen von Tieren bekannt geworden. Affen sind nicht nur imstande, Wörter zu assoziieren, sondern sogar Satzverbindungen zu schaffen. Das bedeutet nicht mehr oder weniger, als daß es Affen gibt, die lesen und schreiben können. Über ein derartiges Experiment berichtet das Ehepaar Ann James und David Premack. Er ist Professor für Psychologie an der Universität von Kalifornien in Santa Barbara, sie freischaffende Schriftstellerin. Während ihrer Studienzeit in Minnesota experimentierten sie sehr viel mit Affen.

### *Sarah, die ABC-Schützin*

David Premack wollte herausbekommen, was die natürliche Grundlage der Sprache und ob sie tatsächlich nur dem Menschen vorbehalten ist. Es war überwältigend: Die Schimpansin Sarah lernte in sechs Jahren nicht nur 130 Wörter, die sie mit einer Wahrscheinlichkeit von 75–80 Prozent verstand, sie konnte auch einfache Sätze schreiben. Weiters war sie in der Lage, klare Unterscheidungen zwischen Farben, Gegenständen und Nahrungsmitteln zu machen. Die Premacks hatten sich schon vor der Berufung des Psychologieprofessors nach Kalifornien im Primatenzentrum von Florida mit Schimpansen beschäftigt. Er studierte dort das sehr ausführliche Rufsystem der Tiere. Wie bereits erwähnt, ist das Vokabular von Schimpansen ungewöhnlich groß. Sie haben andere Rufe und Schnatterlaute für leblose und lebendige Dinge, für alt und jung sowie für weiblich und männlich. Ihr Wortschatz kennt Ausdrücke für Nahrung und für Früchte. Die Tiere sind in der Lage, ihre Artgenossen auf die Verschiedenartigkeit der Speisen aufmerksam zu machen.

Sarah stammte aus einem Zoo. Als sie zu den Premacks kam, war sie kaum fünf Jahre alt. Das entspricht einem Alter von etwa acht bis zehn Jahren beim Menschen. Schimpansen können bis zu 48 Jahre alt werden, wie die Schimpansin Wendy bewies. In diesem Alter erlag sie im Jahre 1972 im Primatenforschungszentrum der Emory-Universität in Atlanta (Georgia) einem Schlaganfall. Im allgemeinen aber werden sie nicht älter als 35 bis 40 Jahre. Sie sterben fast nie an Arteriosklerose wie Wendy, sondern meist an Infektionskrankheiten. Gegen Ansteckungen sind diese Menschenaffen sehr empfindlich.[47]

Wie kann man einen Affen das Schreiben lehren? Sarah hatte

zuerst einen abstrakten Begriff zu erlernen. Sie mußte das Wort „geben" begreifen, mußte also erkennen, daß zwischen dem Geber und dem Empfänger ein Unterschied besteht. Es gibt aber auch Unterschiede zwischen Gebern. Nach und nach wurde Sarah klar, was: „Ann gibt Sarah Schokolade" oder was: „David gibt Sarah Schokolade" bedeutete. Dieses Spiel wurde unter Einbeziehung mehrerer Personen lange Zeit trainiert. Die Schimpansin konnte bald den Begriff des Gebens assoziieren, und sie unterschied, ob der Forscher seiner Frau, oder umgekehrt, wenn Ann David einen Apfel, eine Banane oder eben ein Stück Schokolade gab. Die Begriffe für diese wichtigsten Nahrungsmittel hatte das kluge Schimpansenfräulein bald erlernt.

Beim zweiten Schritt in diesem Unterrichtsprozeß wurde dem Tier die Synonymität eines Zeichens mit einem Gegenstand klargemacht. Das Tier mußte ja begreifen, daß ab nun der Begriff Essen mittels eines besonders geformten oder bemalten Stücks Plastik dargestellt wird. Um es vorweg zu nehmen: Sarah kannte zuletzt 25 Schriftzeichen einer eigenen, für sie erdachten Bilderschrift. Während Sarah die Symbole für die einzelnen Leckerbissen lernte, saß der Lehrer ihr gegenüber. Er zeigte ihr etwa ein karmesinrotes Quadrat aus Plastik, das über einem Stück Banane lag. Hob er die Plastikscheibe auf, dann steckte er sich auch genießerisch die Banane in den Mund. Bald konnte Sarah den Lehrer nachahmen; sie schmatzte mit Genuß ihr Stück Banane. Dann wurde ihr das Wort „geben" wieder in Erinnerung gerufen. In ihrer Schrift wurde dieses Verbum durch ein grünes diaboloförmiges Plastikplättchen dargestellt.

Die nächste Stufe war die Aufforderung, Sarah möge jeweils anzeigen, ob sie ein Stück Banane essen wolle. Sie bekam nur dann den Bissen, wenn sie das richtige Symbol für Banane auf eine Magnettafel klebte. Nach und nach lernte Sarah weitere Verba: Neben „gib" wurde ihr auch der Begriff „nimm", „wasche", „schneide" und „gib hinein" erklärt. Wenn man ihr beispielsweise die Schriftzeichen „Wasche den Apfel!" an die Tafel klebte, nahm Sarah die Frucht und wusch sie in einer bereitstehenden Schale.

Anfangs gab es Schwierigkeiten, weil die Schimpansin noch

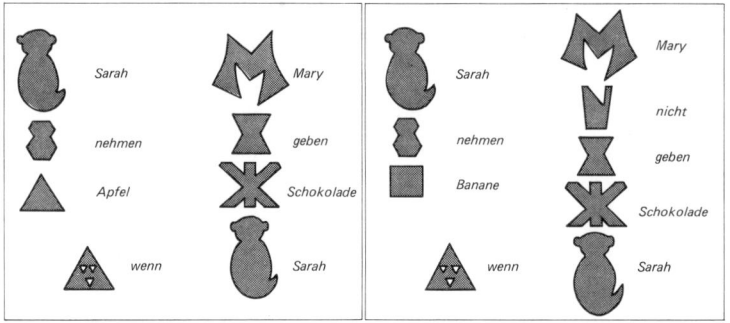

So stellte die Schimpansin Sarah ihre ersichtlich komplizierten Sätze zusammen. Die aus Plastik gefertigten Wortsymbole sind verschiedenfarbig.

nicht in der Lage war, „sich selbst" zu erkennen; sie konnte sich nicht von anderen in ihrer Umgebung lebenden Artgenossen unterscheiden. So klebte sie etwa das Namenszeichen für eine andere Schimpansin auf die Tafel und war dann wild erregt, wenn dieses Tier und nicht sie die Frucht erhielt. Doch nach und nach wurde Sarah ich-bewußter und benützte das sie symbolisierende Zeichen. Es hatte eher die Silhouette einer Katze als die eines Affen. Sarah konnte unterscheiden, was der Ausdruck „Gib den Apfel" oder „Gibt den Apfel" bedeutet. In der englischen Sprache ist das nämlich etwas leichter: „give apple" oder „apple give". Im ersten Fall bekam natürlich Sarah den Apfel, im zweiten Fall mußte sie den Apfel einem anderen Affen aushändigen.

Im fortgeschrittenen Stadium wurde Sarah dazu veranlaßt, zwischen verschiedenen Gegenständen zu unterscheiden. „Same" oder „different", „dasselbe" oder „verschieden", lauteten die entsprechenden Schriftsymbole. In der Praxis erfolgte das so: Man legte der Äffin zwei Äpfel vor und stellte die Frage: „Besteht ein Unterschied zwischen diesen Äpfeln?" Sarah legte das Zeichen für „same", „dasselbe", hin. Hatte sie dagegen einen Apfel und eine Banane vor sich, griff sie nach dem Zeichen „verschieden". Bald konnte sie die verschiedensten Dinge differenzieren. Überdies lernte sie auch ein Fragezeichensymbol und konnte bald auch diesen sehr abstrakten Transformationsprozeß sinngemäß anwenden.

Bei diesen pädagogischen Versuchen* prüfte man auch Sarahs Intelligenz. Man hatte sich eine geradezu diabolische Methode ausgedacht, um dem Tier das „Schreiben von Farben" beizubringen. Sarah hatte relativ rasch gelernt, Farben zu unterscheiden. Wenn man etwa fragte: „Was ist gelb?", so assoziierte sie alle gelben Gegenstände in ihrer Umgebung, ein gelblackiertes Spielzeugauto ebenso wie eine Banane. Als das Tier aber auch lernen mußte, die Farben gelb, grün oder rot zu „lesen" und zu „schreiben", hatte man die einzelnen Symbolzeichen nicht in der korrespondierenden Farbe gehalten. Dieses Verfahren hatte man auch schon bei der Darstellung der Gegenstände praktiziert. So war das Zeichen für Schokolade nicht braun, sondern grün, das für den Apfel violett, das Signum für die Banane karmesinrot, jenes für die Aprikose hellblau und der Bildbuchstabe für Rosinen farblos. Die Schriftzeichen für die einzelnen Farben wurden bewußt in anderen Farben gehalten. Rot hatte die Form eines Bumerangs, war aber grau. Gelb wurde durch ein schwarzes T-förmiges Zeichen und braun durch einen verzerrten graublau angemalten Pfeil dargestellt. „Grün" hingegen war weiß bemalt. Die Schimpansin begriff zwar sehr rasch die Farbensymbole und identifizierte auch die richtige Farbe, hatte allerdings am Anfang beträchtliche Schwierigkeiten, die richtige Farbe der Früchte zu bezeichnen. Als man ihr die Frage stellte: „Welche Farbe hat ein Apfel?", nannte sie nicht grün, sondern zeigte die Farbe des Plättchens, das den Apfel symbolisierte. Sie dachte also bereits zweimal abstrakt und korrigierte sogar in ihrer Schrift, wenn man ihr eine „falsche" Farbe für die Frucht anbot. Erst nach und nach lernte sie den Sinn der Farbschrift richtig zu „erkennen". Für den Psychologen ergibt sich nun die Frage, ob die Schimpansin nur mit einer Reihe von bedingten Reflexen reagierte, sobald man ihr ein Symbol zeigte, oder ob das Synonym tatsächlich als Abstraktion des wahren Gegenstandes im Gehirn gespeichert worden war. Die Fähigkeit dieser Archivierung ist nämlich überaus wichtig für die Erklärung des Phänomens Sprache. Das Ehepaar Premack ist der Ansicht, Sarah habe tatsächlich gelernt und „begriffen". Die Schimpansin hat wiederholt die entsprechenden Wörter an die Tafel geklebt, und sobald man ihr nicht das geforderte Nahrungsmittel gab, empört reklamiert. Sie nahm sofort eine Korrektur der Schrift vor, wenn man ihr etwa einen Apfel statt einer Banane gab. Sie bestand aber etwa auf Schokolade, wenn sie das Schriftzeichen Schokolade gesetzt hatte und man ihr dafür Rosinen gab.

Die Stapelung der Schrift- und Sprachzeichen im Gehirn und die reproduzierbare Transformation dieser Begriffe in die Realität waren echte Abstraktionen.

Sarah konnte noch mehr. Es war ihr möglich, ein und denselben Auftrag für zwei verschiedene Tätigkeiten hintereinander auszuführen. So bekam sie etwa den Befehl: „Leg den Apfel in den Eimer und die Banane auf den Teller!" Zu Beginn verwendeten die Lehrer zweimal das englische Vokabel „insert". Der Satz lautete im Original: „Sarah insert apple pail" und „Sarah insert banana dish". Später hieß der schriftliche Befehl nur mehr „Sarah insert apple pail, banana dish". Das eine „Gib hinein!" oder „lege!", nämlich „insert", stand für zwei getrennte Aufträge. So bildet auch der Mensch seine Sätze. Aber dieser Vorgang verlangt einen sehr erheblichen Denkvorgang, der eine präzise Archivierung im Gehirn und eine anschließende echte geistige Verarbeitung der Begriffe voraussetzt.

Nach Ansicht der beiden amerikanischen Forscher entspricht die Leistung der Schimpansin der vollwertigen Gedankenarbeit eines zweijährigen intelligenten Kindes. Dem Laien mögen die der Schimpansin gestellten Fragen unkompliziert erscheinen. Aber die Ergebnisse dieses Experimentes zerstören endgültig das bei vielen Psychologen eingenistete Vorurteil, nur der Mensch sei imstande, Sprache zu erlernen.[48]

In einer anderen Versuchsreihe bewies die Schimpansin eine weitere erstaunliche Lernleistung: Dem Tier war es möglich, mehr als 130 Wörter einwandfrei zu verstehen und umzusetzen. Wissenschaftliche Untersuchungen der Lernfähigkeit von Schimpansen wurden schon früher durchgeführt. Im Jahre 1930 haben Winthrop und Luella Kellog eine Schimpansin namens „Gua" gemeinsam mit ihrem Sohn aufgezogen. Im Alter von 16 Monaten konnte der Affe bereits hundert Worte verstehen. In den vierziger Jahren

zogen Keith und Cathy Hayes einen Schimpansen namens „Vicki"
auf und lehrten ihn zahlreiche Wörter. Sie brachten es sogar
erstmals zuwege, daß ein Affe drei Wörter für jedermann verständlich artikulieren konnte: „Mama", „Papa" und „Cup".

Sprachkommunikation ist also nicht nur mittels Wörtern möglich, es können auch Zeichen, Pfiffe, Gesten, graphische Symbole
und bestimmte Bewegungen zur Sprache ausgebaut werden,
vorausgesetzt, die Aneinanderreihung der Symbole ergibt einen
Satz. Jede Sprache verlangt eine Grammatik, wenn auch nicht im
Sinne unserer Redeweise.

Vor mehr als fünfzig Jahren hat der nun mit dem Nobelpreis
ausgezeichnete Verhaltensforscher Carl von Frisch die Sprache der
Bienen entdeckt. Mit dieser Verständigungsmethode machen Bienen ihre Artgenossen auf neuentdeckte Honigquellen aufmerksam.
Diese Schwänzeltänze, die genaue Auskunft über Richtung und
Entfernung beinhalten, werden allerdings nicht von allen Linguisten als Sprache gewertet. Hier gibt es einander widersprechende
Auffassungen. Dagegen dürfte die sogenannte Sprache der Delphine sehr wahrscheinlich ein echtes Kommunikationsmittel
sein.

Der an der University of Georgia in Athens (USA) wirkende
Psychologieprofessor Ernst von Glasersfeld definierte den Begriff
der Sprache folgendermaßen: „In einer ‚Sprache' können wir
Sachverhalte mitteilen, ohne eine umgehende Handlung zu bewirken; wir können Fragen stellen und beantworten, und wir können
Dinge und Vorgänge beschreiben, auch wenn sie nichts mit der
unmittelbaren Gegenwart unseres Handelns zu tun haben."[49]
Damit wird klar ausgedrückt, daß die Sprache etwas anderes ist als
beispielsweise ein Befehl, der einem Hund oder einem anderen
dressierten Tier erteilt wird. Die Sprache ist also kein Signal, das
eine bestimmte Verhaltensweise auslöst, sondern eine Verbindung
gewisser Begriffe zu einem Satzgefüge. Gerade jene Grenzregion,
in der sich eine Ursprache bilden kann, war für die Forschung
immer besonders interessant. Nicht nur die Versuche mit Sarah,
mit Vicky und anderen Schimpansen haben eine einwandfreie
Bestätigung für die Sprachfähigkeit der Schimpansen erbracht.

96

Andere Forscher können inzwischen mit erstaunlichen Ergebnissen aufwarten.

An der Universität von Nevada begannen im Jahre 1966 Ellen und Beatrice Gardner der jungen Schimpansin Washoe die Taubstummensprache beizubringen. Die den Buchstaben entsprechenden Symbole wurden leicht abgewandelt für Wortzeichen verwendet. Washoe beherrscht heute über 300 Wortsymbole, darunter so schwierige wie Fotografie, Kühlschrank oder Schuhputzbürste. Das Erstaunliche an dem Experiment ist, daß die Schimpansin für ihre Verständigung eine regelrechte Syntax verwendet, also die Regel, nach der Wörter zu Sätzen verbunden werden. Damit hat auch Washoe in ihrer Sprache eine eigene Grammatik und kann sich wirksam verständlich machen. Da die Erfolgsquote bei dieser individuellen Schimpansensprache weit über neunzig Prozent liegt, kann keineswegs mehr Zufall im Spiel sein, wenn Washoe einen Satz ausspricht. Diese Leistung kann nicht mit der Fertigkeit eines Papageien verglichen werden, der einen eingelernten Satz oder eine Folge von Wörtern rekapituliert.[50]

Der bereits erwähnte Professor Ernst von Glasersfeld ist übrigens sehr intensiv an einem weiteren Experiment mitbeteiligt. Es wird am Yerkes-Institut für Primatologie in Atlanta durchgeführt. Unter der Leitung des Vorstands der Primatenforschung Ray Carpenter entwickelte ein Team von Wissenschaftlern einen Sprechapparat. Das Experiment wurde 1972 gestartet und ist zur Zeit noch voll im Gange. Mittelpunkt der Versuchsreihe ist die Schimpansin Lana. Sie hat inzwischen perfekt yerkeisch erlernt. Dieser Name stammt von dem Begründer des Versuchsinstituts, Robert Yerkes, der in den zwanziger Jahren die Forschungsstätte ins Leben rief.

Das Gerät besteht aus einem großen Schaltbrett und einer Leuchtanzeige sowie aus einem angeschlossenen Computer. Für die eigene Affensprache wurde eine neue Form gewählt, sogenannte Lexigramme. Die Lexigramme bedeuten jeweils einen bestimmten Begriff. Diese Begriffe müssen zu Sätzen geordnet werden. Es sind ganz einfache Sätze mit einer bestimmten Aussage. Wird die Syntax mißachtet, löscht der Computer den sinnlosen Satz. Entspricht jedoch das Wortgefüge den grammatikalischen Regeln, wird als Belohnung die von der Äffin bestellte Benachrichtigung ausgegeben. So kann die Schimpansin etwa aufschreiben: „Bitte, Maschine, gib Lana eine Banane!" Nach der Wahl dieses Satzes wird unter einer großen Zahl von Objekten ausgewählt. Außer Bananen können Apfelstücke, Rosinenbrot, Nüsse, spezielle Erdnußbonbons, Hundekuchen, Wasser, Milch, Fruchtsaft oder Coca-Cola bestellt werden. Es gibt sogar noch höherwertige Sätze. So kann Lana über die Maschine das Öffnen der Fensterjalousie wünschen oder ihren Erzieher Timothy Gill zu sich bestellen. Möglicherweise wünscht sie sich auch die Vorführung eines Films, das Abspielen von Diapositiven oder von Musikbändern. Die Schimpansin war bereits nach kürzester Zeit, nach nur zwei Monaten, dahintergekommen, daß, wenn sie sich vertippt hatte, der falsche Satz nicht zu Ende geführt, sondern nur die Punkttaste, die den Satzpunkt setzt, gedrückt werden muß. Dann schluckt der Computer automatisch den unverständlichen Satz. So korrigiert Lana ihre Fehler sofort selbst. Das Tier hat sich bereits völlig an die Sprachautomation gewöhnt. Als Timothy Gill einmal die Futterautomaten bei Lana nachfüllte, schob er sich in Gedanken ein Stück Banane in den Mund. Lana war empört. Banane bekommt man erst, wenn man auf yerkeisch die Maschine um eine Banane gebeten hat. Wild sprang der Affe hin und her, dann kam ihm die Erleuchtung: Er lief zur Maschine und drückte ganz energisch die Taste „Nein". Erst als der Wärter die Bananenreste aus dem Mund nahm, war der Affe befriedigt.[51]

*Durch Denktraining zum Superhirn*

Auch mit einem Gehirnvolumen von unter einem halben Liter ist ein Lebewesen also imstande, geistige Leistungen zu vollbringen. Zweifellos werden weitere Versuche vorgenommen werden müssen, um zu ermitteln, ob es sprachliche Kommunikationsmöglichkeiten gibt. Der spezifisch den Menschen vorbehaltene Intelligenzquotient scheint noch nicht festgestellt worden zu sein, sonst wären nicht die vielen einander widersprechenden Auffassungen denkbar und die Suche nach dem exakten „Geburtsdatum" der Gattung Mensch. Hier macht sich das absolutistische Denken bemerkbar, der Versuch, genau zu klassifizieren und zu werten. Aber es wird in der Entwicklung des Menschen trotz Mutationen vermutlich immer nur fließende Übergänge gegeben haben. Was vielleicht auch bedeuten kann, daß bei vielen Vormenschen die Voraussetzungen für höherwertige Eigenschaften vorhanden waren, die aber eine gewisse Zeit brauchten, um sich zu entwickeln. Was nicht benötigt wird, verkümmert. Wie für einen richtig denkenden Menschen ständiges Gehirntraining erforderlich ist, müssen auch beim „intelligenten" Tier besondere Umstände dafür sorgen, daß der Denkapparat beschäftigt ist. Das läßt sich nach Meinung vieler Biologen auch in Veränderungen des Gehirns messen. Tiere, die „zu denken" gezwungen, die durch eine ereignisreiche Umwelt beschäftigt sind, haben nicht nur ein größeres Hirn, sondern auch einen anderen chemischen Haushalt als unterbeschäftigte Artgenossen. Das bewiesen in jahrzehntelangen Experimenten der an der Universität von Kalifornien (Berkeley) lehrende Psychologie-Professor Mark R. Rosenzweig und seine Mitarbeiter Edward L. Bennett und Marian Cleeves Diamond. Als der Professor – er ist auch Leiter des Institutes für chemische Biodynamik – im Jahre 1950 mit seinen Versuchen begann, hatte er nur wenige Vorarbeiten als Grundlage zur Verfügung. Zwar hat schon im Jahre 1780 der italienische Anatom Michele Gaetano Malacarne eine Studie über derartige Versuche veröffentlicht, die aber kaum zu gültigen Aussagen führte. Der italienische Arzt hatte jeweils Tiere aus dem gleichen Wurf großgezogen: zwei Hunde, zwei Papageien, zwei Goldfinken und zwei Amseln. Das eine der Geschwistertiere wurde meist in einem Stall oder in einem verdunkelten Käfig gehalten, die anderen Tiere lebten im Haushalt des Anatomen. Nachdem die Hausgenossen genügend trainiert waren, wurden sie mitsamt ihren unbeschäftigten Geschwistern getötet; Malacarne obduzierte die Gehirne. Er kam zu dem Schluß, die Hirne der trainierten Versuchstiere seien größer und stärker von Falten und Furchen durchzogen.

Paul Broca war ebenfalls der Meinung, geistige Beschäftigung lasse das Gehirn wachsen. Er kam zu dieser Überzeugung, als er die Schädel seiner Studenten maß und die Werte mit den Abmessungen der Köpfe von Laboratoriumsdienern und anderen manuellen Hilfskräften verglich. Spätere Überprüfungen von Anatomen brachten jedoch keinen Beweis für die Schlußfolgerungen Brocas und Malacarnes.

Wertvoller war hingegen der aus dem Jahre 1892 stammende Obduktionsbefund über das Gehirn der taubstummen und blinden Engländerin Laura Bridgeman. Es zeigten sich auffällige Veränderungen jener Hirnteile, in denen die Hör- und Sehzentren liegen. Dort waren die äußersten Cortexschichten wesentlich dünner und wiesen weniger Falten auf.

Professor Rosenzweig und seine Assistenten verwendeten für ihre Experimente hauptsächlich Ratten. Verglichen wurden jeweils nur gleichgeschlechtliche Tiere aus ein und demselben Wurf, doch prüfte man Ratten verschiedenster Rassen und Populationen. Es wurden drei unterschiedliche Behausungen gewählt: Eine Gruppe wurde unter normalen Laborbedingungen zu zweit oder zu dritt in Käfigen gehalten. Ein Geschwistertier mußte in einen Einzelkäfig, und die restlichen Rattenbrüder und -schwestern erhielten eine große, luxuriöse Behausung. In diesen geräumigen Käfigen, in denen bis zu einem Dutzend Tiere untergebracht werden konnten, fanden sie das schönste Spielzeug, das nur ein Behaviorist für Ratten aussuchen kann: Laufräder, Kletterstangen, Schaukeln und die verschiedenartigsten Turngeräte. Diese wurden täglich ausgetauscht und durch neue ersetzt. Die Ratten waren also gezwungen, jeden Morgen ihre Umgebung neu zu erkunden und sich mit den für sie unbekannten Geräten vertraut zu machen.

In diesen unterschiedlichen Umwelten wurden die Tiere 25 bis 105 Tage lang gehalten. Dann wurden sie getötet. Wissenschaftler, die nicht wußten, in welchen Käfigen sich die Tiere befunden hatten, untersuchten und analysierten nun die Gehirne. Man verglich die Anreicherung von verschiedenen Enzymen in den einzelnen Gehirnteilen und Cortexschichten. So etwa die Azetylcholinesterase, eine Substanz, die durch ihre chemischen Bestandteile einen Austausch von Impulsen zwischen den Nervenzellen ermöglicht. Man ermittelte auch die Menge von Cholinesterase, einem Enzym, das den Austausch von Stoffen zwischen Blutkapillaren und den die Nervenzellen umgebenden Glialzellen bewirkt. Bei den beschäftigten Ratten fanden sich nicht nur mehr Glialzellen, sondern auch höhere Konzentrationen der beiden Enzyme. Überdies wogen gleich große Stücke des Gehirngewebes von Ratten in Einzelhaft weniger als die ihrer aktiveren Artgenossen.

Den größten Effekt zeigten die Experimente, als man die Hinterhauptgehirnlappen der einzelnen Tiergruppen miteinander verglich. Die überbeschäftigten Nager hatten einen wesentlich größeren „Okzipital-Cortex" als die Vergleichstiere. Zunächst war man der Meinung, das Gesichtszentrum, das in diesem Teil der Gehirnrinde liegt, sei so angewachsen, weil die beschäftigten Ratten mehr gesehen haben. Dann aber zeigten sich an blinden Ratten, die in einer turbulenteren Umgebung lebten, ebenso ausgebildete Hinterhauptgehirne wie an sehenden Tieren. Während sich bei den beschäftigten Tieren der Neocortex ganz allgemein vergrößerte, wenn auch nicht so kräftig wie der Okzipital-Cortex, schrumpfte das limbische System. Es wurde kleiner und leichter. Außerdem stellte man in der Pyramidenschicht viel mehr Kontaktpunkte zwischen den Neuronen fest.

Während der weiteren Versuche konnte man auch bei in „Einzelhaft" lebenden Ratten die gleichen Symptome wie bei den gesellig lebenden erzielen: Man mußte die allein dahinvegetierenden nur täglich mindestens zwei Stunden lang in Gesellschaft von Artgenossen bringen, dann entwickelte sich ihr Hirn genauso.

Es wurde auch geprüft, ob die Gehirnvergrößerung nicht Folge von Streß-Situationen sein könnte. Als man daraufhin Ratten einer Streß-Belastung aussetzte, gab es keine Veränderungen. Den in Einzelkäfigen lebenden Tieren waren leichte Elektroschocks versetzt worden, oder man hatte sie für kurze Zeit in sich drehende Trommeln gesteckt. Die Forscher von Berkeley sind überzeugt, nur der Lernprozeß, also das Merken von Erkenntnissen, könne Gehirn und Nervenzellen verändert haben. Die Wissenschaftler konnten allerdings nicht mit apodiktischer Sicherheit auf gleiche

Reaktionen im menschlichen Gehirn schließen. Sie sind jedoch der Meinung, wahrscheinlich werde auch dieses hochentwickelte Gehirn bei entsprechender Tätigkeit in der gleichen Form verändert.[52] Diese Annahme mag gerechtfertigt sein, wenn man eine völlige Isolierung, also ein Kaspar-Hauser-Schicksal annimmt. Aber selbst bei Kindern, die in ihrer frühesten Jugend lange Zeit im Spital zubringen mußten (Hospitalismus), kommt es wohl zu sozialen Anpassungsstörungen, nicht aber zu einer Verkümmerung des Intellekts. Diese Problemstellung führt aber schon ins Politische und Dogmatische. Auf dem humanbiologischen Sektor fehlt es an fundierten Unterlagen und entsprechenden Untersuchungsergebnissen.

Die Feststellung, daß Streß das Gehirn nicht aktiviere, scheint der Meinung zu widersprechen, die plötzliche katastrophale Veränderung der Umwelt habe die Höherentwicklung der Intelligenz gefördert. Wenn man aber in diese Überlegungen auch den Zwang einbezieht, dem sich die einzelnen Lebewesen ausgesetzt sehen, wenn sie sich der neuen Umwelt anpassen müssen, dann ist über den Streß hinaus die Notwendigkeit gegeben, mehr zu lernen, geistig aktiver zu werden. Streß allein bringt, wie die Experimente von Berkeley gezeigt haben, keine Hirnveränderungen mit sich. Aber die veränderte Lebenssphäre hat die Vormenschen gewiß dazu gezwungen, ihr bis dahin noch nicht voll ausgenutztes Hirn viel intensiver zu beschäftigen. Vielleicht ergab sich aus dieser Situation die Notwendigkeit, ein wesentliches Kommunikationsmittel, die Sprache, auszubauen und zu vervollkommnen. Es galt ja, außergewöhnliche Schwierigkeiten zu überwinden und zu überleben. Hinzu kommt noch die erwähnte Mutationsbereitschaft bei radioaktiver Strahlung und Streßbelastung.

### Sind Delphine noch Tiere?

Obwohl die Schimpansen-Experimente des Ehepaares Premack beweisen, daß bei höherentwickelten Tieren ein latentes Sprachverständnis vorhanden ist, teilen nicht alle Anthropologen diese

Meinung. Die Sentenz „hier Tier, hier Mensch" kommt vermutlich mehr aus dem emotionellen Bereich als aus logischer Überlegung. Der sowjetische Professor Viktor Bunak vom ethnologischen Institut der UdSSR gilt als führender Fachmann auf dem Gebiet der frühen Sprachentwicklung des Menschen. Er meint, tierisches Verhalten werde ausnahmslos von Instinkten gelenkt und sei eine Kette automatischer und variationsloser Handlungen.

Gegenwärtig bestehen in der Psychologie zwei konträre Richtungen: in zunehmendem Maße versucht man, den Menschen als willenloses Werkzeug bestimmter tierischer Reaktionen hinzustellen. Man glaubt, zahlreiche, aus dem Tierreich bekannte Verhaltensmuster seien auch dem Menschen arteigen. Er reagiere mit den verschiedensten bedingten Reflexen auf bestimmte Situationen.

Die vergleichende Verhaltensforschung hat aber einwandfrei nachgewiesen, daß es viel komplexere Vorgänge als die reine Konditionierung zur Anpassung an die Umwelt und die Lebensbedingungen gibt. Neben den ererbten Verhaltensmustern lassen Lernprozesse breiten Spielraum für die individuelle Entwicklung.

Wir wissen noch sehr wenig über unser Gehirn. Im Unterschied zu der Wirkungsweise eines Computers sind die komplizierten Denkprozesse, die Speicherung, die Umleitungen im Cortex und die Reserveschaltungen weitgehend unerschlossen. Wir sind auch viel zu wenig informiert, wie weit Tiere mit hochentwickelten Gehirnen, etwa Delphine oder Mordwale, in der Lage sind, miteinander in Kommunikation zu treten. Die ständig im Herdenverband lebenden Delphine verfügen über sehr viele zum Teil im Ultraschallbereich liegende Laute und Rufkombinationen, mit denen sie sich offensichtlich verständigen können. Das Gehirn dieses vom Landsäuger wieder zum Meeresbewohner gewordenen Säugetiers ist dem des Menschen sehr ähnlich, ja in mancher Beziehung sogar überlegen. Jetzt erst beginnt man langsam, viele mythologische, oftmals aus der Antike stammende Erzählungen nicht mehr ins Reich der Legende zu verweisen.

Scheinbar haben Delphine die Gabe, schwierige Denkprozesse zu meistern. Die engen Kontakte zum Menschen, die in Filmen – etwa in „Flipper" – gezeigt werden, sind allerdings der Phantasie entsprungen. Delphine können einander aber zu Hilfe kommen und an verletzten Artgenossen Samariterdienste leisten. Die Tiere benehmen sich so, als hätten sie die Rettungsaktion miteinander besprochen. In den meisten Fällen handelt es sich darum, den verwundeten Delphin zur Oberfläche zu bringen, damit er atmen kann. Diese den Walen verwandten Säuger sind ja keine Kiemen-, sondern Lungenatmer. Wie weit Delphinhirne jenen der Vormenschen gleichen, kann noch nicht gesagt werden. Aber Delphine sind vermutlich schon weiter als die Hominiden.[53]

Delphin und Delphin ist nicht das gleiche. Es gibt viele Rassen und Arten, und zweifellos auch unterschiedliche Intelligenzgrade. Die umfassendsten einschlägigen Forschungen hat der amerikanische Neurophysiologe Dr. John Lilly unternommen. In Kalifornien studierte er bis zum Jahre 1968 das Leben der Art Tursiops truncatus. In zwei Punkten stimmt das Delphinhirn mit dem des Menschen überein: Das Verhältnis von Körpergewicht zu Gehirngröße ist das gleiche, ebenso entsprechen Muster und Struktur des Delphingehirns in vielen Punkten dem Gehirn des Homo sapiens. Vor allem gibt es zwei Zentren, die offensichtlich Delphine zu einer arteigenen Sprache befähigen. Diese Sprache muß sich zum Teil in Tonlagen bewegen, die bereits im Ultraschallbereich liegen. Sie wurde auf Tonbänder aufgenommen, und man hat dann über Unterwasserlautsprecher die aufgenommenen Lautfolgen anderen Delphinen zugespielt und deren Reaktionen beobachtet. Die Tiere reagierten so, als würden sie direkt angesprochen, als übermittelte ihnen ein unsichtbarer Genosse Nachrichten. Diese Sprache konnte bisher allerdings noch kein Mensch übersetzen. Es ist sehr schwer, sich in die Mentalität von Lebewesen einzufühlen, die in einem anderen Medium leben und die sensorisch anders reagieren müssen. Der wichtigste Sinn des Menschen ist der Gesichtssinn. Mit den Augen erfaßt er seine Welt, die nur für ihn geschaffen zu sein scheint. Er sieht diesen Planeten immer nur aus seiner Perspektive. Ein Insekt mit seinen Facettenaugen, ein Pferd, das links und rechts eine halbkugelförmige Welt erspähen kann, ein Tier, das die Umgebung vornehmlich mit Hilfe seines Geruchssinns in sich aufnimmt, erlebt hingegen eine ganz andere Welt.

Noch unterschiedlicher muß die Welt eines Wasserbewohners sein. Beim Delphin ist der Gesichtssinn nahezu ganz verkümmert. Ja, es gibt verschiedene Delphinarten, etwa den in südasiatischen Flüssen lebenden Ganges-Delphin (Platanista gangetica), der völlig blind ist. Andere Arten der Zahnwale, etwa der Delphinapterus leucas, haben nahezu gänzlich verschlossene Augäpfel. Sehen ist unter Wasser von zweitrangiger Bedeutung. In einer Tiefe von zwanzig bis dreißig Metern ist es in den meisten Gewässern finster, und selbst dort, wo das Wasser klar ist, dringt in eine Tiefe von achtzig bis neunzig Metern kaum ein Lichtstrahl.

Die Delphine verfügen hingegen über ein sehr exakt funktionierendes Sonarsystem. Sie stoßen im Ultraschallbereich liegende Signale aus und empfangen die reflektierten Tonwellen mittels eigener, gutentwickelter Organe. Ähnlich wie auf einem Radarschirm können sie Gegenstände erkennen, die sich vor ihnen befinden. Dünne Seile oder Netze werden da ebenso wahrgenommen wie ein einzelner Fisch oder ein ganzer Fischschwarm. Delphine können auch Distanzen genau abschätzen.[51]

„Delphine sind Freunde des Menschen", sagten die Griechen bereits in der Antike. Tatsächlich hat noch niemand den Angriff eines Delphins gegen einen Menschen beobachtet – von Ausnahmen abgesehen, an denen nicht die Tiere, sondern die Menschen Schuld trugen. Nach dem Zweiten Weltkrieg begann die amerikanische Marine, die Verhaltensweisen von Delphinen zu erforschen. Man wollte die Leistungen dieser Tiere auf dem Gebiet des „biologischen Sonars" erkunden. Von diesen Ortungsverfahren mit Hilfe von gebündelten Schallwellen hängt die wirksame Bekämpfung von U-Booten entscheidend ab. Die gefährliche Blockade Englands im Zweiten Weltkrieg konnte erst gebrochen werden, als es gelang, mittels neuer Sonarsysteme die deutschen U-Boot-Rudel, die auf die Geleitzüge der Alliierten angesetzt waren, unter der Wasseroberfläche aufzuspüren und ihren Standort zu eruieren. Dann erst konnten erfolgreich Wasserbomben geworfen werden. Diese Standortbestimmung wurde mit verbesserten Sonargeräten vorgenommen.

Nach dem Krieg experimentierte man in der US-Navy mit

Torpedos, die sich mit Hilfe von akustischen Sonarimpulsen selbst ins Ziel steuerten. Auch die sowjetische Marine befaßte sich mit ähnlichen Experimenten. In den USA ging man einen Schritt weiter: Man arbeitete an einer entsprechenden Abwehrwaffe. Es wurde ein System erkundet, das ein anschwimmendes, sonargesteuertes Torpedogeschoß durch falsche Impulse vom Ziel ablenkt. Um diese Technik zu erlernen, ging man bei den Walen und Delphinen in die Schule.

Um es kurz zu machen: heute hat man nicht nur das biologische Sonarsystem der Delphine gefunden, man hat diese Tiere auch als Gehilfen der Marine eingesetzt. Delphine sind in der Lage, die gleichen Sonarimpulse nachzuahmen, wie sie beispielsweise von einem sich selbst ins Ziel steuernden Torpedo ausgestoßen werden. Die Tiere können also das Geschoß vom eigentlichen Angriffsziel auf sich selbst ablenken. Im Ernstfall würden sie das mit dem Tode bezahlen.

Nachdem die sehr klugen Meeresbewohner ihr Gesellenstück geliefert hatten, schloß man mit ihnen ein weiteres, eher einseitiges Bündnis. Es wurde ihnen beigebracht, Haftminen an feindlichen Kriegsschiffen anzubringen. Man prüfte auch, ob Delphine geeignet sind, eigene Schiffe vor Angriffen von Froschmännern zu bewahren. Nach langwierigen Versuchen hatte man schließlich das Problem gelöst: Man gab den Delphinen mittels in der Tonhöhe modulierter Pfiffe entsprechende Weisung. Die gewandten Schwimmer führten die Aufgaben prompt aus. Delphine lernten, feindliche Kampfschwimmer zu melden. Als man versuchte, die Tiere regelrechte Angriffe gegen Menschen zu lehren, weigerten sie sich. Zu diesem Zweck hatte man sie bewaffnet. Die spitzen Unterkiefer erhielten Plastiketuis, an denen scharfe Messer befestigt waren. Solange die Delphine – derart ausgerüstet – nur Gummiballons anstechen mußten, befolgten sie die Anweisungen. Als man ihnen dann befahl, auch Menschen anzugreifen, weigerten sie sich. Dennoch konnte man in Vietnam Delphine erfolgreich gegen feindliche Froschmänner einsetzen: Vorher mußten allerdings die „Freunde des Menschen" vom Menschen speziell präpariert werden. Die Forscher der US-Navy setzten den Tieren

Elektroden in die Lust- und in die Schmerzzentren der Gehirne. Im entscheidenden Augenblick wurde über einen kleinen Sender ein Impuls ausgelöst, der die Hemmungen der vor Schmerz halb wahnsinnig gewordenen Tiere beseitigte. Nun erst, nach dieser geradezu heimtückischen Manipulation, griffen die Delphine an und wurden zu Mördern des Menschen.[55]

Im Jahre 1968 hatten russische Forscher einen Appell an die Welt gerichtet: Sie ersuchten die Regierungen, durch entsprechende Gesetze den Fang von Delphinen zu verbieten. Die sowjetischen Wissenschaftler waren bei ihren Studien zur Überzeugung gekommen, Delphine seien überaus intelligent. Es sei also ein Verbrechen, sie zu fangen, um aus ihrem Fett Tran zu sieden und ihr Fleisch an die Hersteller von Suppenwürze zu verkaufen.

Aber auch in den vielen Delphinarien geht man keineswegs liebevoll mit den Pensionären um. Eine englische Studie aus dem Jahre 1972 ergibt folgendes Bild: 21 derartige Unternehmer besaßen zu Jahresbeginn sechzig Delphine. 13 Tiere starben während der folgenden zwölf Monate. Nahezu alle zeigten echte neurotische Verhaltensweisen, weil man sie in ihren öden Bassins ohne jegliche Beschäftigung ließ. Untätigkeit wirkt auf Delphine so wie Einzelhaft auf den Menschen. Die durch die dünnen Wände der Plastikbassins eindringende Geräuschkulisse belastet die überaus empfindlichen Gehörorgane der Tiere außerordentlich. Sie dürften daher von starken Kopfschmerzen gequält werden. Das war aus den Aufzeichnungen der Elektro-Enzephalographen und dem Verhalten der Tiere zu erkennen. Die Reaktionen der Delphine sind dementsprechend. Mitunter verweigern sie jede Nahrungsaufnahme und verhungern, oder sie bleiben so lange auf dem Grund des Bassins, bis sie ertrunken sind. Selbstmorde sind in Delphinarien keine Seltenheit. Dabei sind diese Unternehmen kaum ein Geschäft. Neunzig Prozent der Besucher sind Schulkinder, die nur wenig Eintrittsgeld bezahlen können.

Obwohl man sich intensiv mit der „Sprache der Delphine" beschäftigt hat, gibt es noch keine echte Kommunikation zwischen dem Menschen und diesen Wasserbewohnern. Amerikanischen Marineforschern ist es zwar gelungen, Delphine die unterschiedlichsten Echolotimpulse sowjetischer U-Boote erkunden, sich die Signale merken und sie völlig getreu in Frequenz und Tonhöhe wiedergeben. „Sprechen" können diese Delphine mit ihren Lehrern allerdings noch nicht. Dennoch scheinen die Tiere eine angeborene Sprachbegabung zu besitzen. Sie können logische Überlegungen anstellen und möglicherweise sogar einzelne Wörter verstehen. Mag sein, daß es auch unter den Delphinen – ähnlich wie unter den Menschen – verschiedene Sprachen gibt.

Unser Wissen über die Delphine verdanken wir in erster Linie dem bereits erwähnten Dr. John Lilly, der bis 1968 die Laboratorien in San Diego geleitet hat. Erst Anfang 1973 ließ er in einem Interview durchblicken, warum er seine Forschungen so plötzlich beendete: „Ich unterhielt ein Konzentrationslager für meine Freunde!" Für den größten Kenner dieser intelligenten Meeresbewohner stand fest: die Delphine können nicht als „Tiere" registriert werden.

Was die menschliche Sprache betrifft, so dürfte sie in ihrer ersten Entwicklungsphase ein Lallen gewesen sein. Schon vorher hatten sich die Frühmenschen, ähnlich wie heute die Schimpansen, durch bestimmte Laute und Signale verständigt. Sie hatten einander offenbar gewarnt oder auf Nahrung aufmerksam gemacht. Beim Übergang von der Signal- zur Wortsprache dürfte es allerdings noch nicht zu einem Ideenaustausch gekommen sein.

*Verwirrung in der Ahnengalerie*

Hier sollen noch einige Ahnen des Menschen erwähnt werden, die von den meisten Anthropologen widerspruchslos als „echte Menschen" angesehen werden. Vor allem der Homo erectus. Er wird als erste „archaische Varietät" des Homo sapiens betrachtet. Er wurde von Louis Leakey entdeckt; Homo erectus bedeutet: aufgerichteter Mensch. Damit schon ist ein Fortschritt in der Entwicklung ausgedrückt.

Pithecanthropus ist der griechische Name für Affenmensch und wurde schon vor mehr als hundert Jahren von Haeckel geprägt.

Fast alle Anthropologen zählen die rund 700.000 oder eine Million Jahre später lebenden Pithecanthropinen zu den alten, von Leakey gefundenen Homines erecti. Über diese Java- und Chinamenschen wird ausführlich berichtet werden. Es gilt heute als nahezu gesichert, daß der Homo erectus der legitime und direkte Vorfahre des Homo ist. Der Träger des Schädels 1470 ist somit der Urahne des „Aufgerichteten Menschen".

Die Bezeichnungen für die Frühmenschen sind nicht sehr treffend. Der erste, sehr primitive Angehörige der sogenannten Archanthropinen, wie die Unterklasse in der Gruppe der Hominiden heißt, trägt also den stolzen Namen Mensch; die späteren Nachfahren werden nach dem Menschenaffen benannt. Der Homo erectus hatte eine Gehirnkapazität von achthundert Kubikzentimetern. Der Homo erectus leakey muß vor 1,3 Millionen Jahren gelebt haben. Der Forscher fand den Schädel auf sehr sonderbare Weise: Es war im Jahre 1961, als einer seiner Mitarbeiter, ein junger Geologie-Student, eine Planskizze der Olduvaj-Schlucht anfertigte. Leakey warf einen Blick darauf und erklärte, es fehle noch eine Seitenschlucht. Als der Geologe meinte, Leakey müsse sich irren, zeigte ihm dieser am nächsten Tag das, allerdings mit Gras und Buschwerk fast ganz zugewachsene, abzweigende Tal. Dort angekommen, blickte Leakey von einem Hügel aus um sich und bemerkte zum erstenmal einen offenen Erdhang, in dem deutlich fossile Schichtungen zu erkennen waren. Noch nie hatte er, der damals schon dreißig Jahre in Olduvaj gegraben hatte, diese kleine Erdzone beachtet. Tags darauf kam er neuerlich zu den neuentdeckten Schichtungen und trat fast auf einen halb aus der Erde herausragenden fossilen menschlichen Schädel, den Schädel des Homo erectus.

Leakey war selbst nicht der Ansicht, der Homo erectus sei ein Vorfahre des Menschen. In einer Stellungnahme meinte der Forscher: „In den Lehrbüchern wird gesagt, der Homo erectus gehöre zur direkten Ahnenreihe des Homo sapiens. Diese Behauptung läßt sich nicht mehr vertreten, und zwar aus folgenden Gründen: Die Form der Schädelwölbung aller Exemplare des Homo erectus ist der der Schädelwölbung des Homo sapiens sehr unähnlich. Dagegen gleicht ihr jene des Homo habilis, der viel früher lebte, sehr stark. Der Homo erectus zeigt in seinen afrikanischen wie in seinen fernöstlichen Varianten eine große Zahl nur ihm zuzuschreibender Eigenschaften. Der Homo habilis hingegen besitzt viel mehr allgemeine Züge, wie sie auch der Homo sapiens aufweist. Der Beckenknochen des in der Olduvaj-Schlucht gefundenen Homo erectus und der damit verbundene Oberschenkelschaft zeigen ganz typische Unterschiede im Vergleich mit den entsprechenden Knochen des Homo sapiens. Man beginnt daran zu zweifeln, ob der in Trinil (Java) gefundene Oberschenkelknochen wirklich zum Homo erectus gehört. Wenn wir der Entwicklung des Homo sapiens weiter nachforschen wollen und dabei alle bis zum Jahre 1972 gefundenen Belege berücksichtigen, müssen wir unser bisheriges Bild über die Entstehung unserer Spezies neu überprüfen."[56]

Diese Feststellung traf Leakey wenige Wochen vor seinem Tod. Es war die letzte wissenschaftliche Arbeit des großen Anthropologen, der nicht Ordinarius werden wollte; denn er haßte regelmäßige Vorlesungen.

Der ebenfalls sehr angesehene Anthropologe Professor Weidenreich hat hingegen 74 Eigentümlichkeiten des Homo erectus mit menschlichen Merkmalen verglichen und hierbei in 57 Fällen Übereinstimmung festgestellt. Allerdings nahm er in erster Linie die aus Ostasien stammenden Fossilien unter die Lupe. Nur bei vier Merkmalen bestanden deutliche Differenzen. Für Weidenreich steht fest, der Homo erectus war eine eigene Spezies mit verschiedenen Unterarten oder Rassen; aber er hat seinen festen Platz im menschlichen Stammbaum.[57] Die Meinung Weidenreichs hat sich inzwischen durchgesetzt. Man sucht nach Fossilien, die eine klare Verbindung zwischen dem Homo und dem eine Million bis eineinhalb Millionen Jahre später lebenden Homo erectus aufzeigen.

Ein weiterer Homo erectus wurde „im Museum entdeckt": Bereits im Jahre 1949 waren in Südafrika, in der Nähe von Swartkrans, die Überreste eines Hominiden gefunden worden. Der Anthropologe John T. Robinson, der Nachfolger Robert

Brooms, vermutete, die Überreste eines Vormenschen vor sich zu haben, der die Bezeichnung Telanthropus capensis erhielt. Viel war nicht von ihm übriggeblieben: ein Unterkiefer, ein Kieferstück, ein Zahn, das Ende eines Armknochens und ein Stück Gaumen. Robinson hatte 1969 zwei Kollegen ins Museum von Pretoria geladen. Gemeinsam mit F. Clark von der Universität Chicago und Ch. K. Brain vom Transvaal-Museum studierte der Vorgeschichtsforscher die Knochenstücke. Da entdeckte er in einer Lade mehrere Fragmente, die offensichtlich zu den Knochenteilen des Telanthropus gehörten. Tatsächlich ließen sich die Bruchkanten aneinanderfügen. Kurz darauf hatte man einen nahezu kompletten Schädel vor sich. Er wies starke Augenbrauenwülste auf, war aber in anderer Beziehung durchaus menschenähnlich.

In der illustren Gesellschaft unserer Urverwandtschaft darf einer nicht fehlen, der die Phantasie vieler Paläoanthropologen anregte. Von ihm weiß man allerdings nicht, wann er gelebt hat. Dieser Herr aus grauer Vorzeit bewies sein Dasein vorerst nur durch einen – allerdings sehr gewaltigen – Backenzahn. Die Größe des Kauapparates trug ihm den Namen Gigantopithecus ein.

Im Jahre 1933 wurde dem deutschen Forscher R. G. H. von Königswald in einer chinesischen Apotheke in Hongkong ein „Drachenzahn", ein fossiler Zahn, der zweifellos aus dem Unterkiefer eines Menschen oder Menschenaffen stammte. Er war wesentlich dicker und auch höher als die Zähne von Gorillas und Orang-Utans, hatte eine sehr starke Zahnschmelzschicht und viele Höcker auf der Kaufläche. Königswald, aber auch andere Anthropologen, konnten später bei ähnlichen Quellen weitere „Drachenzähne" des inzwischen Gigantopithecus blacki benannten affenmenschlichen Wesens entdecken.

In den Jahren zwischen 1956 und 1958 wurden in der Höhle von Luntsai in China Bruchstücke von drei Unterkiefern gefunden, die ebenfalls von Gigantopithecinen stammen müssen. Die Frage, woher dieser Riese kam und welche Stellung er im Stammbaum des Menschen einnimmt, hat sehr viele Diskussionen ausgelöst. Es gibt auch hier die verschiedensten Ansichten. Zahlreiche Anthropologen bescheinigen dem „fossilen Rübezahl" eine „Mitgliedschaft bei den Hominiden", also den menschenähnlichen Wesen. Andere verbannen den Gigantopithecus in das Reich der Anthropoiden, also der Menschenaffen.

Derart großwüchsige Jungen mit mächtigen Gebissen sind nicht einmal so selten. Im November 1948 entdeckte man auch in Swartkrans bei Sterkfontain in Südafrika den Unterkiefer und einige Schädelteile eines Mannes. Man rekonstruierte das ganze Skelett und kam auf eine Größe von 1,80 bis 1,90 Meter. Dieses Wesen, das den Australopithecinen zugerechnet wurde, erhielt den Namen Paranthropus crassidens: „Menschenähnlicher Dickzahn". Sein Hirnvolumen lag bei etwa tausend Kubikzentimetern. Besonders die Backenzähne waren sehr breit, ein Zeichen dafür, daß der Paranthropus in erster Linie vegetarische Nahrung zu sich genommen haben dürfte.

Für den amerikanischen Völkerkundler Robert Eckhardt ist der urzeitliche Goliath vom Stamme der Gigantopithecinen – von dem man bis jetzt nicht weiß, ob er vor siebenhunderttausend, vor einer Million oder gar vor fünf Millionen Jahren gelebt haben könnte – der echte Stammvater der Menschheit. Eckhardt verbannt entschieden den Homo erectus aus der Genealogie des Menschen und schwört auf den fernöstlichen Riesen. Seiner Meinung nach ist es sehr unwahrscheinlich, daß kleine, bescheidene Vegetarier – etwa die Australopithecinen – im erbarmungslosen Daseinskampf überlebt hätten. Nach Eckhardts Ansicht ist der tropische Wald infolge einer großen Klimaänderung plötzlich verschwunden, und damit sind unsere äffischen Vorfahren sozusagen auf dem Trockenen gesessen, nämlich in der grasbewachsenen Savanne. Jetzt haben sie erst lernen müssen, auf zwei Füßen zu gehen, Werkzeuge herzustellen, in Horden zu jagen und Raubtiere abzuwehren. Das war aber für diese schwächlichen Kleinaffen praktisch unmöglich. Nur einer, der stark im Nehmen ist, einer, der kräftig der Natur entgegentreten kann, habe Überlebenschancen gehabt: also der Gigantopithecus.[58]

Wir sind eigentlich ärmer dran, falls wir unsere prähistorischen Vorfahren vorstellen wollen, als jener Sohn, der in seinem

Familienalbum nur Röntgenfotos eingeheftet hat. Der mit Hilfe von Röntgenstrahlen festgehaltene Schädel vom Onkel Otto und der Mittelfußknochen der Tante Adelheid sagen immer noch mehr über die Familie aus als ein versteinertes Beinfragment, das nur bedingt Rückschlüsse ermöglicht.

Wir können auch keine exakte Antwort auf die Frage geben, ob diese Wesen behaart waren. Falls sie nackt herumliefen, konnten sie sich mit irgendeiner Bekleidung gegen Kälte schützen? Welche Hautfarbe hatten sie? Trugen sie Feder- oder Pelzschmuck, hatten sie langes Haupthaar oder – wie die Hottentotten – sogenanntes Pfefferkornhaar? Unsere heutigen Menschenrassen unterscheiden sich ja in erster Linie durch die Hautfarbe, durch Bart- und Haarwuchs sowie durch Färbung der Haare und Augen.

In der Vorgeschichte des Menschen klaffen noch sehr große Lücken, Zeiträume, für die es keine fossilen Belege gibt. An vielen Stellen findet man Steinzeitgeräte, Waffen und Werkzeuge, aber nur selten menschliche Fossilien. In Europa konnte bis vor kurzem kein hominider Knochenrest gefunden werden. Verschiedene Forscher sind aber überzeugt, daß auch in Deutschland vor etwa zwei oder drei Millionen Jahren menschenähnliche Wesen gelebt haben. Der Urzeitforscher Johann Itermann aus Mitterfelden entdeckte in Kiesgruben unweit von Aachen Steinwerkzeuge, die in der gleichen Technik zubehauen waren, wie sie die Frühmenschen in Ostafrika praktizierten. Diese Vormenschen, die im Steinbruch von Palenberg aus Feuersteinknollen primitive Schaber und Faustkeile herstellten, müssen im Tertiär existiert haben. Man fand sogar halbfertige Werkzeuge mit den dazu passenden Abschlagsplittern. Aber nirgendwo entdeckte man auch nur die Spur eines menschlichen Knochens. Nicht weniger als fünfhundert derartige Werkzeuge konnten Rektor Itermann sowie Studenten und Assistenten des Institutes für Ur- und Frühgeschichte der Kölner Universität bergen.[59] Diese Funde scheinen die These, nur Afrika sei die Wiege der Menschheit, zu widerlegen. Inzwischen hat man auch an zahlreichen anderen Plätzen Werkzeuge der Urmenschen entdeckt. Immer mehr setzt sich nun die Ansicht durch: der Homo erectus war über weite Teile der Erde verbreitet.

In der DDR und in Jugoslawien wurden Geräte, aber auch Knochenfunde entdeckt. Der Urmensch, der in einer Höhle nahe der heutigen Stadt Pula (Istrien) existiert hat, dürfte vor rund 1.800.000–800.000 Jahren gelebt haben. 1975 fand sich in einer zweieinhalb Millionen Jahre alten Brandschicht der Backenzahn eines Hominiden. Die wissenschaftliche Klassifizierung ist jedoch noch nicht abgeschlossen.

Bis zum Jahre 1972 waren alle Anthropologen davon überzeugt, der Homo erectus müsse vor etwa 300.000 Jahren ausgestorben sein. Dann gab es eine sensationelle Überraschung: In Australien wurden – 120 Meilen nördlich von Melbourne in Kow Swamp, einem Reservat im Staate Victoria – nach und nach die versteinerten Knochen von vierzig erwachsenen, jugendlichen und kindlichen Vormenschen ausgegraben. Neben den Gebeinen fand man Steinwerkzeuge, Tierzähne, Muscheln und Ockerklumpen. Die Ausgrabungen wurden von A. G. Thorne von der Australian National University und P. G. Macumber vom Geological Survey of Victoria durchgeführt.

Aus den dicken Schädelknochen und den massiven Augenbrauen der fünfzehn von Erwachsenen stammenden fossilen Schädel ergab sich einwandfrei, daß man Menschen vom Typ Homo erectus gefunden hatte. Sie müssen stark vornübergebeugt gegangen sein, denn die Ansatzstellen für die Nackenmuskeln sind besonders ausgeprägt. Auch die Unterkiefer sind ungewöhnlich groß, die Zähne stark abgewetzt. Ähnliche Merkmale hatte man bis dahin an prähistorischen Einwohnern Australiens nicht beobachtet. In Details hatten die Fossilien große Ähnlichkeit mit den Java-Menschen.

Großes Erstaunen rief die genaue Datierung der Fossilien hervor. Sie waren erst knapp 10.000 Jahre alt. Man hat auch Fossilien von weitaus besser entwickelten Menschentypen, die vor 25.000 Jahren in Australien gelebt haben, gefunden.[60]

Warum diese sonst längst verschwundene Menschenart in Australien zufällig genau zu jenem Zeitpunkt aussterben mußte, als in Europa und Nordamerika die Eiszeit zu Ende ging, hat man allerdings bis heute nicht klären können. Selbst wenn es gelänge, diese Frage plausibel zu beantworten, ergibt sich ein anderes, noch viel schwerer zu lösendes Rätsel: Welche prähistorische Schiff-fahrtsgesellschaft hat die Homines erecti und später die Cro-Mag-non-Menschen auf den isolierten fünften Kontinent gebracht? Menschenpaare werden nicht wie Mangrovensamen an die Küsten geschwemmt. Selbst in der härtesten Eiszeit kann der Indische Ozean nicht so tief abgesunken sein, daß unsere Vormenschen trockenen Fußes Australien hätten erreichen können. Über den Fragenkreis, wie Menschen in Urzeiten auf isolierte Inseln gelang-ten, soll noch berichtet werden.

# IN DER EISZEIT
# STAND DER MENSCHEN WIEGE

*Das unvollständige Puzzle-Spiel*

„In allen Eigentümlichkeiten ihrer tierischen Konstitution, mag es sich um Muskeln, Eingeweide oder was immer handeln, unterscheiden sich Tieraffen und Gorilla mehr voneinander als Gorilla und Mensch."[1] Das schrieb der große englische Naturphilosoph Th. H. Huxley im Jahre 1863, zu einem Zeitpunkt, als man noch keine konkreten Anhaltspunkte hatte, wie die Vormenschen ausgesehen haben könnten. Die Vorstellungen, die man sich damals machte, waren reichlich phantastisch. Heute verfügt man über Hunderte fossile Kranien und Skelettreste. Aus diesen Stücken wurde mit Hilfe eines – freilich immer noch lückenhaften – Puzzle-Spieles versucht, das Bild des Menschenahnen zu rekonstruieren: Wenn es sich auch immer noch um ein sehr verwackeltes, schemenhaftes Bild handelt, wird sich dieses „Phantom" zweifellos in den nächsten Jahren und Jahrzehnten zunehmend konkretisieren. Es wird sich profilieren, und im Zuge dieses Wissenszuwachses werden uns noch reichlich viele Überraschungen ins Haus stehen.

Das Portrait-Mosaik unserer Ahnen, das von den Paläoanthropologen zur Zeit angefertigt wird, läßt echte Konturen nur erahnen. Vielleicht werden neue Funde die Vorstellung völlig verwerfen, die man sich heute von den Hominiden und den ersten Vertretern der Homo-Rasse macht. Neue Entdeckungen könnten unser Vor- und Urmenschenbild wesentlich komplizieren. Vielleicht müssen viele noch gültige Theorien und Hypothesen über Bord geworfen werden. Besonders eine Frage dürfte noch einige

Male auf den Programmen der anthropologischen Kongresse aufscheinen: Wo wurde Adam geboren? In welchem Teil der Welt stand die Wiege der Menschheit?

Zur Zeit führt mit weitem Abstand Afrika. Dort wurden die meisten Fossilien gefunden. Sind aber alle Menschen einem Stamm entsprungen? Oder hat sich die Geburt des Menschen gleichzeitig auf mehreren Plätzen der Welt vollzogen? Das ist eine überaus brennende Frage, die seit mehr als siebzig Jahren diskutiert wird. Eine eindeutige Antwort wurde bis jetzt nicht gefunden. Derzeit sprechen die meisten Forscher von einer „monozentrischen Entwicklung". Die polyphyletischen Theorien erhalten zwar in letzter Zeit durch ihre prominenten Anhänger Aufwind, sie haben sich aber nicht durchgesetzt. Das System der polyphyletischen Strukturen der Menschheit wurde von dem Anthropologen Heinz Weidenreich aufgestellt. Er vertritt die Ansicht, der Homo sapiens habe sich in verschiedenen, voneinander unabhängigen Gebieten und zu unterschiedlichen Zeiten entwickelt. Auf diese Weise seien die heutigen Großrassen entstanden. Die europiden Menschen, die Negriden, die Australiden und Mongoliden seien direkte Nachkommen jener Frühmenschen.

Größer als die Zahl der sich um den Amerikaner Weidenreich scharenden Anthropologen ist die Zahl der Verfechter einer monozentrischen Entwicklung des Menschen. Hauptsprecher dieser Gruppe ist Henry Victor Vallois. Für ihn und seine Anhänger gibt es allerdings nicht nur einen einzigen eng umgrenzten Platz, auf dem plötzlich der „neue Mensch" geboren wurde. Man denkt vielmehr an einen sehr großen Rayon, in dem sich der Mensch entwickelt haben könnte. Möglicherweise in West-, Zentral- und Südasien sowie in Nordostafrika. Wie allerdings dieser Prozeß vor sich gegangen sein soll, ist nicht zu rekonstruieren, weil viel zu wenig menschliche Fossilien zur Verfügung stehen. Vermutlich wurde das Erbgut bei der Vermischung verschiedener Menschenstämme angereichert. Dieser Ausleseprozeß in den einzelnen Populationen führte zu einer Höherentwicklung und zur Geburt des Homo sapiens. Aber auch die Version wird akzeptiert, daß es irgendwo in diesem Gebiet plötzlich zu einer Mutation gekommen ist.

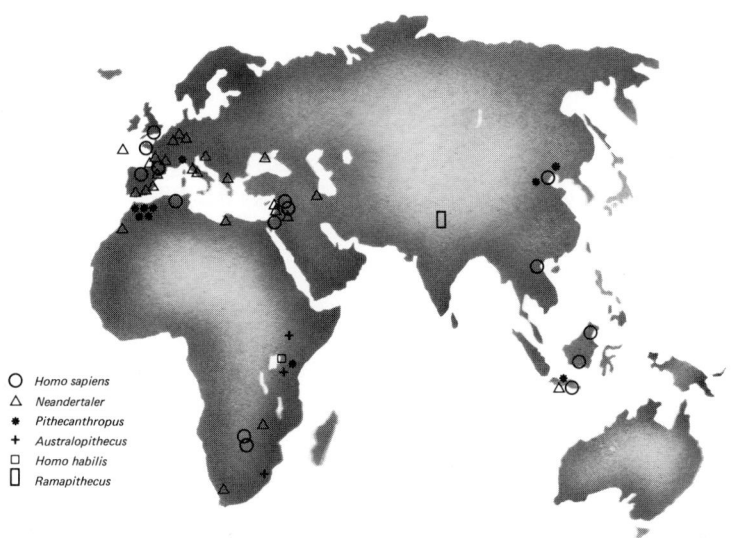

O   Homo sapiens
△   Neandertaler
●   Pithecanthropus
+   Australopithecus
□   Homo habilis
◻   Ramapithecus

Einige der wichtigsten über die Erde verteilten Fundstätten von Fossilien aus der menschlichen Ahnengalerie.

Die heute bevorzugte monozentrische Theorie mag nur eine Reaktion auf eine lange Zeit vorherrschende Meinung gewesen sein. Entsprechend der Hegelschen Dialektik ist das Wechselspiel um die mono- oder polyzentrische Herkunft des Homo sapiens nicht erst in jüngster Zeit entstanden. Es dauert schon sehr lange an und hat viele Stadien durchlaufen. Erst war die monophyletische Ansicht vorherrschend. Der Glaubensgrundsatz, der Mensch sei von Gott erschaffen worden, ließ keine andere Auslegung zu. Ein schöpferischer Gott nahm – unterschiedlich nach den einzelnen Religionen – eine Transformation vor und schuf aus bestimmten Tieren, Pflanzen oder aus Erde den ersten Menschen. Oder aber es wurde ein Halbgott zum Stammvater der Menschheit erkoren. Vielleicht auch wurde einem Stern eine Seele eingehaucht, und er wurde zum Menschen umgeformt. Als im Zeitalter der Aufklärung die mythologischen und religiösen Vorstellungen den wissenschaftlichen Erkenntnissen weichen mußten, meldeten sich die Anhänger der Kataklysmen-Theorie zu Wort: Die Schüler Cuviers meinten, das Leben bilde sich immer neu; so seien

119

schließlich auch einmal die Menschen in aller Welt und an vielen Plätzen plötzlich entstanden. Darwins Werk über die Entstehung der Arten räumte mit diesen Thesen auf. Doch die Humanpaläontologen fanden sich unter der Federführung von Haeckel wieder zur monogenetischen Menschwerdung. Als de Vries die Mutation der Gene entdeckte, wandelte sich abermals das Bild. In Verbindung mit den Mendelschen Vererbungsgesetzen war nun eine plurale Menschenentwicklung durchaus logisch. Diese Meinung vertrat vor allem H. Klaatsch.[2]

Um die Jahrhundertwende stellte er eine Theorie auf: „Danach hat die weiße Rasse andere Urahnen als etwa die Angehörigen der gelben oder schwarzen Rassen." Die drei Stammbäume teilten sich nach Klaatsch etwa folgendermaßen: Die Negerrassen seien mit den Gorillas verwandt, die Weißen mit den Schimpansen, und ihr gemeinsamer Urahn sei der Dryopithecus gewesen. Die Menschen der gelben Rasse seien hingegen mit den Orang-Utans aus ein- und demselben Stamm hervorgegangen.

Man muß diese Theorie aus der Perspektive der Zeit vor dem Ersten Weltkrieg betrachten. Der „Weiße Mann" hatte eben die absolute Weltherrschaft angetreten. In Afrika, in Nord- und Südamerika sowie in Australien herrschte er über die „Eingeborenen". Diese waren, dem Kolonialdenken der damaligen Zeit entsprechend, „minderwertiger" als die Europäer. Zwar waren die gemeinsamen Urahnen der Weißen und der Menschenaffen nicht zu leugnen, aber die enge Verwandtschaft mit Indianern, Negern, Papuas, Chinesen oder anderen „Eingeborenen" war entschieden abzulehnen. Nach Klaatsch hat die weiße Rasse die Cro-Magnons zu Vätern gehabt. Diese in der Eiszeit lebenden Menschen verdrängten den heute nicht mehr als Vorläufer des Homo sapiens geltenden Neandertaler. Mitunter könnte es zwar zu einer Vermischung zwischen diesen Urmenschen gekommen sein, im allgemeinen habe sich aber die Cro-Magnon-Rasse reingehalten und ihre höherwertigen Eigenschaften bewahrt. Aus diesen, den anderen überlegenen Menschentypen sollten schließlich – entsprechend der Theorie des national denkenden Klaatsch – die Germanen hervorgegangen sein.

Es gab natürlich auch schon damals Anthropologen, die diese

Ansichten ablehnten und fest davon überzeugt waren, es hätten überhaupt keine Wanderungen von Vormenschen stattgefunden. Ihrer Meinung nach hatte sich jede Art und jede Rasse unabhängig von anderen an verschiedenen Orten entwickelt. Der Ursprung des Menschen sei weltweit gewesen. Einem unbekannten Gesetz folgend, mußten danach sozusagen zwangsläufig aus den Uraffen Hominiden und Menschen entstanden sein. Die Entwicklung der einzelnen Menschengruppen sei aber unterschiedlich rasch vor sich gegangen. Einige Arten hätten einen schnellen Evolutionsprozeß durchgemacht und daher ein höheres Entwicklungsstadium erreicht. Andere seien genetisch zurückgeblieben. Diese Theorien wurden mit verschiedenen Variationen bis zum Jahre 1930 von fast allen Humanpaläontologen anerkannt. Die damals schon bekannten Fossilien der Pithecanthropinen und Australopithecinen waren nach Meinung der einschlägigen Wissenschaftler keine menschlichen Überreste, sondern stammten von Affen mit menschenähnlichen Merkmalen. Damals wurde mit der Suche nach dem „missing link" beinahe Kult getrieben. Die Anthropologen bemühten sich, bei den gefundenen Hominiden-Fossilien besonders die affenähnlichen Merkmale herauszustreichen, um nachzuweisen, hier könne kein menschlicher Vorfahre entdeckt worden sein. Ähnlich, wie die Juden auf den von den Propheten angekündigten Messias warten, hoffte man, endlich einen würdigen Adam zu finden.

Nach dem Zweiten Weltkrieg setzte die Gegenoffensive voll ein. Man suchte jetzt nach Beweisen, die eine monozentrische Entwicklung bestätigten. Wieder dürften vornehmlich psychologische Elemente den Wandel in den Ansichten herbeigeführt haben. Nach den schrecklichen Greueln und den KZ-Praktiken im Deutschland Adolf Hitlers mußte sich ja das Blatt wenden: Die Theorie vom Herrenmenschen und vom Untermenschen war abstrus gewesen. Dennoch hatte sie Millionen sogenannter „Nichtarier" das Leben gekostet. Als Reaktion auf den Schreck von 1945 lautete nun die Devise: Alle Menschen sind gleich.

Natürlich sind Probleme der Anthropogenese nicht emotionell zu lösen. Aber selbst, wenn man nur die monozentrische Theorie gelten läßt, stellt sich zwangsläufig die Frage, wann sich die

Menschen von dem zum Affen führenden Entwicklungsstamm abgespalten haben. Zur Zeit gibt es nicht weniger als vier Lehrmeinungen mit entsprechend unterschiedlichen Ansichten über die Frage, wann es zu diesem Tier-Mensch-Übergang, abgekürzt TMÜ, kam. Wie die Dinge nun liegen, dürfte man sich in nächster Zeit kaum einigen können, wann und wo der Abspaltungsprozeß eingesetzt hat. An diesem Dilemma sind weder die Wissenschaftler noch die zur Zeit praktizierten wissenschaftlichen Methoden der Anthropologie schuld. Die Humanpaläontologen wissen einfach keine Antwort auf diesen Fragenkomplex, weil die Funde viel zu spärlich sind. Zur Zeit gibt es viel zu wenig Fossilien, dafür aber noch viel zu viele Wenn und Aber. So etwa ist jeder Anthropologe überfordert, wenn es zu erklären gilt, wie der völlig isolierte australische Kontinent von Menschen besiedelt worden sein soll.

### Rätselhafte Emigrantenwege

Der australische Kontinent hat sich spätestens vor siebzig Millionen Jahren aus dem Urkontinent gelöst: Ob aus einem einheitlichen Pangäa oder von Gondwana-Land, darüber gibt es verschiedene Theorien. Alle geologischen Untersuchungen weisen aber auf eine Trennung Australiens von den übrigen Landmassen zu einem sehr frühen Zeitpunkt hin. Australien war folglich schon lange eine, allerdings nicht überall, durch tiefe Meeresbecken vom asiatischen Festland getrennte Insel. Wie also waren Menschen dorthin gekommen? Man wird einwenden, daß auch die Südseeinseln und die Archipele im Indischen Ozean besiedelt sind. Wie der Pithecanthropus-Fund auf Java beweist, hatten dort schon vor Hunderttausenden von Jahren Frühmenschen existiert. Die übrigen Inseln im Pazifik und im Indischen Ozean dürften hingegen erst besiedelt worden sein, als der Mensch schon Boote zu bauen verstand. Wie Experimente Thor Heyerdals gezeigt haben, kann man selbst auf primitivsten Flößen weiteste Distanzen zurücklegen. Bis jetzt fehlen aber alle Anzeichen dafür, daß Menschen schon vor 30.000 oder 40.000 Jahren Wasserfahrzeuge bauen konnten.

Vor etwa 35.000 bis 40.000 Jahren dürfte der Mensch von Australien Besitz ergriffen haben. Im Jahre 1969 entdeckten Archäologen der National University in Canberra im Südosten des Landes in einem ausgetrockneten Seebett das Skelett des Uraustraliers. Seine Leiche war vor 26.000 Jahren von seinen Stammesangehörigen verbrannt worden. Der Zeitpunkt der Kremation konnte mit Hilfe der C-14-Methode einwandfrei ermittelt werden. Der Mungosee ist heute ausgetrocknet. Er muß jedoch ein großer Süßwassersee in einer Landschaft ohne Wüstencharakter gewesen sein.

Ein bedeutender Fund lockt stets weitere Archäologen herbei und spornt sie zu neuen Forschungen an. Nur etwa drei Kilometer von der Fundstätte des Brandgrabes entfernt grub man weitere Lagerstätten der Uraustralier aus. Und wieder machte man eine bemerkenswerte Entdeckung, aus der man auf eine komplette Polumkehrung schließen konnte. Diese Feststellung gelang dem Leiter der Forschungsgruppe, Professor Michael McElhinny, einem Spezialisten für Gesteinsmagnetismus. Die magnetische Feldumkehrung wurde einwandfrei erkannt, als man die als Herdziegel dienenden Brocken mit sehr feinfühligen Magnetometern untersuchte. Wird nämlich Lehm über eine Temperatur von siebenhundert Grad erhitzt und kühlt er dann aus, so ordnen sich die in dem Material enthaltenen Magnetit-Moleküle nach den Feldlinien des bestehenden Magnetfeldes. Als man nun die Ziegel untersuchte, stellte man eine entgegengesetzte Magnetrichtung fest. Wie ich bereits früher ausgeführt habe, müssen in den letzten 25.000 bis 30.000 Jahren mindestens sechs Polsprünge stattgefunden haben. Die am Mungosee entdeckte magnetische Anomalie beweist eine dieser Verlagerungen.[3]

Bei der Untersuchung des Skelettes stellte sich eine Übereinstimmung zwischen diesen Knochen mit jenen der noch heute lebenden Uraustralier heraus. Diese Menschenrasse muß also schon vor 30.000 bis 35.000 Jahren in Australien gelebt haben, was daraus hervorgeht, daß die Herdsteine älter sind als die Grabstätte. Berücksichtigt man weiter den Fund von Kow Swamp, wo Skelette von überaus primitiven Vormenschen vom Typ Homo erectus gefunden wurden, so wird die Besiedlung Australiens völlig rätselhaft. Es sei denn, der Mensch habe keine monogenetische, sondern eine phylogenetische Entwicklung durchgemacht: Die Wandlung vom Homo erectus zum Neandertaler oder zum Homo sapiens sei schon in den Genen der Urmenschen programmiert gewesen. Mit anderen Worten: Die Entwicklung des Lebens von primitiveren zu höheren Formen ist vielleicht zwangsläufig gespeichert. Vielleicht muß, gleichgültig wo immer, innerhalb eines bestimmten Zeitraumes und unter gewissen Bedingungen die Weiterentwicklung in genau festgelegten Bahnen erfolgen. Dieser Gedanke ist in der modernen Biologie nicht mehr abwegig.

Dennoch hat diese Hypothese schon einen Entrüstungssturm ausgelöst, als man nur die automatische Entwicklung für primitive Formen des Lebens annahm; so spricht der deutsche Biochemiker und Nobelpreisträger Manfred Eigen von der „Selbstorganisation der Materie" und von der „Evolution biologischer Makromoleküle". Seine Theorien sind inzwischen weiterentwickelt worden, und heute gibt es eine Anzahl von Biologen, die in zunehmendem Maße an eine automatisch gesteuerte Entwicklung des Lebens von niederen zu höheren Formen glauben. Beweise für die programmierte Evolution hat man freilich noch nicht.[4]

Was die Besiedlung Australiens betrifft, wäre die Bildung von Landbrücken denkbar. Fast alle Inseln im Indonesischen und Philippinischen Archipel liegen auf einem zusammenhängenden Kontinentalsockel, der sich bis Neuguinea erstreckt. Bei Polsprüngen müssen in Australien und Neuguinea starke horizontal auf die Erdoberfläche wirkende Schubkräfte aufgetreten sein. Außerdem ist es wohl an der Ostküste dieses Kontinents und im Bereich des Bismarckarchipels zu den stärksten Hebungen der Erdkruste infolge Anpassung an die geoide Form der Erde gekommen. Das haben die von mir initiierten Computerberechnungen ergeben. Daß die Landbrücken so lange bestanden, als in Europa die Eiszeit herrschte, ist meiner Meinung nach höchst wahrscheinlich.

Auch der Londoner Anthropologe Dr. David Davis ist ein Verfechter der Idee, der Mensch habe sich nicht nur in Afrika und in Asien entwickelt. Dr. Davis entdeckte im Jahre 1971 in Quito, Ekuador, in einer Vitrine des paläontologischen Museums ein eigenartiges, unregelmäßig geformtes Lavastück, aus dem, deutlich erkennbar, ein Zahn hervorragte. Er untersuchte das seltsame Fossil und deutete es als vollständig erhaltenen menschlichen Schädel. Zwei Jahre lang nahm man chemische und physikalische Analysen vor, um sein Alter zu bestimmen. Das Ergebnis: Der Schädel von Quito muß mindestens 28.000 Jahre alt sein. Davis, der inzwischen das Fossil auf den Namen „Fred" getauft hat, glaubt jedoch, sein Urindianer habe vor rund 40.000 Jahren gelebt.[5]

Aber auch ein Zeitraum von 28.000 Jahren bedeutete für die Anthropologen eine Sensation. Die ältesten Überreste des Menschen, die bis dahin in Südamerika gefunden worden waren, weisen ein Alter von achttausend bis maximal zehntausend Jahren auf. Zwar hat man auf verschiedenen Plätzen in Nord-, Zentral- und Südamerika primitive Steinwerkzeuge entdeckt, die auf eine Besiedlung in früherer Zeit hinweisen. Interessanterweise wagte es wieder Louis S. B. Leakey, ein in Südkalifornien gefundenes, behauenes Steinstück als Werkzeug zu bezeichnen. Nach Leakey ist das Gerät vor etwa fünfzigtausend Jahren angefertigt worden. Allerdings beruhten seine Datierungen auf Schätzungen. Schon vorher hatte man im Bundesstaat Indiana das Bruchstück eines Werkzeuges in einer Lößschicht gefunden, deren Alter mit fünfunddreißig- bis vierzigtausend Jahren bestimmt werden konnte. Richard MacNeish von der University of Alberta in Calgary grub im Hochland von Peru bei Ayacucho Geräte aus, die mit Hilfe der C-14-Methode datiert werden konnten. Sie sind 22.000 Jahre alt. Nach Ansicht von MacNeish müssen schon vor 50.000 bis 60.000 Jahren Menschen in Amerika eingewandert sein. Seiner Meinung nach gibt es gewisse Übereinstimmungen zwischen Werkzeugen aus dem Gebiet des Baikalsees, Chinas und den Werkzeugen aus der peruanischen Hochebene.[6]

Der Schweizer Anthropologe Hans-Jürgen Müller-Beck meinte, daß zwei große Besiedlungswellen den Menschen nach Amerika geführt hätten. Die erste Kolonisation des menschenleeren Kontinents soll vor 28.000 bis 26.000 Jahren erfolgt sein, die zweite Gruppe von Steinzeitjägern soll vor etwa 13.000 Jahren die Neue

Welt erreicht haben. Die von mir zur Untermauerung meiner Theorie angestellten Computerberechnungen ergaben, daß jeweils während der Eiszeiten in Europa und Nordamerika – infolge der zwangsläufigen Verschiebungen der Erdkruste, die bei einem Polsprung auftreten müssen – auch eine Landbrücke über die Bering-Straße bestanden hat. Nicht allein das Absinken des Meeresspiegels hat also eine fixe Verbindung zwischen Sibirien und Alaska geschaffen; auch eine tektonische Verschiebung führte zur Verbindung der Kontinente. Forschungen von Vance Haynes bewiesen, daß vor 13.000 Jahren eine Horde von Urjägern eine Mammutherde verfolgte, die von Sibirien kommend über Alaska bis nach Neu-Mexiko zog. Man hat den Weg der Einwanderer an Hand von Waffen- und Knochenfunden, die mit Hilfe der C-14-Methode datiert wurden, genau bestimmen können. Die Immigration ging zur selben Zeit vor sich, als überall in Europa und Nordamerika die Eiszeit ihren Höhepunkt erreichte. Wäre aber die Ausbreitung des Eises global in konzentrischen Ringen von den heutigen Polen ausgehend verlaufen, dann hätten Menschen und Tiere niemals das heute sehr unwirtliche Alaska durchqueren können.[7] Dagegen spricht vieles. Vor allem, daß Mammuts, ähnlich den Karibus und Moschusochsen, die Lebensgewohnheit gehabt haben müssen, im Winter in wärmere Gebiete auszuweichen. In der Tundra war in den Wintermonaten – ebenso wie auch heute – für größere pflanzenfressende Säugetiere keine Nahrung zu finden. Auch die Karibus und die Elche ziehen im Winter in die Waldzonen.

Das war die Bilanz des Wissens über die Uramerikaner, als der Quito-Schädel gefunden wurde. Im Jahre 1972 konnte man ein weiteres menschliches Fossil in einer benachbarten Region entdekken. Allerdings stehen die wissenschaftlichen Untersuchungsergebnisse über diese Skelettreste noch aus. Immerhin sind sie die ersten „besiegelten" Beweise für die prähistorische Anwesenheit der Menschen in der Neuen Welt. Davis hat versucht, die Vorgeschichte und das Schicksal von „Fred" zu rekonstruieren. „Fred" muß eine Zwischenstufe in der Entwicklung vom Neandertaler zum Homo sapiens gebildet haben. Als er – offensichtlich infolge einer gigantischen Naturkatastrophe – starb, war er noch nicht dreißig Jahre alt. Möglicherweise ereilte ihn der Tod auf einem Floß in einem heute längst verschwundenen See. Plötzlich muß ein Vulkan aufgebrochen sein. Der amerikanische Ureinwohner erstickte unter einem Hagel von Millionen Tonnen Geröll und Lava. Die Vulkanasche konservierte seine Knochen. Man entdeckte später ein Gerät aus dem Besitz von „Fred" oder eines seiner Stammesangehörigen, eine Steinkeule, die mit einem sternförmigen Zeichen versehen ist. Dieses Muster ist den Keulenverzierungen, die auf Neuguinea entdeckt wurden, sehr ähnlich. Zu bedenken ist, daß Ekuador und die Inseln nördlich von Australien mehr als 10.000 Kilometer voneinander entfernt sind.

Dr. Davis und seine Kollegen sind davon überzeugt, der Mensch habe sich in verschiedenen Gegenden der Erde entwickelt. Diese Wissenschaftler sind also Anhänger der phylogenetischen Entwicklung, die fast gleichzeitig in Amerika und unabhängig davon in Afrika, Europa oder Asien eingesetzt haben könnte.

### Schon die „Urmagyaren" hatten Feuer

Es gibt allerdings viele Anzeichen dafür, daß schon vor 500.000 Jahren ein dem Homo sapiens sehr ähnlicher Mensch gelebt hat, eine Unterart des Homo erectus.

1965 entdeckte man in Ungarn auf einem Platz, auf dem typische altpaläolithische Werkzeuge der sogenannten Grobschaber-Technik gefunden wurden, auch die Milchzähne eines siebenjährigen Kindes und das Hinterhaupt eines Erwachsenen. In unmittelbarer Nähe fand man einen Feuerplatz: der erste bis jetzt bekannte Bewohner Ungarns hat also bereits das Feuer verwendet.

Wer von Wien nach Budapest reist, muß durch die kleine Ortschaft Vértesszöllös. Dieses Städtchen mit rund dreitausend Einwohnern liegt knapp neben dem Industrieort Tatabánya, nur 65 Kilometer von der ungarischen Hauptstadt entfernt. Vértesszöllös ist der Ausgrabungsort, an dem eher zufällig „Samuel", der Vértesszöllös-Mensch, gefunden wurde. Die Grabungsstätte liegt

127

in einem Steinbruch, in dem poröse Kalksteine aus einem Travertin-Kegel gewonnen wurden. Zunächst hatte man nur das Steinmaterial an der Oberfläche gefördert. Dann aber wurde systematisch nach dem begehrten Baumaterial gesucht, so lange, bis im Jahre 1916 kein Travertin mehr vorhanden war. Überall war man auf unbrauchbare Kalk-, Schlamm-, Lehm- und Lößschichten gestoßen, die zu gelblichen, unansehnlichen, halbweichen Steinen verhärtet waren. Diese Schichten aber gaben versteinerte Säugetierknochen frei. Schon um die Jahrhundertwende wurden diese Fossilien auf ein Alter von einer halben Million Jahre geschätzt. Geologisch hatte sich diese Formation gebildet, als eine warme Quelle während der Mindel-Eiszeit den Travertin-Kegel aufschichtete. Das Thermalwasser muß also aus einem Kalksteinkrater ausgetreten sein, der durch die Quelle selbst gebildet wurde. Der Kalk wurde ausgefällt, als das Wasser an die Oberfläche trat, und die Wände bauten sich immer höher auf. Schließlich war auf diese Weise ein Bassin entstanden, dessen eine Wand bei einem Erdbeben oder infolge eines tektonischen Schubs eingebrochen sein muß. Von nun an umschlossen die Kraterwände nur auf drei Seiten die Quelle. Dadurch entwickelte sich ein besonders warmer, von der Umwelt abgeschirmter Platz, der zu einer bevorzugten Tränke wurde. Man fand Fußabdrücke von Tieren und Menschen in einer Lehmschicht. Darunter entdeckte man die Fährten von Bisons und Hirschen.

Im Jahre 1962 arbeitete niemand mehr im Steinbruch. Es war Sommer, als Professor Márton Pécsi, Geographieprofessor an der Budapester Universität, mit einer Studentengruppe nach Vértesszöllös kam. Er besuchte den aufgelassenen Steinbruch, um seinen Hörern die Bildung der Terrassen zu zeigen, die durch den Bach Atalér aufgeschüttet worden waren. Früher muß das heute kleine Bächlein von Zeit zu Zeit beträchtlich mehr Wasser geführt haben. Entsprechend den einzelnen Eiszeitperioden wurden fünf Terrassen aufgeschüttet. Als der Professor eben die Entstehung des Süßwasser-Kalktuffs erklärte, entdeckte er eine dunkle Schicht. In ihr steckten charakteristische Steinsplitter und halb verbrannte Knochen. Vorsichtig löste Márton Pécsi einen Teil der dunklen

Schicht vom Untergrund und verstaute seine Beute in einem Pappkarton. Bevor er mit seinen Schülern den Steinbruch verließ, überprüfte er noch einmal die geologischen Schichten und fertigte eine kleine Skizze an. Für ihn stand fest: das Feuer, mit dem hier die Knochen verbrannt wurden, mußte vor rund 500.000 Jahren entzündet worden sein. Professor Márton Pécsi wandte sich in Budapest an die zuständigen Fachleute. Er suchte das Nationalmuseum auf und sprach dort mit einem befreundeten Kollegen: Dr. László Vértes.

Der im Jahre 1914 geborene Wissenschaftler war Archäologe und Kustos des bedeutendsten ungarischen Museums. Besonders interessierte er sich für die Steinzeit in Ungarn. Dr. Vértes war eigentlich Dilletant. Aber seine bemerkenswerten Forschungen in der Höhle von Istalloskö im Bükk-Gebirge hatten ihm in der Fachwelt Anerkennung verschafft. Ebenso waren seine Forschungen über die jungpaläolithischen Werkstätten im Gebiet von Tata und die Ausgrabungen von Neandertaler-Siedlungen in der gleichen Gegend sehr erfolgreich. Als Pécsi seinen Fund Dr. Vértes überbrachte, war der Archäologe über die Mutmaßungen keineswegs begeistert. Fünfhunderttausend Jahre alte Spuren des Menschen, und überdies noch Brandreste – das war nicht nur ungewöhnlich, sondern vom wissenschaftlichen Standpunkt aus geradezu unglaubhaft. Aber Márton Pécsi war von seiner Entdekkung so überzeugt, daß László Vértes in jene Ortschaft fuhr, deren Name zufälligerweise zum Teil mit dem seinen identisch ist. „Vértes" nennt sich ein kleiner Hügelzug in Ungarn. „Szöllös" heißt – ins Deutsche übersetzt – „mit Trauben" oder „mit Weingärten". Dieser Name sollte später dem ungarischen Archäologen noch Unannehmlichkeiten einbringen. Uneingeweihte Anthropologen warfen ihm in Artikeln und auf Kongressen vor, er habe in seiner Eitelkeit den Fundort des Schädels nach sich selbst benannt. Auf diese Weise habe er sich für immer ein Denkmal setzen wollen. Aber das ereignete sich erst Jahre später.

Zunächst glaubte der Archäologe nicht an das von Pécsi vermutete Alter der Brandspuren. Aus dem Saulus sollte jedoch bald ein Paulus werden. Dr. László Vértes, der noch wenige Tage zuvor zu Pécsi gesagt hatte: „Mein Freund, du mußt dich irren! Aus dieser Zeit gibt es auf unserem Kontinent keine derartigen Spuren von Menschen, und das Feuer war auch noch nirgends auf der Welt bekannt."[8], wurde eines Besseren belehrt. Als er zum erstenmal den Steinbruch untersuchte, fand er vier verschiedene fossilienführende Schichten. Die zwei unteren lagen in Kalkschlamm-, die zwei oberen in Lößablagerungen. Alle Schichten waren deutlich voneinander abgesetzt und enthielten zahlreiche Steinwerkzeuge, zertrümmerte Tierknochen und verkohltes Material von Feuerherden. Schon eine oberflächliche Untersuchung ergab: Die zwei unteren Ablagerungen mußten aus wärmeren Epochen stammen, die oberen zeigten hingegen Knochen von Tieren, wie sie heute nur mehr in den Tundren Sibiriens oder Alaskas zu finden sind. Später hat man eine fünfte, etwas außerhalb liegende Kulturschicht entdeckt. Sie umschloß sehr viele Knochen. Es hat den Anschein, als wären dort die erlegten Tiere geteilt, sozusagen ausgeschlachtet worden. Nur die schönen eßbaren Stücke hatten die Jäger zum Aufenthaltsplatz getragen. Der Abfall blieb in der Grube zurück. Deshalb nennt man derartige Plätze, wie sie auch in anderen Teilen der Welt entdeckt wurden, Zerstückelungsplätze, „butchering places".

Sicherlich viermal, vermutlich sogar fünfmal, hatten in der Umgebung der Quelle Menschen gelebt. Sie wußten nichts voneinander, denn zwischen den einzelnen Kulturschichten liegen Ablagerungen in der Stärke von einem halben Meter bis zu einem Meter. Von Besiedlung zu Wiederbesiedlung müssen Zeiträume von mehreren zehntausend Jahren vergangen sein. Aber das alles wurde erst viel später ermittelt.

Als Dr. László Vértes die Ansicht von Márton Pécsi bestätigt fand, konnte er noch nicht mit den Ausgrabungen beginnen. In Ungarn müssen derartige Projekte – ebenso wie in anderen Staaten – zunächst ausführlich begründet, eingereicht, vom Kultusministerium bewilligt und schließlich auch finanziert werden. Aber es dauerte nicht lange, und man konnte bereits die ersten schützenden Maßnahmen treffen: eine Drahtumzäunung sicherte den alten Steinbruch ab. Ein Jahr darauf begannen die systematischen

Grabungen. Wenn in den Oststaaten einmal ein Vorhaben vom Ministerium genehmigt ist, wird die Arbeit für die Archäologen einfacher. Nicht nur Studenten der einschlägigen Institute helfen da mit. Auch Mitglieder von Jugendorganisationen sind verpflichtet, in den Ferien Praktikantenstellen zu übernehmen. Wer nicht bei der Einbringung der Ernte oder in der Fabrik tätig ist, kann zu archäologischen Arbeiten abgestellt werden. Doch meist melden sich Freiwillige, fast stets interessierte Mitarbeiter, die in wertvoller Weise die Equipe der Fachleute ergänzen.

Im Jahre 1963 begannen die eigentlichen Freilegungsarbeiten. Man suchte einen übriggebliebenen Hügel aus, um die stratigraphische Folge der einzelnen Schichten offenzulegen. Dabei entdeckte man weitere Feuerplätze. Es fanden sich hier auch sehr viele – auf eine Länge von nur fünfzehn bis zwanzig Zentimeter verkürzte – Knochenreste. Zunächst wußte man nicht, warum die Urmenschen die großen Tierknochen zerkleinert hatten. Um an das Mark heranzukommen, hätten die Knochen nicht so oft geteilt werden müssen. Dann fand sich die Lösung: Die Knochenreste dienten als Brennmaterial. Das Feuer wurde mit den fettreichen Knochenstücken gespeist.

Offensichtlich kannten die Menschen damals noch keine Möglichkeit, das Feuer selbst zu entzünden. Sie beherrschten noch nicht die Technik, aus Feuersteinen oder durch Aneinanderreiben und Bohren von Holzstücken einen Brand zu entfachen. Vermutlich hat man zuerst die Glut von einem durch Blitzschlag entzündeten Baum genützt. Will man aber Feuer nicht verlöschen lassen, ist eine intensive Wartung nötig. Verwendet man fetthaltige Knochen als Heizmaterial, so bildet sich eine heiße, schwelende Glut, die sich überdies lange im Zentrum des Herdes erhält. Knochenasche ergibt eine viel bessere Isolierungsschicht als Holzasche. Die Horde dürfte nur wenige Angehörige gehabt haben. Wenn die Urmenschen also zur Jagd auszogen, konnten sie unbesorgt sein, auch nach zwei Tagen noch immer genug Glut am Rastplatz vorzufinden.

Die Urmenschen machten vor allem Jagd auf große Pflanzenfresser: Nilpferde, Wisente, Steppennashörner und große, heute schon ausgestorbene Hirsche waren die beliebtesten Beutetiere. Man entdeckte aber auch Knochen von Raubtieren und – was besonders wichtig war – Zähne vom Urbiber, dem riesenhaften Trogonotherium. Dieser große Nager ist vor 500.000 Jahren in Europa ausgestorben. Überdies fand man in der untersten Schicht sehr einfache Geräte, sogenannte „Choping tools" aus der Pebble-Kultur, überaus primitive Steinwerkzeuge.

Sorgfältig wurde der Boden durchsiebt. Es lagen neben Gebeinen von großen Säugetieren auch Knochen von Nagern, Gehäuse von Schnecken und die Überreste von Muscheln: alles offensichtlich Nahrungsmittel der frühen Menschen. Ja, man konnte sogar Pollen damals blühender Pflanzen isolieren und die Arten unter dem Mikroskop bestimmen. An Pflanzenresten fanden sich unter anderem Abdrucke von fliederartigen Gewächsen, aber auch – aus der Zeit, als das Klima in einer späteren Periode kühler geworden war – versteinerte Tannenzapfen.

Obwohl man Steingeräte und Tierknochen entdeckt hatte, war bis Anfang 1965 nicht die geringste Spur eines menschlichen Fossils gefunden worden. Dann tauchten in den feinen Haarsieben, durch die der Boden und der abgegrabene Sand gefiltert wurden, kleine Zähne eines Kindes auf, das etwa sieben Jahre alt gewesen und vor etwa einer halben Million Jahre gestorben sein muß.

Am 21. August des gleichen Jahres fand man „Samuel". Die Arbeiten waren voll im Gange; Vértes und seine Assistentin Viola T. Dobosi gingen sehr behutsam vor. Der Steinbruch bestimmte die Methode. Man grub nicht entlang von Suchgräben in die Tiefe, sondern baute die senkrecht stehenden Erdwände der Hügel ab. Entlang des unteren Horizontes, der durch den Fund des Biberzahns einwandfrei datierbar war – der Zahn eines Trogonotheriums ist ein exaktes Leitfossil –, grub man die vertikale Wand ab.

Plötzlich zeigte sich ein bizarr geformter, dunkel gefärbter Fleck im Boden. Er bestand aus härterem Material und hob sich deutlich von seiner Umgebung ab. Sorgfältig wurde der Brocken freigelegt: das Hinterhauptbein eines erwachsenen Menschen. Um das wertvolle Fossil unbeschädigt bergen zu können, wurde der gesamte Felsblock herausgesägt und ins Museum gebracht.

Schon eine oberflächliche Untersuchung erbrachte ein sensationelles Ergebnis. Die genaue Klassifizierung wurde inzwischen von dem am Genetischen Institut in Szegedin wirkenden Anthropologen Andor Thoma vorgenommen. Der Professor, der mehrere Jahre am Anthropologischen Institut in Paris gewirkt hatte, nannte den Vormenschen Homo (erectus seu sapiens) palaeohungaricus. Die Klammerbezeichnung ist das Eingeständnis, daß die Untersuchung noch nicht abgeschlossen ist. Der Schädelteil ist zu fragmentarisch, um alle entscheidenden Fragen klären zu können. Aus den Okzipitalteilen der Hirnschale ist nicht einwandfrei zu erkennen, ob dieser Vormensch bereits zur Spezies Homo sapiens oder zu den primitiven Vormenschen vom Typ Homo erectus zu zählen ist. Aber Wölbung und Ausmaß lassen auf eine sehr große Gehirnkapazität schließen. Es wäre durchaus möglich, daß der Vértesszöllös-Mensch ein Schädelvolumen von fast 1400 Kubikzentimetern besessen hat. Wüßte man, wie die Stirnpartie ausgebildet war, wäre man auch über die Gehirngröße exakt informiert. Aber der Vorderschädel fehlt.

„Samuel" ist keines natürlichen Todes gestorben. An der Bruchstelle des Hinterhauptknochens liegt nämlich das Foramen Magnum, das große Hinterhauptloch, durch das das Rückenmark ins Gehirn einmündet. Um an das Gehirn heranzukommen, ist es am einfachsten, mit einem Schlag den Knochen um das Hinterhauptloch zu zertrümmern. Die Art des Bruches deutet mit größter Sicherheit darauf hin, daß Samuels Schädel zerschlagen wurde. Samuel wurde offensichtlich das Opfer einer Kannibalenmahlzeit. Der Okzipitalknochen des Vértesszöllös-Menschen unterscheidet sich von den Hinterhauptschädeln der heutigen Menschen in einigen Punkten beträchtlich. Die Knochenwand ist sehr dick, besonders ausgebildet ist der starke Hinterhauptkamm. Der Paläohungaricus war auf keinen Fall ein langschädeliger Typ.

Die Grabungen in Vértesszöllös wurden bis 1969 fortgesetzt. Die Hoffnung, weitere menschliche Fossilien zu bergen, hat sich nicht erfüllt. Man hatte inzwischen ein elfköpfiges Team aus Spezialisten gebildet. Dr. Lázló Vértes leitete die archäologischen Forschungen. Er war auch Motor der Grabungsarbeiten. Seinem unermüdlichen Wirken ist das Freilichtmuseum und der Bau des Schutzgebäudes zu verdanken. Sein Buch „Kavics Osvény", „Der Weg der Kieselsteine", erschien 1969. Hier schilderte er in geradezu lyrischer und auch für Laien verständlicher Sprache die Schwierigkeiten, die einem Archäologen in einem Oststaat widerfahren können. Da kam zum Beispiel eines Tages ein keineswegs wissenschaftlich gebildeter Kontrolleur ins Museum und verlangte in schroffem Ton, Dr. Vértes möge endlich den Schatz herausgeben, jenen Goldschatz, über den die ganze Welt berichte. Als sich der Archäologe verwundert zeigte, holte der ministerielle Agent einen dünnen Goldanhänger aus der Tasche und legte ihn Dr. Vértes auf den Tisch: „Wissen Sie, was das ist?"

Dr. Vértes wußte es: Es war ein – vom wissenschaftlichen Standpunkt aus gesehen – völlig uninteressantes Schmuckstück aus der Awarenzeit. Der Anhänger stammte aus einem ebenfalls in Vértesszöllös aufgedeckten Grab. Awarengräber gibt es in der pannonischen Ebene und in Ostösterreich viele. Gräber von Archanthropen finden sich hingegen wenige. Der staatliche Kontrolleur meinte, Dr. Vértes und seine Mitarbeiter hätten den bestimmt vorhandenen Goldschatz unterschlagen.

Vielleicht hat die Beschwerde des Archäologen über das Mißtrauen, das ihm und seinen Mitarbeitern entgegengebracht wurde, zu einem anderen Erfolg geführt: das Ministerium bewilligte die Errichtung des Museums. Dr. Vértes sollte die Eröffnung aber nicht mehr miterleben. Knapp vorher erlag er einem Herzschlag.

Er hat eine wissenschaftliche Arbeit hinterlassen, in der er versuchte, eine weiträumige Verbindung zwischen den einzelnen Fundstellen von „Chopping tools" in den verschiedensten Teilen Europas und Asiens herzustellen. Im Gebiet des Dnjester, des Dnjepr-Knies, an der nördlichen Küste des Asowschen Meeres, östlich des Schwarzen Meeres, in der Nähe der Kaspischen See bei Jerewan, im Osten der Kirgisensteppe, aber auch in Usbekistan bei Samarkand hat man ähnliche Werkzeuge gefunden. Heute sind nicht weniger als 57 entsprechende Fundstellen in Europa und Asien bekannt. Dr. Vértes meinte, diese Spuren habe ein und dasselbe Volk von Lagerplatz zu Lagerplatz ziehend innerhalb von

134

vielen Tausenden Jahren hinterlassen. Von diesen Vormenschen ist nicht mehr viel übriggeblieben, nur die roh behauenen Steine und der Vértesszöllös-Mensch zeugen noch von ihrer Existenz.

*Aus der Werkstatt der Urmenschen*

Für den Laien ist es nicht ganz einfach, die Steingeräte voneinander zu unterscheiden. Es handelt sich durchwegs um „Abschlagwerkzeuge", wobei der Abschlag durch einen Stein, ein Feuersteinstück oder ein aus anderem Steinmaterial hergestelltes Werkzeug erfolgte. Charakteristisch sind die muschelförmigen Bruchstellen, die durch die Bearbeitung von Feuersteinknollen entstanden. Das steinerne Rohmaterial reagiert stets in ganz besonderer Weise auf jeden Schlag. Lange Splitter lösen sich von jenem Punkt ab, an dem der Aufschlag erfolgt; diese Stelle wird *Bulbus* genannt. Von ihr aus verlaufen ovale, muldenartige Brüche, deren Kanten sich gegenseitig überschneiden. Allerdings gibt es auch feiner hergestellte Abschlagwerkzeuge. Wenn die Steine, die auf einen als Amboß dienenden Fels gelegt wurden, nicht mit groben Gesteinsbrocken, sondern mit einem speziell geformten, hammerähnlichen Instrument beschlagen wurden, entstanden zierlichere Geräte. Diese Werkzeuge findet man aber im frühen Paläolithikum nicht. Der Begriff der Pebble-Kultur („pebble", engl. = Kieselstein) wurde in Ostafrika geprägt. In der Tat verwendete man zuerst nicht Feuersteine, sondern gewöhnliche, aus dem Flußschotter geholte Kieselsteine. Sie wurden durch einen kräftigen Schlag abgekantet und erhielten auf diese Art eine Schneide. Eine etwas höhere Entwicklung unter den Chopping tools stellen die auf zwei Seiten bearbeiteten Werkzeuge dar.

Früher zählte man all dies zur Chelléen-Kultur. Als dann der Swanscomb-Mensch gefunden wurde, fand sich auch bald seine steinerne Werkzeugausrüstung; sie lag in der Nähe der Ortschaft Clacton on Sea. Danach wurde diese Kultur Clactonien genannt. Es handelt sich um charakteristische flache Splitterwerkzeuge, die mitunter sehr breit auslaufen können. Die abgeschlagenen Seiten stehen in stumpfem Winkel zum Kern des Werkzeuges. In der ersten Phase wurden diese Geräte nur sehr wenig ausgearbeitet. Später verfeinerte sich die Technik. In den Schichten der Clacto-nien-Kultur fand man auch den einwandfreien Beweis dafür, daß Steinwerkzeuge nicht als Waffen verwendet wurden. Dagegen formte man mit Hilfe von Kratzern, Schabern und Faustkeilen Hölzer oder Geweihe zu Waffen um. Beispielsweise fand man in der Nähe von Clacton on Sea einen zugespitzten Geweihknochen, der offensichtlich als Lanzenspitze gedient hatte.

„Chelléen" sollte nicht lange die offizielle Bezeichnung bleiben. Abbé Breuil, der große Erforscher des Paläolithikums, schlug eine neue Bezeichnung vor. Er teilte die Steingeräte in primitivere, die er der Abbevillien-Kultur zuordnete (hier gibt es eine noch frühere Form, die sich Villafranchien nennt): Das Abbevillien ist durch plumpe, rundliche, auf zwei Seiten zugeschlagene Werkzeuge charakterisiert. Diese ersten Biface-Geräte wurden während einer sehr warmen Periode verwendet, nämlich in der Günz-Mindel-Warmzeit. Sie hat vermutlich vor rund einer halben Million Jahren 20.000 bis 40.000 Jahre lang gedauert. Damals lebte nicht nur der Vértesszöllös-Mensch, sondern auch der – später erwähnte – Heidelberg-Mensch. Die zweite Kultur heißt Acheuléen.

Um das Jahr 1909 wurde in der Nähe der französischen Ortschaft Amiens eine Steinkultur entdeckt, die man zunächst dem Chelléen zurechnete. Später wertete Abbé Breuil die Funde aus, und seit 1931 nannte er sie Acheuléen. Manche Prähistoriker sind der Ansicht, auf das Abbevillien folge das Acheuléen. Andere lassen sogar gelten, beide Kulturen hätten gleichzeitig nebeneinander bestanden. Im allgemeinen meint man jedoch, diese Kultur sei charakteristisch für die auf die Warmperiode folgende Mindel-Eis-zeit. Das Acheuléen reicht sehr weit und wird in sieben Unter-perioden geteilt. Jede Subkultur trägt einen eigenen Namen. Manche Paläontologen meinen, es habe zwischendurch etwa vor 180.000 bis 110.000 Jahren eine andere Kultur gegeben, das Levalloisien. Freilich ist es noch recht schwierig, eine genaue Datierung vorzunehmen. Schließlich wurden die paläolithischen Werkzeuge sehr häufig in Bodenschichten gefunden, die geologisch nicht ganz einfach einzuordnen sind. Mitunter ist es kaum möglich, bei diesen relativ primitiven Steinbearbeitungsmethoden exakte Differenzierungen vorzunehmen. Man muß dabei auch die individuelle Geschicklichkeit der altsteinzeitlichen Werkzeugmacher berücksichtigen. So dürfte es zu einem frühen Zeitpunkt perfekt oder annähernd perfekt gearbeitete Geräte gegeben haben, während ein weniger fingerfertiger Steinzeitmensch in späterer Zeit, als vielleicht bereits allgemein eine höhere Technik praktiziert wurde, noch immer plumpe und grobe Werkzeuge fabriziert hat. Gegenwärtig wagt man derartige Unterschiede nur in den seltensten Fällen zu deuten. Es gibt ja noch viel zu viele Wenn und Aber und obwohl bisher sehr viele Artefakte gefunden wurden, sind diese, auf einen Zeitraum von 200.000, ja sogar 300.000 Jahren aufgeteilt, dennoch relativ selten.

Über die geistigen Fähigkeiten des Vértesszöllös-Menschen kann kaum Konkretes ausgesagt werden. Man weiß ja nicht einmal, welche Gehirnkapazität er gehabt hat. Vieles spricht für eine Mutation, die im menschlichen Entwicklungsstamm erfolgt ist und deren Repräsentant der Vértesszöllös-Mensch war. Die spontane Höherentwicklung muß gar nicht vor einer halben Million Jahren erfolgt sein; sie könnte sich wesentlich früher, etwa vor 600.000 oder 700.000 Jahren, ereignet haben; zum Zeitpunkt, als die letzte große Erdumpolung aufgetreten ist. Diese kann ja auf nahezu allen unterseeischen Gebirgsrücken, den Ridges, aus den Veränderungen der magnetischen Muster im Ozeanboden bewiesen werden. Der frühe Geburtstermin eines Menschen vom Vértesszöllös-Schlag wird von einigen Anthropologen vertreten, etwa von Robert Ardrey.

Die Umpolung ist im Gestein mit magnetischen Siegeln eingegraben. Selbst in den tiefsten Schichten des Ozeans wurde die Tierwelt vernichtet. Man hat die entsprechenden Sedimente auf dem Ozeangrund untersucht und festgestellt, daß ganz andere Mikroorganismen – sogenannte Foraminiferen – vor und nach diesem Ereignis im Schlamm eingebettet worden sind. Weltweit muß ein verheerender Vulkanismus eingesetzt haben. Plötzlich brach die Erdkruste an vielen Stellen auf, und die neuen Krater spieen Lava und glühende Asche aus. Man hat schon viele derartige vulkanische Schichten aus dieser Zeit entdeckt. Nicht nur auf den Kontinenten, sondern vor allem im Ozean.

Eine Umpolung stellt eine Weltkatastrophe dar. Derartige Katastrophen übertreffen alle menschlichen Vorstellungen. Sie müssen das biologische Gleichgewicht der Welt verändert und die Populationen beeinflußt haben. Der amerikanische Genetiker Raymond B. Cowles hat in den letzten Jahren des Zweiten Weltkrieges in Versuchen festgestellt, wie Hitze und Kälte die männlichen Spermen und die Entwicklung der Eierstöcke beeinflussen. Er kam zu dem Ergebnis: große Kälte unterbindet die Samenbildung, große Hitze reduziert die Entwicklung der männlichen Samen, fördert aber die Bildung sogenannter abnormer Spermien. Ein durch Hitze beeinflußtes Spermium weist zahlreiche Gen-Varianten auf. Ebenso werden durch Hitze sehr viele in den Eierstöcken reifende Eier getötet. Die Überlebenden hätten eine besonders hohe Mutationsrate. Während jedes Umpolungsprozesses muß der Van-Allen-Gürtel verschwinden, jene elektromagnetischen Schutzschalen, die um die Erde gelagert sind. Fehlt diese magnetische Bremszone, können die Partikeln der Weltraumstrahlung in die Lufthülle eindringen. Beim Auftreffen auf die irdische Atmosphäre muß Sekundär-Strahlung entstehen. Diese erhöhte Radioaktivität löst neue Mutationen aus.

Von diesen Tatsachen ausgehend, entwickelte Robert Ardrey eine eigene Hypothese. Bei der letzten Umpolung könnte es bei einer Familie vom Typ des Homo erectus zu einer Mutation gekommen sein. Der neue Homo müßte ein größeres Gehirn gehabt haben, so groß wie etwa der Vértesszöllös-Mensch. Nur einen Fragenkomplex konnte Ardrey nicht beantworten: Er meinte, alle Voraussetzungen für Mutationen wären zu dieser Zeit gegeben gewesen – mit Ausnahme des erhöhten Vulkanismus. Hätte es auch ihn im Zusammenhang mit dem Umpolungsprozeß gegeben, wäre die Wahrscheinlichkeit für das Auftreten eines neuen Menschen mit positiveren Eigenschaften wesentlich größer. Resignierend stellte Ardrey fest: Man könne leider von dem rein magnetischen Phänomen keineswegs auf einen damit gekoppelten erhöhten Vulkanismus schließen. Als Ardrey seine Theorie aufstellte, wußte man freilich noch nicht, daß die Umpolung auch zu einer Verschiebung der Erdkruste führen muß. Global setzt erhöhter Vulkanismus ein. Die Voraussetzungen für die Geburt des Menschen mit einem großen Hirn wären also tatsächlich gegeben gewesen.[9]

Als die Menschen begannen, Steine zurechtzuschlagen und als Werkzeuge zu verwenden, hinterließen sie damit sehr dauerhafte Visitenkarten. Im Unterschied zu Fossilien sind steinerne Artefakte keiner Zerstörung unterworfen. An Hand dieser frühesten Zeugnisse menschlicher Tätigkeit versucht man nun, die Lebensgewohnheiten unserer Urahnen zu ermitteln. Viele Steine waren von den urzeitlichen Herstellern zertrümmert worden, ohne daß ein brauchbares Gerät entstand. Erst viel später hat man das Herstellungsverfahren verfeinert und zahlreiche Techniken entwickelt. So wurden etwa mit Hilfe von zugerichteten Ästen Hebel angefertigt. Nun konnte man von Feuersteinknollen feinere Splitter abdrük-

Diese primitiven Steingeräte dienten den Vormenschen nicht als Waffe, sondern als Werkzeug. Mit ihrer Hilfe konnten die Jäger in der Altsteinzeit aus Holz, Knochen und Geweihen ihre Jagdwaffen herstellen.

ken. Um sich das Steinmaterial zu beschaffen, legten die Menschen weite Entfernungen zurück. Ihre Werkstoffe waren ab dem späteren Acheuléen Lava, Tolerit, Quarzit und der Feuerstein.

Am häufigsten wird der „Biface" gefunden. Diese Geräte wurden schon im Abbevillien erzeugt, waren jedoch im Acheuléen am weitesten verbreitet. „Biface" bestehen aus einem knollenförmigen Stein, der gespitzt und in Keilform gebracht wurde. Biface-Geräte können ein spitzes oder ein gleichschenkeliges Dreieck bilden, können aber auch birnen- oder blattähnliche Formen haben. Die Faustkeile wurden als Handäxte benützt. Vermutlich wurden sie auch eingesetzt, um Fallen für das Wild zu graben, um Wurzeln freizulegen, auch als „Flenzmesser". Mit diesem Werkzeug wurde dem Wild das Fell abgezogen. Primär dienten die Biface-Geräte zum Bearbeiten von Holz. Lanzen, Wurfspeere, Holzkeulen und Hämmer waren die gefährlichsten Waffen der Frühmenschen.

Die Geschichte vom Vértesszöllös-Menschen wurde hier etwas unvermittelt serviert. Ohne Rücksicht auf die chronologische Entwicklung der Anthropogenese habe ich die relativ spärlichen Fossilien des Urpannoniers vorgezogen. In jedem Anthropologie-Lehrbuch alter Schule würde hingegen die Entwicklung von den Australopithecinen zu den ersten Typen der Archanthropinen geschildert werden. Allerdings: viel kann man auch hier nicht erzählen, denn es klafft eine Lücke von 500.000 bis 600.000 Jahren in der menschlichen Genealogie. Niemand kann sagen, welche Arten, Zwischenformen und Abspaltungen während dieser langen Periode aufgetreten sind. Auch aus der folgenden Zeit gibt es nur wenige Knochenreste, die über diese Zwischenstufe auf der Treppe zur menschlichen Höherentwicklung Auskunft geben.

*Menschenfresser im Drachenberg*

Die Hominiden bilden eine Unterordnung der Primaten. Alle Entwicklungsformen, die die Merkmale der sogenannten Hominisation aufweisen, werden dazugerechnet: Das Gehen auf zwei

Füßen, die Vergrößerung des Gehirns sowie die Verfeinerung der Gehirnstruktur, der freie Gebrauch der Hände, die Verwendung des Feuers und immer besser werdender Werkzeuge, die höheren Sozialstrukturen, das Praktizieren von Totenkulten und die Ausübung der Künste. Aber damit beginnen auch schon die grundlegenden Meinungsverschiedenheiten. Manche Anthropologen zählen die Australopithecinen nicht zu den Hominiden, andere schon. Eine dritte Gruppe läßt diese Vormenschen zwar als Hominiden gelten, macht aber gewisse Einschränkungen.

Zu einer weiteren Familie zählen die erwähnten Archanthropinen. Da aber meinen wieder Humanpaläontologen, die Archanthropinen seien nur eine kleine Entwicklungsgruppe aus der Gattung Homo oder Homo erectus. Manche Anthropologen und Humanbiologen akzeptieren nur bestimmte Arten und Rassen. So wie man heute vom Homo sapiens spricht und darunter die verschiedensten Menschenrassen zusammenfaßt, so sind diese Fachwissenschaftler der Ansicht, es habe zu allen Zeiten Rassen und Gattungen gegeben, diese seien sogar früher viel differenzierter gewesen.

In der weiteren Entwicklung folgen nun nach herkömmlicher Ansicht die Paläanthropinen: der klassische Neandertaler, der progressive Neandertaler und die noch älteren Neandertaloiden. Aber halt, hier gibt es schon wieder Forscher, die diese Gruppe den Archanthropinen zugeordnet sehen wollen. Und dann – schon im Geäst des menschlichen Stammbaumes – kämen vor dem modernen Homo sapiens – manche nennen ihn sogar Homo sapiens sapiens – alle Fossilgruppen aus dem oberen Paläolithikum, dem Mesolithikum, dem Neolithikum. Sie zeigen die wesentlichen Merkmale des heutigen Menschen, wobei man nicht weiß, ob alle Typen erhalten geblieben sind. Manche könnten ja keine Nachfahren gehabt haben, müssen also ausgestorben sein.

Hier soll eine Klarstellung erfolgen: Der Begriff „Hominide" steht nicht im Gegensatz zum Begriff „Homo sapiens". Nach der strengen anthropologischen Klassifizierung ist auch der Homo sapiens Hominide.

Der Vértesszöllös-Mensch war nicht der einzige Archanthropus, der vor etwa einer halben Million Jahren gelebt hat. Sein Zeitgenosse dürfte der Homo heidelbergensis gewesen sein. 1907 wurde ein Unterkiefer dieser Menschenart an der Elgenz, einem linken Neckar-Zufluß, gefunden. Die Fundstätte liegt im Weichbild der Ortschaft Mauer, südöstlich von Heidelberg. Man erkannte schon damals den Unterschied zu den Knochen der klassischen Neandertaler. Der in 27 Metern Tiefe gefundene Schädelteil muß auf dem Rumpf eines sehr primitiven Menschen gesessen haben. Menschlich ist nur das Gebiß: Die Kauflächen der Mahlzähne sind wohl etwas breiter als die unseren, die Zahnwurzeln viel länger, aber es sind schon menschliche Zähne, die allerdings einem Wesen von vermutlich nicht sehr hoher Intelligenz gehörten. Es hatte kein Kinn und dürfte eine vorspringende Schnauze aufgewiesen haben. Man ist sich noch nicht einig, ob der Heidelberg-Mensch Pflanzenfresser oder Jäger war. Zumal man nämlich weder Werkzeug noch Reste von erjagten Tieren entdeckte. Alles spricht dafür, daß der Homo heidelbergensis vor etwa 450.000 bis 500.000 Jahren in der Warmzeit, zwischen Mindel und Riss, gelebt hat. Manche Paläontologen meinen, der Homo heidelbergensis stelle den Ur-Neandertaler (Prä-Neandertaler) dar, wobei die Ansicht vorherrscht, die Neandertaler seien eine primitive Menschenrasse gewesen, sozusagen eine Fehlprogrammierung in der Entwicklung. Dieser Seitenzweig sei ausgestorben.

Der Homo erectus – er war vermutlich der Stammvater aller Neandertalarten – mit einer Gehirnkapazität von zunächst achthundert Kubikzentimetern hat eine neue Phase im Evolutionsprozeß eingeleitet. Exemplare, die aus späterer Zeit stammen, weisen bereits ein größeres Gehirn auf. Zu den Homines erecti werden von manchen Forschern ziemlich alle Menschentypen gezählt, die in der Zeit zwischen einer Million und etwa 300.000 Jahren vor Christus existiert haben: Neben dem von Leakey angeführten Homo habilis vor allem der Java-Mensch.

Wie diese Menschen tatsächlich ausgesehen haben, wird man vermutlich kaum jemals exakt klären können, obwohl es bereits sehr gute Praktiken gibt, das Aussehen eines Menschen an Hand eines völlig skelettierten Schädels zu rekonstruieren. Diese Technik entwickelte der sowjetische Professor Michael Gerasimow. Zehn Jahre lang studierte er die anatomischen und anthropologischen Zusammenhänge zwischen Schädel und Gesichtszügen. Dabei erwarb er eine Kenntnis, die alle Fachleute in Erstaunen setzte. Die Techniken Gerasimows dienen sowohl den Kriminalisten wie auch der Altertumsforschung. So rekonstruierte der Professor vor dem Ersten Weltkrieg die Physiognomie des mongolischen Eroberers Tamerlan. Er ließ auch die Gesichtszüge Iwan des Schrecklichen sowie zahlreicher anderer historischer Persönlichkeiten wiedererstehen. Die individuellen Gesichtszüge werden durch die Proportion und Maße des Schädels, die asymmetrischen Bildungen, das Relief und die Struktur der Knochenoberfläche bestimmt. Dazu muß noch ein horizontales und ein vertikales Profil ausgearbeitet und die Nase entsprechend der Form des Nasenbeins modelliert werden. Größe und Form der Zähne ergeben ganz charakteristische physiognomische Züge. Ja, wie der russische Forscher feststellte, kann man sogar die Stärke des Hautgewebes entsprechend dem Entwicklungsgrad des Schädelreliefs feststellen. Diese Gesetzmäßigkeiten gelten selbstverständlich gleichermaßen für den modernen, wie auch für den prähistorischen Menschen. Bei Versuchen, Menschentypen von den Pithecanthropinen bis zu Cro-Magnons nachzuformen, gab es Schwierigkeiten, weil besonders bei den frühen Menschenrassen zu wenige vollständige Schädel zur Verfügung stehen. Dennoch haben die Arbeiten von Michael Gerasimow die Vorstellung von den Archanthropinen beträchtlich erweitert. In den letzten Jahren haben viele Anthropologen umgedacht: die früher als differenzierte Entwicklung angesehenen Abarten dieser Archanthropinen, alle Pithecanthropinen, besonders die Java- und Pekingmenschen, werden dem Homo erectus zugezählt. Von dieser Art, so meint man nun, gibt es viele Varianten.

Das erste Fossil aus dieser Gruppe wurde schon vor der Jahrhundertwende entdeckt. Es war im Jahre 1891, als Dr. Eugen Dubois auf Java, und zwar in Trinil, das Schädeldach eines Urmenschen, einen Weisheitszahn, später auch einen Oberschenkelknochen und einen Backenzahn entdeckte. Dieser Fund wurde Pithecanthropus genannt. Bis zum Jahre 1972 wurden auf den verschiedensten Plätzen auf Java Skeletteile von Vormenschen gefunden. Dreizehn zum Teil gut erhaltene Kiefer- und Schädelreste wurden allein zwischen 1952 und 1973 in Ostjava ausgegraben, darunter auch der bisher am besten erhaltene Schädel aus diesem Teil der Welt. Die Individuen, von denen diese Knochenreste stammen – es wurden schon 1891 mehrere Exemplare gefunden –, haben zu verschiedenen Zeiten gelebt, manche schon vor zwei Jahrmillionen, andere erst vor etwa 500.000 Jahren. Trotz ihrer großen Gehirne – manche Schädel lassen auf eine Gehirnkapazität von neunhundert Kubikzentimetern schließen – weisen die Java-Menschen in manchen Details noch sehr äffische Züge auf. Der typisch menschliche Kinnvorsprung fehlte, die Stirn war stark fliehend, die Stirnhöhlen nur mäßig entwickelt, die Backenzähne sehr groß. Auch das spricht für Primitivität. Zunächst wurde der Java-Mensch gar nicht als „Mensch" anerkannt. Die Anthropologen glaubten, eine spezielle, heute ausgestorbene und unbekannte Affenart gefunden zu haben. Erst später – bis zur Entdeckung des Peking-Menschen in Nordchina – wurden die Fossilien von Java Glanzstücke der Anthropologie.

Der Java-Mensch ist eigentlich nur durch einen Irrtum gefunden worden. Die Anthropologen des vorigen Jahrhunderts – an der Spitze Ernst Haeckel – meinten, Gibbons wären die Vorfahren der Menschen gewesen. Da die Gibbons in Java leben, suchte Dubois nach affenartigen Schädeln, die als Zwischenform zwischen Tier und Mensch zu werten wären. Größere Klarheit brachten dann die Fossilien des Peking-Menschen, der im Jahre 1928 ausgegraben wurde. Die Entdeckung des Sinanthropus soll etwas ausführlicher geschildert werden.

In den chinesischen Apotheken gab es seit eh und je eine Wundermedizin. Sie wurde aus sogenannten „Drachenknochen" hergestellt, Tierfossilien unterschiedlichen Alters. Die chinesischen Quacksalber zerstampften Knochen und Zähne in Mörsern und verkauften das so gewonnene Pulver als Medikament gegen die verschiedensten Krankheiten. Dem französischen Jesuitenpater

Emile Licent wurden im Jahre 1914 einige dieser Drachenzähne und -knochen angeboten. Licent war selbst kein Paläontologe, doch deutete er die Fossilien richtig und sandte das Material zur Untersuchung nach Paris. Am Musée d'Histoire Naturelle beschäftigte sich der Direktor des Institutes, Marcellin Boule, mit den chinesischen Fossilien. Besonderes Interesse für die Sendung aus dem Reich der Mitte zeigte einer seiner Schüler, Pierre Teilhard de Chardin. Heute ist der Name des Jesuitenpaters jedermann bekannt, der sich für paläontologisch-anthropologische Themen interessiert. Nach Untersuchung der von Licent nach Paris gesandten Zähne wollte Teilhard selbst nach dem Fernen Osten reisen. Aber der Wunsch des Paters, an Ort und Stelle nach Fossilien zu graben und diese auch an Hand der geologischen Schichten zu klassifizieren, konnte vorerst nicht in Erfüllung gehen. Der Erste Weltkrieg war ausgebrochen.

Erst im Jahre 1923 fuhr der Jesuitenpater in den Fernen Osten und suchte mit seinem dort lebenden Ordensbruder Licent die Ordos-Wüste auf. Sie liegt nördlich von Peking, außerhalb der großen Mauer. Dort hatte man Ablagerungen entdeckt, die Säugetierknochen und behauene Steine enthielten. Die Geräte mußten einer sehr frühen Kultur angehören. Von den Menschen, die einst die Steinwerkzeuge angefertigt hatten, fand man allerdings nicht die geringste Spur. Schon ein Jahr zuvor hatten schwedische Paläontologen in einem Kalksteinbruch, sechzig Kilometer von Peking entfernt, unter der Leitung des Geologen J. Gunnar Andersson Grabungen durchgeführt. Der Schwede war ein weitgereister Mann. Er hatte bereits 1901 an einer Südpolexpedition teilgenommen. Nur knapp war er damals dem Tod entgangen. Das Expeditionsschiff, die „Antarktis", war von den Eismassen zerdrückt worden, und die Schiffbrüchigen mußten monatelang über das Packeis wandern, bis sie endlich von der Mannschaft eines argentinischen Kriegsschiffes gerettet werden konnten.

Im Kalksteinbruch von Chou-Kou Tien war es relativ leicht, nach Fossilien zu graben. Die organischen Relikte fanden sich stets in sogenannten „Taschen", kleinen Höhlen, die vor urdenklicher Zeit vom fließenden Wasser ausgewaschen worden waren und in denen sich Jahrtausende später rote Erde abgelagert hatte. In diesem Boden lagen nun die Knochen. Außer dem schwedischen Professor gruben auch der Amerikaner Dr. W. D. Matthews und Dr. Zdansky von der Universität Uppsala. Neben kleineren Knochenresten fanden sie zwei Zähne, von denen man vorerst nicht sagen konnte, ob sie von einem Affen oder von einem Menschen stammten. Erst 1926 kam Andersson zu der Überzeugung, diese Zähne müßten in einem menschlichen Gebiß gestanden haben.

An dieser Behauptung zweifelte kein Wissenschaftler mehr, als zwei Jahre später ein anderes Mitglied der Expedition, Dr. Birger Bohlin, im Steinbruch von Chou-Kou Tien abermals einen Bakkenzahn entdeckte. Auch Steinwerkzeuge wurden ausgegraben. Sie hatten große Ähnlichkeit mit den in der Ordos-Wüste entdeckten Artefakten. Mittlerweile war Pater Teilhard Mitglied der Geologischen Gesellschaft Chinas geworden. Der Leiter dieser Vereinigung war der Pekinger Universitätsprofessor Dr. Pei Wen Chung. Er hatte bei dem berühmten Prähistoriker und Paläontologen H. Breuil studiert. Dr. Pei übertrug – vermutlich aus politischen Gründen – dem Franzosen Teilhard de Chardin die Grabungsleitung im Steinbruch von Chou-Kou Tien. Pater Teilhard intensivierte die Ausgrabungen. Tatsächlich wurde im November 1928 eine Schädeldecke gefunden, die man erst nicht dem Homo zuzuordnen wagte. Als man aber 1931 im gleichen Horizont auch Quarzsplitter entdeckte, die offensichtlich als Werkzeug gedient hatten, schwanden die letzten Zweifel. Die Geräte waren sichtlich behauen worden. Werkzeuge in der gleichen Schicht, in der auch menschliche Fossilien lagern, sind ein überzeugendes Argument dafür, eine Vormenschenart aufgespürt zu haben. Später fanden sich sogar aus Hirschgeweihen gefertigte Geräte. Man hatte offensichtlich einen Lagerplatz der Urmenschen entdeckt.

Da gab es aber von anderer Seite unerwarteten Widerstand. Der „Sinanthropus pekinensis" – wie der Urmensch von dem Anatomen Davidson Black genannt worden war – sollte vorläufig noch nicht als menschlicher Urahn anerkannt werden. Der bedeutendste

Prähistoriker seiner Zeit, Abbé Henri Breuil, legte nämlich ein Veto ein. Er war zu der Auffassung gelangt, die Fossilien seien Überreste einer Affenart. Breuil revidierte seine Ansicht selbst dann nicht, als man in der Höhle eine zwölf Zentimeter dicke Aschenschicht gefunden hatte. Aus der Anordnung war die Feuerstelle klar zu erkennen. Diese Urmenschen mußten also bereits das Feuer gekannt haben. Aber auch diese Entdeckung ließ Breuil nicht umdenken. Zwischen dem streitbaren Abbé und den Ausgräbern von Chou-Kou Tien kam es zu heftigen Diskussionen. Die Streitigkeiten wurden auch schriftlich ausgetragen; sie bewegten sich zwar auf höchstem Niveau, wurden aber dennoch voller Härte geführt. Teilhard de Chardin versuchte in einer Serie von Briefen, seinen von ihm so hoch verehrten Lehrer umzustimmen. Breuil blieb aber hartnäckig und lehnte alle Einwände ab. Ein Mitstreiter des Jesuitenpaters war der ebenfalls sehr berühmte britische Archäologe und Anthropologe Dr. Davidson Black.

Der große Durchbruch kam 1933. Dr. Pei Chung war auf eine neue Höhle gestoßen. Sie lag auf dem Hügel von Chou-Kou Tien. Teilhard de Chardin, der damals schon aus China abgereist war, gab brieflich Ratschläge. Seiner Anweisung folgend, wurde ein Schacht in die Tiefe gegraben. So erreichte man jenen Horizont, in dem die Fossilien des Sinanthropus an einer anderen Stelle des Steinbruchs gefunden worden waren. Als die Sedimente, die in der oberen Höhle lagerten, durchstoßen waren, fanden sich zahlreiche Knochen von Hyänen, Bären, Wildziegen, Tigern, Hirschen, Straußen und Zibet-Katzen. Dann stieß man auf die Reste von Menschen. Drei guterhaltene Schädel konnten geborgen werden. Sie waren jünger als der Kopf des ersten Sinanthropus. Sensationell war jedoch eine andere Entdeckung: der erste, von Menschen verfertigte und getragene Schmuck, durchbohrte Zähne und Muscheln, fein gearbeitete und geschliffene Steine, die einst zu Halsketten aufgefädelt waren. Als man den Boden sorgfältig siebte, blieben im Maschennetz Knochenreste und geschliffene Hornstücke zurück, die als Schmuck gedient haben könnten. Und abermals fanden sich behauene Quarze. Abbé Breuil wollte die überaus primitiv aus Bergkristall herausgehauenen Steinstücke nicht als Werkzeuge gelten lassen.

Erst viel später konnten die Funde richtig gedeutet werden; dann erst wurden die Zusammenhänge zwischen der Kultur in der Ordos-Wüste und den Funden von Chou-Kou Tien klar erkennbar. Aus dem heutigen Wüstengebiet müssen in mehreren Vorstößen Urmenschen nach China gekommen sein. In den oberen Horizonten fanden sich gekonnter bearbeitete Werkzeuge, die dem Moustérien, dem Aurignacien und auch dem Magdalénien verwandt sind. Die ersten Vormenschen scheinen vor etwa 400.000 Jahren primitive Hauwerkzeuge und Grobschaber verwendet zu haben, die letzten Bewohner von Chou-Kou Tien hausten in dem Steinbruch noch, als bereits die Eiszeit zu Ende ging.

Die Höhlen von Chou-Kou Tien haben sich nach und nach mit Kalkwasser, Geröll und Sand aufgefüllt. Im Laufe der Zeit war diese Masse zu einem teils lockeren, teils festen Gestein geworden. Darin befanden sich nicht nur eingeschlossene Gesteinstrümmer, sondern auch Knochen und klobige Werkzeuge. Die Anzahl der Knochen ist frappierend. Deshalb nennt man diese Gesteinsart „Knochenbrekzie". Die vielen Knochen gaben dem Hügel auch seinen Namen: Chou-Kou Tien, das heißt „Drachenknochenberg". Für die Chinesen stand fest: die Fossilien könnten nur von inzwischen ausgestorbenen Drachen stammen.

Man hat die Knochen sortiert, genau untersucht und die jeweiligen Tierarten ermittelt. Etwa drei Viertel der Fossilien stammten von sehr scheuem Wild, vom Sika-Reh und Großhornschaf. Ferner fanden sich auch Knochen vom Wildschwein, Mammut, Kamel und einer Straußart sowie von Ottern und Wasserbüffeln. In den oberen Höhlen lagerten Tiger-, Bären-, Hyänen- und Hasenknochen. Ebenso wurden Gebeine von Hirschen und zahlreichem Kleingetier ausgegraben.

Nicht nur Teilhard de Chardin und der Chinese Dr. Pei durchforschten die Höhlen, sondern auch der Anatom und Anthropologe Dr. Franz Weidenreich. Der 1873 in Deutschland geborene Mediziner war im Jahre 1935 einer Berufung an das medizinische College der Universität von Peiping – wie früher der

Name von Peking lautete, als Nanking Hauptstadt war – gefolgt. Weidenreich hatte sehr enge Beziehungen zum Naturgeschichtsmuseum von New York. Dieses Institut gab nicht nur spezielle Forschungsaufträge für Chou-Kou Tien, sondern stellte auch beträchtliche Geldmittel zur Verfügung.[10]

Weidenreich hatte nicht nur den ersten, überaus primitiven Schädel untersucht, den man vom Peking-Menschen fand, sondern auch die in der oberen Höhle entdeckten Kranien. Dort war man zunächst auf die Köpfe von sieben Menschen gestoßen. Alle Schädel wiesen tödliche Verletzungen auf. In einem befand sich ein rundes, aufgebohrtes Loch, die übrigen zeigten Spuren, die, deutlich erkennbar, von schweren Schlägen mit Steingeräten stammten. An Hand der Verknöcherung der Fontanellen konnte man das Alter der einzelnen Individuen bestimmen. Ein Mann war über sechzig Jahre alt geworden, ein sehr hohes Alter. Die Lebenserwartung der Menschen in jener Zeit war selten höher als zwanzig bis dreißig Jahre. Die anderen Schädel gehörten zu einem jungen Mann, zwei jungen Frauen, einem Knaben von vermutlich zwölf Jahren, einem fünfjährigen Jungen und einem Kind, das knapp über das Säuglingsalter hinaus war, als sie erschlagen worden waren.

Weidenreich studierte die Fossilien gemeinsam mit Dr. Pei und Dr. Davidson Black. Seiner Meinung nach glich der Schädel des alten Mannes sehr den in Europa gefundenen Cro-Magnon-Köpfen; einer der Frauenschädel ähnelt aber auffallend der typisch melanesischen Rasse. Dazu gehören heute noch die Papuas auf Neuguinea. Ein anderer Schädel ähnelte jenen der Eskimos. Drei Rassen, die wahrscheinlich sogar in der Farbe ihrer Haut und ihrer Haare große Differenzen aufwiesen, mußten also gleichzeitig gelebt haben. Daß diese verschiedenen Typen in einer Höhle entdeckt wurden, ist mehr als seltsam.

Bei der Frau, die dem melanesischen Typ anzugehören scheint, zeigte sich eine besonders auffällige Anomalie: ihr Schädel weist an der Stirne eine flache kreisrunde Vertiefung auf. Die Mulde kann nicht von einer Verletzung stammen. Aber der Anthropologie ist diese pathologische Knochenveränderung bekannt. Sie entsteht, wenn schwere Lasten mit Hilfe eines Stirnbandes getragen werden. Bürden auf diese Weise zu tragen, ist bei verschiedenen südamerikanischen Indianerstämmen heute noch üblich. Auch einige Urmenschen scheinen ihr Hab und Gut mittels einer Traggurte, die über die Stirn verlief, mit sich geschleppt zu haben. Versuche, das Rätsel zu lösen, warum die Menschen von Chou-Kou Tien verschiedenen Rassen angehörten, sind bis heute nicht gelungen. Alle diesbezüglichen Theorien sind unbefriedigend. Eines jedoch steht mit größter Sicherheit fest: Die Bewohner der Höhlen im Drachenberg versammelten sich dort, um die mitgebrachten Schädel ihrer erschlagenen Gegner zu verspeisen. Die Ausgrabungen von Chou-Kou Tien dauerten zwanzig Jahre lang. Wie bereits erwähnt, entdeckte man die verschiedensten Kulturperioden. Zwischen den Funden in den unteren Höhlen und den Skeletten der oberen Höhle besteht ein gewaltiger Unterschied: Die beiden zuerst gefundenen Schädel gehörten Sinanthropinen, die sich nicht viel von den auf Java gefundenen Pithecanthropinen unterschieden. Die beiden China-Menschen mußten vor etwa 400.000 bis 500.000 Jahren gelebt haben. Die Menschen in der oberen Höhle hingegen hatten Werkzeuge verwendet, die in Europa und Asien in einer Periode verwendet wurden, die vor 100.000 Jahren begonnen hatte und vor 20.000 Jahren zu Ende ging.

Bis zum Jahre 1941 hatte man im Drachenberg von Peking die Überreste von 45 verschiedenen menschlichen Wesen gefunden. Darunter waren allerdings einige sehr fragmentarische Stücke, etwa ein oder zwei Zähne oder ein kleines Knochenstück.

Alle diese Originale sind verlorengegangen. Heute gibt es nur mehr Kopien von den Schädeln und den übrigen Knochenresten von Chou-Kou Tien. 1941 bedrohte der japanische Vormarsch in China auch den Norden des Landes. Ende November waren die Soldaten des Tenno nicht mehr weit von der heutigen chinesischen Hauptstadt entfernt. Um die wertvolle Sammlung zu retten, wandte sich der Kustos der paläontologischen Abteilung über den Leiter des von den Amerikanern eingerichteten medizinischen Colleges in Peking an den Kommandanten der bei der US-Botschaft stationierten Marines, Oberst William W. Ashurst. Er wurde gebeten, die Fossilien vor den anrückenden Japanern zu retten und sie in die Vereinigten Staaten zu bringen. Die wertvollen Relikte wurden in aller Eile in Marmeladegläser verpackt. Sie sollten in einem Sonderzug – gemeinsam mit Geheimdokumenten und wichtigen Wertgegenständen der in Peking lebenden Amerikaner – in den Hafen von Chinwangtao gebracht werden. Die Eisenbahn führte über das Territorium der von den Japanern besetzten Mandschurei. Aber damals gab es ja noch keinen Krieg zwischen den Vereinigten Staaten und Japan, sondern nur Kampfhandlungen zwischen den Soldaten Tschiangkaischeks und der japanischen Armee.

Im Hafen von Chinwangtao wartete der amerikanische Dampfer „President Harrison". In den frühen Morgenstunden des 5. Dezember verließ der amerikanische Sonderzug Peking. Aber er kam nur langsam voran, denn in China herrschten chaotische Zustände, und die Eisenbahnlinien waren bevorzugtes Ziel der japanischen Bombenangriffe. Am 7. Dezember erreichte der Zug die Hafenstadt. Aber dieser 7. Dezember ist durch ein anderes Ereignis in die Geschichte eingegangen: An diesem Tag erfolgte der Überraschungsschlag der japanischen Marineflieger gegen die in Pearl Harbour liegenden Kriegsschiffe der amerikanischen Pazifikflotte. Damit setzten die Kriegshandlungen zwischen den USA und Japan ein.

Die Versuche des Kapitäns der „President Harrison", mit seinem Schiff die Blockade der vor der Küste liegenden japanischen Marine-Einheiten zu durchbrechen, mißlang. Um die Eroberung des amerikanischen Schiffes durch die Japaner zu verhindern, wich es immer weiter nach Süden aus und erreichte die Mündung des Yang Tse Kiang. Dort aber war die Reise zu Ende, der Dampfer wurde von der Besatzung selbst versenkt.

Der noch nicht vollständig entladene Sonderzug war in Chinwangto mittlerweile von den Japanern erobert worden. Welches Schicksal die wertvollen Fossilien erlitten haben, ist bis heute ungeklärt. Einige Zeugen behaupten, die Knochen der Peking-Menschen seien an Bord des amerikanischen Schiffes gekommen und müßten sich also noch im Wrack der „President Harrison"

151

befinden. Nach einer anderen Version sollen die Japaner die Knochen entdeckt und sie auf einen japanischen Frachtdampfer gebracht haben. Der geriet jedoch beim Auslaufen aus dem Hafen von Tientsin in einen Sturm und kenterte. Ein dritter Bericht besagt, japanische Soldaten hätten den Zug der Amerikaner geplündert und die Knochenfragmente an chinesische Händler verkauft. In den Apotheken seien die Fossilien zu Arzneipulver zerstampft und verkauft worden. Schließlich gibt es noch eine Zeugenaussage: danach sollen die plündernden japanischen Soldaten die ihnen wertlos erscheinenden Knochen einfach weggeworfen haben. Sicher ist: zum Zeitpunkt der japanischen Kriegserklärung lief bereits eine großangelegte Suchaktion. Sie war vom japanischen Oberkommando angeordnet worden. Alle Museen, alle geologischen und paläontologischen Institute Pekings wurden sehr genau nach den Resten der Peking-Menschen durchsucht. Die Angehörigen des wissenschaftlichen Personals dieser Institute berichteten, stundenlang von den Japanern verhört worden zu sein. Die wertvollen Objekte des chinesischen Drachenknochenberges sind bis heute verschwunden geblieben.

Mitte des Jahres 1972 versuchte der amerikanische Photograph Christopher G. Janus, das Schicksal der Fossilien zu ergründen. Er hatte in einem Inserat eine Belohnung von fünftausend Dollar für Hinweise auf den Verbleib der wertvollen Relikte ausgesetzt. Er erhielt mehrere Hundert Antworten; eine davon zeigte offensichtlich eine neue Spur auf: eine Frau hatte ihrem Brief die Photographie von in einer Schachtel liegenden Knochen beigefügt. Diese erkennbar fossilen Skeletteile scheinen nach Ansicht der Fachleute tatsächlich vom Peking-Menschen zu stammen.

Janus verabredete sich mit der Briefschreiberin zu einem Rendezvous auf dem New Yorker Empire State Building. Als die beiden eben zu verhandeln beginnen wollten, hob einer der zahlreichen dort anwesenden Touristen seine Kamera und nahm das Paar vor der Skyline von New York auf. Die Frau verlor die Nerven, machte kehrt und fuhr mit dem Aufzug in die Tiefe. Janus erhielt nur mehr einige weitere Photos mit Aufnahmen, die von den Knochen gemacht worden sein könnten. Anläßlich eines

Besuchs in China war der Photograph von chinesischen Professoren aufgefordert worden, den Peking-Menschen zu suchen. „Helfen Sie uns, den Sinanthropus zu finden, und Sie werden für das chinesische Volk ein Heros werden."

*Anthropologie auf dem Scheideweg*

Die Anthropologie bietet zwei Theorien an. Die eine lautet: der Homo erectus war die Übergangsform vom letzten der Australopithecinen, dem Homo habilis, zum Homo sapiens. Leakey dagegen meint – und seine Meinung hat vielleicht durch den Vértesszöllös-Menschen ihre Bestätigung gefunden – daß zwei verschiedene Menschenarten zur gleichen Zeit gelebt haben: der Homo und die primitiveren Australopithecinen.

Der Homo und vielleicht auch der Vértesszöllös-Mensch seien echte Ahnen des Homo sapiens, der Australopithecus und der Homo erectus könnten hingegen Vorfahren der klassischen Neandertaler sein, die vor 35.000 Jahren endgültig verschwunden sind. Viele Anthropologen glauben nun, die Menschwerdung sei durch den Ramapithecus, den Fund in der Afar-Senke (hier vor allem durch Lucy), den von Leakey entdeckten Homo und den Homo erectus markiert. Die Spezies Homo erectus spaltete sich später in zwei Neandertalergruppen. Der klassische Neandertaler hatte keine Chance zu überleben. Seine progressiven Vettern entwickelten sich schließlich zu Cro-Magnons. Die Vormenschen haben sehr primitiv gearbeitete „Kraftwerkzeuge" hinterlassen, Steingeräte, die nur für relativ grobe Arbeit zu gebrauchen waren. Man konnte damit einen bereits kampfunfähigen Menschen oder ein Tier, das weder zu flüchten noch sich zu wehren vermochte, erschlagen, die Schädelknochen aufbrechen oder Tiere abhäuten.

Wie aber hatte man seine Feinde vorher kampfunfähig gemacht? Wie wurde das schnelle Schalenwild eingefangen, und wie hat man die gefährlichen Tiere, etwa den Höhlenbären, den Säbelzahntiger, das Mammut oder die Großhyäne überlistet? Auf der einen Seite also primitive Steinwerkzeuge, auf der anderen eine erfolgreich betriebene Jagd! Ein moderner Jäger wäre kaum imstande, nur mit in Abschlagtechnik hergestellten Steinwerkzeugen wirksam zu jagen. Dabei ist der Wildbestand heute wesentlich höher, als es dem biologischen Gleichgewicht entspricht. Durch Anfütterung, Überzüchtung und Ausrottung der natürlichen Feinde des Reh- und Rotwildes leben in unseren Wäldern mehr Hirsche, Hirsch- kühe, Rehböcke und Rehe als vor 10.000, 40.000 oder 100.000 Jahren.

Der Faustkeil (Biface) war, wie gesagt, in jener Zeit das gebräuchlichste Werkzeug. Hätten die in der Steinzeit lebenden Frühmenschen jedoch nur mit Faustkeilen angegriffen, wäre das ziemlich aussichtslos gewesen. Vielleicht wurden diese Steine in Hölzer eingeklemmt und so als Wurfgeschosse verwendet. Sie konnten etwa von primitiven Speerschleudern gegen das zu jagende Tier geworfen worden sein. Handschleudern für Steinge- schosse dürfte man ebenfalls schon verwendet haben. Man erzielte mit ihnen eine Verlängerung des Armes und damit entsprechenden Schwung. So konnte man mit leichteren Wurfgeschossen höhere Geschwindigkeiten erreichen. Viele Schafhirten im Mittelmeer- raum und auf dem Balkan verwenden heute noch auf einer Seite löffelartig ausgeformte Hirtenstäbe, mit denen sie Steine gegen jene Schafe schleudern, die sich von der Herde abgesondert haben.

In den meisten Fällen aber dürften die Frühmenschen mit hölzernen Wurfspeeren bewaffnet gewesen sein. In England und in Niedersachsen hat man versteinerte Holzspeere gefunden, deren Spitzen in Feuer gehärtet waren. Die in Afrika lebenden Vormen- schen haben diese Technik nicht angewandt. Sie kannten ja bis 50.000 vor Christus das Feuer nicht. Zweifellos wird schon sehr früh die Fallgrube eines der wichtigsten Hilfsmittel bei der Jagd gewesen sein. In der Steppe und Savanne sind Tränken die geeignetsten Stellen für Fallgruben. Besonders große Tiere – also Nashörner, Flußpferde, Mammuts und andere Großsäuger – waren infolge ihres Eigengewichtes sehr bedroht: ein Sturz in eine zwei Meter tiefe Fallgrube mußte Knochenbrüche nach sich ziehen. Die Urjäger dürften den Boden dieser Gruben mit Pfählen gespickt haben. Fing sich ein Beutetier, erlitt es auf diese Weise tödliche Verwundungen. Sowohl in Europa, wo aus Eibenholz geschnitzte Speere in Gebrauch standen, als auch in Afrika wurden zweifellos immer sehr harte Hölzer als Rohstoff für die Jagdwaffenherstellung ausgesucht. Bisher konnte man allerdings auf dem schwarzen Erdteil keine Holzgeräte entdecken. Sie sind alle vermodert.

Eine weitere Jagdmethode wurde ebenfalls angewandt, wenn es dafür auch keinerlei Zeugnisse oder Spuren gibt: die Fangschlinge, das Lasso. Kleinere Tiere – Gazellen, Nager oder Wildschweine – wird man vielleicht auch mit Netzen gefangen haben. Mittels dieser Jagdmethode, die noch heute von den Pygmäen praktiziert wird, könnten auch Vögel erbeutet worden sein.

In Afrika dauerte das Acheuléen bis etwa 60.000 vor Christus. In der Montagua-Höhle in der südafrikanischen Kap-Provinz und in Sambia, in der Nähe der Kolambo-Fälle, stieß man auf typische Acheuléen-Werkzeuge. Dort entdeckte man auch die Spur eines vor rund 50.000 Jahren entzündeten Lagerfeuers sowie hölzerne Grabstöcke. Werkzeuge aus dem Acheuléen fanden sich auch in Algier, in Tunesien, in der Sahara und vor allem in Israel, wo erst jüngst – südlich von Gaza – von Archäologen der Universität Tel Aviv unter Leitung von Professor Abraham Ronen zahlreiche Werkzeuge aus dem oberen Acheuléen gefunden wurden. Der eigentliche Entdecker dieser Kultur war ein Laie, der zwar eine Zeitlang studiert hatte, die Archäologie aber nur als Hobby betrieb: Ami Saull, Angehöriger des Grenzkibbuz Kissufin. In Israel gibt es sehr viele solcher „Privatarchäologen". Ihre Entdeckungen haben nicht nur materiellen Wert, sie haben auch das Wissen über frühhistorische und vorgeschichtliche Epochen beträchtlich erweitert. In dem Ausläufer der Negev-Wüste, nahe der Stadt Gaza, wurden von den einfachsten Chopping tools bis zu Geräten in verfeinerter Levallois-Technik Hunderte Werkzeuge gefunden. Israel ist ja jenes Land, in dem eine der interessantesten Entwicklungen in der Genealogie des Menschen festgestellt werden konnte: Am Berge Karmel und an verschiedenen anderen Plätzen wurden zwei unterschiedliche Typen des Neandertalers ausgegraben, die vermutlich sogar zur gleichen Zeit gelebt haben dürften.

Vor etwa 300.000 Jahren hat im unteren Themse-Tal, in der Nähe von Swanscombe, ein Menschentyp gelebt, der mit primitiven Werkzeugen auf Elefanten, Nashörner, Flußpferde, Urrinder, auf große Hirsche, die zum Teil heute schon ausgestorben sind sowie auf Wildpferde Jagd gemacht hat. Diese Clactonien-Kultur ist primitiver als das Acheuléen.

Vom Swanscombe-Mensch sind drei Schädelteile gefunden worden. Der Anthropologe spricht von Zwischenformen, denn der 1935 gefundene Schädel ist primitiver als ein Neandertalerhaupt. In seiner Umgebung fanden sich nicht weniger als sechshundert Feuersteingeräte und die bereits erwähnte, im Feuer gehärtete Speerspitze. Der Schädel wurde in einer Kiesschicht entdeckt, sechs Meter unter der Oberfläche des Geländes. Ein Londoner Zahnarzt, A. T. Marston, fand in einer nur dreißig Kilometer von London entfernten Schottergrube den Swanscombe-Menschen. Man hat später die Schädelkapazität rekonstruiert – die Gehirngröße muß 1325 Kubikzentimeter betragen haben. Das würde der durchschnittlichen Gehirngröße moderner Menschen entsprechen. Auch der Swanscombe-Mensch hatte ein sehr langgestrecktes Hinterhaupt.

Ebenfalls vor etwa 300.000 bis 200.000 Jahren lebte in der Haute-Garonne in Frankreich der Mensch von Montmaurin. Er ist nur durch einen sehr massiven Unterkiefer repräsentiert, in dem drei übergroße Mahlzähne stecken. Die Art dieses Gesichtsknochens läßt eher auf eine dem Heidelberg-Menschen verwandte Rasse schließen.

Zu nennen wäre noch der „Mensch von Fontéchevade" aus der Charente (Frankreich). Diese Schädel – man kennt insgesamt zwei Fragmente – sind wirklich bemerkenswert: Im August 1947 wurden in einer Höhle Ausgrabungen durchgeführt. Man hatte schon eine Reihe von Artefakten aus dem Moustérien geborgen, als man auf eine neue geologische Schicht stieß: auf Kalksinter, Schotter, durch den in einer Warmperiode kalkreiches Wasser geflossen sein muß. Der Kalk hatte sich abgesetzt und die losen

Kiesel und Sandbrocken fest zusammengebacken. Dieses Gestein schloß Inseln aus roter, sandiger Erde ein. Rote Erde zeigt ebenfalls warmes Klima an. Nun fanden sich Werkzeuge aus dem Acheuléen sowie Knochen von Nashörnern, Damhirschen, Hyänen, Schildkröten und verschiedenen Nagern. Und dann fand Germaine Henri-Martin im Jahre 1947 den ersten Schädelteil, bald darauf auch die Stirnpartie eines zweiten Menschen. In diesem Fall war die Bezeichnung „Mensch" viel berechtigter als bei anderen Schädeln, die viel jünger sind. Dem Menschen von Fontéchevade fehlen die kräftigen Überaugenbögen, die nicht nur der Steinheimer Mensch aufweist, sondern die ein besonderes Merkmal der Neandertaler sind. Obwohl man die Gehirngröße nicht einwandfrei bestimmen konnte, scheinen die 1947 gefundenen Kranien aus der Charente dem Homo sapiens verwandter zu sein als dem Neandertaler.

*Aus dem Ahnenpaß gestrichen: Der Neandertaler*

Bis jetzt konnte man nicht einwandfrei klären, wie lange diese Warmzeit, in der auch die Menschen von Fontéchevade gelebt haben müssen, gedauert hat, aber es gibt viele Anzeichen dafür, daß es eine relativ lange Periode war. Siebzig, achtzig Jahrtausende lang könnte fast subtropisches Klima geherrscht haben, bevor die letzten großen Eisvorstöße der Würm-Eiszeit eingesetzt haben.

Nach neuesten Forschungen müssen damals zwei verschiedene Menschentypen existiert haben. Der eine zeichnet sich durch größere Ähnlichkeit mit dem Homo sapiens aus, der andere entspricht dem klassischen Neandertaler. Man kann die Entwicklung des Neandertalers auch in seinen frühen Phasen relativ leicht rekonstruieren. Seine Stammväter dürften – mit Ausnahme des Steinheim-Menschen – ähnlich ausgesehen haben wie der sogenannte „Rhodesia-" und der „Solo-Mensch". Beide wären heute Kernstücke jeder Abnormitätenshow und geradezu prädestiniert, in Gruselfilmen als Hauptdarsteller zu fungieren. Der Rhodesia-Mensch wurde bereits 1921 entdeckt. In einem Blei- und Zink-

Erzbergwerk in Broken Hill fanden sich zunächst Reste eines Hüftbeins, eines Schienbeins sowie einige Ober- und Unterschenkelstücke und Teile des Oberarmes.

Später entdeckte man einen gut erhaltenen Schädel sowie zahlreiche Werkzeuge. Der Kopf weist sehr starke Augenbrauenwülste, ein langes, schnauzenhaft vorgeschobenes Gesicht und ein fliehendes Kinn auf. Die Schläfenbeine, die Gaumenform und die Zähne sind – vergleicht man sie mit den Formen des Homo erectus – bereits weiterentwickelt. Dieser Vormensch muß an heftigen Zahnschmerzen gelitten haben. Zwei seiner Zähne weisen Karies auf. Bisher ist es nicht gelungen, festzustellen, wann der Rhodesia-Mensch gelebt hat. Manche Forscher halten ihn für einen primitiven Neandertaler, der vielleicht vor 40.000 bis 50.000 Jahren existiert hat. Andere schätzen ihn für weitaus älter. Es wäre durchaus möglich, daß er schon 150.000 bis 200.000 Jahre alt ist.

Auch das Geburtsdatum des 1931/1932 in Ostjava gefundenen Solo-Menschen, des Homo solonensis, ist unbekannt. Die Relikte lagen rund zehn Kilometer von jenem Ort entfernt, an dem Eugene Dubois (1891) den Pithecanthropus ausgegraben hatte. Nun, vierzig Jahre später, wurden bei der Ortschaft Ngandong nicht nur *ein*, sondern sechs fast vollständig erhaltene menschliche Schädel entdeckt. Überdies fanden sich zwei Reste eines Schienbeins. Diese Solo-Menschen hatten Gehirnkapazitäten von durchschnittlich 1100 Kubikzentimetern, also etwa vierhundert Kubikzentimeter weniger als der Neandertaler, der sogar ein größeres Gehirn hatte, als es die heute lebende Menschheit auszeichnet. Manches weist darauf hin, daß der Solo-Mensch das „Missing link" zwischen dem Java-Menschen, also dem Homo erectus, und dem Neandertaler ist. Existiert muß er vor 100.000 oder 200.000 Jahren haben. Ähnlich wie beim Peking-Menschen fanden sich auch hier – von den beiden Schienbeinen abgesehen – nur Schädel. Auch sie zeigen am Hinterhaupt Schlagspuren, was auf Kannibalismus schließen läßt.

Über die Entwicklung des Menschen bis zum Neandertaler gibt es also unter Anthropologen verschiedene Ansichten. Immer mehr setzt sich jedoch die Meinung durch, es hätten zwei große

Entwicklungslinien existiert: Die eine soll durch die archaischen Swanscombe-, Steinheim- und Vértesszöllös-Menschen über den Fontéchevade-Typ zum Cro-Magnon-Menschen geführt, die andere soll sich vom Pithecanthropus, also dem Homo erectus, zum Solo- und Rhodesia-Menschen bis zum Neandertaler entwickelt haben. Der Neandertaler ist – vor 35.000 Jahren, vielleicht etwas später – ausgestorben. In meinem Buch „Die Rückkehr der Gletscher" habe ich das Abenteuer der Auffindung (1856) dieses Urmenschen in einer Höhle des Neandertals bei Düsseldorf geschildert. Ein Neandertaler-Schädel ist nach hinten sehr ausladend, er sieht wie „gestaucht" aus. Besonders auffallend sind die Augenbrauenwülste und die massiven Stirnhöhlen. Die Augenhöhlen sind übermäßig groß, das Kinn ist, ebenso wie die Stirne, stark zurückspringend. Dieser Urmensch paßt nicht so recht in den Stammbaum des Menschen. Er war nicht imstande, sich aus Tierfellen ein wirklich schützendes Kleidungsstück zu nähen. Ja, es ist sogar fraglich, ob er die Technik des Ledergerbens beherrscht hat. Seine Existenz ist mehr als geheimnisvoll.

Die Anthropologen Henri-Victor Vallois, Francis Howell, Kenneth Oakley, Viktor Bunak sowie Wsewolod Jakimow sind Monozentristen. Sie meinen, eines Tages sei der Homo sapiens aus der Vermischung der verschiedenen Individuen der Paläanthropinen entstanden. Dieser frühe Homo sapiens habe noch keine typischen Charakterzüge besessen. Diese Merkmale hätten sich erst in späterer Zeit ausgebildet. Sie seien die Folge von Anpassungsprozessen an die geographisch verschiedenen Lebensbedingungen gewesen. So entstanden in heißen Zonen dunkelhäutige Menschen, in nördlichen Gebieten hellhäutige. Der klassische Neandertaler hingegen habe an der Aufwärtsentwicklung zum Homo sapiens keinen Anteil gehabt. Nicht nur sein Schädel unterscheide sich zu stark vom menschlichen, auch das Gehirn sei anders strukturiert gewesen. Ebenso stimmte die Körpergröße des nur 150 bis 166 Zentimeter großen Urmenschen nicht mit dem Skelett des heutigen Menschen überein. Selbst die Hände hatten andere Formen. Dennoch gibt es eine Neandertaler-Art, die sich ziemlich beträchtlich von ihren tierhaft anmutenden Vettern unterscheidet. Ihre Skelette haben sich vornehmlich in Mittelasien und im Nahen Osten gefunden.

Seit Mitte der zwanziger Jahre grub die englische Archäologin Dorothy Garrod in Palästina urgeschichtliche Wohnstätten aus. In einer Höhle am Berg Karmel entdeckte sie zunächst mesolithische Kulturen. Nach einem Abstecher in den Irak, wo Miss Garrod in Qualat Jarmo bei Mossul Feuerstein-Werkzeuge und die ersten aus Steinschneiden hergestellten Sicheln entdeckte, kehrte die Forscherin wieder ins Heilige Land zurück. Dort waren inzwischen einige neue Fundstellen im langgestreckten Gebirgszug des Berges Karmel entdeckt worden, die sogenannten Tabun- und Sukhul-Höhlen. Letztere wird mitunter nur Skhul genannt. Ebenso entdeckte man in der Nähe von Nazareth eine „Djebel Kafzeh" genannte Höhle. In diesen drei Höhlen wurden nicht weniger als 17 Skelette von Neandertalern gefunden. Auch die Karmel-Menschen haben besonders betonte Augenbrauenwülste, ein vorgebautes Gesicht und einen Hinterhauptwulst. Aber die Schädelwölbung ist dem Schädeldach des Homo sapiens bereits sehr ähnlich. Auch das Kinn ist nicht mehr so fliehend wie beim klassischen Neandertaler. Die in Palästina entdeckten Menschen waren außerdem größer. Der kleinste – er dürfte vermutlich noch nicht ganz erwachsen gewesen sein – hatte eine Größe von 1,54 Meter; es fand sich auch ein Skelett eines 1,79 Meter großen Menschen. Die Gehirnkapazitäten lagen zwischen 1270 und 1500 Kubikzentimetern. Überraschend war der gute Zustand der Skelette.

Ursprünglich war man der Ansicht, diese Neandertaler hätten alle zur gleichen Zeit gelebt. Spätere Untersuchungen ließen vermuten, daß der in der Skhul-Höhle beigesetzte Mensch um mehr als 30.000 Jahre jünger war als die in Djebel Kafzeh Bestatteten. Der Skhul-Schädel weist auch die unserer eigenen Physiognomie ähnlichsten Gesichtszüge auf.[11]

Die Ausgrabungen auf den Territorien des heutigen Staates Israel veranlaßten die Anthropologen, sich mit einem bereits um die Jahrhundertwende gemachten Fund näher zu beschäftigen: den Neandertalern von Krapina. Im Jahre 1899 hatte man in einer

Felsnische im Krapinicatal bei Krapina im Bezirk Varašdin einige Steinwerkzeuge und einen menschlichen Backenzahn entdeckt. Ein Agramer Paläontologe, Professor Karl Gorjanovic-Kramberger, begann in einer acht Meter tiefen Kulturschicht mit systematischen Grabungen. Sie sollten sechs Jahre dauern und die bis dahin reichste Ausbeute an Neandertaler-Skeletten erbringen. Als diese Vormenschen lebten, hatte sich der breite Bach Krapinica noch kein so tiefes Flußbett gegraben wie heute. Insgesamt wurden zwanzig mehr oder weniger guterhaltene Skelette und Hunderte Fragmente entdeckt. Die Höhle muß lange bewohnt gewesen sein. Die Menschen kannten schon das Feuer, sie jagten Hirsche und das wärmeliebende Nashorn (Rhinoceros merckii). Viele der Schädel zeigen Verletzungen, die auf Kannibalismus schließen lassen. Obwohl hier alle Attribute des Neandertalers zu finden sind, weisen andererseits diese Schädel eine höhere Stirn auf. Die konvexe Ausbildung der oberen Schädelpartie ist aber für die Entwicklung des Gehirns von entscheidender Bedeutung. Die Zentren des Intellekts können nur dann höher entwickelt gewesen sein, wenn die Schädelform nicht flach (platykephal) war. Man hat den Neandertaler von Krapina nie genau datieren können. Ursprünglich meinte man, diese Menschen müßten vor der Würm-Eiszeit, also vor mehr als hunderttausend Jahren, gelebt haben. Neuesten Erkenntnissen nach lebte dieser Frühmensch zwischen 70.000 und 40.000 Jahre vor unserer Zeitrechnung, gleichzeitig mit seinen derselben Rasse angehörenden Vettern vom Berge Karmel. Diese Neandertaler nennt man heute „Zwischengruppe". Sie unterscheidet sich besonders von den klassischen Neandertalern.

Es gibt heute sehr viele Skelettreste von Neandertalern. In fast zweihundert Fällen verfügt man über ein mehr oder weniger komplettes Skelett. Dennoch kann man einige Fragen immer noch nicht lösen. So etwa, ob von einem gewissen Zeitpunkt an die klassischen Neandertaler mit den modernen Menschenarten intraspezifisch waren, ob also aus der Vereinigung eines Neandertaler-Mannes mit einer Cro-Magnon-Frau Kinder hervorgehen konnten. Könnte man diese Frage lösen, wüßte man auch, welche

Stellung die Neandertaler in der Genealogie des modernen Menschen einnahmen.

Heute sind alle Menschen intraspezifisch. Ein Papua kann sich mit einer Eskimo-Frau und ein Kaukasier mit einer Pygmäin paaren. Alle Menschen besitzen heute 46 Chromosomen. Die Primaten hingegen weisen in ihren Zellkernen 48 Chromosomen auf. Der Stamm der Menschenaffen und jener der Menschen hat sich bereits so auseinanderentwickelt, daß keine Vermischung mehr möglich ist. Ob die klassischen Neandertaler mit den sogenannten Zwischenformen, die auch Neandertaloiden genannt werden, intraspezifisch waren, ist natürlich nicht feststellbar. Dennoch hat man sich darüber Gedanken gemacht.

So wurde lange Zeit diskutiert, ob die Menschen von Oberkassel vielleicht eine Hybridform zwischen Cro-Magnon-Menschen und Neandertalern waren. Auf diesen in der Nähe Bonns gelegenen Fundstätten wurden 1914 in einem Steinbruch zwei Skelette entdeckt, und zwar von einer zwanzigjährigen Frau, die nur 1,47 Meter groß gewesen war, und einem vierzig- bis fünfzigjährigen, vermutlich knapp 1,70 Meter großen Mann.

Als man die Skelette näher untersuchte, ergaben sich beträchtliche Anomalien zu den in dieser Zeit lebenden Menschenrassen. Ein Rückschritt: Wieder waren die Stirn fliehend, der Schädel fast stromlinienförmig, das Gesicht breit und nieder, es zeigten sich auch Augenbrauenwülste; und die Knochen der Gliedmaßen und des Brustkorbes erinnerten stark an die Skelett-Struktur der Neandertaler.

Ähnliches gilt vom sogenannten Combe-Capelle-Menschen. Im Jahre 1909 hat ihn der Schweizer Altertumsforscher Hauser in der Dordogne entdeckt. Lange Zeit galt dieser Fund als Entdeckung des ersten Homo sapiens. Dieser der Cro-Magnon-Rasse zugeschriebene Mensch war nur 1,65 Meter groß, hatte Augenbrauenwülste und tiefliegende, fast runde Augenhöhlen, breite Nasenöffnungen und eine vorspringende Mundpartie. Dennoch ist seine Schädelwölbung sehr hoch.[12]

Das Alter des Combe-Capelle-Menschen wird heute auf 34.000 bis 36.000 Jahre geschätzt. Damit ist er vermutlich der älteste

162

Homo sapiens Europas. Auf Borneo hat man später einen älteren Schädel der Sapiens-Rasse entdeckt. Er dürfte vor 38.000 bis 40.000 Jahren bestattet worden sein. Allerdings steht das von diesen Menschen benützte Werkzeug im krassen Gegensatz zu ihrer Gehirnentwicklung. Der Niah-Mensch benützte nur primitive Steingeräte der Grobschaber-Technik (Chopping tools). Die Technik der Erzeugung von Werkzeugen wurde im Laufe der Zeit fortschrittlicher. Der Neandertaler stellte relativ primitive Geräte her. Faustkeil und Schaber waren am gebräuchlichsten.

Interessant ist eine weitere Feststellung: Man konnte nirgends eine kontinuierliche Höherentwicklung der Technik beobachten. Die Herstellungsweisen wechseln abrupt. Plötzlich endet eine Periode. In der darüberliegenden Bodenschicht finden sich entweder überhaupt keine Artefakte oder solche in ganz anderer Technik. Mitunter sind die jüngeren Geräte sogar primitiver und offensichtlich von Menschen aus einem ganz anderen Stamm geschaffen. Die Vermutung ist deshalb nicht von der Hand zu weisen, gewaltige, spontane Klimaänderungen hätten die einzelnen Kulturperioden beendet. Meist wechseln in den stratigraphischen Schichten auch die Beutetierarten und die dazugehörigen Werkzeuge. Verschwinden die in ganz charakteristischer Form hergestellten Geräte in den Ablagerungen, sind die Knochen derartiger Beutetiere in keinem darüberliegenden Horizont zu finden. Aus dieser Anordnung wird die Beendigung der Zyklen durch Katastrophen deutlich ersichtlich.

Das Moustérien ging in Europa vermutlich vor rund 35.000 Jahren zu Ende. Die Kultur des Aurignacien dauerte 15.000 Jahre, wobei es allerdings Überlappungen gibt. In manchen Gegenden wurde diese Technik länger angewandt, in anderen Teilen Europas erfolgte schon früher eine Ablösung durch das Solutréen.

Die Aurignacien-Menschen verstanden es bereits, spezifische Gebrauchswerkzeuge herzustellen. Nicht nur der Kern des Feuersteins wurde zum Werkzeug geformt, sondern auch die Abschlagsplitter. Schlägt man auf Quarzit oder Feuerstein, so springt entsprechend der Schlagrichtung eine schmale Platte ab. Diese zum Teil sehr großen Splitter wurden zu Klingen, Bohrern, Sticheln und Schabern umgestaltet. Durch genau gezielte Schläge erfolgte eine sogenannte Retuschierung: man schlug noch feinere Splitter ab und erzielte eine scharfe Schneide, einen Keil oder eine Spitze. Mit diesen Geräten konnte man nun Knochen und Horn wesentlich besser bearbeiten. Aus dem Moustérien sind nur sehr wenige Zeugnisse von bearbeiteten Knochen erhalten geblieben. Vermutlich haben auch die Neandertaler oder ihre etwas höher entwickelten neandertaloiden Vettern neben Holzgeräten auch solche aus Bein und Horn verwendet. Allerdings ist von diesen Werkzeugen nicht mehr viel übriggeblieben, da sie ja im Unterschied zum Stein verwittern.

Auch der Moustérien-Mensch hat seine Werkzeuge schon retuschiert. Aber die Abschläge waren viel gröber und finden sich meist nur auf einer Kante. Im Aurignacien werden stets beide Seiten bearbeitet und auf diese Weise Keilschneiden erzielt.

Drei Entwicklungsstufen des Aurignacien sind bekannt. Aus der letzten Phase kennt man vor allem die sogenannten La-Gravette-Spitzen. Sie haben eine lange schmale Klinge und sind meist so fein abgeschlagen, daß die Ränder kaum noch durch Retusche bearbeitet werden mußten. Es gab auch geknickte La-Gravette-Spitzen. An fast 350 Stätten hat man in Europa, aber auch in Sibirien, Relikte des Aurignacien gefunden.

Vor etwa 20.000 Jahren wurde das Aurignacien vom Solutréen abgelöst, das allerdings auf relativ wenige Plätze beschränkt ist. An manchen Fundstellen stößt man nach Werkzeugen aus dem Magdalénien, der letzten Kulturstufe der Eiszeit, direkt auf das Aurignacien. Die Solutréen-Kultur fehlt. Diese Art von Geräten wurde nicht nur bei Solutré in Frankreich, sondern vor allem in Ungarn, Polen, Mähren, Österreich, Süddeutschland, in der Schweiz sowie an einigen Plätzen in Frankreich und Nordspanien entdeckt.

Nun tauchen bereits die ersten Lorbeerblatt-Spitzen auf, in Lanzenform bearbeitete Feuersteine, eigentlich das typische Merkmal des späteren Magdalénien. Während man im Aurignacien den Stein mit Hilfe von relativ leichten, aus Bein oder Geweihen gearbeiteten Hämmern formte und auch durch Hebelwirkung und

Einspannen des Werkstückes Splitter abpreßte, hat man im Solutréen eine neue Form der Bearbeitungstechnik entdeckt: der Feuerstein wurde erhitzt und langsam abgekühlt. Bevor er ganz erkaltete, konnten nun fast ohne Anstrengung sehr lange Splitter abgedrückt werden.

Im Anfang ist noch immer die Speer- und Lanzenspitze neben der Keule und verschiedenartigen Äxten die wichtigste Jagdwaffe. Erst in der letzten Epoche werden die Spitzen kleiner, sie dienten eventuell schon als Pfeile, die von Bögen abgeschossen wurden. Vielleicht waren sie auch nur Spitzen von Schleuderspeeren, die mit Hilfe von relativ primitiven, den Arm verlängernden Hebeln geworfen wurden.

Im Solutréen dürften vermutlich die formvollendeten Höhlenmalereien, die im Magdalénien ihren Höhepunkt erreichten, entstanden sein. Dazu werden immer neue Deutungsversuche angeboten. Manche Forscher wollen aus der Beinstellung der abgebildeten Tiere erkennen, daß die Cro-Magnon-Menschen nur tote Tiere gemalt und sozusagen einen Totenkult für die Jagdtiere praktiziert haben; andere wieder sind davon überzeugt, hier sei der Dualismus zwischen weiblichem und männlichem Geschlecht reproduziert worden. Es wird auch versucht, die Jagdmagie in bestimmte mythologische Kanäle zu lenken, Erklärungen aus der Germanen-Religion abzuleiten oder aber eine Verbindung zu primitiven religiösen Vorstellungen zu konstruieren.

Ich habe in „Die Rückkehr der Gletscher" diesen Fragenkomplex ausführlich behandelt, wobei es mir weniger um Deutung der Kunst ging, als darum, aufzuzeigen, wie schwer der Vorstellungsbegriff „Eiszeit" mit der porträtierten Tierwelt in Übereinstimmung gebracht werden kann. Wie absurd es also ist, anzunehmen, in den Randzonen des kontinentalen Eisschildes und der Gletscher, die von den Alpen ins Tal reichten, sei eine nur in warmen Zonen gedeihende Tierwelt anzutreffen gewesen, die von den halbnackten Menschen barfüßig gejagt worden sein muß.

Vor 15 Jahren war man noch immer mit der von den Geologen Penck und Brückner ausgearbeiteten Eiszeit-Einteilung einverstanden. Demnach hätte die Würm-Eiszeit vor rund 118.000 Jahren beginnen müssen und vor 10.000 Jahren endgültig geendet. Nun weiß man aber, daß es in dieser Periode sehr große Klimaschwankungen gegeben hat. Als irgendwann zwischen 70.000 und 40.000 Jahren die Neandertaler von Krapina gelebt haben, war es überdurchschnittlich warm. Es muß eine Art Mittelmeerklima geherrscht haben. Man hat auch mehrere magnetische Umkehrungen festgestellt, die in den letzten 30.000 Jahren eingetreten sein müssen. Wenn einmal mehr paläomagnetische Daten zur Verfügung stehen, wird man auch die kulturelle Entwicklung in den verschiedenen Zeitaltern der Altsteinzeit viel besser verstehen und sich die großen sterilen Zwischenräume zwischen den einzelnen Kulturstufen erklären können.

Viele Jahrhunderte, ja sogar Jahrtausende lang können manche Gegenden nicht besiedelt gewesen sein. Dennoch sind die Menschen später wieder zurückgekehrt und lagerten an den gleichen Plätzen, an denen ihre längst verstorbenen Vorfahren gehaust hatten. Sie verwendeten jeweils neue, meist besser bearbeitete Werkzeuge und jagten Tiere, die sich von der Fauna in den unteren Horizonten beträchtlich unterschieden. Manche Tierarten waren plötzlich für immer verschwunden, zum Beispiel das Mammut. Es starb zunächst in Mittel- und Westeuropa aus, lebte aber in Sibirien weiter. Von dort wanderte es schließlich nach Amerika ein. Als die Eiszeit plötzlich zu Ende ging, starben diese Superelefanten weltweit aus. Es gibt also noch viele ungeklärte Rätsel, und es gibt noch viele offene Fragen, die sich durch die zur Zeit herrschenden Meinungen über den Ablauf der Eiszeit nicht beantworten lassen.


*Reisanbau vor 15.000 Jahren*

Bis vor wenigen Jahren verfügten die Anthropologen über ein schönes Schema der Entwicklung des Menschen: vom wilden, fleischfressenden Jäger wurde er nach dem Ende der Eiszeit allmählich zum Viehzüchter und Ackerbauer. Er entdeckte die Keramik für sich, ersetzte die Steinwerkzeuge durch Kupfer-,

Bronze- und schließlich durch Eisengeräte. Dieser in den Lehrbüchern festgehaltene Aufstieg des Homo sapiens auf der Leiter der menschlichen Kultur und Zivilisation ist nicht so schön geregelt und lehrbuchgerecht verlaufen. Dafür gibt es immer mehr Beweise. Für eine Überraschung sorgte etwa der Professor für Anthropologie an der Universität Hawaii, Wilhelm G. Solheim II. Er brachte das Kalendarium dieses Prozesses durcheinander. Der Wissenschaftler, der auch den anthropologischen Forschungszentren des Smithsonian Institutes angehört, führte im Auftrag der thailändischen Regierung und der amerikanischen National Science Foundation Ausgrabungen in Südostasien durch. An zwei Grabungsplätzen stießen die Spaten der Archäologen auf Reste von Kulturen, die einwandfrei von landwirtschaftbetreibenden Völkern stammten. Mit Hilfe der Carbon-14-Methode konnten die Geräte exakt datiert werden: Sie hatten ein Alter von 15.000 Jahren. „Es erscheint unerläßlich, unsere Einteilungsskala der prähistorischen Entwicklung radikal zu revidieren", stellte Professor Solheim sachlich fest, als das Alter seiner Funde ermittelt worden war.

Gemeinsam mit Kollegen von der neuseeländischen Otago-Universität begann Solheim im Jahre 1965, einen Erdhügel in der Nähe von Non Nok Tha, einem kleinen Ort im Tal des oberen Mekong, aufzugraben. Zur gleichen Zeit setzten auch, einige Kilometer entfernt von diesem Grabungsplatz an der thailändisch-burmanesischen Grenze, archäologische Forschungen in der „Spirit Cave", der „Geisthöhle", ein. In ihrer Umgebung hatte man schon einige interessante Funde gemacht. Non Nok Tha liegt in einem großen Reisanbaugebiet. Man konnte erst mit den Grabungen beginnen, als die Ernte vorüber war und die Felder abgetrocknet waren. Auf dem Hügel, auf den sich die Forschung konzentrierte, wachsen Bananen, Chillipfeffer und Maulbeerbäume.

Die Wissenschaftler zogen an der Grenze eines Maulbeerbaum-Gartens einen Suchgraben und schnitten bald den obersten einer Reihe von Zivilisationshorizonten an. In dieser Schicht fanden sich Werkzeuge und Geräte aus Eisen sowie verstreut herumliegende Knochenteile, die durchwegs angesengt waren. Nach Art der

Brandspuren mußte es sich um die Überreste von Leichen handeln, die vor der Beerdigung auf Holzstöße gelegt und verbrannt worden waren, ohne daß die Körper vollständig verkohlten. Unter diesem Horizont fanden sich Gräber, die von einem Volk angelegt worden waren, das seine Toten in anderer Art bestattete. Die Leichen waren nicht verbrannt worden. Um die Skeletteile herum lagen zahlreiche Grabbeigaben. Die Steinwerkzeuge waren abgeschliffen und poliert. Besonders interessant sind sorgfältig gearbeitete steinerne Gußformen, die zur Herstellung von großen Bronzeäxten gedient hatten. Man fand auch – neben zahlreichen feinpolierten Steinbeilen – gegossene Beile, wie sie für neolithische Kulturen in Europa und Afrika typisch sind. Je tiefer man in den Boden drang, um so mehr Steinwerkzeuge wurden entdeckt und um so seltener wurden die Bronzegeräte. Es fanden sich auch Keramiken mit hübschen ansprechenden Formen, aber ohne Dekoration. Erst in tieferen Schichten entdeckten die Ausgräber auch verzierte Keramiktöpfe. Auf den Schüsseln und Krügen waren ähnliche Verzierungen angebracht wie auf Gefäßen, die man auf den philippinischen Inseln ausgegraben hatte. Diese Ornamente sind in Südostasien weit verbreitet. Die geologische Schichtung und die Art der Fundgegenstände ließen vermuten, sie stammten aus der Zeit um 1000 vor Christus. Im gleichen Horizont hatte man genügend organische Bestandteile entdeckt, um eine genaue Datierung mit Hilfe der Carbon-14-Methode vorzunehmen. Unter den hundert Gefäßen befanden sich auch einige, die Abdrücke von Getreidekörnern aufwiesen. Offensichtlich waren bei der Herstellung der Töpfe Körner in den noch weichen Lehm gefallen. Im Brennofen waren später die Samen verkohlt.

Der japanische Biologe Professor Hitoshi Kihara stellte bei der mikroskopischen Analyse einwandfrei fest: die Hersteller der Töpfe hatten eine Reissorte namens „Oryza sativa" ausgesät. Sie wird noch heute in weiten Teilen Asiens angebaut. In der gleichen Schicht hatte man auch aufgeschnittene Röhrenknochen großer Tiere gefunden. Charles Higham von der neuseeländischen Universität in Otago identifizierte die Knochen: Sie stammen von einer großen Art indischer Wasserbüffel. Auch diese Rinder werden noch heute gezüchtet. Die Überraschung kam jedoch, als die C-14-Resultate bekannt wurden: Die Gegenstände hatten ein Minimalalter von 5000 Jahren. Manche scheinen sogar älter als 6000 Jahre zu sein. Keiner der aufgedeckten Grabungshorizonte hatte sich nach einem Zeitpunkt von 3000 vor Christus gebildet. Obwohl die Ergebnisse der Expedition Solheims geradezu sensationell sind, wurden die prähistorischen Kulturschichten Südostasiens nicht weiter erforscht.[13]

Auch auf den großen Inselgruppen im Indischen Ozean finden sich nur sehr wenige archäologische Grabungsplätze. Diese Situation wird sich zweifellos in nächster Zeit kaum wesentlich ändern. Die Kriege in Vietnam, Laos, Kambodscha und Bangla Desh unterbanden zunächst jegliche Suchaktion. Selbst nachdem in jenen Ländern bereits Frieden geschlossen wurde, bleibt das große politische Mißtrauen bestehen. In nächster Zeit werden Wissenschaftler kaum mit der Hilfe Amerikas, Australiens, Neuseelands oder Europas in diesem Teil der Welt rechnen können. Ja, es ist fraglich, ob es je wieder möglich sein wird, die Grabungen in den Gebieten von Non Nok Tha und Spirit Cave fortzusetzen. Die Geisthöhle liegt in allernächster Grenznähe. Die thailändische Regierung hat in diesen Zonen Sperrbezirke eingerichtet. Expeditionsteilnehmer erhalten keine Aufenthaltsgenehmigung. In diesem Teil des siamesischen Reiches herrscht überdies nach wie vor Guerilla-Tätigkeit.

Im Jahre 1968 waren die Verhältnisse noch anders und die Sicherheitsmaßnahmen nicht so streng. Professor Donn T. Bayard von der Universität Otago konnte in Non Nok Tha unbehelligt seine Ausgrabungen durchführen, und wieder gab es eine Sensation: In einem aus dem vierten Jahrtausend vor Christus stammenden Grab entdeckte man Kupferwerkzeug. Bei der chemischen Analyse fanden sich Spuren von Phosphor und Arsen. Dem Metallurgen sagt die Anwesenheit dieser beiden Elemente, daß die Hersteller des Werkstückes ihr Metall nicht aus nur oberflächlich gerösteten Erzen gewonnen und durch langwierige Schmiedeprozesse von der Schlacke gereinigt haben, das Kupfer mußte regelrecht geschmolzen, jedenfalls stark erhitzt und entweder im flüssigen oder im teigigen Zustand verarbeitet worden sein. Mit anderen Worten, die Erzeuger dieser Kupferwerkzeuge können keine Anfänger gewesen sein. Wenn das richtig ist, müssen Kupfergeräte in diesem Teil der Welt schon vor dem vierten Jahrtausend vor Christus angefertigt worden sein. Damit ist das in Thailand gefundene Stück Kupfer das älteste bisher aufgefundene Metall, das von Menschen aus Erz geschmolzen wurde.

Aber auch die Geisthöhle hatte mit einer Sensation aufzuwarten: Dort war ein Mitarbeiter Professor Solheims tätig, Chester F. Gorman. Die in einer alten Kalksteinklippe liegende Höhle war nur bis etwa 5600 vor Christus bewohnt gewesen. Die Höhlenbewohner müssen aber mehr als 4000 Jahre in der Spirit Cave gehaust haben. Im Boden fanden sich sehr viele Steinwerkzeuge, die der Hoabinhian-Kultur zugeordnet werden. Der Name stammt von Waffen und Geräten, die im Jahre 1920 im Hoa Binh, Nordvietnam, gefunden worden waren. In prähistorischer Zeit müssen Werkzeuge von Angehörigen eines Jägervolkes hergestellt worden sein. Zunächst gelang es nicht, die Funde genau zu datieren. Man gab den Gegenständen ein Maximalalter von 7000 Jahren. Nach den Entdeckungen in der Geisthöhle ist man sicher, die Hoa-Binh-Kultur, die auch auf der Insel Kalanay im philippinischen Inselarchipel sowie an verschiedenen anderen Plätzen in Südostasien gefunden wurde, müsse wesentlich älter sein. Obwohl die Steingeräte jungsteinzeitlichen Steinbeilen in Europa und Afrika ähnlich sind, wurden sie um Jahrtausende früher erzeugt.

Als sensationell galten die im Jahre 1966 sorgfältig aus dem Boden präparierten Pflanzen-Fragmentfunde. Sie wurden Professor Douglas Yen vom Bernice-P.-Bishop-Museum in Honolulu übergeben, der als hervorragender Paläobotaniker für die asiatische Flora gilt. Er konnte die Pflanzen einwandfrei klassifizieren.

Wie sah nun der Speisezettel jener geheimnisvollen Bewohner der Geisthöhle aus? Sie aßen Gurken, Flaschenkürbisse, chinesische Wasserkastanien, Erbsen (Pisum), Bohnen, darunter die sogenannte Breitbohne (Vicia) und vermutlich auch die Sojabohne (Glycine). Die Sojabohne konnte allerdings nicht genau identifiziert werden. Vielleicht entdeckte man eine Sojabohnenart, die heute nicht mehr existiert. Nach Ansicht der Botaniker stammen alle diese Früchte und Samen nicht mehr von wildwachsenden Pflanzen. Sowohl ihre Formen als auch die Größe sprechen für Zuchtexemplare. Mit anderen Worten: in Thailand müssen Menschen gelebt haben, die mindestens zweitausend Jahre, bevor im Nahen Osten die ersten Gartenkulturen entstanden, in der Umgebung ihres Wohnplatzes Gemüse anbauten. Sie müssen es verstanden haben, Bäume zu pflanzen und zu veredeln, um große Früchte zu ernten.[14]

Nach Ansicht von Professor Solheim ist die Revolution in der südostasiatischen Kultur etwa 13.000 vor Christus erfolgt, also nahezu zur gleichen Zeit, als in den südfranzösischen und spanischen Höhlen unbekannte Künstler die Porträts von Pferden, Hirschen, Büffeln, Löwen, Bären und Bisons an die Wände malten. Zu eben diesem Zeitpunkt muß irgendein Ereignis in Südostasien die dort lebenden Menschen veranlaßt haben, das Angebot an Jagdbeute durch landwirtschaftliche Produkte zu ergänzen. Sie waren nicht mehr ausschließlich Sammler und Jäger, die von Lagerplatz zu Lagerplatz zogen, sondern bauten die lebensnotwendigen pflanzlichen Nahrungsmittel selbst an. Freilich ist es schwer, den Zeitpunkt genau zu bestimmen, wann diese Abkehr von der traditionellen Lebensweise erfolgte. Es ist jedenfalls seltsam, daß ebenfalls etwa 13.000 vor Christus über Europa und Nordamerika ein neuer gewaltiger Eisvorstoß eingesetzt hat. Jene Menschen, die künstlerisch hochwertige Tierporträts an die Wände der Altsteinzeithöhlen malten, besaßen wohl eine hohe Kunstfertigkeit, aber zivilisatorisch standen sie ihren Zeitgenossen im Fernen Osten wesentlich nach. Ackerbau und Gartenkultur sind nämlich die ersten Sprossen auf der Leiter der zivilisatorischen Entwicklung.

In der Geisthöhle von Siam fanden sich aber auch noch weitere Überraschungen: die zweitältesten Keramiken der Welt. Die ältesten gebrannten Tonscherben wurden in Japan entdeckt. Obwohl nur Bruchstücke ausgegraben wurden, war es doch möglich, die Form der bauchigen Krüge und Schüsseln zu rekonstruieren. Viele Gefäße hatten eine glatte Oberfläche. Die prähistorischen Töpfer scheinen, bevor sie ihr Geschirr in den Ofen schoben, den noch weichen Ton mit einem über einen Holzstiel gewickelten nassen Tuch oder Baumschwamm geglättet zu haben. Man fand auch verzierte Tonscherben. Die Dekorationen waren mittels eines kammartigen Instrumentes hergestellt worden, parallele Striche, die ein flechtwerkähnliches Muster ergeben. Das Alter der Tonscherben wurde auf 9000 Jahre geschätzt. Sie entsprechen in Art und Muster jenen Scherben, die 1964 von Professor Kwang-Chih Chang von der Yale-Universität auf Formosa bei der Ortschaft Feng Pit'ou entdeckt worden waren. Diese Keramikreste sind allerdings erst 4000 Jahre alt. Die Technik, Ton zu formen und zu brennen, scheint im asiatischen Raum dagegen schon 5000 Jahre vorher von „professionellen Töpfern" angewandt worden zu sein. Die Flechtwerkmuster lassen andererseits auch auf die Kenntnis des Flechtens und Webens schließen.

Rätselvoll schienen zunächst kleine gebrannte Tonkugeln, die ebenfalls geborgen werden konnten. Sie sind nicht größer als jene Murmeln, mit denen auch heute noch Kinder spielen. Man wußte vorerst nicht, weshalb diese Kugeln hergestellt wurden und welchem Verwendungszweck sie dienten. Nicht nur in der Geisthöhle, auch in Non Nok Tha hatte man derartige Tonkugeln gefunden. Vielleicht hätte man das Rätsel nie gelöst, hätte man nicht die gleiche Art auch bei Kindern im nördlichen Thailand gefunden. Die Buben benützen dort derartige Keramikkugeln, um Vögel zu jagen. Statt der heute in Europa oder Nordamerika gebräuchlichen Gummischleudern verwenden die halbwüchsigen thailändischen Jäger spezielle Bogen, mit denen sie die kleinen Tonkugeln verschießen. In der Bogensehne ist ein kleiner Lederfleck angebracht. In diese Lederschlaufe werden die aus Ton gefertigten Projektile gelegt. Bei entsprechender Übung kann man mit Hilfe dieses Kugelbogens selbst noch auf eine Distanz von zwanzig Metern sehr genau ins Ziel treffen.

Aus Holz gefertigte Gegenstände vermodern sehr schnell. Die Urgeschichtsforscher beschäftigen sich schon seit geraumer Zeit

172

mit der Frage, wann die Menschen zum erstenmal Pfeil und Bogen verwendeten. Die aus Stein gefertigten, in Europa und Nordamerika gefundenen Projektile sind, soweit sie aus Schichten stammen, die bis zum Ende der Eiszeit reichen, so plump, daß sie kaum als Pfeilspitzen verwendet werden konnten. Die ersten Pfeilspitzen wurden in der Sahara in Afrika sowie im Maghreb gefunden. Sie bestehen aus Quarzit und Feuerstein und werden der speziell dort entwickelten Atérien-Kultur zugezählt. Vielleicht haben auch die europäischen Urzeitjäger schon viel früher Bogen und Pfeil gekannt. Die Pfeile müßten ja gar keine Steinspitzen gehabt haben, nicht einmal Spitzen aus Bein. Pfeile aus besonders harten Hölzern wären ebenso denkbar. Sie könnten etwa aus Eiben- oder Buchsbaumholz geschnitzt worden sein. Vielleicht hat man die Spitzen im Feuer leicht angekohlt und damit gehärtet. Daß der Bogen vor rund 12.000 Jahren in Thailand schon bekannt war, beweisen die Tonkugeln aus der Geisthöhle und Non Nok Tha mit größter Sicherheit. Von einem Bogen lassen sich aber viel leichter Pfeile als Kugeln abschießen. Vermutlich dürften schon lange bevor die Kugeln von den speziell adaptierten Bögen verschossen wurden, Pfeile in Gebrauch gewesen sein.

Zusammenfassend verlangt Professor Solheim eine Revision des bestehenden Entwicklungsmodells: Die Archäologen haben über ein Jahrhundert lang ihre Einteilung der Urgeschichte in drei Zeitalter vorgenommen: das Paläolithikum oder die Altsteinzeit, das Mesolithikum oder die Mittelsteinzeit und das Neolithikum oder die Jungsteinzeit. Von den Funden in Asien inspiriert, schlägt Solheim nun vor, nur für ganz frühe Kulturstufen der Menschheit den Ausdruck Lithikum, also „Steinzeit", beizubehalten. In diese Klassifizierung fiele in Europa die frühe und mittlere Altsteinzeit. Besonders in Südostasien sind die Steinwerkzeuge viel zu primitiv, um über die wahre „Handwerkskunst" Auskunft zu geben, die damals von den Bewohnern dieses Landstriches ausgeübt wurde. Professor Solheim möchte die Steinzeitära bis etwa 40.000 vor Christi gelten lassen. Für die nächste Periode schlägt er vor, den Begriff „Lignitikum" einzuführen, Holzzeitalter. Denn damals haben die Menschen die meisten Geräte aus diesem Material geschnitzt.

Das steht heute mit größter Sicherheit fest. In Asien verwendete man vornehmlich Bambus, in Europa nützte man andere harte Holzarten, die sich zur Herstellung von Waffen und Geräten eigneten. Mit Hilfe der Hoa-Binh-Werkzeuge müssen die Bewohner von Spirit Cave lange Holzspäne aus Ästen oder Bambussprossen herausgeschält haben. Die Steinschaber, Kratzer und Schneider dienten dazu, den eigentlichen Geräten nach und nach die erforderliche Form zu geben. Man hat auch die Holzkohlen analysiert, die in den Herden und auf den Feuerplätzen der Hoa-Binh-Menschen gefunden wurden. Sie scheinen zum größten Teil aus verkohlten Überresten der abgeschabten Bambusstäbe zu bestehen. Das Lignitikum dürfte in Südostasien etwa 20.000 vor Christus enden, in Europa scheint es länger gedauert zu haben.

Für die dritte Periode schlägt Solheim den Namen „Kristallitikum" vor. Für die Wahl dieses Wortes stand nicht „Kristall" Pate; der Forscher aus Honolulu nennt diese Entwicklungsspanne so, weil sich während dieses Zeitraumes in den verschiedenen lokalen Bereichen neue Kulturen *herauskristallisiert* haben. In dieser Epoche kam es zu· echten Evolutionen. Damals entstanden erste Zivilisationen. Die Menschen lernten, den Stein besser zu bearbeiten. Sie erzeugten nicht mehr die abgeschlagenen Steinwerkzeuge, von nun an wurden Geräte und Waffen geschliffen. Gleichzeitig müssen die Menschen auch ihre Sammlertätigkeit mehr und mehr eingeschränkt haben. Damals wurden die ersten Pflanzen angebaut und Gartenkulturen angelegt.

*Zuchterfolge durch permanente Selektion*

Zwar weiß man noch nicht, wie prähistorische Menschen auf die Idee gekommen sein können, Wildpflanzen zu veredeln, um bessere Früchte und Samen zu ernten. Vermutlich hat sich der Vorgang folgendermaßen abgespielt: Beim Einsammeln der vegetarischen Nahrung wurden zweifellos immer nur die schönsten Früchte gepflückt. Aber nicht alles wurde an Ort und Stelle gegessen. Es ist anzunehmen, daß man auch damals schon eine Art

174

Vorratswirtschaft kannte. Mag sein, daß die Kerne der schönen großen Früchte neben den im Sommer benützten Wohngruben ausgestreut wurden. Als die Urzeitjäger nach einem Jahr wieder in das von ihnen nur während der warmen Jahreszeit benützte Revier kamen, waren die Samen aufgesprossen, und die Pflanzen trugen Früchte. Diese waren aber eine Spur größer, als es dem Durchschnitt der wildlebenden Arten entspricht. Nach und nach kamen die nomadisierenden Jäger zu zwei wichtigen Erfahrungen: Erstens wählt man stets die größten Früchte aus und setzt ihre Keime in den Boden. Zweitens ist es praktischer, wenn man in der Umgebung des Lagerplatzes die Samen regelrecht anbaut. Dann erhält man bessere, aber auch leichter zu erntende Nahrungsmittel.

Durch permanente Selektion, aber auch durch Sammeln von Früchten an anderen Plätzen, auf denen Pflanzen mit verwandten, aber dennoch anderen Genen wuchsen, konnte eine natürliche Höherzüchtung erfolgen. Wenn nämlich die Samen dieser verschiedenen Arten im Boden rund um den Lagerplatz aufgingen, müssen die Blüten wechselweise bestäubt worden sein. Auch auf diese Weise kann es zu einer Auslese gekommen sein, die größere und schönere Früchte erbrachte.

Zu der Zeit, als die ersten diesbezüglichen Versuche durchgeführt wurden, dürfte es nach Ansicht von Professor Solheim bereits Haustiere gegeben haben. Die ersten Bauern in Südostasien scheinen schon den Hund, das Rind und vermutlich auch das Schwein domestiziert und gezüchtet zu haben. Die kristallitische Periode dauerte bis etwa 8000 vor Christus. Sie wurde von einer Entwicklungsphase abgelöst, die Solheim „Extensionistische Periode" nennt, was so viel wie „Ausbreitungs-Periode" bedeutet. Die lokalen Kulturen müssen mit benachbarten Lebensformen in Kontakt getreten sein. Aus der Gartenkultur entstand der Ackerbau, die Bewohner von Höhlen und Wohngruben übersiedelten in hölzerne Häuser. Nach und nach bildeten sich feste Siedlungen.

Es ist ein ideal friedliches Evolutionsbild, das Solheim hier aufzeigte. In anderen Teilen der Welt dürften die Übergänge keineswegs so geschmeidig abgelaufen sein, es scheinen sich mehr Mutationen ergeben zu haben. Sprunghafte Veränderungen sind, wie aus den Grabungsschichten hervorgeht, eher wahrscheinlich. Es fehlt der kontinuierliche Aufstieg. Trotz zahlreicher neuer Funde wissen wir zur Zeit über diese Periode nur sehr ungenau Bescheid. In Südostasien wurden viel zu wenig Grabungen durchgeführt, um einen geschlossenen Überblick zu erhalten. Von China abgesehen, hat die Archäologie im Fernen Osten noch zu wenig Möglichkeiten, große Zusammenhänge zu liefern, die entsprechend chronologische Entwicklungsbilder zeigen. Viele Überraschungen sind hier noch zu erwarten.

Wie die Höherentwicklung erreicht wurde, wie also aus Jägern und Sammlern schließlich seßhafte, ackerbautreibende Landwirte wurden, ist im Prinzip völlig logisch und klar vorstellbar. In den Details gibt es Schwierigkeiten. Der Ablauf der Ereignisse ist schwer zu rekonstruieren, wenn man die Mentalität der primitiven, in Stämmen lebenden Jäger berücksichtigt. So weiß man noch immer nicht, wie die Menschen wilde Tiere zu Haustieren gemacht haben. Das erste domestizierte Tier des Menschen ist mit größter Wahrscheinlichkeit der Hund gewesen. Wie aber wurde er zum Gefährten des Menschen? Das übliche Denkschema: Irgendwann einmal haben Steinzeitmenschen ein Wolfsrudel gejagt oder einen Fuchsbau aufgegraben. Wer wirklich der Urahne aller unserer sehr unterschiedlichen Haushundrassen war, ist nicht bekannt. Möglicherweise gab es damals neben Wolf, Fuchs und Schakal einen echten, heute ausgestorbenen Wildhund. Als die älteren Tiere getötet oder vertrieben waren, blieben die verwaisten Jungtiere zurück.

Hier aber tauchen die ersten Schwierigkeiten auf. Wildlebende Tiere gewöhnen sich nur dann an den Menschen, wenn sie noch im säugenden Stadium aufgelesen werden. Ältere Wildtiere sind viel schwerer an den Menschen anzupassen; bei den meisten Rassen ist der Versuch völlig aussichtslos. Nach Ansicht von Zoologen müßten die Jungtiere gefangen worden sein, bevor sie noch die Augen geöffnet hatten. Nur wenn Tiere als erstes den Menschen sehen, können sie sich mit ihm identifizieren und sich – ihrem arteigenen Verhaltensmuster entsprechend – in das Rudel der Zweibeiner hierarchisch einordnen.

176

Es bestehen aber noch weitere Schwierigkeiten. Die jungen Säugetiere müssen von ihren Adoptiveltern mit Milch großgezogen worden sein. Es stand den nomadisierenden Jägerstämmen aber sicherlich keine Tiermilch zur Verfügung, um die Tierjungen in regelmäßigen Abständen zu füttern. Allein infolge dieses Handikaps müßte eigentlich die Aufzucht von vierbeinigen Gefährten von Anbeginn an zum Scheitern verurteilt gewesen sein. Denkbar wäre nur, daß eine stillende Mutter auch die aufgefundenen Welpen säugte. Hier muß man sich aber die Mentalität der Urjäger in Erinnerung rufen: Bevor das Experiment, ein Jungtier innerhalb der Horde großzuziehen, praktiziert wurde, waren gewiß gewaltige psychische Barrieren, vielleicht sogar die wichtigsten Tabus der primitiven Mythen, zu überwinden. Für den Altsteinzeitjäger waren Tiere die große Nahrungsreserve der Natur, also reine Beuteobjekte. Das junge Raubtier wurde ja größer und mußte, sobald es erwachsen war, zur tödlichen Bedrohung der Jäger werden. Und diesen Feind aus dem Tierreich sollten die Urjäger domestiziert haben?

Freilich gilt es, hier einige Vorstellungsmuster zu korrigieren. Nach jüngsten Forschungen sind Wölfe keineswegs so blutgierig, wie man bisher angenommen hat. Die Urahnen vieler noch heute in Gemeinschaft mit den Menschen lebender Hunderassen haben fast nie den Menschen angegriffen. Das mag auch den naturkundigen Steinzeitjägern bekannt gewesen sein. Aber der Wolf war im Jagdrevier auf alle Fälle der Konkurrent des Menschen. Er jagte ja die gleichen Tiere, die auch den Urjägern als Beute dienten.

Wie aus Höhlenzeichnungen zu erkennen ist, identifizierten sich die Medizinmänner bei den verschiedenen Jagdriten mit den Tieren, die als Beute ausersehen worden waren: Die Magier kleideten sich in die entsprechenden Tierfelle und nahmen – wohl in Trance – auch die Gewohnheiten der Tiere an. Sie tanzten mit charakteristischen Bewegungen, scheinen die Tierlaute nachgeahmt zu haben und waren sicherlich fest davon überzeugt, auch die Seele des Tieres in sich aufgenommen zu haben. Vielleicht ist in dieser Zeremonie jener Schlüssel zu finden, der das Schloß zum

Geheimnis der Verbrüderung von Mensch und Tier öffnen könnte. Möglicherweise wurden einmal bei der Tötung eines Tieres Jagdriten verletzt. Vielleicht befürchtete man, durch die Brechung eines Tabus den Tiergott beleidigt zu haben. Möglich auch, daß sich aus irgendwelchen Gründen die Zahl der jagdbaren Tiere verringert hatte. Der Stammeszauberer könnte daraufhin befohlen haben, ein Jungtier in den Stammesverband aufzunehmen und großzuziehen. Diese Denkweise entspricht auch den Vorstellungen von primitiven Jägervölkern unserer Zeit.

Allerdings gibt es bei der Aufzucht eines Jungwolfes durch menschliche Muttermilch physiologische Schwierigkeiten. Zum Unterschied von den meisten Tiermilcharten enthält die menschliche Milch sehr viel Milchzucker. Dieser kann aber nur aufgespalten und verdaut werden, wenn ein bestimmtes Ferment vorhanden ist, Laktase. Fehlt dieses Enzym oder gibt es nur ungenügende Mengen davon, treten schwerste Verdauungsstörungen auf, die mit dem Tod des durch falsche Milch ernährten Jungtieres enden. Es gibt viele Tiere, die selbst die wesentlich weniger Milchzucker enthaltende Kuhmilch nicht vertragen. Dennoch wäre es möglich, bei verdünnter menschlicher Muttermilch positivere Ergebnisse zu erzielen.

Wie immer es auch vor sich gegangen sein mag, eines ist sicher: Urjäger und Hund haben in der letzten Phase der Altsteinzeit zusammengefunden. Allerdings kann es nicht bei einem gezähmten Einzeltier geblieben, das Aufzuchtexperiment muß mehrmals wiederholt worden sein. Es waren ja zwei paarungsfähige Tiere erforderlich, um die Weiterzüchtung des ersten Wolfshundes zu sichern. Bevor dann eine Vielzahl von Hunderassen aufgezogen wurde, muß viel Zeit verflossen sein. Ein Zeitraum, in dem auch andere Steinzeitjägerhorden den Hund als Jagdhelfer kennengelernt hatten. Wie diese Jagdhunde ausgesehen haben, ist nicht mehr rekonstruierbar. Findet man in altsteinzeitlichen Schichten Knochen von Wölfen oder Hunden, kann man ja nie mit Bestimmtheit sagen, ob die Tiere bereits gezähmt waren oder Beute, die verspeist wurde.

Bis jetzt steht nicht fest, ob es je Wildhunde gegeben hat. Fossile

Zeugnisse fehlen. Andererseits wäre es sehr merkwürdig, wenn sich vom Wolfshund her allein all die vielfältigen Hunderassen abgespalten und entwickelt haben sollten. Die Wissenschaft ist sich in dieser Frage nicht einig. Als Stammeltern der über hundert Hunderassen kämen außer den Wölfen noch Füchse, Schakale und Hyänen in Frage. Manche Eigenheiten der Hunde, wie etwa das Verhaltensmuster, sich zum Zeichen der Unterwerfung auf den Rücken zu legen und dem stärkeren Rudelgenossen den ungeschützten Bauch darzubieten, ist auch bei Schakalen zu beobachten. Allerdings sind auch bei Wölfen derartige Devotionsgesten gang und gäbe. Demnach bleibt die Frage offen, ob Dogge, Dackel, Bernhardiner und Seidenpinscher alle vom Wolf abstammen.

Man weiß nur eines: Im Bereich der ausgegrabenen Lagerplätze von Cro-Magnon-Jägern wurden Tierknochen mit deutlichen Biß- und Nagestellen gefunden. Offensichtlich haben die Jäger das im Lagerfeuer gebratene Fleisch gegessen und die Knochen ihren Hunden zum Abnagen überlassen. Es gäbe noch eine andere Möglichkeit: Hunde sind auch Aasfresser. Es könnte sich sehr früh eine Art Symbiose zwischen Jägerhorde und Wildhundrudel gebildet haben. Die Wolfs- oder Hundemeuten folgten den Jägern in Respektabstand. Die Abfälle der Jagdbeute, Knochen, Eingeweide und gewisse innere Organe, könnten den Vierbeinern zusätzlich Nahrung und damit den Anreiz geboten haben, dem Menschen zu folgen.

Die Zähmung eines Hundes läßt sich nicht lange geheimhalten. Die nomadisierenden Stämme müssen ein weites Jagdrevier gehabt haben. Bei ihren Wanderschaften kam es zweifellos zu Kontakten mit anderen Stammesangehörigen. Nun ist es aber völlig gleichgültig, ob sich eine Horde von Urjägern einem anderen Stamm in friedlicher oder kriegerischer Absicht nähert: Falls die einen über einen vierbeinigen Jagdhelfer verfügen, läßt sich das nicht verbergen. Bei friedlichen Kontakten wird man den Wert des Hundes demonstrieren, bei Kämpfen zwischen feindlichen Horden wird der Hund zweifellos, seinem Rudelinstinkt gehorchend, die gegnerischen Jäger angreifen. Wenn also einmal der Hund zum Gefährten des Menschen geworden war, muß diese Neuigkeit relativ rasch allen Jägerstämmen bekannt geworden sein.

Die gemeinsame Jagd mit den vierbeinigen Helfern änderte zunächst nichts an der Lebensweise der Altsteinzeitmenschen. Sie blieben weiterhin Jäger und Sammler, hatten aber jetzt die Chance, auch in Landstriche auszuweichen, in denen der Wildbestand schütterer war. Die verbesserte Jagdtechnik gestattete intensivere Jagd; der Wildreichtum ist ja eine Frage des Biotops, gehorchend also den komplexen Gesetzen der Ökologie. Gibt es genügend Futter, dann werden die Rinderherden größer, es werden mehr Wildpferde vorhanden sein. Aber auch die Zahl der Raubtiere wird ansteigen, und schließlich wird sich das natürliche Gleichgewicht wieder einpendeln.

Eine weitere Frage ergibt sich: War die Zähmung des Hundes ein einmaliges Ereignis, oder wurde der Hund als Jagdgehilfe des Menschen auch an anderen Plätzen, sozusagen ein zweites- und drittesmal, gezüchtet? Um diese Frage zu beantworten, muß man das Wesen von Nomaden, von Seminomaden und von seßhaften Ackerbauern untersuchen.

In Thailand und Nordvietnam lebende ackerbautreibende Menschen haben vor 15.000 Jahren in erster Linie Nüsse und Gemüse angebaut; dennoch scheinen sie bereits das Getreide gekannt zu haben. Daß Menschen auf die Idee kommen können, Getreidearten anzubauen, ist nur dann plausibel, wenn sie bereits das Stadium von Viehzüchtern erreicht haben. Getreidekörner sind die Samen von besonderen Gräsern. Durch Auslese und Kreuzungen entstanden verbesserte, ertragreichere Getreidesorten. Die Wildgetreidearten, aus denen Hirse, Weizen, Hafer, Gerste und zuletzt auch Roggen gezüchtet wurden, sind heute durchaus bekannt. Andererseits sind aber die Vorstellungen mancher Entwicklungsforscher abstrus, die da meinen, ein jagender Mensch sei eines Tages auf den Gedanken gekommen, Gräser anzubauen und sie so lange zu veredeln, bis die zunächst unscheinbaren Samen groß genug waren, um als Nahrungsmittel zu dienen. Viel logischer ist hingegen eine andere Theorie, die innig mit dem ersten gezähmten Hund zusammenhängt. Als die Urjäger mit ihren vierbeinigen

180

Gefährten auf die Jagd zogen, mag einer auf den Gedanken gekommen sein, auch wildlebende Rinder einzufangen, sie zu zähmen und sozusagen als lebende Konserve in der Horden-Gemeinschaft mitzuführen. Sobald dieses Vorhaben gelungen war, mußte der nächste Schritt geradezu zwangsläufig erfolgt sein. Mangelte es an geeigneten Weideflächen, so baute man die Gräser, die den mitgenommenen Kühen als Futter dienten, auf bestimmten halb- oder ganz gerodeten Böden an.

Die Verwendung von Getreide als menschliche Nahrung setzt sinnvolle Aufbereitung voraus. Die Urjäger mußten in mühsamer Arbeit die Ähren mit den kleinen, wenig ergiebigen Samen des Wildgetreides gepflückt haben, mußten Körnchen für Körnchen von den Grannen und Hülsen befreien und schließlich die Körner zwischen den Backenzähnen zerreiben. Die meisten Getreidearten werden zu Mehl gemahlen. Wenn die zwischen Mahlsteinen zerriebenen Körner mit Wasser vermengt, gekocht oder gebacken werden, dann erst ist eine für den Menschen geeignete Speise zubereitet. Rohe Getreidekörner haben nur äußerst geringen Nährwert, weil der menschliche Organismus bloß sehr bedingt imstande ist, die in den Samen enthaltene Stärke und das Eiweiß aufzuschließen und zu verdauen.

Moderne Getreidearten enthalten zwischen 54 und 63 Prozent Stärke und zwischen 7 und 12 Prozent eiweißhaltige Stoffe. Hiervon ist aber nur der kleinste Teil wasserlöslich. Am meisten Eiweiß findet sich im wasserunlöslichen Kleber. Der Zellstoff, der die Zellwände bildet, ist gegen Magensäure sehr beständig; nur durch Einweichen und Kochen können die Stärke- und Eiweißzellen aufgebrochen werden. Unverdaulich sind die Schalen, Grannenhaare und Hülsen der Körner. Sie bilden beim Mahlen des Getreides den größten Anteil an der sogenannten Kleie. Je nach Getreideart, Sorte und Qualität kann das Mahlgut 15 bis 35 Prozent Kleie enthalten. Bei den wilden Getreidearten muß der unverdauliche Anteil, den kleinen Samen entsprechend, viel größer gewesen sein. Erst wenn durch Backen oder Kochen die Substanz aufbereitet ist, können die Kohlehydrate des Getreides chemisch in Dextrine und Traubenzucker verwandelt werden. Um das zu bewerkstelligen, muß eben Mehl gemahlen werden. Dazu benötigt man aber Stampfer oder Reibsteine. Beide Werkzeuge werden am zweckdienlichsten aus Stein hergestellt. Steine überdauern Zehntausende von Jahren. Mahlsteine oder Getreidemörser wurden auch tatsächlich gefunden und zeugen für den Ackerbau, allerdings nicht als Ausrüstung von Jäger- und Sammlervölkern. Menschen, die aus Mehl hergestellte Speisen aßen, hielten schon Tiere. Aber immer noch heißt es in zahlreichen Fachbüchern, die Entdeckung des Getreides durch den Menschen sei an der Schwelle vom Jägerdasein zum Seminomadenleben erfolgt, und zwar zu einer Zeit, als die Viehhaltung noch nicht bekannt war. Der Jahreszeit entsprechend sollen die Menschen zwischen den Ebenen und dem Hochland hin und her gependelt sein und sich auf diesem Zug von wildwachsenden Getreidearten ernährt haben.

Die neuesten archäologischen Studien haben den zeitlichen Beginn des Ackerbaus auch im Nahen Osten, vor allem in Nordsyrien und Mesopotamien, beträchtlich vorverlegt. Es wurden Körner von Wildeinkorn, auch Pferdedinkel (Triticum monococcum) genannt, und Wildgerste gefunden. Sie konnten mit Hilfe der C-14-Methode datiert werden. Die Funde haben ein Alter von 7500 und 8400 Jahren. Nach Mitteleuropa scheint Getreide erst später gekommen zu sein.

Welche Getreidearten wurden nun gesät? In erster Linie die weizenähnlichen Samen der Spelzarten. „Spelz" heißt auch Dinkel oder Dinkelweizen (Triticum sativum spelta). Noch bis zum Ersten Weltkrieg wurde diese Getreideart in Süddeutschland und in der Schweiz, aber auch in zahlreichen anderen, hauptsächlich um das Mittelmeer gelegenen Ländern angebaut. In Schwaben war um die Jahrhundertwende etwa die Hälfte der angebauten Brotfrucht Spelz. Er wächst auch auf kargen Böden und benötigt keine intensive Stickstoffdüngung, hat aber einen großen Nachteil: Im Unterschied zu Weizen, Roggen und Hafer kann der Spelz nur schwer von den Ähren befreit werden. Beim Dreschen brechen die ganzen Ähren mit den langen Grannen vom Stiel. Um den Spelz zu mahlen, mußten spezielle Mühlen verwendet werden. Ebenso wie das bereits beschriebene Einkorn wurde der Spelz hauptsächlich – wie der Hafer – als Pferdefutter verwendet.

Ähnlich verhält es sich mit dem Emmer, dem Amelkorn (Triticum sativum dicoccum). Er wurde bei den frühen Feldkulturen entdeckt. Auch er war vor der Züchtung des Roggens, der für die nördlichen Ackerbauzonen wegen seiner Robustheit viel geeigneter ist, eine im Neolithikum sowie der Bronze- und der La-Tène-Zeit verwendete Getreideart. Damals war er die wichtigste Nahrung für Mensch und Haustier. Es gibt noch ein weiteres sicheres Zeichen für den frühen Ackerbau: Mehl muß ja bekanntlich gekocht oder gebacken werden. Nun kann man einen Teigfladen auch auf einem im Feuer erhitzten Stein ausbacken. Um aber einen gekochten Brei herzustellen, benötigt man Gefäße. Die Verwendung von Wildgetreide für den menschlichen Genuß ist also nur nach der Erfindung der Töpferkunst sinnvoll.

Es ist also viel wahrscheinlicher, daß die Menschen erst Ackerbauern wurden, als die Viehhaltung schon ein höheres ökonomisches Stadium erreicht hatte. Dann erst waren die Aussaat und die Ernte von Getreidearten denkbar. Diese Stufe wurde gewiß nur schrittweise erreicht.

### Klimastabilität schuf Zivilisation

Die altsteinzeitlichen Jäger kamen weit herum. In den Höhlen der Dordogne in Mittelfrankreich zum Beispiel, weit ab von jedem Meer, fand man Schneckengehäuse und Muschelschalen aus dem Atlantik. Heute gibt es, von ganz wenigen Ausnahmen abgesehen, keine reinen Jäger- und Sammlervölker mehr. Selbst die Pygmäen in Zentralafrika verdingen sich – vom Hunger aus den Urwäldern getrieben – zeitweise als Landarbeiter und werden bei der Rodung des Urwaldes eingesetzt.

Die nächste Sprosse auf der Entwicklungsleiter ist der Nomade. Das Wort stammt aus dem Griechischen und bedeutet so viel wie Hirtenvolk. Als die Hellenen diesen Begriff auf jene Stämme und Völkerschaften anwandten, die von der Viehzucht lebten und ihre

Herden von Weideplatz zu Weideplatz trieben, scheint es keine reinen Jäger- und Sammlervölker in Südeuropa mehr gegeben zu haben. Natürlich waren auch die Urjäger Nomaden. Sie müssen mit den dahinziehenden Tierherden gewandert sein. Denn ihr Jagdrevier war nur so lange attraktiv, als das ökologische Gleichgewicht erhalten blieb. Die Cro-Magnon-Menschen scheinen aber sehr genau gewußt zu haben, daß auch sie nur ein Teil dieser göttlichen Naturordnung waren. Wie aus Höhlenmalereien vermutet wird, hat es bei der Jagd sehr strenge Regeln gegeben. Tabus und Jagdzauber verhinderten das Töten von mehr Tieren, als zur Verpflegung der Hordenmitglieder erforderlich waren.

Wie lange eine Urjägergruppe an einem Ort verweilte, läßt sich heute kaum feststellen. Die Cro-Magnon-Jäger lebten ja nicht – wie lange Zeit vermutet wurde – in Höhlen, sondern errichteten über ein bis eineinhalb Meter tiefen Wohngruben Laub- oder Felldächer. Im Sommer dürften sie nördlichere Zonen aufgesucht haben, in den Wintermonaten zogen sie wieder in die Südreviere zurück. Wie weit zwischen Horden in Europa und Asien Kontakte bestanden, ist wenig bekannt, aber es gibt überraschende Entwicklungsparallelen. Wenngleich Werkzeuge und Steinzeitwaffen lokale Unterschiede zeigen, ist ihnen doch eines gemeinsam: die fast gleichartige technische Höherentwicklung. Die einzelnen Kulturepochen – wie Aurignacien, Solutréen oder Magdalénien – sind nicht auf Frankreich und Spanien beschränkt, sondern dokumentieren sich durch ähnliche Geräte auch in Rußland, Osteuropa und auf anderen Plätzen. Ferner dürfte auch der Hund in Sibirien und Europa ziemlich gleichzeitig als Begleiter des Menschen aufgetaucht sein. Nur zwischen dem Norden und dem Süden scheint es keine Kontakte gegeben zu haben. Vermutlich hat die höchste Bergkette der Welt, das Himalaya-Gebirge, einen Erfahrungsaustausch verhindert.

Wieso kann es aber in Thailand und auf den Philippinen zu einer so aufstrebenden Entwicklung gekommen sein, während in Europa und Nordasien der Fortschritt um Jahrtausende zurückblieb? Wenn wirklich Polverschiebungen für die Klimaschwankungen ausschlaggebend sind, dann ist aus der geographischen

Lage der südostasiatischen Orte klar zu ersehen, daß die dort lebenden Menschen gute Überlebenschancen gehabt haben. Wenn etwa der Nordpol von seiner heutigen Lage auf einen Platz, der zwischen Island und Grönland gelegen sein könnte, einschwenkte, dann gelangten die Bewohner Südostasiens in eine äquatornähere Zone. Die klimatischen Veränderungen können in diesen Breiten nicht sehr groß gewesen sein. Für die Menschen in Nordamerika und Europa müssen hingegen die Klimaumbildungen vernichtende Folgen gehabt haben. In diesen Teilen der Welt dürfte fast die gesamte Bevölkerung umgekommen sein. Nur in den Randzonen mag es vereinzelt Überlebende gegeben haben. Dort konnten die Menschen vor dem hereinbrechenden Eiszeitklima in wärmere Zonen flüchten. Als es in Sibirien kalt wurde, wanderten die im Südwesten lebenden Stämme nach Osten aus und besiedelten Gebiete, in denen das tausend Meter dicke Festland-Eis abschmolz. Als über Europa die Eiszeit hereinbrach, übersiedelten die im Osten des Kontinents wohnenden Menschen nach Asien. Und als bei uns die Eiszeit zu Ende ging, müssen in Sibirien, das damals ein wesentlich besseres Klima hatte als heute, Steinzeitjäger existiert haben, die den großen Mammutherden folgten. So gewaltige Tiere könnten bei der heute in Sibirien vorhandenen Vegetation niemals genügend Futter finden.

Nach der großen Katastrophe scheint es, wie erst kürzlich festgestellt wurde, einigen dieser Altsteinzeitjäger gelungen zu sein, ein Gebiet zu besiedeln, wo gegenwärtig Dauerfrost herrscht. Die primitiven Jäger waren nämlich nach Spitzbergen geflüchtet. Dort aber war es, als die zwei- bis dreitausend Meter dicke Eiskappe über England, Norddeutschland und Skandinavien abschmolz, wesentlich wärmer als heute. Zur Zeit des letzten großen Eisvorstoßes, auch jüngere Dryas oder jüngere Tundrenzeit genannt, lagen die Temperaturen im heutigen Gebiet von Deutschland um sieben bis acht Grad unter dem jetzigen Durchschnitt, und in Norwegen reichte die Schneegrenze bis unterhalb von 1200 Metern; heute liegt sie hingegen bei 1600 Metern. Und nach dem letzten Eisvorstoß reichte sie nur bis zur Höhe von 1900 Metern herab. Es war wesentlich wärmer, nicht nur in Skandinavien, sondern auch auf Spitzbergen. Sicherlich gab es dort keinen Gletscher. In den Fjorden fanden sich Miesmuscheln und Islandschnecken sowie verschiedene Tierarten, die heute in diesen hohen Breiten nicht mehr vorkommen, weil sie nur in wärmerem Wasser existieren können. Dieses Klimaoptimum im Norden Europas war aber keine weltweite Warmzeit. In Alaska und in den Rocky Mountains etwa müssen damals die Gletscher doppelt so lang und wesentlich mächtiger gewesen sein als heute.[15]

Spitzbergen besteht aus einer Inselgruppe, die nördlich des 76. Breitengrades liegt. Schon die Wikinger entdeckten den Archipel und nannten ihn „Svalbard", was soviel wie „Land an der kalten Küste" heißt. Wie aus alten isländischen Chroniken zu entnehmen ist, wurde Spitzbergen im Jahre 1194 erstmals von den Wikingern besucht. Die Inselgruppe war unbesiedelt. Das 70.000 Quadratkilometer große Spitzbergen wurde 1596 vom holländischen Kapitän Willem Barents wiederentdeckt. Der Teil des Eismeeres zwischen Spitzbergen, Nowaja Semlja und dem Nordkap trägt heute seinen Namen. Diese hoch im Norden gelegene Inselgruppe hatte über zwei Jahrhunderte hindurch keinerlei wirtschaftliche Bedeutung. Dann aber entdeckten Pelzjäger und Walfänger dieses Land, und es gab zwischen Engländern, Holländern, Dänen und Franzosen wiederholt blutige Kämpfe um die Jagdrechte. Da es auf Spitzbergen weder Bäume noch Sträucher gibt, war das Abschießen der wilden Rentiere, Polarfüchse, Eisbären und Schneehühner sehr einfach. Die Tiere zeigten wenig Scheu vor dem Menschen. Sie hatten auch kaum eine Möglichkeit, sich zu verstecken. Die Walfänger jagten rund um Spitzbergen nicht nur Weiß- und Narwale, sondern an Land auch Robben und Walrosse.

Erst als Spitzbergen um die Jahrhundertwende unter norwegische Herrschaft kam, wurde der Massenmord gestoppt. Die bald darauf unter Naturschutz gestellte Tierwelt war aber zu diesem Zeitpunkt schon nahezu ausgerottet. Später wurden auf Spitzbergen ausgedehnte Kohlenflöze entdeckt, und es entstand die erste Dauersiedlung: Longy Earbyen am Advent Fjord.

Schon zu dieser Zeit waren einige Werkzeuge gefunden worden, die aus typisch altsteinzeitlichen Kulturen zu stammen schienen.

Die Funde auf Spitzbergen waren den Prähistorikern aber so rätselhaft, daß man sie vorerst gar nicht zu klassifizieren wagte. Man dachte, die Steinbeile und Schaber seien, auf Treibhölzern liegend, angeschwemmt worden. Erst als um die Mitte der fünfziger Jahre neue Expeditionen ausgesandt wurden und Forscher auch an anderen Stellen auf altsteinzeitliche Siedlungsplätze stießen, stellte man erstaunt fest: im Land jenseits des Polarkreises mußten einmal Urzeitjäger gelebt haben. Inzwischen hat man nicht weniger als zehn Lagerplätze gefunden. Die dort entdeckten Werkzeuge entsprechen in der Bearbeitung jener primitiven Technik, die auch von den paläolithischen Urjägern in Westsibirien am Onegasee angewendet wurde. Auf Spitzbergen waren vor allem sogenannte „Kernbeile" in Gebrauch, die aus hartem, schiefrigem Gestein gefertigt waren. Unter „Kernbeil" versteht man eine bekannte Fertigungstechnik. Ein Steinknollen wird solange abgeschlagen, bis der Kern (nucleus) ein Werkzeug oder Gerät bildet, wie etwa das Blatt einer Axt, das in ein gespaltenes Holz oder Rentiergeweih geklemmt und mit Sehnen verschnürt wird. Das Beil ist dadurch in den Holz- oder Geweihteil fest eingespannt. Auch ein steinernes Flenzmesser konnte gefunden werden. Es wurde auch als Fellschaber verwendet.

In Westsibirien waren derartige Werkzeuge zwischen 13.000 und 8000 vor Christus erzeugt worden. Anders verhält es sich mit den auf Spitzbergen gefundenen Artefakten. Eine geologische Altersbestimmung ergab die erstaunliche Tatsache, daß die Werkzeuge von Spitzbergen zwischen 4.000 und 2.500 vor Christus angefertigt wurden. Die meisten Geräte waren einfache Hau-, Schneide- und Schaberwerkzeuge, die in einer sehr primitiven Technik hergestellt worden waren. So primitiv, wie sie zu diesem Zeitpunkt nirgends mehr in Europa fabriziert wurden. Die Bewohner Europas betrieben damals schon Ackerbau. Auf Spitzbergen hingegen hausten noch Altsteinzeitjäger, die offensichtlich einer Menschenrasse angehörten, die auch in Asien ausgestorben war.

Man hat versucht, den Weg zu rekonstruieren, den die Urjäger, die zweifellos vom Festland kamen, zur Insel genommen hatten.

Ein Blick auf die Landkarte läßt zunächst die Vermutung zu, die Route könnte über Norwegen, das Nordkap und die Bäreninseln geführt haben. Dagegen gibt es gewichtige Argumente. Während der Eiszeit existierten in Skandinavien keine menschlichen Siedlungen. Nirgendwo finden sich ähnliche Steinwerkzeuge. Aus seinen Geräten ist eine Kolonisierung Spitzbergens durch „Europäer" auszuschließen. Die Urjäger scheinen vielmehr über die Taimyr-Halbinsel nach Sewernaja Semlja und weiter über Franz-Josephs-Land den Weg nach Spitzbergen gefunden zu haben. Vielleicht wanderten sie auch über Nowaja Semlja, Franz-Josephs-Land nach Spitzbergen. Das sind gewaltige Distanzen, Fahrten über Meereszonen, die fünfhundert Kilometer breit sind. Wie haben das die Urjäger schaffen können? Ihre Werkzeuge waren ja doch so unbeholfen! Mit diesen Geräten wäre es unmöglich gewesen, ein Boot zu bauen.

Nehmen wir an, diese Altsteinzeitmenschen lebten zunächst in Westsibirien: Nach dem Polsprung muß es dort plötzlich wesentlich kälter geworden sein. Gleichzeitig muß sich auch in dem bis dahin eisfreien Eismeer ein Packeisgürtel gebildet haben. Diese Zone von miteinander fest zusammenhängenden Eisschollen findet sich heute noch nördlich von Spitzbergen um die Inselgruppen Franz-Josephs-Land und Sewernaja Semlja. Daß zu einem Zeitpunkt, als in Nordamerika und Europa die Eiszeit zu Ende ging, als die Gletscher also schmolzen, plötzlich ein bis dahin eisfreies Meer frieren sollte, klingt zunächst paradox. Es ist aber gar nicht so unlogisch. Zunächst nimmt ja bei einem Polsprung weltweit die vulkanische Tätigkeit zu. Ungeheure Mengen von Vulkanasche werden ausgeschleudert. So lang die einzelnen Teilchen nur in der Atmosphäre schweben, ist keine große Gefahr gegeben, denn der nächste Regen schwemmt die Asche zu Boden. Wenn aber Asche in die Stratosphäre gelangt, dann wird die Situation ernst. In diesen Höhen gibt es zwar enorm starke Winde, aber keinen Wasserdampf mehr. Die Asche wird daher sehr rasch über die ganze Welt verbreitet und die Einstrahlung des Sonnenlichtes vermindert. Diese Erscheinung hat man wiederholt bei größeren Vulkanausbrüchen festgestellt. Obwohl also global die durchschnittlichen

Temperaturen absinken, werden über den nun ja in viel südlichere Breiten gelangten Eiszonen so hohe Wärmewerte herrschen, daß der Schmelzprozeß gestartet werden kann. Um das Eis in Wasser zu verwandeln, wird allerdings sehr viel Wärme verbraucht. Sie muß der Umgebung entzogen werden, so daß rund um die Eisfläche Kältepolster lagern. In diese fließt nun das Schmelzwasser und verdünnt den Salzgehalt des Eismeeres. Das aber erhöht die Bereitschaft, zu frieren; die Wahrscheinlichkeit einer Packeisbildung ist überaus hoch. Erst als alle Gletscher abgeschmolzen waren, erhöhte sich – vermutlich beim Klimaoptimum nach der Eiszeit – die Temperatur, und die Eiskalotte zog sich nordwärts zurück. Heute, nachdem es etwa um 1000 bis 1500 vor Christus plötzlich kälter geworden war, ist das Packeis in den Winter- und Frühjahrsmonaten so weit nach Süden vorgedrungen, daß es feste Brücken bildet.

Auch heute wandern mitunter Rentiere über die Taimyr-Halbinsel und das Packeis bis nach Spitzbergen. Die Tiere scheinen weitab liegendes Land wittern zu können.

Als die Eiszeit endete und es im bis dahin relativ warmen Sibirien kälter geworden war, dürften die nomadisierenden Altsteinzeit-Menschen einer nach Nordosten ausweichenden Rentierherde gefolgt sein. Auch diese Tiere flohen vor der zunehmenden Kälte und drangen bis Spitzbergen vor. Dort schmolzen eben die Gletscher ab; in den Talniederungen muß es für die Rentiere bereits genügend isländisches Moos gegeben haben. Fanden die Tiere ausreichend Futter, so konnten auch die Menschen existieren. Die Gletscher verschwanden schließlich, und weil es wärmer wurde, löste sich der Packeisgürtel auf. Jede andere Version wäre unlogisch. Wenn sich also in der bis dahin sterilen Erde Humus bildete, weil infolge von Mikroorganismen verschiedene Humussäuren entstanden und sich dadurch der Erdboden veränderte (Bodenbildung), dann muß auf Spitzbergen ein derart warmes Klima geherrscht haben, daß es auch keine Eisbrücken zwischen den weit auseinanderliegenden Inseln gegeben haben kann. Auf dem Festland, vor allem in Skandinavien, wanderten höher zivilisierte Stämme in die eisfrei gewordenen Räume ein und brachten die mesolithischen Kulturen mit. Auf Spitzbergen lebten hingegen, isoliert von der übrigen Welt, die letzten Altsteinzeitjäger. Sie fanden dort genug Feuersteine, harte Schieferplatten und Quarzite, um ihre Werkzeuge herzustellen. Geweihe von Rentieren und Treibholz dürften diese Materialien ergänzt haben. Möglich, daß in den Talniederungen sogar Bäume wuchsen; aber dort strömen die Gletscher heute dem Meer zu und haben in den letzten dreitausend Jahren den Untergrund so ausgehobelt, daß keine Spuren von einem eventuellen früheren Baumwuchs zurückgeblieben sind. Als diese Gletscher entstanden, hatten die Bewohner von Spitzbergen keine Überlebenschance mehr. Sie gingen zugrunde. Die Hauptsiedlungen der Urjäger auf Spitzbergen dürften in jenen Tälern gelegen haben, die heute von Gletschereis bedeckt sind. Die zehn bisher gefundenen Lagerplätze scheinen nur Außenseiterposten dieser versprengten Urjäger gewesen zu sein.[16]

Diese Spuren von der Existenz relativ kleiner Menschengruppen, die in ihren alten Kulturen verwurzelt noch eine Zeitlang isoliert von der übrigen Welt existieren konnten, werfen einige Fragen auf: Unter welchen Bedingungen bleibt eine Kultur erhalten? Wann und wie erfolgt eine Veränderung? Wie kommt es zum Fortschritt, zu einer Höherentwicklung?

## Moderne Steinzeitmenschen ohne Jagdtrieb

Auf unserer Erde existieren noch Menschen, die ein so primitives Leben führen, daß man kaum von „Kultur" sprechen kann. Einer dieser Stämme wurde erst kürzlich entdeckt und ist der vielleicht erstaunlichste Beweis für das große Beharrungsvermögen einer sehr einfachen Lebensform. Die Tasadays leben auf der philippinischen Inselgruppe im Süden von Mindanao und sind ein anthropologisches Rätsel, Steinzeitmenschen auf einer unglaublich primitiven Stufe. Sie kennen weder Waffen noch die Jagd auf Tiere. Sie leben von dem, was sich in ihrem „Revier" einsammeln läßt: Früchte, Wurzeln, Palmenmark, Frösche, Fische und Kaulquappen.

190

Von den Tasadays ist nur eine einzige Horde mit 27 Angehörigen bekannt. Vermutlich dürfte es in ihrer Umgebung noch andere
Stämme geben, mit denen bisher allerdings noch niemand Kontakt
aufnehmen konnte.

Die Tasadays scheinen ein lebendes Relikt aus der Mythologie
oder der Märchenwelt zu sein. Fast wäre man geneigt zu sagen, die
Tasadays leben wie Adam und Eva im Paradies. Schon die
Entdeckung dieses Volkes ist mehr als sonderbar: Bis zum Jahre
1967 wußte niemand von seiner Existenz. Die Philippinen bestehen aus nicht weniger als 7100 Inseln. 2773 davon sind besiedelt.
Nach Luzon ist die Insel Mindanao die größte im Archipel. Die
fünfunddreißig Millionen Philippinos gehören nicht einer einzigen
Rasse an. Neben Malayen und Indonesiern gibt es in mehreren
Provinzen auch Stämme von Pygmäen. Sie sehen negrid aus und
scheinen mit der australischen Urbevölkerung und den japanischen
Ainus verwandt zu sein. Diese meist noch mit Pfeil und Bogen
bewaffneten Eingeborenen sind Halbnomaden und durchziehen
als Jäger die Dschungelgebiete. Mehrere dieser Stämme leben im
Süden Mindanaos.

Die kleinwüchsigen Menschen werden von einigen Anthropologen für direkte Nachkommen der Cro-Magnons gehalten. Sie
machen Jagd auf Wildschweine und Affen, fangen Schlangen und
Vögel und ernten, was wild auf Büschen, Sträuchern und auf dem
Boden des dichten Buschwaldes wächst. Ein besonderes Gesetz
schützt diese Urbevölkerung vor der Ausrottung. Fremden ist es
verboten, ihre Jagd- und Lebensrayone zu betreten. Die philippinische Regierung hat zu diesem Zweck eine eigene Organisation,
die sich „Panamin" nennt, ins Leben gerufen. Panamin ist die
Abkürzung für „Presidential Arm on National Minorities". Diese
Behörde wird von Manuel Elizande, einem jungen Industriellen,
geleitet. Der Multimillionär und ehemalige Playboy hat die
Anthropologie zu seinem Hobby gemacht. Elizande, von jedermann auf den Philippinen „Manda" genannt, verfolgt mit dem
Einsatz der „Panamin" auch politische Ziele. Die Organisation hat
das Protektorat über die Stämme der Ubos, der T'bolis und der
B'lit Manobos im Süden von Mindanao übernommen.

Einer dieser halbzivilisierten Angehörigen des B'lit-Stammes ist der eigentliche Entdecker der Tasadays. Es ist erstaunlich, wie dieser Eingeborene sich verhalten hat, als er zum erstenmal den Tasadays begegnete: Er handelte überaus menschlich und vernünftig, ja, nahezu wie ein ausgebildeter volkskundlicher Forscher. 1967 jagte Dafal vom Stamme der B'lit im Dschungel nordwestlich der philippinischen Stadt Kiamba. Er stieg das Tal eines tief eingeschnittenen Flusses aufwärts und stand plötzlich einigen Tasadays gegenüber. Diese Menschen waren nicht größer als der Jäger selbst und hatten milchkaffeebraune Haut, gekräuselte Haare und Stupsnasen. Sie lebten nackt in einer Höhe von über 1500 Metern. Die Männer trugen ein Orchideenblatt vor den Genitalien, die Frauen einen Schurz aus Palmblättern. Am meisten staunte Dafal über eine für ihn verblüffende Tatsache: Die Tasadays waren unbewaffnet. Ein im Dschungel lebender Eingeborener ohne Speer, ohne Bogen und Pfeil ist für einen Jäger eine Abnormität. Bei der ersten Begegnung waren fünf Männer eben dabei, in einem kleinen Fluß Fische und Frösche zu fangen. Als sie den plötzlich auftauchenden Dafal erblickten, betrachteten sie ihn zunächst sehr interessiert. Dann aber bekam einer der Tasadays Angst und schrie. Auch die anderen begannen nun laut zu schreien und liefen die steile Bergflanke hoch. In einer Höhle suchten sie Zuflucht. Vorsichtig näherte sich Dafal und beteuerte in seinem B'lit-Manobo-Dialekt immer wieder, in friedlicher Absicht gekommen zu sein. Aber die Tasadays schienen ihn nicht zu verstehen. Erst viel später sollte sich herausstellen, daß das Wort „Friede" in der Mundart der Urmenschen nicht existiert. Ebensowenig wie der Begriff „Krieg". In Frieden leben ist für diese Menschen eine Selbstverständlichkeit, ein permanenter Zustand. Sie kennen auch keine Wörter für „Reis", „Bogen", „Pfeil", „Salz", „Eisen" und „Gewebe".

Die Menschen in dem kleinen Seitental leben mit sich selbst und ihrer Umgebung in Frieden. Sie sprechen eine Sprache, die sich nach Ansicht von Linguisten vor 600 bis 700 Jahren vom Dialekt der B'lit abgespalten hat. Allerdings liegen hier noch keine wissenschaftlichen Ergebnisse vor. Auch über die ursächlichen

Die Tasadays sind die primitivsten Menschen, die in diesem Jahrhundert entdeckt wurden. Die Angehörigen des kleinen Stammes leben ausschließlich vom Einsammeln ihrer Nahrung. Jagd auf Tiere kennen sie nicht. Ein Bach ergänzt die Nahrung der Tasadays. Große Kaulquappen, Krebse und Fische liefern die erforderlichen Mengen an tierischem Eiweiß für die 27 Stammesangehörigen.

Zusammenhänge ist man sich noch nicht im klaren. Die Anthropologen halten eine Abspaltung der Tasadays von einem Jägerstamm und eine darauf zurückzuführende kulturelle Rückentwicklung für ausgeschlossen. Ihrer Meinung nach sind die Tasadays die echten Ureinwohner von Mindanao. Wahrscheinlich haben sich die primitiven Jägerstämme der Ubos, T'bolis und B'lit von Menschengruppen getrennt, die ähnlich wie heute die Tasadays vor sechshundert oder siebenhundert Jahren noch keine Jagd gekannt haben. Vielleicht wanderten andere Völkerschaften aus dem Norden ein und vermischten sich mit den Urbewohnern.

Zu diesem Thema schreibt der österreichische Forscher und Weltreisende Professor Dr. Herbert Tichy: „Gegenwärtig weiß man nicht, wann und warum sie ihr einsames Dasein begannen – vielleicht vor fünfhundert oder gar tausend Jahren. Das ist möglicherweise eine zu weitreichende Zeitspanne, die unserem menschlichen Wunsch nach dem Wissen um die eigene Vergangenheit und um den Beginn der Zivilisation entspringt."[17]

Man studierte die Lebensgewohnheiten der Tasadays sehr behutsam. Peinlich vermied man alle Anstöße, durch die die Lebensform und Mentalität, die Verhaltensweise und die Ernährung dieser Menschen geändert werden könnten. Wie empfindlich derartige Frühkulturen äußeren Einflüssen gegenüber sind, zeigte sich trotz aller Vorkehrungen. Die ersten veröffentlichten Berichte wurden von zwei bei der staatlichen philippinischen Panamin-Forschungsgemeinschaft beschäftigten Wissenschaftlern, Dr. Robert Fox, Chefanthropologe des Nationalmuseums in Manila und Frank Lynch, einem Jesuiten, verfaßt. Als die beiden Weißen zum erstenmal den Tasadays gegenüberstanden, hatte sich die Lebensart der primitiven Menschen bereits etwas geändert. Der Jäger Dafal hatte ihnen Werkzeuge geschenkt, die für sie neu waren. Er hatte ihnen zwei Machetten, fünf Bogen, dreißig Pfeile, einen Speer, ein Messer, eine Nadel, zwei Körbe sowie fünf Stück Stoff, einen Sack und zwei Meter Kupferdraht gegeben. Aus dem Draht stellten die Höhlenbewohner Ohrringe her. Die meisten Geschenke veränderten das Leben der Tasadays nicht. Nur die Machette führte zu einer Revolution in der traditionellen Ernährung. Die in den Höhlen wohnenden Menschen waren nun in der Lage, größere Palmen zu fällen und aus dem in Wipfelnähe dünner werdenden Stamm das Palmenmark herauszuholen. Bis dahin hatten sie mit ihren primitiven, rasch angefertigten Steinbeilen nur kleinere Gewächse schlagen können. Diese Äxte waren sehr einfach hergestellt: Ein Stein wurde gegen einen Felsen geschleudert und der Vorgang so oft wiederholt, bis sich eine entsprechend scharfkantige Platte abgespaltet hatte. Das Beil wurde in ein aufgespleißtes Stück Bambusrohr eingeklemmt, mit Lianen umschlungen und befestigt. Diese Arbeit dauerte im allgemeinen nicht länger als eine Viertelstunde. Wenn der Hersteller der Axt sein Werkzeug benützt hatte, ließ er es häufig achtlos am Arbeitsplatz zurück. Er machte sich beim nächsten Mal einfach ein neues Beil.

Als Besitzer der Machetten ersparten sich die Tasadays nun die Erzeugung der Steinbeile. Mit den anderen Geschenken, die Dafal in der Zeit zwischen 1967 und 1971 brachte, fingen die Empfänger recht wenig an. Die Stoffe wurden zwar bestaunt, gingen von Hand zu Hand, blieben aber dann in einer Ecke der Höhle liegen. Das Messer wurde hin und wieder benutzt. Mit Pfeil und Bogen wurden Schießversuche unternommen. Als aber Dafal die Tasadays die Jagd auf Affen und Wildschweine lehren wollte, lehnten sie ab. „Warum?" fragten sie den Jäger, „die Tiere sind unsere Freunde. Weshalb sollen wir sie töten?" Die erste Kunde von der Existenz der geheimnisvollen Urmenschen im Dschungel von Mindanao kam den Vertretern von Panamin 1971 zu Ohren. Es gelang Lynch und Fernandez, Dafal zu bewegen, ihnen den Platz, den die Tasadays bewohnen, zu zeigen. Um die Lebensweise der Dschungelmenschen nicht zu verändern, wurde beschlossen, nur Kurzbesuche abzustatten.

Die Forschergruppe der Panamin wurde absichtlich klein gehalten. Die Männer flogen in einem Hubschrauber in das weglose und überaus schwierig erreichbare Hochland. Sie mußten sich aus der Kabine des Helikopters abseilen. In diesem Dschungelgebiet gibt es keinen freien Platz, auf dem eine Landung hätte erfolgen können. Die beiden Forscher wurden von den Tasadays freundlich begrüßt. Diese fürchteten sich nicht einmal vor dem Hubschrauber, den sie das „Insekt mit dem großen Bauch" nannten. Allerdings war die Unterhaltung zwischen den beiden Forschern und den Tasadays mühsam. Dafal mußte dolmetschen. Auch er konnte nicht alles übersetzen.

Die streng eingehaltenen Vorsichtsmaßnahmen haben die Tasadays dennoch nicht vor dem zu erwartenden Schicksal bewahrt. Der Stamm, der sich 1975 um zwei Kinder vermehrt hat, hat längst seine gewohnte Lebensweise aufgegeben. Besucher werden angebettelt, man weiß aus dem Interesse der Wissenschaft Vorteile zu ziehen. Das vielleicht letzte Paradies der Menschheit scheint für immer verloren zu sein.

Bei der Ankunft der Forscher umfaßte der Stamm 25 Mitglieder: sieben Männer, fünf erwachsene Frauen, dreizehn Kinder, davon elf Jungen und zwei Mädchen. Allesamt wohnten sie in einer Höhle am Berghang. Sie ist eine von drei Grotten und befindet sich etwa fünfzig Meter über dem Fluß. Die Wohnhöhle ist etwa zehn Meter breit, zehn Meter tief und sieben Meter hoch. Hier werden ständig zwei Feuer unterhalten, wobei allerdings die Wartung nicht sehr genau genommen wird. Gehen einmal beide Feuer aus, sind die Tasadays jederzeit in der Lage, mit Hilfe eines von ihnen „Kulisong" genannten Bohrers Feuer zu reiben. Diese Arbeit wird von drei Männern vorgenommen und dauert nicht länger als fünf Minuten.

Die Tasadays kennen keinen Häuptling, kein Eigentum, sie kennen keine Religion, keine Ritualien, keine Kunst und machen sich auch keine Gedanken über den Tod und ein Leben danach. Die Ehe ist streng monogam, wobei allerdings die Heirat nie im eigenen Stamm erfolgt. Die jungen Mädchen kommen von anderen Stämmen oder ziehen zu diesen. Es muß mindestens zwei derartige Bruderstämme geben; die Tasadays nennen sie „Tasafang" und „Sanduka". Bis heute ist ungeklärt, wie Hochzeiten zustande kommen, ja, man weiß nicht einmal, wo sich die Nachbarstämme befinden. Die geographischen Angaben der Leute sind sehr unexakt. Untereinander scheinen die einzelnen Stämme und Gruppen keinerlei regelmäßige Kontakte zu haben. Es dürfte sogar überaus selten vorkommen, daß sich Angehörige verschiedener Stämme zufällig treffen. Jeder der Stämme verbleibt in seinem Revier, und die Sippen haben kein Interesse, ins Gebiet des Nachbarstammes hinüberzuwechseln.

Die Natur bietet den Tasadays in der Umgebung ihrer Wohnhöhle genügend Nahrung. Seltsamerweise scheinen sie sogar bemüht zu sein, das ökologische Gleichgewicht in ihrer Lebenssphäre nicht zu zerstören. Vielleicht ist es ein Instinkt, der zu dieser sorgsamen Lebenshaltung anregt. Die Sparsamkeit zeigt sich in vielen Verhaltensweisen. So werden etwa Wurzeln, die für die Zubereitung noch zu klein sind, an Ort und Stelle wieder eingegraben. Sie sollen im Boden weiterwachsen. Für das Einsammeln der erforderlichen Nahrung benötigen die Dschungelbewohner nie länger als vier Stunden am Tag. Nahrungsquelle Nummer eins ist der Bach. Er ist zwei bis zehn Meter breit. Die Männer waten ins Wasser und fangen mit ihren Händen Fische und Frösche, die dort bis zu zwanzig Zentimeter groß werden. Auch Kaulquappen sowie kleine Krebse und Schnecken werden eingesammelt. Die gefangenen Tiere werden durch einen Schlag gegen den Felsen getötet. Die Fischer werfen dann ihre Beute ans Ufer, wo sie von den Kindern aufgelesen wird. Niemals fängt man mehr Tiere, als zur Stillung des Hungers nötig sind. Die in Palmblätter eingeschlagenen Frösche und Fische werden in die Höhle transportiert.

Während die einen fischen, tragen andere Stammesangehörige Früchte, Insekten, Wurzeln und champignonähnliche Schwämme zusammen. Schon während dieser Tätigkeit essen die Tasadays. Das wirkt aber eher wie das Naschen von Leckerbissen: hier eine Frucht, dort ein zarter Bambussproß oder einige genießbare Samenkörner. Die Hauptmahlzeit findet gemeinsam statt. Die Frauen rösten die erbeuteten Nahrungsmittel in der Glut des Feuers oder dämpfen sie, eingehüllt in Bananenblätter. Um das Lagerfeuer zu unterhalten, wird trockenes Holz und abgestorbenes Moos eingesammelt und auf einem bestimmten Platz der Höhle aufgeschichtet. Bei den Mahlzeiten nimmt sich jeder, was ihm schmeckt. Es gibt keinen Streit, es gibt nicht einmal ein

Eigentumsrecht an der Beute. Die Nahrung ist ja in nächster Umgebung der Wohngrotte fast im Überfluß vorhanden. Was vom Mittagessen übrigbleibt, wird für das Abendmahl aufgehoben. Das ist übrigens die einzige Vorratswirtschaft, die von den Tasadays betrieben wird. Es gibt kein Räuchern, kein Pökeln, kein Trocknen oder Einlagern von Lebensmitteln. Das gleichmäßige Klima sorgt für einen immer gedeckten Tisch.

Bevor Dafal zu den Tasadays stieß, aßen sie zu ihren Fischmahlzeiten meist Yams-Wurzeln, die sie „biking" nannten. Mit Hilfe eines „Kalub" benannten Spießes und den Steinbeilen wurden die mitunter bis zu achtzig Zentimeter langen und über ein Kilogramm schweren Wurzeln aus dem Boden herausgeholt. Auch die Drachenblutpalmen, deren dünne, lange Stämme eher Lianen gleichen, liefern den Tasadays Kostaufbesserung. Die auch „rotang" genannten Pflanzen haben sehr schmackhafte Jungtriebe und haselnußgroße Früchte. Es gibt in der Umgebung der Wohnhöhle mehrere Rotangarten mit genießbaren Früchten und Trieben.

Seit die Tasadays über zwei stählerne Machetten verfügen, bevorzugen sie nicht mehr den Rotang als traditionellen Lieferanten von Kohlehydraten und pflanzlichem Eiweiß, sondern fällen Palmen und schälen das Mark heraus. Dieses wird zuerst geklopft und dann mit den Fingern von den Fasern befreit. Die breiige Masse schmeckt wie Artischockenböden.

Nicht nur die eingesammelten Nahrungsmittel gehören allen Stammesgenossen, sondern auch die durch „Arbeit" aufbereiteten Speisen. Ebenso sind die Werkzeuge Gemeingut. Wer etwa die Machette benötigt, nimmt sie. Mitunter läßt der Benützer sein Werkzeug dort liegen, wo er es gebraucht hat. Wenn später ein anderer Tasaday das Haumesser benötigt, sucht er das Gerät eine Zeitlang in der Umgebung. Findet er es, nimmt er es eher teilnahmslos an sich und benützt es. Findet er es nicht, ist er weder böse, noch macht er sich Gedanken, wo die Machette geblieben sein könnte. Meist wird dann das verlassene Werkzeug zufällig von einem anderen Stammesangehörigen gefunden und wieder in die Höhle zurückgebracht.

Nach dem Mittagessen breitet sich unter dem Höhlendach Schläfrigkeit aus. Die Männer schlummern, die Kinder drängen sich zu den Müttern, die mit primitiv aufgespalteten Bambusstökken den Kleinen die Haare kämmen. Es gibt Tasadays mit gekräuselten, aber auch solche mit glattem Haar.

Die Höhlenmenschen scheinen absolut keinen Forscherdrang zu haben. Als Dafal ihnen Bogen und Pfeile sowie die Lanze brachte, spielten sie eine Zeitlang mit den Waffen. Sie schossen mit Pfeilen auf bewegte Ziele, ließen aber, als sie diese Tätigkeit nicht mehr interessierte, die Geschenke außerhalb der Höhle liegen. Als Dafal ihnen einmal das Fleisch von Affen und Wildschweinen vorsetzte, aßen die Tasadays davon – wahrscheinlich mehr aus Neugierde als aus echtem Appetit. Nach dem Kosten fanden sie an Fleischspeisen keinen Geschmack mehr. Sie blieben Vegetarier und Fischesser.

Die beiden ersten weißen Beobachter konnten damals weder unter den Kindern, geschweige denn unter den Erwachsenen irgendwelche Aggressionen feststellen. Die Tasadays sind ausgesprochen fröhliche Menschen und jederzeit zu Scherzen bereit. Sie genießen das Leben, den Augenblick, und vielleicht ist dieser Zustand, der nicht nach dem Woher und dem Wohin fragt, das Paradies schlechthin. Die Tasadays haben noch nicht vom Baum der Erkenntnis genascht, und da sie sich nie die Frage vorgelegt haben, was nach dem Tode sein könnte, ist ihr Dasein automatisch mit Unsterblichkeit gleichzusetzen.[18]

Selbstverständlich haben sich Anthropologen bereits die Frage gestellt: Sind die Tasadays intelligent genug, um diesen paradiesischen Zustand bewußt zu erhalten? Lehnen sie aus diesem Grund alle „höheren" Bedürfnisse ab? Wissen sie, daß die Frage nach dem Zweck des Lebens die Vertreibung aus dem Garten Eden zur Folge haben müßte? Vielleicht gleicht die Mentalität der Tasadays nur der Verhaltensweise eines satten Tieres, das in seiner Umgebung durch nichts und von niemandem gefährdet oder erschreckt wird.

Die Menschen im Dschungel von Mindanao stellen eine Gesellschaft dar, die ihre Zeit intensiv genießt. Im Leben der Tasadays gibt es keine Zukunft, keine Angst vor dem Morgen. Und daher gibt es natürlich auch kein Interesse an der Vergangenheit. Die Forscher von der Panamin konnten bisher nicht klären, ob die Urmenschen überhaupt einen Kalender kennen; ob für sie das Jahr irgendwelche Bedeutung hat. Da sie andererseits auch keine Feste feiern, keine kultischen Handlungen vornehmen und den Tod offensichtlich ignorieren, erwecken sie den Eindruck permanenter Glückseligkeit. Tod und Jenseits rufen bei den Tasadays keine Angstgefühle hervor. Dennoch ist auch ihnen die Furcht nicht unbekannt. Die Pest – sie nennen sie Fugu – jagt ihnen größten Schrecken ein. Ebenso nehmen sie sich vor „Gewittergeistern" in acht. Ob sie an einen gottähnlichen Geist glauben, konnte nicht ganz geklärt werden. Einige Male erzählten sie von „befreundeten Seelen", die in den Bäumen hausen und sich ab und zu zeigen, und vom „Eigentümer der Berge", der für ihre Nahrung sorge. Aus der Sicht des modernen Menschen waren die Tasadays bei der Vertreibung aus dem Paradies von den Erzengeln übersehen worden. Adam und Eva wurden in die Zivilisation hinausgestoßen, die Tasadays durften in dem von Gott geschaffenen Garten bis auf unsere Tage bleiben. Und diesen Zustand genoßen sie. Die Reaktion auf die absolute Freiheit war eine erstaunliche seelische Ausgeglichenheit.

Weil die Tasadays kein Eigentum kennen, haben sie den Kommunismus in idealer Form verwirklicht. Ja, ihre Besitzlosigkeit geht noch viel weiter. Selbst das ihnen zur Nahrungssuche dienende Territorium sehen sie nicht als Eigentum des Stammes an. Das ist eine Praxis, die bisher nicht einmal von einer superkommunistischen Gemeinschaft angestrebt oder gefordert worden ist. Schließlich wurden ja die meisten Kriege zur Verteidigung des „Vaterlandes" geführt. Die Bedrohung des Lebensraumes ist schlechthin der casus belli. Für die Tasadays ist das Stammesrevier Teil der Natur, in der sie existieren. Da sie keine Angst vor wilden Tieren und vor Eindringlingen in ihr Stammesterritorium haben müssen, benötigen sie keine Waffen. Dementsprechend haben sie auch keine Angst vor Waffen, vor Angriffen oder vor Menschen, weil sie gar nicht auf den Gedanken kommen, man könnte ihnen ein Leid zufügen.

200

Freilich leben die Tasadays in einer Zone mit fast idealen klimatischen Bedingungen. Deshalb müssen sie nur ein Viertel des Tages arbeiten und können dennoch existieren. Andererseits herrscht auch in anderen Teilen Südostasiens ein gleiches, ja vielleicht sogar noch günstigeres Klima. Dort aber tobte Jahrzehntelang einer der grausamsten Kriege in der Geschichte der Welt.

Die philippinische Regierung hatte zwar alles unternommen, um dieses ethnologische Relikt zu schützen, aber die Chancen, die Tasadays in ihrer Natürlichkeit zu erhalten, waren gering. Zu häufige Visiten mußten Veränderungen der Lebensform mit sich bringen. Den Religionsgemeinschaften wurde es strikte verboten, missionarische Tätigkeiten in diesem Gebiet auszuüben. Zum erstenmal sollte verhindert werden, was bisher fast allen Naturvölkern geschah: Die eifrigen Missionare hatten den Eingeborenen ein Paradies im Jenseits versprochen und gleichzeitig die letzten irdischen Paradiese zerstört.

So zeigt das Beispiel der Tasadays eine „andere Psyche des Menschen". Die Klischeevorstellungen, die wir uns von unseren Vorfahren gebildet haben, sind eventuell revisionsbedürftig. Vielleicht war ihnen jener Raubtier-Instinkt gar nicht eingeprägt, der auf uns vererbt worden sein soll. Dieser wird ja für alles Böse in der Welt verantwortlich gemacht. Die Entdeckung der Tasadays zwingt zur Absetzung derartiger Denkmodelle. Andererseits werden dadurch viele sogenannte Lebensfragen nur noch verwirrender, als sie schon sind. So beweisen die Urmenschen ganz einwandfrei, daß primitive Kulturen ein großes Beharrungsvermögen besitzen. Nur äußere Einflüsse führen hier Veränderungen herbei. Freilich genügen dann schon ganz kleine Anstöße. Aus der Gemeinschaft scheint nie der Wunsch zu entstehen, die Verhaltensweise zu verändern, wenn nicht die entsprechenden Muster von außen herangetragen werden. Der sogenannte Fortschritt dürfte durch natürliche Barrieren gebremst werden.

So wie sich der Mensch in seinem Unterbewußtsein immer in die Geborgenheit des Mutterschoßes wünscht, so träumt er auch vom verlorenen Paradies. Wir haben diesen Zustand, der nichts anderes als die unterste Sprosse auf der Leiter der Kulturentwicklung darstellt, längst hinter uns. Wir haben uns über den Jäger und Sammler zum Viehzüchter, Ackerbauer, zum Kupfer-, Bronze- und Eisenhersteller bis zu den großen Hochkulturen entwickelt. Aber wir wissen bis heute noch nicht, weshalb wir den schwierigen Weg zum Fortschritt eingeschlagen haben. Niemand kann sagen, ob dieser in uns steckende „faustische" Drang die Strafe für den Versuch ist, vom Baum der Erkenntnis genascht zu haben.

### Die friedlichen „Wilden" von Surinam

Unter ähnlichen Begleitumständen, wie sie die Entdeckung der Tasadays kennzeichnen, erfolgte zwei Jahre früher im Nordosten Südamerikas, in Surinam, die Bekanntschaft mit primitiven Jägern.

Am 8. Juni 1968 paddelte eine Gruppe von Wayana-Indianern in ihren Kanus den Varemappan-Fluß stromaufwärts. Die Einge- borenen, halbzivilisierte Viehzüchter und Jäger, kehrten von einem größeren Jagdzug zurück. Plötzlich klatschte, nicht weit von ihrem Kanu entfernt, ein Stein ins Wasser. Die Jäger sprangen ans Ufer – und waren mit der Steinzeit konfrontiert. Ihnen gegenüber standen acht untersetzte, nackte, hellhäutige Indianer mit breiten Backenknochen. Die Männer waren mit schweren Steinbeilen und zwei Meter langen Bogen bewaffnet. Die Pfeile trugen aus Tierknochen geschnitzte Spitzen, die in Curare, das berüchtigte Nervengift der Indianer, getaucht waren.

Aber die „Wilden" dachten gar nicht an Angriff. Sie waren so erschrocken, daß sie unfähig gewesen wären, ihre Waffen zu gebrauchen. Sie meinten, ihre letzte Stunde habe geschlagen. Die Wayanas versuchten, mit den entdeckten Urjägern ins Gespräch zu kommen; diese sprachen jedoch einen unbekannten Dialekt. Schließlich gaben es die Indianer auf und setzten ihre unterbro- chene Heimreise fort. Aber die Urjäger begleiteten sie. Die primitiveren Eingeborenen hätten vermutlich ihre neuentdeckten „Freunde" noch weiter eskortiert, aber nach drei Tagen wurden die kleinen Steinzeitmenschen den Wayanas unheimlich, und so machten sie sich aus dem Staub. Sie hatten nämlich festgestellt, daß die treuherzig blickenden Urjäger ihren moderneren Brüdern zwei Machetten und eine Jagdflinte gestohlen hatten. Die Wayanas hatten daraufhin Angst vor den kleinen Waldläufern.

Zurückgekehrt in ihr Dorf, erzählten sie ihre Erlebnisse einem Missionar der westindischen Baptistenmission. Ivan Schoen, ein ausgebildeter Ethnologe, interessierte sich sofort für den geheimnisvollen Stamm. Der junge Missionar hatte den Bericht des Priester-Anthropologen Dr. W. A. Albricht gelesen. Albricht hatte aus Erzählungen von diesem primitiven Jägervolk gehört und auch vernommen, es nenne sich „Akuri". Der Fama nach sollte es im gebirgigen Dschungel von Surinam leben, sehr scheu sein und keinen Kontakt mit den Indianern haben.

Alle Versuche, die Steinzeitjäger im Dschungel zu entdecken, waren Albricht mißlungen. Er stieß stets auf verlassene Lagerstätten, in denen er mitunter primitive Keramiken und zurückgelassene Pfeile fand. Des weiteren konnte er Tierknochen sammeln und die Fußabdrücke der in den Dschungel weiterwandernden Akuris studieren. Als Dr. Schoen nun die Erzählungen hörte, war ihm sofort klar: die Wayanas mußte den schon fast legendären Jägerstamm getroffen haben. Auf einem der Pfeile, der von den Indianern mitgebracht worden war, entdeckte man ein eingeritztes Muster: aneinandergereihte Dreiecke und die stilisierte Figur eines doppelköpfigen Jaguars, einem Kulttier der Akuris. Gemeinsam mit zwei anderen Forschern machte sich der Missionar in den Dschungel auf. Es gelang ihm tatsächlich, die kleinen Urjäger aufzuspüren. Auch in Schoen trug der Ethnologe den Sieg über den Priester davon. Er und seine Begleiter waren strikt entschlossen, das Leben der primitiven Stammesangehörigen nicht zu verändern. Die Akuris sind in erster Linie Sammler. Sie suchen jeweils ein Gebiet auf, das nicht größer als fünf Kilometer im Durchmesser ist. Dieses Areal wird nun systematisch abgesucht. Bäume mit reifen Früchten oder Nüssen werden gefällt, um das Ernten zu erleichtern. Auf anderen Bäumen montieren die Steinzeitmenschen Plattformen oder schlagen kleine Höhlen in die Stämme. Dort siedeln dann wilde Bienenstämme. Hat sich ein Bienenvolk niedergelassen, warten die Akuris so lange, bis die

Waben Honig enthalten. Jetzt erst holen sie die süße Beute. Jagd machen sie in erster Linie auf Wildschweine und Vögel, seltener schießen sie kleine Affen. Die Akuris kennen keine Landwirtschaft. Sie leben so lange in einer Gegend, bis alles abgeerntet ist. Dann zieht der Stamm weiter. Am nächsten Lagerplatz werden primitive Laubhütten errichtet, und das geruhsame Leben geht einige Wochen lang weiter.

Nach Ansicht des Leiters des amerikanischen Museums für Naturgeschichte, Dr. Robert L. Carneiro, sind die Akuris der vielleicht letzte auf diesem Planeten lebende echte Stamm klassischer Steinzeitjäger. Es gibt bei ihnen keinen Häuptling, es gibt keine Hierarchie. Wie bei den Tasaday handelt es sich um eine klassenlose Gesellschaft. Das scheint überhaupt das Prinzip primitiver Stämme zu sein. Auch die Alakalufs, in Feuerland lebende Eingeborene, kennen keinen Häuptling. Obwohl die Akuris von Platz zu Platz ziehen, kann man sie nicht zu den Nomaden zählen, die ja – der Jahreszeit entsprechend – mit ihren Viehherden von Weideplatz zu Weideplatz wandern. Die Akuris grasen ein Areal so lange ab, bis sie alles Eßbare eingesammelt und die Jagdtiere erbeutet haben. Die größte Überraschung erfuhren die Ethnologen, als man die Sprache der primitiven Jäger analysierte. Hier bekam nämlich die Meinung, die Höherentwicklung vom Jäger zum Viehzüchter und Ackerbauer sei ein irreversibler Vorgang, einen vehementen Stoß. Die Akuris verwenden viele Vokabeln, die überaus eng mit dem Ackerbau verbunden sind. Die Annahme, sie seien immer nur Jäger und Sammler gewesen, muß also revidiert werden. Man vermutet nun – und das ist vor allem die Ansicht des Anthropologen Dr. William Crocker vom Smithsonian Institut –, die Akuris hätten früher den Ackerbau gekannt. Dann aber seien sie auf der kulturellen Leiter wieder einen Schritt zurückgerutscht. Man hat auch zu klären versucht, warum es zu diesem Rückschritt gekommen sein könnte. Vermutlich wurden die früher seßhaften oder zumindest seminomadisierenden Vorfahren der Akuris einmal von kriegerischen Indianerstämmen bedroht oder überfallen. Um der Vernichtung zu entgehen, flohen sie in den Dschungel. Dort aber gibt es keine Landwirtschaft. Selbst wenn man mit großer Mühe ein Stück Urwald rodete, brächte der Boden maximal zwei Ernten hervor; dann ist er völlig ausgelaugt. Im Dschungel verlernten die Akuris die Technik des Pflanzenanbaues. Sie paßten sich den neuen Verhältnissen an.

Primitive Kulturen sind immer heikel. Wenn sie mit höheren Zivilisationen in Kontakt kommen, verändern sie sich sehr rasch. Man hat die Lebensweise der Akuris sorgfältig, aber sparsam studiert. Die nur mit Lendenschurzen aus Palmblättern bekleideten Männer und Frauen tragen um den Hals Ketten aus Affenzähnen.

Es ist bis jetzt nicht gelungen, den religiösen Glauben dieser primitiven Menschen exakt herauszufinden. Sie scheinen einen einfachen Jagdzauber zu praktizieren. Gute Geister müssen aktiviert werden, damit sie Nutzen bringen, und böse Geister besänftigt, damit sie keinen Schaden anrichten.

Die Regierung von Surinam hat die Akuris unter besonderen Schutz gestellt. Mit Ausnahme der von Dr. Schoen geleiteten Expedition, an der auch ein in Regierungsdiensten stehender Anthropologe teilnahm, durfte das Gebiet der Steinzeitmenschen von niemandem besucht werden. Dennoch besteht nur wenig Aussicht, diese kleine Menschengruppe am Leben zu erhalten. Die dreißig Stammesangehörigen, die Dr. Schoen kennenlernte, sind vermutlich zum Aussterben verurteilt. Die Analyse von Blutproben hat nämlich ergeben, daß die Urjäger keine Antikörper entwickeln. Sie sind daher hilflos den Folgen von Röteln, Masern und Scharlach ausgesetzt. Früher oder später wird sich zweifellos einer der Urjäger infizieren. Das muß eine Epidemie zur Folge haben, wie das häufig in der Geschichte der primitiven Völker vorkam. Die einzelnen Stammesangehörigen haben kaum eine Überlebenschance.[19]

Erstaunlich ist besonders das Fehlen jeder Hierarchie. Das Hauptargument der modernen Verhaltensforschung für unsere heute so komplizierte soziale Strukturbildung ist der Vorstellungsbegriff des streng hierarchischen Aufbaus. Die führenden Persönlichkeiten in unserem Leben sind mit dem Leittier einer Herde oder Horde gleichzusetzen. Wie bereits erwähnt, werden sie Alpha genannt. Die an der Basis dieser gesellschaftlichen Pyramide stehenden Untertanen nennt man Omegas. Wie sich aber bei den „Primitiven" zeigt, scheint der hierarchische Aufbau bei Menschengruppen gar nicht unabdingbar zu sein. Jedenfalls kommen die Tasadays und Akuris – wie auch die Papuas, die Alacalufs und einige Indianer in den Dschungelregionen Südamerikas – ohne Häuptling aus. Die Sozialstruktur dieser Menschen kennt weder Herrschende noch Beherrschte. Der Trieb, zum Alpha aufzusteigen, ist vielleicht gar nicht so dominant, wie man bisher allgemein angenommen hat. Wie weit dies andererseits nur für die in Abgeschiedenheit lebenden Menschen gilt, die keinerlei Kontakte zu Nachbarvölkern oder Stämmen haben, ist noch nicht geklärt.

Isolierung ist der wirksamste Schutz vor jeder drohenden physischen Vernichtung infolge eines Krieges oder der Eroberung durch besser gerüstete Stämme. Die Abgeschiedenheit verhindert auch die Assimilierung durch andere „fortgeschrittene" Völker. Möglicherweise können es sich nur Menschen, die kein kriegerisches Dasein führen müssen, deren Stammesgemeinschaften nicht von außen bedroht werden, auch leisten, auf eine hierarchische Sozialstruktur zu verzichten. In allen anderen Fällen muß ein Führer oder Häuptling die Leitung und Verantwortung übernehmen und im Interesse der Gemeinschaft die divergierenden Wünsche koordinieren. Welche Verhaltensweisen früher die Regel und welche die Ausnahme waren, läßt sich nicht mehr eindeutig festlegen. Im Paradies scheint es aber keinen Platz für Tyrannen gegeben zu haben.

### Die Aggressionen der Primitiven

Zweifellos sind die Verhaltensmuster des Menschen von seiner Umgebung geprägt. Das ist gewiß mit ein Grund, warum sich der Mensch wesentlich besser als das Tier adaptieren kann. Darum überlebte er dort, wo von der Natur besser ausgerüstete Tierarten zugrunde gingen. Dieses Anpassungsvermögen ist eine Eigenschaft des zivilisierten Menschen. So ist ein Neger durchaus imstande, in den Schneefeldern Alaskas oder in der Antarktis Dienst zu versehen, und ein Weißer wird sich an die Tropenhölle gewöhnen können. Anders reagieren die letzten Angehörigen der im Dschungel lebenden Naturvölker. Die Chancen für einen aus Afrika geholten Pygmäen, in höheren Breiten zu überleben, sind äußerst gering und das aus mehreren Gründen. Nicht nur die verminderte organische Widerstandskraft ist eine tödliche Bedrohung, sondern auch die Entwurzelung aus der gewohnten Umgebung. Die Schilderungen des großen Pygmäen-Kenners Pater Gusinde zeigen, daß diese kleinen Menschen nur in der Kulisse des Regenwaldes leben können, und daß sie, wenn sie entwurzelt werden, zugrunde gehen, weil sie dann absolut keinen Lebenswillen entwickeln. Anders muß es bei unseren Vorfahren, den Cro-Magnon-Menschen, gewesen sein.

Sie waren in unwirtlichen Gebieten angesiedelt. In ihrer Umwelt gab es Tiere, die für sie gefährlich, ja lebensbedrohend waren. Der Kampf war den Menschen aufgezwungen. Volksstämme, die in paradiesischen Zonen leben, können leichter friedliches Verhalten zeigen als Völker, die aggressive Praktiken entwickeln müssen, um zu überleben. Für die Existenz eines Volkes ist Aggression von ganz wesentlicher Bedeutung. Verhaltensforscher sind der Ansicht, ohne Aggression gäbe es überhaupt keine Evolution. Es muß ja nicht immer die zerstörende Kraft sein, die im Mordtrieb gipfelt. Aggression – und das hat Professor Konrad Lorenz überzeugend dargelegt – hat in den meisten Fällen positive Züge und ist kreativ, ist eine absolute Voraussetzung für schöpferischen Lebenswillen, Agilität und eine aktive Persönlichkeit.

Ein Lorenz-Schüler, der im Max-Planck-Institut Seewiesen tätig ist, Professor Irenäus Eibl-Eibesfeld, hat ein anderes primitives Volk untersucht: die südafrikanischen Buschmänner vom Stamme der !Ko (das Rufzeichen steht für die in der Buschmänner-Sprache so charakteristischen Schnalzlaute). Eibl-Eibesfeld beobachtete eine Horde !Ko-Buschmänner, die aus 16 Männern, 15 Frauen und 24 Kindern bestand. Die Buschmänner gelten als friedlicher Menschenschlag. Sie zeigen kein aggressives Verhalten gegen ihre Nachbarstämme. Männer und Frauen sind ihren Kindern gegenüber sehr tolerant. Es gibt praktisch keine körperliche Züchtigung. Unter den Ethnologen glaubte man deshalb, die Kinder der Buschmänner seien ebenso friedlich. Eibl-Eibesfeld beobachtete daraufhin in der Kalahari-Wüste das Verhalten der Kleinen. Eine Gruppe von vier- bis zwölfjährigen Kindern spielte miteinander. Der Verhaltensforscher registrierte in etwas mehr als drei Stunden 166 aggressive Akte. In seinem Notizbuch steht vermerkt: die !Ko-Kinder hatten einander 96mal mit der Hand geschlagen oder geboxt. Weiter gab es 23 Fußtritte, zehn länger dauernde Ring-kämpfe und acht gezielte Steinwürfe. Fünfmal spuckte ein Kind das andere an. In zehn Fällen weinte das Opfer. Die Tätlichkeiten wären vermutlich noch häufiger zu beobachten gewesen, hätte es nicht unter den Kindern ein etwa vierzehnjähriges Mädchen gegeben, das sich zur Aufseherin gemacht hatte. Am Morgen, bevor die Kinder zu spielen begannen, demonstrierte das Mädchen seine Autorität. Sie schlug einem der Kinder die Melone aus der Hand, ein Bub erhielt eine Ohrfeige, ein Mädchen einen Fußtritt. Erst als die Kinder durch ihren ängstlichen Gesichtsausdruck zu erkennen gaben, sie würden nun seine durch Brachialgewalt errungene Überlegenheit anerkennen, zog sich das Mädchen zurück. Es griff von da an nur mehr ein, wenn sich Parteien zu bilden drohten oder wenn sich der Sieg eines der raufenden Kinder eindeutig anbahnte.[20] Die exakte Beobachtung der Verhaltens-weise der !Ko-Buschmänner ist noch aus einem anderen Grund interessant: Viele Anthropologen schließen nicht aus, daß diese inzwischen in die unwirtlichen Wüstengebiete und Trockenstep-pen abgedrängten Buschmänner letzte Überlebende einer ausge-storbenen Rasse sind, der Cro-Magnon-Menschen. Jedenfalls weist ihre Anatomie viele Übereinstimmungen mit aufgefundenen Skelett-Teilen primitiver Homo-sapiens-Typen auf.

Auch die als friedlich geltenden Menschenrassen haben also ihre Aggressionen. Die wenigen Fenster, die vielleicht in die prähistori-sche Vergangenheit des Frühmenschen führen, müssen freilich nicht auch die Verhaltensmuster der Cro-Magnon-Menschen getreu widerspiegeln.

Seltsam ist das plötzliche Verschwinden der Eiszeitmenschen

aus fast allen Gebieten, die sie vorher besiedelt hatten. Es gibt keinen einzigen Grabungsplatz auf der Welt, wo eine fließende Höherentwicklung nachzuweisen wäre. Die Evolution ist immer in Sprüngen erfolgt. Ja, es hat den Anschein, als ob jeweils die älteren Stämme plötzlich verschwanden und sich nach geraumer Zeit eine neue Kulturgeneration – wie herbeigezaubert – niedergelassen habe. Woher diese Menschen kamen, ist rätselhaft. Archäologen und Paläontologen nehmen dieses weltweite Phänomen zur Kenntnis, ohne nach dem „Warum" zu fragen. Ich hingegen glaube an die Folgen von Polsprüngen. Gerade in den klimatischen Randzonen bestanden für die Jäger und Sammler bei derartigen Katastrophen keine Überlebenschancen. Die Cro-Magnon-Menschen lebten nicht in der Eiszeit, sondern zwischen den relativ kurzen, aber sehr heftigen Eisvorstößen. Kam es zu einem Polsprung, wurden die Angehörigen der Jägerstämme vernichtet, und ihre Kultur verschwand. Zog sich das Eis nach ein-, zwei- oder dreitausend Jahren wieder zurück, wurden die eisfrei gewordenen Gebiete von anderen Stämmen neu besiedelt.

### Neo-Darwinisten gegen Lamarckisten

Der Mensch ist heute imstande, alle Zonen, alle Kontinente und alle Inseln dieser Welt zu bewohnen und sich an alle klimatischen, topographischen, ja sogar an physikalisch abnorme Verhältnisse zu adaptieren. Menschen können monatelang in lichtlosen Höhlen oder Dutzende Meter unter dem Meeresspiegel und sogar im Weltraum leben. Wir wissen nicht, ob sich der menschliche Körper innerhalb der letzten zehntausend Jahre organisch so weit verändert hat, daß Eigenschaften, die der Cro-Magnon-Mensch noch besessen hat, verlorengegangen sind. Es ist dem Menschen ja nur deshalb möglich, in der Antarktis zu leben und zu forschen, weil er mit Hilfe einer hochentwickelten Technik das ihn unmittelbar umgebende Klima verändern kann. Entscheidend für das Leben in einer kalten Zone ist das Miniklima, etwa einen halben bis einen Zentimeter über der Haut. Mit anderen Worten: wer in der Lage ist, sich durch entsprechende Bekleidung vor Kälte zu schützen, wird von nun an stärker als die lebensfeindliche Natur sein. Ein vollklimatisierter Schutzanzug gestattet es, einem Blizzard mit tiefsten Temperaturen und enormen Sturmgeschwindigkeiten zu trotzen. Modifizierte Anzüge ermöglichen es, auf dem Mond spazierenzugehen oder stundenlang unter Wasser zu verweilen. Die immer mehr verfeinerte Technik, die sich der Mensch mit Hilfe seiner Intelligenz geschaffen hat, befähigt ihn, außergewöhnliche Situationen zu überstehen. Würde der Mensch sich hingegen nur mit ein paar schlecht gegerbten, steifen und unzureichend zusammengenähten Fellstücken bekleiden, wäre er nicht imstande, derartige klimatische Strapazen zu überleben. Dazu müssen jedoch unsere Vorfahren in der Eiszeit fähig gewesen sein, wenn die Lehrmeinung stimmt, daß die Altsteinzeitjäger sozusagen zwischen den Gletscherfeldern Europas existiert haben. „Sie haben sich an das damals herrschende Klima angepaßt", lautet in den meisten einschlägigen Lehrbüchern die Antwort auf die sich aufdrängende Frage, wie man als primitiver Mensch arktische Bedingungen ertragen könne. Dieses „sich anpassen" ist ein Begriff, der leicht auszusprechen, aber absolut nicht zu beweisen ist.

Für jeden, der sich mit der Evolution beschäftigt, stellt sich eine wichtige Frage, die von der Wissenschaft nicht eindeutig beanwortet werden konnte: Kann ein Lebewesen erworbenes Wissen und erworbene Fähigkeiten weitervererben? Seit über hundert Jahren bewegt dieses Problem die einschlägige Forschung. In hitzigen Debatten wird mit allen erlaubten und verbotenen Mitteln gekämpft. Jedem Pro und Kontra wurde und wird auch heute noch allergrößte Bedeutung zugemessen. Das mag dem Laien auf den ersten Blick überspitzt, ja vielleicht sogar unverständlich erscheinen. Wenn man aber bedenkt, daß Millionenbeträge fehlinvestiert wurden, weil die Meinung vorherrschte, Leben könne sich den klimatischen Gegebenheiten und den Umweltbedingungen anpassen, wird die hier angeschnittene Fragestellung verständlicher und transparenter.

Einer der prominentesten Männer der Weltgeschichte, der

Opfer einer Fehlinterpretation der Vererbungsgesetze wurde, war Nikita Sergjewitsch Chruschtschow. Sein Plan, Teile der kasachstanischen Steppe zu bewässern und mit „wüstenfestem" Getreide zu bepflanzen, scheiterte. Dort, wo früher Steppengräser eine bescheidene Viehzucht ermöglicht hatten, überzog das bewässerte Land alsbald eine harte Salzkruste. Die Folgen waren katastrophal. Tausende frisch angesiedelte Kolchosbauern mußten wieder umgesiedelt werden. Die sowjetische Regierung war gezwungen, Millionen Tonnen Getreide in Kanada und in den Vereinigten Staaten anzukaufen. Die eigentliche Schuld trug ein bis dahin in führender Stellung tätig gewesener russischer Genetiker: Trofim Denissowitsch Lyssenko.

Lyssenko war Schüler von I. W. Mitschurin gewesen. Dieser sowjetische Biologe vertrat die Lehrmeinung, es wäre möglich, junge Organismen durch eine besondere „Erziehung" in ihrer Erbmasse zu verändern. Die Entwicklung gehe in die Erbmasse über und werde in den Genen gespeichert. In den folgenden Generationen zeigten dann Pflanzen und Tiere diese neuerworbenen Eigenschaften.

Diese Lehre stand im Gegensatz zu den neodarwinistischen Thesen. Aber die Mitschurin-Lyssenkosche Vererbungslehre paßte in das Weltbild des Kommunismus.

Die Darwinschen Gesetze lassen nämlich der kommunistischen Lehre nur wenig Spielraum. Nach Gregor Mendels Vererbungsregeln sind die Erbfaktoren klar bestimmbar. Der Stärkere muß überdies die größeren Überlebenschancen gegenüber dem Schwächeren besitzen. Davon ausgehend ergibt sich einwandfrei: nicht alle Menschen können mit gleichem Charakter und gleichen Fähigkeiten geboren werden. Das aber widersprach einer der wichtigsten Maximen des Kommunismus, die da lautet: alle Menschen sind von Geburt aus gleich. Nur die Umwelt, also das Milieu, sei infolge individueller Unterschiede für den Lebensweg und die Ausbildung der Intelligenz entscheidend. Ändere man diese Umwelt etwa durch entsprechend höhere Schulung oder durch sorgfältigere Erziehung, könnte auch ein völlig neuer, besserer und fähigerer Mensch geschaffen werden.

Stalin war ein bedingungsloser Anhänger dieser Theorie. Lyssenko, der vom Gärtner zum Universitätsprofessor aufgestiegen war, profitierte also, wenn er diese Meinung vertrat. Er leitete bald nicht nur das Mitschurin-Institut, sondern war auch Mitglied der sowjetischen Akademie der Wissenschaften. Die Gegner seiner Lehre, wie etwa der weit über die Grenzen der Sowjetunion hinaus bekannte russische Genetiker Nikolai I. Wawilow, wurden wegen ihrer Überzeugung eingekerkert, Wawilow später sogar hingerichtet.

Im August 1948 war von der KPdSU die Darwin-Mendelsche Vererbungslehre verworfen und Lyssenkos Theorie als offizielle Auffassung der sowjetischen Wissenschaft verkündet worden. Lyssenko hatte damals den Gipfel seines Ruhmes erreicht. Seit 1938 war er Präsident der Lenin-Akademie der landwirtschaftlichen Wissenschaften der UdSSR und dreifacher Stalin-Preisträger. Mit dem Sturz Chruschtschows im Herbst 1964 verschwand auch Lyssenko von der Bildfläche. Aber der Fall Lyssenko war noch nicht abgeschlossen.

Auch jene sowjetischen Landsleute, die Lyssenkos Meinung bekämpft hatten, konnten ihre Lehre damals noch nicht frei verkünden. 1971 erschien das aus dem Russischen ins Englische und dann ins Deutsche übersetzte Buch „Der Fall Lyssenko, Eine Wissenschaft kapituliert". Autor war der in Obninsk lehrende Genetiker und Leiter des Laboratoriums für Radiobiologie, Dr. Schores A. Medwedjew. Er hatte schon im Jahre 1961 begonnen, den Fall Lyssenko zu schildern und den Schaden, den die sowjetische Wissenschaft durch die Entscheidung des Zentralkomitees der Kommunistischen Partei der Sowjetunion genommen hatte. In diesem politischen Gremium war auf Wunsch Stalins die Lyssenko-Lehre offiziell anerkannt worden. Noch war aber zu wenig Zeit verflossen. Medwedjew wurde verhaftet und in die psychiatrische Klinik von Kaluga eingeliefert. Die massiven Proteste von Dutzenden Kollegen in aller Welt, aber auch in der Sowjetunion selbst, verhalfen dem Gelehrten wieder zu seiner Freiheit. Seit Ende 1970 leitet er eine Forschungsabteilung am Institut für Physiologie und Biochemie in Borowsk. Auch in der

Sowjetunion gelten heute auf dem Gebiet der Biologie wissenschaftliche Gesetze und nicht politische Maximen.[21]

Der reine Zufall, also das, was Darwin die „natürliche Auslese" nannte, kann als aufbauendes und für die Höherentwicklung der Lebewesen verantwortliches Element nicht allein wirksam sein. Selbst den großen Naturphilosophen Charles Darwin hat die These, die Entwicklungsgeschichte des Lebens sei nur das Produkt eines höchst komplizierten Würfelspiels, irritiert. Im Jahre 1868 schrieb Darwin in seiner Arbeit „The Variations of Animals and Plants under Domestication" über verschiedene vererbte Merkmale, die durch besondere Umstände bei den Elterntieren entstanden waren. So etwa berichtet er von Pferden, die auf harten Böden laufen mußten und dadurch Mißbildungen der Beinknochen erworben hatten. Diese Knochenwucherungen hätten sie an die nächste Generation weitervererbt. Ebenso erwähnte er einen Vater, der bei einem Unfall den kleinen Finger verlor, man erzählte ihm, die Söhne hätten die gleiche Mißbildung aufgewiesen. Damit wurde der britische Gelehrte zum „Lamarckisten", aber auch zu seinem eigenen Gegner. Seit mehr als hundert Jahren bekämpfen einander Darwinisten und Lamarckisten auf das heftigste.

Wer war jener Lamarck, über den die nach Darwin wirkenden Biologen so viel Spott ausgeschüttet haben? Jean Baptiste Pierre Antoine Chevalier de Monet de Lamarck war das elfte Kind einer landadeligen Familie, die ein Schloß in Bazentin in der französischen Picardie besaß. Am 1. August 1744 kam Jean Baptiste zur Welt. Aus einer Laune heraus bestimmte sein Vater, er solle nicht, wie alle seine Brüder, die militärische Laufbahn ergreifen, sondern Theologie studieren. Aber es kam anders. Lamarck wurde nach dem Tod seines Vaters (1760) ebenfalls Soldat. Sechs Jahre diente er in der französischen Armee, brachte es zum Leutnant und kämpfte in mehreren Schlachten des Siebenjährigen Krieges. Nach seinem Abschied studierte er Medizin, interessierte sich aber noch mehr für die von ihm gewählten Nebenfächer Physik, Chemie, Meteorologie und Botanik. Seine Arbeiten über wirbellose Tiere, die zwischen 1815 und 1822 herausgegeben wurden, umfassen sieben Bände und bilden sein fundiertes Lebenswerk. Schon als

Vierunddreißigjähriger hatte er (1778) sein Buch „Flore Française" veröffentlicht, in dem sämtliche in Frankreich in freier Natur wachsenden Pflanzen beschrieben wurden.

Wenn heute von Lamarck gesprochen wird, bezieht man sich meist nicht auf diese Arbeiten, sondern auf die ihm zugeschriebene Evolutionstheorie. In Wirklichkeit ist Lamarck nicht der Erfinder der „Deszendenztheorie" gewesen, die besagt, Lebewesen haben nicht seit jeher in ihrer heutigen Gestalt existiert. Sie haben sich vielmehr aus einfacheren Formen gebildet und sind zu höheren Organismen aufgestiegen. Diese Ansicht vertraten schon die griechischen Philosophen – wie Empedokles, Anaximander und ihre Schüler. Goethe war ein Anhänger der Deszendenztheorie, besonders eifrig aber wurde sie von Darwin propagiert. Freilich nicht von Charles Robert, sondern von seinem Großvater Erasmus Darwin, einem Arzt und Naturforscher, der sieben Jahre vor der Geburt Charles, im Jahre 1802, gestorben ist. In seinem Werk „The Temple of Nature or the Origin of Society", das zwischen 1794 und 1798 erschien, stellt der ältere Darwin ein vollständiges System der Entwicklungstheorie auf. Er spricht über die Rätsel der Vererbung und ist der Ansicht, Organismen paßten sich der Umwelt an, Pflanzen entwickelten Schutzmittel gegen Feinde und Tiere und legten sich entsprechende Tarnfarben zu. Kurz, er vertrat die Meinung, alle Lebewesen adaptierten sich den Umweltbedingungen. Diese, auch Akkommodations-Theorie genannte Lehre wurde von Lamarck nur präzisiert und in ein ausführliches System gebracht.

Zu Lebzeiten war Lamarck nie Angriffen ausgesetzt gewesen. Zum Buh-Mann der Biologie wurde er erst durch die Schüler Charles Darwins. Die Anhänger und Epigonen einer bestimmten Wissensrichtung sind ja immer doktrinärer als die Begründer von Schulen. Die Aggressionen steigerten sich, als die Darwinisten in eine wissenschaftliche Krise gerieten. Sie hatten sich praktisch in eine Sackgasse manövriert. Wenn sich nämlich die Organismen nicht an die Umwelt anpassen können und die Erbmasse unbeeinflußbar ist, konnte es ja überhaupt keine Veränderungen gegeben haben. Der klar erkennbare Weg von niederen zu höheren Organismen war nach dem Darwinschen Gesetz undenkbar.

Gerade diese scheinbare Pattstellung verhärtete die Fronten und führte zu besonders heftigen Angriffen gegen Lamarck. Freilich galten die auf den toten Forscher abgeschossenen Pfeile weniger diesem selbst als seinen lebenden Anhängern. Aufschwung erhielt der Darwinismus erst durch die Mutationstheorie und die Mendelschen Gesetze.

Nach der Mutations-Theorie erfolgen Veränderungen in der Erbmasse nicht allmählich und in langsamen Übergängen, sondern treten plötzlich auf. Auch hier gibt es einen kleinen Treppenwitz. Erstmals veröffentlichte der holländische Botaniker Professor Hugo de Vries im Jahre 1901 diese Lehre. Er hatte bei einer eher unscheinbaren Blume aus der Spezies der Nachtkerzen, auch große Abendprimel genannt, eine plötzliche Veränderung entdeckt. Zufälligerweise hieß die Blume „Oenothera lamarckiana"; sie war seinerzeit von Lamarck entdeckt und klassifiziert worden. Schon seit dem Jahre 1870 hatte de Vries in der Nähe von Hilversum ein aufgelassenes Kartoffelfeld gepachtet. In Holland wird die Feldwirtschaft mit Hilfe eines ausgeklügelten Kanal-Systems versehen. Diese künstlich angelegten Wasserläufe sorgen sowohl für die Entwässerung der Marsch- und Geestgebiete als auch für die Bewässerung der Felder. Als einmal ein neuer Kanal gebaut wurde, trennte er von einem großen Kartoffelfeld einen Teil ab, den de Vries für seine Studienzwecke benützte.

Der Botaniker wollte sehen, wie sich nun das Wachstum auf dem ehemaligen Feld entfaltete und welche Chancen Kulturpflanzen gegenüber wild wachsenden Gewächsen hätten. Vries säte nicht, beobachtete aber fast täglich die natürliche Entwicklung der neuen Flora. Nach etwa zehn Jahren hatten die mannshoch werdenden Nachtkerzen einen erheblichen Teil des Feldes okkupiert und wuchsen in sich immer weiter ausbreitenden Inseln auf. Im Sommer bildeten sich gelbe Blüten, die erst gegen Abend aufgingen. Deshalb führt ja die „Oenothera lamarckiana" den Namen Nachtkerze. Die starken Stengel waren dicht belaubt, und wenn die Blüte abgewelkt war, bildeten sich lange, ährenförmige

Früchte. 1888 entdeckte de Vries die Mutation: Als er zu Sommerbeginn nach Hilversum kam, fand er in einer Ecke des Feldes zehn blühende Oenotherae, die andere Blüten und veränderte Blätter aufwiesen. Ohne jegliche Entwicklung, ohne Übergang war eine neue Primel erblüht. De Vries nannte sie „Oenothera laevifolia". Er erfaßte sofort den Begriff der Mutation.

De Vries war nicht der erste, der die Bezeichnung „Mutation" verwendete. Schon vorher hatten Paläontologen, die bei ihren Ausgrabungen in den gleichen stratigraphischen Schichten plötzliche Veränderungen bei bestimmten Arten von Tier- oder Pflanzen-Relikten feststellten, von Mutationen gesprochen. Ähnlich dachten auch der Genetiker Fritz Müller und andere Forscher.

Die Mutations-Theorie war ein Rettungsanker der Darwinisten. Der britische Forscher war zu seiner Überzeugung gekommen, weil ihn die vielen Variationen und die ungeheure Überproduktion der Natur an Lebensformen dazu angeregt hatte, nach den Ursachen dieser Verschwendung zu suchen. Aber erst Beobachtungen de Vries' deckten auf, wieso sich die Erbmassen ändern können.

Die zweite große Hilfe kam von einem zu diesem Zeitpunkt bereits seit 17 Jahren toten Mönch: von Johann Gregor Mendel. Mendel hatte bereits im Jahre 1865 seine Hauptgesetze veröffentlicht. Aber die kleine Abhandlung in der Zeitschrift der botanischen Gesellschaft über seine Versuche an Pflanzenhybriden hatte zunächst keine Beachtung gefunden. Mendel, der später Prälat des Augustinerstiftes in Brünn geworden ist, hatte seine Experimente mit einfachsten Mitteln im Gemüsegarten des Klosters durchgeführt. Ihm selbst war die Tragweite und der ungeheure Wert seiner Entdeckung bewußt. Als Gymnasiallehrer fand er jedoch bei der etablierten Wissenschaft keine Resonanz. Verbittert starb er 1884 in seiner Klosterzelle. Mendel erarbeitete die rechnerische Grundlage und die unfehlbare Gewißheit der vererbbaren Kombination. Die im Klostergarten wachsenden Erbsen veranlaßten ihn zur Formulierung seiner drei Gesetze. Erstens: „Jedes lebende Wesen ist ein Komplex einer Anzahl von selbständig vererbbaren Einheiten, von denen keine mit einer anderen in unmittelbarem Zusammenhang steht." Bestätigt wurde diese These allerdings erst durch de Vries. Zweitens: „Jedes Paar mit gegensätzlichen Merkmalen wird für sich einer Erbgutscheidung unterworfen, so daß alle denkbaren Kombinationen durch Bastardisierung erzielt werden können." Drittens: „Die vererbbaren Faktoren bleiben trotz ihres langzeitigen Nebeneinanderbestehens in jedem Individuum unverändert und unbeeinflußbar." Mendel hat dann noch genauer definiert und erklärt: „Der Entwicklungsablauf besteht, einfach ausgedrückt, darin, daß in jeder nachfolgenden Generation die zwei wesentlichen Merkmale klar unterscheidbar und unverändert aus der Hybridenform hervorgehen und nichts vorhanden ist, was uns zeigen könnte, daß eines von ihnen irgend etwas von dem anderen geerbt oder übernommen hat."

Erst als um die Jahrhundertwende die Mendelschen Gedanken Allgemeingut geworden waren, eröffneten diese Gesetze ein ungeheures Spektrum an Vorstellungen. Nun war die Bildung der vielen Rassen und die Züchtung der speziellen Arten überhaupt erst erklärbar. Die Mendelschen Gesetze und die Mutations-Theorie schufen eine neue Form des Darwinismus: den „Neo-Darwinismus". Aber die Gegner Lamarcks und Anhänger Darwins hatten das goldene Zeitalter noch nicht erreicht. Noch war der absolute Triumph über die anderen nicht errungen. Trotz der Modifikation ihrer Theorie gab es nämlich gewaltige Schwierigkeiten. Als man sich näher mit den Mutationen befaßte, als man bei den sich sehr rasch vermehrenden Tau- oder Essigfliegen (Drosophilae) Mutationen künstlich erzeugte, ergaben sich vor allem mathematische Komplikationen. Die praktischen Experimente brachten nur wenige brauchbare und überlegene Mutationen hervor. Die mathematischen Überprüfungen bestätigten die pragmatischen Erkenntnisse. Kommt es nämlich zu einer Genveränderung, so ist die Wahrscheinlichkeit, daß bessere Arten eines Individuums entstehen, äußerst gering. Die meisten Veränderungen in den überaus langen und komplexen Molekülreihen eines Doppelhelix sind für die Gene schädlich. Diese langen schraubenförmigen Träger der Erbmasse, die imstande sind, die Zellstruktur zu reproduzieren und die alle charakteristischen Eigenschaften des

Individuums enthalten, sind sehr anfällig. Sind die Zufallstreffer durch ein radioaktives Partikel für die Gene nicht tödlich, entstehen meist Mutationen, die einen Abstieg auf der Entwicklungsleiter darstellen. Der Nachwuchs besitzt also schlechtere Eigenschaften als die beiden Elternteile. Die Mutationen sind im Leben weniger widerstandsfähig und werden, getreu dem Grundsatz Charles Darwins, von lebensfähigeren und aktiveren Konkurrenten ausgeschaltet. Die Hoffnung, es könnten günstigere Mutationen in großer Anzahl auftreten, wird kaum erfüllt, die permanente Höherentwicklung hat nur sehr geringe Chancen in der Wahrscheinlichkeitsrechnung.

Diese Ansichten verbreiteten sich nach und nach auch unter den Darwinisten. Einen treffenden Vergleich führte etwa der englische Professor C. H. Waddington. Er meinte, die heute gültige Evolutions-Lehre, die auf Zufallsmutationen basiert, ist mit dem Versuch zu vergleichen, Ziegelsteine einfach willkürlich übereinander zu schütten und aufzuhäufen und dabei die Hoffnung auszusprechen: wenn man das oft genug gemacht hat, wird sich ein bewohnbares Haus aus dem Ziegelsteinhaufen bilden müssen.[22]

Zwischen Darwinisten und Lamarckisten gibt es auch weiterhin keine Versöhnung. Weil auch politische Maximen im Spiel sind, sind die Emotionen um so größer. Weltanschauungen können nun einmal wissenschaftliche Probleme nicht lösen. Lamarckisten und Darwinisten haben inzwischen Tausenden Ratten und Mäusen in Dutzenden Generationen die Schwänze abgehackt; man wollte damit den Beweis pro oder kontra Lamarck führen. Die Nachfahren der malträtierten Tiere wurden stets mit normal langen und dicken Schwänzen geboren. Auch die brutalsten Amputationen schufen also keinerlei Veränderung. Man hätte den geplagten Tieren die Quälerei ersparen können.

Allerdings: ganz so einfach läßt sich der Fragenkomplex auch wieder nicht vom Tisch wischen. Es gibt genügend Ausnahmen von der Regel, es gibt Phänomene und rätselhafte Veränderungen, die bis heute nicht geklärt werden konnten.

Der Schriftsteller und Forscher Arthur Koestler hat mit bemerkenswerter Akribie alle Fakten zusammengetragen, um den Fall des Wiener Biologen Paul Kammerer zu klären. Kammerer hatte mittels blinder Grottenolme einige entscheidende lamarckische Beweise demonstriert. Brachte man die Olme aus den finstern Höhlen in eine lichte Umgebung, entwickelten sie sehfähige Augen. Auch die „Geburtshelferkröte", die den schönen lateinischen Namen *Alytes obstetricans* führt, veränderte Körperteile, als man sie zwang, nicht auf dem Trockenen, sondern in feuchter Umgebung zu leben. Ebenso will Kammerer vererbbare Veränderungen bei Feuersalamandern festgestellt haben, die er in eine andere Umgebung brachte und die sich dem Untergrund ihres neuen Terrariums durch eine andere Hautfarbe anpaßten.

Die wissenschaftlichen Berichte von Paul Kammerer blieben nicht unerwidert. In der Zeitschrift „Nature" wurde der Streit besonders heftig ausgetragen. Zweifellos wurden dabei unfaire Mittel angewandt. Die Polemik endete mit dem Selbstmord des Wiener Wissenschaftlers. Im September 1926 erschoß sich Paul Kammerer, weil man ihm vorgeworfen hatte, bestimmte Veränderungen in der Haut seiner präparierten Kröten mit Hilfe von Tusche erzielt zu haben. Wie aber Koestlers Untersuchungen beweisen, haben andere Biologen die Kröten vorher untersucht und keinerlei Manipulationen feststellen können. Kammerer war dem Kesseltreiben seiner Kollegen erlegen; als er sich erschoß, trug er in seiner Tasche einen unterzeichneten Vertrag. Er sollte in Leningrad das berühmte Institut des russischen Gelehrten Iwan Pawlow übernehmen. Pawlow, der Entdecker des bedingten Reflexes, hat wie kaum ein anderer die moderne Psychologie beeinflußt. Ohne die Arbeiten Pawlows wären auch die Skinner-Experimente undenkbar.[23]

*Offener Krieg um die Gedächtnismoleküle*

Eben wird in „Nature" ein anderer Streit ausgetragen, der überraschende Parallelen zum Fall Kammerer aufweist. Einen Höhepunkt dieses wissenschaftlichen Disputes erreichten die Auseinandersetzungen im Jahre 1972. Abermals geht es um die

Beweisführung, ob die Lamarckisten oder die Darwinisten recht behalten sollen.

Die Biologen G. Ungar, D. M. Desiderio und W. Parr, alle von der Universität Houston (Texas), berichteten über die Struktur und die erste Vollsynthese eines sogenannten Gedächtnismoleküls, das sie „Scotophobin" nennen. Die Zeitung druckte zu dem Referat gleichzeitig eine Stellungnahme des Chemikers Professor W. W. Stewart, des Leiters der biologischen Laboratorien der Harvard-Universität in Cambridge. Stewart kam zu dem Schluß, die Forschungen der drei Amerikaner wiesen unzählige Mängel und Fehler auf. Die texanischen Biologen sind jedoch überzeugt, sie hätten das Gedächtnismolekül wirklich entdeckt und isoliert. Wenn das richtig ist, handelt es sich um die größte nur denkbare Entdeckung auf biologischem Gebiet während der letzten Jahrzehnte.

Um das zu würdigen, muß man die Frage zu beantworten versuchen, was das menschliche Gedächtnis ist. Wie speichert der Mensch Wissen, wie erkennt er einen anderen, wie wird das Erinnerungsvermögen abberufen? Man bedenke: das Gedächtnis ist nicht nur dem Menschen arteigen, sondern auch den Tieren. Ein Hund kann seinen Herrn ohne weiteres wiedererkennen und sich „erinnern", bereits einmal in einem bestimmten Gebiet gewesen zu sein. Zweifellos stellen auch die ererbten Verhaltensmuster, die jedem Tier, jedem Wesen sozusagen von der „Natur" mitgegeben werden, eine Art Gedächtnis dar. Wie weit allerdings Gedächtnismoleküle für diese Vorprogrammierung im Genbereich verantwortlich sind, werden erst künftige Forschungen erweisen.

Man hat jahrzehntelang nach dem Sitz des Gedächtnisses gesucht, man war der Meinung, ähnlich wie es Zentren für die Motorik, für das Hören, das Sehen und das Sprechen gibt, müsse auch das Gedächtnis eigene Zentren in einer Sphäre des Palliums, des Hirnmantels, besitzen. Sowohl im Tierexperiment wie auch in den Krankenzimmern der Unfallskliniken versuchte man, das Geheimnis zu lüften. Ein führender Forscher auf diesem Gebiet ist der amerikanische Psychologe Karl S. Lashley, der in Gehirnen von Ratten nach dem Sitz des Gedächtnisses suchte. In seinen

Laboratorien mußten die Ratten lernen. Es galt, ein Labyrinth zu durchlaufen und die kürzesten Wege zu entdecken. Zeigten sich die Tiere genügend geschult, hatten sie also in ihrem Großhirn das Gelernte gespeichert, dann wurden sie von Lashley operiert. Systematisch entfernte er Teile des Cortex. Die Tiere reagierten zwar sofort mit dem Verlust ihrer Sinnesfunktionen, wenn Gesichts-, Hör- oder Gleichgewichtszentrum beschädigt wurden; aber so viele Zellen der Hirnrinde auch abgesaugt wurden, das Wissen der Tiere blieb erhalten. Erst wenn überwiegende Teile der Gehirnrinde fehlten, verschwand die Orientierungsfähigkeit. Dann aber hatte sich der Charakter des Tieres schon weitgehendst verändert: die Ratte war debil geworden.

Ähnliche Ergebnisse meldeten Neurochirurgen und Traumatologen. Auch sie konnten keine Gedächtniszentren finden. Selbst wenn erhebliche Teile des Neocortex zerstört waren, traten nur selten große Wissenslücken auf. Ja, häufig erholte sich das Gehirn in relativ kurzer Zeit: die Erinnerung war meist nur vorübergehend gestört. Noch während der Rekonvaleszenz kehrte das komplette Gedächtnis wieder.[24]

Auch der amerikanische Gehirnforscher Karl Pribram befaßte sich intensiv mit der Erforschung des Phänomens „Gedächtnis". Er kam zur Auffassung, Wissen werde nicht Teil für Teil in einzelnen Nervenzellen gestapelt; in einem Lernprozeß werden vielmehr die Wahrnehmungen durch Überlagerungen bestimmter Impulse in vielen Zellen gleichzeitig gespeichert. Eine Vermittlerstelle im Zwischenhirn sorgt für eine Umwandlung, wenn die elektrischen Impulse nicht nur „griffbereit" kurz gespeichert, sondern für immer archiviert werden sollen. Nun wird das Wissen nicht mehr mit Hilfe von elektrischen Impulsen bereitgehalten, sondern durch entsprechende chemische Veränderungen. Unser Gedächtnis verdanken wir einer Reihe von Nuklein-Säuren, die, entsprechend abgerufen, gezielte Kontakte zwischen den einzelnen Hirnzellen anregen können. Diese Nukleinsäuren gehören vermutlich nicht der Gruppe der RNS (Ribonukleinsäuren) – oder der DNS (Desoxyribonukleinsäuren) an, sondern setzen sich aus einfacheren Aminosäuren zusammen.

Um die Allgegenwärtigkeit unseres Gedächtnisses in vielen Bereichen des Gehirns mit einem Gleichnis plausibel zu erklären, verweist Pribram auf die Holographie, ein modernes photographisches Verfahren zur Herstellung von dreidimensionalen Bildern. Das entsprechende Objekt wird mit Hilfe von Laser-Licht aufgenommen, einem kohärenten, nur in einer Ebene schwingenden, gebündelten und synchronisierten Licht. Der Laserstrahl wird sowohl von dem aufzunehmenden Gegenstand als auch von einem in einem bestimmten Winkel angebrachten Spiegel reflektiert und auf eine photographische Platte geworfen. Dort entsteht infolge der Interferenz, also der Wellenverschiebung oder Überlagerung, eine Schwärzung der Filmschicht. Es bilden sich nach dem Entwickeln hellere oder dunklere Flecken, die keine Gestalt erkennen lassen. Bei der Holographie nimmt man nun auf ein und dieselbe Platte nicht ein, sondern mehrere Bilder auf. Das Objekt wird gedreht und neuerlich dem Laserstrahl ausgesetzt. Der Prozeß wird so lange fortgesetzt, bis der Gegenstand von allen Seiten photographiert ist. Sobald die Aufnahme entwickelt ist und wieder in Laser-Licht gestellt wird, erscheint ein räumliches Bild des Gegenstandes. Mit anderen Worten: neben der Holographie entsteht sozusagen als Vision der aufgenommene Gegenstand. Geht man nun rund um dieses Objekt, kann man es aus jedem Blickwinkel in einer anderen Perspektive absolut stereoskopisch betrachten. Dieses durch Überlagerungen entstandene Bild weist eine weitere Eigentümlichkeit auf: Zerbricht man nämlich die Holographie oder zerschneidet sie und hält die Teile abermals in Laser-Licht, kann man jeweils aus den Bruchstücken ein neues dreidimensionales Bild des aufgenommenen Gegenstandes erzielen. Erst wenn die Holographie ganz klein geworden ist, wird das dreidimensionale Bild undeutlich und verwaschen.

Für Pribram funktioniert unser Gedächtnis ähnlich. Auch hier werden die Wissensimpulse durch Überlagerungen archiviert. Wie viele Zellen allerdings zusammenspielen müssen, um das dreidimensionale Bild unseres Wissens und unserer Erinnerung zu reflektieren, ist bis jetzt noch nicht bekannt. Entscheidend ist die Umsetzung unseres Wissens in einen chemischen Prozeß, denn dadurch wird ein Kapitel aus einer anderen Sicht beleuchtet, das in den letzten Jahren den Streit zwischen Lamarckisten und Darwinisten neu angefacht hat: Es geht um die Existenz der bereits erwähnten Gedächtnismoleküle.[25]

Wie seltsam das Gedächtnis reagiert, wird mitunter offenbar, wenn man nach einem bestimmten Wort sucht. Ein Begriff, der einem eigentlich geläufig sein müßte, scheint plötzlich im Gehirn blockiert zu sein. Eine Bezeichnung, ein Name fällt einem einfach nicht ein. Es gibt noch weitere psychische Schranken und Barrieren. Das Lampenfieber etwa: es blockiert die Wiedergabe eines exakt eingelernten Textes. Oder die Prüfungsangst: Sie „schnürt dem Kandidaten die Kehle zu". Er ist außerstande, das gelernte Wissen abzurufen und die an ihn gestellten Fragen zu beantworten. Furcht, Aufregung, Zorn oder andere Emotionen müssen also eine negative Wirkung auf den Abrufprozeß des vorhandenen Wissens haben. Andererseits kann man sich mitunter und ganz spontan an eine scheinbar längst vergessene Begebenheit aus der Kindheit erinnern. Man hat das Gefühl, irgendwie sei plötzlich eine Quelle im Gedächtnis aufgebrochen. Bilder und Ereignisse kommen zum Vorschein, nach denen man vielleicht schon lange geforscht hatte. Aber irgend etwas hatte die Rekonstruktion verhindert. Man muß gar nicht schizoid sein, um plötzlich zu meinen, „eine bestimmte Situation schon erlebt zu haben". Der Psychologe nennt das „déjà vu", „schon gesehen". Mitunter hat man das Gefühl, mit unglaublicher Zwangsläufigkeit und völlig unfrei einem bestimmten Erlebnisablauf beizuwohnen. Man weiß sogar schon den Ausgang des Ereignisses, weiß, was man sagen wird. Das sind Reflexionen aus dem Unterbewußtsein, wobei schwer zu sagen ist, was wirklich erlebt wurde und was sozusagen durch die „Konditionierung" erfolgt.

Manchmal macht sich das Unterbewußtsein in massiven Form bemerkbar: Ein unterdrückter Wunsch oder der wahre Sachverhalt werden ungewollt ausgesprochen („Freudscher Versprecher").

Eine Gruppe von Neurologen ist der Meinung, alle Menschen seien imstande, sämtliche erhaltenen Informationen und jegliches

Erlebnis im Gehirn zu speichern. Das Wissen in großem Ausmaß abzuberufen gelinge jedoch nur solchen Personen, deren Vermittlerstelle aktiv sei. Je besser das Zwischenhirn und die entsprechende neurochemische Zentrale funktioniere, um so höher die Gedächtnisleistung und der Intelligenzquotient.

Man hat versucht, das Gehirn mit einem großen Computer zu vergleichen, wobei sich zweifellos sehr viele Übereinstimmungen finden lassen. Aber obwohl ein Computer dem menschlichen Gehirn im Tempo des Abrufens des Wissens und in der Unbegrenztheit seines Gedächtnisses überlegen ist, wird doch jeder an einer EDV-Anlage tätige Programmierer mit Genugtuung versichern, der kreative Geist des Menschen sei dem „Blechtrottel" absolut überlegen. Warum der Mensch aber die vorhandenen Kapazitäten seines Gehirnes nicht ausnützt, sondern von den zehn Milliarden Neuronen, also jenen speicherfähigen Gehirnzellen, die vermutlich das Wissen wie auf einem Magnetband aufnehmen, nur einige hundert Millionen aktivieren kann, bleibt unverständlich. Der Neocortex kann mehr speichern, als ein dreißigbändiges Lexikon enthält. Weiter wäre es möglich, in demselben Neocortex das Wissen und die speziellen Kenntnisse von etwa einem Dutzend verschiedener Wissensgebiete sowie das Vokabular und die Grammatik von zehn bis fünfzehn Sprachen zu archivieren. Auch dann wäre die Speicherkapazität des menschlichen Gehirns noch nicht überlastet. Das wäre, wie gesagt, möglich, falls unser Hirn wie ein Computer funktionieren würde.

Schon die griechischen Philosophen hatten sich die Frage vorgelegt, was Gedächtnis ist. Den Vergleich, den sie zogen, holten sie aus ihrem Alltag. Um Vormerkungen aufzuschreiben, notierten sie ihre Einfälle auf Wachstafeln. Der auf einer Seite spitze Griffel hatte an der anderen Seite eine runde Stelle, mit der das Eingravierte wieder gelöscht werden konnte. So ähnlich stellte man sich auch die Wirkungsweise des Gehirns vor. Das Wissen werde in Form von Gedächtnisspuren, sogenannten „Engrammen", eingegraben, im Gehirn gespeichert, archiviert und beim Denken wieder hervorgeholt. Ein intelligenter Mensch wäre nach Meinung der griechischen Philosophen in der Lage, sehr viele derartige Tafeln zu speichern und das Notierte jederzeit wieder abzurufen.

Dank der modernen Forschung sind heute verschiedene physiologische Vorgänge nicht mehr Spekulation, sondern einwandfrei bekannt. Bei Denkprozessen fließen in unserem Hirn Ströme, die sichtbar gemacht werden können. Die Kurven eines Elektro-Encephalogramms (EEG) zeigen deutlich die Gehirntätigkeit auf. Darüber hinaus spielen sich beim Denken eine Reihe komplizierter biologischer Prozesse ab. Eiweißmoleküle werden gebildet, Nukleinsäuren verändern, ergänzen oder reproduzieren sich. Die geheimnisvollen chemischen Prozesse, die sich bei geistiger Tätigkeit im Gehirn abwickeln, bildeten auch die Basis für die jüngsten Theorien über das Gedächtnis. Als man für dieses Phänomen eine Erklärung suchte, dachte man an die Bildung von „Gedächtnismolekülen". Sie sollen entstehen, wenn bestimmte Nervenzentren bei einem Lernprozeß angeregt werden.

Können also Eltern die erworbenen Informationen mit ihrer Erbmasse auf die Kinder übertragen? Ist es möglich, Gedächtnismoleküle zu filtrieren, zu isolieren und mit Hilfe von Injektionsspritzen auf andere uninformierte Wesen zu übertragen? Diese Frage wurde zum erstenmal in den zwanziger Jahren dieses Jahrhunderts gestellt. Damals experimentierte Iwan Pawlow in seinem Leningrader Laboratorium mit Mäusen. Wenn man den Tieren ihr Futter in die Näpfe schüttete, ertönte eine Glocke. Es wurde die Zeit gestoppt, die verging, bis eine Maus das Glockenzeichen als Ruf zur Futterschüssel erlernt hatte. Im allgemeinen hatten die Tiere nach dreihundert Übungsstunden ihr Glockenzeichenstudium abgeschlossen. Trainierte man später Mäuse der zweiten Generation, waren nur noch hundert Stunden dafür erforderlich. Die dritte Population hatte schon nach dreißig Lehrstunden begriffen, auf Glockenschlag zu den Futterkrippen zu eilen, und die fünfte Generation benötigte gar nur noch fünf Stunden.

Als Pawlow über diese Experimente schrieb, kam es zu Diskussionen mit Kollegen und Forschern. Man zweifelte die Versuche an. Der sowjetische Gelehrte wiederholte nun seine Experimente unter veränderten Bedingungen. Nun kam er zu anderen Ergebnissen. Auch in der zweiten, dritten, vierten und fünften Mäusegeneration benötigten die Tiere eine ebensolange Lehrzeit wie die Mäuse in der ersten Generation. Pawlow widerrief seine erste Publikation. Er machte einen untergeordneten Mitarbeiter seiner Station für die Fehlinterpretation der Versuchsreihe verantwortlich. Der russische Forscher war aber nach wie vor überzeugt, erworbene Eigenschaften könnten vererbt werden. Allerdings nur von Lebewesen, die sich infolge veränderter Lebensbedingungen an eine neue Umwelt anpassen müssen. Diese Ansicht entspricht den Thesen der Lamarckisten.

Trotz der Dementis aus Leningrad hatten sich für die Pawlowschen Versuche bereits Nachahmer gefunden. William McDougall, Professor an der Harvard-Universität, der mit den Methoden der Behavioristen nicht ganz einverstanden war, griff die Pawlowschen Schlußfolgerungen auf und unternahm in den frühen zwanziger Jahren seinerseits Versuche. Er setzte Ratten in labyrinthartige Behälter und zwang die Tiere, einen speziellen Fluchtweg zu wählen. Verfehlten sie den Weg, fielen sie in ein Wasserbassin, wo sie in Gefahr gerieten zu ertrinken. Die Zeiten, die die Ratten benötigten, um den jeweilig einzigen Fluchtweg herauszufinden, wurden notiert. Nach den Feststellungen McDougalls fanden die Ratten der zweiten Generation ihre Route wesentlich schneller. In der Folge schien es, als wären die Nachkommen schon von Geburt auf mit den Verhältnissen in den Käfigen vertraut.

William McDougall, ein überzeugter Gegner der Neo-Darwinisten, veröffentlichte seine Ergebnisse im Jahre 1927. Seine Versuche wurden auf gleicher Basis von anderen biologischen Instituten nachgeahmt, und auch diese kamen zu ähnlichen Resultaten. An der Universität von Melbourne machte man aber zusätzlich eine verblüffende Feststellung, die die gesamte Schlußfolgerung in Frage stellte: Nicht nur die Nachkommen der abgerichteten Tiere lernten rascher als ihre Eltern, auch andere Kontrolltiere, deren Vorfahren nicht dressiert worden waren, erlangten in gleich kurzer Zeit dieselben Kenntnisse. Offensichtlich waren im Laboratorium

226

gehaltene Tiere intelligenter und fanden rascher einen Fluchtweg aus dem Labyrinth. Oder aber man muß annehmen, es gäbe unter den Tieren solche mit telepathischen Fähigkeiten.[26]

## Kannibalismus statt Studium

Der scheinbare Mißerfolg des englischen Professors beendete zunächst die Forschung über die Vererbbarkeit erlernten Wissens. Im Jahre 1962 erschien eine Publikation des amerikanischen Psychologen J. V. McConnell von der Universität Michigan. Sie schlug in Fachkreisen wie eine Bombe ein. McConnell hatte keine Säuger für seine Experimente herangezogen, sondern überaus primitive Tiere. Seine „Versuchskaninchen" waren „Planarien", Strudel- oder Plattwürmer. Diese eineinhalb bis zwei Zentimeter langen Tiere leben in Bächen und Teichen, sie können sogar in Abwässern von Kanälen existieren. Die kleinen Würmer haben ein komplettes, wenn auch primitives Nervensystem. Ein Zentralnerv endet im Kopfteil, in dem sich die einem Gehirnstamm entsprechenden Nervenzellenansammlungen befinden. Überdies verfügt das Tier über Mund und Augen. Die Tiere sind unglaublich vital und zäh. Wird eine Planarie zerteilt, wächst aus jedem der Stücke ein neuer Wurm heran. Ja, es ist sogar möglich, den Wurm in fünfzig Scheiben aufzuspalten, und aus jedem Teil wird sich nach entsprechender Entwicklungszeit ein neues Tier bilden. McConnell dressierte die Würmer auf seine Art: Er versetzte seinen Schülern elektrische Schläge und ließ jeweils auch gleichzeitig starke Lichtblitze aufleuchten.

Nach einigen hundert Versuchen reagierten die primitiven Würmer tatsächlich mit dem Pawlowschen Effekt: Sobald das Licht aufblitzte, zogen sich die Tiere der Länge nach zusammen, als würden auch elektrische Schläge ausgeteilt. Für die Planarien war das Licht bereits zum Auslösesignal für den unmittelbar zu erwartenden Elektroschock geworden.

Auch die geteilten und wieder herangewachsenen Würmer erinnerten sich überraschenderweise an das Gelernte. Selbst wenn man fünfzig Planarien züchtete, reagierten sie brav und regelmäßig auf Lichtblitze. Professor McConnell stellte die Theorie auf, vererbtes Wissen müsse in Makromolekülen gespeichert und auch auf Nachfolgetiere übertragbar sein. Er zog den Schluß, es gäbe Gedächtnismoleküle, die auch mit Hilfe anderer Techniken weitergegeben werden könnten. Der Forscher fing eine Anzahl dressierter Strudelwürmer, drehte sie durch den Fleischwolf und gab den Brei Artgenossen zu fressen. Tatsächlich klappte das Experiment. Die ungebildeten Würmer konnten bald, nachdem sie ihren kannibalischen Lüsten gefrönt und ihre Angehörigen verspeist hatten, das nicht selbst Gelernte rekapitulieren. Natürlich wurden die Experimente sofort in anderen Instituten wiederholt. Aber nun gab es Pannen. Der englische Biologe Morey spottete über seinen amerikanischen Kollegen und meinte: „Britische Strudelwürmer sind offenbar – im Gegensatz zu den amerikanischen – nicht dazu zu bewegen, ihre Artgenossen aufzufressen. Selbst wenn man die Bruderwürmer noch so delikat zubereitet, verzichten sie auf die Mahlzeit." Das beweise, meinte Morey, die feinere Lebensart, die sich in England durchgesetzt habe, reiche eben bis zu den Würmern hinab. Abschließend erklärte der Brite: „Ich bin darüber sehr bekümmert, denn ich wollte auf der Basis der amerikanischen Erfahrungen weitere Experimente mit englischen Würmern durchführen."[27]

Von nun an tobte der Kampf. Viele Forscher erklärten, ähnliche Ergebnisse wie McConnell erzielt zu haben. Andere meldeten, es sei unmöglich gewesen, seine Erfolge zu bestätigen. McConnell wiederholte die Versuche unter neuen, besonders rigorosen Kontrollmaßnahmen und kam zum gleichen Resultat. Ja, er erweiterte sogar die Aufgabenreihe: Die Planarien mußten in Gefäßen die beleuchtete Mitte aufsuchen und dort fressen. Aus dem Dunkel wurden sie durch Stromstöße vertrieben. Man isolierte die RNS (Ribonucleinsäure) und spritzte sie anderen Tieren ein. Diese Würmer bevorzugten von nun an lichte Stellen. Übertrug man hingegen die RNS undressierter Tiere oder verfütterte man undressierte Planarien an Versuchstiere, so zeigten diese keinerlei Reaktionen. Andere Versuche wiesen keine so günstigen Ergebnisse auf. So wurden Gruppen von Planarien auf den Lichtstrom-Schock dressiert, andere mußten in bestimmten Richtungen kriechen. Dann impfte man die Nucleinsäuren untrainierten Tieren ein, wobei man genau registrierte, welche Kenntnisse mit der jeweiligen RNS übertragen wurden. Aber die geimpften Würmer erinnerten sich plötzlich nicht mehr an das Wissen des „Muttertieres". Anderseits aber waren sie in ihrer Lern- und Aufnahmebereitschaft aktiviert worden und begriffen ihre Tricks innerhalb kürzester Zeit. Erhielten sie hingegen von untrainierten Tieren stammende Nucleinsäuren, zeigte sich keinerlei Lernbeschleunigung. Kontrolltieren konnte kein Wissen eingeimpft werden, falls die mit den Gedächtnismolekülen behaftete RNS vor der Übertragung auf ein undressiertes Tier mit einem bestimmten Enzym in Verbindung gebracht worden war. Enzyme bauen ja Eiweißverbindungen gezielt ab. Später stellte man fest, nicht die RNS bilde die Gedächtnismoleküle, sondern eine Reihe von Eiweiß-Substanzen, die sich aus den einfacheren Aminosäuren zusammensetzen.[28]

Seither wurden zahlreiche weitere Versuche durchgeführt. Im Jahre 1972 zog man Bilanz. Nicht weniger als 133 anerkannte wissenschaftliche Arbeiten hatten positive Resultate, 115 Forschergruppen hingegen konnten keine Bestätigung für die Bildung von Gedächtnismolekülen erbringen. In 15 Fällen gab es weder positive noch negative Ergebnisse. Bei so viel Pro und Kontra muß es zu Frontenbildungen kommen. Es gibt heute überzeugte Anhänger der Gedächtnismolekül-Theorie, es gibt aber auch verbissene Gegner. Vermutlich dürften viele Experimente nur deshalb negativ beendet worden sein, weil es nicht gelungen war, in den Terrarien, Aquarien, Käfigen und Ställen eine den Tieren analoge – im wahrsten Sinne des Wortes – biologische Atmosphäre zu schaffen.

Von den positiv abgeschlossenen Experimenten sind einige erstaunlich. In einem amerikanischen Biologie-Institut wurden etwa acht Ratten gleichen Alters und aus ein und demselben Wurf getrennt und in kleinen Laufkäfigen untergebracht. Ihr Futter erhielten sie streng nach den Regeln der Behavioristen in Form von Pillen. Jeweils, wenn eine Tablette in den Futternapf fiel, ertönte ein lautes Klicken. Nach wenigen Tagen hatten die Tiere den Klickton mit dem Begriff „Futter" verquickt und waren „konditioniert". Als die Dressur beendet war, wurden die acht „gelehrten" Ratten getötet. Gleichzeitig mußten acht andere Ratten im gleichen Alter und aus der gleichen Zucht ihr Leben lassen. Aus den Gehirnen aller Tiere wurde die RNS extrahiert. So erhielt man 16 Substrate, die wiederum 16 Ratten in die Bauchhöhle injiziert wurden. Nun traten Biologen von einem anderen Institut in Aktion. Sie wurden eingeladen, die geimpften Tiere zu prüfen. Alle Ratten hörten die Klicktöne zum erstenmal. Das Ergebnis war verblüffend. Jene Nager, die Nukleinsäuren eingespritzt erhalten hatten, die von untrainierten Tieren stammten, reagierten auf das ungewohnte Geräusch verschreckt und wichen vom Futternapf zurück. Jene Ratten aber, die den von ausgebildeten Artgenossen gewonnenen Impfstoff erhalten hatten, liefen sofort zum Futternapf oder zeigten sich mit dem Klickton vertrauter. Es schien, als seien verschiedene Merkmale erkennbar, wonach die Tiere sich an den „Klickton erinnerten". Sie konnten ihn jedenfalls mit dem Begriff Futter in Verbindung bringen.

Aber man unternahm auch andere Experimente. Ratten wurden gegen Lärm unempfindlich gemacht. Ein automatischer Hammer schlug dröhnend unentwegt auf Blech. Als sich die Tiere an den permanenten Lärm gewöhnt hatten und scheinbar ungeniert ihre Lebensweise im Käfig fortsetzten, wurden sie getötet. Abermals wurde ihre extrahierte RNS anderen Versuchstieren, ja sogar Mäusen, eingespritzt. Wieder konnte die Existenz von Gedächtnismolekülen bewiesen werden. Tiere, die mit der RNS von trainierten Nagern geimpft worden waren, verhielten sich bei Lärm ruhig, zumindest wesentlich ruhiger als die Vergleichstiere. Diese sprangen erschreckt hoch und versuchten zu flüchten.

Durch diese Auseinandersetzungen angeregt, hatten G. Ungar, D. M. Desiderio und W. Parr von der Universität in Houston mit ihren Experimenten begonnen. Auch sie verwendeten Ratten. Bei diesen Tieren ist eine Verhaltensweise besonders fest eingeprägt: Ratten suchen in ihrer Umgebung die jeweils dunkelsten Stellen auf. Sie scheuen das helle Licht. Professor Ungar und seine Mitarbeiter zwangen den Ratten eine konträre Verhaltensweise auf. Durch elektrische Stromschläge wurden die Tiere aus den dunklen Ecken in die Mitte ihrer Behälter getrieben. Dort war die Beleuchtung am kräftigsten. Auch bei diesen Versuchen klappte die Übertragung der Gedächtnismoleküle. Die durch Injektionen konditionierten Ratten suchten nun freiwillig die hellerleuchteten Stellen im Käfig auf.

Das Forscherteam aus Houston gab sich mit dieser Feststellung nicht zufrieden. Man untersuchte die chemischen Veränderungen im Hirn der Ratten. Bei diesen Experimenten entdeckte man eine weitere erstaunliche Tatsache: die Gedächtnismoleküle wurden offenbar vernichtet, wenn man der Nukleinsäure Substanzen beifügte, durch die bestimmte Aminosäuren verändert wurden. Aufgrund dieser Beobachtungen schlossen Ungar und seine Mitarbeiter auf kombinierte Aminosäuren, die als Träger der Gedächtnismoleküle fungieren. Die amerikanischen Forscher erklärten nach jahrelangen Arbeiten, es sei ihnen gelungen, diese geheimnisvollen Stoffe zu isolieren. Jene Substanz, die bei dressierten Ratten Angst vor dunklen Ecken erzeugt, wurde von ihnen gereinigt und chemisch analysiert. Es gelang auch, die sehr komplizierte Klassifizierung der erforderlichen 15 Aminosäuren vorzunehmen. Ungar und seine Kollegen nannten den gefundenen Stoff „Scotophobin". „Scotos" heißt dunkel, „phobos" Angst.

Die erste Zusammenfassung über diese Entdeckung wurde im Jahre 1968 veröffentlicht. In der Folge wurden von Ungar 17 weitere Berichte publiziert. Kollegen, die mit der Ansicht des amerikanischen Forschers nicht übereinstimmten, bemängelten das Fehlen von exakten Angaben. Sie verlangten verschiedene Details über die einzelnen Experimente und die chemischen Analysen. Auch die im Jahre 1972 erfolgte umfassende Veröffentlichung über die Arbeiten Ungars in der Zeitschrift „Nature" konnte den Streitkomplex nicht schlichten.[29] Die Redaktion der wissenschaftlichen Zeitung hatte den Vorstand der biologischen Laboratorien der Harvard-Universität in Cambridge, Professor W. W. Stewart, aufgefordert, ein Gutachten über die Arbeiten

Ungars zu erstellen. Stewart kritisierte in seinem Bericht vor allem die Praktiken beim Extrahieren der Aminosäuren und warf Ungar und seinen Kollegen vor, nicht genügend sorgfältig vorgegangen zu sein. Deshalb müßten die Amerikaner eine stark verunreinigte Substanz gewonnen haben, aus der man nicht weniger als acht Millionen verschiedene Strukturen für das Scotophobin ableiten könne. (Ein nicht ganz treffendes Argument gegen die Wirkung der Gedächtnismoleküle: Stimmen nämlich die Ergebnisse mit den Planarien, dann ist die Reinheit der extrahierten und isolierten Substanz ja gar nicht erforderlich. Auf physiologischem Wege werden die mit den übrigen Zellen vermischten Gedächtnismoleküle im Körper ausgefiltert und wirken dann als Informationsträger.) Darüber hinaus habe man als Kontrolltiere Ratten verwendet, die großem Streß ausgesetzt gewesen seien. Streß bedeute jedoch einen sehr entscheidenden Faktor für biochemische Veränderungen im Organismus eines Lebewesens. Vor allem störte die Kritiker, daß diese aus verschiedenen Aminosäuren bestehenden Verbindungen nicht nur für eine Tierart, also nur für Ratten, wirkungsvoll sein, sondern schlechthin eine Code-Information für alle Lebewesen darstellen sollten. Demnach müßten auch Goldfische, denen es völlig einerlei ist, ob sie sich im Dunklen oder im Hellen aufhalten, nach einer Impfung nur mehr beleuchteten Stellen zuschwimmen.

Weiter wurde zu bedenken gegeben, die chemische Natur könne mit ihren relativ einfachen und gleichartigen Schaltmolekülen keine derartig differenzierten und vielfältigen Gedächtnisleistungen speichern. Man könne schon mit Hilfe der Mathematik die relativ geringen Variationsmöglichkeiten, die sich aus den wenigen Aminosäuren ergeben, genau errechnen, und werde bald eines Besseren belehrt.[30]

Der Streit auf diesem Gebiet wird noch viele Jahre weitergehen. Sowohl für Neodarwinisten als auch für Lamarckisten ist die Klärung dieser Frage von entscheidender Bedeutung: Gibt es Gedächtnismoleküle, die mit Hilfe bestimmter chemischer und technischer Voraussetzungen und Apparaturen sozusagen von jedermann aus Hirnzellen ausfiltriert werden können, dann ist das

232

ein Sieg für die Lamarckisten. Behalten hingegen ihre Gegner recht und erweisen sich die Ergebnisse aus den vielen Experimenten nur als Sinnestäuschung, dann haben die Neo-Darwinisten einen gewaltigen Fortschritt erzielt.

Die Zukunftsaspekte für Gedächtnisübertragungen wären geradezu phantastisch. Bei immer vollkommenerer Technik müßte es eines Tages möglich sein, das Wissen eines Menschen einem anderen zu übertragen. Schließlich könnte man sogar gegen ein entsprechend hohes Honorar das Hirn eines Genies kaufen. Es wäre nicht ausgeschlossen, sich die Aminosäuren mit den Gedächtnismolekülen, die aus dem Hirn eines eben verstorbenen Menschen vom geistigen Rang eines Albert Einstein gewonnen werden, einspritzen zu lassen. Noch grotesker: Mit Hilfe einer simplen Injektion könnte man aus einem dummen, aber reichen Hilfsschüler einen großen Denker machen.

Dabei erhebt sich die Frage, ob vielleicht schon die frühesten Menschen die Wirkung von Gedächtnismolekülen gekannt haben. Alle fossilen Schädel, die man auf Lagerplätzen prähistorischer Menschen gefunden hat, waren eingeschlagen. Die Urmenschen hatten das Gehirn ihrer getöteten Artgenossen verspeist. Kannibalismus ist stets eine kultische Handlung und dient nicht als gewöhnliche Fleischmahlzeit. Die Urmenschen haben ein bestimmtes Ritual eingehalten und die Schädel ihrer erschlagenen Gegner in die Höhle gebracht, um dort – offensichtlich in feierlicher Form – das Gehirn zu verspeisen. Die übrigen Körperteile wurden nicht mitgenommen. Nur so ist es erklärlich, warum so häufig Schädelknochen gefunden werden, die übrigen Skelettstücke aber fehlen. Primitive Menschen sind augenscheinlich der Meinung, wenn sie einen erschlagenen Gegner essen, eignen sie sich seinen Mut, seine Intelligenz, seine Fähigkeiten und seine Potenz an. Wenn es wirklich Gedächtnismoleküle gibt, hatte der Kult praktische Bedeutung. Mit nahezu absoluter Sicherheit wurde ja das Gehirn der erschlagenen Menschen in rohem Zustand verspeist.

Wie immer man zu dem Fragenkomplex Stellung nehmen will, wenn es Gedächtnismoleküle gibt, dann gibt es auch einen Ausweg aus dem Hexenkreis, der Evolution durch sogenannte natürliche Auslese praktisch nicht zuläßt. Wenn selbst der stärkste Selektionsdruck kein neues Wesen zu schaffen vermag und die Mutationsrate zu unzuverlässig ist, um neue Wesen hervorzubringen, eröffnet die Möglichkeit, erworbenes Wissen zu vererben, neue Aspekte. Die Evolution und die Anpassung von Wesen an bestimmte Verhältnisse wird zumindest um einen kleinen Deut verständlicher.

Am Ende dieses ersten Buches kann zusammenfassend gesagt werden: Das Bild, das wir uns über die Entwicklung des Menschen machen, wird deutlicher und logischer, wenn in die Anthropogenese die sich in Abständen wiederholenden großen Katastrophen – also die Polsprünge – einbezogen werden. Bei erhöhter Strahlungsbelastung infolge von Hitze und überdurchschnittlichem Streß werden sich unsere Vorfahren an die neuen Umweltbedingungen angepaßt haben. Nur bei solchen Anlässen waren die Voraussetzungen für weitreichende Mutationen gegeben. In diesen außergewöhnlichen Situationen erfolgte meiner Meinung nach die Höherentwicklung der Primaten vom halbtierischen Vormenschen zum Homo sapiens. Es überlebte nur der Homo faber, also jener Typ, der imstande war, neue Techniken zu erfinden, mit denen er die neue feindliche Umwelt und das neue Klima überstand. Aus dem Paradies vertrieben, mußte er sein Gehirn voll einsetzen, um am Leben zu bleiben.

ZWEITES BUCH

# Die Physik der Weltkatastrophe

# DIE SONNE IST DER ERDE MUTTER

## Ex Occidente Lux

„Unsere Geschichte beginnt im Osten, nicht nur, weil Asien der Schauplatz der ältesten uns bekannten Kulturen ist, sondern weil jene Kulturen den Hintergrund und die Basis der griechischen und römischen Kultur bildeten, die Sir Henry Maine irrtümlicherweise als einzige Quelle des modernen Geistes bezeichnet hat. Wir werden überrascht sein, zu erfahren, wieviel von unseren unentbehrlichen Erfindungen, unseren wirtschaftlichen und politischen Einrichtungen, unserer Wissenschaft und Literatur, Philosophie und Religion auf Ägypten und den Osten zurückgeht." Das steht am Anfang einer 32bändigen Kulturgeschichte.[1]

Niemand hat daran gezweifelt: Die Wurzeln unserer abendländischen Kultur ruhen in den großen Kulturkreisen Ägyptens und des Nahen Ostens. In Mesopotamien hatten sich schon um das Jahr 3000 vor Christus die Sumerer niedergelassen. Gleichzeitig, vielleicht sogar etwas früher, erlebten auf Kreta die Minoer ihre erste kulturelle Blüte, und in Ägypten strebte die Kulturperiode des Frühen Reiches ihrem Höhepunkt zu. Freilich sind diese uns übermittelten Bilder, obwohl sie erstmals geschichtliche Daten enthalten, noch reichlich verwaschen und verschwommen. Doch gibt es aus dieser Zeit bereits schriftliche Aufzeichnungen von heute noch überprüfbaren Ereignissen. Mit ihrer Hilfe war es möglich, die Regierungszeiten verschiedener Herrscher festzustellen. Die ägyptischen Schriften berichten von Sonnenfinsternissen und anderen astronomischen Geschehnissen, die allerdings meist in Metaphern beschrieben werden. Dennoch konnten sie in sorgsamen Berechnungen auf den Tag genau bestimmt werden. So war es etwa möglich, den Bau der großen Pyramiden zeitlich festzulegen. Wann hingegen der erste Palast von Knossos errichtet wurde, jenes überwältigende Bauwerk auf Kreta, konnte man nicht exakt ermitteln. Um 2870 vor Christus muß die erste Siedlung in Troja entstanden sein. Die auf Kreta hergestellten Werkzeuge und Bronzegeräte wurden im ganzen Mittelmeerraum gehandelt. Auf Zypern verschaffte der Kupferbergbau den privilegierten Schichten der Bevölkerung ein luxuriöses Dasein. Damals war in weiten Teilen Europas die Kultur noch auf jungsteinzeitlicher Stufe, und die verschiedenen Stämme hatten einen harten Kampf mit der unwirtlichen Natur zu bestehen. Um das Jahr 1400 vor Christus, als Moses das jüdische Volk von Ägypten zurück ins Gelobte Land führte, explodierte der Vulkan auf der Insel Santorin (Thera). Diese Naturkatastrophe muß etwa viermal so gewaltig gewesen sein wie der Ausbruch des Vulkans auf der Insel Krakatau im Jahre 1883. Dementsprechend groß waren die Auswirkungen: Die von Thera ausgehende Flutwelle beendete die Herrschaft der Könige von Kreta. Diese Sintflut zerstörte prächtige Paläste an der Nordküste der großen Mittelmeerinsel und schwemmte die Siedlungen weg. Wo immer man auf einer Insel in der Ägäis in die Tiefe gräbt, wo immer man Bohrkerne vom Meeresboden heraufholt, findet man Vulkanasche, die aus dem Krater des feuerspeienden Berges von Thera stammt. Milliarden Tonnen Asche müssen damals bis in die Stratosphäre gejagt worden sein. Warum aber gleichzeitig auch die Paläste und Städte im Süden Kretas, wie etwa Phaestos sowie die weitab gelegenen Kulturen am Mittelmeer vernichtet wurden, soll hier erstmals erklärt werden.

Bisher hat man die Katastrophe von Thera stets als isoliertes Geschehen betrachtet. Alle Anzeichen sprechen jedoch dafür, daß sich damals überall in der Welt Katastrophen ereignet haben. In letzter Zeit wurde von verschiedenen Seiten vermutet, Thera wäre das sagenhafte Atlantis gewesen. Ich meine, die Katastrophe auf Thera war die zwangsläufige Folge einer Polverschiebung; die Erdkruste war in Bewegung geraten. Auch anderswo wurden damals weltuntergangsähnliche Zustände registriert. Zur gleichen

Der Palast von Knossos war das prächtigste Gebäude, das die minoische Kultur hervorgebracht hat, die schlagartig um das Jahr 1400 v. Chr. zugrunde ging. Überall auf Kreta zerstörten schwere Erdbeben gleichzeitig alle Gebäude.

Zeit verschwanden große Kulturen, etwa die mindestens seit 2500 vor Christus im Industal beheimatete Zivilisation, die nach den Städten Harappa und Mohentscho-Daro, den Hauptstädten eines sagenhaften Reiches, benannt wird. Die letzten Reste der Harappa-Zivilisation sollen von den legendären Ariern vernichtet worden sein. Möglicherweise ist auch ein anderer Volksstamm aus dem Norden in die Indusebene eingebrochen. Die Eroberer stießen nur mehr am Oberlauf des Indus auf Angehörige des hochkultivierten Bauern- und Viehzüchterstaates. Am Unterlauf waren die Siedlungen bereits verwüstet: Eine Sintflut, die vom Meer hergekommen sein mußte, hatte die Häuser zerstört und die Bewohner ertränkt. Ablagerungen dieser Flutwelle sind heute noch zu finden. Knapp bevor die Springflut kam, vernichtete ein Erdbeben die Mauern der Städte und Dörfer in den Harappa-Zentren. Einige Archäologen vermuteten, dieses Erdbeben habe den Unterlauf des Indus so weit aufgestaut, daß es dadurch zu den alles vernichtenden Überschwemmungen gekommen sein muß.[2] (Wie das allerdings bei einer Deltamündung wirksam werden kann, wird nicht gesagt.)

239

Diese Sintflut muß das Industal in eine Wüste verwandelt haben:
Ein Ereignis, das bereits zahlreiche Meteorologen beschäftigt hat,
zumal es in diesem Flußtal eigentlich keine Wüste geben dürfte. Es
sollten dort die vom Indischen Ozean her wehenden, feuchten
Monsunwinde für ausreichende Niederschläge sorgen. Man hat
aber festgestellt, daß der ständig aufgewirbelte Sand für eine
Abkühlung der Atmosphäre in großer Höhe sorgt. Der feine
Staubschleier verhindert die Sonneneinstrahlung und führt zu
einem raschen Druckabfall in der Luft. Dieser meteorologische
Zustand vereitelt trotz des Monsun-Klimas die Regenbildung und
verwandelt ein Land mit ursprünglich regenreichem, also humidem Klima in eine Wüste. Wenn ein Gebiet ausgetrocknet und
ohne Vegetation ist, verstärkt sich der „Wüsteneffekt". Nun wird
neuer Staub von den ständig wehenden Winden in große Höhen
getragen. Die Atmosphäre ist permanent mit Staub gesättigt, die
Sonneneinstrahlung geschwächt.[3] Bei schweren Naturkatastrophen, wie sie als Folge eines Polsprungs auftreten müssen, wird
zwangsläufig feinster Wüstenstaub, vermischt mit Vulkanasche, in
hohe Schichten der Stratosphäre geblasen. Da es dort kein Wetter
gibt, schwebt er monate-, ja jahrelang über der Atmosphäre und
verdunkelt die Erde. Man hat dieses Phänomen bei Vulkanausbrüchen beobachten können. Die Asche wurde dann sehr rasch über
die gesamte Erde verbreitet. Nach der Explosion des Krakataus
war 24 Stunden lang in einem Umkreis von 320 Kilometern um die
Katastrophenstelle stockfinstere Nacht. Der hochgeschleuderte
Staub führte zu zahlreichen elektrischen Erscheinungen. Die
aufzuckenden Blitze blieben stumm, denn sie waren in einer Höhe
entstanden, in der die Luft bereits zu dünn ist, um den Schall
weiterzuleiten. Jahrelang wurden nach dem Ausbruch des Krakataus besonders farbenprächtige Sonnenuntergänge beobachtet. Sie
waren eine Folge des noch immer in der hohen Atmosphäre
schwebenden Vulkanstaubs. Wenn also sehr viel Staub über der
Troposphäre lagert, wird es verständlich, daß sich fruchtbares
Land in Wüste verwandelt. Man hat einzelnen Schichten des
Industales Bodenproben entnommen und sie mikroskopisch
untersucht. Es gelang, die Pollen des Blütenstaubs zu analysieren.

Aus dieser Untersuchung ging einwandfrei hervor: nach 1400 vor Christus war das Klima schlagartig trockener geworden. Die Siedlungen im unteren Industal waren damals offenbar schon verlassen. Nur entlang des Oberlaufes gab es noch bewohnte Orte. Diese Bewohner gingen dann bei der erwähnten Invasion der aus den Bergen kommenden, mit den Ariern verwandten Kassitenkrieger zugrunde.

Als die Harappa-Zivilisation zerstört wurde, scheint der aus der griechischen Mythologie bekannte Held Deukalion – gleich dem biblischen Noah – die Sintflut überlebt zu haben. Vielleicht war Deukalion aber ein Zeitgenosse von Gilgamesch, dem babylonischen Sintflut-Bezwinger. Daten aus der Mythologie sind mit äußerster Vorsicht zu bewerten. Die Ereignisse können sich Jahrtausende früher abgespielt haben. Sicherlich werden aber ungewöhnliche und große Schicksale in der Überlieferung bewahrt. Die Zeitangaben haben stets sekundären Charakter.

Um 1400 vor Christus hat sich in der Welt gewaltig viel verändert. In den archäologischen Kalendern sind die Zäsuren deutlich erkennbar und vermerkt. Der Ausbruch des Vulkans auf Thera ist nur eine Markierung. Ähnlich der gewaltigen Momentaufnahme, die infolge des Vesuvausbruchs im Jahre 79 nach Christus von den verschütteten Städten Pompej und Herculaneum bis auf unsere Tage erhalten geblieben ist, wurde nun auch eine Stadt entdeckt, die zum Reich des König Minos gehört hatte. Auch sie ist – wie Pompej – unter hohen Aschenschichten begraben worden. In fünf Kampagnen hat man zwischen 1967 und 1972 die versunkene Stadt wieder ausgegraben. Richtiger: man hat einige Häuser, die vermutlich in einer Vorstadt lagen, freigelegt. Man trug die Vulkanasche von einer Straße, einem kleinen Platz und etwa dreißig Räumen ab, die zu verschiedenen Gebäuden gehört haben. Obwohl man also nur die äußere Peripherie der großen Ansiedlung aufgedeckt hatte, lernte man eine wundervolle Welt kennen, deren Existenz niemand vermutet hätte.

Die Bewohner der Stadt müssen wie die Phäaken gelebt haben. Doch ihr Wohlstand endete ziemlich abrupt. Man hat versucht, die Katastrophe zu rekonstruieren. Bevor der Vulkan aktiv wurde,

241

Auf der Insel Santorin fanden die Archäologen prächtig ausgestattete Häuser. Ihre Besitzer dürften bei einer Vulkanexplosion um das Jahr 1400 v. Chr. ums Leben gekommen sein.

müssen jahrelang schwere Erdstöße das Land erschüttert haben. Die Bewohner der prächtigen Häuser flohen zunächst ins Tal, um sich in ihren Schiffen auf die See zu retten. Aber es scheint bereits zu spät gewesen zu sein. Der Vulkan – geologisch entspricht er dem sogenannten Krakatau-Typ – explodierte und vernichtete zwei Drittel des Areals der Insel Santorin. Heute wird eine sehr breite, fast runde Meeresbucht sichelförmig von den Resten der Insel umsäumt, die gleich einer Arenawand stehengeblieben sind.

Wo inzwischen die Archäologen graben, standen einst die Häuser reicher Kaufleute und Schiffseigentümer. Die Menschen müssen viel für Wohnkultur übrig gehabt haben. Polierter Stein schmückte die Außenmauern; Fresken finden sich im Inneren der Paläste. Eines dieser in leuchtenden Farben gehaltenen Wandgemälde zeigt Lilien in einer Aulandschaft. Ein Gebirge ist zu erkennen, Schwalben fliegen durch die Luft, und gelbbraune Gebüsche tragen rote Blüten. Neben dieser bemalten Wand fand man zwei kleine Votivstatuen aus Ton. Sie sind nur wenige Zentimeter hoch und haben stummelartig ausgestreckte Arme. Auf den Kykladen sind ähnliche, als Amulett getragene Statuetten sehr häufig. Sie erhellen die Ausbreitung von Kulturen besonders gut. Allerdings kannte man bis vor kurzem den Ursprung dieser Statuetten noch nicht. Die zeitliche Einteilung hat einige Verwirrung gestiftet. Man fand die wahren Zusammenhänge erst, als sich herausstellte, daß nicht nur Kulturen vom Osten in die westlichen Bereiche des Mittelmeeres ausstrahlten, sondern daß Jahrtausende früher westliche Kulturen in die östlichen Teile des mediterranen Raumes exportiert worden waren.

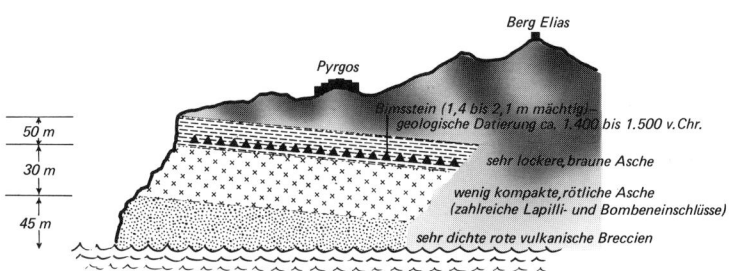

Schematische Darstellung des geologischen Aufbaus der Insel Thera. Die Höhe der einzelnen Aschenschichten ist frappierend.

Als man auf Thera wie in einem Bergwerksstollen durch die hundert Meter hohe Aschenschicht grub und die verschütteten Häuser der Minoer freilegte, entdeckte man auch viele Gegenstände des täglichen Gebrauchs, kleine Opfertische etwa. Sie stehen auf drei Füßen, die in hübschen Parabolbogen auslaufen. Einige dieser Tischbeine zeigen im Relief Delphin-Darstellungen. Bei den Opfertischen lagen auch kleine, aus gebranntem Ton gefertigte Stiere. Stiere sind die heiligen Tiere des minoischen Götterkults. Weiter fanden sich Ölamphoren, Gewichte aus Blei, Steinsockel, Vasen, Töpfe, Blumenschalen mit Storch- und Kranichdarstellungen, Statuetten von Kälbern und Eseln; auf Wandgemälden waren Palmen und Negerköpfe mit Wulstlippen und Kraushaar abgebildet, man legte auch Fresken mit Antilopen frei, die in spielerischer Eintracht nebeneinanderstehen. Auf einer

243

anderen Wand tragen zwei Jungen einen Faustkampf aus. Ihre Gestalten sind von einer aus herzblattförmigen Blättern bestehenden Bordüre umrahmt. Steinerne Treppen wurden ausgegraben, die einst in eine nun zerstörte Oberwelt führten. Die Minoer von Thera lebten in zwei- und dreistöckigen Häusern. Auf den Dächern dieser Gebäude gab es kleine Gärten und Plattformen. Dort genossen die Bewohner die kühle Abendbrise und ließen sich von ihren Sklaven gefüllte Weinbecher reichen.

Die Maler der Fresken sind für uns nicht nur als kunstsinnige Handwerker bedeutsam; sie stellten ja auch Szenen aus dem täglichen Leben dar, etwa die Belagerung einer Stadt – das ist für das Jahr 1500 vor Christus ein bisher nirgends bekanntes Dokument. Andere Wandgemälde zeigen eine Panther- und Löwenjagd.

Bis zur Entdeckung der untergegangenen Welt von Thera gab es viele Historiker, die davon überzeugt waren, im zweiten Jahrtausend vor Christus habe es im Mittelmeer noch keine Hochseeschiffahrt gegeben. Die Geschichtsforscher nahmen an, der maritime Verkehr habe sich nur in kleinen Booten entlang der Küsten vollzogen. Diese Ansicht mußte mittlerweile gewaltig revidiert werden. Die Kykladen liegen mitten in der Ägäis. Ihre Bewohner haben zweifellos regen Handel betrieben, der weit nach Asien reichte. Manche auf Thera gefundenen Gegenstände lassen sogar auf geschäftliche Kontakte mit tief in Afrika liegenden Kulturen schließen. Das ganze Mittelmeer muß schon Jahrtausende vorher

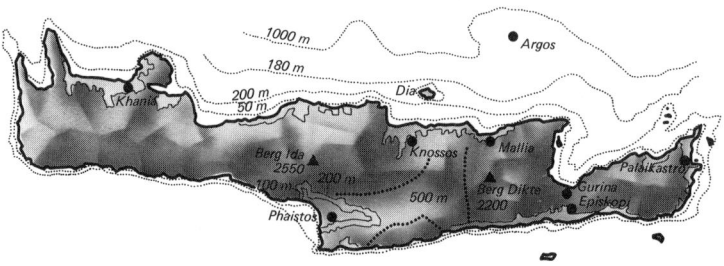

Karte von Kreta mit den wichtigsten archäologischen Stätten der minoischen Kultur. Alle Paläste wurden gleichzeitig von einer Naturkatastrophe zerstört.

von auf Kreta und auf der Insel Thera beheimateten Menschen befahren worden sein.

Die genaue Analyse der Vulkankatastrophe läßt den Ablauf des tragischen Ereignisses in vielen Einzelheiten erkennen. Im Unterschied zu der Explosion des Krakataus in der Sunda-Straße kam für die Menschen auf Thera die Katastrophe nicht überraschend. Die Bewohner der Insel in der Ägäis müssen gewarnt worden sein und hatten ihre Häuser bereits vorher verlassen. Bevor der Vulkan explodierte, haben Erdbeben die Gebäude schwer beschädigt. Man hat deutliche Renovierungsspuren entdeckt. Hausmauern stürzten ein und wurden wieder aufgebaut. Die Sprünge im Gemäuer wurden verkittet, auch das „Lilienfresko" befindet sich auf einer Wand, die während eines Erdbebens schwer beschädigt worden war. Wie lange es vom ersten Beben bis zur endgültigen Vernichtung der Insel gedauert hat, kann nicht exakt ermittelt werden. Manche Archäologen meinen, es wäre nur eine Zeitspanne von wenigen Monaten verstrichen. Vielleicht vergingen ein oder zwei Jahre. Andere meinen, es müßten mindestens dreißig Jahre verflossen sein, bevor die Insel explodierte. Die Beben scheinen immer stärker geworden zu sein, der Vulkan spie Lava und Asche; dennoch dürfte die Situation zunächst nicht bedrohlich ausgesehen haben.

Interessant ist in diesem Zusammenhang auch das Schicksal der beiden bedeutenden Städte Knossos und Phaestos auf Kreta. Auch diese Siedlungen wurden gewissermaßen auf Raten zerstört. Zunächst richteten schwere Erdbeben gewaltigen Schaden an. Die eingestürzten Mauern wurden wieder aufgebaut. Später vernichteten eine Flut in Verbindung mit Erdbeben in Knossos und eine Bebenkatastrophe im heutigen Festos die blühende Kultur der Minoer in den beiden Städten für immer.

Ähnlich wie die Bewohner der isländischen Insel Heimae, die monatelang mitansehen mußten, wie der Vulkan Helgafjell die Häuser in der Stadt Vestmaneryaer zerstörte, scheinen auch die Insulaner auf Thera dem Aschenregen sehr lange standgehalten zu haben. Wie die Ausgrabungen ergaben, fiel zunächst schwere rote Asche vom Himmel. Sie liegt an manchen Stellen bis zu 45 Meter hoch. Später wurden rötlich-gelbe, körnige Massen aus dem Krater geschleudert. Diese Schicht, in der viele Lavabrocken und kleinere Magmastücke – sogenannte Lapilli – eingebettet sind, ist bis zu fünfzig Meter stark. Darüber findet sich eine Bimsstein-Schicht, die von einer dreißig Meter hohen gelbbraunen Aschendecke, einem heute noch sehr lockeren Material, bedeckt ist.

Zunächst muß Aschenregen in noch erträglichem Ausmaß gefallen sein. Die Bewohner der Insel verließen die oberen Stockwerke ihrer Häuser und zogen in die unteren Räume. Man entdeckte bei den Ausgrabungen eingebrochene Dächer und halban-

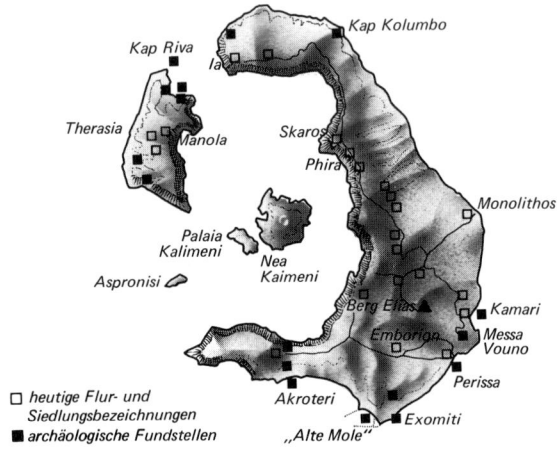

Karte und Situationsplan von Thera Santorin.

gefüllte obere Stockwerke. Die Stiegen zu den unteren Etagen sowie Türen und Fenster sind durch Steinwälle abgeriegelt. So konnte die Asche nicht weiter abwärts rieseln. Immer tiefer müssen sich die Menschen zurückgezogen haben, immer mehr Türen wurden zugemauert. Schließlich bewohnten sie nur mehr die hintersten Räume der Häuser. Sie nahmen ihre Vorräte und das wertvollste Gut dorthin mit. In diesen Gemächern fanden sich Bronzevasen, Schmuck und Keramikgefäße. Auf dem Boden eines Tongefäßes lagen halbversteinerte Getreidekörner, aus denen bereits kleine Keime gesprossen waren. Vermutlich dürften die Vulkanausbrüche von schweren Regengüssen begleitet worden sein. Durch die

246

zerstörten Dächer drang Nässe und durchtränkte auch die Vulkan-asche. Die Feuchtigkeit zog sich bis ins Hausinnere, und infolge der Wärme verdampfte das Wasser; die Getreidekörner begannen in den Vorratsgefäßen zu sprießen.

Man entdeckte auch Säle, durch die aus verschiedenen Gesteins-trümmern rasch eine Mauer gezogen worden war. In anderen Häusern verlegte die Vulkanasche die Eingangstür. Daraufhin stiegen die Bewohner durch die Fenster ein und aus oder brachen Löcher durch die Mauern. In der allerletzten Phase muß der rebellierende Vulkan die bevorstehende Katastrophe durch ein unterirdisches Grollen angezeigt haben. Nun scheinen die letzten noch in den Ruinen verbliebenen Menschen panikartig ihre Wohnstätten verlassen zu haben und zum Hafen geflohen zu sein. Vermutlich versuchten sie, die bedrohte Heimatinsel auf Schiffen zu verlassen. Wie viele der Katastrophe entgangen sind, ist unbekannt.

Als der Vulkan explodierte, versank mit einem Schlag der Mittelteil der 22 bis 25 Kilometer langen Insel. Zurück blieb der heute noch bestehende halbmondförmige Teil, in dessen Zentrum der Gipfel des Vulkans liegt.

*Augenzeugenberichte von einer Polsprungkatastrophe*

Man hat genau zu ermitteln versucht, wann Thera vernichtet wurde. Das ist nicht gelungen. Es muß zwischen 1500 und 1350 vor Christus gewesen sein. Ägyptische Chroniken wurden durch-stöbert, es fand sich jedoch auch dort kein exakter Zeithinweis. Hatte sich der Vulkanausbruch vor 1570 abgespielt, dann war diese Zeit auch für das Leben in Ägypten sehr bewegt. Fast zweihundert Jahre lang war das Land von den Hyksos besetzt gewesen. Dieses Volk war aus dem Norden gekommen und hatte die dreizehnhun-dertjährige Herrschaft der Dynastien des Alten Reichs schlagartig beendet. Diese Barbaren duldeten entweder keine schriftlichen Aufzeichnungen, oder die aus der Besatzungszeit stammenden Chroniken wurden später vernichtet.

Mit den Hyksos – sie waren Semiten – dürften die Juden ins Land gekommen sein. Nicht als Sklaven, sondern als Kollaborateure. Auch die Anwesenheit der Söhne Israels ist in den ägyptischen Papyri nirgendwo vermerkt. Andererseits sind die aus der Bibel bekannten Darstellungen historisch richtig. Josef hat sicherlich gelebt. Die Ägypter nannten ihn Yussuf; dieser Name ist immer wieder auf Inschriften zu finden. Auch sein Rang und seine Stellung sind bekannt: Er war Vizekönig von Ägypten.

Es gibt so viele Übereinstimmungen zwischen den biblischen Schilderungen und der zeremoniellen Lebensausstattung eines ägyptischen Würdenträgers, daß heute kein Historiker mehr an der geschichtlichen Authentizität der biblischen Darstellungen zweifelt.

Vermutlich war jener jüdische Yussuf oder Josef von den semitischen Hyksos als Statthalter eingesetzt worden. Nur während einer Fremdherrschaft konnte ein Ausländer in Ägypten zu einer derartigen Machtstellung aufsteigen.

Irgendwann in der Zeit zwischen 1500 und 1230 vor Christus scheinen die Juden unter Leitung von Moses und Aaron aus Ägypten ausgezogen zu sein. Welcher Pharao herrschte, als das Land am Nil von den zehn in der Bibel beschriebenen Plagen heimgesucht wurde, ist nicht gesichert. Es könnte Thutmosis III., Amenhotep II. (auch Amenophis genannt) oder Thutmosis IV. gewesen sein. Am wahrscheinlichsten war es Amenophis IV., der sich später Echnaton nannte. Das soll noch ausführlich geschildert werden.

Das „Buch der Könige" erklärt, der Exodus sei um das Jahr 1440 vor Christus erfolgt. Im „Buch der Richter" wird das Ereignis rund 130 Jahre früher angesetzt, nämlich 1573. Das würde mit der Verjagung der Hyksos zusammenfallen, deren Heer 1570 vor Christus von den Ägyptern vernichtend geschlagen wurde. Es gibt aber auch Geschichtsforscher, die den Auszug aus Ägypten und die Suche nach dem Gelobten Land unter Ramses II. ansetzen. Das wäre allerdings erst zwischen 1290 und 1224 möglich gewesen. Diese Historiker beziehen sich auf Bibeltexte, in denen die Arbeit in den Fronstädten Ramses und Pythom beschrieben werden. Es ist aber nicht sicher, ob die Stadt Ramses nach dem baufreudigen Ramses II. benannt war.

An sich berichtet die Bibel sehr exakt über die gewaltigen Naturereignisse, die dem Exodus vorausgegangen waren. Wir besitzen damit eine echte Dokumentation der zehn Plagen. Man muß diesen Auszug aus Ägypten in die richtige soziale Relation setzen. Die Juden waren sicherlich ein Nomadenvolk. Gleich den Beduinen zogen die einzelnen Stämme von Weideplatz zu Weideplatz. An den Grenzen Ägyptens existierten damals sowohl in den West- wie in den Süd- und Ostprovinzen auch andere Nomadenvölker. Sie wechselten immer wieder auf ägyptisches Territorium über. Das waren keine Grenzverletzungen in unserem Sinn, sondern legale Immigrationen, die von den Statthaltern und Provinzfürsten erlaubt wurden, so lange die Nomadenstämme ihre Tributpflicht erfüllten. Über die Abgabe der Pacht in Form von Naturalien berichten unzählige Papyri und Fresken. Diese historischen Dokumente stammen aus den verschiedensten Dynastien. Kam ein Nomadenvolk, wurde es in einen bestimmten Raum eingewiesen. Zog es weiter, nahm von diesem alltäglichen Vorgang kein Chronikschreiber Notiz. In der Bibel heißt es: „Also wohnte Israel in Ägypten im Lande Goschen und hatten es inne, und wuchsen und mehrten sich sehr." (Genesis, 47/27)

Es ist deshalb plausibel, wenn ein Herrscher, der größere Bauvorhaben realisieren wollte, Arbeitskräfte suchte und kurzerhand einige Nomadenstämme zu Frondiensten heranzog (Exodus 1/11): „Es (nämlich das Volk) mußte Vorratsstätten für den Pharao bauen." Nicht nur Ramses II. baute viele Kolossalmonumente; auch seine Vorgänger – von Thutmosis III. bis Echnaton – waren sehr aktiv und ließen zahlreiche Tempel errichten und Städte erneuern. Ramses II. war hingegen ein Blender. Er ließ überall seine Siegel anbringen, die sogenannten Königskartuschen. Selbst Bauten, die aus dem Alten und Mittleren Reich stammten, annektierte er. Die Fronarbeit kann für die Juden nicht sehr schrecklich gewesen sein. Es war ein strenges Prinzip der ägyptischen Regierung, innerhalb der Landesgrenzen Ruhe zu bewahren.

Nur dann konnte der Stand der Armee kleingehalten und Geld gespart werden.

Es wäre nicht sehr überzeugend, wenn ein Hirtenvolk, das damals noch keine Schrift kannte, detaillierte Schilderungen einer Naturkatastrophe gibt, ein höherzivilisiertes Volk hingegen eine derartige Katastrophe nicht erwähnenswert findet, obwohl es schon seit über eineinhalb Jahrtausenden bedeutende Ereignisse in schriftlichen Aufzeichnungen festhielt; kurz: daß die ägyptischen Chronisten, die sogar über die Abhaltung öffentlicher Gebete und die zum Teil unbedeutenden Kämpfe und höchst sparsamen Wohltaten des Herrschers ausführlich und überschwenglich berichteten, über eine so gewaltige Änderung des normalen Wetterablaufes keinen Vermerk hinterlassen hätten. Tatsächlich gibt es derartige Berichte. Ja, man hat sogar mehrere Aufzeichnungen gefunden. Sie schildern nicht nur die zehn ägyptischen Plagen, sondern auch die über das benachbarte Arabien hereinbrechenden verheerenden Katastrophen.

Ende des achtzehnten Jahrhunderts wurde in Memphis ein Papyrus gefunden und 1828 vom Museum der holländischen Stadt Leiden erworben. In der sehr reichhaltigen Ägyptischen Sammlung dieses Institutes wurde er als „Leiden 344" registriert. Der Papyrus ist auf beiden Seiten beschrieben. Auf der Vorderseite schildert ein Chronist namens Ipuwer eine Naturkatastrophe, auf der Rückseite werden schwülstige Lobeshymnen an verschiedene Götter gerichtet. Der Ipuwer-Papyrus ist nicht in Hieroglyphen aufgezeichnet, sondern mit hieratischen Zeichen bedeckt. Diese Schrift hat sich zwar aus der feierlichen Bilderschrift der Hieroglyphen entwickelt; da sie aber nicht in Stein gemeißelt, sondern mit Rohrfedern auf Papyri gemalt wurde, diente sie in erster Linie dem täglichen Gebrauch. Man schrieb in diesen Zeichen Briefe, Aktenstücke und Rechnungen.

Mit dem Ipuwer-Papyrus konnten die Ägyptologen des frühen neunzehnten Jahrhunderts zunächst nicht viel anfangen. Von den 17 Seiten sind nur wenige wirklich ganz erhalten. Die Sprache und die Art, in der berichtet wird, war damals, als die Aufzeichnung vorgenommen worden war, nicht mehr üblich. Es mußte sich also

Ende des 18. Jahrhunderts wurde in Ägypten ein Papyrus gefunden, der später von der holländischen Universität Leiden erworben wurde und unter der Nummer 344 registriert ist. Ein Mann namens Ipuwer berichtet in dieser in hieratischen Schriftzeichen abgefaßten Chronik über die Ereignisse im Zusammenhang mit einer Polsprungkatastrophe.

um die Abschrift eines älteren Schriftstückes gehandelt haben: eines Berichtes, der offensichtlich während der 18. Dynastie, also in der Zeit zwischen 1580 und 1350 vor Christus entstanden ist. Zunächst hielt man die bruchstückhaften Texte für Sprichwörter oder lapidare Lehren, die aus einem älteren philosophischen Werk zu stammen schienen. Dann wieder meinte man, eine Rätselsammlung vor sich zu haben. Erst viel später entdeckte man den wahren Sinn: Ipuwer berichtete über gewaltiges Unheil, das über Ägypten hereingebrochen war. Der „Katastrophen-Report" wurde aber erst im Jahre 1909 publik.[4]

Der britische Ägyptologe Alan H. Gardiner übersetzte Ipuwer und war überzeugt, der Ägypter habe nicht nur Sinnsprüche und Rätsel aufgezeichnet, sondern entsetzliches Unglück geschildert. Ägypten wurde von einer Serie von Naturkatastrophen heimgesucht. Überall im Lande gab es Aufstände. Die Mächtigen wurden beraubt; die Räuber plünderten nicht nur die Reichen, sondern

251

drangsalierten auch die wehrlose Bevölkerung. Die Gesellschafts-ordnung war zerstört. Wie Ipuwer die durch die Naturereignisse eingetretenen Zustände schildert, könnte man sich in ihm den Augenzeugen einer Polsprungkatastrophe vorstellen. Verblüffend ist weiter, wie exakt die Aufzeichnungen Ipuwers mit den Schilderungen der Bibel im Buche Exodus übereinstimmen. Gardi-ner hat Zeile für Zeile übersetzt. Er gibt jeweils zwei Zahlen an. Die erste bezeichnet die Seite, die zweite die übersetzte Zeile. Auf jeder Seite des Papyrus stehen 14 Zeilen:

Papyrus 2, 8: „Fürwahr, das Land dreht sich um wie eine Töpferscheibe."

2, 11: „Städte sind zerstört. Oberägypten ist ein Ödland geworden."

3, 13: „Alles ist zerstört."

4, 2: „Die Jahre des Lärms haben begonnen. Da ist kein Ende des Lärms."

Der Begriff „Lärm" könnte unter Umständen einem Übersetzungsfehler entspringen. Das Hebräische wie auch die alte ägypti-sche Sprache haben nur ein Wort für Lärm, Aufruhr und Erdbeben. Bei Erdbeben wird häufig ein unterirdisches Grollen hörbar, das aber stets nur von kurzer Dauer ist.

Für mich ist diese festgehaltene Beobachtung von dokumentari-scher Bedeutung. Zunächst sind Erdbeben in Ägypten sehr selten. Eine Bebenkatastrophe, die über eine Distanz von etwa tausend Kilometern im Norden und im tiefsten Süden alles zerstörte, muß ein geodynamisches Ereignis von ungeahntem Ausmaß gewesen sein. Wie immer man das Wort übersetzen und auslegen will, das Entscheidende der Aussage liegt in der Betonung der langen Dauer. Erdstöße halten nur wenige Sekunden an. Bei tektonischen Beben kommt es allerdings zu Nachbeben, die nur langsam schwächer werden und noch Monate weiter wirken können.

Im Ipuwer-Papyrus stehen die hieratischen Zeichen „h-r-w" für Lärm, Getöse. Der Übersetzer Gardiner war sich nicht im klaren: bedeutet das „Lärm, der aus der Erde kommt"? Er bietet als eine ihm vernünftig erscheinende Auslegung den Begriff Erdbeben an.

Meiner Ansicht nach ist das fragliche Wort sowohl in der Bibel als auch im Papyrus mit Lärm richtig übersetzt. Wenn nämlich die Erdkruste verschoben wird, kommt es zu ungeheuer starken Pressungen und Zerrungen. Neben gewaltigen erdbebenartigen Erschütterungen manifestiert sich die Belastung der Gesteine im Erdboden durch Grollen, Kreischen, Rumoren und eine ganze Reihe anderer höchst erregender und bedrohlicher Geräusche. Es müßte sogar ohne Gewitter an manchen Orten zu heftigen Blitzentladungen kommen, deren Ursache Piezoeffekte wären. Werden Kristalle gepreßt, so entstehen Stromstöße. Derartige Erscheinungen konnten bei kalifornischen Beben beobachtet werden. Daß aber die Erdkruste verschoben wurde, geht aus der ersten Zeile hervor „. . . das Land dreht sich um wie eine Töpferscheibe". Diese Feststellung ist nur sinnvoll, wenn es zu einer plötzlichen Krustenverschiebung gekommen ist.

Gäbe es die permanente Kontinentaldrift, müßten solche akustische Phänomene viel häufiger auftreten als bei Erdbeben. Die tektonischen Ausgleichsbewegungen führen fast stets zu Veränderungen, die sich tief in der Erdkruste, mitunter sogar im Erdmantel abspielen. Das Hypozentrum, also der unter dem Epizentrum gelegene Ort der unmittelbaren Verlagerungen, kann sogar in einer Tiefe von siebenhundert Kilometern gelegen sein. Die Verschiebungen an der Oberfläche (Dislokationen) sind dementsprechend sekundärer Natur.

Und so geht es in dem zeitgenössischen ägyptischen Report weiter:

Papyrus 6, 1: „Oh, daß die Erde aufhören möchte und kein Lärm mehr sei."

7, 4: „Die Residenz ist in einem Augenblick umgestürzt."

Von nun an verquickt sich das Naturereignis mit Beobachtungen, die auf der Insel Thera gemacht wurden. Sowohl der Papyrus wie das Buch Exodus und zahlreiche Psalmen, die in Erinnerung an den Auszug aus Ägypten geschrieben sind, schildern immer wieder mit fast gleichen Worten die gewaltigen Katastrophen. Etwa der Psalm 18: „Da wankte die Erde und sie erbebte. Erschüttert wurden die Berge bis auf den Grund. Sein Odem war rauchende Wolke; aus seinem Mund brach verzehrendes Feuer.

253

Kohlen ließ er erglühen. Und er neigte die Himmel und fuhr hernieder auf Wolken, dunkel ruhte sein Fuß . . . Finsternis rings um ihn her. Seine Hülle: schwarzes Wasser, dichtes Gewölk. Aus dem Glanze vor ihm brachen hervor Hagelschauer und Feuerkohlen . . . Da taten sich auf die Tiefen des Meeres, aufgedeckt wurden die Fundamente der Erde."5

Auf der Insel Thera hat man die Schichtenfolge der vulkanischen Asche ausgegraben. Die erste Schicht war dunkelrot. Im Papyrus (Seite 2, fünfte Zeile) heißt es: „Plage ist im ganzen Land, Tod ist überall."

Exodus 7, 21: „Überall in Ägypten war Blut."

Papyrus 2, 10: „Der Fluß ist Blut."

Exodus 7, 20: „ . . . Mose und Aaron . . . schlug das Wasser des Nils vor den Augen des Pharaos und seiner Diener, und es wurde alles Wasser im Nil in Blut verwandelt."

Wenn der aus dem Krater von Thera stammende Vulkanstaub in die Regenwolken geriet, wurde er bestimmt über weite Strecken transportiert. Diese blutrote Asche fiel mit dem Regen zu Boden und färbte die Bäche und Flüsse rot. Immer wieder kommt es vor, daß heftige Südwinde Saharastaub bis tief in den Norden Europas tragen. Dann hinterlassen die trocknenden Tropfen ockerfarbene Flecke auf Fensterbrettern und Autolacken.

Papyrus 3, 10–13: „Dies ist unser Wasser! Dies ist unser Glück! Was sollen wir dabei tun? Alles ist Zerstörung."

Papyrus 2, 10: „Menschen schaudern vor dem Geschmack . . . Sie dürsten nach Wasser."

Exodus 7, 24: „Alle Ägypter gruben rings um den Nil nach Trinkwasser; denn sie konnten das Nilwasser nicht trinken."

Daß es damals auch zu schweren Unwettern gekommen sein muß, beschreiben sowohl die Bibel wie auch der Papyrus.

Exodus 9, 24: „Es war ein Hagel mit unaufhörlichen Blitzen inmitten, so furchtbar, wie man ihn in ganz Ägypten noch nie erlebt hatte, seitdem es von einem Volk bewohnt ist."

Und 7, 25: „Der Hagel erschlug in ganz Ägypten alles, was auf dem Felde war, Menschen und Vieh. Auch alles Kraut des Feldes vernichtete der Hagel und zerschmetterte alle Bäume auf dem Felde."

Exodus 9, 31/32: „Der Flachs und die Gerste wurden zerschlagen, denn die Gerste stand schon in den Ähren, der Flachs war in Blüte. Weizen und Spelt wurden aber nicht zerschlagen, weil sie viel später kommen."

Papyrus 6, 4: „Fürwahr, das Korn ist überall vernichtet."

5, 12: „Fürwahr, das, was gestern gesät wurde, ist vernichtet. Das Land liegt im Elend, gleich wie geschnittener Flachs."

Es muß also eine plötzliche Katastrophe eingetreten sein. Das Zitat besagt ganz deutlich: was gestern noch war, ist heute zerstört. Auch der Psalm 105 erzählt: „Da kamen Heuschrecken und Grashüpfer ohne Zahl, die fraßen alles Grüne in ihrem Lande und machten zunichte die Frucht ihres Bodens."

Papyrus 4, 14: „Bäume sind zerstört."

Papyrus 6, 1: „Weder Früchte noch Kräuter sind zu finden . . ."

Papyrus 2, 10: „Fürwahr Tore, Säulen und Mauern werden vom Feuer verzehrt."

Papyrus 10, 3–6: „Unterägypten weint . . . Der ganze Palast ist ohne Einkünfte. Ihm gehören sonst Weizen und Gerste, Gänse und Fische."

Exodus 10, 15: „Die (Heuschrecken) fraßen alle Feldgewächse und alle Baumfrüchte, die der Hagel übriggelassen hatte, so daß in ganz Ägypten nichts Grünes an den Bäumen und kein Kraut auf dem Felde übrig blieb."

Im Papyrus 6, 1 steht zu lesen: „Keine Früchte noch Kräuter werden gefunden . . . Hunger herrscht."

Wenn Vulkanasche in der Luft schwebt, verdunkelt sie die Sonne. Das wurde wiederholt bei schweren Vulkanausbrüchen beobachtet. In der Bibel heißt es (Exodus 10, 22): „. . . und es entstand in ganz Ägypten eine dichte Finsternis, drei Tage lang."

Im Papyrus ist bei 9, 11 zu lesen: „Das Land ist ohne Licht."

Das kostbarste Gut der Nomaden ist das Vieh. Die Katastrophe verschonte aber auch die offensichtlich durch Hunger geschwächten Tiere nicht.

255

Papyrus 9, 2: „Siehe, das Vieh wird frei laufengelassen, und da ist niemand, es zusammenzutreiben."

Papyrus 5, 5: „Die Herzen aller Tiere weinen, das Vieh brüllt."

Exodus 9, 3: „Dann kommt die Hand Jahwes über dein Vieh, das auf dem Felde ist, über die Pferde, über die Esel, die Kamele, die Rinder und die Schafe. Eine schlimme Seuche."

In der Bibel wird dann der eigentliche Auszug aus Ägypten beschrieben. In Exodus 12, 30 heißt es: „Da erhob sich der Pharao noch in der Nacht, er und alle seine Diener und alle Ägypter. Es war ein großes Wehklagen in Ägypten, denn es gab kein Haus, in dem nicht ein Toter lag."

12, 31: „Er ließ noch in der Nacht Mose und Aaron rufen und sprach: macht euch auf und zieht weg aus meinem Volk, ihr und die Israeliten! Geht und dienet Jahwe nach eurem Verlangen!"

Was war aber die Ursache für diese Meinungsänderung? Warum ließ man die Sklaven aus der Fron ziehen? In Exodus 12, 29 heißt es: „Um Mitternacht aber geschah es, daß Jahwe alle Erstgeburten in Ägypten schlug, den Erstgeborenen des Pharaos, der auf dem Throne sitzt, bis zum Erstgeborenen des Gefangenen im Kerker und alle Erstgeburten des Viehs." Immanuel Velikovsky, der aus Rußland nach Amerika ausgewanderte Arzt und Astronom, zog als erster den Vergleich zwischen dem Ipuwer-Papyrus und der Bibel. Er ist der Meinung, das Wort „Nogaf" im hebräischen Text, das mit „schlug" übersetzt wurde, bedeutet auch „heftiger Stoß". Es könnte also auch ein Erdstoß gewesen sein. So bekommt denn der Vers 27 im Kapitel 12 eine neue Bedeutung: „... Jahwe, der in Ägypten an den Häusern der Israeliten vorüberging, als er Ägypten schlug, unsere Häuser aber verschonte ..." Die Israeliten waren Nomaden. Nomaden kennen keine festen Häuser, sie leben in Zelten. Der Stoß, der die Häuser der Ägypter zertrümmerte, hatte also die Behausungen der Juden nicht gefährden können.

Auch der Papyrus berichtet (Seite 4, dritte Zeile) vom gleichen Ereignis: „Fürwahr, die Kinder der Fürsten werden gegen die Mauern geschleudert."

6, 12: „Fürwahr, die Kinder der Fürsten werden auf die Straßen hinausgeworfen."

In Papyrus 2, 13: „Der seinen Bruder unter die Erde schafft, ist überall."

In der Folge werden in den ägyptischen Berichten die Zustände im Lande geschildert. Es gab keine ordnende Macht mehr. Das königliche Herrschersymbol wurde mißachtet. Sklavinnen legten sich Gold und Juwelen um den Hals. Die Erde aber bebte weiter. Und die fliehenden Menschen bauten sich Zelte „wie die Bewohner der Berge".

Auch die Juden zogen eilends weg, wie es in Exodus 12, 38 heißt. Sie zogen aber nicht allein: „Es mischte sich auch anderes Volk unter die Scharen der Israeliten. So zog der Haufen plündernd gegen die Grenzen des Landes."

In 12, 36 heißt es: „So nahmen sie Beute von den Ägyptern." Es waren Gold und Silber sowie schöne Kleider, die sie raubten. Wieder berichtet die Bibel die gleichen Tatsachen, die auch von Ipuwer geschildert werden. Sie vermerkt eine weitere Seltsamkeit: „Die Wandernden wurden bei Tag von einer Wolkensäule und bei Nacht von einer Feuersäule geleitet." (Exodus 13, 12.) Diese Zeichen entsprechen dem Rauch und dem Feuerschein, wie sie aus aufgebrochenen Vulkanen dringen. Die Vulkane lagen auf der Halbinsel Sinai. Man hat nach ihnen geforscht und sie gefunden. Ob allerdings vor 3500 Jahren Lava aus den Kratern ausgeflossen ist, kann nicht nachgewiesen, aber auch nicht widerlegt werden.

### Steinerne Dokumente über den Zug durchs Rote Meer

In der Bibel wird auch der so unerklärliche Durchzug durch das Rote Meer geschildert. Exodus 14, 2: „Die Juden rasteten bei Pi-Hachirot in der Nähe des Meeres." Die Ägypter hatten es sich ja inzwischen laut Bibel wieder überlegt und verfolgten die Israeliten. Die Furchtsamen haderten mit Jahwe, und dieser gab Moses den Befehl, seinen Stab auszustrecken, damit sich das

Wasser des Roten Meeres teile. Exodus 14, 21: „Jahwe ließ die ganze Nacht das Meer vor einem starken Ostwind zurückweichen und legte das Meer trocken. Die Wasser spalteten sich."

Immer wieder hat man versucht, den Platz zu finden, an dem der Übergang durch das Rote Meer erfolgt sein könnte. Es ist aber nicht gelungen, diese Stelle exakt ausfindig zu machen. Immerhin konnte man eine ägyptische Bestätigung für die Existenz von Pi-Hachirot finden. Die Juden zogen nicht durch das Rote Meer; die Stämme Israels überquerten die zwischen dem heutigen Port Said und Suez gelegenen Schilfseen. Dort gibt es auch jetzt noch, vermutlich ebenso wie vor 3500 Jahren, viele Süß- und Brackwasserseen. Es ist ein versumpftes Gelände, das sich auf dem flachen Gebiet zwischen Asien und Afrika ausbreitet. Ein Sturmwind könnte damals eines dieser Sumpfmeere trockengelegt haben, so daß die Juden mitsamt ihren Herden mehr oder weniger trockenen Fußes die unwegsamen Sumpfzonen durchqueren konnten. Die ägyptische Armee mit dem sie kommandierenden Pharao scheint hingegen von einer Springflut erfaßt worden zu sein. Sie könnte von einem starken Seebeben verursacht worden sein, das sich irgendwo im Mittelmeerraum ereignete. Diesen Teil aus dem Buch Exodus bestätigte nicht der Papyrus Ipuwer, sondern eine Inschrift. Im Museum von Ismailia steht ein Granitsarkophag, dessen Oberfläche mit Hieroglyphen bedeckt ist. Schon im vorigen Jahrhundert hat man die Texte entziffert. Sie bestätigen die Worte der Bibel.[6]

Die Hieroglyphen sind erst relativ spät in Stein gemeißelt worden. Vermutlich erst im zweiten Jahrhundert vor Christus. Aber der Bericht erzählt eine alte Sage. Zentralfigur ist ein Pharao Thom (Thutmosis?), der zur Zeit einer schrecklichen Katastrophe gelebt haben soll. Das Land war in großer Betrübnis. In der Residenz herrschte Aufruhr. Übel befiel die Erde, und ein Unwetter tobte. Die Menschen wagten nicht, ihre Häuser zu verlassen. Es war unmöglich, die Gesichter seiner unmittelbaren Nachbarn zu erkennen. Neun Tage lang hatte diese Dunkelheit geherrscht, und in dieser Finsternis näherten sich Fremde den Grenzen Ägyptens. Der Pharao ließ seine Truppen alarmieren und gegen die Feinde kämpfen. Aber der König und seine Soldaten sollten von diesem Feldzug nie mehr zurückkehren. Das Schicksal des Pharao und seiner Armee erfüllte sich an einem Ort, der auf dem Granitstein Pi-Kharoti genannt wird. Bedenkt man, daß das Wort HA im Hebräischen für den Artikel steht und Vokale weder bei den Israeliten noch bei den Ägyptern geschrieben wurden, ist Pi-Kharoti, Pi-Khirot, Pi-Hachirot mit Sicherheit ein und derselbe Name. In der Nähe dieses Ortes muß nun etwas Seltsames geschehen sein: Der Pharao geriet, als er sich den Gewässern vor Pi-Kharoti näherte, in einen Strudel, aus dem er sich nicht mehr befreien konnte. Er wurde „in den Himmel gehoben": Eine seltsame Übereinstimmung zweier mythologischer Erzählungen. Dort, wo die Juden das Gebiet des heutigen Suez-Kanals überquerten und wo der Pharao „in den Himmel gerissen" wurde, befand sich ein Schilfmeer (Exodus 13, 18). Ein starker Wind kann auf einem Steppensee das seichte Wasser so weit abtreiben, daß der Seegrund trockengelegt ist. Auf dem zwischen Österreich und Ungarn gelegenen Neusiedler See, dessen größte Tiefe nur zwei Meter beträgt, ist das jährlich ein- bis zweimal zu beobachten. Auf so seichten Seen gibt es aber keine Strudel oder Wirbelerscheinungen, es sei denn, man nimmt an, der Pharao wäre von einer plötzlich auftretenden Windhose erfaßt und von ihr in die Höhe gerissen worden. Aber das läßt sich mit dem in der Bibel und auf dem Schrein genannten Größenverhältnis nicht in Einklang bringen. In Exodus 12, 37 heißt es: „Die Israeliten brachen von Ramses nach Sukkot auf, an 600.000 Mann zu Fuß." Es sind also nur die Männer, die hier gezählt werden; die Zahl ihrer Familienangehörigen wird nicht genannt. Wenngleich man mit Zahlenangaben vorsichtig sein muß, ist doch die Nennung dieser Zahl ein wichtiger Hinweis auf eine ungewöhnliche Größe. Es war also kein Volkshaufen, der aus Ägypten zog, es müssen beachtliche Menschenmassen gewesen sein. Als nun das Heer des Pharao die Flüchtlinge verfolgte, verbreitete sich unter ihnen panische Angst. In der Bibel heißt es weiter: „Vollbewaffnet ziehen die Israeliten aus Ägypten." (Exodus 13, 18.) Auch auf dem ägyptischen Sarkophag wird betont, der Pharao habe sein gesamtes Heer mit sich geführt. Es muß also eine gewaltige Armee gewesen sein, die den Juden so viel Schrecken eingejagt hat. Und dieser Heerhaufen soll durch eine einzige Windhose vernichtet worden sein? Selbst ein Tornado größter Stärke hätte vermutlich nicht ausgereicht, die Armee völlig aufzulösen.

Die Wahrscheinlichkeit, daß der Pharao und seine Soldaten von einer Springflut überrascht und getötet worden sind, ist aus einem weiteren Grund sehr hoch. Rund hundert bis hundertdreißig Jahre nach diesem weltuntergangsähnlichen Ereignis wurde von den Pharaonen Sethos I. und Ramses II. ein Kanal für die ägyptische Flotte gebaut, der das Mittelmeer mit dem Roten Meer verband. Das war im vierzehnten Jahrhundert vor Christus. Vielleicht hat die Springflut, die gewaltig genug gewesen sein muß, die Landenge zwischen Afrika und Asien zu überspringen, den Gedanken aktualisiert, einen Kanal zu graben. Jedenfalls wagte man sich von da an immer wieder an das Projekt, einen künstlichen Wasserweg zu schaffen. Der Ramses-Kanal konnte nicht allzulange befahren werden. Er dürfte bald versandet sein. Um das Jahr 500 vor Christus sollte abermals eine Wasserstraße errichtet werden. Aber die Arbeiten blieben unvollendet. Erst im siebenten Jahrhundert nach Christus wurde der Kanal vom arabischen Feldherrn Amer, der dem Kalifen Omar diente, wiederhergestellt. Ein Jahrhundert lang fuhren Getreideschiffe der Araber vom Mittelmeer ins Rote Meer. Obwohl die Ägypter schon zur Zeit des Alten Reiches Meister in der Anlage von Kanälen und künstlichen Wasserstraßen waren, wagten sie sich erst im Neuen Reich an den Bau dieser Verbindungsstraße. Vermutlich glaubte man, die Wasser der beiden Meere hätten einen unterschiedlichen Pegelstand. Zu diesem Schluß kamen auch die Geometer, die mit Napoleon nach Ägypten gezogen waren. Erst sechzig Jahre später wurde die Fehlmessung korrigiert.

Daß sich das von Ipuwer berichtete Geschehen mit größter Wahrscheinlichkeit im vierten Regierungsjahr des Pharaos Amenophis IV. ereignet hat, geht aus einer revolutionären Veränderung in dem so traditionsbewußten Ägypten hervor. Sozusagen von einem Tag auf den anderen änderte der Pharao seinen Namen, wurde die Religion aufgegeben, nach der man Jahrtausende gelebt hatte; an Stelle der vielen ägyptischen Götter durfte nur mehr ein einziger verehrt werden, nämlich Aton, der Sonnengott. Ihm errichtete man innerhalb weniger Jahre den größten Tempel, der vermutlich je in Ägypten gebaut worden ist. Eben ist man dabei, mit Hilfe eines Computers Tausende und Abertausende ausgegrabene Steine zu numerieren und an Hand der Bruchstellen zu ordnen.

Interessanterweise wurde dieser Atontempel in Karnak bald nachdem er errichtet worden war, wieder zerstört. Alle Zeichen des Gottes und die meisten Pharaokartuschen wurden sorgfältig aus den Reliefdarstellungen herausgemeißelt, dann verwendete man die Steine, um anderen Göttern daraus Tempel zu erbauen.

Man begann schon im vorigen Jahrhundert nach der legendären Tempelstadt Achetaton zu suchen. Achetaton (Horizont des Aton) schien aber im Wüstensand Oberägyptens, zwischen Luxor und Karnak, verschwunden zu sein. Bis im Jahre 1926 der französische Ägyptologe Henri Chevrier einen Pylon am Eingang zur großen Säulenhalle des Amontempels in Karnak restaurieren wollte. Die Säule war am Einstürzen. Man mußte sie abtragen, und als man die Steine abhob, entdeckte man, daß sie ursprünglich zu einem anderen, viel älteren Bauwerk gehört hatten: eben zu jenem fast schon sagenhaften Atontempel. Bis heute hat man 40.000 derartige Steine gefunden, man nimmt aber an, daß 250.000 verwendet worden sind. Diese Traumstadt der Antike wurde von einem Heer von Hunderttausenden Arbeitern in Rekordzeit gebaut. Es galt offensichtlich, Aton, den Sonnengott, schnellstens zu versöhnen. Aton war der einzige Gott, der noch verehrt werden durfte. Die erste monotheistische Religion auf unserer Erde! Schöpfer dieses neuen Bekenntnisses waren der vermutlich körperlich geschwächte, kranke Amenophis IV. und seine Gattin Nofretete. Amenophis hatte sich damals bereits einen neuen Namen zugelegt, er nannte sich Echnaton (dem Aton wohlgefällig).

Die Ursache für diesen Umbruch im vierten Jahr der Regentschaft des Amenophis IV. läßt sich aus den Hieroglyphen und noch mehr aus den zerstörten Zeichen auf einer Stele in Amarna erraten. Auf dieser Säule ist zu lesen: „Im Jahre 4 der Regierung Amenophis IV. trat jedoch ein ganz schlimmes Ereignis ein." Hinter einem gedachten Doppelpunkt folgte ein Text, den man später sorgfältig ausgeschlagen hat. Die Erinnerung an das Geschehen sollte offensichtlich ebenso gelöscht werden wie das Andenken an Gott Aton.

Und hier die Fakten: Bis zu dem Zeitpunkt, als Amenophis IV. den Namen Echnaton annahm, verehrte man in Ägypten eine Götterwelt, die von Amun angeführt wurde. Der Name Amun ist noch in Amenophis enthalten. Dann aber wurde ganz unverständlicherweise von Echnaton eine der Säulen der Herrschaft über das traditionsbewußte, streng konservative Ägypten gestürzt, die Priesterkaste wurde verjagt. Eine Revolution brach aus. Das Volk war auf seiten Echnatons, man stürmte die Tempel, erschlug die Priester, warf die Götterstatuen um, man riß sogar die Amunpriester aus ihren Gräbern und verbrannte ihre Mumien. Warum aber hatten Amenophis und seine bildhübsche Frau, die berühmte Nofretete, plötzlich die alten Götter gestürzt und die mit dem Königshaus verbundenen Priester vertrieben?

Da ja kaum Informationen zur Verfügung standen, vermutete man bisher schwere politische Gegensätze. Aber der König regierte nicht lange, ja er scheint so unbedeutend gewesen zu sein, daß er in den Königslisten nicht aufscheint. Auch seine drei Nachfolger werden nicht genannt, es klafft da eine Lücke von dreißig Jahren. Echnaton litt an einer seltenen Krankheit (progressive Lipodystrophie, eine Störung in der Verteilung der Fettgewebe), er hatte wahrscheinlich einen Wasserkopf, sein ganzes Aussehen war grotesk verändert. Röntgenologische Aufnahmen seiner Mumie ergaben, daß sein Unterkörper stark angeschwollen war, weil das Fett am Gesäß und an den Unterschenkeln wucherte, sein Oberkörper war dagegen mager und geradezu ausgetrocknet.

Nehmen wir an, das auf der Stele beschriebene „schlimme Ereignis" wäre das von Ipuwer geschilderte Geschehen gewesen, also der Polsprung mit den damit verbundenen scheinbaren Störungen der Sonnenbahn. Was also lag näher, als eben jene Sonne, beziehungsweise den Sonnengott Aton, durch ausschließli-

262

Die berühmte Büste der geheimnisvollen Nofretete. Zu ihren Lebzeiten dürften der Exodus der Juden und ein Polsprung erfolgt sein. Darauf deutet die ausschließliche Verehrung des Sonnengottes Aton.

che Verehrung zu versöhnen. Eine Darstellungsart spricht für diese Auslegung. Überall, wo die atonsche Sonnenscheibe gezeigt wird, gehen die Strahlen in Hände aus. Hände also, die man halten kann. Man wünschte, die Sonne festzuhalten. Man hoffte, sie für sich zu stimmen, wenn man Aton besonders verehrte und ihm huldigte. Die schreckliche, von Ipuwer beschriebene Katastrophe hätte sich ja jeden Augenblick wiederholen können.

Wie die Geschichte der Insel Thera und die Zerstörungen von Knossos und Phaestos beweisen, müssen schon vordem beträchtliche Störungen eingetreten sein. Die Sonne dürfte sich infolge von Vulkanausbrüchen und des in die Stratosphäre geschleuderten Staubs verdunkelt haben. In dieser Atmosphäre von Angst muß sich der Atonkult im Volk und bei den Herrschern – im Gegensatz zu den Priestern – immer mehr durchgesetzt haben. Schon Amenophis III. taufte ein Schiff „Aton leuchte". Aus verschiedenen Denkinschriften in Steinbrüchen geht hervor, daß man Aton durch Säulen und Stelen versöhnen wollte.

Erst nach Echnaton kam wieder ein Umschwung. Sein Nachfolger nannte sich vorerst noch Tut-ench-Aton. Dann aber – die

Skizze aus einem Amarna-Grab: Nofretete umarmt Echnaton, der einen Streitwagen lenkt. Die Tochter Meritaton steht an der Wagenwand.

einzelnen Vorgänge verschweigt die ägyptische Chronik – nahm auch er einen neuen Namen an. Er nannte sich Tut-ench-Amun. Seine Goldschätze wurden in den zwanziger Jahren im Tal der Könige entdeckt und sind das Schönste, was je in einem ägyptischen Königsgrab gefunden wurde. Aber auch Tut-ench-Amun war ein so unbedeutender Herrscher, daß er in der Chronik nicht erwähnt wird. Als er den Namen Tut-ench-Amun annehmen mußte, war die alte Priesterkaste wieder in ihre Rechte und Privilegien eingesetzt und auch die Zerstörung des Atontempels in vollem Gange.[7]

Es gibt noch einen weiteren Papyrus mit ähnlichem Inhalt, den in der Leningrader Eremitage aufbewahrten Papyrus 1016 b Recto. Man kann nicht feststellen, wann sich die Ereignisse zugetragen haben sollen, von denen das fragmentarische Dokument unter anderem berichtet: „Das Land ist völlig zugrunde gegangen.

264

Nichts mehr ist übrig geblieben. Die Sonne ist verhüllt. Sie scheint nicht mehr auf die Gesichter der Menschen. Niemand kann aber leben, wenn die Sonne von Wolken eingehüllt ist. Der Fluß ist ausgetrocknet. Die Südwinde wehen gegen den Nordwind. Die Menschen lachen mit dem Lachen des Schmerzes. Niemand weint eines Toten wegen. Niemand weiß, wann Mittag ist. Schatten sind nicht mehr zu erkennen. Das Auge wird nicht geblendet, wenn es in die Sonne sieht. Sie steht am Himmel, bleich wie der Mond."[8]

Zwischen 1500 und 1350 vor Christus könnte sich – wie bereits kurz erwähnt – auch die Naturkatastrophe zugetragen haben, die in der griechischen Deukalion-Sage erzählt wird. Man konnte sogar in jenen Gebieten Griechenlands, die vermutlich mit den mythischen Ortsangaben der Sage übereinstimmen, die Ablagerungen einer großen Flut feststellen. Sie soll zwischen 1529 und 1382 vor Christus getobt haben.[9]

Deukalion soll der Sohn des Prometheus und der Klymene gewesen sein und im thessalischen Phthia gelebt haben. Als Zeus beschloß, das Menschengeschlecht durch eine Flut zu vertilgen, gab Prometheus – er wurde später an den Felsen des Kaukasus geschmiedet, weil er den Menschen das Feuer gebracht hatte – seinem Sohn den Rat, einen hölzernen Kasten zu bauen. Gemeinsam mit seiner Gattin Pyrrha soll Deukalion in dem Schiff den Untergang der Welt überlebt haben. Neun Tage lang schwammen der Held und seine Frau auf der Sintflut. Dann strandete ihre Arche auf dem Parnaß. Deukalion und seine Gattin erhielten vom Göttervater den Auftrag, die „Gebeine der großen Mutter" hinter sich zu werfen. Sie nahmen Steine vom Erdboden und warfen sie über die Schultern. Als die Brocken aufschlugen, verwandelten sie sich in Männer und Frauen. Ein neues Menschengeschlecht entstand und breitete sich über die verwüstete Landschaft aus.

Die Verwandtschaft zur biblischen Sintflut ist unübersehbar. Aber diese geht ja auf das Gilgamesch-Epos zurück, und jenes hat seine Wurzeln wieder in der Sagenwelt der Sumerer. Gilgamesch ist mit dem sumerischen Sintfluthelden Utnapischtin identisch. Dieser Utnapischtin muß aber vor dem Jahre 3000 vor Christus existiert haben, denn damals erreichte die sumerische Kultur bereits einen Höhepunkt. Auch die Sintflut, auf die sich der Held aus der Stadt Ur bezieht, konnte archäologisch nachgewiesen werden: 1929 grub der britische Forscher L. C. Wooley bei Tell al Muquayyar in Mesopotamien in einer drei Meter starken Lehmschicht. Darunter stieß er auf neue, primitivere Kulturschichten. Auf eine Länge von 630 Kilometern und bis zu 160 Kilometer Breite war etwa um das Jahr 4000 vor Christus das Zweistromland vom Persischen Golf her überflutet worden.[10]

Möglich, daß die Deukalion-Erzählung nur ein Ableger des sumerischen Utnapischtin oder des späteren Gilgamesch-Epos ist. Die Griechen kannten aber noch eine weitere Sintflut-Sage. Der römische Schriftsteller Solinus erzählt, wie Ogyges, der sagenhafte Gründer der Stadt Theben in Böotien, die große Flut überstand. Die Wassermassen kamen in einer Nacht, die nicht weniger als neun Monate dauerte. Manche Forscher meinen, Ogyges sei identisch mit dem legendären König von Minos, Agog.

Seit Heinrich Schliemann zufolge seiner genauen Kenntnis der griechischen Mythologie tatsächlich Troja fand, glaubt niemand mehr, die Erzählungen aus der Götterwelt seien reine Hirngespinste. Man weiß, daß sie einen harten und wahren Kern besitzen. Freilich ist es schwierig, die verschlüsselte Sprache der überlieferten Sagenwelt zu dechiffrieren.

Faßt man zusammen, ist es erstaunlich, was alles sich zwischen 1500 und 1350 vor Christus ereignet hat und wie viele bedeutende Völker plötzlich aus der Geschichte verschwanden. Nicht nur die minoische Kultur ging zugrunde und die herrlichen Städte an der Nordküste Kretas wurden durch eine gewaltige Katastrophe zerstört. Auch der Palast von Knossos wurde damals vernichtet. Außerdem gab es noch zahlreiche politische Veränderungen. Viele Historiker wollen in jenen Menschen, die dann gezwungen waren, die ägäischen Inseln zu verlassen, die Philister wiedererkennen. Sie stammen ja – laut Bibel – von der Insel Kaphtor. Die Redensart „Krethi und Plethi" ist höchstwahrscheinlich ein linguistisches Denkmal dieses sagenhaften Volkes. Ebenso endete zur gleichen Zeit abrupt die Hochkultur auf der Insel Malta. Genauso wie die rätselhafte Zivilisation im Industal damals verschwand, wurde

Dieses Fresko in den Ruinen von Knossos läßt den hohen Rang der minoischen Kultur erkennen. Sie ging unter, als sich um 1400 v. Chr. plötzlich die Erdkruste verschob.

auch die Phönizierstadt Ugarit (die einstmals dort stand, wo sich heute der nordsyrische Hafen Ras Schamra befindet) plötzlich vernichtet. Etwa gleichzeitig verließen die nördlich von Ugarit lebenden Hethiter ihre Siedlungen. Ihre Städte lagen an der kleinasiatischen Küste, gegenüber von Zypern. Die Hethiter zogen in großen Volkshaufen durch den Nahen Osten. Sie zerstörten das Reich Mitani, fielen brennend und sengend über Kanaan her und schlossen 1295 mit Pharao Ramses II. nach der Schlacht bei Kadesch Frieden. Dieses Treffen war nicht vernichtend für die Hethiter, denn 15 Jahre später kämpften sie neuerlich gegen den Pharao. Danach kam es zu einem Bündnis zwischen Ägypten und dem gefürchteten Feind.

### Weltweite Katastrophenbilanz

Es muß um 1400 vor Christus gewesen sein, als ein schweres Erdbeben auch die Stadt Troja vernichtete. Die Spuren des Bebens hat man ausgegraben. Gleichzeitig stürzten die Mauern von

Jericho ein. Diese Stadt wurde ebenfalls von einem gewaltigen Erdbeben verheert. Ist es nur ein seltsames Zusammentreffen, daß gerade um 1400 vor Christus in der gesamten damaligen zivilisierten Welt Katastrophen verzeichnet wurden, die zahlreiche Hochkulturen für immer auslöschten? Keine der lokalen Katastrophen könnte für sich allein so weitreichende Auswirkungen gehabt haben. Erklärung bietet nur ein globales Ereignis.

Über die Existenz von Ugarit ist man erst seit den dreißiger Jahren informiert. 1928 legte ein Bauer beim Pflügen in der Nähe von Ras Schamra – aus dem Arabischen übersetzt bedeutet das Wort „Fenchelkopf" – ein im Stile der mykänischen Kuppelgräber geschaffenes Grab frei. Unter der Leitung von Professor Claude Schaeffer wurden Ausgrabungen durchgeführt; dabei entdeckte man eine große Schrifttafel-Bibliothek. Die Tafeln waren in einer bisher unbekannten phönizischen Schrift beschrieben. Es dauerte nicht lange, bis ein deutscher und zwei französische Altphilologen die Zeichen entziffert hatten. Einige Tafeln trugen in zwei Sprachen abgefaßte Texte. In einer Art Hebräisch, das einem altertümlichen Dialekt aus Kanaan entsprach und sehr viele archaische Ausdrücke enthielt, und in einem offensichtlich in dem Stadtstaat üblichen phönizischen Dialekt wird vom Leben und den Sitten in der Stadt erzählt.[11]

Nun wurden zum erstenmal die Fruchtbarkeitskulte Kanaans bekannt, jene „Teufelsriten", die in der Bibel so häufig als besonders böse Laster beschrieben werden. In Ugarit mußte ein Wandel stattgefunden haben, der Übergang von einer matriarchalischen Götterwelt zu einem von männlichen Gottheiten beherrschten Himmel. Die Fruchtbarkeitsgöttinnen Astarte und Anat sind gleichzeitig auch die Kriegsgöttinnen. Im Baal-Epos aus Ugarit wird berichtet, wie die beiden Göttinnen im Kampf zuerst die Männer des „Volkes der Meeresküste" vernichteten und später auch die „Soldaten des Ostens" schlugen. Bis zu den Knien wateten die Göttinnen im Blut; über sie flogen die abgeschlagenen Menschenköpfe und Menschenhände wie „Heuschrecken". Waren Astarte und Anat zufrieden, wuschen sie sich die Hände in

268

geronnenem Menschenblut und widmeten sich der Liebe. Anat war die Schwester, aber auch die Gemahlin von Baal, dem Gott der Stürme und der Unwetter. Sein Symbol war der Stierkopf.[12] In dieser Zeit fand im Nahen Osten eine regelrechte Völkerwanderung statt. Dutzende Volksstämme und Bergvölker waren plötzlich aus ihren Wohngebieten aufgebrochen und zogen plündernd und mordend durch Kleinasien. Es ist rätselhaft, weshalb die Bewohner des Festlandes und der Inseln gleichzeitig von dieser Unruhe erfaßt wurden.

Die minoische Kultur gibt viele Rätsel auf. Sie läßt sich nicht in die Ausbreitung der ägyptischen oder einer anderen östlichen Kultur eingliedern. Wo ihre Wurzeln lagen, war bis vor kurzer Zeit unbekannt. Die Unklarheit bestand so lange, als man einzig und allein nur an eine Kulturrichtung vom Osten nach dem Westen dachte. In jüngster Zeit hat sich das Rätsel weitgehend geklärt. Aber diese überraschende Entdeckung hat eine lange Vorgeschichte, die sehr direkt mit der Polsprungtheorie zusammenhängt. Um den gesamten Komplex dieser revolutionären Veränderungen im Bild unserer Vergangenheit begreifen zu können, muß bei einem scheinbar nicht zu diesem Thema gehörenden Fachgebiet begonnen werden.

*Polsprung zu Ende der Eiszeit bestätigt!*

Seit Beginn der fünfziger Jahre stellt man das Alter organischer Substanzen mittels der Kohlenstoff-14-Methode fest. Der amerikanische Physiker Willard F. Libby veröffentlichte diese geniale Methode 1949 in einer Publikation der Universität von Chicago. Der damals 41 Jahre alte Forscher war zwischen 1941 und 1945 in Los Alamos an der Entwicklung der Atombombe maßgeblich beteiligt gewesen. Nach dem Krieg kam ihm die Idee, den Zeitpunkt des Todes eines Organismus mit Hilfe des C-14-Isotops festzustellen. Die Entstehung dieses instabilen Atoms ist auf folgende physikalische Vorgänge zurückzuführen: Die obere Erdatmosphäre steht ständig unter Beschuß der aus dem Kosmos kommenden Strahlung. Wenn nun ein Stickstoffatom von einem Heliumkern getroffen wird, kommt es zu atomaren Reaktionen. Dieser Heliumkern hat seinen Ursprung in der Sonne. Dort werden permanent Milliarden Tonnen derartiger Atombausteine ausgeschleudert. Trifft nun so ein Heliumkern ein Nitrogenatom, bleibt dessen Gewicht zwar gleich, denn im Atomkern wurde durch den Treffer ein Proton durch ein fast gleichgewichtiges Neutron ersetzt. Es verändern sich aber schlagartig die chemischen Eigenschaften des Stickstoffs. Er wird zum Kohlenstoff, allerdings nicht zu gewöhnlichem Carbon mit dem Atomgewicht 12, sondern zu einem Isotop mit dem Gewicht 14. Dieses instabile Isotop verhält sich chemisch wie alle anderen Kohlenstoffatome. Es geht mit zwei Atomen Sauerstoff eine Verbindung ein und wird so zu Kohlendioxyd. Nun gelangt das C-14-Atom in den Kreislauf der Atmosphäre oder wird vom Regen ins Meer geschwemmt. Als Kohlendioxyd kann es von allen Organismen aufgenommen werden; es wird wie ein normales C-12-Atom in den Zellen gespeichert. Enthalten ist es, auch neben den normalen C-12-Atomen, in Pflanzen, in Tierknochen und in den Schalen von Muscheln und Schnecken. Wie lange ein einzelnes C-14-Atom existieren wird, kann niemand voraussagen. Es kann sofort zerfallen oder Hunderttausende Jahre bestehen bleiben. Vorausgesagt aber kann die Lebensdauer der Summe der C-14-Atome werden: Nach einer bestimmten Zeit wird nur mehr die Hälfte der ursprünglich vorhandenen Atome vorhanden sein. Solange eine Pflanze, ein Tier, ein Mensch leben, nehmen sie C-14-Atome auf und lagern sie in ihren Körpern ab. Stirbt der Organismus, hört aber die Zufuhr von neuen Kohlenstoffisotopen auf. Von nun an beginnt ein kontinuierlicher Zerfall. Ursprünglich nahm man an, in 5568 Jahren sei nur mehr die Hälfte der ursprünglich abgelagerten Kohlenstoffisotope vorhanden. Nun aber neigt man zu der Annahme, die sogenannte Halbwertzeit von C-14 betrage 5730 Jahre. Der Anteil an C-14-Atomen im Verhältnis zu normalen Kohlenstoff-Elementen ist äußerst gering. Noch lebende Organismen oder solche, die erst vor wenigen Jahren gestorben sind, haben den höchsten Gehalt an C-14-Atomen. Dennoch kommt ein

Kohlenstoff-Isotop auf nur eine Billion normaler C-Atome. Eine Billion ist eine Eins mit zwölf Nullen!

Wird in den oberen Luftschichten ständig eine gleich große Anzahl von Stickstoffatomen in C-14-Atome verwandelt, hat man den denkbar besten atomaren Kalender, um das Alter organischer Substanzen relativ präzise bestimmen zu können. Mit Hilfe von besonders sensiblen Meß- und Anzeigegeräten müßte es sogar möglich sein, den Todestag eines vor 50.000 Jahren lebenden Wesens, von dem nur mehr Fossilien vorhanden sind, exakt bestimmen zu können. In der Praxis gibt es aber beträchtliche Abweichungen.

Daran ist die Erde beziehungsweise deren Magnetfeld schuld. Dieses wird ja nicht von stabilen Magneten verursacht, sondern durch den sogenannten Dynamo-Effekt aufgebaut. Tief im Erdinneren kommt es zu Vorgängen, die einen ähnlichen Effekt zur Folge haben, wie er bei einer Dynamo-Maschine entsteht: Es bauen sich Magnetfelder auf. Als Folge lagern um unseren Planeten sekundäre elektromagnetische Zonen, die sich schalenförmig um die Erde anordnen: es handelt sich um den Van-Allen-Gürtel. Im Van-Allen-Gürtel werden die einfallenden Korpuskular-Strahlen, sie bestehen hauptsächlich aus Heliumkernen, die ja zum größten Teil von der Sonne kommen, stark gebremst. Die Strahlung wird mitunter sogar ganz vernichtet.

Schon als ich mein erstes Buch schrieb, sagte ich mir: Stimmt meine Theorie, so muß dieser Van-Allen-Gürtel mit Ende der letzten Eiszeit zusammengebrochen sein oder sich sehr beträchtlich abgeschwächt haben; jedenfalls muß seine Bremskraft stark vermindert gewesen sein. Dann aber muß das Bombardement von Teilchenstrahlung, die direkt auf die Atmosphäre auftrifft, beträchtlich stärker gewesen sein. Wenn also die letzte Eiszeit nur deshalb zu Ende gegangen war, weil ein Polsprung eintrat und sich die Erdkruste verschob, müßte sich auch zwangsläufig die Entstehungsrate von C-14-Atomen beträchtlich verändert haben. Als die bis dahin in den Polarregionen liegenden nördlichen Teile des amerikanischen und europäischen Kontinents in ihre heutige Position einschwenkten, müßte damals für kürzere oder längere

Zeit der Van-Allen-Gürtel sehr schwach gewesen sein. Damit mußte sich aber auch die Proportion von C-14-Atomen zu C-12-Atomen verschoben haben. Die Atmosphäre muß mit Carbon-Isotopen übersättigt gewesen sein. Folglich müssen auch alle Organismen wesentlich mehr C-14-Atome aufgenommen haben, als sie es heute tun, und schließlich müssen alle organischen Gegenstände aus dieser oder der nachfolgenden Zeit jünger erscheinen, als sie tatsächlich sind.

Inzwischen hat man an mehreren Punkten dieser Erde in Lavagesteinen, in Meeressedimenten und Lößablagerungen den vor rund 10.000 Jahren tatsächlich eingetretenen „Polsprung" einwandfrei registrieren können. Mit dem Ende der Eiszeit ist auch die magnetische Polarisation umgeschwenkt.[13]

Als ich mein voriges Buch schrieb, waren mir die Ergebnisse des 12. Symposions der Nobelpreisträger unbekannt. Diese Konferenz hat im Jahre 1970 an der Universität von Uppsala in Schweden stattgefunden. Dort wurden die Fehler der C-14-Methode zum erstenmal vor einem großen Expertenforum diskutiert. Ein Jahr später sprach der Entdecker der Carbon-14-Technik, Willard F. Libby, beim traditionellen Treffen der Nobelpreisträger in Lindau am Bodensee über diese Abweichungen. Gleichzeitig verlautete, es wäre gelungen, die Fehlwerte in bestimmten Grenzen zu berichtigen. Man habe die sogenannte kalibrierte C-14-Kurve erstellt, die – von einigen Lücken abgesehen – fast achttausend Jahre zurückreicht.

Die ersten Zweifel an der exakten Datierung mit Hilfe von Kohlenstoff-Isotopen traten schon Mitte der fünfziger Jahre auf. Damals hatte man ein Stück Akazienholz zur Datierung nach Chicago gesandt. Es war der Teil eines Balkens, der im Grab des ägyptischen Pharaos Djoser angebracht gewesen war. Man wußte also genau, aus welcher Zeit das Holz stammt. Als der ägyptische Herrscher vor ungefähr 4700 Jahren bestattet worden war, war auch der Balken in die Grabkammer eingebaut worden. Die Geigerzähler im Institut Professor Libbys zeigten aber nur ein Alter von etwas mehr als viertausend Jahren an. Im radioaktiven Kalender fehlten volle siebenhundert Jahre. Die ägyptische

272

Geschichte kann man exakt datieren, weil die zeitgenössischen Astronomen das Auftauchen von Kometen oder besondere Planetenkonstellationen in ihre Chroniken aufnahmen. So konnte zurückgerechnet und der ägyptische Kalender genau in unsere Zeitrechnung eingeordnet werden.

Warum funktionierte also die C-14-Methode ab einem bestimmten Zeitpunkt, der etwa beim Jahre 1000 vor Christus liegt, nicht mehr mit der erforderlichen Genauigkeit? Zunächst vermutete man, das Verhältnis von C-14 zu C-12-Atomen sei nicht an allen Plätzen der Welt gleich. Diese Meinung mußte man allerdings bald aufgeben. Nach Atombombenversuchen hatte man eine sehr rasche Verteilung der radioaktiven Wolken über die ganze Welt beobachtet. Also blieb nur mehr der Schluß übrig, es müßten früher – aus welchen Gründen immer – mehr C-14-Atome entstanden und in die Atmosphäre gelangt sein. Wie Professor Libby meint, als Folge von gewaltigen Störungen des irdischen Magnetfeldes.[14]

Wie aber ließen sich die Fehlwerte korrigieren? Wie konnte die Kohlenstoff-Isotopen-Datierung wieder zu einer exakten Methode werden? Den Physikern kam eine andere Altersbestimmungstechnik zu Hilfe: die Baumringe-Vergleichsmessung oder Dendrochronologie. Im Prinzip ist dies eine Zählmessung, die auch jeder Forstmann anwendet: Man zählt die Ringe eines Baumes vom Beginn der Rinde bis zum Mittelpunkt und hat, da Bäume im allgemeinen nur einen Ring im Jahr ansetzen, das Alter des Baumes festgestellt. Die bei uns wachsenden Waldbäume erreichen meistens nur ein Alter von achtzig bis zweihundertzwanzig Jahren. Sie sind also für Korrekturen der C-14-Fehlwerte kaum geeignet. Anders dagegen längerlebige Baumarten. Olivenbäume werden beispielsweise bis zu dreitausend Jahre alt. Am Ölberg in Jerusalem hat man knorrige Ölbäume angebohrt und die Jahresringe gezählt. Manche müssen schon gewachsen sein, als Jesus Christus mit seinen Jüngern das letzte Abendmahl einnahm. Auch die Redwoods in Kalifornien erreichen ein sehr hohes Alter. Eine dieser Arten, die Sequoia gigantea, wird sogar über dreitausend Jahre alt. Die ältesten Bäume entdeckte man jedoch an anderen

Plätzen, im Westen Amerikas: Die sogenannten Borstenkiefern wachsen in den Rocky Mountains von Colorado, in den White Mountains Kaliforniens, in den Bergen von Arizona und in der Sierra Nevada. Genaue Untersuchungen der Borstenkiefer (Pinus aristata), die auch Grannenkiefer genannt wird, nahm Professor C. W. Ferguson vor. Im Jahre 1958 fand er eine 4900 Jahre alte Borstenkiefer. Aber nicht nur an Hand der Jahresringe eines einzigen Baumes wollte man die Geschichte rekapitulieren. Man entwickelte die sogenannte Überlappungstechnik und konnte nun viel weiter in die Vergangenheit blicken.

*Exakte Datierung mit Hilfe von Baumringen*

Dieses Prinzip wurde schon zu Beginn unseres Jahrhunderts entwickelt. Die Stärke der einzelnen Baumringe erlaubte es, den Wetterablauf zu Lebzeiten des Baumes und auch das Auftreten von Sonnenfleckenmaxima in diesen Jahren abzulesen. Den Grundstein für diese Wissensdisziplin hatte Dr. Andrew E. Douglass gelegt. Im Jahre 1913 begann er, alle nur erreichbaren Holzscheiben zu studieren. Dabei stellte er fest, daß Baumringe in feuchten Jahren dicker waren; fiel hingegen weniger Regen, so waren auch die Baumringe in diesem Jahr dünn und unscheinbar. Als Dr. Douglass nun die Baumringmuster genau analysierte, entdeckte er den elfjährigen Rhythmus der Sonnenfleckenmaxima. Gibt es viele Sonnenflecken, dann gibt es auch viel Regen. Fehlen die Störzonen auf der Sonne, dann war sicherlich das Wetter trocken. Dr. Douglass verfeinerte seine Methode: Verglich er die Innenringe eines Baumes, der dreihundertfünfzig Jahre alt war, mit den Außenringen eines Stammes, der vor dreihundert Jahren gefällt wurde, so mußten die Muster der Baumringe während jener fünfzig Jahre, in denen sich das Wachstum überlappte, vollkommen übereinstimmen. Wissenschaftlich anerkannt wurde diese Technik, als der englische Astronom Walter E. Mauder aus anderen Beobachtungen zu dem Schluß gekommen war, in der Zeit zwischen 1650 und 1725 n. Chr. habe es fast keine Sonnen-

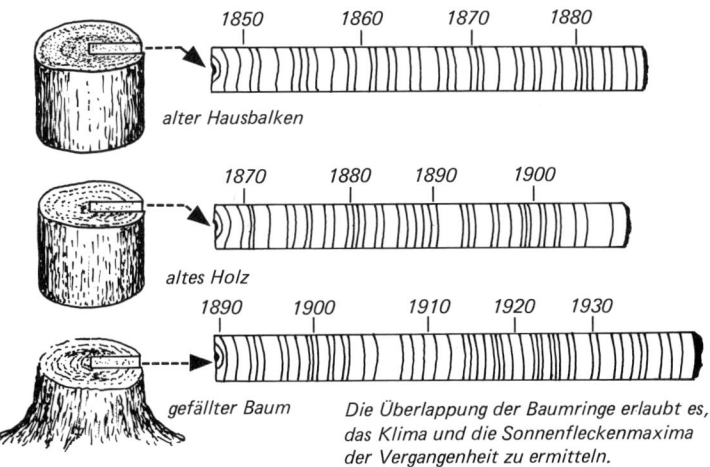

1850   1860   1870   1880

alter Hausbalken

1870   1880   1890   1900

altes Holz

1890   1900   1910   1920   1930

gefällter Baum   Die Überlappung der Baumringe erlaubt es,
das Klima und die Sonnenfleckenmaxima
der Vergangenheit zu ermitteln.

Schematischer Vergleich von Baumringen.

flecken gegeben. Douglass bestätigte diese Ansicht. Auch seine
Baumringe zeigten 75 Jahre nach 1650 eine überdurchschnittlich
lange Trockenheit an. Douglass hatte sich für das Wachstum der
Bäume um das Jahr 1650 herum besonders interessiert. Um diese
Zeit waren nämlich spanische Missionare bis in jene Teile Amerikas vorgedrungen, in denen Douglass arbeitete, und hatten dort
die ersten Kirchen errichtet. Dr. Douglass bohrte nun in den
historischen Bauwerken die Balken mit einem sogenannten
Zuwachsbohrer an und untersuchte die so gewonnenen Bohrkerne. Er legte Kataloge und Vergleichskarten an und analysierte
auch Bohrkerne, die aus Balken aus prähistorischen Indianerhüt-
ten stammten. Nach und nach konnte er mit dieser Überlappungs-
methode einen Zeitraum von weit über zweitausend Jahren
erfassen. Dann entdeckte man den Methusalem unter den Bäumen:
die Borstenkiefer. Es fanden sich aber auch noch ältere indianische
Bauwerke und dementsprechend alte Hölzer. Ja selbst unter dem
Wüstensand verschüttet lagen abgestorbene Stämme der Grannen-
kiefern, die sich über Jahrtausende erhalten hatten. Schließlich war
es mit Hilfe der Dendrochronologie möglich, etwa 8500 Jahre
zurück in die Vergangenheit zu blicken.[15]

275

Auch in Europa hat sich die Baumring-Datierungsmethode längst durchgesetzt. Da jedes Gebiet der Erde ein eigenes Klima hat, lassen sich die Muster der europäischen Baumringe nicht mit den Variationen der amerikanischen Bäume vergleichen. Die Vergleichswerte der Dendrochronologie gelten nur für relativ eng umgrenzte Gebiete, die dasselbe Klima aufweisen. Heute ist man durchaus in der Lage, auf Holz gemalte Gemälde auf ihre Echtheit zu überprüfen. Der Alte Meister muß ja stets ein Brett als Untergrund für sein Bild verwendet haben, das von einem Baum stammte, der vor der Fertigstellung des Kunstwerkes gewachsen war. Ist der Baum hingegen erst nach dem Tod des Künstlers gefällt worden, muß das Bild eine Fälschung sein.

Mit Hilfe der Dendrochronologie konnte schließlich auch die C-14-Methode korrigiert werden. Der amerikanische Wissenschaftler Dr. Edmund Schulmann hat gemeinsam mit Professor C. W. Ferguson an der Universität in Arizona Baumring um Baumring verglichen und das Holz mit Hilfe der Radiocarbonuhr überprüft. Auf Grund Tausender Vergleichungsmessungen konnte man schließlich das Gros der Fehler ausmerzen und erhielt eine Kurve, die zunächst – von kleinen Abweichungen abgesehen – bis zum Jahr 1000 vor Christus reichte. Die Kontrollmessungen ergaben für diese Zeit nur ganz geringfügige Schwankungen. Erst von diesem Zeitpunkt an steigt die Fehlerquote.[16]

Die aus Zehntausenden Einzeldaten ermittelten Kalibrierungskurven haben die Carbon-14-Methode wieder als wissenschaftliches Meßinstrument etabliert. Bis heute kennt man allerdings den Zeitpunkt nicht, von dem an sich die Relation der C-14 zu den C-12-Atomen sprunghaft verschoben hat. Die Anreicherung der Atmosphäre mit Kohlenstoff-Isotopen muß jedoch vor mehr als 8600 Jahren erfolgt sein. So weit ist man nämlich in die Vergangenheit zurückgeschritten und hat die C-14-Methode überprüft.

Natürlich hat auch der Radiocarbon-Test Nachteile. Untersucht man ein Stück Holz, so kann man auf physikalischem Weg nur feststellen, wann der Baum gefällt, nicht aber, wann etwa der Balken in das Haus eingebaut oder zu einem bestimmten Gerät

276

verarbeitet wurde. Es läßt sich zum Beispiel auch nicht feststellen, wann ein Haus abgebrannt ist. Andererseits steht mit Gewißheit fest, daß das Gebäude nicht zerstört worden sein kann, bevor der Baum gefällt, zu einem Tragebalken gezimmert und in das Mauerwerk eingebaut worden ist. Zur Zeit ist die Carbon-14-Testkurve bis maximal 5000 bis 6000 vor Christus geeicht. Die Kalibrierung wurde nicht nur von Wissenschaftlern der Arizona-Universität erstellt, sondern auch von Professor Hans E. Suess, der seine Daten unabhängig von den anderen Arbeiten an der California-Universität in San Diego sammelte. Es scheinen aber in den Korrekturtabellen Perioden auf, die einen Zeitraum bis zu siebenhundert Jahren umfassen, für die keine exakten Datierungen möglich waren. Deshalb sind manche über sechstausend Jahre zurückliegende Epochen noch immer nicht genau korrigierbar. Die denkbare Fehlerquote scheint aber nicht gravierend zu sein.[17]

## Die Pyramiden stehen im falschen Winkel

Als die Historiker mit Hilfe der revidierten C-14-Methode die Funde aus den frühen Kulturen altersmäßig neu klassifizierten, gab es gewaltige Überraschungen. Man hatte sich bei der Einschätzung von Gegenständen aus bestimmten Zivilisationen enorm geirrt. Noch größer war das Erstaunen in der Archäologie, als man versuchte, die typologische Ausbreitung von bestimmten Kulturkreisen chronologisch zu erfassen. Um das zu verstehen, muß man wissen, wie sich die Methoden entwickelt haben, mit denen man vorgeschichtliche Bauten und Kulturgegenstände altersmäßig einordnet. Auch diese Wissenschaft hat sich nur nach und nach erweitert. In den dreißiger Jahren des vorigen Jahrhunderts hat ein dänischer Student den Vorschlag unterbreitet, prähistorische Objekte nach drei Zeiten zu klassifizieren. Er nannte die Epochen Steinzeit, Bronzezeit und Eisenzeit. Diese Einteilung war relativ einfach. Fanden sich Kulturschichten, die nur Steinwerkzeuge enthielten, dann stammten sie aus der Steinzeit, gab es bereits Bronzegeräte, dann war man auf eine spätere Kulturperiode gestoßen, und erst in den letzten Phasen der Vorgeschichte hatten es die Menschen verstanden, Eisen zu schmelzen und daraus Waffen und Geräte herzustellen. Mit dieser primitiven Einteilung kam man zunächst aus. Die Urgeschichtsforschung unterschied in der ersten Hälfte des vorigen Jahrhunderts noch nicht die verschiedenen Epochen der Alt-, Mittel- und Jungsteinzeit. Zunächst wußte man ja noch gar nicht, wie lange die einzelnen Kulturepochen gedauert hatten. Es war auch ungewiß, wann sie von anderen Formen abgelöst worden waren. Kein Urgeschichtsforscher wagte etwa damals zu sagen, vor wie vielen Jahrtausenden die Bronzezeit begonnen und wann sie geendet hatte. Nur über die ägyptische Geschichte wußte man bald Bescheid. Das verdankte man Jean François Champollion-Figeac, der 1826 die Bedeutung der Hieroglyphen erkannt und mit Hilfe des Steins von Rosette die geheimnisvolle Schrift entziffert hat. Von da an waren die Ägyptologen in der Lage, Tausende Schriften in den Gräbern von Luxor, in den Pyramiden von Memphis und in vielen anderen erhalten gebliebenen Gebäuden zu entziffern. Auch die zahlreichen, bis dahin unverständlichen Papyri konnten nun gelesen werden. Bald wußte man, wann die einzelnen Pharaonen gelebt, wie lange die Dynastien geherrscht hatten und wie sich das Leben am Nil in den drei Jahrtausenden vor Christus abspielte.

Von der ägyptischen Geschichte ausgehend, war es dann möglich, den Ablauf benachbarter Kulturen zeitlich zu gliedern. Die meisten Länder rund um das Reich der Pharaonen befanden sich zeitweise in einem Abhängigkeitsverhältnis von Ägypten. Die Erfüllung der Tributpflicht durch ausländische Delegationen wurde von den Verwaltern des Staatsschatzes der Pharaonen in allen Details festgehalten. Dabei wurden die Vasallenfürsten, die eben in den Nachbarländern die Herrschaft innehatten, namentlich genannt. Freilich mußten die Geschichtsforscher erst lernen, wie die ägyptischen Bezeichnungen für die umliegenden Länder lauteten: „Keftiu" zum Beispiel war der Name Kretas. Zeitweise waren auch die Phönizier oder zumindest Kolonien der Phönizier den Herrschern in Memphis gegenüber abgabepflichtig. Auch diese Abhängigkeitsverhältnisse waren vermerkt, und so lernte man nach und nach die Zivilisation im Mittelmeerraum mit Hilfe der ägyptischen zeitgenössischen Berichte kennen.

Damals waren alle Historiker davon überzeugt, der Osten sei die Wiege des menschlichen Geistes und der kulturellen Höherentwicklung. Alle Kulturen des Westens mußten also jünger als die ägyptische sein. Bereits im Jahre 1887 hatten die Brüder Henry und Louis Siret aber in Spanien Siedlungen aus dem späteren Neolithikum entdeckt. Die Bezeichnung Jungsteinzeit war insofern nicht ganz exakt, weil die Bewohner dieser Dörfer bereits Kupfererze schmolzen und aus dem Metall Werkzeuge herstellten. Aber diese Waffen und Geräte waren es nicht, die das Interesse der Archäologen weckten. Interessanter erschienen ihnen die gewaltigen Grabmonumente, die von den Ureinwohnern der Iberischen Halbinsel erbaut worden waren. In diesen Megalithgräbern wurden zweifellos die Stammesfürsten bestattet. Als Grabbeigaben fanden sich kleine steinerne Menschendarstellungen mit stummelartigen Armen und Beinen, ferner Dolche und Streitäxte aus Kupfer, aber auch steinerne Objekte sowie sehr hübsche Keramiken. Alle Wissenschaftler, die sich damals mit den Funden befaßten, kamen zu der Überzeugung, die Uriberer seien Träger einer Subkultur gewesen, die aus dem ägäischen Raum oder aus Ägypten nach Spanien exportiert worden sei.

Um die Jahrhundertwende stellte der schwedische Archäologe Oskar Montelius eine typologische Vergleichstechnik für die einzelnen Kulturen auf. Nun konnten Geräte, Werkzeuge und Waffen in bestimmte Verwandtschaftsverhältnisse zueinander gebracht werden. So versuchte man nun, die kulturellen Einflüsse in verschiedenen Siedlungsräumen festzustellen und die Ausbreitungsentwicklung zu erkennen. Angrenzende Regionen konnten systematisch in die kulturellen Phasen einbezogen werden, und nach und nach entstand ein Schema, das über die zusammenhängenden Kulturkreise und ihre Ausbreitungstendenzen Auskunft gab. Von Ägypten und Mesopotamien ausgehend, versuchte man jeden einzelnen Fundgegenstand in Europa in die kulturelle Ausbreitungswelle einzuordnen. Durch diese Klassifizierung sollte die fortschreitende Zivilisationskette geschmiedet werden, die klar

Noch immer geben die ägyptischen Pyramiden eine Fülle von Rätseln auf. So etwa, warum diese Bauwerke um 4 bis 5 Bogenminuten aus der Nord-Süd-Richtung gerückt sind, die damals für sakrale Bauten obligat war.

alle aus dem östlichen Mittelmeerraum ausgehenden Kulturimpulse erkennen ließ.

Der britische Archäologe Sir Grafton Smith erarbeitete damals seine Hyperdiffusionstheorie. Sie besagt, daß alle Hochkulturen, sowohl die im Fernen Osten wie auch die Zivilisationen im zentralen Südamerika, ihre Wurzeln in Ägypten hätten. Eine Verwandtschaft zwischen Kulturen diesseits und jenseits des Atlantiks erkennen zu wollen, ist ja heute noch hoch aktuell. Thor Heyerdahl bewies erst jüngst, daß Menschen durchaus in einem kleinen, aus Papyrusrohr gefertigten Boot den Atlantik überquerten können.

Es gibt tatsächlich Übereinstimmungen zwischen den Kulturen in Nordafrika und Mesopotamien einerseits sowie in Amerika andererseits: vor allem ähneln die Stufenpyramiden – auch Ziggurate genannt –, die jahrtausendelang im Zweistromland errichtet wurden, den Pyramiden in Mexiko und Ägypten. Die Ziggurate und die von den Mayas erbauten Pyramiden waren die Sockel von Tempeln. Sie dienten primär nicht, wie die ägyptischen Pyramiden, als Grabmonumente. Dennoch gibt es zahlreiche mexikanische und zentralamerikanische Stufenpyramiden, in denen auch Tote beigesetzt sind. Nach Ansicht der Wissenschaft scheinen diese gigantischen Bauwerke aber nicht für den Totenkult errichtet worden zu sein. Auch die in der Pyramide von Tempo de las Inscriptiones Paleque bestatteten Toten dürften nur deshalb in dem mächtigen Stufenbau beigesetzt worden sein, damit sie als göttliche Mayafürsten den Göttern und dem Himmel näher sein können als gewöhnliche Sterbliche. In diesem Tempel findet sich übrigens auch ein Sarkophag mit Darstellungen des Gottes Kukumatz. Das Steinrelief wurde als Abbildung eines urgeschichtlichen Raumfahrers gedeutet: Däniken untermauert damit seine Hypothese.

Die Ruinenstadt von Paleque in der Nähe des Rio Usumacinta, einem aus Guatemala kommenden Fluß, ist nur einer von vielen altmexikanischen Tempelbezirken. Chichen Itzá, Teotihuacan oder die herrliche Nischenpyramide von El Tajín sowie der Tempel von Tenayuca sind weitere Wunderleistungen unbekannter Architekten aus Amerikas präkolumbianischer Zeit. Die Stufentürme scheinen tatsächlich eine Nachbildung jener Pyramiden oder Ziggurate zu sein, die in Mesopotamien schon von den Sumerern und dann im Reich des König Maris gebaut worden waren. Auch in Babylon gab es derartige Tempelpyramiden. Sie alle gleichen der 2600 vor Christus im Auftrag von König Neterkhet Djoser (3. Dyn.) in Sakkara erbauten Stufenpyramide. Das kleine Dorf Sakkara steht heute an jenem Platz, an dem sich einst die mächtige ägyptische Hauptstadt Memphis befand. Gebaut wurde sie von Imhotep, dem Großwesir des Königs. Er ist in den ägyptischen und griechischen Götterhimmel eingegangen. Imhotep wurde später als Gott der Wissenschaft, der Magie und der Heilkunde verehrt. Die Griechen übernahmen sein Bild und gaben ihm den Namen Äskulap.

Eine Pyramide ist ein magisches Symbol. Es gibt Studien auf

parapsychologischem Gebiet, die festgestellt haben wollen, daß es an bestimmten Plätzen in Pyramiden zu keiner Verwesung kommen könne. Organische Stoffe – wie Fleisch oder Pflanzen – trocknen rasch ein, ohne zu verfaulen. Die gleichen organischen Stoffe verwesen andernorts unter gleichen klimatischen Bedingungen in kürzester Zeit.[18]

In Mesopotamien und in Mittelamerika waren die Pyramiden große sakrale Bauwerke, auf deren oberster Plattform die Priester den Göttern opferten. In Ägypten dagegen waren sie nie Tempelheiligtümer, obwohl auch der Pharao als göttliches Wesen galt. Die Könige der ersten Dynastien hatten im Alten Reich noch relativ bescheidene Gräber.

Djoser war der erste Herrscher über die beiden vereinigten Reiche von Ober- und Unterägypten. Seine Mutter, Prinzessin Nemathap, erbte als letzte ihrer Dynastie Unterägypten. Der erste Herrscher über Großägypten ließ sich offensichtlich das gigantische Bauwerk als Mausoleum errichten. Manche meinen heute, man habe ursprünglich nur einen Grabhügel aufführen wollen. Erst später wurde der künstliche Berg zu einer vierstufigen Pyramide erweitert. Als diese fertiggestellt war, wurde sie abermals vergrößert. Schließlich war sie zu einer sechsstufigen Pyramide angewachsen, die eine Höhe von siebzig Metern aufweist.

Bis heute ist die Frage unbeantwortet geblieben, welche Techniken beim Bau der Pyramiden angewandt wurden. Man kann sich schwer vorstellen, wie die tonnenschweren Quader transportiert worden sind. Sind die Kalksteinblöcke auf Schiffe verladen und von Menschen gezogen auf primitiven Rollen über Hunderte Kilometer herangeschafft worden? Herodot berichtet, die Priester Ägyptens hätten ihm mitgeteilt, die gewaltigen Bauten seien von hunderttausend Sklaven ausgeführt worden. Diodorus Siculus nimmt in seine „Historische Bibliothek" eine Notiz auf, die auf einem Stein der Cheopspyramide zu lesen gewesen sein soll. Die Angaben betrafen die Kosten für die Verpflegung der Arbeiter. Für Zwiebel, Rettiche und andere Gemüsearten habe man ebensoviel ausgegeben wie für Getreide und Öl. Insgesamt seien es 1600 Talente gewesen. Einige moderne Forscher haben den Versuch unternommen, die ägyptische Währung mit unseren Geldwerten zu vergleichen. Die Summe soll umgerechnet ungefähr hundert Millionen D-Mark entsprechen.

In letzter Zeit ist man allerdings nicht mehr so sicher, ob der Pyramidenbau – die Cheopspyramide mißt an der Basis 233 Meter im Quadrat, die senkrechte Höhe betrug seinerzeit 146,5 Meter – tatsächlich von Sklaven ausgeführt wurde. Man hat sich auch die Frage gestellt, ob die Großbauten nur reine Machtsymbole der Könige waren. Der in England unterrichtende Physiker Professor Dr. Kurt Mendelson hat in einer bemerkenswerten Studie andere Ansichten geäußert: Er ist der Meinung, die Pyramiden seien Frucht eines königlichen Arbeitsbeschaffungsprogrammes. Die auf den Feldern am Nil beschäftigten Fellachen hätten während der jährlich drei Monate dauernden Überschwemmungen keine Arbeit gehabt. Sie nutzten die Chance, als man ihnen einen Erwerb beim Pyramidenbau anbot. Nach Ansicht von Dr. Mendelson seien sie dabei vom Herrscher nicht nur entlohnt, sondern auch verpflegt worden. Auf diese Art und Weise sei im Alten Reich Wohlstands-politik betrieben worden, und die sozialen Maßnahmen hätten für einen Zusammenhalt der ursprünglich nur locker miteinander verbundenen Stämme von Unter- und Oberägypten gesorgt. Der Forscher kam zu diesem Schluß, als er die Pyramide von Medum untersuchte. Er stellte fest, dieses Bauwerk wäre ursprünglich kleiner geplant gewesen und erst später vergrößert worden. Dabei sei den Erbauern aber ein verhängnisvoller Fehler unterlaufen. Die Außensteine wurden einfach auf die polierten Quader der ersten Pyramide aufgeschichtet. Sie fanden keinen Halt, rutschten ab und liegen heute noch rund um die Pyramide. Damit sich das Unglück nicht wiederhole, haben die ägyptischen Architekten daraufhin die ursprünglich vorgesehene Konstruktion der Pyramide von Daschur abgeändert. Der Neigungswinkel der Flanken wurde von 52 Grad auf 43,5 Grad verringert. Das Bauwerk muß bereits zu einem Drittel fertiggestellt gewesen sein, als man nach dem Einsturzunglück der benachbarten Pyramide die Flankenböschung abflachte. Seither wird das Grabmal von Daschur Knickpyramide genannt. Daß man ursprünglich steiler baute und den Winkel danach verringerte, ist nur dann als vernünftige Maßnahme anzusehen, wenn gleichzeitig mehrere Pyramiden errichtet wurden. War nämlich der Pyramidenbau als staatliche Arbeitsbeschaffung gedacht, müssen immer zwei Pyramiden gleichzeitig gebaut worden sein. Näherte sich eines der Grabdenkmäler seiner Fertigstellung, fanden ja die Arbeiter auf der immer kleiner werdenden Plattform weniger Platz. Es konnten nicht mehr alle Männer eingesetzt werden. Beginnt man hingegen, wenn die erste Pyramide zu einem Drittel fertiggestellt ist, mit dem Bau der nächsten, können ständig gleichmäßig viele Arbeiter beschäftigt werden. Nach Meinung Mendelsons habe sich die Stellung des Pharaos ebenso wie die Religion in Ägypten später verändert. Zwar habe man weiterhin Pyramiden errichtet, als Baumaterial aber nicht mehr die aus Kalkstein geschlagenen Quader verwendet, sondern aus Nilschlamm geformte Ziegel. Von diesen Bauwerken ist nicht viel übrig geblieben. Der Regen löste die weichen Mauern innerhalb einiger Jahrhunderte auf.[19]

Die alten ägyptischen Pyramiden beweisen durch einen rätselhaften „Fehler" den um das Jahr 1400 vor Christus erfolgten Polsprung. Die Pyramiden wurden seinerzeit genau nach geometrischen, aber auch nach astronomischen Gesichtspunkten aufgestellt. Die geometrische Konzeption läßt sich deutlich erkennen; bei der Nord-Süd-Adjustierung müßte den in der Astronomie so bewanderten Ägyptern nun ein beträchtlicher Fehler unterlaufen sein. Als einzige Erklärung für die mangelhafte Ausrichtung der gewaltigen Bauwerke bietet sich eine Verschiebung der Erdkruste nach dem Bau der Pyramiden an. Wenn sich nämlich um das Jahr 1400 vor Christus die Erdkruste als Folge eines Polsprungs verschoben hat, waren beispielsweise seinerzeit die Achsen der Cheopspyramide genau nach den Himmelsrichtungen orientiert, der Gang zur Grabkammer wies sicher auf den Nordstern. Heute weicht diese Richtung um fast fünf Bogenminuten ab. Der dänische Geophysiker N. Abrahamsen (Universität Aarhus) und sein schottischer Kollege G. S. Pawley (Universität Edinburgh) haben langwierige Berechnungen angestellt, um die Abweichung zu erklären. Vergeblich. Als einer der ersten befaßte sich der britische Archäologe Sir Flinders Petrie mit diesem Problem. Während seine Kollegen in Dänemark und Schottland an die Kontinentaldrift und die sogenannte Präzession dachten – die Kontinentaldrift könnte aber höchstens eine Drehung der Pyramiden um 0,1 Bogenminuten, und das vermutlich in die entgegengesetzte Richtung bewirkt haben, die Präzession ergibt seit der Erbauung der Pyramiden vor 4.500 Jahren nur eine maximale Abweichungsmöglichkeit von 0,24 Bogenminuten –, erklärte Petrie schon vor dreißig Jahren, der Pol müsse sich um die gewissen vier bis fünf Bogenminuten verschoben haben. Die genaue Berechnung ergibt eine Abweichung von etwas mehr als vier Minuten. Weil man aber ohne Präzisionsinstrumente mit freiem Auge die Richtung nur auf plus/minus 30 Sekunden genau bestimmen kann, könnte die Verschiebung also fast fünf Bogenminuten betragen. Erinnert man sich an die Beschreibungen im Ipuwer-Papyrus, wo es heißt: Fürwahr, das Land dreht sich um wie eine Töpferscheibe, ist die „fehlerhafte" Anordnung der Cheopspyramide eine logische Konsequenz der Erdkrustenverschiebung. Aus der Größe des „Fehlers" kann man die Verschiebung des Pols während der Katastrophe genau berechnen. Eine Bogenminute entspricht einer Strecke von 1800 Metern. Die Erdkruste muß also um eine Distanz von 7600 bis 9000 Metern gewandert sein.

Abrahamsen und Pawley wollen nun auch zentral- und südamerikanische Bauten sowie Bauten aus der Megalithkultur untersuchen. Unter anderem will man eines der erstaunlichsten Bauwerke aus dieser Zeit neu vermessen und auf seine astronomische Bedeutung überprüfen: Stonehenge. Auch dort sind offensichtliche Abweichungen festgestellt worden. Die beiden Geophysiker haben die Meinung ausgesprochen, der Pol habe sich entlang des westlichen 60. Längengrades um mindestens vier Grad verschoben. Diese Vermutung will man an einem anderen Phänomen erhärten: an den geheimnisvollen Linien in der peruanischen Nazca-Wüste. Sie haben Erich von Däniken zu der phantasievollen Deutung angeregt, die aus der Vogelperspektive sichtbaren Muster seien Sichtmarken für einen prähistorischen Astronauten-Landeplatz gewesen.[20]

Gibt es nun eine echte Inspiration der Pyramidenbauer im Nahen Osten und jenseits des Atlantiks durch Ägypten? Obwohl sich die Bauwerke sehr ähnlich sehen, ist eine direkte Beeinflussung vermutlich auszuschließen. Zwar wurden ziemlich gleichzeitig in Mesopotamien und in Ägypten Pyramiden und Ziggurate errichtet. Aber die Bauten hatten ja unterschiedliche Verwendungszwecke. Im Nilland waren sie Grabstätten für Gottkönige; im Zweistromland opferten auf der Spitze dieser Freilichttempel die Hohenpriester den Göttern. Das gläubige Volk betete am Fuß der künstlich geschaffenen Tempelberge. Hunderte Stufen lagen zwischen ihnen und den zum Opferaltar heruntergestiegenen Göttern. Ähnlich war auch der Verwendungszweck der Pyramidentempel auf der Halbinsel Yucatán und in den mexikanischen Provinzen Oxacas und Chiapas.

Es ist aber nicht nur die Entfernung, die jede Verwandtschaft zwischen diesseits und jenseits des Atlantiks ausschließt; viel schwerer scheint die Zeitbarriere zu wiegen. Zwischen der Errichtung der Ziggurate in Mesopotamien und der der Pyramiden von Mexiko liegt eine Spanne von zweitausend bis viertausend Jahren. Auch die Pyramiden in Ägypten sind 2800 Jahre vor den ersten stufenförmigen Mayatempeln erbaut worden. Selbst wenn also in den letzten fünf Jahrhunderten vor Christus, vielleicht während der Machtergreifung der Ptolomäer, Ägypter auf einem Papyrusboot nach Mexiko gesegelt wären, hätten sie kaum eine Anregung zum Pyramidenbau gegeben. Diese Emigranten konnten ja gar nichts über die Bautechnik und die Konstruktion der Pyramiden aussagen. Vermutlich wußten sie nicht einmal, welchem Verwendungszweck die ägyptischen Pyramiden gedient hatten. Im neunzehnten Jahrhundert vertrat allerdings Lord Kingsborough die Meinung, die mexikanischen Pyramiden wären durch direkten Einfluß ausgewanderter Ägypter entstanden. Einer der verlorenen Stämme Israels sei nach Mexiko gekommen und habe dort die mitgebrachte Kultur verbreitet. Auch Sir Grafton Smith verfocht vehement die Ansicht, Ägypten sei die Wiege der Zivilisation für die gesamte Menschheit. Alle Hochkulturen seien von der künstlerischen, geistigen und sozialen Entwicklung im Land der Pharao-

Die Pyramiden der Mayas sind mit den ägyptischen Bauwerken nicht verwandt. In Amerika dienten sie als Opferstätten und nur äußerst selten als Grabmäler.

nen beeinflußt worden. Obwohl es heute kaum noch ernstzunehmende Historiker gibt, die dieser Hypothese anhängen, lassen sich dennoch auf beiden Seiten des Ozeans einige verblüffende Parallelen erkennen. So etwa verehrten die Azteken den Gott Quetzalcóatl. Er weist Ähnlichkeiten mit dem Erbauer der ersten ägyptischen Pyramide Imhotep auf. Quetzalcóatl wird als geflügelte Schlange dargestellt, es wird also das gleiche Symbol eingesetzt wie in Griechenland: die Äskulapschlange. Die Abstammungslegende der Azteken ist ebenfalls geheimnisvoll: Ihre Urväter, der Stamm der Aztlans, lebten auf einer Insel, die sie aber verlassen mußten. In großen Kanus erreichten sie Amerika und fanden hier in einer Höhle ihren Gott Huitzilopochtli. Er forderte sie auf, bis zu einem Ort zu wandern, wo ein auf einem Kaktus sitzender Adler eine Schlange verzehrt. Dort sollten sie sich niederlassen und Siedlungen gründen.

So zogen die Azteken nach Chapultepec am Tezcoco-See. Es

war dies eine sehr unwirtliche Gegend, die von den in angrenzenden Territorien lebenden Zapoteken, Mixteken und Olmeken gemieden wurde. Die Azteken mußten sich in diese Einöde zurückziehen, weil sie in einer Schlacht von den Kriegern der als zivilisiert geltenden Stämme geschlagen worden waren. Später schenkten die Siedler den Einwanderern keine Beachtung. Das sollte noch böse Folgen haben: Die Azteken verstanden es nämlich bald, die völkischen Gegensätze zwischen den einzelnen Indianerstämmen geschickt auszunützen. Bald hatten sie das ganze Land unter Kontrolle. Sie verbündeten sich mit einem Stamm und unterwarfen den benachbarten. Erst 1325 nach Christus wurde ihr Hauptsitz, die Stadt Tenochtitlán, gegründet. 1428 besiegten sie in einer Schlacht bei Azcapotzalco die letzten noch freien Indianervölker und gründeten das Großreich. Es sollte nur wenige Dezennien existieren, dann wurde es vom spanischen Eroberer Cortez vernichtet.

Die Azteken machten die von ihnen unterworfenen Stämme nur tributpflichtig, ohne sich in ihre inneren politischen Angelegenheiten einzumischen. Allerdings waren die Steuern und Abgaben, die von den unterjochten Stämmen zu entrichten waren, überaus hart bemessen. Die über das ganze Land verteilten Garnisonen der Azteken kannten kein Erbarmen. Als die Spanier unter Hernando Cortez im Jahre 1521 die Soldaten des Aztekenkönigs Montezuma schlugen, gelang ihnen dies nur mit Hilfe von indianischen Bundesgenossen. Die fünfhundert bis sechshundert eisengepanzerten spanischen Kämpfer wurden von Tausenden Kriegern des unterdrückten Totonaken-Stammes unterstützt. Noch ein weiterer glücklicher Umstand begünstigte Cortez: Die Azteken verehrten Quetzalcóatl, jenen Gott, der, um das Böse zu vernichten, sich selbst auf dem Scheiterhaufen verbrannte. Bevor er starb, kündete er seine Rückkunft an. Wenn er, der weißhäutige Gott, aus dem Osten kommend, wiederkehren werde, werde auch der Frieden einziehen und das Gute für immer siegen.

Als Cortez kam, trugen seine Schiffe das Kreuz auf den Segeln, ein Symbol, das eng mit Gott Quetzalcóatl verbunden war. Die Azteken hielten den Spanier für den zurückkehrenden Gott und dachten gar nicht daran, Widerstand zu leisten. Sie selbst hatten allerdings mit dem Pyramidenbau nichts mehr zu tun. Ja, die Azteken hatten keine Ahnung, was die lange vor ihrer Zeit errichteten Bauten zu bedeuten hatten. So nannten sie eine der größten eroberten Städte, in der auch eine prächtige Stufenpyramide steht, Teotihuaca, „der Platz, an dem die Menschen zu Göttern wurden". Die Pyramiden Mexikos waren erst zwischen 600 und 900 nach Christus errichtet worden. Man nennt diese Epoche die klassische mexikanische Kultur. Zwar müssen Pyramiden auch schon früher erbaut worden sein, aber über sie ist nicht viel bekannt. Anfang der zwanziger Jahre wurde bei Cuicuilco ein von einer Lavadecke verschütteter Stufentempel entdeckt und ausgegraben. Über das Volk, das etwa 600 vor Christus den 135 Meter im Geviert messenden konischen Turm aufgestellt hatte, weiß man wenig. Das Bauwerk – es liegt südlich von Mexiko City – wurde knapp nach seiner Fertigstellung von der Lava eines ausbrechenden Vulkans überdeckt. So konnte diese Pyramide eine Zeitspanne von zweieinhalb Jahrtausenden überdauern. Aber auch in diesem Fall ist der temporäre Abstand zur Errichtung der afrikanischen und asiatischen Bauwerke viel zu groß, um irgendeine Beeinflussung annehmen zu können.

### Rätselhafte Kulturen im Westen

Müssen eigentlich die „Konstruktionspläne" von einem Volk zum anderen getragen worden sein? Wenn man die Gesetze der Statik rekapituliert, ist die Pyramide die einfachste Art eines Hochbaues. Jeder Rundturm und jede Mauer, aber vor allem jede Bogenbauweise erfordern spezielle Konstruktionsformen, um die auftretenden Kräfte aufnehmen und in die Fundamente ableiten zu können. Wie gefährlich Seitenkräfte sein können, die in einem statisch nicht ausgewogenen Bauwerk auftreten, zeigt ja das Beispiel der Pyramide von Medum. Eine aus großen Steinblöcken aufgeschichtete Pyramide, vornehmlich eine Stufenpyramide, ist aber absolut stabil. Sie ist bei entsprechender Wahl des Baumaterials geradezu für die Ewigkeit gebaut. Die Pyramide besitzt alle wesentlichen Voraussetzungen, um den göttlichen Charakter eines Tempels zu demonstrieren. Sie ist von aus göttlichem Geschlecht stammenden Herrschern als Brücke von der Erde in den Himmel errichtet worden. Sie ist weithin zu sehen und folglich ein Monument der weltlichen Macht des Herrschers und der Priesterhierarchie.

Zusammenfassend kann gesagt werden: Bis heute ist es nicht gelungen, Zusammenhänge zwischen dem Pyramidenbau in Ägypten und Mexiko zu finden. Dennoch sind die Übereinstimmungen in den Religionen und im sozialen Leben beider Länder und auch in ihrer Kunst evident. Auch hier hat die verbesserte C-14-Methode neue Wege gewiesen.

Wie sieht man heute die Kulturausbreitung in Europa und im Mittelmeerraum? Kann man noch immer von einer Beeinflussung durch den Nahen Osten oder durch Ägypten sprechen? Die Altersangaben mit Hilfe der kalibrierten Carbon-14-Technik haben das bisherige Bild gewandelt. Nun wurde plötzlich klar, warum die minoische Kultur, also Gegenstände und Geräte, die auf Kreta und der Insel Thera gefunden worden sind, so wenig Verwandtschaft mit den archäologischen Funden aus dem Nahen Osten und Nordafrika aufweisen. Die modernste Auffassung lautet: Die Minoer scheinen nicht aus dem Osten, sondern aus dem Westen gekommen zu sein. Wie bereits erwähnt, gab es in den zwanziger Jahren unseres Jahrhunderts verschiedene extreme Ansichten. Der britische Archäologe Grafton Smith sah das Zentrum der Kulturausbreitung nur in Ägypten. Vor allem in Deutschland gab es Kulturphilosophen, die eine unbewiesene, fast mythische Hypothese vertraten: Die indogermanische Urkultur habe die wirklich „wertvollen" Kulturen geschaffen. Ein kleinlicher Nationalismus diktierte diese Lehre von den überlegenen Herrenmenschen.

Einen goldenen Mittelweg versuchte der britische Forscher Gordon Childe einzuschlagen. In seinem 1925 in London erschienenen Buch „Die Dämmerung der europäischen Zivilisation" wandte er sich gegen eine ägyptozentrische Monokultur. Er griff aber auch die chauvinistischen Ansichten der deutschen Supernationalisten vehement an. Childe war der erste, der die Vermutung aussprach, die spanischen Megalithgräber seien nicht nach dem Vorbild der Gräber in Mykene errichtet worden. Die Grabmäler auf der iberischen Halbinsel seien vielmehr um mindestens tausend Jahre älter als die erst 1500 vor Christus in Griechenland entstandenen Mausoleen.

Da auch auf Kreta ähnliche Bauten entdeckt worden waren, glaubte man bis zuletzt, die Kolonisierung Spaniens und Portugals sei in der frühminoischen Epoche von Kreta aus erfolgt. Die Einwanderer hätten ihren Glauben und ihre Architektur mitge-

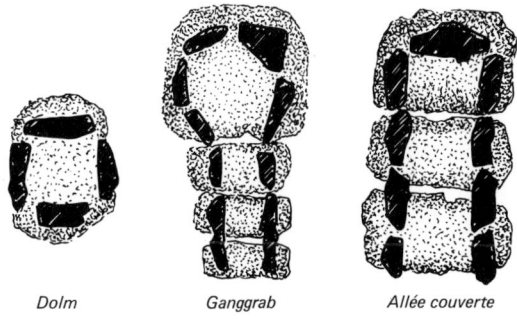

| Dolm | Ganggrab | Allée couverte |

Plan von Megalithgräbern.

bracht. Dabei müsse auch die Technik, Metalle herzustellen, mit importiert worden sein. Die Städte auf Malta und in Spanien, die zum Teil schon Befestigungsanlagen aufweisen, konnten nach diesem Zeitschema nicht vor 1500 vor Christus gebaut worden sein. Die sehr ähnlichen französischen und britischen Megalithgräber hätten entsprechend den Gesetzen der Kulturausbreitung nicht vor 1300 vor Christus entstanden sein können, da diese Grabmäler ja jünger als die spanischen und maltesischen sein mußten. Auch die auf Malta gefundenen Fundamente von Steintempeln wurden in diesen Ausbreitungsprozeß eingegliedert. Auf der Mittelmeerinsel hatte man Mauern aus behauenen Steinen entdeckt, die charakteristische spiralenförmige Verzierungen aufweisen. Die Archäologen erinnerten sich, ähnliche Spiralmuster an Steinmauern in Kreta und Griechenland gefunden zu haben. In den

291

„Ursprungsländern" waren sie zwischen 1800 und 1600 vor Christus hergestellt worden. Die Tempel auf Malta hätten also jünger sein müssen.

Die Megalithkultur reicht von Südskandinavien über ganz Deutschland. Sie findet sich auch auf den nördlichen Inseln Schottlands, in Irland, in Frankreich, Spanien und Portugal sowie im östlichen Mittelmeerraum, dort vor allem in Syrien, Jordanien und Israel, und dokumentiert sich besonders in Dolmengräbern.[21]

Der Ausdruck Megalith kommt aus dem Griechischen: „mega" heißt groß, „lithos" Stein. Man hat viel herumgerätselt, welchen tieferen Sinn diese Bauten hatten, ob sie magische Riten widerspiegelten oder ob sie astronomische Konstellationen festgehalten haben. Die Bauwerke wurden innerhalb einer sehr langen Periode errichtet. Im Norden Deutschlands entstanden die spätesten Megalithbauwerke, von denen die meisten heute schon zerstört sind. Noch im vorigen Jahrhundert waren diese riesigen Steingräber überall zu finden. Die meisten Landbesitzer, auf deren Gründen die auch Riesenstuben genannten Hünengräber standen, zerstörten die Monumente und verwerteten die Steine. Hunderte dieser prähistorischen Denkmäler wurden zu Schotter zerschlagen und für den Straßenbau verwendet. Als ihre systematische Erforschung einsetzte, fehlten in Nordeuropa bereits die meisten Grabstätten. Auch der Aberglaube war mitunter Grund genug für die Vernichtung der Hünengräber gewesen, etwa auf der Insel Usedom. Dort wurde im vorigen Jahrhundert ein Grab zerstört, weil in der Umgebung der Steinblöcke angeblich kein Vieh weiden wollte. Zwang man die Schafe, auf einer Koppel zu grasen, die auch ein Megalithgrab einschloß, so sollen die Tiere, halb wahnsinnig vor Angst, zu flüchten und auszubrechen versucht haben. Die Fama erzählt, der Besitzer eines derartigen Megalithgrabes habe die Steine weggeräumt und zerschlagen. Dennoch sei ihm ein Stück Vieh nach dem anderen eingegangen. Alle Tiere, die beim Hünengrab geweidet hatten, sollen gestorben sein.[22]

Die sogenannten Dolmen waren in einfachster Weise gebaut. Vier schwere hohe Steine waren zu einem Raum aufgestellt, der von einer darüberliegenden Steinplatte gekrönt wurde. Diese

Zwei Spiralen; die linke fand sich auf einer mykänischen Bildtafel und wurde um das Jahr 1650 v. Chr. geschaffen. Die rechte Spirale aus Malta ist älter.

einfache Kammer diente als Gruft. Einzelne dieser Steine waren ganz außergewöhnlich schwer. Es ist noch immer ein ungelöstes Rätsel, wie sie herangeschafft wurden. Hier einige Beispiele: Die Dolmen von Mané-Rutual haben eine Größe von 7,7 mal 7 Meter und sind einen halben Meter dick; Gewicht: sechzig Tonnen. Zum Bau der Dolmen von Mettray an der Loire wurden Steine im Gewicht bis zu fünfundsechzig Tonnen verwendet. Ein Stein in Cueva de Menga in Andalusien wiegt einhundertsechzig Tonnen, und die Dolmen von Gast bei Calvados in Frankreich haben sogar das erstaunliche Gewicht von dreihundert Tonnen. Es gibt noch größere Ganggräber, die „gedeckter Gang" oder auf französisch „allée couverte" genannt werden und meist geräumiger als die Dolmen sind. Sie heißen so, weil ein aus größeren Steinen errichteter Gang in eine sich erweiternde Gruftkammer führt. Darüber hinaus gibt es noch sogenannte Steinkistengräber. Hier sind die Steine dachförmig aufgestellt.

In Deutschland lagen die Hünengräber mitunter auf einer von Steinblöcken eingefaßten Terrasse. Diese konnte – wie etwa auf der Ahlhorner Heide – 115 Meter im Geviert messen und eine zehn Meter lange Grabkammer besitzen. In England, so in der Provinz Yorkshire, findet man terrassenförmige Erdaufschüttungen, darauf die eigentlichen megalithischen Grabkammern. Bei einigen dieser prähistorischen Bauten entdeckte man Spuren dargebrachter Menschenopfer. Auch andere Bestattungsformen scheinen gebräuchlich gewesen zu sein: Grabhügel, Tumuli. Manche dieser aus gehäufter Erde hergestellten Gräber dürften in Form von Pyramiden angelegt gewesen sein.

Ferner gibt es einige sehr interessante, allerdings erst viel später gebräuchliche Grabformen: die Kuppelgräber. Das Wort Kuppel ist nicht ganz richtig gewählt. Es wurde vielmehr die sogenannte Kragbauweise angewandt. Die Steine wurden übereinander geschlichtet, wobei immer einer den anderen ein wenig zur Innenseite zu überragte; so entstand ein bienenkorbartiger Innenraum. In diese falsche Kuppel führt ein zehn bis zwanzig Meter langer Steingang. Derartige Bauten wurden an zahlreichen Stellen gefunden. Man nannte sie auch „Basiliken der Urzeit". Sie finden sich in New Grange, Loch Crew und County Meath (alle in Irland), auf den Orkney-Inseln in Maeshowe und in der Bretagne auf Cap Finistère; weiter in Spanien, etwa in Los Minares bei Almeria. In Sardinien, in Dalmatien sowie im Nahen Osten gibt es ebenfalls Kuppelgräber. Natürlich auch – und das war die Ausgangsposition für die sogenannte typologische Ausbreitung – in Mykene. Man nahm an, von dort hätten sie sich nach Westen verbreitet. In Griechenland nannte man sie „Tholoi". Das schönste Tholosgrab wurde in Vafio in Lakonien auf dem Peloponnes gefunden. Dort konnte auch einer der prächtigsten Goldschätze freigelegt werden, die jemals von Archäologen ausgegraben wurden: Der Goldbecher von Vafio. Er wurde um 1500 vor Christus in vollendeter Treibarbeit angefertigt.

Weitere heilige Stätten der Megalithkultur sind etwa die Menhire von Carnac. Das Wort stammt von „men" (lang) und hir (Stein). Der größte „Langstein", der je gefunden wurde, hat eine Länge von 23,5 Metern, sein Gewicht beträgt dreihundertzehn Tonnen. Allerdings ist er – vermutlich bei einem Erdbeben – umgestürzt. Dabei zerbrach der Menhir in vier Teile. Nahe Kerloas bei Plouarzel, ebenfalls in der Bretagne, stehen heute noch elf und zwölf Meter hohe Steine. Viele dieser Menhire sind zu Kreisen und Blockreihen gruppiert, mitunter stehen sie über Hunderte Meter weite Strecken wie zur Parade angetretene

Nach den minoischen Riten mußte dem Gott Poseidon ein völlig unverletzter Stier geopfert werden. Das Bild auf dem Becher von Vafio zeigt, wie zu diesem Zweck die wilden Stiere mit Netzen gefangen werden.

Soldaten da. Aber nicht immer sind die Reihen parallel zueinander ausgerichtet oder verlaufen geradlinig. Diese bewußt von geometrischen Figuren abweichende Anordnung konnte bisher noch nicht gedeutet werden. Es ist also ungewiß, nach welchen Regeln diese Kult- und Versammlungsplätze errichtet wurden. Vielleicht entsprachen sie astronomischen Gesetzen, die wir als Folge des

Der Stier wurde auf einem Altar geschlachtet, der die Gesetzes- und göttlichen Eidesformeln enthielt. Nur wenn das Blut des Schlachtopfers über diese Gesetzestafeln floß, waren die kultischen Gebote erfüllt.

295

Priesterinnen bringen das aufgefangene Blut des Stieres im feierlichen Zug zur
Opferschale. Sie sehen den Frauen auf den Fresken in Knossos deutlich ähnlich.

1400 vor Christus erfolgten Polsprungs nicht mehr verstehen
können, weil die heutige Lage und Richtung nach der Verschiebung der Erdkruste nicht mehr nach den damaligen Sternbildern oder dem Sonnen- und Planetenstand ausgerichtet sein
können.

Ähnlich ist die Situation beim größten und vielleicht geheimnis-
vollsten Bauwerk aus Europas Vorgeschichte: Stonehenge. Das
grandiose Bauwerk besteht aus mehreren Steinringen, wobei die
äußeren, ähnlich der Architektur griechischer Tempel, Säulen
darstellen, auf denen Dachträger ruhen. Es sind insgesamt vier
konzentrische Ringe vorhanden; die innerste hufeisenförmig angeordnete Reihe besteht aus über sieben Meter hohen Trilithen.
Darunter versteht man je zwei stehende unter einem oben
aufliegenden Stein. Die meisten Menhire sind aus Sandstein
gebildet, einige aus geflecktem Tolerit. Der Steinbruch, aus dem
dieses Material gewonnen wurde, ist 230 Kilometer von Stonehenge entfernt. Obwohl der Transport von Megalithen uns noch
rätselhaft erscheint, war er dennoch kein so ungewöhnliches
Vorhaben. Die Steine von Saint-Fort-sur-le-Né wurden über eine

296

Distanz von dreißig Kilometern herangekarrt. Die Platten des Dolmengrabes von Soto in Spanien mußten achtunddreißig Kilometer weit transportiert werden. Und die Sandsteinsäulen von Stonehenge wurden aus einem Steinbruch herausgehauen, der vierunddreißig Kilometer nördlich des Heiligtums in Marlborough Downs liegt. Der Geologe Patrick Arthur Hill vertritt die Ansicht, die Blöcke könnten nur im Winter befördert worden sein. Die Steine wurden auf Holzschlitten über das Eis zum Bauplatz gezogen. Vielleicht hat man sie über zugefrorene Flüsse herangeschafft oder auf Flößen transportiert.[23] Diese Möglichkeit, den Winter auszunutzen, bestand aber in Südfrankreich und Spanien nicht. In diesen Breiten ist es dafür zu warm.

Man hat versucht, für Stonehenge aus der Anlage des Bauwerkes eine übergeordnete Bedeutung herauszulesen. So hat der englische Astronom Lockyer errechnet, im Jahre 1850 vor Christus müßte zu Sommerbeginn am 21. Juni der Sonnenaufgangspunkt in Stonehenge genau markiert gewesen sein. Die ersten Strahlen der aufgehenden Sonne fielen auf einen auffälligen Stein, den sogenannten Heel-Stone, der dann besonders hell beleuchtet war.

Diese Berechnung stellt eine sehr schöne Fleißaufgabe dar, kann aber nicht zielführend sein. Nun weiß man nämlich, daß das Bauwerk von Stonehenge schon viel früher errichtet worden ist: etwa um das Jahr 2300 vor Christus. Das ist nach Anwendung der kalibrierten C-14-Methode zur Gewißheit geworden.

Es gibt viele Theorien über den Zweck der großen Megalithbauten. Man hat die Umgebung vorgeschichtlicher Kultstätten genau untersucht und dabei Spuren von tief in den Boden gerammten Löchern entdeckt, in denen früher massive Holzpfosten steckten. Das Holz ist längst vermodert. Aber mit Hilfe moderner chemischer Analysen hat man die Erdschichten unter dem Mikroskop untersucht und dort, wo die Löcher waren, andersgeartete Zusammensetzungen der Böden gefunden: Man hatte also die Fundamente von Holzsäulen entdeckt. Aus Art und der Zahl der aufgefundenen Löcher gewinnt man nun ein anderes Bild vom Aussehen des einstigen keltischen Heiligtums. Die Steinblöcke bildeten in ihrem Aufbau nur das Zentrum einer großen aus Baumstämmen (Balken?) gefertigten Kuppel. Die Erbauer dieser megalithischen Kultstätte dürften zivilisierte Menschen gewesen sein. Sie beherrschten schon die Technik, Waffen und Geräte aus Metall herzustellen. Nur dürften sie nicht in Steinhäusern gelebt haben, sondern sich ihre Wohnstätten aus den einfacher zu bearbeitenden Holzstämmen errichtet haben. Bäume gab es ja in den gemäßigten Breiten Europas in beliebiger Menge. Auch die Griechen haben schon von der großartigen Bautätigkeit der im Westen Europas lebenden Menschen gewußt. Diodorus Siculus berichtet, in den Schriften des Hekataios sei zu lesen, oberhalb des Landes der Kelten unter dem Sternbild des Großen Bären liege eine Insel im Ozean, die nicht kleiner als Sizilien sei. Dort lebten die Hyperboreer. Sie verehrten Apoll mehr als jede andere Gottheit, besäßen umfriedete heilige Plätze und prächtige, runde, aus Stein gefertigte Tempel.

Die Bezeichnung Hyperboreer ist schon deshalb interessant, weil auch die Urbevölkerung Kretas so genannt wurde. Freilich gibt es kein Dokument, das über die Hyperboreer exakt Auskunft gibt. So werden sie immer ein sagenhaftes Volk bleiben.

Aufgrund der korrigierten C-14-Methode hat der britische Vorgeschichtsforscher Colin Renfrew eine neue, faszinierende Theorie aufgestellt. Sie gibt Antwort auf die Frage, in welcher Richtung sich die vorgeschichtlichen Kulturen ausgebreitet haben. Zwar nahmen schon vor Renfrew Forscher eine von Westen nach Osten führende Kulturausbreitung an. Aber sie stießen bei ihren Kollegen stets auf Ablehnung oder mitleidiges Lächeln. Es gab nämlich vorerst keine Beweise für diese Meinung.[24]

Heute haben sich die Ansichten geändert. Das Volk der Megalithkultur hat mit Sicherheit Seehandel betrieben. Wahrscheinlich nicht so intensiv wie später die Phönizier. Aber die – nennen wir sie weiterhin, weil ja kein anderer Name existiert, Hyperboreer – waren vermutlich in der Lage, den östlichen Atlantik zu befahren und im Mittelmeer von Insel zu Insel zu segeln. Inzwischen ist dank eines interessanten Fundes der Nachweis erbracht worden, in der Ägäis habe es schon um das Jahr 7000 vor Christus einen florierenden Seehandel gegeben. Zu dieser Feststellung kamen Archäologen von der Universität Birmingham und Physiker aus Sheffield. In einer Höhle im Südosten Griechenlands, in der Nähe der Ortschaft Franchthi, waren ein Obsidianmesser und verschiedene andere Geräte aus dem gleichen Material gefunden worden. Die Gegenstände lagen neben Überresten eines Lagerfeuers. Die Carbon-14-Datierung ergab ein Alter von 8800 bis 9500 Jahren. Die moderne Geologie kennt eine Methode, den Ursprung von magmatischen Gesteinen festzustellen. Bei der Analyse der Obsidiangeräte ergab sich ein geringer Anteil von Uranatomen. Mit Hilfe eines physikalischen Tricks kann man diese Spurenelemente zählen. Die Obsidianproben wurden zuerst mit Neutronen bestrahlt; dadurch wurden die Uranatome radioaktiv und konnten nun mit einem speziellen Geiger-Müller-Isotopenzählrohr beobachtet werden. Aus dem Verhältnis der Uranatome zum übrigen Material ergab sich einwandfrei die Herkunft des Steines: Er stammte von der Insel Melos. Nur dort findet sich in einem Steinbruch das gleiche Material. Es muß vor acht bis neun Millionen Jahren bei einem Vulkanausbruch entstanden sein. Das schwarze Obsidianglas war in der Antike ein sehr beliebtes Handelsobjekt.

Zwischen dem Fundort und dem Steinbruch liegt allerdings eine Distanz von einhundertzwanzig Kilometern. Das Material muß also über diese Strecke transportiert worden sein. Das konnte nur auf dem Seeweg erfolgen. Daraus ergibt sich, daß die Bewohner Griechenlands und der Ägäischen Inseln vor 9000 Jahren Schiffe gebaut haben und zur See gefahren sein müssen.[25] Schon früher konnte man mit Hilfe von anderen Funden einen Seehandel zwischen Zypern und der Türkei nachweisen. Auch in diesem Fall war Obsidian exportiert worden. Die Schiffahrt ist also wesentlich älter, als man noch vor einem Jahrzehnt angenommen hat. Allerdings ist noch ungeklärt, woher die Schiffsbauer kamen. Man neigt immer mehr zur Annahme, sie seien auf dem Seeweg aus dem Westen gekommen und hätten den östlichen Mittelmeerraum besiedelt. Daraus ergeben sich völlig neue Aspekte, die zu sensationellen Schlußfolgerungen führen.

So erhebt sich die Frage: Wo und wieso kann es im Westen so hoch entwickelte Kulturen gegeben haben? Der Abstand zu den doch sehr primitiven Jäger- und Sammlervölkern der Eiszeit war viel zu knapp, um einen derartigen Aufschwung und den Übergang zur Zivilisation annehmen zu können. In nur knapp 1000 Jahren hätten die Cro-Magnon-Menschen zu Viehzüchtern, Ackerbauern und Händlern werden müssen. Das ist aber ganz unwahrscheinlich. Auf diese Weise bekommt die Atlantissage eine gänzlich neue Bedeutung. Die korrigierte Carbon-14-Methode schafft eine wissenschaftliche Basis für die Annahme, es habe Atlantis tatsächlich gegeben. Das Problem erscheint nun in neuem Licht. Durchdenkt man es konsequent, so wird die rätselhafte Herkunft dieser im Westen Europas etablierten Kultur durchaus verständlich. Ja man kann sogar einen gemeinsamen Ursprung für die ägyptischen und mexikanischen Kulturen erahnen. Überdies muten die alten Erzählungen um die verschwundene Insel, aus der Perspektive der Polsprungtheorie gesehen, keineswegs unglaublich an. Das Verschwinden einer großen Insel sozusagen über Nacht, die Zerstörung einer Zivilisation und einer Hochkultur durch Naturereignisse sind ja keine Spekulation mehr, sondern haben sich tatsächlich ereignet. Als der Vulkan auf Thera explodierte, ging die minoische Kultur unter. Dabei muß jene Weltkatastrophe viel schwächer gewesen sein als die Polverschiebung, durch die die letzte Eiszeit beendet wurde. Was spricht für diese Annahme?

Schon seit langem kennt man zwei Kuppelgräber, von denen man annahm, sie wären von Angehörigen eines einzigen Volkes erbaut worden: das eine Grabdenkmal steht in Los Minares, Spanien, das andere in den Ruinen von Mykene. Nach dem Zweiten Weltkrieg wurden Holzreste des spanischen Grabes nach Chicago gesandt; Professor Libby ermittelte ihr Alter. Das Ergebnis erstaunte die Fachwelt: 2350 vor Christus ±350 Jahre. Das Grabmal bei Mykene war hingegen erst um das Jahr 1500 vor Christus errichtet worden. Ursprünglich war die Fachwelt der Ansicht gewesen, die Erbauer des Grabes in Mykene hätten in Spanien eine Kolonie gegründet und die Kunst des Mausoleumsbaues dorthin gebracht. Das konnte nun aber nicht der Fall sein;

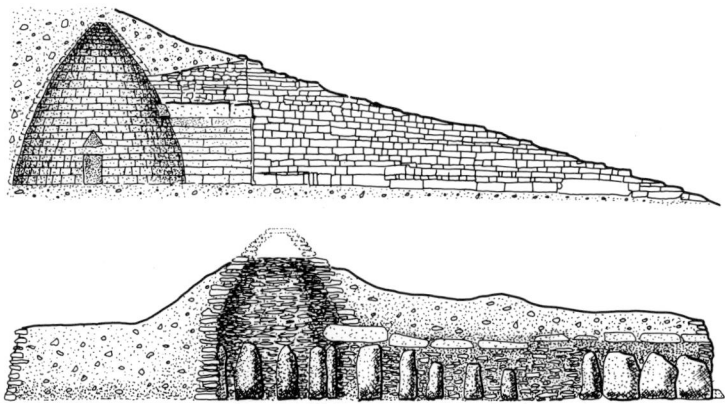

Zwei ersichtlich miteinander verwandte Bauformen. Der obere Tholus steht in Mykene und wurde 15.000 v. Chr. errichtet. Das untere Grabmal von le Longue in Großbritannien ist fast doppelt so alt. Ursprünglich nahmen die Frühhistoriker an, das griechische Grab sei Vorbild für alle anderen Tholoi gewesen.

wie soll denn auch ein jüngeres Bauwerk den Stil eines älteren beeinflussen? Viele Prähistoriker stürzten sich erst gar nicht in einen Gewissenskonflikt. Sie ignorierten zunächst die Ergebnisse des Carbon-Isotopen-Tests. Das ist jetzt nicht mehr gut möglich, denn die kalibrierte C-14-Testmethode hat das Alter des Grabmals von Los Minares präzisiert und abermals erhöht. Es muß etwa um 2900 vor Christus gebaut worden sein, also nahezu gleichzeitig mit den Pyramiden in Ägypten und den Bauwerken im Lande der Sumerer. Noch älter sind die englischen Kammergräber von Maes Howe auf den Orkney-Inseln und vor allem das Kammergrab auf Ile Longue. Es wurde wahrscheinlich schon 4000 vor Christus errichtet, also volle 2500 Jahre vor den Gräbern auf Mykene.

Ähnlich verhält es sich mit den miteinander verwandten Bauwerken von Malta und Mykene. Beide weisen die bereits erwähnten charakteristischen Spiralmuster auf. Die Malteser Verzierungen sind aber formvollendeter und künstlerisch hochwertiger. Auf Malta und der benachbarten Insel Gozo konnten an nicht weniger als dreißig verschiedenen Stellen Fundamente von zum Teil imponierenden Bauwerken gefunden werden, etwa in Minaidra,

Hagar Quin und Hal Tarxien. Es sind stets Tempelruinen, die zum Teil auf sehr ausgedehnten Arealen stehen. Alle diese Bauwerke weisen sogenannte Zyklopenmauern auf. Sie müssen einmal prächtig bemalt gewesen sein und wurden vor dem Jahr 2000 vor Christus gebaut. Wie erwähnt, verschwand diese Kultur urplötzlich zwischen 1500 und 1400 vor Christus.

Es würde zu weit führen, alle vielschichtigen und weitreichenden Zusammenhänge zwischen den über den gesamten Mittelmeerraum verstreuten Funden in allen Details zu schildern. Colin Renfrew hat sich der Aufgabe unterzogen und gewissenhaft zum Teil schon lange bekannte Entdeckungen analysiert. Immer wieder fand er Verbindungen und typologische Merkmale einer offensichtlich aus einem einzigen Stamm hervorgegangenen Mittelmeerkultur. Und diese Kultur war nicht aus dem Osten gekommen, sondern schon lange, bevor in Ägypten und Mesopotamien die ersten Hochkulturen entstanden, im Westen daheim gewesen. Vom Westen wanderte sie auch in den südöstlichen Donauraum. Bei Lepenski Vir und Vinča in Jugoslawien, aber auch an anderen, nicht weit davon entfernten Plätzen im Donauraum, hat man Geräte und sonderbar archaische Steinskulpturen aus dem späten Neolithikum gefunden. Sie weisen erstaunliche Verwandtschaft mit den bronzezeitlichen Funden von Troja auf. Das erste Troja ist um 2700 vor Christus entstanden. Ursprünglich war die Meinung verbreitet, die Trojanische Kultur habe sich über den Balkan ausgedehnt, und Vinča habe eben gute Handelsbeziehungen zu der kleinasiatischen Stadt gehabt. Diese geschäftlichen Kontakte hätten im Laufe der Zeit metallurgische Kenntnisse nach Vinča gebracht. Nach dem Zweiten Weltkrieg wurden die Vinča-Funde mittels der Carbon-14-Methode überprüft. Das Ergebnis war verblüffend: die Holzkohle war 6000 Jahre alt. Die jugoslawischen Archäologen glaubten einfach nicht an dieses Resultat. Sie erklärten, die ganze C-14-Methode müsse falsch sein. Vinča könne diese

Auch Mykene wurde um das Jahr 1400 v. Chr. durch eine Naturgewalt zerstört. In anderen, bereits damals auf dem Peloponnes bestehenden Städten entdeckten Archäologen die Ablagerungen einer Sintflut.

Kultur frühestens im dritten Jahrtausend vor Christus hervorgebracht haben.

Jetzt, nachdem die korrigierte Carbon-14-Methode angewandt wurde, sind die Funde, darunter sehr hübsche Figurinen, abermals älter geworden. Schon vor 6700 bis 7000 Jahren müssen in Vincá und Lepenski Vir Menschen gelebt haben, die imstande waren, Kupferwerkzeuge und Geschirr aus Keramik herzustellen. Damals war es schon üblich, kleine, künstlerisch interessante Figurinen herzustellen, die fast genauso aussehen wie die Statuetten, die im ägäischen Raum gefunden wurden; wie jene offensichtlich als Fruchtbarkeitsamulette um den Hals getragenen Figuren mit stummelartigen Armen und Beinen, die auch von den Bewohnern der Insel Thera sehr geschätzt wurden. Die Urahnen der Untertanen des Königs Minos dürften auf ihren Reisen vom Westen nach dem Südosten mehrere Jahrhunderte lang in Jugoslawien Station gemacht haben. Nicht nur durchs Mittelmeer waren also die Kulturbringer gekommen, sie waren auch donauabwärts gezogen. Diese unbekannten Völker müssen eine sehr hohe Kultur besessen haben, schon vor 6000 bis 7000 Jahren war ihre Zivilisation durchaus nicht neu. Es kann sich nicht um Parvenus in der sozialen Entwicklung gehandelt haben.[26] Eine höchst erstaunliche Tatsache, wenn man bedenkt, daß in vielen Gebieten Europas noch um das Jahr 2000 vor Christus eine jungsteinzeitliche Kultur verbreitet war.

Nicht nur Dr. Colin Renfrew ist von dieser „Kulturrevolution" überzeugt. Immer mehr Vorgeschichtsforscher bekennen sich heute zu seiner Ansicht. Der Professor an der Sheffield-Universität hat der neuen Lehrmeinung nur zum Durchbruch verholfen. Er leitet seit mehr als zehn Jahren Ausgrabungen im ägäischen Raum.[27]

Renfrew erklärt, das alte Sprichwort „Ex oriente lux" – „aus dem Osten kommt das Licht" – sei nicht mehr absolut gültig. Freilich wäre es auch falsch, das Gegenteil anzunehmen, nämlich: die östlichen Kulturen seien ausschließlich Importware aus dem Westen. Mesopotamien und vor allem der östliche Mittelmeerraum müssen immer schon Schmelztiegel für die unterschiedlichsten Einflüsse gewesen sein. Hier trafen Völker aus allen Himmelsrichtungen aufeinander. Dabei kam es zu einer Vermengung der Kulturen. Aus den einströmenden vielfältigen Formen, Gebräuchen und Technologien entwickelten sich immer wieder neue Hochkulturen. Aus diesem Wechselspiel, das über Jahrtausende anhielt, ging schließlich auch die abendländische und damit unsere westliche Zivilisation hervor. Wenn man künftig die spezifischen Einflüsse auf die einzelnen kulturellen Entwicklungen näher definieren und analysieren wird, dürfte sich auch der Anteil der Megalithkultur an den anderen Lebensformen und Zivilisationen deutlicher herauskristallisieren. Denn noch immer ist die Frage unbeantwortet, wo die Urheimat dieser Kultur war. In alten Geschichtsbüchern steht zu lesen, die Kelten hätten die Megalithbauten errichtet, welche eine Spezialität der Indogermanen gewesen wären. Hier beginnen bereits die Ungereimtheiten. Nach verschiedenen linguistischen Erwägungen müßten die Kelten Westeuropa etwa im zweiten Jahrtausend vor der Zeitenwende besiedelt haben. Das stimmt nun absolut nicht mit dem Alter der Megalithbauten überein.

Überhaupt ist die indogermanisch-indoeuropäische Theorie mehr als suspekt. Bisher sind alle Bemühungen, Ausbreitungswellen nachzuweisen und zeitlich einzuordnen, mißlungen. Auch der Versuch, die Urheimat der „Arier" zu lokalisieren, ist fehlgeschlagen. Schon im vorigen Jahrhundert sahen zahlreiche Sprachforscher und Ethnologen die Arier für keine in Europa beheimatete Rasse an. Man hielt sie vielmehr für den asiatischen Zweig der Indogermanen. Die Arier werden durch die Inder und die Iranier repräsentiert. Man nahm an, ihre Heimat seien die Abhänge des Hindukusch gewesen, etwa das Quellgebiet des Oxus. Von dort aus hätten sie sich dann in mehreren Wellen über Afghanistan, Pakistan und auch den Kyber-Paß nach Indien ausgebreitet.

Es gab aber schon damals Linguisten, die in der Bezeichnung „Arier" eine ganz andere Bedeutung fanden. Für sie hatte das Wort große Ähnlichkeit mit dem keltischen Namen für Irland, Eire.[28] Seltsam: wieder ist es der äußerste Westen, der zur „Urheimat" eines Volkes wird, das einst seines sagenhaften

Charakters wegen in fernen östlichen Regionen angesiedelt wurde. Dennoch spukt noch heute in sehr vielen Geschichtslehren das alte Schema von der Ausbreitung der Indogermanen aus Asien nach Europa herum. Dafür hat sich kein einziger Beweis gefunden, ja es kann genausogut der umgekehrte Weg angenommen werden.

Die aus der neuen C-14-Methode gewonnenen Erkenntnisse dürften dieser Hypothese den Todesstoß versetzt haben. Das Wort Arier ist inzwischen zu Recht in Verruf geraten.

### Kamen die Indogermanen aus dem Westen?

Daß es einen Zusammenhang zwischen den indoeuropäischen Sprachen gibt, ist ein Axiom. Es steht absolut fest, daß viele Wörter der germanischen, keltischen, romanischen und persischen Sprachen sowie die Dialekte der Urdus und Hindis eine gemeinsame Stammsprache haben: wie man vermutete, das alte Sanskrit. Um etwa 2000 vor unserer Zeitrechnung hatten sich die meisten Sprachen schon getrennt, und von da an setzten separierte Entwicklungen ein. So entstand die Meinung, gleichzeitig mit der Besiedlung Indiens müßten indogermanische Stämme auch den europäischen Kontinent überflutet haben. Die arischen Stämme – hier sind die in Asien lebenden Gruppen gemeint – müßten nämlich im fünfzehnten Jahrhundert vor Christus den indischen Subkontinent erreicht und zwei Jahrhunderte später das iranische Hochplateau erobert haben. Es gibt nun Paläolinguisten, die versucht haben, die Zusammenhänge aller Sprachen in viel größeren Dimensionen zu sehen. Für sie ist es weniger interessant, wann sich etwa die lateinische Sprache von der keltischen getrennt hat und wie groß die Kluft zwischen den finnisch-ugrischen Sprachen und den mongolischen Dialekten ist. Die Paläolinguistik ist ein neuer Wissenszweig. Die Forschungen haben erst vor wenigen Jahren begonnen. Diese Fachrichtung befaßt sich in erster Linie mit den Archetypen der menschlichen Ursprache. Nach Meinung dieser Wissenschaftler reichen die Wurzeln einzelner Wörter und Begriffe viel tiefer, als man bisher angenommen hatte. Der deutsche Paläolinguist Richard Fester hat anhand vergleichender Sprachforschungen die Verwandtschaft zwischen den amerikanisch-indianischen Dialekten und den europäisch-asiatischen Idiomen herstellen können. Der Forscher entwickelte eine bemerkens-

So stellt sich der Paläolinguist Fester die Lage des Nordpols während der letzten Eiszeit vor. Über die Packeisbrücke sollen europäische Jägerhorden bis nach Amerika gelangt sein.

werte Theorie: Während der letzten Eiszeit habe der Nordpol auf der Südspitze Grönlands gelegen. Das habe die festgestellte Eisfreiheit im heutigen Eismeer zur Folge gehabt. Am Rande dieses eiszeitlichen Mittelmeers müsse jedoch eine Eisbrücke bestanden haben. Sie stellte eine Verbindung zwischen Europa,

307

Grönland und dem amerikanischen Kontinent her. Über diese Eisbrücke seien von Jägern verfolgte Rentierherden gezogen. Innerhalb eines Zeitraums von ein bis zwei Jahrtausenden seien dann Cro-Magnon-Jäger in Amerika eingewandert. Ähnlich stellt man sich die Besiedlung Spitzbergens vor.

Diese Theorie untermauert Fester durch die Verwandtschaft archetypischer Wörter in den Sprachen jenseits und diesseits des Atlantiks. Auch neue Funde auf der nordskandinavischen Varanger-Halbinsel könnten diese Ansicht bestätigen. Dort wurden primitive Steinwerkzeuge entdeckt, die möglicherweise 16.000 Jahre alt sind.

Wie bereits ausführlich erörtert wurde, ist die menschliche Sprache verhältnismäßig jung. Sie dürfte erst in den letzten 40.000 Jahren entstanden sein. Der klassische Neandertaler konnte vermutlich noch nicht sprechen. Wenn aber eine Kommunikation zwischen den Menschen erst vor relativ kurzer Zeit entstanden ist, wenn also damals die Wandlung von Warnlauten und Geschnatter zur Sprache geführt hat, müssen noch heute Gleichklänge in den Wortbildungen gegeben sein: Vorausgesetzt, es hat sich irgendwann infolge einer Mutation beim Menschen die Fähigkeit der Sprachbildung ergeben. Wenn die Sprache also nur in einem bestimmten Raum geboren wurde, müssen in allen Sprachen die Wörter für einen Begriff einem Urwort entspringen. Das scheint tatsächlich der Fall gewesen zu sein. Die von Fester angeführten Beispiele sind in der Tat verblüffend.

Die hohle Hand heißt bei den Hebräern KAPH, die Mayas in Mittelamerika sagen für den gleichen Begriff KABH. Die Mongolen in der Dsungarei sagen TALA oder BAGA für das, was wir Tal und Bach nennen. Fester hat auch die Urwörter herausgearbeitet. Sie lauten etwa: BA, KALL, TAL, OS, ACQ oder TAG. Das ACQ zum Beispiel ist ein besonders faszinierendes Wort. Man findet es in allen Sprachen der Welt. Nach Meinung Festers bedeutet es „trinkbares Wasser". Es ist in den deutschen Wörtern Ache, Bach, im französischen AIGUES, im mongolischen AK, im altamerikanischen ACA, im japanischen AJKE enthalten; die Lappen nennen Wasser AKKA, die Eskimos sagen UK, und bei den Römern lautete der Ausdruck für Wasser AQUA. Auch AGUA gehört dazu. Viele Ortsnamen haben das Stammwort für Wasser noch in sich gespeichert: Aachen, Lindach, Steinach, Schönaich, was ähnlich dem französischen AIX klingt. Interessanterweise gibt es in Frankreich mehr als zweitausend Ortsnamen, die auf ACQ bzw. AC enden: Carnac, Sognac, Aurignac sind nur einige Beispiele. Siedlungsnamen, die das Wort AC enthalten, liegen stets abseits vom Meer und an jenen Plätzen in Frankreich,

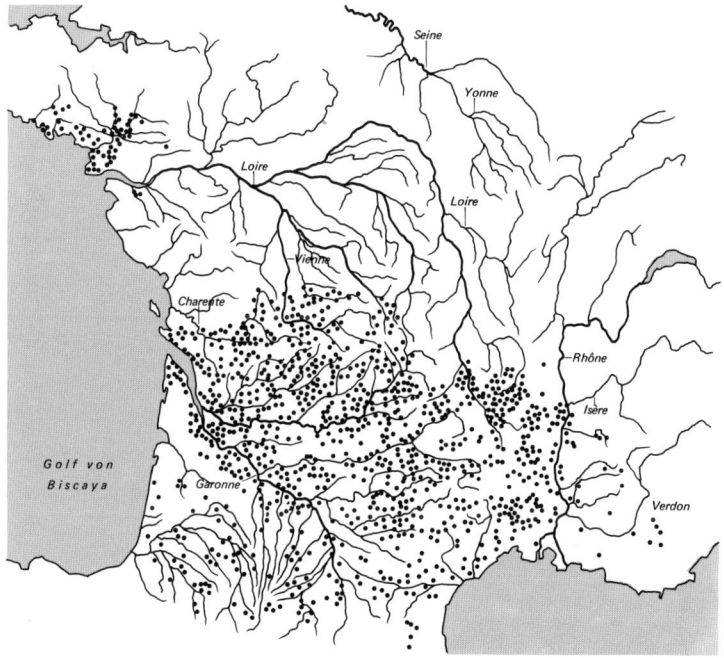

Alle diese Ortsnamen in Frankreich enden mit der Silbe AC oder AQU.

die sich während der Eiszeit außerhalb der Vereisungszone befunden haben müssen. In vielen dieser Orte wurden prähistorische Funde gemacht.

Das Wort für den Begriff Wasser konnte sich aber auch ändern. Aus AC wurde ACQUA und AQUA. Von da an wurde es möglich, nur mehr die zweite Silbe für denselben Begriff zu

309

verwenden. Das K konnte über das KW sogar zum W werden. Wannsee ist dann mit dem Begriff Savanne, aber auch mit Wadi, den ausgetrockneten Flußläufen in Arabien, und mit Wod, der Stammsilbe der indoeuropäischen Wasserbezeichnung, verwandt. In Nord- und Südamerika finden sich Seen namens Missin Aiki, wobei hier eine doppelte Übereinstimmung vorhanden ist. Missin bedeutet „groß" und ist verwandt mit dem spanischen MAS, dem englischen MUCH, dem lateinischen MAGNUS, dem griechischen MEGA, dem MAHA der Hindi, und es findet sich auch in dem zentralamerikanischen Wort MAJAKKA, was soviel wie „großes Wasser" heißt. Der Titicaca-See enthält ebenfalls die Urform AC, und auch die indianischen Flußnamen Ach'anga, Ach'wa, Ag'wata führen den Wasserbegriff in sich. Wie bereits gesagt, hat unser Wort Bach mit dem Ausdruck BAGA einen mongolischen Verwandten. Die Indianer Perus bezeichnen einen kleinen Wasserlauf als PAJCHA und PAUCHI, der Stamm der Popoluka in Mittelamerika nennt einen Bach PAK.

Fester führt noch weitere Beispiele an. Im Dialekt der Choctaw-Indianer heißt Bach PAYUC. Damit bildet sich eine Brücke zur Sprache der Eskimos. Bei diesen Völkern ist AK gleich UK. Der Begriff Wasser ist solcherart in den Flußnamen Kobuk und Yukon ausgedrückt. Die Eskimoworte IK, PIK, PUK sind in Alaska andere Abwandlungen der ACQU-Form. Selbst im tiefsten Süden Amerikas, auf Feuerland, nahe der Magellan-Straße, findet sich ein Wort, das dem japanischen Wasserwort AIKE entspricht: Palli Aike. Diese Ortschaft ist deshalb so interessant, weil dort erst vor wenigen Jahren ein Grab gefunden worden ist: Neben dem Skelett lagen Steinwerkzeuge und Holzkohlenreste. Man konnte also einwandfrei ermitteln, daß die Urindianer ihren Stammesgenossen vor neuntausend Jahren bestattet haben. Damit kann mit Hilfe der ACQU-Verbindung und den Gesetzen der Wortverwandtschaft auch die Einwanderung der nach Amerika gekommenen Menschen verfolgt werden. Gleichzeitig wird die enge Verwandtschaft mit in Europa und Asien lebenden Frühmenschen erkennbar.

Richard Fester beschränkt sich bei seinen Sprachforschungen nicht auf den einen Ausdruck für Wasser; er führt Dutzende

Begriffe an und zeigt die verschiedensten Übereinstimmungen in den Dialekten und Weltsprachen auf.

Dem Autor gelingt es sogar, mit Hilfe der Paläolinguistik zeitliche Abgrenzungen vorzunehmen. Ein Beispiel möge dies erläutern: Der Begriff „Hund" ist für den Menschen relativ neu. Erst in der letzten Phase der Eiszeit scheint – wie bereits ausgeführt – der Mensch den Hund als Gefährten und Jagdhelfer angenommen zu haben. Der Begriff kann also vor etwa 20.000 Jahren noch nicht existiert haben. Dennoch finden sich in allen europäischen und amerikanischen Sprachen Übereinstimmungen. Fester ist überzeugt, das Wort „Hund" sei in verschiedenen Formen global zu finden. Der Austausch muß also später, knapp vor dem Ende der Eiszeit, von Kontinent zu Kontinent erfolgt sein. Der Sprachforscher ist der Ansicht, vor 10.000 bis 12.000 Jahren sei die Eiszeit schlagartig zu Ende gegangen, als sich der Pol von seiner Lage im südlichen Grönland in die heutige Position einpendelte. Damals sei auch die Eisbrücke zusammengebrochen, und von nun an habe es keine Sprachverbindungen mehr zwischen der Neuen und der Alten Welt gegeben. Ab diesem Zeitpunkt entwickelten sich die lokalen Sprachen eigenständig.[29]

Mag sein, daß es noch eine andere Erklärung für die sprachliche Verwandtschaft Amerikas und Europas gibt: das sagenhafte Atlantis.

Rekapitulieren wir kurz. Die verbesserte Carbon-14-Technik hat bewiesen, daß im Westen Europas eine traditionsreiche Kultur beheimatet war, die sich in bis vor 10.000 Jahren vom Eis bedeckten Gebieten entwickelt hatte. In England und Schottland türmten sich während der Eiszeit zweitausend bis dreitausend Meter hohe Eisschilde auf. Das Ursprungsland dieser Kultur muß also anderswo gewesen sein. Nirgends in diesem Bereich gibt es für die Herkunft dieser Zivilisation die geringsten Anhaltspunkte.

Verständlicher wird die Situation, wenn man die Quelle der keltischen Megalithkultur im Westen Frankreichs und in England annimmt. Dann muß aber der versunkene Kontinent Atlantis im Spiel gewesen sein. Seit fast 2500 Jahren rätselt man über seine Existenz. Es gab Zeiten, da vertrat man die Atlantis-Legende mit geradezu mythischem Eifer. Als Reaktion darauf folgte meist strikte Ablehnung. Überlegt man völlig frei von Emotionen, ergibt sich folgendes Bild: Der Bericht über Atlantis entstammt einer Sage. Im Unterschied zu Märchen haben Sagen und Legenden stets einen durch ein reales Erlebnis geformten Kern. Viele Sagen sind über ihren lokalen Bereich hinausgewachsen und haben weltweite Verbreitung gefunden. Das heißt, man muß an den verschiedensten Plätzen der Welt ein und dasselbe Ereignis kennengelernt haben. Wie ich das schon in meinem ersten Buch demonstrierte, ist etwa die Sintflut-Sage auf jedem Kontinent beheimatet und den Angehörigen fast aller Völker präsent. Auch das Schicksal der Atlanter erfüllte sich in einer Sintflut.

Aus welcher Quelle ist diese Erzählung, die so viele Menschen mit nostalgischen Gefühlen erfüllt, auf uns gekommen? Die erste Aufzeichnung der Atlantis-Sage stammt vom griechischen Philosophen Platon. Um 360 vor Christus schrieb er seine beiden Werke „Timaios" und „Kritias". In beiden Arbeiten berichtete er von den Atlantern. Im ersten Buch wird die Insel nur kurz beschrieben, eine Schilderung des Landes, der Lebensweise und der Kunst der Atlanter wird im „Kritias" gegeben. Aber nicht Platon selbst hat diese Geschichten gehört, sondern der zur Zeit Platons bereits fast legendäre Gesetzgeber Athens, der weise Solon.

Auch er ist aber eine historische Figur: Solon wurde 640 vor Christus in Athen als Sproß einer Patrizierfamilie geboren und ging in jungen Jahren als Kaufmann auf Reisen. Zurückgekehrt, schrieb er seine Elegie „Salamis", in der er seine Mitbürger zum Kampf gegen die Nachbarstädte aufrief. Theben hielt damals die Insel Salamis besetzt. Dank der Aneiferung durch Solon eroberten die Athener die vor Piräus gelegene Insel. Sie weiteten damit ihr

Territorium aus und wurden zur führenden Macht auf der griechischen Halbinsel.

Der zweite Kampf Solons galt den von Drakon geschaffenen Gesetzen, die die einzelnen Stände stark differenzierten und dem Adel zu große Macht verliehen. Solon hob den Unterschied zwischen den Bürgern seiner Stadt und der Landbevölkerung auf. Die Rechte aller freien Griechen in Athen und der Provinz Attika wurden wesentlich gestärkt. Der Widerstand gegen die Regierung Solons kam aus dem Stande, dem er selbst entwachsen war: von den etablierten Adelsgeschlechtern.

Um sich der Kritik zu entziehen, ging der Staatsmann abermals auf Reisen, die ihn zehn Jahre lang von seiner Heimatstadt wegführten. Er besuchte Ägypten, Zypern, Libyen und brachte aus dem Nahen Osten auch die Sage über den unglücklichen König Krösus mit. Bevor Solon im Jahre 559 starb, schrieb er mehrere philosophische Werke und zahlreiche Gedichte. Die meisten sind allerdings verlorengegangen. Selbst wenn sie erhalten geblieben wären: über Atlantis dürfte der Staatsmann nicht viel aufgezeichnet haben. Denn nach Platon sind die Berichte Solons nur in mündlicher Überlieferung auf jenen „Kritias" gekommen, dem sie Platon nacherzählt hat. Der weise Solon soll von den Priestern in Saïs erfahren haben, wie Athen in grauer Vorzeit durch die Göttin Athene gegründet wurde und sich weiterentwickelt hatte, was den zur Zeit Solons lebenden Staatsbürgern nicht mehr bekannt gewesen war. Die Priester erzählten von einer längst vergangenen und vergessenen Schlacht mit den Atlantern, die vom atlantischen Meer her gegen ganz Europa und Asien vorgestoßen seien. Schließlich seien sie aber vom Kriegsheer der Hellenen geschlagen worden. (An anderer Stelle wird berichtet, die Athener seien ebenfalls Abkömmlinge der Atlanter.) Die Könige der Insel Atlantis besaßen große Macht; die ganze Insel gehorchte ihnen, und ihre Gewalt reichte weiter über viele andere Inseln sowie über Teile des Festlandes. Überdies seien Libyen, Ägypten und Italien tributpflichtig gewesen. Die Griechen seien es gewesen, die dann den Vormarsch der Atlanter aufgehalten hätten. Athen schützte jene vor der Sklaverei, die noch nicht unterworfen waren und befreite die übrigen, die vorher innerhalb der Säulen des Herakles gelebt und unter der Herrschaft der Atlanter gelitten hatten.

Später aber seien furchtbare Erdbeben und Meeresfluten aufgetreten: „An einem einzigen schlimmen Tag und in einer einzigen schlimmen Nacht versank die Heeresmacht der Atlanter insgesamt und auf einmal unter die Erde. Und auch in gleicher Weise verschwand die Insel Atlantis durch Versinken in den Tiefen des Meeres. Von da an habe die Sonne einen anderen Lauf genommen." Soweit berichtet Platon in „Timaios".[30]

Seit Platon hat man viel herumgerätselt, wo dieses Atlantis gelegen haben mag. Immer wieder wurde es anderswo entdeckt. Der evangelische Pastor Jürgen Spanuth meint, Atlantis sei die Insel Helgoland gewesen; er deutete die im Wasser liegenden roten und weißen Sandsteinblöcke als Zyklopenmauern der versunkenen Kultur. Spanuth ist der Meinung, die Odyssee gäbe Hinweise auf den wahren Ort von Atlantis. Odysseus besuchte auf der Insel Kalypso Ogygia. Kalypso aber seien bestimmt die Azoren gewesen. Dann sei der Held aus der Ilias 18 Tage lang dem Sternbild des Bootes und der Plejaden in ostnordöstlicher Richtung gefolgt. Pastor Spanuth hat den Kurs nachberechnet und kommt dabei auf die Gegend von Helgoland. Der sowjetische Professor Berenzin will Atlantis im Kaspischen Meer aufgespürt haben, wo er, 17 Kilometer von Baku entfernt, Ruinen im Wasser entdeckte. Diese Mauerreste sollen die Fundamente der Stadt Poseidonis sein. Ferner gibt es die Theorie der Professoren Martinides und Angelos Galanopoulos, die auch von James W. Mavor jr., dem Ozeanographen von Woods Hole, USA, vertreten wird: Atlantis lag danach auf der Insel Thera, die – wie beschrieben – um das Jahr 1400 vor Christus vernichtet wurde.[31] Gegen alle diese Hypothesen gibt es zahlreiche Einwände, die zum Teil sehr stichhaltige Argumente ins Treffen führen. Am unwahrscheinlichsten ist jedoch die Ansicht, die kleine Insel Thera sei der Mittelpunkt des minoischen Reiches gewesen, die große, im Süden gelegene Insel Kreta hingegen nur eine Kolonie. Ein so mächtiges Reich kann sich gar nicht von einem so kleinen Eiland aus entwickelt haben. Das widerspricht allen sozialpolitischen Gesetzen.

Aus den wenigen Zeilen, die in „Timaios" enthalten sind, geht eigentlich nur die Vernichtung von Atlantis hervor. Im achten Kapitel von „Kritias" wird Atlantis hingegen näher beschrieben. Es beginnt mythologisch: Poseidon, der griechische Meeresgott, verliebt sich in ein menschliches Wesen und zeugt mit einem Mädchen Kinder, die er auf der im Atlantik gelegenen Insel ansiedelt. Inmitten dieses Eilands befindet sich eine fruchtbare Ebene, die schönste aller Ebenen. 80 Stadien von ihr entfernt ragt ein nicht allzuhoher Berg auf. Um die auf diesem Berg wohnenden Menschen zu schützen, befestigte Poseidon die Erhebung durch größere und kleinere Gürtel, die abwechselnd aus Wasser und Land bestanden. Es sollen zwei Ringe aus Erde und drei aus Wasser gewesen sein, die sich konzentrisch um die Mittelinsel anordneten. Zwei Flüsse entsprangen in der Mitte der Inselebene. Einer führte warmes, der andere kaltes Wasser. Fünf männliche Zwillingspaare, ebenfalls von Poseidon gezeugt, wurden auf die in zehn Gebiete aufgeteilte Insel versetzt. Ein Sohn wurde König, die anderen seine Lehensfürsten. Der erste König aber hieß Atlas. Nach ihm wurde die Insel und das Meer benannt.

Viele Menschen haben sich inzwischen mit der Atlantis-Legende befaßt, und alle haben sich die Frage vorgelegt, wo dieses Eiland gewesen sein könnte. Von den Gebieten, die als Atlantis in Frage kommen, wurde und wird am häufigsten die Inselgruppe der Azoren genannt. Die Azoren sind einer der wenigen Plätze, an denen der atlantische Rücken über die Oberfläche des Meeres emporsteigt. Sie sind fast durchwegs vulkanischen Ursprungs. Doch zeigten Gravitationsmessungen, daß unter den Lavadecken leichtere Gesteine, vermutlich Sedimente, liegen müssen.

*Waren die Azoren das Aztlán der Azteken?*

Die Azoren stehen unter portugiesischer Oberhoheit. Sie werden von rund 350.000 Menschen bewohnt, haben ein überaus gemäßigtes Klima und befinden sich rund 1380 Kilometer vom Mutterland entfernt. Sie liegen zwischen dem 37. und 39. Grad nördlicher

Breite und dem 27. und 33. Grad westlicher Länge. Die Inseln erstrecken sich über 630 Kilometer. Dazwischen liegen bis zu dreitausend Meter tiefe Meeresstraßen. Das östlichste Eiland Santa Maria taucht aus einer Tiefe von fast viertausend Metern auf. Alle Inseln sind Vulkankegel, die sich an die Oberfläche geschoben haben.

Das Land besteht aus basalt- und trachytischen Gesteinen, aus Tuff- und Bimssteinen sowie aus verschiedenen vulkanischen Schlacken und Aschen, die sich zum Teil durch Erosion in fruchtbare Böden verwandelt haben. Nur die Insel Santa Maria ist an einigen Plätzen mit Kalkstein bedeckt, der aus dem jüngeren Tertiär stammt. Als im Jahre 1444 portugiesische Schiffe San Miguel entdeckten, fielen den Matrosen auf den Felsen nistende Schwärme von Habichten auf. So gaben die Eroberer den Inseln den Namen „Habichtinseln", das heißt auf portugiesisch „Acores". Unterwasserbohrungen in der Umgebung ergaben einwandfrei, daß die Azoren während der Eiszeit wesentlich weiter aus dem Wasser geragt haben müssen. Einige dürften sogar zusammenhängendes Land gebildet haben.

Die Portugiesen waren nicht die ersten Entdecker der Inselgruppe. Der Archipel war bereits den Karthagern bekannt. Auch andere phönizische Seefahrer, dann die Römer und die Wikinger statteten den Inseln Besuche ab. Der erste, der die Azoren mit Atlantis in Verbindung brachte, war W. Bircherod, der in seinem im Jahre 1685 in Altdorf erschienenen Buch „De orbe novo non novo" erklärt, phönizische und karthagische Handelsschiffe seien durch Stürme und Strömungen an die Kanarischen Inseln, die Azoren und sogar an die amerikanische Küste verschlagen worden. Dennoch seien diese Seeleute wieder glücklich heimgekehrt. Die Azoren seien die Urheimat der Atlanter.

Die Atlantis-Sage beflügelt immer wieder die Phantasie Tausender Menschen. Anhänger der Idee schlossen sich in Vereine zusammen. Der Franzose Paul le Cour gründete die Zeitung „Atlantis". Es gab Atlantis-Tagungen, an denen Hunderte Geologen und Geographen teilnahmen. Ja, die Atlantis-Sage hatte sogar politische Aspekte. Die Atlanter, auch Südäer genannt, wurden

316

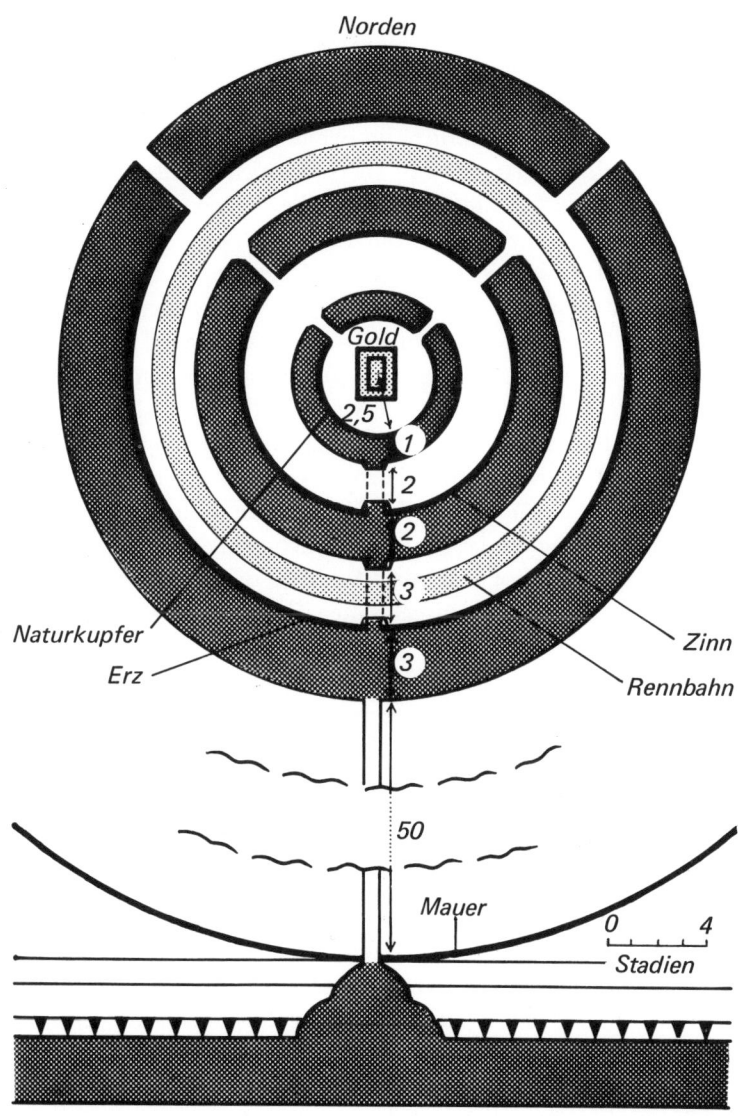

In konzentrischen Kreisen sollen Land und Kanäle die Zentralinsel Atlantis umschlossen haben. Vielleicht hat es diese Verteilung von Land und Wasser doch gegeben. Allerdings dürfte die Form nicht so regelmäßig geometrisch gewesen sein.

eine Zeitlang ebenso wie die Hyperboreer von Hitler und seinen dem Rassenwahn verfallenen Fanatikern für sich reklamiert: Sie sollten die Stammväter der nordischen Herrenrasse sein. Freilich überging man da geflissentlich die zweite Bezeichnung der Hyperboreer, nämlich Pelasger, was übersetzt nichts anderes als „mit schwarzer Haut" bedeutet. Negroide Typen als Väter der „arischen Herrenmenschen" dürften keineswegs im Sinne der Propaganda für die nordische Rasse gelegen gewesen sein.

Nach der Schilderung Platons muß Atlantis außergewöhnlich ausgesehen haben. Die Hauptinsel war ja abwechselnd von Wasser und Erde umrundet. Platon gibt sogar genaue Maße an. Im achten Kapitel der „Kritias" berichtet er, wie die Atlanter die Meeresarme überbrückt hatten, um von einem Ring zum anderen und schließlich auf die Hauptinsel, die Metropolis, zu gelangen. Vom Meer aus führten sie einen dreihundert Fuß breiten, hundert Fuß tiefen und fünfzig Stadien langen Durchstich durch den äußersten Landgürtel. Nun bot sich den Schiffen die Einfahrt in einen vortrefflichen Hafen. In ausgehöhlten Felsen lagen sie sicher vor der Witterung an der Mole.

Die Gebäude von Poseidonia, der Hauptstadt von Atlantis, waren aus Steinen errichtet, die man aus den Felsen geschlagen hatte, um den Schiffshafen zu bauen. Es waren weiße, schwarze und rote Steine. Die einzelnen Landringe waren durch Mauern geschützt. Das Mauerwerk war ebenfalls aus verschiedenfarbigen Steinen zusammengesetzt, außerdem waren diese Stadtmauern mit Metallplatten überzogen: die erste Mauer mit Kupfer, die zweite mit Zinn, die dritte mit „Bergerz, das wie rotes Feuer leuchtete". Die kalten und warmen Quellen wurden durch Wasserleitungen in die Häuser geleitet. Vor den Gebäuden wuchsen die schönsten Blumen. Die Zisternen und Brunnen waren überdacht. Manche konnten sogar als Baderäume verwendet werden. Der König hatte sein Bad, und das Volk hatte seine Bäder. Ja es gab selbst für Pferde und andere Tiere Schwemmen. Poseidonia war mit Tempeln und Gärten übersät, und es gab Rennbahnen sowie Übungsplätze und Arenen für sportliche und kriegerische Wettkämpfe.

Will man den wahren Kern einer Sage aufspüren, muß man sich auf das Außergewöhnliche konzentrieren. Schon Carl Gustav Jung, der große Tiefenpsychologe, sagt, außergewöhnliche Ereignisse blieben in der Erinnerung der Völker verhaftet und würden in den Mythen widergespiegelt. Nur was von der Regel abweicht, wird zum echten und wahren Überlieferungsgut und im kollektiven Unbewußten erhalten. Es bleibt in Sagen und Mythen bewahrt. Seltsamerweise habe ich in keinem Atlantis-Bericht den

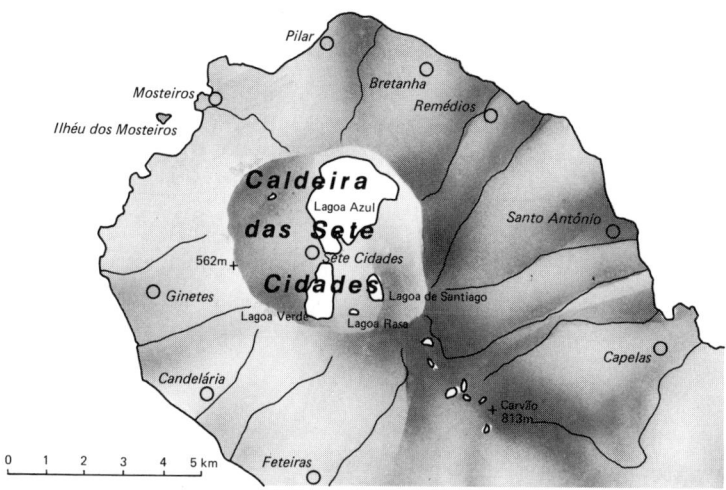

Plan der Caldeira das sete Cidades auf der Azoreninsel Sao Miguel. Der fast fünf Kilometer breite Calderakrater vermittelt von einigen Punkten aus den Eindruck, als lösten einander immer wieder ringförmige Landbrücken und Wasserkreise ab.

Versuch gefunden, zu untersuchen, ob die konzentrischen Land- und Wasserringe überhaupt der Realität entsprechen könnten. Selbst überzeugte Anhänger der Atlantis-Erzählung meinten, dieser Teil der Schilderung Platons sei in das Reich der Phantasie zu verweisen. Vielleicht haben aber Augenzeugen, die nach dem auf den Azoren gelegenen Atlantis gekommen waren, diese reichlich seltsame Anordnung von Ringmauern und Gewässern tatsächlich gesehen. K. Hartung hat 1860 das Buch „Die Azoren in ihrer äußeren Erscheinung und geognostischen Art" geschrieben.

319

In den geomorphologischen Schilderungen heißt es: „Bezeichnend für die Azoren sind zahlreiche längliche und kreisrunde Kraterkessel, die sogenannten Calderas, die öfters Seen einschließen. So kommt es, daß von gewissen Punkten aus der Eindruck entsteht, ein See liege im anderen, durch hohe ringförmige Mauern vom Wasser getrennt!"

Wie gesagt, bestehen die meisten Inseln aus vulkanischem Gestein. Nun gibt es verschiedene Formen von Vulkankratern. Eine der wichtigsten, die nicht nur auf der Erde, sondern ebenso auf dem Mond und Mars zu finden ist, wird Caldera genannt. Eine große vulkanische Ringmauer bildet die Ummantelung, und in diesen Riesenkratern befinden sich zahlreiche Kleinkrater. So kennt man etwa auf der Insel San Miguel – sie ist die größte der Azoren – auf dem 846 Meter hohen Pico da Cruz einen derartigen Vulkan. Der Riesenkrater wird „Caldeira das sete Cidades" genannt. Fünf Kilometer mißt dieser Hauptkrater, in ihm sind fünf Nebenkrater eingebettet, jeder umschließt einen See. Es gibt nicht weniger als sieben Seen auf dem Pico da Cruz. Der größte heißt Lagoa grande, ein anderer Lagoa azul, blaue Lagune. Auf der Insel findet man verschiedene andere Kraterseen. Allen sind die ringförmigen vulkanischen Mauern gemeinsam.

Während der Eiszeit muß der Wasserspiegel viel tiefer gelegen haben, weil ja das Eis auf den Kontinenten gebunden war. Wie tief der Meeresspiegel gesunken war, weiß man nicht, weil die alten Ufermarkierungen weltweit nicht übereinstimmen. Auf den Azoren hat vor etwa zehntausend Jahren sehr starker Vulkanismus eingesetzt. Ein Vulkanausbruch überdeckt alte topographische Formationen und schafft neue Formen. Sollte es einmal auf den Azoren jene in der Sage geschilderten atlantischen Bauten gegeben haben, so sind sie vermutlich unter Magmadecken begraben und hundert Meter vom Meer überspült. Es ist deshalb durchaus denkbar, daß einmal eine derartige Caldera in derselben Höhe mit dem Meeresspiegel lag. Wenn an einer Stelle die Hauptkraterwand infolge eines Erdbebens oder durch Erosion eingebrochen war, würde das der geschilderten Schiffahrtsrinne entsprechen. Dann aber ist die ganze Anordnung von Atlantis, wie sie uns überliefert wurde, keineswegs so abstrus, wie es im ersten Augenblick der Fall zu sein scheint.

Die weiteren Angaben der Priester von Saïs sind freilich etwas mit Vorsicht zu genießen, besonders wenn es heißt, die Armee von Atlantis habe zehntausend Streitwagen und tausendzweihundert Schiffe besessen. In den Häfen habe bei Tag und Nacht Lärm und Getümmel geherrscht, weil die Handelsbeziehungen so rege gewesen seien. Auf den überaus fruchtbaren Ebenen hätte man alljährlich zwei Ernten einbringen können, und die Atlanter wären zunächst auch sehr tugendhaft gewesen. Sie hätten so lange glücklich leben können, als die vom Gott Poseidon vererbten positiven Charakterzüge überwogen. Als diese aber, wie Platon im zwölften Kapitel des „Kritias" berichtet, dahinschwanden, blieb auch das Glück aus. Von da an entarteten die Atlanter moralisch und verloren die schönsten ihrer wertvollen Gaben. Dem, der sie von nun an zu durchschauen vermochte, erschienen sie in schmachvoller Gestalt. Wer aber kein Auge besaß, um des Lebens wahres Glück zu erkennen, der glaubte, die Atlanter seien zu dieser Zeit noch ruhmreich und gesegnet gewesen. Sie waren aber schon von Mißgunst erfüllt und übten ihre Macht zum Schaden anderer aus. So also lautet die Beschreibung in „Kritias". Das Ende der frevelhaften Atlanter kam, wie es nach den Gesetzen der Mythologie immer kommen muß: „Zeus, der Gott der Götter, erkannte, daß sein wackeres Geschlecht nur beklagenswerten Sinnes sei, und in der Absicht, sie dafür büßen zu lassen, damit sie zur Besonnenheit gebracht und verständiger würden, versammelte er die Götter insgesamt an dem unter ihnen vor allen in Ehren gehaltenen Wohnsitz, welcher im Mittelpunkt des Weltglanzes sich erhebt und alles des Entstehens Teilhaftige zu überschauen vermag, und sprach zu ihnen: . . ." Hier bricht der Text der „Kritias" ab. Er ist verlorengegangen. Wir wissen also nicht, was Zeus den Atlantern zugedacht hat. Vermutlich hat er ihren Untergang beschlossen . . . der dann auch in einem „schlimmen Tag und einer schlimmen Nacht" erfolgt ist.

Wenn man versucht, eine Sage aufzugliedern und zu analysieren, muß man zunächst Altersangaben und Zahlen ignorieren. Auch bei angegebenen Entfernungen ist Vorsicht geboten. So rechnen etwa die zentralamerikanischen Indianervölker, die Mayas oder die Inkas, mit Intervallen von eineinhalb und zwei Millionen Jahren. Innerhalb dieser Epochen sollen einzelne Dynastien an der Macht gewesen sein, oder die göttliche Weltregierung soll gewechselt haben; dabei soll eine alte Welt zugrundegegangen und eine neue Welt geboren worden sein. Anders ist es, wenn der Zeitbegriff „Tag" vermerkt ist, wenn es etwa heißt, die Schiffe seien 18 Tage gefahren, bis sie ein bestimmtes Ziel erreichten. Dann ist die Zeiteinheit nur in Relation zum Segeltempo zu setzen. Und diese Geschwindigkeit kann man innerhalb eines bestimmten Spielraumes festlegen. Zwar kennt man die Geschwindigkeit, mit der Schiffe damals dahinsegelten, nicht, weil das Tempo ja nicht nur vom Bau des Schiffes und der Größe der Segel abhängig war, sondern auch von der Stärke des Windes, der eben wehte. Dennoch kann man sagen: in 18 Tagen hätte ein Schiff eine Strecke von soundso viel Kilometern zurücklegen können. Man kann also viele spekulative Entfernungsangaben ausschließen. Anders ist es mit der Angabe der Saïs-Priester, Atlantis sei vor neuntausend Jahren versunken. Die abgerundete Zahl hat jedoch einen bestimmten Symbolwert. Sie ist ein sicheres Zeichen dafür, daß es sich um ein Ereignis handeln mußte, das vor sehr langer Zeit stattgefunden hatte. In der Atlantis-Sage wird ja auch noch erzählt, der Kontinent sei durch zwei Katastrophen vernichtet worden. Dazwischen habe es offensichtlich eine sehr lange, ruhige Periode gegeben. Zuerst war Atlantis sehr ausgedehnt, dann wurde es in Inseln unterteilt, und schließlich, nachdem sich die Natur für lange Zeit beruhigt hatte, in kürzester Zeit zerstört. Dabei seien auch alle Bewohner vernichtet worden. Bemerkenswert und geradezu auf eine Polsprungkatastrophe verweisend ist die Feststellung, daß die Sonne ihre Bahn verändert habe. Soweit also die Atlantis-Sage.

Eng mit dem Schicksal der Atlanter ist das Leben der Hyperboreer verknüpft. Auch sie sind ein sagenhaftes Volk. Der Überlieferung nach sollen sie mit den Tempeln in Delos, Delphi und Tempe in Verbindung gestanden haben. Ihr Name leitet sich davon ab, daß sie in einem Gebiet jenseits der Boreas wohnten. Boreas sind kalte Nordwinde. Wir finden diesen Namen heute noch für den kalten adriatischen Landwind, die Bora. Auch die Hyperboreer sollen auf einer Insel gelebt haben, die sich im Norden der Erde befand. Ihre Hauptstadt hieß Thule oder auch Thula. Sie lag in einem Tal, das von eisbedeckten Bergen umgrenzt war.

Im sechsten Jahrhundert vor Christus schrieb Hekataios ein Buch über die Hyperboreer. Hekataios lebte von 550 bis 476 vor Christus und versuchte, die Ionier von ihrem geplanten Aufstand gegen die Perser zurückzuhalten. Als seine Warnungen fruchtlos geblieben waren, gelang es ihm dennoch, vom persischen Statthalter Artafernes die Rückgabe der Autonomie für die ionischen Städte zu erreichen. Hekataios war ein Vorläufer von Herodot. Er lebte in Milet und gab eine Erdbeschreibung heraus, die dann auch von Herodot sehr eifrig benützt wurde.[32] Vom Buch über die Hyperboreer ist allerdings nur wenig übriggeblieben. Der römische Autor Diodorus Siculus, dessen Berichte freilich mit Vorsicht aufzunehmen sind, zitiert die Beschreibung einer Insel, die jenseits des Keltenlandes im Ozean läge. Sie sei nicht kleiner als Sizilien. Diese im Norden gelegene Insel soll überaus fruchtbar gewesen sein. Der Boden habe jährlich zwei Ernten hervorgebracht. Nach dem Bericht des Hekataios sollen die Hyperboreer eine eigene Sprache gesprochen haben. Sie standen aber stets mit Athen und den Bewohnern der Insel Delos in Handels- und Kulturbeziehungen. Den Hyperboreern wird bescheinigt, sie seien ein sehr frommes und sittenstrenges Volk gewesen. Sie wohnten in Hainen, lebten von Baumfrüchten und kannten weder Krieg noch Streit. Besonders verehrten sie Apollon. Dieser Gott der Sonne sei stets im Frühling zu ihnen gekommen und bis zum Sommer geblieben. Das ist offensichtlich ein Hinweis auf die Mittsommernächte jenseits des Polarkreises. Bei den Hyperboreern soll es keine Krankheiten und keine Altersbeschwerden gegeben haben. Wollten sie nicht mehr weiterleben, dann gaben sie sich freiwillig den Tod, sie sprangen ins Meer.

Herodot und vier Jahrhunderte später Strabon zweifelten die Existenz der Hyperboreer an; aber Strabon glaubte auch nicht an die Berichte Pytheas, der 330 vor Christus als erster „Reiseschriftsteller" nach Norden gefahren war und nach seiner Heimkehr erklärte, die Insel Thule besucht zu haben. Dort gäbe es am Tag der Sommersonnenwende keine Nacht und am Tag der Wintersonnenwende keinen Tag. Man lachte Pytheas, den Seefahrer und Astronomen, aus und meinte, er sei gleich den meisten Bewohnern Massilias, dem heutigen Marseille, ein Lügner. Man hat versucht, die Seereise Pytheas zu rekonstruieren und nimmt an, er hatte die Shetland-Inseln entdeckt. Unter seinem Ultima Thule stellten sich die Griechen das Ende der Welt vor. Einer Welt, die nicht kugelförmig, sondern eine Scheibe war, die vom großen Weltozean umflossen wurde.

Es ist heute sehr schwer, festzustellen, wohin Pytheas tatsächlich gefahren ist. Vielleicht hat er sogar Island erreicht oder aber er landete auf den Orkney-Inseln. Eines ist jedoch mit Sicherheit anzunehmen: er hatte von jenem sagenhaften Thule gehört, in dem vom Frühling bis Ende Sommer die Sonne nicht unterging, was ja für einen Bewohner des Mittelmeerraumes eine ganz erstaunliche und bemerkenswerte Tatsache gewesen sein muß. Bestimmt war jenes von Pytheas entdeckte Thule nicht die legendäre Metropole der Hyperboreer. Ebenso wie auch das heutige Thule an der Westküste Grönlands mit dem alten Thule nichts gemein hat als den Namen.

Nehmen wir aber an, die Erinnerung reichte weiter zurück, und es habe in der letzten Phase der Eiszeit bereits ein halbzivilisiertes Volk gegeben. Menschen, die auf den damals viel größeren Azoren gelebt haben und die imstande waren, Schiffe zu bauen, und wirklich mit den Atlantern identisch waren. Wenn damals der Meeresspiegel mindestens siebzig, vermutlich aber hundert Meter tiefer gelegen hatte als heute, müssen nördlich der Azoren auch andere Inseln vorhanden gewesen sein. Dort befinden sich mehrere Vulkankegel direkt unter dem Meeresspiegel. Die Spitzen der Berge reichen bis zu 46 Meter unter die Wasseroberfläche heran. Etwas südwestlich der Azoren findet sich im Meeresboden eine ähnliche topographische Form. Man kennt diese Untiefe schon sehr lange und hat ihr den Namen Marsala- und Atlantis-See-Berge gegeben. Wenn die Polsprungtheorie stimmt, dann müssen die Azoren, als die Eiszeit zu Ende ging, sehr plötzlich im Meer versunken sein. Es war dies keine Folge des mehr oder weniger raschen Abschmelzens der Gletscher auf dem Festland, sondern ein Vorgang, der weitaus schneller vor sich gegangen sein muß. Wenn nämlich der Nordpol von der Lage zwischen Grönland und Island auf seine heutige Position eingeschwenkt ist, muß es infolge der Beschleunigungen und Bremsungen, denen jeder Punkt auf der Erde unterworfen war, zu gewaltigen Seitenkräften gekommen sein. Ich habe mit Hilfe von Computern die Vektoren berechnen lassen, die in einem solchen Fall auftreten müssen. Bei diesem letzten großen Polsprung muß es im Bereich des Atlantikbodens zu einer Zerrung gekommen sein. Als der Nordpol seiner heutigen Position zustrebte, ist auch die Kontinentaldrift wirksam geworden, und der amerikanische Kontinent entfernte sich vom euroasiatischen. Während der letzten Eiszeit lag die Inselgruppe der Azoren viel nördlicher. Nicht am 40., sondern vermutlich zwischen dem 60. und 65. Breitengrad, also in unmittelbarer Nähe des Polarkreises. Die damals nördlich der Azoren gelegenen, heute unterseeischen Vulkankegel müssen sich bereits jenseits des Polarkreises befunden haben. Vielleicht lebten dort tatsächlich jene Hyperboreer, von denen nur mehr die Sage berichtet, ähnlich wie heute die Isländer.

Nehmen wir an, Atlantis habe wirklich schon zur Eiszeit existiert, und seine Bewohner hätten es verstanden, in einer höheren sozialen Ordnung halbzivilisiert zu leben. Wenn diese Menschen bereits imstande waren, Schiffe zu bauen, auf denen sie das Festland erreichen konnten, dann dürften sie bestimmt Kolonien gegründet haben. Dann aber wäre es auch verständlich, wenn plötzlich im Westen eine Kultur auftaucht, die schon um 6000 vor Christus eine überaus hohe Stufe erreicht hatte. Das war ja nur zweitausend Jahre, nachdem die Eiszeit plötzlich zu Ende gegangen war. Nur so wäre es verständlich, daß auf einmal zivilisierte keltische Stämme auftreten. Sie können sich unmöglich in so kurzer Zeit aus Steinzeitjägern und Sammlern zu dieser Zivilisationsstufe entwickelt haben.

Anfang August 1975 trafen einander in der Salzburgischen

Salinenstadt Hallein 60 Forscher vom „Institutum Canarium" und der Gesellschaft für interdisziplinäre Sahara-Forschung. Thema der Tagung waren die jüngsten Ergebnisse von Forschungsfahrten in die Westsahara.

Die jungen Expeditionsteilnehmer berichteten über neuentdeckte Felsmalereien, in Stein geritzte geheimnisvolle Petroglyphen (Vorläufer der Bilderschrift?), aber auch über Steinsetzungen, deren figürliche Darstellungen erst aus der Luft erkennbar sind. Weiter entdeckte man Pyramiden- und Kegelstümpfe, die aus sorgfältig ausgewählten und zum Teil bearbeiteten Steinen errichtet sind sowie mehrere Bauten, die aus Megalithen bestehen, die wieder in Form von Kreisen, Reihen und Gruppen angeordnet wurden. All diese Kunstwerke und Kultstätten zeigen eine frappierende Ähnlichkeit mit den archaischen Kulturformen in Frankreich und Spanien und ebenso mit den Werken, die im Mittelmeerraum, in England und Schottland zu finden sind. Als die Schöpfer der Felszeichnungen lebten, waren die unwirtlichen Wüsten von heute paradiesische Landschaft. Analysiert man die Funde, so entdeckt man, daß auch sie jener geheimnisvollen Urkultur angehören, deren typologische Formen überall in den Ländern der westeuropäischen und westafrikanischen Atlantikküste zu finden sind.[33] Auch auf den Kanarischen Inseln und – in etwas modifizierter Form im Mittelmeerraum – gibt es eine ähnliche Kultur. Sie wurde vom österreichischen Ethnologen Professor Dr. Dominik Josef Wölfel schon in den dreißiger Jahren unseres Jahrhunderts Westkultur genannt.

Von den Gegnern der Atlantis-Theorie wird immer wieder eingeworfen, man hätte unbedingt Reste der atlantischen Zivilisation entdecken müssen. Rufen wir uns doch noch einmal die vermutlich weit schwächere Katastrophe von Thera in Erinnerung: Der Ausbruch eines Vulkans hat dort alle Kulturzeugnisse zugedeckt. Erst im Jahre 1967 war es möglich, zu den verschütteten Häusern vorzudringen und sie freizulegen. Die Bauwerke der Atlanter dürften wesentlich primitiver gewesen sein. Vermutlich waren die meisten aus Holz errichtet, und es gab nur wenige megalithische Steinbauten. Sie dürften heute unter einer fünfzig bis hundert Meter hohen Lava- und Aschenschicht begraben und außerdem hundert bis zweihundert Meter vom Meer bedeckt sein. Seefahrende Völker pflegen stets Regionen in unmittelbarer Meeresnähe zu besiedeln. Während der Eiszeit dürften die Azoren in klimatischer Hinsicht sehr stark den heutigen Verhältnissen auf Island geglichen haben. Auch dort ist das Innere der Insel unbewohnbar. Die Bewohner der Azoren müssen ihre Existenzmöglichkeit in erster Linie dem warmen Golfstrom verdankt haben. Er umfloß nicht nur die Insel, sondern drängte auch das Packeis nordwärts und brachte den Insulanern ein gemäßigtes und feuchtes Klima. Der Golfstrom, aber auch der Vulkanismus waren also die Voraussetzungen für die Lebensmöglichkeit auf den Inseln. Landeinwärts dürften die Gletscher regiert haben. Ähnlich wie auf Island gibt es auch noch heute auf den Azoren sehr viele warme Quellen. Es finden sich Fumarolen, also kleine Erdspalten, aus denen Wasser- oder Schwefeldämpfe treten. Selbst Geysire werfen ihre Heißwassersäulen auf. Die Beschreibung Solons von der warmen und der kalten Flußquelle findet also ihre Bestätigung.

Vermutlich haben damals schon Kolonien der Atlanter in Spanien und Marokko bestanden. Vielleicht haben in diesen Stützpunkten jene Menschen überleben können, deren Nachkommen sich später in Irland und England ansiedelten. Sie müssen schließlich auch nach Frankreich und in das heutige Deutschland vorgedrungen sein. Andere Atlanter scheinen sich nach Amerika gerettet zu haben. Hier könnten die gemeinsamen Wurzeln und die Brücke, die zwischen der mexikanischen und der ägyptischen Kultur besteht, zu finden sein. So wäre auch die linguistische Verwandtschaft der Sprachen jenseits und diesseits des Atlantiks zu erklären. Ob die Großpyramiden in Afrika, Asien und Amerika auf das Gedankengut gemeinsamer Urahnen zurückzuführen sind, ist kaum beweisbar. Möglicherweise kannten schon die Atlanter die traditionelle Bestattungsart in sogenannten Kleinpyramiden oder Tumuli. Ein aus Erde angehäufter Tumulus konnte bis zu 15 Meter hoch sein. Seine Haltbarkeit war allerdings begrenzt. Man findet derartige Grabhügel in Amerika, wo sie Mounts heißen, in Frankreich und an vielen Plätzen im Mittelmeerraum. Auch auf der Iberischen Halbinsel, in Irland und in England waren diese Gräber üblich. Aus den Erdpyramiden könnten sich die mexikanischen und ägyptischen Pyramiden entwickelt haben. Aber das ist schon reine Spekulation. Es gibt Verwandtschaften zwischen bereits geschilderten Spiralmustern diesseits und jenseits des Atlantiks. Vermutlich konnten sich nur wenige Atlanter auf den europäischen und afrikanischen Kontinent sowie nach Amerika retten. Die meisten von ihnen wurden wahrscheinlich von den dort lebenden Völkern bald assimiliert. Die Erinnerung an die Urheimat könnte geblieben sein. Die Figur des Gottes Quetzalcóatl, der nach seiner Wiedergeburt aus dem Osten kommen sollte, deutet darauf hin. Auch die im Kodex Boturini, einer Bilderhandschrift, geschilderte Herkunft der Azteken läßt diesen Schluß zu. Das Dokument wird auch Tira de la Peregrinación genannt. Der Kodex schildert die Wanderung des amerikanischen Volksstammes und berichtet, die Azteken hätten einst auf einer Insel gelebt, die den Namen Aztlán trug. Von dort mußten sie plötzlich weg. Ihre große Wanderung begann in Kanus. Nach langer Irrfahrt hätten sie ihren Gott Huitzilopochtli, der die Sonne symbolisiert, wiedergefunden. Die Verwandtschaft zwischen Atlantis und Aztlán ist meiner Meinung nach linguistisch sehr leicht erkennbar.

# DIE FIKTION VON DER STÄNDIGEN MEERESBODENAUSBREITUNG

*Treibende Kontinente – starre Krustenplatten*

Die Nacht vom 22. auf den 23. Januar 1973 werden die Bewohner der isländischen Insel Heimaey nie vergessen: Sie wachten auf, als der Boden zu schwanken begann. Nun sind Erdbeben in Island keine Seltenheit; meist sind sie harmlos. Auch diesmal schienen die Erdstöße rasch wieder schwächer zu werden. Dann aber erfolgte die große, von hellem Feuerschein begleitete Explosion. Mit einem Donnerschlag öffnete sich eine drei Kilometer lange Spalte an der Flanke des seit fünftausend Jahren ruhenden Vulkans Helgafjeld. Der heilige Berg war wieder aktiv geworden. Er spie Feuer und Asche. Rotglühende Lavaströme schoben sich die Hänge hinunter. Über Vestmannaeyjar, der Hafenstadt der Westmänner, setzte Aschenregen ein. Die schwarze, schwere Bimssteinasche sollte zum Schicksal des wichtigen Fischereihafens auf dem fünf Kilometer von der Hauptinsel entfernten Eiland werden. Nur mit größten Anstrengungen gelang es, die Situation zu meistern und den Platz zu erhalten: Monatelang kämpften Feuerwehrleute und freiwillige Helfer gegen die Lavaströme an. Die Naturgewalten schienen stärker zu sein. Alle Versuche, durch Abkühlen des glühendflüssigen Magmas den wichtigen Hafen zu retten, schienen zu mißlingen. Die Lavaströme schoben sich in das Becken, sperrten die Einfahrt, und zuletzt war die Insel Heimaey nur mehr auf dem Luftweg zu erreichen. Mittlerweile versanken die Häuser der Stadt unter dem Aschenregen. In den Kellern sammelten sich hochexplosive, giftige, aus dem Bimsstein quellende Gase. Die Tiefkühllagerhäuser und die Fischfabrik wurden von der langsamen, aber stetig herabregnenden Asche eingedrückt und zerstört. Alles schien verloren. Aber Ende Juni war die vulkanische Kraft des heiligen Berges erschöpft. Die Stadt Vestmannaeyjar war gerettet. Die verlegte Hafenzufahrt ist inzwischen ausgebaggert, die Häuser sind wieder errichtet und bezogen worden.

In Island wird durchschnittlich alle fünf Jahre einer der zahlreichen Krater aktiv. Die Insel nahe dem Polarkreis ist die größte Vulkanballung der Welt. Rund ein Viertel der zwischen den Jahren 1500 und 1914 aus Vulkanen ausgetretenen Lava floß aus isländischen Kraterspalten. Die sehr leichtflüssige Lava kommt aus einer Tiefe von vermutlich zweihundert Kilometern. Mit Hilfe seismischer Experimente konnte eine verlangsamte Wellenausbreitung bis in diese Tiefe registriert werden. In normalen Basaltgesteinen beträgt die Geschwindigkeit der Bebenwellen acht Kilometer in der Sekunde. Unter Island verringert sich das Tempo auf 7,4 Kilometer. Die Dichte des Gesteins muß also geringer und das Material kann nicht fest sein.

Island hat nicht weniger als 130 Vulkane. Alle mit Ausnahme von etwa dreißig scheinen erloschen zu sein. Der Begriff „erloschen" ist allerdings eine sehr vage Feststellung. Man kann nie wissen – das bestätigt sich am Beispiel des seit fünftausend Jahren ruhenden Helgafjelds –, ob in einer vulkanisch aktiven Umgebung ein Kraterschlot nicht plötzlich wieder erwacht. Aus allen 130 Vulkanen Islands scheint in der Nacheiszeitperiode einmal Lava geflossen zu sein. Die meisten Krater müssen unmittelbar, nachdem vor 10.000 bis 11.000 Jahren die Vereisung in Europa zu Ende gegangen war, Feuer und Asche gespieen haben. Wie groß der Vulkanismus auf Island ist, wird erkennbar, wenn man weiß, daß in der ganzen Welt nur etwa 420 bis 450 aktive Vulkane bekannt sind. Die meisten ruhen allerdings, und es ist ungewiß, wie viele von ihnen endgültig erloschen sind und wie viele nur eine vorübergehende Pause eingeschaltet haben.

Als auf Island der Vulkan Helgafjeld ausbrach, pilgerten Dutzende Vulkanologen und Geophysiker an den Ort des Naturereignisses. Island ist nämlich nach Ansicht der modernen Geotektonik

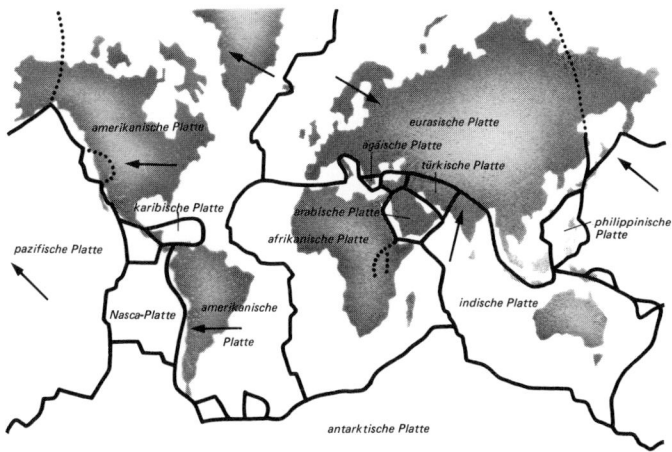

Schematischer Größenvergleich und Verteilung der tektonischen Platten. In diesem ungeordneten Wirrwarr soll eine streng ordnende Konvektionsströmung die permanente Kontinentaldrift bewerkstelligen.

ein Paradebeispiel für die Kontinentaldrift. Dieses Auseinanderwandern der Kontinente wird von englischen Geologen „Sea Floor Spreading" genannt. Man nimmt noch an, daß diese Bewegung stetig ist. Je nach ihrer Lage sollen die Erdteile angeblich zwischen zwei und achtzehn Zentimetern pro Jahr auseinanderrücken. Die Bewegung müßte von den meist unterseeisch gelagerten Erdspalten ausgehen, die Meeresrücken oder Ridges genannt werden. Hier soll – als Zeugnis für die Driftbewegung – im Zentraltal permanent Lava entströmen. Wie ich bereits in meinem ersten Buch feststellte, konnte man bisher an den unterseeischen Schwellen nicht einmal das leiseste Anzeichen einer derartigen Drift messen. Das hat sich bis heute nicht geändert, nirgends kann man Lavaaustritt feststellen. Weil nun Island mitten auf einer unterseeischen Schwelle liegt, eilten die Fachleute zu der nördlichen Insel, um endlich Zeuge einer aktiven Kontinentaldriftbewegung zu werden. Streng genommen liegt Island sogar im Kreuzungsbereich von Ridgezonen: Der Reykjanes-Rücken überschneidet ein von Grönland zu den Färöer-Inseln führendes Ridge. Diese Schwellen werden aber durch den breiten isländischen Schelf-Sockel unterbrochen.

Das querliegende Ridge müßte für die Sea-Floor-Spreading-

331

Hypothese eigentlich ein ausgesprochenes Gegenargument darstellen. Die Anordnung dieser unter dem Meeresspiegel liegenden Gebirgsformation stört nämlich die so fein aufgebaute Theorie von der Tektonik der Krustenplatten. Ich habe diesen Problemkomplex bereits sehr ausführlich behandelt. Des besseren Verständnisses wegen soll dieses Thema nochmals kurz dargestellt werden:

Schon im Jahre 1911 sprach der Meteorologe Alfred Wegener die Vermutung aus, die heutigen Kontinente seien ursprünglich in einem einzigen Superkontinent zusammengefaßt gewesen: in der Folge sei dieses „Pangäa" jedoch auseinandergebrochen. Seither „driften" die Kontinente; sie schwimmen auseinander. Wegener starb im Jahre 1930. Zeit seines Lebens und fast noch volle dreißig Jahre nach seinem Tode wurde der Forscher von der Fachwelt wegen seiner Theorie ausgelacht. Heute ist die Kontinentaldrift eine unumstößliche Tatsache. Es gibt kaum noch einen Geophysiker, Geologen oder Geographen (eine sowjetische Gruppe von Professoren ausgenommen), der an dem Auseinanderschwimmen der Erdteile zweifeln würde.

Derzeit lautet die Kernfrage dieser Theorie auch nicht mehr, ob die Kontinente driften, sondern wie rasch und wie lange sie schon auseinandergleiten. Schließlich und endlich ist dem schon von der Gestalt unseres Planeten her eine Grenze gesetzt: die Erde ist eine Kugel. Wenn die Kontinente auseinanderschwimmen, so müssen sie sich einander auf der gegenüberliegenden Hemisphäre wieder nähern. Sie müssen irgendwo einmal zusammenstoßen und abermals einen pangäaähnlichen Kontinent bilden. Diese Gedankenfolge schon gibt eine Fülle von Rätseln auf. Da sich die Erde in den letzten 150 bis 200 Millionen Jahren nicht aufgebläht haben kann, muß ja Land- oder Ozeangrund in der gleichen Größe wie etwa der Atlantische Ozean (aber auch der Pazifikboden und der Grund des Indischen Ozeans) irgendwo vernichtet und in die Tiefen des Erdmantels zurückgepreßt worden sein. So ist der Versuch, die Kraft zu erkennen, die diese Bewegung verursacht, mehr als kompliziert. Es muß ja eine Kraft sein, die alte, bestehende und sehr feste Ozeanböden zertrümmert, einpreßt oder zu Gebirgen auffaltet. Hier sitzt bei dem gegenwärtig gültigen Hypothesen-Gebäude irgendwo der Wurm im Gebälk. Für diese Tour rund um die Welt steht, wie bereits gesagt, eine Zeitspanne zur Verfügung, die für geologische Begriffe überaus kurz ist. Die ältesten Gesteine, die bisher vom Meeresboden heraufgeholt wurden, hatten nur ein Alter von 135 Millionen Jahren. Selbst wenn man möglichen Neuentdeckungen einen weiteren Spielraum einräumt, kann der Meeresboden also nicht älter als maximal 150 bis 200 Millionen Jahre sein. Dabei gelten jene Geophysiker, die sich für eine Epoche von zwei Jahrhundertmillionen entscheiden, schon als großzügig. Es hat den Anschein, als würden die Kontinente konzentrisch von allen Seiten in den Bereich des Pazifik einbrechen und diesen Raum nach und nach okkupieren. Aber auch der Boden dieses Weltmeeres ist nicht älter als 140 bis – theoretisch – 200 Millionen Jahre. Wie kann also ein Ozeanboden noch im Entstehen begriffen sein, gleichzeitig aber von einem seltsamerweise gleichaltrigen, sich ausbreitenden Ozeanboden verschlungen werden?

Jedes Karussell muß, damit es sich bewegt, von einer Kraft getrieben werden. Also suchten auch die Geodynamiker nach dem Motor, dem Allesbeweger, der die Landmassen auf die Reise schickt. Man verfiel auf die Idee, die Erdkruste wäre deshalb in ständiger Bewegung, weil in der starren (?), teigigen (?) oder halbflüssigen (?) Mantelzone eine Anzahl in noch tieferem Bereich aufgeheizter Konvektionsströme kreisten. Sie stiegen zur Erdoberfläche auf. Sobald sie an die harte Kruste stießen, teilten sie sich nach links und rechts. Sie schwimmen nun wie ein von einem Verkehrspolizisten geleiteter Maiumzug noch hundert, zweihundert, vielleicht sogar tausend, fünf- oder zehntausend Kilometer weit, um dann mit deutlich erkennbarem Knick, abgekühlt, ins Innere des Erdmantels zurückzukehren. Und auf dieser „sentimental journey" nehmen sie – sozusagen Huckepack, gleich den in der Reisesaison südwärts strebenden Autozügen – die Kontinente mit.

Es gibt im Atlantik tatsächlich, mitten zwischen den großen Landblöcken im Westen und im Osten, eine „heiße Spur": die mittelatlantische Schwelle. Sie liegt fast genau im Zentrum des Atlantischen Ozeans; vom Mitteltal ausgehend werden die

Gesteinsmassen immer älter. Die jüngsten Basalte sind im Zentraltal zu finden.

Im Westen Südamerikas hingegen gibt es sehr respektable Tiefseegräben. Dort – so meint man – verschwinde der langsame Konvektionsstrom in die unbekannten Tiefen des Erdmantels. Jetzt ist er ja nach seiner Reise unter dem amerikanischen Kontinent genügend abgekühlt (warum wohl?), um sich „zum Zwecke der Aufheizung" wieder in die heißen Tiefen unseres Planeten zu begeben. Bei dieser Bewegung schrammen die amerikanischen Kontinentteile die pazifische Platte entlang. Die Landmasse staucht sich an ihrem Rand auf, wobei sich die Anden und die Rocky Mountains aufgetürmt haben. Tief unter diesen Faltengebirgen jedoch wird dies schier endlos laufende Band mit einem Tempo von zwei bis fünf Zentimetern pro Jahr in die – völlig unbekannte – Tiefe geführt, in östlicher Richtung zurückgelenkt, um unterirdisch bis just an jene Stelle zu schwimmen, über der sich das Zentraltal befindet. Dieser Transportbandmechanismus funktioniert nicht überall logisch und konsequent. Da gibt es nämlich geheimnisvolle Kreuzungen und Querverbindungen, und so weiß man nicht, wie es da im Inneren zugeht, welches Band das stärkere ist, wo die Kreuzungsbereiche liegen. Kurzum, es geht darum – um mit Nestroy zu sprechen – „wer ist stärker: ich oder ich". So kreuzt bei Island der nicht nur gleich aussehende, sondern auch geologisch völlig ähnliche Rücken, der im Atlantik die treibende Kraft ausüben müßte, seinen querliegenden „Bruder". An irgendeinem Punkt dieser Ridgezonen muß die Naturgewalt aus Hephaistos' Schmelzküche abgestellt oder gewaltig abgeschwächt worden sein. Vielleicht siegt auch in diesem unterseeischen Existenzkampf – ähnlich wie nach den Darwinschen Gesetzen – nur der Starke. Zu schwache Ridges – wie etwa jene am östlichen Pazifikrand – werden mitleidlos verschlungen und in die Tiefe gestampft, wo sie für immer verloren sind.

Freilich gibt es da eine Heimtücke: der Pazifikboden stemmt sich gar nicht gegen den andampfenden nordamerikanischen Kontinent. Er weicht vielmehr nach Norden aus, flüchtet gegen die Aleuten-Inseln, wo er in einem Tiefseegraben verschwindet.

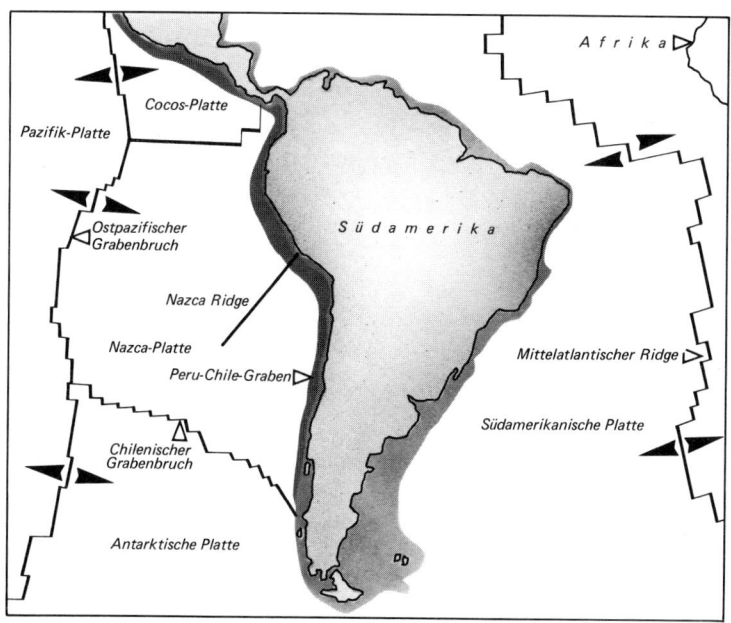

Verlauf der unterseeischen Gebirge westlich von Südamerika. Von den Ridges soll infolge der vulkanischen Schubkraft die Bewegung der Krustenplatten ausgehen.

In diesem Kampf der Krustenplatten geht es heiß her. Ein Schema läßt sich nicht erahnen. Eine geheimnisvolle „geologische Märchenfee" scheint die Bewegungen zu diktieren. Und sie behandelt einige der ganz unterschiedlich großen Krustenplatten sehr stiefmütterlich. Diese scheinen einmal nach Norden, dann nach Osten, aber auch in die anderen Himmelsrichtungen dirigiert zu werden. Erschwert wird die Deutung dieses geodynamischen Tohuwabohus durch zahlreiche unterseeische Schwellen, die sich einst sehr kräftig ausgebreitet haben, nun aber verstorben zu sein scheinen. Sie leisten überhaupt nichts mehr. Dagegen gibt es ganz schwache „Kollegen", also kaum ausgebildete unterseeische Schwellen, die aber dennoch gewaltige, Tausende Kilometer entfernte Faltengebirge aufgeschoben haben müssen, wenn der ganze Mechanismus wirklich nach diesem Prinzip funktionieren soll.

Die geologische Zeituhr läuft mancherorts zu langsam, an anderen Stellen zu schnell. Jene geheimnisvollen zweihundert Millionen Jahre, während derer sich der Boden aller Ozeane gebildet haben muß, scheinen für die Bildung des Pazifik-Meeresgrundes zu kurz bemessen zu sein. Mitunter, wie im Indischen Ozean, liegen Ridgezonen parallel zueinander; dazwischen gibt es nur Tiefseeböden. Selten ist eine Ausbreitungsrichtung zu erkennen. Dort, wo auf der Erde geologisch nachgewiesen die größten Krustenbewegungen erfolgt sind, gibt es keine entsprechenden Ridges, von denen die Kraft ausgegangen sein könnte. An anderer Stelle sind diese unterseeischen Gebirge zerstückelt, und der Gebirgsgrat und damit die Achse der unterseeischen Schwellen wohl parallel, aber um Hunderte Kilometer versetzt. Es ist unmöglich, Sinn, Abfolge und Gesetzmäßigkeit in diesem geophysikalischen Ablauf zu erkennen.

Bleiben wir beim Beispiel Island, wo ein unterseeischer Rücken, der die Quelle einer Bewegung sein müßte, einen zweiten Gebirgsrücken kreuzt. Um festzustellen, welches Ridge nun aktiv ist und wie die Meeresausbreitung vor sich geht, setzen sich mit Island vor allem die Geophysiker auseinander.

Dabei ist Island topographisch ganz anders geformt als die unterseeischen Gebirge. Die mittelatlantische Schwelle reicht vom Eismeer bis in den Südatlantik. Dort biegt sie um das Kap der Guten Hoffnung und setzt sich im Indischen Ozean fort. Zusammengerechnet haben die unterseeischen Gebirge eine Länge von fast 70.000 Kilometern. Sie sind damit die größten Gebirgsformationen auf unserem Planeten. Im Durchschnitt ist das Atlantik-Ridge 1500 Kilometer breit und erhebt sich zweieinhalb bis drei Kilometer über die angrenzenden Tiefsee-Ebenen. Von einigen wenigen Plätzen abgesehen – wie etwa den Azoren –, verläuft der Kamm der Ridges etwa einen Kilometer unter dem Meeresspiegel. Die unterseeischen Schwellen haben merkwürdigerweise nicht nur einen Zentralgrat, sondern zwei Gipfellinien. Dazwischen liegt meist ein tausend Meter tiefes Tal, das drei bis fünfzig Kilometer breit sein kann. Das auf Island zuführende Reykjanes-Ridge hat südöstlich der Insel nur einen Gipfelgrat.

*Wann fließen die kalten Vulkane wieder?*

Für die geologischen Vorstellungen von der Tektonik der Krustenplatten haben die unterseeischen Rücken besondere Bedeutung, sie sind sozusagen die Geburtsurkunden für die Meeresbodenausbreitung. Die im Zentraltal sich immer wieder öffnende Spalte wird langsam mit Lava ausgefüllt, die dem aufstrebendem Konvektionsstrom entstammt. Wie allerdings diese Lava auf die tausend bis tausendzweihundert Meter hohen Gipfelgrate gelangen kann, darüber ist man sich nicht im klaren. Man sagt nur, die Ridges seien die Quelle häufiger Seebeben; dabei würden die unterirdischen Gebirge gehoben und aufgebaut. Wie es aber zur Ausbildung der zahlreichen zum Zentraltal parallel verlaufenden Seitentäler kommt, wieso überhaupt immer wieder Täler entstehen, die allmählich gegen Ende der Bergflanken seichter sind, das sind die großen Rätsel der Natur. Würde man diese Theorie akzeptieren, müßte man auch das unsinnige Verhalten des Konvektionsstroms in Kauf nehmen, der nicht nach den Regeln der Physik einen geschlossenen Konvektionsschleier bildet, sondern Stück für Stück wirksam wird. Die Gebirge auf dem Ozeangrund verlaufen ja nicht in einer Linie, sondern sind um Hunderte Kilometer versetzt. Es sieht aus, als hätte ein Konditor einen langgestreckten Kuchen gebacken und diesen in Stücke geschnitten, wobei sich die einzelnen Teile links und rechts von ihrer ursprünglichen Anordnung verschoben. Diese Versetzungszonen sind ebenfalls erkennbar. Sie verlaufen senkrecht zur Ridgesachse und heißen Transformationsgräben oder Frakturzonen. Jedes dieser „Versatzstücke" ist aber topographisch mit den benachbarten Formationen identisch. Alle weisen die gleiche Zahl von parallel zum Zentraltal liegenden Seitentälern auf. Diese haben durchwegs genauso orientierte Berghänge. Warum sich der von unten aufsteigende Konvektionsstrom derartig „zerfranst", um seine Tätigkeit auszuüben, ist nicht zu ergründen.

Die Analyse dieser zerteilten Gebirgsstöcke deckte eine interessante Handschrift auf: Die einzelnen Gebirgskämme weisen, jeweils symmetrisch vom Mitteltal ausgehend, aber auch untereinander in dieser Weise übereinstimmend, gleiche magnetische Anomalien auf. Darunter versteht man eine meßbare Veränderung des Erdmagnetismus. Dieser muß, als sich die Gebirge unter dem Meer aufbauten, häufig eine andere als die heutige Richtung gehabt haben. Die Ursache des sogenannten remanenten Magnetismus ist nach wie vor rätselhaft. Man hat ihn erst Ende der fünfziger Jahre offiziell zur Kenntnis genommen. Schon früher entdeckten Geologen in Gesteinen die Abweichung von den heute bestehenden Feldlinien. Die magnetischen Muster beweisen nur eines mit Sicherheit: Wiederholt haben in bestimmten Abständen Nord- und Südpol „ihre Plätze getauscht". Jeder Wechsel der Pollage ist in gewissen Gesteinen noch heute meßbar. Diese magnetische Handschrift in den Gesteinen soll noch ausführlich behandelt werden, denn sie ist ja mit ein Beweis für die Kontinentaldrift, die auch von den Geologen und Geodynamikern gesucht wird. Freilich erwarten sie eine permanente Bewegung; das langsame Ausbreiten. Da man diesen Effekt auf dem Meeresgrund nur sehr schwer beobachten kann, sind jene Punkte, wo die Ridgezonen sozusagen an die Erdoberfläche zu liegen kommen, besonders interessant.

Bei Island scheint dies der Fall zu sein. Sieht man nämlich davon ab, daß die Insel auf dem bereits erwähnten Sockel liegt, der immerhin einen Durchmesser von fast achthundert Kilometern hat, so müßte man sich direkt an der Quelle der Kontinentaldriftbewegung befinden. So stimmen auch die Anordnung und die Art der Vulkane mit einigen Mustern überein, die in den unterseeischen Gebirgsformen aufscheinen: Auf Island fließt die Lava nicht aus runden oder ovalen Kratern, sondern aus Kraterspalten. Diese sind meist nach einer Richtung orientiert: Sie führen vorwiegend von Südwesten nach Nordosten. Vulkanisch aktiv ist nur Islands südöstlichster Teil. Aber das ganze Land ist von Kraterspalten durchzogen, die zum Teil schon vor Jahrmillionen entstanden sind. Allerdings, und hier unterscheidet sich die Insel sehr entscheidend von den Ridges, ist das Alter der Gesteinsmassen nicht aus einer vertikalen Anordnung ersichtlich: je tiefer man aber in die Erde bohrt, auf um so ältere Lavadecken stößt man.

Auf Island gibt es schon seit langer Zeit Meßstationen. Messen aber kann man nur dort, wo man Bezugspunkte hat. Natürliche Landmarken oder künstlich geschaffene Vermessungspunkte können relativ einfach mit Theodoliten anvisiert und von Geodäten vermessen werden. Wesentlich schwieriger ist jedoch die Lösung der Aufgabe, das Abschwimmen des eurasischen und afrikanischen Kontinents von Amerika festzustellen. In Island, so hofft die Fachwelt, befindet man sich an einer derartigen Schlüsselstelle.

Freilich hat aber auch die Vermessung von Gebieten, die in tektonisch unruhigen Zonen liegen, ihre Heimtücken. Es ist nämlich nicht oder kaum festzustellen, welche laterale – seitliche – Bewegung „echt" und welche nur auf Hebungsreaktionen zurückzuführen ist. Wenn ein Pack Papier an einer Stelle gehoben wird, werden die obersten Blätter auseinandergezerrt, die unteren hingegen zusammengestaucht. Bei plastischem Material, etwa Krepp-Papier oder Kunststoff-Folien, kann die Basis gleich lang bleiben, und zwei auf dem obersten Blatt aufgezeichnete Punkte werden infolge der Krümmung auseinandergeschoben. Es tritt ein ähnlicher Effekt ein wie bei einem Luftballon, der aufgeblasen wird und auf dem nun die aufgedruckten Buchstaben auseinanderrücken.

So ist es auch, wenn heißes Magma aufsteigt, in Spalten eindringt und diese auseinanderpreßt. Dann können Meßinstrumente eine scheinbare Abdrift registrieren. Man kann aber nicht messen, ob dieses „Auseinanderschwimmen" nur auf Teile der Insel beschränkt bleibt oder ob sich auch die Distanz zwischen Amerika und Europa vergrößert. Nicht einmal die Insel muß größer werden; auch durch die Verformung der Oberfläche kann es zu einem Auseinanderrücken von zwei Punkten, also von zwei Meßstellen, kommen. Eben das scheint auf Island eingetreten zu sein.

Schon vor dem Vulkanausbruch des Helgafjeld waren Geodäten am Werk. Eine Gruppe war vom Londoner Imperial-College nach Island entsandt worden. Die Geometer meinten, sie hätten mit Hilfe ihrer Laser-Strahl-Geräte eine Driftrate von rund sieben Zentimetern pro Jahr festgestellt. Amerikanische Landvermesser registrierten ebenfalls eine Bewegung, aber in eine andere Richtung; danach würden sich Amerika und Europa nicht voneinander entfernen. Die beiden Kontinente müßten aneinander vorbeifahren, ähnlich, als begegneten sich zwei Züge auf verschiedenen Geleisen.[1]

Ein weiteres Team auf der Insel arbeitet unter Leitung des Braunschweiger Geodäten Professor Dr. Gerke. Diese Wissenschaftler haben ein viel größeres Meßnetz ausgesteckt. Sie registrierten wohl oberflächliche Bewegungen, die aber absolut keine einheitliche Richtung erkennen lassen. Es scheint sich vielmehr um unkoordinierte Bewegungen zu handeln, wie sie infolge Veränderungen im Magmaspiegel, tief unter dem Sockel des Inselkomplexes, ständig auftreten müssen. In den letzten Jahren hat die Erdschwere an einigen Punkten der Insel zugenommen. Dies könnte ein Zeichen dafür sein, daß schwere Massen aus dem Inneren des Erdmantels im Aufsteigen begriffen sind. Das besagt aber nichts über eine echte Kontinentaldriftbewegung.[2]

Von entscheidender Bedeutung für die Ursache der Krustenbewegung wäre die Klärung der Frage, wie ein Vulkan entsteht und ob aktive Vulkane auf die gleiche Weise entstanden sind wie vulkanische Ridges. Um es vorwegzunehmen: es gibt auf der Welt nicht zwei Vulkane, die sich völlig gleichen und absolut identisches Material auswerfen. So stimmen auch die Basalte, aus denen sich die unterseeischen Schwellen vor Island zusammensetzen, nicht mit den auf der Insel befindlichen vulkanischen Gesteinsdecken überein. Aber auch der Fujiyama in Japan ist ein völlig anderer Vulkan als etwa der Vesuv, und dieser unterscheidet sich wieder beträchtlich vom Ätna, obwohl diese Vulkane nur wenige hundert Kilometer voneinander entfernt sind. Die Magmakammer mancher Vulkane liegt in einer Tiefe von nur fünf, andere von fünfzig Kilometern; schließlich gibt es Vulkane – wie diejenigen auf Island oder Hawaii – die ihre Lava aus einer Zone beziehen, die zweihundert Kilometer tief unter der Erdoberfläche liegt.

Alle Versuche sind gescheitert, aus der Verteilung der Vulkane über bestimmte Zonen unseres Planeten Rückschlüsse auf den Mechanismus oder eine Gesetzmäßigkeit der Kontinentaldrift abzuleiten. Weder die Verteilung der Vulkane noch der Vulkanke-

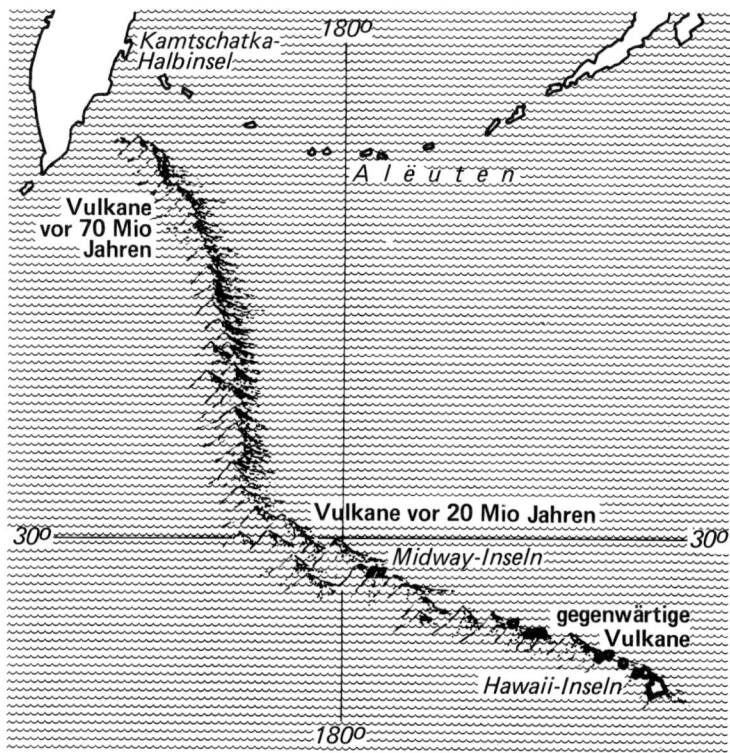

Die Hot spots unter dem Pazifikboden. Von der Südspitze der Halbinsel Kamtschatka bis Hawaii zieht sich eine Kette von unterseeischen Vulkankegeln. Sie sind ein klarer Beweis für die sprunghafte Verlagerung der Erdkruste. Ein langsames Gleiten hätte wie ein Schneidbrenner wirken müssen. Statt vieler Vulkankegel wäre auf dem Grund des Pazifiks eine Kraterfurche entstanden.

gelketten auf dem Pazifikboden (der sogenannten hot spots) liefern eine vernünftige Erklärung für das Wandern der Krustenplatten. Zwar ist auch meine Polsprungtheorie nicht in der Lage, das Entstehen eines Vulkans zu begründen. Die Verlagerung der Festlandsockel und der Meeresböden dagegen lassen sich völlig logisch als Folgen von Polsprüngen deuten.

Bei einem Polsprung wird die Erdkruste verschoben. Dieser Vorgang vollzieht sich vermutlich in zwei Phasen und über zwei

341

„Kupplungsmechanismen", einer Magnetkupplung im tiefen Mantelinneren und einer Flüssigkeitskupplung, wo die Erdkruste auf den Olivingesteinen des Mantels aufliegt. Man nennt diese Zone Mohorovičić-Diskontinuität. Diese Unstetigkeitsfläche zwischen der Erdkruste und dem Erdmantel ist deshalb so charakteristisch, weil hier die Geschwindigkeit von seismischen Wellen sprunghaft abnimmt. Das ist ausführlich in „Die Rückkehr der Gletscher" zu lesen.

In diesem Buch habe ich die geophysikalischen Zusammenhänge geschildert, die zu Umpolungs- und Polsprungsprozessen führen. Wenn sich also die starre Erdkruste verschiebt, müssen sich enorme Seitenkräfte bilden, weil ja jeder Punkt auf der Oberfläche unserer Planetenkugel beschleunigt oder gebremst wird. Entscheidend dafür ist die Frage, ob eine Zone in niedere Breiten gelangt oder sich mehr gegen die Pole zu verlagert. Jeder Punkt auf dem Meridian einer rotierenden Kugel oder eines Geoids besitzt ja eine unterschiedliche Geschwindigkeit. Auf der Erde bewegt sich der Äquator mit fast eineinhalbfacher Schallgeschwindigkeit, an den

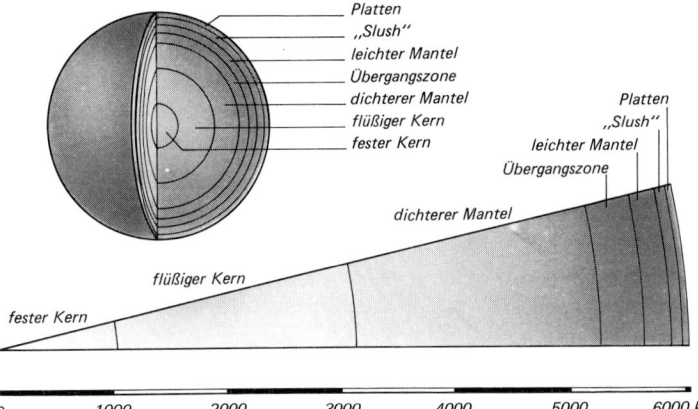

Schalenförmig umschließen die einzelnen Zonen den Erdkern. Es wird angenommen, das Magnetfeld der Erde bilde sich an der Grenze des Erdkerns zum Erdmantel. Aus den seismischen Profilmessungen geht hervor, daß die unterhalb der Krustenplatten liegende Schicht aus halbflüssigem Material besteht. Wird dieses weiter aufgeweicht, verschiebt sich – auf dieser geschmeidigen Unterlage schwimmend – die Erdkruste.

342

Polen ist die Geschwindigkeit gleich Null, wenn man von der Drehung um 180 Grad in 24 Stunden absieht.

Für die folgenden Überlegungen ist es gleichgültig, ob die Verschiebung der Erdkruste von einem Impuls aus dem Erdinneren ausgelöst oder ob die Erdrotation als Folge von Sonnenflecken gebremst wird. Ab einem bestimmten Stadium wird die Erdkruste, nur den Trägheitsgesetzen folgend, wie auf einer Ölschicht gleitend, mit langsamer Verzögerung ihre neue Lage einnehmen. Die zunächst straffe „Flüssigkeitskupplung", die sich in der Mohorovičić-Diskontinuität befindet, wird infolge von Dissipationserscheinungen, also Aufweichungseffekten, gelöst.

Die Geologie bekennt sich nach wie vor zu dem von Sir Charles Lyell postulierten Stetigkeitsprinzip. Es besagt, daß auch früher keine heute nicht mehr wirksame Kraft bestanden haben kann. Alle Veränderungen seien langsam und permanent vor sich gegangen. Nur die Zeit sei der entscheidende Faktor für Veränderungen. Deshalb sucht man noch heute verzweifelt nach jener stetig wirkenden Kraft, die mit einem Tempo von zwei bis achtzehn Zentimetern Geschwindigkeit pro Jahr die festgestellte Kontinentaldrift zuwege bringen soll.

Auch die Lehre von der Tektonik der Krustenplatten wird diese Frage nicht beantworten können. Der bedeutende Publizist Nigel Calder faßt den heutigen Stand der Klärung dieses geotektonischen Problems folgendermaßen zusammen: „Sollte es auf unserem Planeten Konvektionszellen geben, so fehlt bisher zumindest ein klares Bild von ihnen. Die absinkenden kalten Platten lassen sich in großer Tiefe, sowohl durch die Erdbeben, die sie auslösen, als auch durch ihre Wirkung auf die sie durchlaufenden Erdbebenwellen erkennen. Vielleicht wird es mit den höchstempfindlichen seismischen Geräten, die inzwischen entwickelt wurden, möglich sein, auch aufsteigende Massen heißen Materials zu registrieren. Wenn es enge Schlote gibt, durch die Material aufsteigt, so könnte dieses in seismischer Hinsicht große Schatten auf das Erdinnere werfen ...

... Auf der Erdkarte lassen sich keine Zonen regelmäßigen Aufsteigens oder Absinkens unterscheiden. Die mittelozeanischen

Rücken und die Tiefseegräben scheinen eher zufällig über die Erde verteilt. Überdies sind sie zerbrochen, und sie bewegen sich so, daß sie schwerlich mit Gesteinssäulen tief im Erdinneren verankert sein können. Vielleicht sind die Bewegungen überhaupt rein zufällig; die Hitze entweicht, wo sie kann, und das kalte Material sinkt zurück, wo es muß. Aber die Anordnung der Gebirge schien zunächst auch bedeutungslos, bis sie jetzt durch die Kontinentalbewegung erklärt wurde. Es ist sehr gut möglich, daß Konvektions- und Plattendrift nach einem bestimmten Muster erfolgen, das noch gefunden werden muß . . .

. . . Aber wenn man auch noch nicht weiß, wie die Platten um die Erdschale gedreht werden, so steht doch fest, daß sie sich überhaupt bewegen. Auch daß die Sonne scheint, hat nie jemand angezweifelt. Trotzdem brauchten die Astronomen Jahrtausende, bis sie erkannten, daß Kernenergie die Sonne aufheizt. Die Platten haben sich bewegt, und sie haben nicht nur die Gesteine, sondern auch die Lebensformen auf der Erde geprägt."[3]

Soweit Nigel Calder. Um es noch einmal klar zu formulieren: Bisher scheiterten alle Versuche, eine stetige Bewegung der Krustenplatten festzustellen. Es gibt keinen einzigen Bericht über einen festgestellten Lavaaustritt in den Ridgezonen mitten im Meer. Ein Ereignis wie dieses müßte aber bemerkt worden sein, denn in die großen Kraterspalten im Ozean müßte ja nach und nach Lava einsickern, und dieses Magma müßte mit dem Meerwasser in Berührung kommen. Wenn sich Lava in kaltes Wasser ergießt, also plötzlich abgekühlt wird, nimmt sie ganz bestimmte Formen an. Derartige Gesteine wurden in großen Mengen gefunden. Ja viele Teile der Ridgezonen scheinen nur aus diesem „Kissen-Lava" benannten Material zu bestehen. Die Pillow-Lava, wie das englische Wort dafür lautet, findet sich mitunter auch auf den Kontinenten. So etwa hat man in Ballantrae (Schottland) einen über die Wasseroberfläche gehobenen, unterseeischen Rücken entdeckt. Er muß vor mehr als einer Milliarde Jahren entstanden sein. Die damals unter dem Meeresspiegel ausgetretene Lava ist inzwischen durch Hebungen zum Festland geworden. Das aber beweist: Ridges verdanken ihr Dasein keineswegs einer Laune der

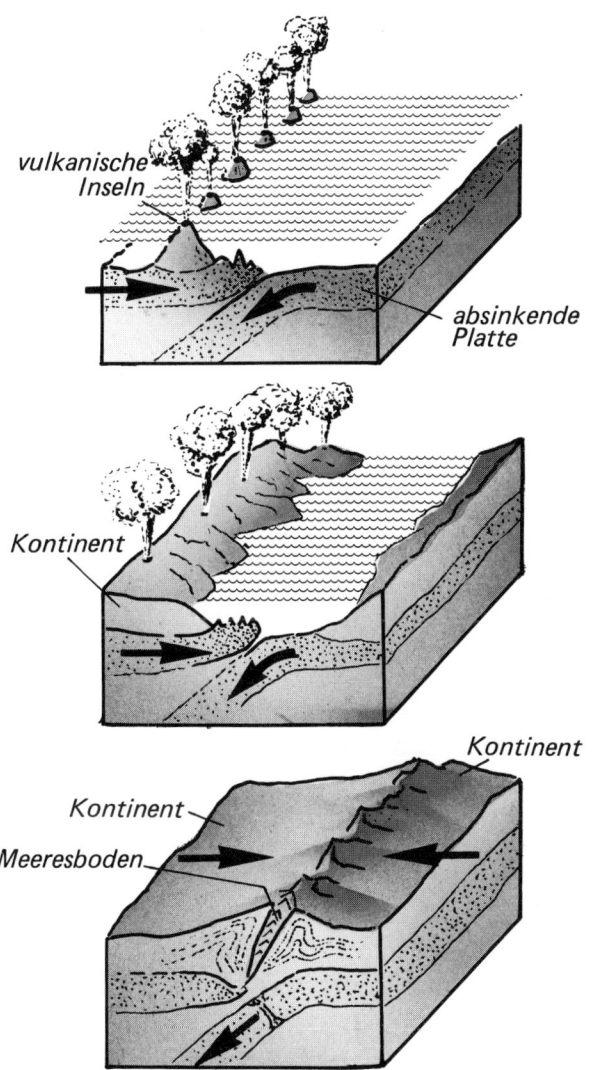

vulkanische
Inseln

absinkende
Platte

Kontinent

Kontinent

Kontinent
Meeresboden

So stellt man sich die Kollision zweier Krustenplatten vor. Eine von ihnen wird in die Tiefe gepreßt, der Meeresboden staucht sich auf, und Land entsteht. Das Auftreten des in der ersten Phase des Zusammenpralls festgestellten Vulkanismus wird verständlicher, wenn man die wachsende Beanspruchung des Meeresbodens bei Polsprüngen berücksichtigt: Einmal wird er aufgestaucht, das nächstemal gezerrt.

Natur während der letzten 150 Millionen Jahre. Unterseeische Gebirge müssen vielmehr zu allen Zeiten gewachsen sein. Wie aber ist die Lava so heimlich, still und leise aus den Spalten im Mitteltal gekrochen, wie hat sie sich in bemerkenswerter Bravourleistung bis zu 1500 Meter hoch auf die Flanken und Grate der unterseeischen Schwellen geschwungen? Völlige Verwirrung richteten bei den Anhängern der Konvektionsströmungstheorie die Ergebnisse der großen Unterseeforschung im Gebiet der mittelatlantischen Schwelle an. Sie erhärten dagegen meine Theorie über alle Erwartung. Dieses Projekt „FAMOUS" versetzte dem Wunschdenken an ein kontinuierliches Auseinandertreiben der Kontinente den Todesstoß. Zwar werden die endgültigen Ergebnisse von „FAMOUS" erst zwei Jahre nach Erscheinen dieses Buches veröffentlicht werden, aber schon das vorläufige, im Sommer 1975 publizierte Zwischenergebnis bestätigte eine Reihe von Voraussagen, die ich schon vor Jahren gemacht habe. Was also war „FAMOUS"?

Bei einer Tagung von Geologen, Geodynamikern und Ozeanographen in Princeton bei Philadelphia wurde im Jahre 1972 der Beschluß gefaßt, fünf Jahre lang weltweit die Rätsel dieser geodynamischen Prozesse zu erforschen.

Das Sonderprojekt startete nach Vorbereitungsarbeiten seit dem Sommer 1973 im Juni 1974. Dreihundert Kilometer südwestlich der Azoren, zwischen dem 35. und 37. Grad nördlicher Breite, wurden bei mehreren Unterwasserexpeditionen die Verhältnisse im Mitteltal des atlantischen Rückens erforscht. Das Unternehmen heißt „FAMOUS". Dieser Name ergibt sich aus den Anfangsbuchstaben der Wörter „French-American Mid Ocean Undersea Study". Bei dieser Aktion waren französische und amerikanische Tiefseeunterseeboote eingesetzt. Die Franzosen hatten die Tiefseetauchboote *Archimède* und *Cyana,* das eher einer schwimmenden Untertasse gleicht, zum Atlantikridge entsandt. Die Amerikaner nahmen ihre Tauchfahrten mit dem Boot *Alvin* vor. Es besitzt eine aus Titan gefertigte Außenhaut, kann bis in Tiefen von 3600 Metern vorstoßen und hat – ebenso wie die französischen Forschungsboote – sogenannte Dredgen-Geräte montiert. Mit Hilfe

dieser Werkzeuge ist es möglich, ferngesteuert Steine und Felsbrocken einzusammeln oder Gesteinsproben aus dem Meeresgrund zu brechen. Die Boote haben aber auch spezielle Meßgeräte
abgesetzt. Feinfühlige Thermometer konnten noch Temperaturen
bis zu einem zehntausendstel Grad exakt aufzeichnen. Es gab
Geräte, die kleinste Spuren von Ammoniak ($NH_3$) und Sauerstoffmoleküle registrierten. Andere orteten kleinste Ansammlungen
von Quecksilber.[4]

Mit den chemischen Schnüfflern, die vulkanische Aktivität
anzeigen, suchte man nach heißen Quellen. Tatsächlich konnten
derartige Geysire auf dem Grund des Ozeans entdeckt werden.
Ende Juli 1974 wurde in Ponta Delgada auf den Azoren eine
Pressekonferenz an Bord des französischen Mutterschiffes *Le
Noroit* abgehalten. Dr. Xavier Lepichon, der Chef des französischen Wissenschaftlerteams, erklärte, es sei tatsächlich gelungen,
derartige Quellen aufzuspüren. Man habe die Geysire sogar relativ
leicht entdecken können, weil das austretende Wasser in einer
Tiefe von über 3000 Metern Mangan- und Eisenoxyd aufge-
schwemmt habe. Die metallischen Substanzen sind im Umkreis
um die Quellen als schlammartige Ablagerungen zu finden. Zur
Zeit gebe es aber keine Hinweise auf Aktivität.

Bei den Forschungsexpeditionen entdeckte man überall Anzeichen vulkanischer Tätigkeit. Es muß einstmals Lava aus dem
Boden des mitunter sehr schmalen Ridgetales geflossen und

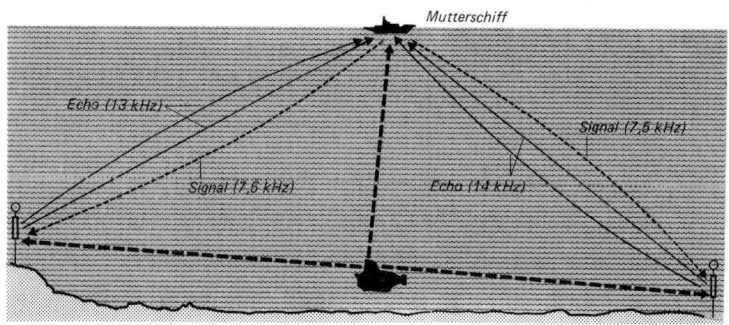

Mit Hilfe von Sonarwellen in verschiedenen Frequenzen und zwei akustischen
Relaisstationen konnten die Tiefsee-U-Boote ihre Position metergenau bestimmen.

347

unmittelbar mit dem Wasser in Berührung gekommen sein. Zwei Unterwasserberge, die „Mount Venus" und „Mount Pluto" genannt wurden, sind größtenteils von einer Kruste hornsteinähnlichen vulkanischen Glases überzogen.[5] Schon früher wurde aus dem Ridge sogenanntes Popcorn-Gestein aufgefischt und aus großer Tiefe an die Oberfläche gebracht. Die ovalen, glasartigen Kiesel von ein bis fünf Zentimetern Durchmesser zersprangen nach ihrer Bergung plötzlich, wie von Geisterhänden zertrümmert. Die Lösung dieses Phänomens ergab eine Analyse: Im Innern des vulkanischen Glases waren magmatische Gase in winzigen Bläschen stark zusammengepreßt. Bei einem Druck von 250 bis 300 Atmosphären hatte das Gas nicht entspannen können. Als der äußere Druck weggefallen war, zersprangen die Glasknollen, wobei die Bruchstücke meterhoch emporgeschleudert wurden.

Als erstes U-Boot war das französische Forschungsschiff *Archimède* eingesetzt worden. Dieses achtzehn Meter lange, gelbgestrichene Tiefseetauchboot unternahm bereits 1973 Exkursionen in eine Tiefe bis zu 3000 Metern. Jeder Ausflug in die Unterwelt dauerte sechs bis acht Stunden, und es gelang schließlich, mit Hilfe eines automatisch gesteuerten Greifarmes zwei Zentner Gestein einzusammeln. Der Kapitän einer der drei Besatzungen, Huet de Froberville, schilderte auf einer Pressekonferenz die Aventuren des *Yellow Submarin*. Schon dreihundert Meter unter der Meeresoberfläche wurde es stockfinster. Die dreiköpfige Besatzung schaltete einen 1000-Watt-Scheinwerfer ein und ließ sich mit einer Sinkgeschwindigkeit von dreißig Metern in der Minute in die Tiefe gleiten. Zeitweise reichte die Sicht nur vier Meter weit. Links oder rechts vom Tauchboot erhoben sich bis zu neunhundert Meter hohe, teilweise fast senkrechte Lavawände. Offensichtlich war das Gestein direkt im Wasser erstarrt. Bei diesem Abkühlungsprozeß müssen ungeheuer starke Energien freigesetzt worden sein. Immer wieder galt es, nadelspitzen Türmen aus basaltischem Gestein auszuweichen. Kräftige Strömungen, die schneller waren als das U-Boot, drohten die *Archimède* gegen die Felswände zu schleudern.[6]

Eine bizarre Welt im Zentraltal der Ridges: Ungeheure Lavamassen wurden ersichtlich plötzlich von Meereswasser abgekühlt. Aus röhrenförmigen Gebilden muß noch Lava nachgeflossen sein. An einigen Stellen wurde das vulkanische Material wie aus einer Zahnpastatube herausgepreßt.

Die französischen Forscher waren in eine Welt vorgedrungen, die einstmals ein gewaltiger unterseeischer Vulkan gewesen war. Und dann kam das Jahr 1974. Schon im Frühsommer begann das Programm von „FAMOUS" in vollem Umfang. Nicht nur die drei Unterseeboote, sondern auch mit hochempfindlichen Forschungsgeräten ausgestattete Überwasserschiffe beteiligten sich an den Operationen.

Um es vorweg zu nehmen: Nirgends zeigte sich nur das leiseste Anzeichen dafür, daß ein aufsteigender Lavafluß die Krustenplatten auseinanderdrängen könnte. Alle Indizien sprechen für eine „geheimnisvolle Kraft" – so die Terminologie der FAMOUS-Forscher –, die die Krustenplatten „auseinandergezerrt" haben muß.

Den Wissenschaftlern und Piloten der Unterseeboote erschloß sich bei 44 Tauchfahrten in eine Tiefe zwischen 2500 und

3000 Meter eine bizarre submarine Landschaft, wie sie kein phantastischer Surrealist erahnen könnte: Etwa zwei bis fünf Meter lange melonenähnliche Gebilde, Blasen aus erstarrter Lava, deren Schalen zum Teil eingebrochen waren und Hohlräume freigaben; an anderer Stelle waren Magmamassen wie aus einer Zahnpastatube herausgepreßt worden, an den Berghängen hatten sich röhrenähnliche Lavagebilde geöffnet, aus denen ein breiter, omelettenteigartiger Lavastrom hervorgequollen war. Weiter gab es nadelförmige basaltische Gebilde, die von den Forschern Heustecken genannt wurden. Überall Lavamassen, die unmittelbar mit dem Meereswasser in Berührung gekommen und abrupt abgekühlt worden sein mußten. Das größte Erstaunen erregten schmale Klüfte, in der Art von Gletscherspalten, die parallel zur Ridgeachse verlaufen. Sie nehmen an Häufigkeit und Größe zu, je weiter sie vom Zentraltal entfernt sind. Sie sind bis zu 100 Meter lang und 10 bis 100 Meter, manche sogar 500 Meter tief. Einige dieser Klüfte unterbrechen deutlich das alte Lavamaterial, das heißt, die Formation eines Lavakissens ist in der Mitte gespalten. Offensichtlich müssen diese Basaltbrocken auseinandergerissen worden sein, lange nachdem sie erstarrt waren. Mit anderen Worten: Kein Druck hat diese Spalten verursacht, sondern ein unerhört starker Zug.

Über diesen Lavamassen lagern nur wenige Sedimente. Im Mitteltal kaum zehn Zentimeter, auch an den Randstellen sind die Lavamassen nicht völlig bedeckt, und weiter an den zum Teil fast senkrecht aufragenden Abhängen und den entfernteren Terrassenlandschaften sah man genau, wie die alte Sedimentdecke durch Zerrungen zerrissen worden war. Vom Mitteltal, in dem sich die beiden Berge Mount Venus und Mount Pluto befinden, steigt der Meeresboden unterschiedlich an. Im Westen findet man hohe Steilabhänge, während der Osten durch eine stufenförmige Terrassenlandschaft charakterisiert ist.

Eine der wesentlichsten Aufgaben der „FAMOUS" war es, die Grenzen der amerikanischen und der europäischen Platten zu finden. Das gelang nicht. Professor Dr. Tjeerd van Andel, Ordinarius für Geophysik und Ozeanographie an der Oregon State

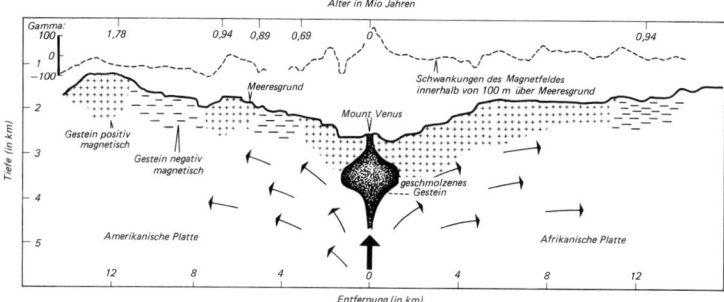

Das sind die so rätselhaften Meßergebnisse im Zentraltal des mittelatlantischen Rückens. Nach Osten hat sich das Gestein von der nicht genau zu identifizierenden vulkanischen Krateraustrittsspalte mehr als doppelt so rasch ausgebreitet als nach Westen. Die Pfeile zeigen, wie sich die Ozeanographen das permanente Auseinandertreiben vorgestellt haben. Der Lokalaugenschein ergab jedoch etwas anderes: der Meeresboden muß von einer unbekannten Kraft auseinandergezogen worden sein.

University, war einer der Wissenschaftler, die mit dem amerikanischen U-Boot Alvin zum Ozeanboden abstiegen. Er nennt die Zone zwischen den Platten Niemandsland. Dr. Andel kommt zu dem Schluß: Das Studium des Atlantikbodens hat neuerdings starke Indizien dafür geliefert, daß der Meeresboden zwischen Europa und Amerika von mächtigen Kräften auseinandergezogen und nicht, wie bisher angenommen, durch aus dem Erdinnern aufsteigendes, glutflüssiges Gestein auseinandergedrückt wird.

Der Geologe entdeckte mehrere kleinere Vulkane. Sie stehen nie auf den Flanken der zu den Gipfelgraten aufsteigenden Berghänge, sondern befinden sich direkt auf dem Grat oder auf dem von dort abfallenden Hang. Wie die Vulkane entstanden sind, konnte nicht geklärt werden. Professor Andel spricht von einem „Springen der Vulkane", denn sie müssen durch heftige Bodenbewegungen auf die Höhe der Grate gehoben worden sein. So nennt der Forscher die Meeresbodenausbreitung auch halb scherzhaft eine „Quantensprungtheorie der Kontinentalverschiebung", weil zwar die stattgefundene Bewegung eindeutig erkannt wurde, aber weder vulkanische Aktivität noch Anzeichen für eine permanente Ausbreitung festgestellt werden können.[7]

351

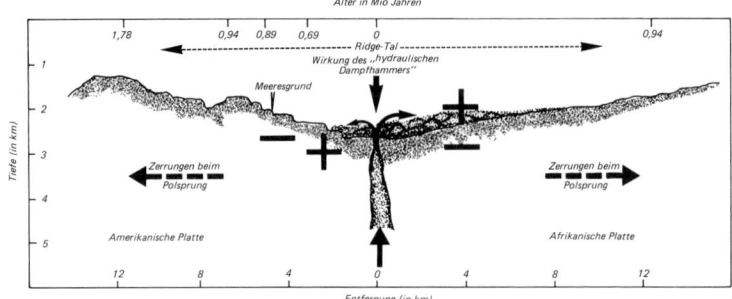

Bei Polsprüngen werden die Krustenplatten in bestimmten Gebieten auseinandergezerrt. Als Folge dessen kann die Spalte im Zentraltal aufbrechen. Die heraustretende Lava tritt in Wechselwirkung mit dem Meereswasser, Dampfblasen steigen auf und brechen zusammen. Die dadurch entstehenden hydraulischen Rammstöße verteilen die Lava nach Ost und West. Je nach der topographischen Form des Bodens wird sich das Magma über flache Terrassenhänge ausbreiten, dagegen von hohen Steilwänden aufgehalten werden. Bei Bohrungen entdeckten Geologen unter einer normal magnetisierten Lavadecke ältere Lavaschichten, die umgekehrt polarisiert waren.

Völlig unverständlich wird die Meeresbodenausbreitung, wenn man die Aufzeichnungen über den remanenten Magnetismus studiert. Nach Westen zu ist die Zone, die Magnetismus in der gegenwärtigen Pollage aufzeigt, sehr kurz; durchschnittlich erstreckt sie sich kaum vier Kilometer vom Zentraltal. Nach Osten reicht sie meist doppelt so weit, ja sogar bis zu zwölf Kilometer. Nimmt man eine kontinuierliche Ausbreitung an, ergibt sich für die letzten 940.000 Jahre eine Driftrate nach Osten von 1,3 Zentimeter pro Jahr, nach Westen hingegen nur von 0,74 Zentimeter. Nach Meinung der Forscher von FAMOUS sind die im Zentrum liegenden Lavamassen sehr jung, vermutlich nur wenige hundert Jahre alt.[8]

Diese Unterwasserforschung im Zentraltal des Atlantikridges wurde durch eine Tiefseebohrung vom amerikanischen Forschungsschiff *Glomar-Challenger* aus bei seiner 37. Expeditionsfahrt ergänzt. In den fünf Jahren zuvor hatte das Schiff aus vulkanischen Gesteinen des Meeresgrundes Bohrkerne mit einer Maximallänge von achtzig Metern zutage gefördert. Im Sommer

352

1974 wurden jedoch über dem Mittelatlantikrücken Bohrungen vorgenommen, die 307 bis 580 Meter tief in den Meeresboden führten. Da man inzwischen die Technik beherrscht, abgenutzte Bohrkronen auszutauschen, wurde die Erbohrung von derartigen Mammutkernen aus basaltischem Material möglich. Als man die Proben auswertete, gab es eine Überraschung: Man war in eine Tiefe vorgedrungen, in der sich vor dreieinhalb Millionen Jahren eine Basaltdecke gebildet hatte. Aber dieses vulkanische Gestein war nicht durchgehend. In Zeitspannen von hunderttausend bis zweihunderttausend Jahren war es immer wieder zu Eruptionen von Lava gekommen. Dazwischen muß Ruhe geherrscht haben, denn es fanden sich dicke Sedimentdecken, also Gesteine, die durch Ablagerungen entstehen. An manchen Stellen stieß man sogar auf steile Verwerfungen, die aus komplizierten geologischen Folgen von grobkristallinen Tiefengesteinen bestehen. Sie müssen aus der tiefen Ozeankruste aufgepreßt worden sein und haben sich in alte Sediment- und Basaltdecken geschoben.[9] Das wird verständlich, wenn der Ozeanboden sowohl auf Zug als auch auf Druck beansprucht wird.

## Der hydraulische Dampf„hammer" in der Tiefsee

Wie könnten sich die unterseeischen Schwellen gebildet haben? Der Ural, die Alpen, der Himalaja, die Rocky Mountains oder die Appalachen wurden durch seitlichen Druck aufgepreßt und aufgetürmt. Anders ist die Struktur bei den untermeerischen Gebirgen: Hier könnte man von einem vertikalen Aufbau nebeneinanderstehender Basalt-Wälle sprechen. Die ältesten Gesteine finden sich stets am Fuße der Gebirgsketten, die jüngsten im Zentraltal. Der mittelatlantische Rücken ist maximal 76 Millionen Jahre alt. Jeder dieser symmetrisch und parallel zum Mitteltal verlaufenden Gebirgsstöcke ist zu einer anderen Zeit entstanden; die Gesteine weisen eine entgegengesetzte Polarität des remanenten Magnetismus auf. Noch einige topographische und physikalische Eigenheiten sind erwähnenswert, aber auch rätselhaft: Stets ist zum Beispiel der jüngere Gebirgsstock höher als der ältere. Links und rechts des Zentraltales erheben sich die Gebirgsketten vom Niveau des Tiefseebeckens aus gerechnet drei, ja sogar vier Kilometer hoch. Die unterseeischen Gebirge sind häufig Epizentren von Seebeben; nicht das Zentraltal ist bebengefährdet; die Epizentren finden sich meist in den sogenannten Transformationsfalten, die die seitlichen Verschiebungen der einzelnen Gebirgsstöcke lokalisieren. In der Geologie sind 76 Millionen Jahre eine nicht sehr lange Zeit, und um diese gewaltigen Gebirgsstöcke kleinweise herzustellen, müßte die Natur unentwegt tätig sein. Würden die Ridges tatsächlich auf diese Weise wachsen, wären täglich Dutzende Seebeben zu registrieren. Hat man aber nach Seebeben Vermessungen im Bereich des Epizentrums vorgenommen, stellte man erstaunt keine Veränderungen in der Höhe der Schwellen fest oder man registrierte sogar Einbruchsbeben und deutliche Absenkungen. Die unterirdischen Gebirge scheinen also nicht zu wachsen, sondern, im Gegenteil, im Meeresboden zu versinken.

Wenn es nun zu keinen großräumigen Lateralbewegungen und auch zu keinen Hebungen kommt, wenn die einwandfrei festgestellte Kontinentaldrift auf diese Weise nicht funktionieren kann, wie haben sich nun die Ridges gebildet? Wie entstanden die durchschnittlich 1500 Kilometer breiten Gebirge im Atlantik? Die Geschwindigkeit der Kontinentaldrift wurde nur berechnet, niemals gemessen. Man fand beispielsweise etwa links und rechts des Zentraltales je zehn Kilometer breite Gesteinszonen. Ihr Alter beträgt eine Million Jahre. Das ergibt eine Driftrate von zwei Zentimetern pro Jahr. Da man auch andere Bereiche auf diese Weise vermessen hat, kommt man so zu den einzelnen Bewegungsraten und nimmt nun an, Amerika und Europa schwimmen jährlich gleichmäßig um einige Zentimeter auseinander.

Ich hingegen stehe auf dem Standpunkt, daß es keine permanente Bewegung gibt. Wenn sich allerdings Umpolungen oder Polsprünge ereignen, werden durch die dabei auftretenden Beschleunigungen, Abbremsungen und die unterschiedlichen Trägheitsmomente der verschieden starken und schweren Erdmassen Zerrungen und Pressungen in der Erdkruste hervorgerufen.

Sind die Seitenkräfte groß genug, reißt das Zentraltal auf, neues magmatisches Material quillt in die Spalte, und in dieser kurzen Zeit schwimmen Eurasien und Amerika um Hunderte, vielleicht Tausende Meter auseinander. Allerdings ist kaum zu berechnen oder abzuschätzen, wie lange dieser Vorgang dauert. Was spricht für diese Ansicht? Zunächst das Fehlen jeder Bewegung, aber auch der so rätselhafte Ausbau der unterseeischen Schwellen selbst.

Zerrungen führen zu einem Auseinandertreiben der Erdkruste. Der Meeresboden bricht an der schwächsten Stelle, nämlich im Zentraltal, auf, und Lava von 1100 bis 1200 Grad Celsius tritt aus. Sie kommt mit dem ralativ kühlen Meerwasser in Kontakt.

Der weitere physikalisch-mechanische Ablauf ist leicht zu rekonstruieren. Kommt das Magma in einer Tiefe von mehr als 2200 Metern mit kaltem Meerwasser in Berührung, wird es zunächst zu keiner Dampfblasenbildung kommen. Das Wasser wechselt wohl seinen Aggregatzustand, aber nur unerheblich sein Volumen. Dennoch wird es, auf über tausend Grad erhitzt, etwas leichter und steigt zur Oberfläche auf. Erreicht es die Tiefe, die dem kritischen Punkt entspricht, dehnt es sich plötzlich aus. Der ganze Vorgang spielt sich aber unter Wasser ab. In die sich bildende Dampfblase dringt kälteres Wasser ein, und der Dampf wird wieder so weit abgekühlt, daß der kritische Druck unterschritten wird. Schlagartig bricht die Dampfblase zusammen. Von unten drängt neues überhitztes Wasser heran, dehnt sich aus und bricht wieder zusammen. Dieser Vorgang muß sich blitzschnell und immer heftiger wiederholen. Als Folge wird sich das Meer zu ungeheuren Wogen aufschaukeln, über die Küstenregionen bricht die Sintflut herein.

Das Zusammenbrechen der Gasblasen und der schlagartige Einbruch der Wassersäule wird noch einen anderen Effekt haben: Ein gigantischer Dampfhammer muß wirksam werden. Während also die Kontinente auseinanderschwimmen und immer mehr flüssiges Magma mit Meerwasser in Kontakt tritt, wird dort, wo die Lava am heißesten und damit am weichsten ist, ein „Verdrängungsprozeß" einsetzen. Durch die heftigen Schläge wird das Magma an die Flanken der Berge gepreßt. Dort aber wird es nicht so abrupt abgekühlt. Die heiße Lava schmilzt zum Teil das alte Gestein auf. (Das wurde in Bohrkernen wiederholt ersichtlich.) Je nach Intensität der hydraulischen Rammschläge wird das glühende Magma die Bergflanken emporsteigen. So lange neues Material austritt, wird dieses Aufsteigen anhalten, und ein Mitteltal wird sich bilden. Gleichzeitig kommt es zu verschiedenen Umwandlungsprozessen im Gestein, wie man an den Hängen des unterseeischen Gebirges feststellen kann. Die heiße Lava muß mit dem Meerwasser chemisch reagiert haben, wobei sich serpentinähnliche Gesteine mit einem beträchtlich höheren Volumen als von normalem Basalt bildeten. Nun ist auch klar, wieso Kissenlava selbst in Gipfelnähe und wie „Popcornlava" auf dem Meeresboden entstehen. Nach und nach wird der Wachstumsprozeß des neuen Gebirges versiegen, wenn a) keine weitere Lava mehr austritt, die Bewegung der Erdkruste also zum Stillstand kommt, oder b), wenn sich der neue Gebirgsstock bereits von der alten Formation gelöst hat und nun als neue, langgestreckte Kuppe ins Meer ragt.

Was spricht für diese Ansicht, die ich bereits im Oktober 1971 bei einem Vortrag im Auditorium maximum der Wiener Universität ausgesprochen habe? Die eingesammelten Proben vom Meeresgrund bestätigen meine Theorie weitgehend. Unter der jüngsten Lavadecke an den Seitenhängen ist die Polarität des remanenten Magnetismus verändert. Viele Basaltblöcke auf dem Meeresgrund weisen ebenfalls konträre Polarität auf. Das vulkanische Material wechselt in seiner mineralischen und chemischen Komposition, je weiter es vom Zentraltal entfernt abgelagert ist. (Auf dem Weg von der Austrittsstelle bis zum Gipfelgrat *muß* sich das Gestein zunehmend chemisch verändern, weil ja um so mehr Reaktionen mit dem auf tausend Grad erhitzten und deshalb sehr aggressiven Meerwasser und den aufgeschmolzenen Sedimenten erfolgen, je weiter das Magma getrieben wird.) Die Lava ist an den Flanken viel jünger, als es der jährlichen Ausbreitungsrate entsprechen würde. (Logisch! Denn das ältere Material liegt unter der letzten Lavadecke.) Die parallel zur Zentralachse liegenden Spalten sind ein Indiz für die vielen kleinen Polsprünge, bei denen die Seitenkräfte nicht ausgereicht haben, um die Spalten ganz zu öffnen. Diese kleinen Bewegungen ließen auch die Berge im Zentraltal wachsen. Das von Andel festgestellte „Niemandsland" ist eine Folge dieses Ausbreitungsprozesses, der von dem „hydraulischen Hammer" in der Tiefsee verursacht wird.

Auch die unterschiedliche Ausbreitungsrate nach Ost und West ist auf simple Art physikalisch zu erklären: östlich steigt das unterseeische Gelände sanfter an. Im Westen gibt es bis zu 300 Meter hohe Steilwände. Ein sanft geneigter Hang wird leichter überflutet als ein Steilabfall.

Bleiben noch die von Andel beschriebenen Vulkane. Auch sie entstehen zwangsläufig. Lava erstarrt nämlich nicht gleichmäßig und gleichzeitig. In der halberstarrten Schmelze befinden sich zahlreiche Inseln in flüssigem oder plastischem Zustand. Sie müssen zwischen der erstarrten Oberkruste und dem teigigen, am Flankenhang lagernden Lavafluß liegen. Die hydraulischen Schläge treiben diese Schmelzblasen aus, sie treten gezwungenermaßen auf dem Gipfelgrat oder zwischen der alten und der neuen Lavaschicht als Minivulkane oder wie aus einer Zahnpastatube herausgepreßt an die Oberfläche. Keiner dieser Vorgänge in 2000 bis 4000 Meter Tiefe kann still und unbemerkt vor sich gehen.

Wenn sich ein Vulkan unter dem Meeresspiegel bildet, ist das ein Ereignis, das nicht verborgen bleibt. Die Geburt einer Insel konnte im Jahre 1963 vor Island erlebt werden, als binnen weniger Monate Surtsey aus dem Meer stieg. Diese im Süden von Island gelegene neue Insel beginnt sich eben langsam zu begrünen. Alle Phasen ihrer Entstehung wurden genau beobachtet und im Film festgehalten. Im Jahre 1886 brach westlich von Griechenland ein unterseeischer Vulkan aus. Seeleute beobachteten damals den Austritt von Gas und Asche aus dem Meer. 1970 untersuchte die Besatzung eines amerikanischen Forschungsschiffes das Mittelmeer, und man konnte mit Hilfe von Echolotungen tatsächlich den unter Wasser gebliebenen Vulkankegel orten. Er hatte sich in einer Tiefe von 3000 Metern gebildet und war bis zu einer Höhe von 2000 Metern aufgestiegen. Es gelang auch, Gesteine von der Flanke dieses Vulkankegels zu bergen. Sie unterscheiden sich in nichts von Bohrproben aus den unterseeischen Gebirgen.[10]

357

Ein unterseeischer Vulkanausbruch bleibt also nicht unbemerkt, er wird sich an der Meeresoberfläche manifestieren. Enorme Lavamengen müßten alljährlich in die Täler der unterseeischen Schwellen einfließen, um die in ihrer Summe festgestellten Kontinentaldriftbewegungen gleichmäßig und permanent herbeizuführen: Mehr als die vierfache Menge jener Lava-Quantität, die aus allen aktiven Vulkanen ausgestoßen wird. Diese ungeheure Masse wäre erforderlich, um die Spalten und Zwischenräume zu füllen, die sich durch das Abtreiben der Kontinente öffnen müßten. Insgesamt müßten vier Kubikkilometer Magma jährlich in die Ridgespalten einfließen. Eine Menge also, die man registrieren würde. Wie bei FAMOUS einwandfrei festgestellt wurde, treten ja auf einmal immer größere Lava-Quantitäten aus.

Viele rätselhafte Erscheinungen lassen sich nicht mit herkömmlichen Schulmeinungen erklären. Da ist etwa der erwähnte remanente Magnetismus in den Gesteinen. Am stärksten zeigt er sich in der Nähe des Zentraltales. Gegen den Fuß der unterseeischen Gebirge zu wird er schwächer, im tiefen Ozeanboden fehlt er überhaupt. Manche Ozeanographen meinen, infolge chemischer Reaktionen würden die Magnetit-Moleküle so weit umgewandelt, bis sie schließlich keine magnetische Speicherwirkung mehr besäßen. Dagegen läßt sich einwenden, daß man auf dem Lande Basaltfelsen gefunden hat, die – obwohl schon Milliarden Jahre alt – noch immer remanenten Magnetismus aufweisen. Der Magnetismus kann aber durch mechanische Beanspruchung verschwinden. Das ist in Laboratoriumsversuchen nachzuweisen. Wenn man Material, in dem Magnetit-Moleküle verteilt sind, wiederholt Zug- und Druckbeanspruchungen aussetzt, erlöschen die Magneteffekte. Das kann jedermann mit einem Tonbandgerät selbst ausprobieren: Ein Magnetband, das gezerrt wird, kann auf diese Weise nahezu gelöscht werden. Bei mechanischer Beanspruchung werden die Moleküle aus ihrer Lage gerissen, verdreht; nun läßt sich die ursprünglich eingefrorene Magnetrichtung nicht mehr nachweisen.

Der Geophysiker Allan Cox, der jetzt an der Universität von Stanford in den Vereinigten Staaten unterrichtet, gilt als Vater der

Wissenschaft vom Paläomagnetismus. Seinen systematischen Untersuchungen ist es zu danken, daß dieser Forschungszweig in den letzten zwanzig Jahren zu einem wertvollen Instrument der Geophysik wurde. Cox konnte als erster einwandfrei feststellen: die remanente magnetische Schicht an den unterseeischen Felsen ist relativ dünn, im Durchschnitt dreihundert Meter. Das ist nicht nur durch die überlappenden Lavadecken erklärbar. Die Dreihundert-Meter-Schicht liegt ja weitab vom Zentraltal.[11]

Das ist nicht zu verstehen, denn die Ridges bauen sich nur aus Basalten auf, die einst als flüssiges Magma aus dem Erdinneren gekommen sind. Die magnetische Richtung erhalten die eingeschlossenen Magnetite ($FE_3O$) und Titan-Eisen-Verbindungen, wenn der sogenannte Curie-Punkt unterschritten wird. Magnetismus kann in eisen- und nickelhaltigen Verbindungen nur unterhalb einer bestimmten Temperatur auftreten. Je nach Art der Moleküle schwankt der Curie-Punkt zwischen 450 und 700 Grad Celsius. Wenn also die Temperaturen sinken, schwenken die Moleküle in das Magnetfeld ein und richten sich nach den jeweils herrschenden Feldlinien. Ähnlich wie auf einem Tonband beim Vorbeistreichen am Tonkopf durch Magnetimpulse die feinsten Ferritmoleküle magnetisiert werden und die elektromagnetische „Handschrift" speichern, weisen Gesteine, wenn sie erstarren, die Richtung der magnetischen Feldlinien auch weiterhin auf. Weil nun diese Feldlinien alles durchdringen, ist es unverständlich, warum unterseeische Gebirge nur oberflächlich magnetisiert worden sein sollen.

Wie aber sieht die physikalische Situation bei Polsprüngen aus? Wenn durch plötzlich auftretende Zerrungen die Spalte im Zentraltal der Ridges aufbricht und Magma hervortritt, werden die äußersten Schichten vom kalten Wasser abgeschreckt und damit gehärtet. Das weiter innen liegende Material kann hingegen langsam auskühlen und bleibt weicher.

Bei künftigen Zug- und Druckbeanspruchungen wird diese Materie leichter nachgeben, wird sich verformen, wobei der Magnetismus nach und nach verschwinden wird. Die magnetisierten Moleküle werden ja aus ihrer Richtung gedrängt und amorph verteilt. Die enorme Härte der obersten Gesteinsschichten ist nachgewiesen. Bei Unterseebohrungen ist es für die Bedienungsmannschaften der Bohrtische und für die Wissenschaftler immer wieder frappierend, wie zäh und hart die Gesteine in Meeresnähe sind. Bei den ersten Tiefseebohrungen waren die Bohrkronen, sobald sie sich durch die Sedimentdecken hindurchgefressen hatten und auf den basaltischen Ozeanboden stießen, in kürzester Zeit abgeschliffen. Hatte man diese relativ dünne Zone durchstoßen, entsprachen die Abnützungserscheinungen der Bohrer durchaus dem gewohnten Wert bei der Niederbringung von Bohrungen in Basaltgesteinen.

Im übrigen konnte man auch bei Sedimenten die Magnetisierung feststellen. Sobald nämlich die feinsten Teile des Tiefseeschlammes absinken, schwimmen sie – so es sich um eisenhaltige Partikel handelt – in die Feldlinien des irdischen Magnetfeldes ein. Untersucht man nun einen Bohrkern, der aus den abgelagerten Sedimenten heraufgeholt wird, dann wechselt die Magnetrichtung meist Schicht für Schicht.

Als ich zwischen 1969 und 1971 an meinem Buch „Die Rückkehr der Gletscher" arbeitete, war ich wahrscheinlich einer der wenigen, die zwar von der Kontinentalverschiebung überzeugt waren, die aber dennoch nicht an ein permanentes Auseinanderdriften glaubten. Ein Erlebnis mag vielleicht diesen Trend bestätigen. Es war im Oktober 1972, als in Wien der Internationale Astronautenkongreß abgehalten wurde. Die Raumfahrt hat heute sehr viele Aufgaben zur Erforschung der Erde übernommen; die meisten Experimente gelten nicht mehr vorwiegend der Erkundung des tiefen interplanetarischen Raumes oder des Mondes, sondern unserem Planeten. Es geht den Weltraumexperten vornehmlich um das Sammeln von Daten über die Erde. An dem Kongreß nahm ich als Berichterstatter für das Österreichische Fernsehen teil. In den Räumen des Kongreßzentrums der Wiener Hofburg traf ich einen leitenden Angestellten der NASA. Ich kannte ihn bereits von meinen Filmarbeiten in Amerika. Er ist im Goddard Space Flight Center in Greenbelt bei Washington tätig und führt dort Spezialrechenprogramme für die NASA durch.

Dr. Friedrich Vonbun ist geborener Wiener, jedoch seit über zwei Jahrzehnten als Wissenschaftler in Amerika tätig. Jahrelang gehörte es mit zu seinen Aufgaben, die Flugbahnen von Raumschiffen und Raumsonden zu berechnen. Wenn die amerikanische Raumfahrtbehörde irgendwann in den kommenden Jahren ein bemanntes oder unbemanntes Raumschiff aus dem Erdorbit zum Mond oder zu den inneren oder äußeren Planeten senden will, wird man stets auf die archivierten Berechnungen von Dr. Vonbun zurückgreifen.

## Kontinentaldrift: 4 Meter Rückstand

Bei einem Interview vor der Kamera erklärte Vonbun, er habe diese Tätigkeit inzwischen quittiert. Er sei nun mit der Aufgabe betraut worden, die Kontinentaldrift zu vermessen. „Ich suche schon seit drei Jahren jemanden, der die Kontinentaldrift vermißt!" gestand ich Dr. Vonbun. „Ich glaube aber an keine permanente Bewegung und kein ständiges Abdriften." Mein Gesprächspartner zeigte sich über diese von einem Reporter kommende Feststellung zunächst erstaunt: „Ja, es gibt bereits Geophysiker und Geotektoniker, die ebenfalls nicht an das ständige Abschwimmen glauben. Deshalb hat man mich beauftragt, die Vermessungen durchzuführen."

Von der NASA werden sowohl fixe Stationen in bestimmten Bereichen errichtet als auch Vermessungen im Weltraum vorgenommen. Dazu werden – nach Fertigstellung der Bodenstationen – eigene geodätische Satelliten benötigt, die bereits die Erde umkreisen oder nach und nach gestartet werden. Mit ihrer Hilfe wird man schließlich im Verlauf der Messungen, die sich über die Dauer von fünf Jahren erstrecken sollen, eine Genauigkeit bis zu einem halben Zentimeter erzielen können. Seit dem Frühjahr 1972 wird vermessen. Zwei Laser-Sende- und Empfangsstationen wurden aufgebaut, eine Anlage in Quincy, nordöstlich von San Francisco, die andere in San Diego. Vermessen wird über amerikanische Satelliten, die die Erde in verschiedener Höhe umkreisen. Auch

Skylab wurde eingesetzt. Von einer Station wird ein Laserstrahl ausgesandt, der von einem auf dem Satelliten montierten Reflektor zur Empfangsstation umgelenkt wird. Aus der zeitlichen Phasenverschiebung des Laserlichtes und durch komplizierte Berechnungen kann die exakte Distanz fixiert werden. Dr. Vonbun, mit dem ich weiterhin in Verbindung stehe, glaubt an die permanente Kontinentaldrift. Aber weder er, noch die zahlreichen anderen Laser-Geodäten konnten bisher auch nur die leisesten Symptome für eine Verschiebung der Kontinente entdecken. Für den Westen der USA haben diese Vermessungen aber eine besondere Bedeutung.[12]

Als im Jahre 1906 in Kalifornien die Erde bebte und die Perle unter den Städten an der amerikanischen Pazifikküste, San Francisco, in wenigen Minuten zu einem Ruinenfeld wurde, hatten sich Spalten in der Erde geöffnet. Sie waren bis zu sechs Meter breit. San Francisco und Los Angeles liegen auf der sogenannten San-Andreas-Falte, einer Verwerfungszone. Ein Teil des ostpazifischen Rückens reicht nämlich unter das Festland, dadurch wird die Halbinsel Niederkalifornien vom amerikanischen Kontinent abgetrennt, und deshalb wird sie vielleicht dereinst zu einer Insel werden. Bis dahin dürften freilich noch eine oder mehrere Millionen Jahre vergehen. Die San-Andreas-Falte wurde inzwischen durch genaueste seismische Messungen und mit Hilfe des sogenannten Side-Looking-Radars untersucht. Die Forschungen zeigten ein ganzes System von Längs- und Querfalten im Erdinneren auf. Doch nimmt man auch heute noch an, an dieser Grenzlinie treffen einander die nordamerikanische und die Pazifikplatte. Sie schrammen ständig mit einer Geschwindigkeit von wenigen Zentimetern im Jahr aneinander vorbei. Niederkalifornien, große Teile von Los Angeles und von San Francisco liegen bereits auf der Pazifikplatte. Aus den geologischen Spuren, sowohl am Land als auch am Meeresboden, hat man die Geschwindigkeit berechnet, mit der sich die Pazifikplatte nach Norden verschieben müßte. Dabei hat man eine durchschnittliche Größe von 6,3 Zentimetern pro Jahr errechnet.

Nachdem das Erdbeben die meisten Häuser in San Francisco

zerstört hatte, wurden genaue Vermessungen vorgenommen. Man wollte die weiteren Entwicklungen und Bewegungen in der Erdkruste studieren. Aufgrund dieser Erkenntnisse sollten – soweit das möglich ist – vorbeugende Maßnahmen ergriffen werden, um einem zweiten Beben begegnen zu können. Aber seltsamerweise hat sich seither das Land nicht einen einzigen Zentimeter weit in der vermuteten Richtung verschoben. Dabei ist in Kalifornien der Boden zwischen San Diego im Süden und bis weit über San Francisco hinaus ständig in Bewegung. Fast jedes Jahr gibt es mehrere, zum Teil schwere Erdbeben mit Verletzten und Toten. Es kommt zu Hebungen oder Senkungen. Aber das Abwandern der Pazifikplatte hat sich bisher nirgends gezeigt. Das steigert die Angst der Bewohner des äußersten Südwestens der USA. Sie fürchten sich vor dem großen Ruck und dem gleichzeitig auftretenden schweren Erdbeben. Man vermutet nämlich, in der San-Andreas-Falte hätten sich die Felsen so verkeilt, daß die Erdkruste nun unter einer ungeheuren Spannung steht. Je später sich die Verschränkung löst und das Beben kommt, um so schrecklicher werden die Folgen sein. „Je nach Stimmung" melden die seismologischen und geologischen Überwachungsinstitute düstere Prognosen: 50.000 Tote und Schäden, die mehrere Milliarden Dollar ausmachen werden, prophezeien Forscher der Bebenwarte von Manlo Park. Andere Wissenschaftler überlegen sogar, ob man nicht große Quantitäten Wasser in die Tiefe pumpen sollte, sozusagen zwischen die Felsen der San-Andreas-Falte. Das Wasser könnte dort eine Art Schmiere schaffen und so ein leichteres Aneinandervorbeigleiten ermöglichen. Zur Zeit ist nämlich die Pazifikplatte dem Kontinent gegenüber um volle vier Meter „im Verzug". Die Durchführung der Wasserschmierung würde etwa fünfhundert Millionen Dollar kosten. Fünfhundert Bohrungen müßten – bis zu vier Kilometer tief – in die Erde niedergebracht werden.

Nun, meiner Meinung nach kann man das Geld sparen. Die „Wasserschmierung" wird die „Verklemmtheit" Kaliforniens nicht lösen. Vielleicht ist es ein Treppenwitz der Weltgeschichte, wenn heute die Worte, die einst den Durchbruch der Naturwissen-

363

schaften über die starren kirchlichen Dogmen einleiteten, variiert werden müssen. Galileo Galilei soll sich gegen die Diktatur der kirchlichen Autoritäten mit dem Satz „Und sie bewegt sich doch." gewehrt haben. Damit trumpfte er gegen den Zwang auf, sein Weltbild zu widerrufen. Heute hingegen ist die Feststellung aktuell: „Und sie (die Kontinente) bewegen sich doch nicht."

Diese Feststellung ist allerdings nur bedingt richtig. Es scheint vielmehr eine Art pulsierender Bewegung zwischen den Kontinenten zu geben. Der Astronom Professor Nicolas Stoyko, Leiter des Pariser Internationalen Büros für Zeitmessung, untersuchte zwischen 1920 und 1942 die astronomischen Standortbestimmungen der Observatorien von Paris, Washington, Greenwich, Tokio und Leningrad. Verblüfft stellte er fest, daß sich die Distanz zwischen Europa und Amerika zwischen 1920 und 1925 um 16,5 Meter vergrößert hatte und sich im Verlauf der nächsten vier Jahre wieder auf die Normalentfernung einpendelte. Tokio und Paris entfernten sich im Zeitraum 1924/29 sogar um 27 Meter voneinander. Im Jahre 1933 hatte sich die Differenz auf zwölf Meter verringert und war 1937 auf 29 Meter angewachsen. Erst Ende 1942 war wieder der alte Streckenwert von 1924 erreicht. Die mittlere Dauer einer kompletten Pendelbewegung betrug also etwas über zehn Jahre. Daraus ergab sich eine ganz unerwartete Übereinstimmung mit den Jahren mit Sonnenfleckenmaxima. Stoyko meint, die Kontinente schwingen, zweifellos durch die Sonne verursacht, hin und her wie die Unruhe einer Uhr. Die wirksame Kraft konnte allerdings nicht gefunden werden.[13]

Man wird einwenden, die Messung einer Abdriftrate von zwei bis achtzehn Zentimetern im Jahr auf eine Distanz von 3000 bis 5000 Kilometern kann so einfach nicht gemeistert werden. Man hat aber inzwischen Techniken erarbeitet, mit denen man allergrößte Genauigkeit erzielt: Diese Methoden bedienen sich des Laserstrahls und der Atomuhr. Die Atomuhr mißt die astronomische Zeit bis auf drei, vier Nanosekunden genau. Die Fehlerspanne beträgt also drei bis vier Milliardstel Sekunden. Um Entfernungen zwischen Fixpunkten auf der Erde genau zu bestimmen, werden schon seit dem Jahre 1969 Laserblitze von irdischen Stationen zum

Mond gesandt und von dort über einen Prismenreflektor zur Erde zurückgeschickt. Heute stehen nicht weniger als fünf solcher Reflektoren auf dem Mond. Im Juli 1969 – bei der ersten Mondlandung – wurde etwa zwanzig Schritt von der Landefähre „Eagle" entfernt ein Prismenreflektor deponiert. Auch die Besatzungen der Raumschiffe Apollo 14 und Apollo 15 stellten Laserreflektoren auf. Zwei runde, dem gleichen Zweck dienende Spiegel waren in den beiden sowjetischen Mondautos Lunochod 1 und Lunochod 2 montiert. Diese aus Frankreich stammenden Reflektoren wurden in den beiden ferngesteuerten Mondmobilen durch Funkimpulse von der Erde aus aufgeklappt.

Die Geodäsie mit Laserstrahlen ist für die exakte Erforschung der Erde unerläßlich. Als man den ersten Laserreflektor auf dem Erdtrabanten deponiert hatte, waren sich die Geophysiker einig: „In eineinhalb Jahren haben wir die Richtigkeit der Kontinentaldrifttheorie zum erstenmal bewiesen."

Zu jener Zeit betrug die Vermessungsgenauigkeit mit Laserstrahl via Mond und zurück zwar noch plus/minus 25 Zentimeter. Aber neue Geräte waren schon in Vorbereitung. Sie sollten die Toleranzgrenze auf 15 Zentimeter herabdrücken. Da man inzwischen weitere Verbesserungen erreicht hat und kurzwelligeres Laserlicht verwendet, konnte die Genauigkeit auf plus/minus fünf Zentimeter heruntergedrückt werden. Die Driftrate zwischen Hawaii und Japan müßte gegen zehn Zentimeter pro Jahr betragen. Nunmehr ist die Sicherheit der mit elektronischen Geräten arbeitenden Geometer geschwunden, und die Hoffnung, die Kontinentalverschiebung in kürzester Zeit nachweisen zu können, mußte begraben werden. Nirgendwo hatte man nach fast fünfjähriger Messung eine derartige Bewegung festgestellt.[14] Auch Versuche, mit Hilfe der von Quasaren ausgehenden Strahlen eine Abdrift zu finden, sind negativ verlaufen.

Auf anderen Gebieten konnten tatsächlich enorme Forschungsergebnisse erzielt werden. Man stellte Schwankungen und Unregelmäßigkeiten der Erdachse von nur wenigen Zentimetern fest. Man korrigierte Distanzen, konnte den Verlauf von Flüssen und Küstenlinien richtigstellen und leider auch die Zielgenauigkeit für die Einsatzgebiete der strategischen Interkontinentalraketen wesentlich erhöhen. Aber die gesuchte kontinuierliche Bewegung der Kontinentaldrift hat sich noch nicht gezeigt.

### Riesenprämie für den ersten Chronometer

Messen, Wägen, Vergleichen: das sind die Hauptforderungen der Naturforscher. Je genauer die Messung, um so leichter ein Vergleich, um so sicherer und exakter das Resultat. Zum Messen gehört eine Maßeinheit. Begriffe wie „groß" und „klein" sind relativ. Nur der Vergleich bietet Größenvorstellungen. Die „wahre Größe" bleibt immer eine Illusion. Nehmen wir an, eine geheimnisvolle Kraft würde unser Universum verkleinern: Alle Gestirne, alle Entfernungen würden plötzlich auf ein Zehntel schrumpfen. Wir würden davon absolut nichts merken, weil wir unsere Größenbegriffe nur aus Vergleichen ziehen. Da ja auch die Zeit als Funktion des Raumes beschleunigt werden würde, müßte uns das Lichtjahr genauso großartig erscheinen wie zuvor. Nach wie vor würde sich für uns das Licht mit einer Geschwindigkeit von rund 300.000 Kilometern in der Sekunde ausbreiten und nur ein „höheres Wesen", das diese Dimensionsveränderung nicht mitgemacht hat, könnte erkennen, daß sich unser Universum um einen bestimmten Faktor verkleinert hat. Nur langsam lernte der Mensch die Größenverhältnisse auf seinem Planeten kennen.

Man hat nach immer exakteren Vergleichsmustern gesucht. Am lautesten forderten Seefahrer präzise Meßinstrumente. Für sie war es von entscheidender Bedeutung, zu wissen, wo sie sich mit ihren Schiffen befanden. Den Standort kann man aber nur dann bestimmen, wenn man genau weiß, wie spät es ist, und ein Instrument zur Verfügung hat, mit dessen Hilfe man die geographische Breite feststellen kann. Das war gar nicht so einfach. Zunächst mußte man sich orientieren, wo „Morgen", „Mittag" und „Abend" lagen, wo sich also die Himmelsrichtungen befanden. Man richtete sich nach den Sternen und gewissen Landmarken, im Mittelalter benutzte man den Kompaß.

Viele Jahrhunderte lang bestimmte man die geographische Breite – falls man nicht das sehr teure und relativ seltene Astrolabium zur Verfügung hatte – mit Hilfe des „Jakobsstabes". Diesen ersetzt heute der Sextant. Der Jakobsstab war ein Kreuz aus Holz, mit verschiebbarem Querbalken. Der Steuermann hielt ihn vor das Auge und visierte die beiden Enden des Querbalkens an. Der untere Punkt des Kreuzbalkens mußte eine Ebene mit dem Horizont bilden, der obere mit dem Polarstern abschließen. Das war nur zu erreichen, wenn der Querbalken auf dem Längsbalken verschoben wurde. Der Längsbalken hatte eine Maßeinteilung; der ermittelte Wert konnte mit Hilfe von Tabellen in Winkelgrade umgerechnet werden. So stellte man die geographische Breite fest, die ja dem Einfallswinkel des Lichtes des Polarsternes zur Erdebene entspricht. Am Nordpol steht der Polarstern neunzig Grad über dem Betrachter, am Äquator, könnte man von dort aus den Polarstern sehen, wäre der Winkel null Grad. Das Astrolabium hingegen war viel komplizierter: Es handelte sich um eine Scheibe mit Kreiseinteilung samt einem drehbaren Lineal, das die Stellung der einzelnen Planeten, entsprechend der Jahreszeit, zeigte.

Das zweite Hilfsmittel zur Bestimmung der geographischen Länge für den Seemann war eine brauchbare Uhr. Im Altertum und im beginnenden Mittelalter kannte man nur Sonnen-, Sand-, Öllampen- und Wasseruhren. Erst um das Jahr 1000 n. Chr. sollen Gewichtsuhren erfunden worden sein. Papst Silvester II., der von 999 bis 1003 den Stuhl Petri innehatte, und Abt Wilhelm von Hirsau gelten als die Erfinder der mechanischen Uhren. Dokumentarisch belegt tauchen die ersten Gewichtsuhren aber erst 1344 in Padua, acht Jahre später in Straßburg auf.

Auch diese Zeitmesser waren für die Schiffahrt noch nicht geeignet. Ihre Waagbalken, die anstelle von Pendeln die Zahnradhemmung besorgten und damit die Zeiteinheit bestimmten, funktionierten ja nur, wenn diese Uhren ruhig an der Wand hingen. Dann konnten sich die Gewichte gleichmäßig abspulen und der mit einer bestimmten Massenträgheit hin- und herpendelnde Waagbalken die Zeiteinheit regulieren. Sonnenuhren mit horizontalen Schattenstäben, die ja schon seit 600 vor Christus verwendet wurden, früher noch die Gnomone (einfache, senkrecht aufgestellte Stäbe), ließen durch ihre Schattenlänge oder Schattenrichtung die Tageszeit erkennen. Aber auch sie waren für den Seemann nur bedingt brauchbar. Nur tagsüber konnte man mit ihnen – auf fünf bis zehn Minuten genau – die Zeit bestimmen, vorausgesetzt, man wußte, auf welchem Längengrad man sich befand. Für den Seemann kam nur die Federuhr in Frage. Sie soll um 1500 vom Nürnberger Schlosser Peter Henlein erfunden worden sein. Sein „Nürnberger Ei" dürfte aber nur die erste Taschenuhr, nicht aber die erste Federuhr gewesen sein.

Messen und Vergleichen war für die Seefahrt das Wichtigste für die Standortbestimmung, von der die exakte Navigation abhing. Man suchte nach dem „Chronometer", der die Zeit monatelang minutengenau anzeigt. Es war dem Weitblick des großen Naturforschers Isaac Newton, aber auch der britischen Regierung zu verdanken, daß dieses Wunschziel verwirklicht wurde. Die Regierung in London setzte im Jahre 1713 für den Bau eines Chronometers einen Preis aus. Nach den Bedingungen der Konkurrenz sollte jener den Geldbetrag erhalten, dem es gelang, mit Hilfe von exakten Zeitbestimmungsgeräten und einem entsprechend verfeinerten Sextanten den Standort eines Schiffes auf dem Atlantik auf 60, 40 oder 30 geographische Meilen genau zu bestimmen. Für diese Leistung gab es drei unterschiedlich hohe Preise.

John Harrison kämpfte sein Leben lang um diese Prämie. Sie hatte eine für damalige Zeiten geradezu unwahrscheinliche Höhe, denn nicht weniger als 20.000 Pfund – valorisiert auf unseren heutigen Geldwert ergibt dies einen Betrag von mehreren Millionen D-Mark – waren als erster Preis ausgesetzt. Harrison konstruierte 1726 eine Uhr, deren Unruhe sich selbst kompensierte: Nunmehr konnten Temperaturunterschiede die Frequenz der Pendelbewegung des Balancerades nicht mehr beeinflussen. John Harrison war gar nicht Uhrmacher oder Mechaniker, sondern gelernter Zimmermann. Aber er bastelte von Jugend an eifrig. Sein 1726 eingereichtes Muster wurde von der königlich-britischen Akademie nicht anerkannt. Also legte er der Gesellschaft 1735 einen neuen Chronometer vor. Diesmal war man etwas großzügi-

368

ger und gab dem Uhrmacher aus Leidenschaft eine Anerkennungs-
prämie, die allerdings in keinem Verhältnis zu der Summe von
20.000 Pfund stand. Als Harrison 1749 seinen dritten Chronometer in ein Schiff einbauen ließ, das von Portsmouth nach Jamaika
und wieder zurück fuhr und der nach dieser 152tägigen Seereise
nur eine Zeitabweichung von 56 Sekunden zeigte, schien der
Bastler sein Ziel erreicht zu haben. 56 Sekunden Abweichung
entspricht einer Genauigkeitsbestimmung von 18 geographischen
Meilen. Dennoch wollten die Mitglieder der Jury nicht mit den
20.000 Pfund herausrücken. Aber John Harrison verklagte den
britischen Staatsschatz und behielt nach 23jähriger Prozeßdauer
recht. Vier Jahre vor seinem Tode wurde ihm 1773 der horrende
Geldbetrag voll ausbezahlt. Inzwischen hatte der Bastler einen
vierten, noch genaueren Chronometer konstruiert. Alle seine
Uhren sind heute noch erhalten und im Britischen Observatorium
ausgestellt.

Die Regierung von Großbritannien hatte die Ausgabe nicht zu
bereuen. Mit Hilfe der genaueren Zeitmesser konnten britische
Kapitäne besser navigieren. Die englische Schiffahrt war jener
anderer Nationen überlegen. Gewiß ein Grund mehr, warum die
Inselmacht zum weltbeherrschenden Imperium aufsteigen konnte.

Aber nicht nur die Zeit muß präzise stimmen, auch ein exaktes,
vergleichbares Längenmaß wird benötigt, um Beobachtungen, die
an verschiedenen Plätzen und in verschiedenen Ländern gemacht
werden, einander gegenüberstellen zu können. In Frankreich und
England gab es schon Ende des siebzehnten Jahrhunderts Bestrebungen, eine gemeinsame Maßeinheit zu finden. Man war der
Meinung, das Sekundenpendel habe überall auf der Welt die
gleiche Länge. Ein Sekundenpendel benötigt genau eine Sekunde
zum Hin- und Herschwingen. 1790 wurde diese Einheit in
London festgelegt. Man wählte bei einer Temperatur von 13,5
Grad Réaumur die Breite von London für die absolute Einheit. Zu
jenem Zeitpunkt gab es aber zwischen England und Frankreich
Krieg. Also konnte auch auf wissenschaftlichem Gebiet keine
Harmonie herrschen. In Frankreich war man nach der Revolution
für alle neuen Gedanken überaus aufgeschlossen. Der Pariser

Raum, der genau eine Atmosphäre Druck aufweist. Die Rollen sind in einem Abstand von 571 Millimetern angebracht. Aber dieses Urmeter wurde bereits in den Jahren 1893 bis 1895 durch die Wellenlänge des roten Kadmiumlichtes ersetzt. Ein Meter ist 1,553.164,13mal die Wellenlänge des roten Kadmiumlichtes, das bei einem Luftdruck von 766 Millimeter Quecksilbersäule und bei 15 Grad Celsius Temperatur im Spektrogramm gemessen wird. Auch diese Methode entsprach schließlich nicht mehr den Anforderungen der Physiker. Genaueste Messungen hatten nämlich ergeben, daß die Lichtwelle des Kadmiumlichtes keineswegs absolut unveränderlich ist. Sie kann durch die Stärke des schwankenden Erdmagnetfeldes beeinflußt werden.

Am 14. Oktober 1960 beschlossen die Mitglieder der elften Konferenz für Maße und Gewichte, die Frequenz des Kadmiumlichtes durch die Schwingungen des Krypton-Isotops Kr 86 zu ersetzen. Die Vakuumwellenlänge der orangefarbigen Spektrallinie wird 1,650.763,73mal genommen, um die exakte Länge eines Urmeters zu bestimmen.

Ähnlich genaue Definitionen erreichte man inzwischen bei der Zeit. Zunächst war es schon sehr schwierig, einen Zeitvergleich, also eine Weltzeit, zu finden. Der Tag wurde zwar immer schon mit 24 Stunden festgelegt. Aber Tag und Nacht sind ja nur in den Tropen gleich lang und unabhängig von der Jahreszeit. In anderen geographischen Breiten variieren die Längen des Tages und der Nacht. Im Mittelalter dauerte der Wintertag zwölf halbe Stunden, der Sommertag konnte sich mitunter sogar auf zwölfmal eineinhalb Stunden erstrecken. Mittag war es stets dann, wenn der höchste Stand der Sonne erreicht war. Man richtete sich dabei nach bestimmten Landmarken. So sind die Namen „Mittagskogel" und „Mittagsspitze" im Gebirge immer noch gebräuchlich und zeugen für eine derartige Zeiteinteilung in früheren Zeiten. Als schließlich Räderuhren auf Kirchtürmen angebracht wurden, verkürzten oder verlängerten die Mesner oder die in der Stadt wohnenden Uhrmacher je nach Jahreszeit die Pendel. Ein Sommertag schwang auf der Turmuhr mit langem Pendel, ein Wintertag zappelte rascher dahin. Gleichgültig, wie lang der helle Tag oder die dunkle Nacht

Astronom Bailly schlug vor, statt des in England eingeführten Sekundenpendels eine andere Maßeinheit zu wählen: den zehnmillionsten Teil des Erdquadranten, der Entfernung zwischen Äquator und Pol. Nach dem Vorschlag einer Kommission sollte die Strecke auf Meeresniveau gemessen werden. Die französischen Geometer Méchain und Delambre erhielten den Auftrag, die exakte Vermessung durchzuführen. Der Initiator dieses Planes war nicht mehr am Leben, als die Arbeit zu Ende geführt wurde. Er hatte es bis zum Bürgermeister von Paris gebracht, dann aber Befehl gegeben, auf plündernde Sansculotten schießen zu lassen. Die „Hosenlosen" waren aber die liebsten Kinder der radikalen Jakobiner. Der Bürgermeister bezahlte seine „Freveltat" mit dem Gang zur Guillotine.

*Napoleons Geometer berechneten den Erdumfang*

Unter der Leitung von Jean Charles de Borda gingen die Vermessungen weiter. Borda war damals schon ein berühmter Mann. Er hatte nicht nur die exakte Länge des Sekundenpendels bestimmt, sondern daraus auch die Fallbeschleunigung mit 9,80896 m/sek² errechnet. Schließlich – am 7. April 1795 – war man soweit: Das Urmeter war geboren. Später wurde dieser Vergleichsmaßstab in natura geschaffen. Der Physiker Lenoir goß aus Platin und Iridium einen Stab von genau einem Meter Länge, der im Staatsarchiv in Paris deponiert wurde und von dem alle der „Meter-Konvention" beigetretenen Staaten ein getreues Abbild erhielten.

Freilich, als man später mit modernen Meßgeräten neuerlich den Erdquadranten bestimmte, stellte sich heraus, daß sich der Geometer um 2288 Meter geirrt hatte. Das exakte Urmeter wäre also um 0,2 Millimeter länger als das Pariser Urmeter.

Das Urmeter von Paris ist nur mehr ein Museumsstück. Dieser Meterstab, der zu neunzig Prozent aus dem seltenen Metall Platin und zu zehn Prozent aus Iridium besteht, wird zwar noch immer bei einer Temperatur von null Grad Celsius aufbewahrt. Er liegt auf zwei zehn Millimeter starken Rollen und befindet sich in einem tatsächlich dauerten, die beiden Hälften des ganzen Tages wurden jeweils durch zwölf „Stunden" geteilt.

Ende des achtzehnten Jahrhunderts hatte man die Länge des Tages genau berechnet. Das Ergebnis war 365,256 geteilt durch ein Jahr. Nach der Sternzeit gerechnet, ergab sich daraus die Länge einer Sekunde: Sie betrug den 31,556.925,97ten Teil eines Jahres. Dieses Resultat war bedingt richtig. Eine irdische Sekunde von dieser Länge konnte nur am 1. Januar 1909 um 12 Uhr gemessen werden. Weder vorher oder nachher stimmte die Zeiteinheit. Das hat folgenden Grund: Leider ist ein Jahr nicht immer ein Jahr lang. Damit dauert aber auch ein voller Tag nicht immer gleich lang, sondern jeder Tag unterscheidet sich vom folgenden durch einen Zeitunterschied von einigen Milliardstel Sekunden. Der Lauf der Erde um die Sonne ist nicht so gleichmäßig, wie man denkt, und die Erdrotation verlangsamt sich, seitdem sich die Erde dreht.

Um die Jahrhundertwende konnte man schon Präzisionspendeluhren bauen, die im Jahr um höchstens zwei Sekunden differierten. Vermutlich wäre man mit dieser Genauigkeit ausgekommen, hätte man nicht so große Fortschritte auf dem Gebiet der Elektronik und der Physik gemacht. Nun genügte die alte Pendeluhrzeit nicht mehr.

Im Jahre 1929 wurde von einem amerikanischen Physiker die erste Quarzuhr konstruiert. Im Prinzip ist der Vorgang einfach: Ein unter Wechselstromspannung stehender Kristall gerät in Schwingungen. Diese Vibrationen – so meinte man zumindest – seien vollkommen regelmäßig. Das Quarzprisma oszilliert in der Sekunde rund 60.000mal. Mit Hilfe der Quarzuhren erreichte man eine Ganggenauigkeit von 0,0005 Sekunden. Das war zehnmal genauer als die beste Pendeluhr.

Der Freudenrausch über die exakte Zeitangabe der Quarzuhr dauerte leider nur kurze Zeit. Nach zwei, drei Jahren versagten nämlich auch die besten Quarzuhren. Die Ursache waren Ermüdungserscheinungen im Kristallgitter. Dann aber fand man endlich die Uhr, die unsere Zeit am getreuesten anzeigt: die Atomuhr. Theoretisch ist sie mit einer Ganggenauigkeit von einem zehnmilliardstel Promill – in Zahlen ausgedrückt 1 : 10 Billionen – die

Zuverlässigkeit par excellence. Eine Atomuhr, die zur Zeit Jesu Christi amtlich geeicht worden wäre, würde heute – also nach rund zweitausend Jahren – nur um eine tausendstel Sekunde von der exakten Zeit abweichen. Man verwendet die Schwingungen eines Cäsiumatoms, das 9.192,631.770mal pulsieren muß, bis eine Sekunde vergangen ist.

Derartige Superchronometer werden allerdings für den normalen Tagesablauf nicht benötigt. Die Armbanduhren sind durchaus imstande anzuzeigen, wann das Mittagessen serviert und wann Büroschluß ist. Wenn man hingegen die modernen Ortungssysteme, nach denen sich Flugzeuge und Schiffe richten, exakt einsetzen will, muß man weltweit Atomuhren haben, die auf zwei bis drei Nanosekunden, das sind Milliardstel Sekunden, geeicht sind. Man muß sich also der Mühe unterziehen, eine Atomuhr von Amerika nach Europa, Asien, Afrika und Australien zu bringen, und die dort bei Sternwarten und Radarzentren deponierten Atomuhren entsprechend zu synchronisieren. Das wird auch regelmäßig gemacht.

Im Jahre 1972 konnte man bei dieser Gelegenheit eine der wichtigsten Bestandteile der Einsteinschen Relativitätstheorie bestätigt finden: Die wechselseitige Abhängigkeit von Geschwindigkeit und Zeit. Zwei Atomuhren wurden von New York aus auf Reisen geschickt. Die eine wurde in einem Flugzeug transportiert, das in östlicher Richtung um die Welt flog, die andere befand sich in einer Maschine, die auf Westkurs geschickt wurde. Als man die beiden Uhren nach der Rückkehr verglich, stellte sich heraus, daß die auf Ostkurs gesandte Atomuhr um einige Nanosekunden weniger anzeigte als die in westlicher Richtung, also gegen die Erdrotation geflogene. Diese war also älter geworden, während sich die Ostrouten-Uhr „verjüngt" hatte.

Das genaue Metermaß und eine präzise Zeitmessung sind oberste Voraussetzungen, um das Verhalten der Erde studieren, die Kontinentaldrift messen und die Erdrotation überwachen zu können. Erst als diese Voraussetzungen geschaffen waren, konnte die präzise Erforschung beginnen.

Im ersten Augenblick scheint diese Aufgabe unsinnig zu sein.

Da bewegt sich unser Planet als Himmelskörper mit seinem enormen Gewicht von sechstausend Trillionen Tonnen durch den Raum und dreht sich dabei einmal in vierundzwanzig Stunden um seine Achse. Nirgendwo gibt es erkennbare Brems- und Antriebskräfte. Auf das gleichmäßige Drehen der Erde muß man also fest vertrauen können: Wenn man sich abends niederlegt, wird am Morgen zur gewohnten Zeit ein neuer Tag anbrechen, wird sich der Punkt an der Oberfläche unseres Planeten, an dem man sich gerade befindet, wieder der Sonne entgegengedreht haben. So einfach aber liegen die Dinge nicht.

## Unser torkelnder Planet

Unser Erdball dreht sich gar nicht so gleichmäßig dahin. Zunächst beschreibt die Polachse einen großen Kreis. Wer einmal einen Kreisel in Rotation versetzt hat, kennt das langsame Kreiselpendeln der Achse. Bei der Erde beträgt die Schrägstellung der Achse zur Zeit 23 Grad und 26,5 Minuten. Der Winkel, den die Erdachse zur Ekliptik einnimmt, schwankt zwischen 65 Grad, 24 Minuten und 68 Grad, 1 Minute. Es dauert 40.000 Jahre, bis sich diese Bewegung vollendet. Die große, trichterförmige Pendelbewegung der Erdachse, die sogenannte Präzession, dauert 25.800 Jahre. Das bedeutet, daß der Polarstern nicht immer unsere Nordrichtung markiert hat. Als die Ägypter ihre Pyramiden bauten, richteten sie sich nach dem Alpha-Stern im Drachen.

Den großen Bewegungen unserer Erdachse sind noch kleinere überlagert, Schwankungen und Unregelmäßigkeiten, die man erst seit relativ kurzer Zeit kennt. Der erste, der diese Irregularitäten entdeckte, war der Schweizer Mathematiker Leonard Euler. Er stellte im achtzehnten Jahrhundert eine Abweichung mit einem Zyklus von 304 Tagen fest. Eine Zeitlang waren die Beobachtungen Eulers in Vergessenheit geraten. Im vorigen Jahrhundert wurden Anomalien fast zur gleichen Zeit vom deutschen Astronomen Friedrich Wilhelm Bessel, vom schottischen Physiker James Clerk Maxwell – er war der größte theoretische Physiker des

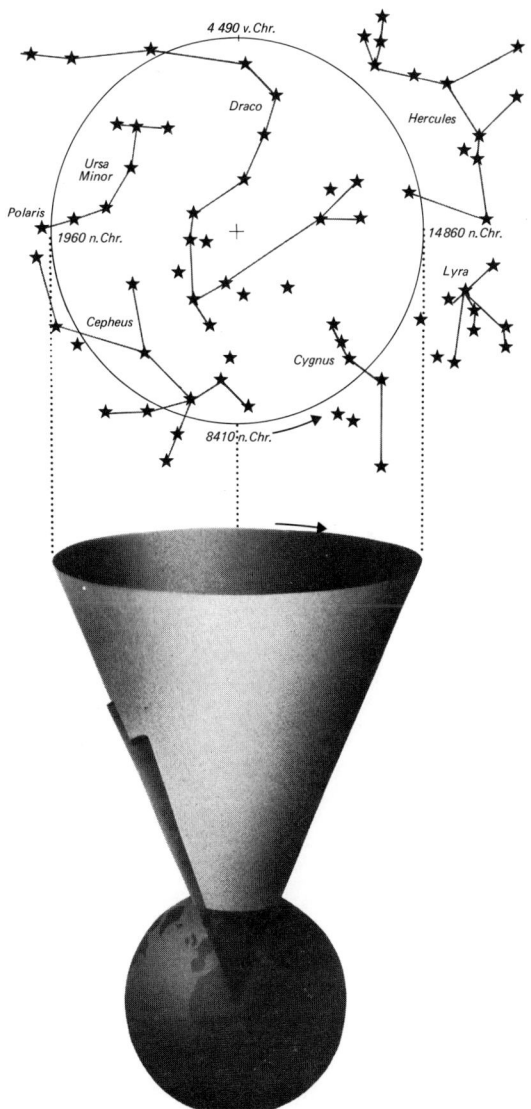

Schema der Präzessionen, also der Taumel- und Schwingungsbewegungen der Erdachse. Ein voller Präzessionszyklus dauert 25.800 Jahre. Infolge der Präzession ist der Polarstern nicht immer mit dem Nordstern identisch gewesen. Die beiden kleinen Trichter stellen weitere Achsschwankungen dar.

375

vergangenen Jahrhunderts –, aber auch vom Amerikaner Simon Newcomb neuerlich gefunden. Nun stellte man fest, die Erde weise sowohl Unterschiede in der Rotationsgeschwindigkeit wie auch eine instabile Rotationsachse auf. Sie schwankt und torkelt unregelmäßig dahin, in einer Art, deren Gesetzmäßigkeit sich bisher nicht gezeigt hat. Keine bekannte Naturkraft konnte als Ursache dieser Abweichungen gefunden werden. Während an

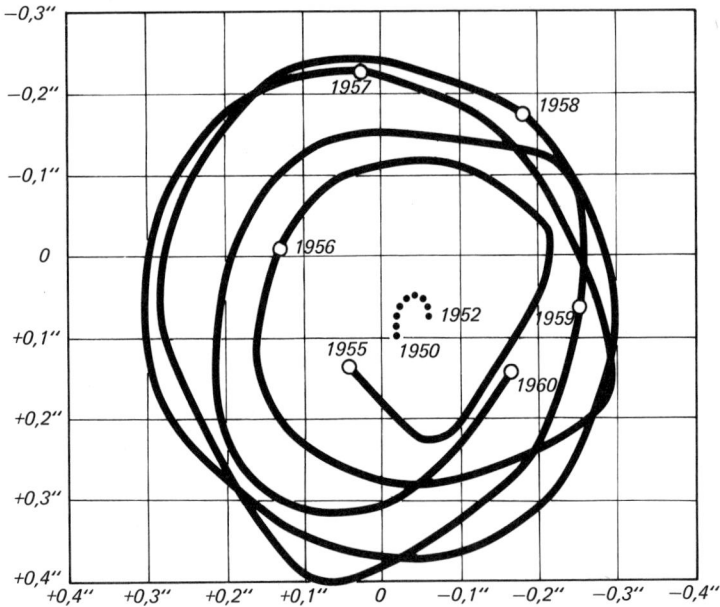

Polverlagerungen, die zwischen 1955 und 1960 gemessen wurden. Die größte Differenz betrug 0,6 Bogensenkungen, das sind 18 Meter.

zahlreichen Observatorien der Welt genaue Messungen dieses Phänomens durchgeführt wurden – Maxwell war inzwischen gestorben –, befaßte sich auch ein Amateur mit dem Problem: Für S. C. Chandler gab es kein schöneres Hobby als die Astronomie. Nächtelang saß er in Cambridge, Massachussets, und beobachtete den Sternenhimmel. 1891 gab er eine Veröffentlichung über die Schwankungen der Erdachse heraus. Er hatte einen Rhythmus von

376

428 Tagen gefunden, der nicht mit den von Euler entdeckten 304-Tage-Perioden übereinstimmen konnte. Seither wird diese spezifische Abweichung der Erdachse „Chandler-Wackeln" (Chandler-wobble) genannt.

Man könnte fast sagen, daß unsere Erde dahinrollt wie in einem ausgeschlagenen Achslager. Die Riesenkugel wird überdies von Zeit zu Zeit von geheimnisvollen Kräften in etwas raschere Drehung versetzt, bald darauf wieder abgebremst. Freilich sind diese irregulären Bewegungen für den Menschen nicht fühlbar. Sie halten sich im Bereich von Millisekunden. Allerdings, und das wird immer wahrscheinlicher, könnten sie zu sehr schwerwiegenden Folgeerscheinungen führen: zu „Miniatur-Polsprüngen", durch die mitunter Erdbeben ausgelöst werden.

Um das zu verstehen, muß man die verschiedenen Entwicklungsphasen dieser Beobachtungen kennenlernen. Schon im vorigen Jahrhundert war einzelnen Astronomen aufgefallen, daß der Mond die Erde nicht mit präzise gleichbleibender Geschwindigkeit umkreise. Nun ist aber nach den Newtonschen Gesetzen die Umlaufzeit eines Planeten und seines Mondes sehr genau zu bestimmen. Gibt es hingegen Störungen in der Bahn, dann sind Gravitationskräfte am Werk, die Störeffekte herbeiführen. Auf diese Weise konnte im Jahre 1846 – rein rechnerisch – der Planet Neptun ausfindig gemacht werden. Die Entdeckung gelang gleichzeitig dem englischen Astronomen John Adams und seinem französischen Kollegen Jean Joseph Leverrier. Ihnen waren die Störungen in der Bewegung des Uranus auf seiner Bahn um die Sonne aufgefallen. Sie hatten diese Abweichungen von der idealen Geschwindigkeit berechnet und so den Standort des neuen Planeten eruiert. Auf die gleiche Art wurde 1930 der bisher sonnenfernste Planet, Pluto, entdeckt. Da auch dieser Himmelskörper seine Umlaufbahn nicht völlig gleichmäßig durchwandert, dürfte es noch einen weiteren, bisher unbekannten Planeten geben, der außerhalb der Plutobahn die Sonne umkreist. Es ist aber mehr als fraglich, ob man ihn jemals durch das Fernrohr wahrnehmen wird. Das Licht der Sonne reicht nämlich nicht aus, die Oberfläche des so enorm fernen Planeten genügend zu beleuchten.

Aber unser Mond ist keinen derartigen Störeinflüssen ausgesetzt. Es war also rätselhaft, weshalb er sich einmal langsamer bewegen sollte, dann aber wieder schneller wurde. Der Umschwung seines Tempos erfolgt nicht von heute auf morgen, die Veränderungen ergeben sich über längere Perioden. Wie sich schließlich herausstellte, verursacht nicht der Mond, sondern die Erdrotation die Verzögerungen und Beschleunigungen. Der Mond zieht sehr exakt auf seiner Bahn dahin, die Erde aber wird in ihrer Umdrehungsgeschwindigkeit gebremst oder beschleunigt. So etwa dauerte im Jahre 1905 ein Tag um vier Millisekunden länger als heute.

Zunächst sagte man sich, die Verzögerungen seien ein Werk der Gezeitenkräfte. Man errechnete die Bremswirkung von Ebbe und Flut mit rund drei Milliarden Pferdestärken. Die Erdrotation wird überdies durch gewisse Verlagerungen im Erdinneren beeinflußt.

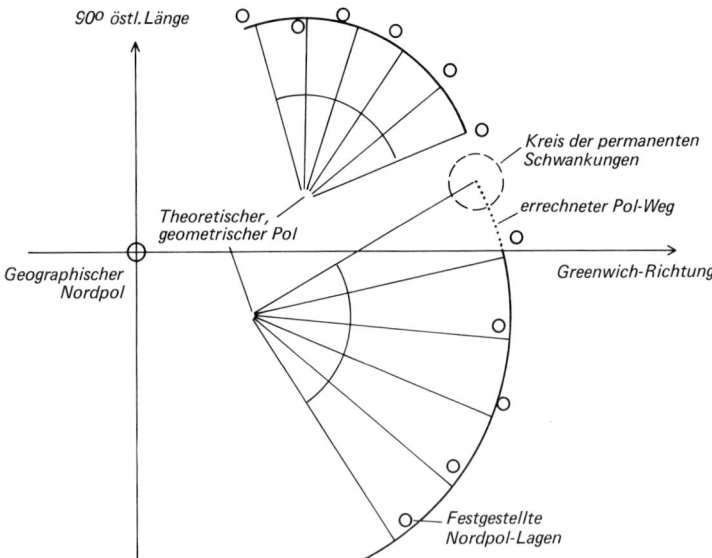

Zwei übereinandergelagerte Wellenbewegungen führen zu weiteren Polschwankungen. Die obere Kurve zeigt ein Segment der 365 Tage dauernden Verlagerung; die untere Anomalie dauert 435 Tage und wird Chandler-wobble genannt. Die Ursache dieser Abweichung ist unbekannt.

378

So kommt es zu den ermittelten Beschleunigungen. Tatsächlich nimmt ja die Erddrehung ganz allmählich ab. Nach hundert Jahren ist ein irdischer Tag um genau 0,002 Sekunden kürzer geworden. Auf das ganze Säkulum umgerechnet, ergibt dies einen effektiven Verlust von sechzig Sekunden. In der Geophysik wird noch heute gelehrt, diese Bremswirkung werde durch die Gezeitenkräfte verursacht. Diese Lehrmeinung aber birgt einen ganz entscheidenden Denkfehler in sich und kann durch eine andere Theorie widerlegt werden, nämlich eine Theorie über die Ursache der Westdrift der Magnetpole.

Die Erde ist kein starrer Körper, sondern sozusagen ein – allerdings sehr zäher – Flüssigkeitstropfen, der sich im Weltall dreht. Diese weiche Masse hat eine mehr oder minder stabile Kruste und weist Schalen auf, die der Struktur einer Zwiebel gleichen. Über die Plastizität und Elastizität der einzelnen Schichten wissen wir nicht viel. Die Mantelzonen – sie bestehen aus mehreren deutlich unterscheidbaren Schalen – umschließen einen flüssigen Kern. Dieses „stellare Pudding-Material" hat zweifellos zwei besonders scharf voneinander getrennte Zonen: den schwereren Erdkern und den aus leichterem Material bestehenden Mantel.

Man nimmt nun an, die Erde habe bei ihrer Geburt vor viereinhalb bis fünf Milliarden Jahren einen Drehimpuls erhalten. Damals rotierte unser Planet viel schneller um seine Achse, und ein Tag dauerte vermutlich nicht länger als drei bis vier Stunden. Infolge innerer Reibungskräfte, durch die Gezeiten und verschiedene andere Krafteinwirkungen, wie etwa den sogenannten „Pirouetten-Effekt der Atmosphäre", habe sich dann nach und nach die Geschwindigkeit vermindert. Nun haben aber die Geophysiker etwas festgestellt, was von ganz entscheidender Bedeutung ist: Der Erdkern dreht sich langsamer als der Erdmantel. Diese verlangsamte Rotation geht aus der sogenannten Magnetpol-Drift hervor, nämlich der Verlagerung der magnetischen Pole nach Westen.

Wieso es zu diesem Phänomen kommt, das andererseits eine Voraussetzung für das Zustandekommen des Magnetfeldes der Erde ist, blieb bis heute rätselhaft. Eines aber ist als sicher

anzunehmen: Wenn die bremsenden Kräfte auf die äußerste Schale
der Erde, hauptsächlich auf die Erdkruste, wirken und unser
Planet noch immer von jener Energie zehrt, die ihm vor viereinhalb
bis fünf Milliarden Jahren durch den Drehimpuls erteilt
worden ist, kann sich der Erdkern unmöglich langsamer, er müßte
sich rascher drehen als die Erdkruste. Denn zwischen dem Mantel
und dem Erdkern gibt es zweifelsfrei eine Art Flüssigkeitskupplung,
also eine liquide Masse, die durch ihre innere Reibung Kern
und Mantel verbindet. Weil sich aber der Erdmantel schneller
bewegt als der Erdkern, hat es den Anschein, als zwinge eine Kraft
unserem Planeten eine Drehbewegung auf. Der Erdkern neigt
hingegen dazu, seinen Drehimpuls nach und nach zu verlieren und
dadurch seine Rotationsgeschwindigkeit zu verlangsamen. Was
aber bewirkt diesen Effekt?

E. H. Vestine vom Carnegie-Institut in Washington stellte
einwandfrei fest, die Schwankungen der Tageslänge seien von der
Verstärkung oder Abschwächung des irdischen Hauptmagnetfeldes,
also des sogenannten endogenen Magnetfeldes, abhängig. Ein
starkes Magnetfeld scheint offensichtlich die magnetische Flüssigkeitskupplung
zwischen Kern und Erdmantel zu verstärken und
die Rotation zu bremsen. Erdkern und Erdmantel werden stärker
aneinander gekoppelt, und der Erdmantel paßt sich der geringeren
Winkelgeschwindigkeit des sich drehenden Erdkernes an. Diese
Beobachtung wurde mittlerweile auch von anderen Geophysikern
bestätigt.[15]

So ist wohl der Bremseffekt verständlich, nicht aber die
Beschleunigung. Hat sich nämlich einmal ein Drehimpuls abgeschwächt,
ist nach den physikalischen Gesetzen unbedingt eine
Kraft erforderlich, um die Winkelgeschwindigkeit eines sich
drehenden Körpers wieder zu erhöhen. Woher kommen die
festgestellten Beschleunigungen, die sogenannten „plötzlichen
Ereignisse" oder „spontanen Momente"? Schlagartig beschleunigt
die Erde mehrere Wochen lang stoßweise ihre Umdrehung, dann
hingegen kommen Wochen, in denen in ähnlich unregelmäßigen
Abständen die oben geschilderten Bremseffekte auftreten. Diese
positiven oder negativen Beschleunigungen bewegen sich im

allgemeinen in Bereichen, die maximal zehn Millisekunden nicht übersteigen. Umgerechnet auf die Masse der Erde ergibt dies jedoch ungeheure Kräfte. Woher stammen sie? Wie werden sie freigesetzt?

Theoretisch könnte auch hier eine Art Pirouetteneffekt wirksam werden. Wenn im Erdinneren schwere Massen näher an die Rotationsachse rücken, verändert sich das Drehmoment, und die Erdrotation wird beschleunigt. Berechnungen haben jedoch ergeben, daß hierfür Massen in der Größe der Alpen erforderlich wären, die an der Kern-Mantelgrenze um Dutzende Meter in die Tiefe sinken müßten. Daß aber diese Bewegung erfolgen könnte, ohne Erdbeben zu verursachen, ist mehr als unwahrscheinlich.

### Die Grundlagen der Polsprungtheorie

Professor S. K. Runcorn von der Universität Newcastle upon Tyne vermutet, große, blasenartige magnetische Felder, die von aufsteigenden hydromagnetischen Wellen zum äußersten Erdkern befördert werden, würden dort wie Sonnenflecken platzen. Dies verleihe dem Mantel den notwendigen Drall. Das heißt, die oberen Schichten der Erde – also der Mantel – stoßen sich vom Erdkern ab, was eine Beschleunigung zur Folge hat. Der Kern hingegen wird als Reaktion in sich gebremst. Runcorn hat versucht, elektrische Signale zu finden, die bei diesem Vorgang entstehen müßten. Er benützte für seine Fahndung nach diesen Wirbelströmen alte gerissene Telegraphenkabel, die – Hunderte Kilometer lang – auf dem Ozeanboden liegen. Die sich in diesen Leitungen bildenden Induktionsströme lassen nach Ansicht des Physikers Rückschlüsse auf die toroidalen Magnetfelder zu. Man verfügt bereits über interessante Aufzeichnungsergebnisse. Aber die Theorie ist bis heute nicht sehr gut untermauert.

Eine wirksame Reaktionskraft kann man überhaupt nur dann annehmen, wenn man voraussetzt, daß der „Abstoßeffekt" nicht von dem in 2900 Kilometern Tiefe liegenden Erdkern erfolgt. Trotz des schweren Materials sind Masse und Gewicht des

Erdkerns kleiner als Masse und Gewicht des Erdmantels. Jedenfalls müßte sich die Drift der Magnetpole bei einem Abstoß erheblich beschleunigen. Das wurde aber nicht beobachtet.

Anfang Mai 1973 veröffentlichten die Geophysiker Stephen Plageman vom Goddard-Raumflugzentrum bei Washington und John Gribben in der Zeitschrift *Nature* eine sensationelle Arbeit. Sie hatten die Auswirkungen des großen Magnetsturmes studiert, der am 4. August 1972 über die Sonnenoberfläche fegte. Am 8. August stellten sie eine sehr entscheidende Bremswirkung auf die Erdrotation fest. Die auf der Erde auftreffenden Sonnenwinde scheinen das Magnetfeld beeinflußt und die Magnetkupplung im Erdinnern straffer gezogen zu haben. Es handelte sich vermutlich um die stärkste jemals beobachtete Verzögerung der Erdrotation. Erst einige Wochen später erhöhte sich die Umdrehungsgeschwindigkeit unseres Planeten wieder.[16]

Diese Entdeckung könnte meiner Meinung nach darüber Aufschluß geben, welche Vorgänge für die Auslösung der Umpolungsprozesse verantwortlich sind. Ich habe bereits Vermutungen geäußert, wie die Krustenverschiebung bei einer Umpolung zustande kommen könnte. Bei dem Versuch, die auftretenden geodynamischen Effekte darzustellen, benützte ich das von der Geophysik angebotene Vorstellungsmodell. Wie bereits kurz geschildert, beruht es auf der Arbeitshypothese, daß im Erdinnern – vermutlich an der Grenze des Erdkerns zum Erdmantel – Materialien zirkulieren, die gute stromleitende Eigenschaften besitzen. Das sehr schwere, metallhaltige Gestein bewegt sich in den infolge der Hitze aufsteigenden Konvektionsströmen.

Weiter wirken sich die Corioliskraft (das ist die scheinbare Ablenkung eines Gegenstandes, der sich über die Oberfläche einer rotierenden Kugel bewegt) und das Zurückbleiben des Erdkerns aus. Die drei gerichteten Bewegungen ordnen die Strömungen im Erdinnern. So kommt es zum Aufbau von Magnetfeldern. Sie verstärken sich bei bestimmten Geschwindigkeiten der auf- und absinkenden halbflüssigen Gesteinsmassen gegenseitig und bilden sich zu einem nord-südgerichteten Hauptfeld aus. Wird eine dieser für den Dynamoeffekt der Erde unbedingt erforderlichen Bewegungen gestört oder unterbrochen, oder verlagern sich die örtlichen Magnetfelder im Erdinneren in einer Weise, daß sie sich gegenseitig nicht mehr verstärken können, sondern auslöschen, dann – nimmt die Geophysik an – kommt es zu einem Zusammenbruch des irdischen Magnetfeldes. Da die Bewegungen aber weitergehen, muß sich schließlich ein neues Magnetfeld wiederaufbauen. Es wird allerdings die entgegengesetzte Richtung aufweisen. So kommt es also zu einer Umpolung.

Nach den Berechnungen des sowjetischen Physikers Nikolai Medwedjew werden sich die magnetischen Pole in den nächsten tausend Jahren geradezu sprunghaft verlagern. Ende des dritten Jahrtausends werden sich der Nordpol im arabischen Meer und der magnetische Südpol im Gebiet der Philippinen befinden. Dieser Prozeß wird durch die beschleunigte Wanderung des Erdkerns verursacht.[17]

Nach der bestehenden Schulmeinung hat eine Umpolung keine anderen Folgen, als daß nun die Kompaßnadel in die andere Richtung zeigt. Nord- und Südpol können sogar ihre Plätze tauschen, was sie bereits Hunderte Male getan haben. Ich behaupte hingegen, dieser Prozeß habe noch weitere, überaus schwerwiegende Folgen tektonischer Art: Es verschiebt sich die Erdkruste. Als Ursache für diesen Prozeß nahm ich eine Bewegung an, die nach den hydrodynamischen Gesetzen zwangsläufig auftreten muß: die Wirbelbildung. Sie muß bei den angenommenen Strömungsverhältnissen an der Grenze des Erdkerns zum Erdmantel in ausgeprägter Form erfolgen. Diese Wirbel müssen eine der allgemeinen Strömung entgegengesetzte Drehrichtung haben. Damit werden aber auch die entstehenden Magnetfelder zwangsläufig eine andere Polarität aufweisen. Wenn nun das Erdmagnetfeld zusammenbricht, wird sich – weil die Bewegungen der Erde im Inneren weitergehen – bald ein neuer elektrodynamischer Effekt einstellen, es wird sich auch wieder ein neues Magnetfeld in einer etwas veränderten Lage aufbauen. Dann aber wird es zu einem Kraftschluß kommen. Die lokalen Magnetfelder, die sich durch die Wirbelströmung gebildet haben, werden ähnlich wie der Rotor in einem Elektromotor in die neuen Kraftfeldlinien einschwimmen.

Es entsteht eine Bewegung im Erdmantel, die sich schließlich bis zur Oberfläche unseres Planeten fortsetzen und damit auch die Erdkruste erfassen wird.

Ich war gezwungen, auf die vorhandenen geophysikalischen Modelle zurückzugreifen, die aber für einen Lösungsversuch keine logisch ganz befriedigenden Erklärungen anbieten. Die Geodynamiker bauen ja selbst nur auf einer Arbeitshypothese auf, die allerdings von sehr vielen Beobachtungen und Erscheinungen gestützt wird. Wie es aber im Erdinneren tatsächlich ausschaut, konnte noch niemand exakt messen. Diese Hypothese läßt viele wichtige Fragen offen. So weiß man nicht, in welcher Tiefe der Dynamoeffekt wirksam ist. Man kennt weder die Zusammensetzung der Materialien, noch ihre tatsächlichen Strömungsgeschwindigkeiten, ihre Dichte und Wärmeleitfähigkeit. Es ist unmöglich, die sogenannte Reynoldsche Zahl zu errechnen. Das ist jene Größe, die sich nach den Gesetzen der Hydrodynamik aus der Dichte und der Zähigkeit des Materials sowie der charakteristischen Geschwindigkeit und Länge der Strömung ergibt.

Keiner dieser Werte ist bekannt; man ist deshalb nur auf Vermutungen angewiesen. Daß sich aber andererseits das irdische Magnetfeld mitunter schlagartig verändert, ist ausreichend erwiesen. Inzwischen hat man sogar mehrere derartige Polwechsel – oder nennen wir sie Polverschiebungen – innerhalb der letzten 25.000 Jahre festgestellt.[18]

Unbefriedigend bei meinem Erklärungsversuch war vor allem eine Tatsache: wenn sich der Dynamoeffekt tatsächlich in einer Tiefe von 2900 Kilometern abspielt, also im Grenzbereich vom Erdkern zum Erdmantel, wird es schwierig, sich die Übertragung der Kräfte aus dieser Tiefe zur Erdkruste vorzustellen. Es ist zwar ziemlich sicher, daß der Erdkern aus wesentlich schwereren Materialien besteht. Er hat darüber hinaus auch einen Durchmesser, der jenem unseres Nachbarplaneten Mars entspricht. Aber wie man auch die Dichte und Gewichtsverhältnisse einsetzt, seine Masse kann nicht viel größer als die des viel voluminöseren Erdmantels sein. Nach den Gesetzen von Aktion und Reaktion müßte es – wenn sich die Bewegung sozusagen in einer Art abstoßender Kraft vom Erdkern bis zur Erdkruste fortsetzen sollte – zu einer sehr beträchtlichen Verschiebung der Erdachse kommen. Dafür fehlen allerdings alle Hinweise.

Es ist unmöglich, jene Tiefe zu lokalisieren, in der sich das Magnetfeld aufbaut. Wir messen ja nur die Induktion der Feldlinien. Es wäre denkbar, daß der Dynamoeffekt in einer Zone wirksam wird, die weit näher als vermutet zur Erdoberfläche gelegen ist. Gegen diese Ansicht spricht einzig und allein die Ausbreitungsart bestimmter, bei einem Erdbeben auftretender Wellen. Diese sind nicht imstande, Flüssigkeiten zu durchdringen und werden – so nimmt man jedenfalls an – an der Grenze zum Erdkern, den man sich flüssig oder gasförmig vorstellt, reflektiert. Weil man aber die Verhältnisse, wie sie im Erdinneren herrschen, im Laboratorium nicht reproduzieren kann, ist man auch hier auf Vermutungen angewiesen. Niemand kennt die physikalischen Verhältnisse im Erdinneren und niemand weiß, ob sich die bei einem Erdbeben entstehenden Wellen in der unbekannten Materie ausbreiten können, die durch ungeheuren Druck zusammengepreßt wird. So sind die angebotenen physikalischen Voraussetzungen für das Vorstellungsmodell der Geodynamik nur mit Vorsicht zu verwenden.

Welche neue Situation ergibt sich aber, wenn man die erhöhte Tätigkeit auf der Sonnenoberfläche und den festgestellten Bremseffekt auf die Erdrotation zur Lösung des Problems heranzieht? Wie gesagt, Erdmantel und Erdkern rotieren nicht mit der gleichen Winkelgeschwindigkeit. Die äußeren Schalen unseres Planeten drehen sich etwas schneller als die innere Kugel. Erreichen nun die Magnetstürme der Sonne die Erde, verändert sich das irdische Magnetfeld so, daß zwischen dem äußeren Erdmantel und den inneren Zonen eine Art Magnetkupplung eingeschaltet wird. Infolge der festeren Bindung an den Erdkern verlangsamt sich die Erddrehung. Es gibt kaum noch eine Möglichkeit, den gemessenen Abbremsungseffekt anders zu erklären. Es sei denn, man nimmt eine – allerdings noch nie festgestellte – Kraft an, die in unserem Planetensystem wirksam ist. Sie müßte einmal die Drehung der

Erde hemmen und ein anderes Mal unserem Planeten beschleunigende Impulse erteilen.

Wenn aber ein sich verstärkendes Magnetfeld in der Lage ist, die Geschwindigkeit der Erdrotation zu beeinflussen, muß der zurückbleibende Erdkern eine wesentlich größere Masse haben, als bisher angenommen wurde. Schließlich ändert sich ja die sogenannte Magnetpolflucht nur unwesentlich. Bekanntlich ist dieses Zurückbleiben der Magnetpole in entgegengesetzter Richtung zur Erdrotation das wichtigste Symptom für die Theorie, daß sich Erdkern und Erdmantel mit unterschiedlicher Geschwindigkeit drehen. Hätte nun der Erdkern nur eine relativ geringe Masse, müßten die Reaktionen im irdischen Magnetfeldbereich viel deutlicher zu messen sein. Bei einer Bremsung gäbe es keine Magnetpolflucht mehr, beim anschließenden Abstoßprozeß (falls die Annahme des Physikers Runcorn richtig ist) müßten hingegen die Abstoßkräfte viel größere Verlagerungen des Magnetpoles zur Folge haben, als sie zur Zeit zu bemerken sind. Unsere Magnetpole müßten sich also sprungartig zwischen zwei Punkten hin und her bewegen. Das konnte aber nicht beobachtet werden.

Folgt man den derzeit gültigen Ansichten über den Aufbau des Dynamoeffektes, ergeben sich überraschende Schlußfolgerungen: Wenn sich die Erde nämlich durch solare Magnetgewitter stark abbremst, wenn also einmal die Magnetkupplung vollkommen geschlossen wird, müßten sich auch Erdkern und Erdmantel gleichmäßig schnell drehen. Das aber hätte den Zusammenbruch des Dynamoeffektes zur Folge. Es fehlt dann eine der Bewegungskomponenten, durch die im Erdmantel die Strömungen gerichtet werden. Es müßte der Verstärkereffekt ausfallen, als weitere Folge würde wahrscheinlich das Magnetfeld schlagartig zusammenbrechen. Geophysiker vermuten ein plötzliches Verschwinden der magnetischen Feldlinien.

Gibt es kein Magnetfeld mehr, wird zwangsläufig auch der Van-Allen-Gürtel zusammenbrechen. Diese elektromagnetische Schutzschale ist ja nur eine physikalische Auswirkung des Dynamoeffektes. Wenn die Schutzzone, die sich um die Erde breitet, verschwunden ist, müssen die Sonnenwinde mit starker Intensität auf die Atmosphäre auftreffen. Zweifellos muß es dabei zu besonderen magnetischen Effekten kommen; zu Wechselwirkungen, die durchaus imstande sein könnten, kurzfristig neue, sehr starke Magnetfelder aufzubauen. Dazu kommt noch, daß vorübergehend auch die Magnetbremse verschwinden muß. Jetzt werden im Erdinneren die Materialienströme rascher kreisen. Es wird vermutlich eine heftigere Abstoßbewegung einsetzen, und damit wird sich die Winkelgeschwindigkeit zwischen Erdmantel und Erdkern vergrößern. All diese Vorgänge werden ein neues, stärkeres Magnetfeld aufbauen, wodurch die Magnetbremse wieder wirksam werden muß.

In bestimmter Folge werden nun Bremsungen und Beschleunigungen auf den Erdmantel einwirken. Zweifellos werden sich diese Vorgänge durch Spannungen und Verschiebungen in der Erdkruste bemerkbar machen. Sogenannte Dislokationen, also Verlagerungen der Erdmassen in vertikaler Richtung, werden Erdbeben auslösen. Schließlich wird es auch zu sogenannten Dissipationen kommen: Darunter versteht der Physiker die den Gesetzen der Hydrodynamik entsprechende Umwandlung mechanischer Energie in Wärme und die dadurch bedingte Veränderung der Zähflüssigkeit von Fluiden.

Zwischen der Erdkruste und dem Erdmantel befindet sich eine halbflüssige Schicht. Sie wird von einigen Geodynamikern Slushzone genannt und liegt unter der bereits öfters erwähnten Mohorovičić-Diskontinuität. Im Verlauf der Brems- und Beschleunigungsmanöver wird sich diese im Ruhezustand relativ zähe Materie mehr und mehr verflüssigen und zu einer Gleitschicht ausbilden. (Im Englischen bedeutet slush „Matsch" oder „Schmiere".) Damit wird aber auch die letzte mechanische Kupplung gelöst. Nun spielt es keine Rolle mehr, ob die Erdkruste durch mechanische Impulse vom Erdinnern her ins Gleiten gerät oder ob ein statisch-mechanischer Ausgleich erfolgt: Schon das auf den beiden Polen angesammelte Gewicht der Eismassen müßte genügen, um aus dem labilen Gleichgewicht auszubrechen. Den Gesetzen der Schwerkraft und der Beschleunigung entsprechend, werden die polaren Eismassen in niedrigere Breiten abschwimmen.

Damit wird die Pendelbewegung zwischen Eis- und Warmzeiten verständlicher.

Die Erdkruste taucht unterschiedlich in die Mantelmaterialien ein. Wenn durch das häufige – „häufig" nach dem Zeitmaß der Geologen – Hin- und Herpendeln sozusagen ein Gleitweg geschaffen worden ist, wird sich die Erdkruste – wie in Schienen laufend – verschieben. Dann werden in der Arktis und zum Teil auch in der Antarktis die Eiskalotten abschmelzen. Auf dem Festland Europas und Nordamerikas werden sich nun viel mächtigere Eisschichten aufbauen, weil ja der neue Pol in der Nähe des Festlandes liegt und die ausgleichende Wärmeregulierung durch das Meer fehlt. Sie stellen eine neue, große Unwuchtquelle dar. Damit wächst die Wahrscheinlichkeit für ein rascheres Abgleiten dieser labilen Überlast. Und es wird verständlich, warum die Eisvorstöße nur relativ kurz, nämlich ein- bis zweitausend Jahre, andauerten, die Zwischenzeiten (Interstadiale) hingegen länger.

So also werden meiner Meinung nach Polsprünge verursacht. Das Umschwenken des Magnetfeldes und eine neue Pollage sind auch für die Zukunft infolge von Störeinflüssen, Verlagerungen und großen Erschütterungen mit Sicherheit zu erwarten. Dennoch wäre es vorstellbar, daß es das nächste Mal nicht zu einer kompletten Umpolung kommt. Die Achse durch die neuen Magnetpole wird auf alle Fälle einen anderen Winkel zur Rotationsachse einnehmen als vor dem Polsprung. Dieses Modell müßte berechnet werden. Das übersteigt aber bei weitem die Möglichkeiten eines Journalisten.

Nach Erdbeben und nach unterirdischen Kernwaffentests wurde beobachtet, daß große Erschütterungen der Erdkruste zu Veränderungen und zu Verschiebungen des örtlichen Magnetfeldes führen. Als am 6. November 1971 auf der Aleuten-Insel Amchitka trotz weltweiter Proteste ein Atombombenversuch unternommen wurde, registrierte man magnetische Verrückungen. 1600 Meter vom Explosionsort entfernt war es zu einer Gesteinsversetzung gekommen. Auf der einen Seite der Verwerfung war die magnetische Feldstärke auf 13 Gamma angestiegen. (1 Gamma = 1 Hunderttausendstel Gauß.) Auf der anderen Seite der

Verwerfung hatte die Feldstärke hingegen um 11 Gamma abgenommen.[19]

Sogar wenn Stauseen angefüllt werden, wandelt sich das lokale Magnetfeld. Sehr wahrscheinlich könnten sich deshalb bei einer weltweiten Verschiebung der Erdkruste gewaltige Veränderungen des Magnetfeldes ergeben, die vielleicht sogar einen Umpolungseffekt auslösen könnten.

Theoretisch ist es freilich auch möglich, daß keine magnetische Versetzung eintritt und auch nach einer Verrutschung der Erdkruste die Magnetpolachse den gleichen Winkel zur Erdrotationsachse einnimmt. Für viele Zonen der Erdoberfläche, die nun in andere Breiten gewandert sind, wird sich der Magnetpol dann in einer anderen Richtung befinden. Dementsprechend wird auch der remanente Gesteinsmagnetismus an vielen Plätzen eine andere Orientierung aufweisen. An manchen Orten wird aber die alte Richtung bestehen bleiben. Das wird dort zu erwarten sein, wo Plätze auf dem Meridian liegen, in dessen Direktion sich die Erdkruste verschiebt. Tatsächlich hat man an einigen Stellen Ergußgesteine oder Ablagerungen gefunden, in denen eine Umpolung zu erkennen ist, und es gibt gleichalte Gesteine, die rätselhafterweise keine derartigen Magnetanomalien aufweisen.

Es wäre sogar möglich, daß die Erdkruste beim nächsten Polsprung nicht zurückpendelt, sondern sich in der ursprünglichen Richtung weiterbewegt. Grönland zum Beispiel würde sich somit dem Äquator etwas nähern. Wenn auf diese Weise die Pole innerhalb von zehntausend bis dreißigtausend Jahren in Phasen nach und nach ihre Lage zum Sternenhimmel tauschten, die magnetische Polrichtung aber in astronomischer Beziehung gleichbliebe, würde sich das ebenso im remanenten Magnetismus zeigen, wie er sich jetzt überall dokumentiert.

So nimmt man an, daß die letzte totale Polumkehr, die fast überall in den Ridgezonen nachzuweisen ist, etwa dreißigtausend Jahre gedauert haben dürfte. Das war vor 700.000 Jahren. Die vorletzte Umkehr dürfte etwa zehntausend Jahre gedauert haben. Professor D. Heye vom Niedersächsischen Bundesamt für Bodenforschung in Hannover und seine Mitarbeiter untersuchten einen

Bohrkern aus der Meteorkuppe im Atlantik, in dem sich eine Feldumkehr zeigte, und datierte das Ereignis mit 890.000 Jahren. Der Kern war aus einer Schicht von Tiefseeablagerungen geholt worden. Man zerteilte das Stück, das den Polaritätswechsel aufwies, in ein Zentimeter dicke Scheiben. Jeder dieser Stoppeln entspricht einem Zeitraum von 1300 Jahren. So lange hatte es in dieser Tiefe gedauert, bis sich eine ein Zentimeter starke Sediment-schicht ablagerte.

Die Untersuchung ergab: Der magnetische Nordpol war nicht verschwunden, sondern wanderte von Nord über West nach Süd. In den ersten 4000 Jahren vollzog sich eine Drehung um neunzig Grad, dann dauerte es weitere 6000 Jahre, bis Nord- und Südpol ihre Plätze getauscht hatten. Ob diese Wanderung gleichmäßig oder sprunghaft erfolgt ist, läßt sich nicht erkennen.[20] Daß es innerhalb der letzten 25.000 Jahre mehrere „Umpolungen" des Magnetfeldes gegeben hat, bestätigt heute jeder Geophysiker. Diese magnetischen Anomalien wurden in Sedimenten und Erguß-gesteinen aus diesem Zeitintervall einwandfrei nachgewiesen. Ich habe das von Geologen und Geophysikern gebrauchte Wort Umpolung unter Anführungszeichen gesetzt, weil sich meiner Meinung nach nicht Umpolungen, sondern Polsprünge ereignet haben.

Manche Magnetanomalien findet man, wie bereits kurz erwähnt, nur an einigen Stellen. An anderen Orten entdeckte Laven oder Sedimente aus der gleichen Zeit zeigen rätselhafterweise keine Umpolung des irdischen Magnetfeldes an, sondern höchstens eine magnetische Störung. Die letzten oberen Lavaschichten nehmen wieder dieselbe Magnetrichtung ein wie die Magmadecke, die zuerst aus dem Krater gequollen ist. Ich habe schon in meinem vorigen Buch mindestens sechs Polsprünge – das bedeutet drei Magnetfeldanomalien in bestimmten Breiten und auch drei Eiszei-ten – angenommen. Tatsächlich dürften es jedoch acht gewesen sein. Der erste, der sich vor 24.000 bis 26.000 Jahren ereignet hat, ist durch die Umpolung in Australien, aber auch in anderen Kontinenten einwandfrei bewiesen.[21]

Die zweite, die sogenannte Lascaux-Anomalie, wird auf etwa

15.000 Jahre geschätzt. Seit kurzem kennt man auch den sogenannten „Gothenburg-Flip". Durch eine 1971 bei Gothenburg in Schweden durchgeführte Kernbohrung konnte man eine scharfbegrenzte Umkehrung der Magnetisierungsrichtung nachweisen. Es gelang sogar die exakte Datierung: die obere Grenze dieser Magnetveränderung liegt bei 12.350 Jahren. Dieser Zeitpunkt stimmt genau mit dem plötzlichen Ende eines mächtigen Eisvorstoßes überein, der in Schweden mit Fjaras Stadial bezeichnet wird. Er wurde vom sogenannten Bölling Interstadial abgelöst.[22]

Damit ist zum erstenmal bewiesen: Pol„umkehrungen" stehen in Verbindung mit gewaltigen Klimaveränderungen. Weiterhin: „Umpolungen" des Erdmagnetfeldes erfolgen ganz plötzlich. Man hat mir nämlich vorgeworfen, ich berücksichtige nicht, daß Umpolungen einen Zeitraum von 10.000 bis 30.000 Jahren umspannten. Die jüngsten Auswertungen der Magnetanomalien ergaben, daß sich die Veränderungen plötzlich ereignet haben.

Auch in Lößablagerungen hat man mehrere Magnetrichtungsveränderungen festgestellt. Löß ist eine Sedimentschicht, die keinerlei stratigraphische Schichtung aufweist. Sie ist sozusagen aus einem Guß, oder – wie ich behaupte – aus einer Anwehung, die sich innerhalb kürzester Zeit gebildet haben muß. Das heißt, bei Polsprüngen entstehen Orkane, die Kraft genug besitzen, den feinen Lößstaub, der sich heute an zahlreichen Plätzen sowohl im Norden wie auch in den südlichen Wüstenzonen befindet, in andere Breiten zu verfrachten. Natürlich ist es schwierig, mit einem Geographen zu diskutieren, der eine solche Anomalie in einer Lößwand entdeckt hat, aber von der Annahme ausgeht, diese Lößschicht wachse kontinuierlich jedes Jahr um einige Zentimeter an. Wenn er nämlich vermeint, bis zu der Stelle in der Lößwand, wo er die Magnetrichtungsveränderung festgestellt hat, habe die Sedimentierung einige Tausend Jahre gedauert, und auch oberhalb der Magnetgrenze eine ähnlich lange Zeitspanne annimmt, ergibt sich schon von der grundlegenden Differenz in der Ansicht über die Lößakkumulation her ein unüberbrückbarer Gegensatz.[23]

Ich bin überzeugt, daß der Gothenburg Flip – wie lange er

gedauert hat, läßt sich absolut nicht feststellen – mit der Lascaux-Anomalie sehr innig verwandt ist. Das heißt, vor 14.000, 15.000 Jahren ist es plötzlich kalt geworden, und die damit einsetzende Eiszeit hat 2000 bis 3000 Jahre gedauert. Daß im Bohrkern von Gothenburg unter der Magnetfeldveränderung keine diesem Zeitintervall entsprechende Sedimentation lagert, ist ganz logisch: Wenn sich das Klima entscheidend ändert, verändert sich bestimmt auch die Geschwindigkeit, mit der die Ablagerungen vor sich gehen, ja, sie kommen möglicherweise ganz zum Stillstand. Man hat übrigens dieselbe magnetische Anomalie auch in Bohrkernen aus dem Nordatlantik, dem Golf von Mexiko, aus dem Schelfgebiet von Japan und Neuseeland sowie in drei Lößablagerungen in der Tschechoslowakei entdeckt. Nicht überall konnte man exakte Datierungen vornehmen.

Ich bin überzeugt, diese Anomalien, die interessanterweise in verschiedenen anderen Bohrkernen aus demselben Zeithorizont vollkommen fehlen, gehören teilweise zu einer weiteren Polsprungperiode. Diese muß etwa eineinhalb- bis zweitausend Jahre nach dem Ende des Gothenburg Flips angebrochen sein und den letzten großen Eisvorstoß der jüngeren Tundrenzeit umfassen. Diese Minieiszeit aktivierte neuerlich die Gletschertätigkeit und dürfte vor 9000 bis 10.000 Jahren zu Ende gegangen sein, also vermutlich keine tausend Jahre angehalten haben.

Daß der ganze Zeitplan für die Würm-Eiszeit ins Wanken geraten ist, geht aus zahlreichen Einzelentdeckungen hervor. Eine einzige möge hier erwähnt werden: Im April 1969 fand man in den sogenannten Bändertonlagen von Baumkirchen im Inntal, östlich der Stadt Solbad Hall, einen Föhrenzweig. Bändertone entstehen, wenn in einem See oder in einer Flußausweitung eine jahreszeitlich bedingt veränderte Ablagerung erfolgt. Während der Frühjahrsschmelze werden gröbere Partikeln abgelagert, während der Wintermonate reicht hingegen die Kraft des fließenden Wassers nur dazu aus, feine dunkle Schlammteilchen zu befördern. Mit Hilfe der C-14-Methode und des Bändertons – er ist ein Kalendarium für den Geologen – konnte man den Föhrenzweig datieren. Er war vor 26.800 ±1300 Jahren gewachsen. Da er allerdings inmitten der

Ablagerungen gefunden wurde, zeigte er an, daß zu diesem Zeitpunkt das Inntal noch eisfrei war. Er ist aber kein Indikator für einen neuerlichen Kältevorstoß in der Würm-Eiszeit-Periode.[24]

Obwohl es bei der Analyse und Auswertung des Fundes beträchtliche Differenzen in den Anschauungen der örtlichen Geologen und Geographen gibt, scheint eines ziemlich sicher festzustehen: Die Würm-Eiszeit kann keineswegs, wie Brückner und Penck annahmen, vor 118.000 Jahren begonnen und vor 10.000 Jahren geendet haben. Die ganze Zeitspanne reduziert sich vermutlich auf 10.000 Jahre, und höchstwahrscheinlich wird man früher oder später sogar feststellen, daß innerhalb dieses Zeitraumes mehrere, noch kurzfristigere Eisvorstöße erfolgt sind. Damit lassen sich auch die geologischen Abnormitäten relativ leicht erklären.

Wie immer diese physikalischen Ereignisse auch ablaufen mögen, eines ist gewiß: Vorgänge auf unserem Muttergestirn, der Sonne, steuern auch das geodynamische Geschehen auf der Erde. Schließlich muß man sich immer wieder die Relationen ins Gedächtnis rufen: Die Masse aller in unserem Sonnensystem kreisenden Planeten entspricht nicht einmal einem Prozent der Sonnenmasse.

Welche gewaltigen Veränderungen auf dem Zentralgestirn unseres Planetensystems in letzter Zeit vor sich gegangen sind, darüber soll im letzten Kapitel dieses Buches berichtet werden.

Die Erdrotation wird allerdings noch von anderen Faktoren beeinflußt; es gibt auch saisonale Beschleunigungen oder Verzögerungen. Sie wurden erstmals im Jahre 1937 von dem in Paris wirkenden Professor N. Stoyko entdeckt und dürften vermutlich auf meteorologische Einflüsse zurückzuführen sein. Allherbstlich beschleunigt sich die Erdumdrehung um etwa zwanzig Millisekunden, dagegen wird sie im späten Frühjahr, zwischen Mai und Juni, bis zu fünfzig Millisekunden verzögert. Das wird auf den bereits erwähnten Pirouetten-Effekt zurückgeführt. Erfahrungsgemäß verdampft im Frühjahr auf der nördlichen Halbkugel, über den Landmassen, sehr viel Wasser. Es steigt in höhere Regionen auf.

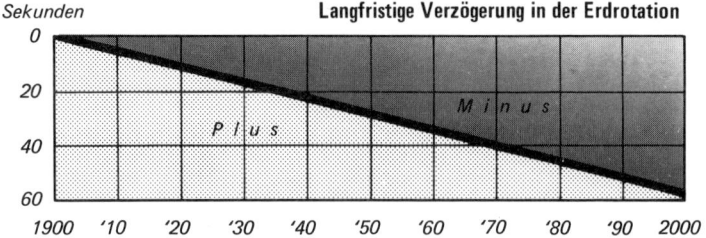

Sekunden · Langfristige Verzögerung in der Erdrotation

Plus · Minus

1900  '10  '20  '30  '40  '50  '60  '70  '80  '90  2000

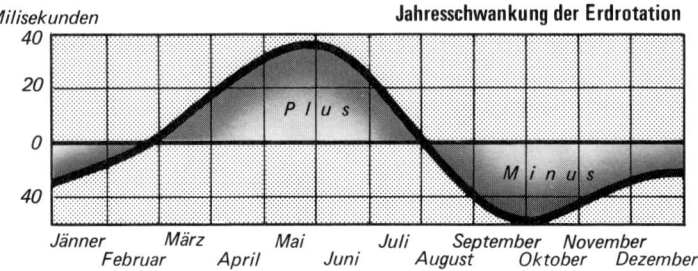

Milisekunden · Jahresschwankung der Erdrotation

Plus · Minus

Jänner  März  Mai  Juli  September  November
Februar  April  Juni  August  Oktober  Dezember

Die Erdrotation nimmt ständig ab. Außerdem gibt es auch im Jahresablauf Schwankungen in der Drehgeschwindigkeit.

Dadurch aber vergrößert sich die Masseausdehnung der Erde; es entsteht eine Bremswirkung. Ist hingegen im Herbst in der Atmosphäre weniger Wasserdampf zu finden, weil infolge der Sommertemperaturen und dem zyklischen Wetterablauf die Witterung trocken ist, kehrt das Drehmoment wieder zurück, und die Erde beschleunigt ihre Umdrehung. Hier geht ja keine Kraft verloren, da sie in der äußeren Masse gespeichert worden ist. Das gleiche Verhalten kann man bei Eistänzerinnen feststellen. Wenn sie ihre Arme ausstrecken und sich dabei auf der Spitze ihres Schlittschuhs drehen, verlangsamt sich ihre Bewegung. Ziehen sie hingegen die Arme ein und verschränken sie sie vor der Brust, wird die Drehbewegung beträchtlich schneller: Deshalb auch die Bezeichnung „Pirouetten-Effekt".

Diese Veränderungen sind also relativ leicht erklärbar. Viel rätselhafter hingegen ist das Verhalten des Planeten beim soge- nannten „Chandler-Wackeln", jenen Schwankungen der Rotationsachse, die sich in einem Zyklus von 428 Tagen vollziehen. Genaue Untersuchungen dieser Schwankungen – die Polachse hat ja die Tendenz, wieder in die Ausgangsstellung zurückzukehren – zeigten, daß dem Zyklus eine Dämpfung überlagert ist. Die Messungen wurden mit Hilfe der Laserstrahl-Reflektoren auf dem Mond überprüft und bestätigt. Die Dämpfung bewirkt einen Bremseffekt. Den Berechnungen zufolge müßte innerhalb von 13 Jahren der „Wackeleffekt" ausgelöscht sein. Das ist nicht der Fall. Irgendeine Kraft schaukelt diese kuriose Polschwankung wieder auf.[25]

Eine weitere Eigenart erhöht die Rätselhaftigkeit dieses Phänomens: Die Erdachse wird nicht in einem gleichförmigen, kontinuierlichen Prozeß bewegt, sondern intermittierend. Sie verlagert sich sprunghaft, mitunter schnellt die Polachse auf eine neue Kreisbahn. Sie bewegt sich eine Zeitlang über diesen äußeren Sektor dahin – er hat einen Durchmesser von 22 Metern –, um dann wieder in die ursprüngliche, engere Kreisposition zurückzukehren. Forscher des Bureau International de l'Heure in Paris haben eine elfjährige Periode des „Chandler-wobble" genau analysiert. Man wollte feststellen, ob mit diesen Miniatur-Polsprüngen, die zwischen 1957 bis 1968 registriert wurden, irgendwelche andere geodynamische Ereignisse im Zusammenhang stehen können. Dabei ergab sich, daß viele „größere Polverlagerungen" mit einem schweren Erdbeben gekoppelt waren. Nicht selten überschritten diese Beben den Grad 7,5 auf der zwölfteiligen Richterskala. Beben von dieser Stärke haben bereits zerstörende Wirkungen und können, wenn das Hypozentrum unter einer Stadt liegt, zahlreiche Opfer fordern. Allerdings: der Zusammenhang zwischen Polverlagerung und Erdbebenhäufigkeit konnte nicht regelmäßig festgestellt werden. Zu Beginn der untersuchten Periode scheint eine große Korrelation bestanden zu haben. Gegen Ende dieser Zeitspanne, also in den späten sechziger Jahren, ja sogar bis 1971, war die Übereinstimmung nicht so häufig.[26]

Man hat herumgerätselt, ob etwa Miniaturpolsprünge von Erdbeben ausgelöst würden. Das könnte man logischerweise nur dann annehmen, wenn Erdbeben stets mit einer Polverlagerung

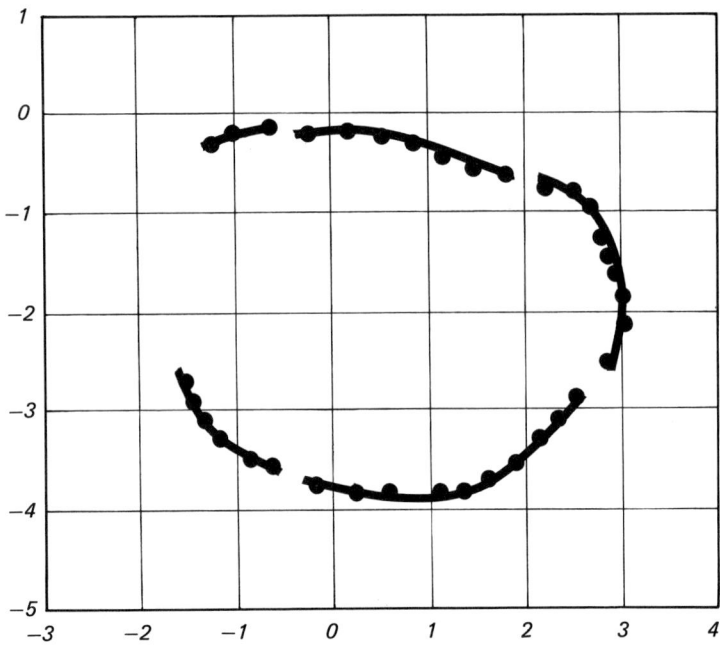

Diese Graphik zeigt die sprunghaften Verlagerungen der Pole während eines Jahres. Die Zahlen geben Zehntel Bogensekunden an.

gleichzeitig registriert worden wären. Das war aber nicht der Fall, und so ist die andere Möglichkeit viel wahrscheinlicher: kleine Polverlagerungen *können* auch Erdbeben verursachen.

Zum erstenmal hat der englische Professor John Milne einen Zusammenhang zwischen größeren Schwankungen der Erdachse und der Erdbebenhäufigkeit vermutet, und zwar im Jahre 1906, als die Welt im Banne der Zerstörung von San Francisco stand. Seither wurde in zahlreichen geodynamischen Instituten nach Übereinstimmungen zwischen Erdbeben und Polschwankungen geforscht. Manchmal schienen Verlagerungen der Erdachse Beben auszulösen, dann wieder wanderte das Achsenende an einem einzigen Tag bis zu fünfzehn Zentimeter, ohne daß irgendwo eine tektonische Erschütterung festgestellt werden konnte. Andererseits scheinen Beben auch ausgelöst zu werden, wenn die Achsverlagerung zum Stillstand kommt. Diese Ansicht vertreten die Professoren Mansinha und Wylie von der University of Western Ontario. Der Geophysiker Charles A. Whitten vom amerikanischen Bundesamt für Meeres- und Luftforschung glaubt hingegen, es wäre auch ein wechselseitiger Einfluß von Polschwankung und tektonischen Spannungen möglich. Daß Erdbeben die Miniaturpolsprünge auslösen, konnte nicht erwiesen werden.[27]

Um diesem Phänomen auf die Spur zu kommen, müssen also sehr präzise Messungen durchgeführt werden. Zur Zeit kennt man keine bessere Technik als die Vermessung mit Hilfe von Laserstrahlen. Man könnte auch Radiosender verwenden, wobei die Wellenfrequenz als „Metermaß" dienen würde. Wenn man Wellen im Zentimeterbereich aussendet, setzen sie sich so wie Laserstrahlen völlig geradlinig fort. Die Erde ist aber eine Kugel, und die Erdkrümmung würde diese Wellen auffangen und absorbieren. Also muß man über eine Zwischenstation gehen, die eine Sichtverbindung ermöglicht. Der Laserstrahl oder die Ultra-Ultra-Kurzwelle muß also zu einem außerhalb der Erde „aufgehängten" Spiegel gesandt und von diesem reflektiert werden. Theoretisch kann man dafür Flugzeuge, Hubschrauber und Ballons einsetzen. Praktisch haben sich aber nur Satelliten und der Mond als brauchbar erwiesen. Die Prismenreflektoren auf dem Mond stehen sozusagen jedermann zur Verfügung, der die notwendige Ausrüstung besitzt, um Laserblitze auf die Reise von der Erde zum Mond und zurück zu senden. Es dauert immerhin fast drei Sekunden, bis der mit Lichtgeschwindigkeit dahineilende Laserstrahl wieder zur Empfangsstation auf der Erde zurückgekehrt ist.

Seit Juli 1969 mißt man Nacht für Nacht mit Hilfe von Laserstrahlen: Die entsprechenden Einrichtungen stehen unter anderem im McDonald Observatory in der Nähe von Fort Davis in Texas, im Luna-Laser Observatory nächst Tucson (Arizona), in den Beobachtungsstellen Pic du Midi in Frankreich, in der Okayama-Station in Tokio, im Astrophysikalischen Observatorium auf der Krim und in der LURE-Station auf Hawaii. Inzwischen gibt es sogar schon mobile Stationen und zahlreiche neue Laser-Meß-Observatorien in der Sowjetunion und in Westdeutschland. Alle diese Beobachtungsstationen sind mit speziellen

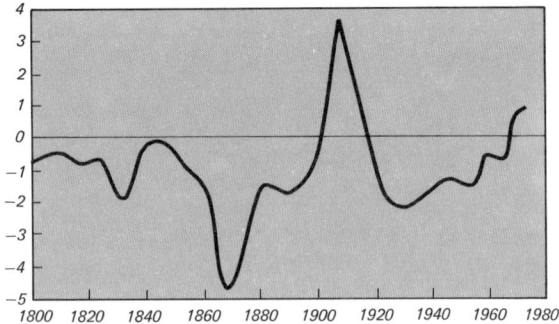

1) Die in der Zeitspanne zwischen 1800 und 1970 festgestellten großen Änderungen in der Rotation der Erde. Die Zahlen zeigen an, um wieviele Millisekunden die Tageslänge ab- oder zunahm.

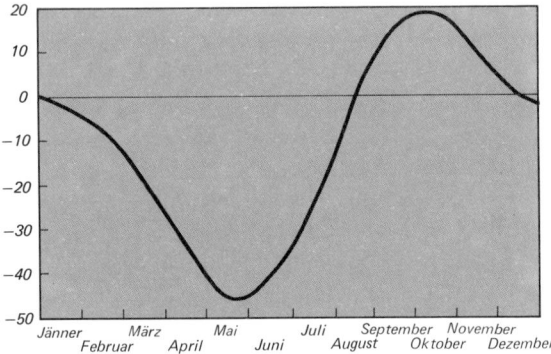

2) So veränderte sich im Jahr 1970 die Erdrotation entsprechend den Jahreszeiten. Beschleunigung und Verzögerung sind auf den durch das Klima bedingten „Pirouetteneffekt" zurückzuführen.

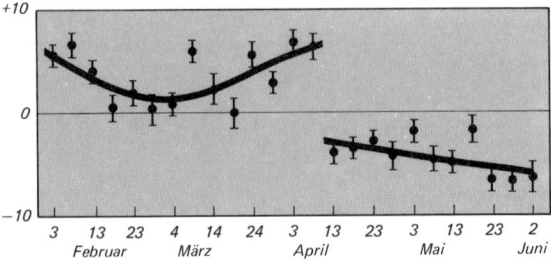

3) „Gasgeben" und „Bremsen" der Erdrotation erfolgt stoßweise. Die Wechselkräfte liegen in der Größenordnung von jeweils 10 Millisekunden.

398

Laserkanonen ausgestattet, die intensiv gebündelte Blitze abfeuern können, kräftig genug, den Mond zu erreichen und, zurückkehrend, als Signal aufgefangen zu werden. Die eintreffenden Signale werden Oszillographen zugeführt. Von der verwendeten Frequenz hängt die Präzision des Meßergebnisses ab. Nun haben aber Laserstrahlen unangenehme Eigenschaften: Sie durchdringen unsere Atmosphäre sehr schwer und sind nur mit kompliziertem technischem Aufwand zu erzeugen. Dennoch hat man bereits eine Genauigkeit erreicht, die plus/minus sieben Zentimeter unterschreitet. Laserstrahlen mit kürzerer Frequenz werden bei Vermessungen über den Mond eine Genauigkeit von plus/minus drei Zentimetern erzielen können.

Allein in Amerika sind zur Zeit nicht weniger als neun wissenschaftliche Institutionen mit der Vermessung der Kontinentaldrift beschäftigt. Die Versuche stehen unter Federführung von Professor James E. Faller von der Wesleyan University in Middletown in Connecticut. Eine Zeitlang wurden sie von den Piloten der Zivilluftfahrt bekämpft. Diese befürchteten, die sehr kräftigen Laserblitze könnten Flugzeuge, Besatzungen und Passagiere gefährden. Diese Sorge hat sich als übertrieben herausgestellt.

Die wissenschaftlichen Teams, die Messungen mit Hilfe von Laserstrahlen durchführen, haben vier Aufgaben zu erfüllen. Erstens: Beobachtung von Schwankungen der Erdrotationsachse und Vergleiche der Veränderungen im Erdkern oder Erdmantel. Zweitens: Zusammenhänge zwischen Erdbeben und dem Mechanismus der Bewegungen in den großen Erdfalten – etwa der San-Andreas-Falte festzustellen. Drittens: Beobachtung der großen atmosphärischen Ströme und Zusammenhänge zwischen der Erdrotation und dem irdischen Magnetfeld. Viertens: die großen kontinentalen Bewegungen nach der Hypothese des Sea-floor-spredings, also der Kontinentaldrift, nachzuweisen.

Polbewegungen, Schwankungen im Strömungsverlauf der Erdmasse und der Meere wurden registriert. Bewegungen im Bereich der Verwerfungszonen der Erdfalten oder der Krustenplatten konnten hingegen nirgends festgestellt werden. Nicht die leiseste Spur deutet auf eine wirksame Kontinentaldrift hin. Seit dem Jahre

1969, als die Messungen via Mond aufgenommen wurden, müßten aber etwa Hawaii und Japan über einen halben Meter auseinandergeschwommen sein. Die angenommene Jahresrate beträgt ja zehn Zentimeter.[28]

Anfängliche Schwierigkeiten sind inzwischen behoben worden. Der zurückkehrende Laserstrahl war beim Eintritt in die Atmosphäre abgelenkt worden. Das ergab, je nach Lage der Station und Jahreszeit, zum Teil beträchtliche Fehlwerte. Der Mond ist überdies kein völlig stabil aufgehängter Himmelskörper, er weist ganz charakteristische Schwankungen auf, darunter auch die sogenannte „Große Ungleichkeit". Da aber all diese Abweichungen bekannt sind, ist es heute durchaus möglich, mit Hilfe von Computern die entsprechend korrigierten Werte zu berücksichtigen.

Dennoch wurden keinerlei Bewegungen festgestellt. Weder in der Sowjetunion noch in den Vereinigten Staaten konnte man die Kontinentaldrift auf diese Weise verzeichnen. In den USA wurde ein eigenes Meßprogramm aufgestellt, das mit Hilfe der erdumkreisenden Satelliten Geos I, Geos II und BE-C Veränderungen auf der Erdoberfläche messen soll. Fast 200.000 Einzelmessungen wurden in den verschiedensten Techniken vorgenommen. Der nächste Schritt war die Entwicklung von Ultrapräzisionsstationen für Laservermessungen; die Spezialvermessungen können nunmehr beginnen. Im Rahmen der PPME-Forschungen (Abkürzung für Pacific Plate Motion Experiment) werden über die Satelliten Timation III und Lageos sowie Geos-C und Seasat, aber auch über das um die Erde kreisende Skylab Laservermessungen vorgenommen. Die Bewegungen lassen sich mit einer Genauigkeit von ± 0,5 bis ein Zentimeter pro Jahr registrieren.[29]

Ende August 1974 wurde in Zürich das internationale Symposion über „Rezente Erdkrustenbewegung" abgehalten. An der Tagung nahmen 160 Wissenschaftler aus aller Welt teil. Der Pariser Astronom Professor N. Stoyko erklärte, er habe aus einer Serie von astronomischen Längen- und Breitengradbestimmungen, die innerhalb der letzten 50 Jahre vorgenommen wurden, die Erdkrustenmobilität festgestellt. Messungen von mehr als einem Dutzend

Sternwarten hätten eine Veränderung der relativen Lage der Kontinente ergeben. Allein im letzten Jahrzehnt hätten sich Amerika und Europa einander jährlich um zwölf Zentimeter genähert. Nordamerika habe sich in den letzten Jahren um ähnliche Beträge gedreht und sich nordwärts verschoben.

Diese von Astronomen erzielten Feststellungen sind aber das genaue Gegenteil von dem, was die Verfechter der Seafloor-spreading-Theorie erwarten. Professor Stoyko kommt zu dem Schluß, die Kontinentaldrift trete nur intermittierend auf. In den Zwischenphasen finde eine Ausgleichsbewegung statt: Die Kontinente driften wieder zurück.[30] Professor Stoyko ist auch der Entdecker der an Sonnenfleckenzyklen gekoppelten Pendelbewegung der Erdkruste.

Der anhaltende Mißerfolg bei dem Versuch, etwas festzustellen, was durch andere Studien vollkommen klargestellt scheint, führt zu seltsamen psychischen Reaktionen. So stehen manche Forscher auf dem Standpunkt, es lohne sich gar nicht, die permanente Kontinentaldrift zu vermessen. Diese sei ja als Axiom schon nachgewiesen und unumstößliche Tatsache. Man erfülle nur eine Fleißaufgabe, um die exakte Wissenschaft zu untermauern. Nun, vielleicht wird sich eines Tages herausstellen, daß die fehlende Bewegung eine viel entscheidendere Auskunft über das geophysikalische Verhalten unseres Planeten gibt, als man zur Zeit annimmt.

Die Geschichte der menschlichen Entdeckungen und neuen Erkenntnisse hat gezeigt, daß es erfahrungsgemäß eine Zeitlang dauert, bis eine von der Allgemeinheit akzeptierte falsche These wieder ausgemerzt werden kann. Der Aufwand, die technische Entwicklung und die projektierten Vorhaben lassen aber schon heute jenen Zeitpunkt relativ leicht absehen, zu dem man sich von den bisherigen Theorien lösen wird. Ich glaube, daß die Hypothesen rund um die Holmes-Hess'sche Konvektionsströmungstheorie in vier bis fünf Jahren zu Grabe getragen werden wird. Wenn es einmal keinen Zweifel mehr daran gibt, daß sich unsere Kontinente nicht mit einer gleichmäßigen jährlichen Rate auseinanderbewegen, sondern nur bei Polsprüngen abgetrieben werden, wird auch der Traum von der „Geopoetry-Theorie" (so nannte der Entdekker Arthur Hess einmal seine Idee) ausgeträumt sein. Bis man die richtigen Zusammenhänge erkennt, wird man freilich Milliardenbeträge aufgewandt haben.

Schon in meinen letzten Buch habe ich zahlreiche Widersprüche in der noch immer gültigen Theorie des Transportes der Krustenplatten durch Konvektionsströme aufgezeigt. In diesem Buch konnte ich abermals gravierende Gegenbeweise vorlegen. Meiner Meinung nach ist ein sehr entscheidender Faktor, der gegen die permanente Ausbreitung spricht, bisher zu wenig berücksichtigt worden. Die Kontinentaldrift wurde ja erkannt, weil der Küstenverlauf in Südamerika und Afrika, aber auch an manchen Stellen Europas und Nordamerikas übereinstimmt. Jeder Transport, ob nun durch das „laufende Band" der im Erdmantel vor sich gehenden Konvektionsströmung oder eine von den Zentraltälern der Ridges ausgehende Schubwirkung, müßte längst die vorhandenen zusammenpassenden Küstenlinien zerstört haben. Die Erdkruste ist ja nicht gleichmäßig dick, ihre Stärke ist sehr unterschiedlich. Gebirge mit sehr tief in den Untergrund reichenden Wurzeln müßten von der Konvektionsströmung rascher abgetrieben werden als die nur wenige Kilometer starken ozeanischen Platten. Dieses Verhalten würde aber die Küstenlinien zerstören und jeden Zusammenhang unkenntlich machen.

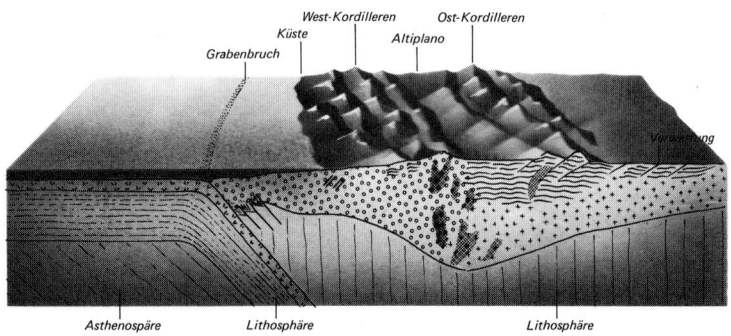

So reichen die Kordilleren in den Untergrund. Das Gebirge hat sich aufgestaucht, seit die Atlantikplatte auf die Pazifikplatte aufreitet. Infolge der Pendelbewegungen bei Polsprüngen entstand der Grabenbruch.

402

Außerdem wird der amerikanische Kontinent an seiner Westküste, von Alaska bis Feuerland, von Gebirgen gesäumt, die zu den höchsten der Welt zählen. Wird also – etwa durch Einströmen von Lava in die Ridgetäler – ein seitlicher Druck auf die Landmassen ausgeübt, müßte sich dieser Druck fortpflanzen und unterschiedlich wirksam werden. Er müßte zu Deformationen in den übrigen Teilen der Kontinente beitragen. Niemand wäre dann heute noch imstande, den Verlauf der gemeinsamen Bruchlinien zwischen Afrika und Südamerika zu erkennen. Die atlantischen Küstenregionen der beiden Kontinente würden sich aufgestaucht und total verändert haben.

Auch die verschieden alten Meeresböden passen nicht in die Konvektionsströmungstheorie. Das Alter der Gesteine müßte – streng von der Mittelspalte ausgehend – links und rechts ansteigen. Das ist aber nur bis zum Fuß der unterseeischen Rücken der Fall. Von da an gibt es große Anomalien. Im Golf von Mexico müßte etwa der Meeresgrund nächst Zentralamerika ein Alter von 150 bis 190 Millionen Jahren aufweisen. Tatsächlich ist er nur 75 bis 80 Millionen Jahre alt. Vor Afrika gibt es 110 Millionen Jahre altes Gestein. In der gleichen Breite – in Südamerika – finden sich hingegen Meeresböden, die zwanzig Millionen Jahre früher entstanden sein müssen. Sie haben ein Alter von 130 Millionen Jahren. Das Schema von der Meeresbodenausbreitung ist mit diesen Datierungen nicht in Einklang zu bringen.

Ständig werden bei Tiefseebohrungen durch die Besatzung der „Glomar Challenger" neue, im Rahmen der bestehenden Theorie rätselhafte Strukturen erbohrt. Sie bringen kein neues Licht in die immer unwahrscheinlicher werdende Meeresbodenausbreitungshypothese, machen alles noch unverständlicher, chaotischer. Völlig rätselhaft ist der Fund, der im Sommer 1974 gemacht wurde: ein fast 1200 Kilometer langer Teil des Urkontinents Gondwanaland wurde – im Meer versunken – entdeckt. Das sogenannte Falklandplateau ist nämlich ein Teil der Landmasse Südamerikas, Südafrikas und der Antarktis. Es ist sozusagen das fehlende Stück, das bei dem Puzzlespiel von den Küstenlinien bisher ausgespart blieb. Man erbohrte 600 Millionen Jahre alten Granit und verschiedenste Erdschichten mit Leitfossilien, aus denen klar hervorgeht, daß das Land einmal über Wasser gelegen haben muß. Mehr als 50 Millionen Jahre lang herrschte dort Mittelmeerklima, bis das gewaltige Stück Festland plötzlich im Meer versank. Die Sea-floor-spreading-Theorie kann dieses Phänomen keineswegs erklären. Ich will nun versuchen, die Gesetze des Sea-floor-spreadings, wie sie sich in Verbindung mit meiner Polsprungtheorie logisch ergeben, aufzuzeigen und zu formulieren.[31]

## Die Gesetzmäßigkeit beim Sea-floor-spreading

1. Kontinente und große Landmassen bestehen aus leichten Sialgesteinen: Basalt-, Sediment- und Metamorphosgesteinen; dieses Material wird infolge Erosion und chemischer Verwandlung verändert. Diese Gesteine nehmen an einem permanenten, in sich geschlossenen Kreislauf teil. Was durch Erosion ins Meer geschwemmt wird und dort zur Sedimentation auf dem Ozeanboden beiträgt, wird früher oder später wieder zu Festland aufgebaut.

2. Die Landmassen werden durch die wirksam werdenden Seitenkräfte bei sporadisch auftretenden Krustenverschiebungen (nach Umpolungen und Polsprüngen) über den Erdball bewegt. Hierbei kommt es für jeden Punkt der Erde zu negativen und positiven Beschleunigungen. Diese Kräfte führen zu Aufspaltungen der Landmassen und zu Driftbewegungen. Da aber die Erde eine Kugel ist, kommt es in weiterer Folge wieder zu Zusammenschlüssen von auseinandergebrochenen Kontinentalteilen.

3. Die Erdachse ist, von relativ kleinen Veränderungen abgesehen, in ihrer heutigen Neigung zur Ebene der Erdumlaufbahn um die Sonne stabil. Bei Polsprüngen kommt es jedoch zu Verschiebungen der Erdkruste. Dabei treten Kraftwirkungen in bestimmten Vektoren auf, die je nach ihrer Größe und Richtung auf die Massen der Kontinente und des Meeresbodens einwirken. Die Subsumtion dieser Kräfte bestimmt die Bewegungsrichtung der Erdteile über unseren geoidförmigen Planeten. In der Folge kommt es auch zum Auflaufen der Kontinente und Landmassen

auf andere Krustenplatten. Wie ein Eisbrecher, der auf Packeis auffährt, um es mit seinem Gewicht zu durchbrechen, schieben sich die Landmassen über den Ozeangrund. Dabei wird die auflaufende Küstenregion gestaucht und zu Gebirgen aufgefaltet; der alte Meeresboden wird in die Schichten des Erdmantels gedrückt.

4. Darauf kommt es zu isostatischen Ausgleichsbewegungen. Der Prozeß läuft zunächst relativ rasch ab, wird jedoch im Laufe der folgenden Jahrtausende abgebremst. Die Zonen dieser Verformung sind durch Erdbebenherde und andere tektonische Symptome gekennzeichnet.

5. Bei jedem Polsprung wird in bestimmten Zonen durch die auseinanderstrebenden Kontinentalblöcke neuer Meeresboden gebildet. Das kann auf folgende Weise geschehen:

a) Im Anfangsstadium der Kontinentalspaltung werden sich Grabenbrüche bilden, die sich nach und nach ausweiten. In die Vertiefung tritt magmatisches Material, das sich mit den Gesteinen und Ablagerungen am Grabengrund verbindet und zum Teil vermischt. (Beispiele finden sich im unteren Coloradotal und der Bucht von Kalifornien sowie im ostafrikanischen Grabenbruch.)

b) In weiterer Folge vergrößert sich der Grabenbruch. Es bilden sich Süßwasserseen, die sich später zum Meer hin öffnen. Meerwasser dringt ein, es entsteht Ozeanboden. Er wird sich im Zentrum der auseinandertreibenden Landmassen immer mehr verdünnen und sich zu Abhängen an den Schelfsockeln ausbilden. Nach und nach entstehen neben den Schelfzonen die Tiefseeböden. Dabei kann heißes magmatisches Material austreten, das bei Zerrungen unter dem Schelfsockel hervorgeholt und vom Meerwasser plötzlich abgekühlt wird. Durch Härtung und Stabilisierung bildet sich neuer Ozeanboden. Dieser Prozeß wird durch Streck- und Dehnvorgänge verstärkt. Deshalb nimmt der statisch nahezu ideal ausgebildete Meeresboden (Kugelschale) nach unterschiedlich lang dauernden Ruhepausen bei den folgenden Pendelbewegungen durch einen neuen Polsprung jeweils die auftretenden Schubkräfte in sich auf. Die zurückführende Pendelbewegung löscht den neuen Ozeanboden nicht wieder aus, sondern staucht ihn nur unwesentlich. Die Kräfte werden größtenteils auf die Landmassen übertragen und führen zu Verformungen in der Schelfzone. Hebungen und Gebirgsauffaltungen sind die Folge der Trägheitsmomente der sich weiterbewegenden Kontinentalmassen.

6. Überschreitet der Ausdehnungsprozeß des Ozeanbodens ein bestimmtes Ausmaß, reißt der in den Tiefseebecken verdünnte Meeresgrund auf. Es bilden sich zusammenhängende Spalten, in die Lava eindringt und aufsteigt. So entstehen über diesen Längskratern Wülste. Das heiße Material bleibt trotz der oberflächlichen Abkühlung im Vergleich zum angrenzenden Meeresboden weicher und plastischer, weil es sich höher aufwölbt und dicker als der Meeresboden ist. Bei künftigen Polsprüngen und abermals auftretenden Zerrungen wird an dieser Stelle der Kraterspalt wieder aufgerissen; neues Material wird austreten.

7. In der Folge wächst die Schwelle höher und höher zu unterseeischen Ridges. Das ältere Material verfestigt sich und wird damit auch spröder. Wenn nun – infolge der Erdkrustenverschiebung – die unterseeischen Rücken auf den Äquatorwulst des Geoids angehoben werden, können sich die Gebirgsstöcke der veränderten sphärischen Gestalt nicht mehr anpassen. Es kommt zu Brüchen quer zur Kraterspalte. Von nun an führt jedes Ridge-Element – entsprechend den Beharrungsgesetzen und als Reaktion auf die wechselnden Schub- und Zugbeanspruchungen – sein Eigenleben. So kommt es zu seitlichen Versetzungen entlang der sogenannten Transformationsfalten (Blattverschiebung).

8. Der gehärtete und gefestigte Boden der Tiefseebecken kann nur auf zwei Arten zerstört werden.

a) Durch Aufreiten eines Kontinents und Abdrücken in die erhitzten tieferen Zonen des Mantels.

b) Durch wachsende Belastung im Aufschüttungsbereich junger Faltengebirge. (Je jünger eine Faltenzone ist, desto größer ist die Erosion des Gebirgsmaterials. Im Golf von Bengalen ist über fünfzehn Kilometer Material vom Himalaya aufgeschüttet.)

9. Bei zunehmender Belastung wird der Ozeanboden vor den Faltengebirgen nach und nach in die Tiefe gepreßt; dabei bilden

sich Geosynklinalen. In weiterer Folge unterliegt er den erhöhten Beanspruchungen durch die zunehmende geothermische Tiefenstufe. Ab einer bestimmten Überlagerung erfolgt eine Anschmelzung. Damit verliert der tiefe Ozeanboden seine starre Festigkeit. Er wird plastisch. Dadurch aber hat der Meeresboden seine statischen Eigenschaften verloren, und es können sich Antiklinalen ausbilden. Die Orogenese setzt ein. (Deshalb schmiegen sich junge Faltengebirge jeweils an alte an.) Als Folge der Kontinentaldrift und der Bildung von schweren Ridgezonen kommt es in der Erdkruste zu neuen Masseansammlungen und Schwereanomalien. Nach und nach bauen sich neue dominierende Kräftevektoren auf. Damit aber kann sich die Generalrichtung der Kontinentaldrift verändern.

10. Infolge dieses Bewegungsablaufes bei der ständigen Ausweitung der Meeresböden bleiben die Konturen der Küstenlinie eines zerbrechenden Urkontinents erhalten, und die frühere Zusammengehörigkeit der Landmassen ist ersichtlich. Als Reaktion auf die bei Polsprüngen wirksam werdenden Seitenkräfte und infolge der unterschiedlichen Massen der Kontinente sowie der wechselnden Schubrichtungen wird jede Krustenplatte eine individuelle Abdriftrichtung erkennen lassen. Gemeinsam werden aber die auf den schweren Gesteinen des Erdmantels schwimmenden leichteren Kontinente Bewegungen ausführen, die nach und nach wie Räder in einem Kollergang um den Erdball führen. Dabei werden alte Ozeanböden in die Tiefe gedrückt und neue aufgebaut. (So kommt es, daß der Pazifik und der Atlantik gleich alt sein können, denn die Reste Pangäas können sowohl auseinandertreiben wie gemeinsam – aber unterschiedlich schnell – in einer bestimmten Zugrichtung über den Erdball wandern.)

11. Wo Landmassen auf alte Ozeanböden aufreiten, bilden sich meist Tiefseegräben. Sie sind eine Folge der Pendelbewegungen und der unterschiedlichen Masseverhältnisse zwischen den relativ dünnwandigen Tiefseeböden einerseits und den großen Gebirgen oder Landmassen anderseits. (Durch das Abdrücken in die Tiefe werden alte Ozeanböden aufgeschmolzen und nach und nach in die Tiefe gepreßt. Die in die tiefen Schichten des Mantels

abgesunkenen Ozeanböden konnten an einigen Orten entdeckt werden. Diese fossilen Meeresböden verändern die Geschwindigkeit seismischer Wellen. Vielleicht erfolgt durch langsame Umschmelzungsprozesse ein Aufheizen des Materials. Es kommt zu Hitzekonzentrationen und zu Erscheinungen wie jener der „heißen Punkte".)

# DIE SINTFLUT AUF DEM MARS

## Unterwegs zum roten Bruderplaneten

Die amerikanische Marssonde Mariner 9 erbrachte im Sommer 1972 den Beweis, daß der Mars ein erdähnlicher Planet ist, der jedoch infolge seiner geringeren Größe und Masse keine Sauerstoff-Atmosphäre besitzt, sondern nur das schwerere Kohlendioxyd an sich bindet. Überraschend dürfte meine Feststellung sein, daß auch der Mars regelmäßig von Polsprüngen heimgesucht wird. Um diese Behauptung zu begründen, bedarf es jedoch eines weiteren Ausholens.

Der rote Bruderplanet der Erde – er ist nach dem grimmigen Kriegsgott der Römer benannt – hat seit der Antike die Phantasie der Menschen bewegt. Wenn er in Konjunktion mit der Erde steht – ein Vorgang, der sich im Abstand von rund zwei Jahren wiederholt – sagen die Astrologen nur selten Gutes voraus.

Von seinem Einfluß erwartet man seit jeher die Bedrohung von Sicherheit und Frieden. So nannte man die allerdings erst viel später entdeckten beiden Kleinmonde des Mars „Daimon" und „Phobos", „Schrecken" und „Angst". Galileo Galilei bemerkte als erster Unterschiede auf der Marsoberfläche, helle und dunkle Flecken. Giovanni Schiaparelli vermeinte, auf der Marsoberfläche ein Netz von Linien auszunehmen. Diese „Mars-Kanäle" hielt man für Bewässerungsanlagen, mit denen überlegene Marsmenschen die äquatorialen Zonen befeuchten, um dort karge Felder zu bewirtschaften.

Lange Zeit war man davon überzeugt, es gäbe Leben auf dem Mars, denn jeweils in den Frühjahrsmonaten verdunkelte sich, von den Polen ausgehend, seine Oberfläche, während sie im „Mars-Herbst" wieder hell wurde. Aber die ersten Spektralaufnahmen bereiteten den Anhängern der „Marsmenschen-Theorie" eine bittere Enttäuschung: In der Mars-Atmosphäre fanden sich weder Sauerstoff noch Stickstoff. Überdies fehlten auf allen präzisen Photographien die nach Schiaparelli benannten Kanäle. Immer mehr Astronomen vertraten nun die Ansicht, der Mars sei ein toter Planet, vermutlich durch und durch erkaltet: Eine gigantische Wüste, ähnlich dem Mond; nur kälter.

Und das ist der Steckbrief unseres Nachbarplaneten: Der Mars hat einen Durchmesser von 6800 Kilometern. Der Planet ist an den Polen wesentlich stärker abgeflacht als die Erde. Die Entfernung vom Süd- zum Nordpol ist um neunzig Kilometer kleiner als der Äquator-Durchmesser. Überdies besteht der Mars aus leichterem Material als unser Planet: Ein Kubikzentimeter Mars-Substanz wiegt vier Gramm, ein Kubikzentimeter Erde 5,5 Gramm: das ergibt einen Unterschied von dreißig Prozent. Die Marsmasse beträgt nur elf Prozent der Erdmasse. Dementsprechend gering ist die sogenannte Fluchtgeschwindigkeit, nämlich 5,1 Kilometer/Sekunde (Fluchtgeschwindigkeit ist jene Größe, die erforderlich ist, um einen Gegenstand aus dem Anziehungsbereich des Planeten zu lösen). Für die Erde beträgt die große Fluchtgeschwindigkeit 11,2 Kilometer/Sekunde.

Interessant ist die Übereinstimmung zwischen Erde und Mars bezüglich der Achsenneigung zur Sonnenekliptik. Sie beträgt für den Mars 25 Grad, also nur um 1,5 Grad mehr als für die Erde. Der Marstag dauert 24 Stunden und 37 Minuten, das Marsjahr hingegen ist fast doppelt so lang wie das irdische, nämlich 687 Tage. Unser Nachbarplanet bewegt sich in einer großen Ellipse um die Sonne; wenn er sich unserem Muttergestirn auf geringste Distanz nähert, empfängt er um 45 Prozent mehr Sonnenlicht, als wenn er sich in Opposition zur Sonne befindet.

Diese Zahlen kannte man freilich alle, bevor im Juli 1965 die erste Marssonde den Planeten umkreiste. Das unbemannte Raumschiff Mariner 4 übermittelte scharfe Nahaufnahmen von Geländeformen, die aussahen wie Mond-Landschaften: Selbst Experten waren nicht imstande, zu entscheiden, ob die ihnen vorgelegten Bilder den Erdtrabanten oder den Mars zeigten. Und da die Vorstellung, die man sich nun aufgrund authentischer Photos machen konnte, nicht mit jener übereinstimmte, die sich manche „romantische" Astronomen zurechtgelegt hatten, waren einige herb enttäuscht. Vier Jahre vergingen bis zu den Flügen der zwei nächsten amerikanischen Sonden: Von Mariner 6 und Mariner 7 (1969) zu den Bodenstationen gefunkte Bilder korrigierten allerdings die Meinung, der Mars sei ein „absolut toter" Planet, vollkommen eingeebnet infolge Jahrmilliarden während der Sandstürme. Die automatischen Meßgeräte der beiden interplanetaren Raumschiffe berichteten über die Zusammensetzung der Mars-Atmosphäre. Die weißen Kappen über den Polargebieten, die im Mars-Winter wachsen und im Mars-Sommer zusammenschmelzen, bestehen aus reinem, festem Karbondioxyd, also Trockeneis. Von Wasser fand sich vorerst keine Spur. Die Funkbilder zeigten eine sehr wilde, vertikal gegliederte, zum Teil chaotische Landschaft. Es schien, als wäre ein Teil der Marsoberfläche eingebrochen, was auf aktiven Vulkanismus schließen ließ. Die meisten Forscher vertraten jedoch den Standpunkt, der Mars sei dem Mond ähnlicher als der Erde.

Für das Jahr 1971 bereitete die NASA die bis dahin aufwendigste Marsexpedition vor: Zwei „Späher" sollten den Planeten monatelang umkreisen und fast 95 Prozent seiner Oberfläche photographieren. Zunächst schien das Projekt unter einem Unstern zu stehen; manche Astrologen mochten sich in ihrer Meinung über den Mars bestätigt gefühlt haben. Die Mitte Mai von Kap Kennedy aus gestartete Trägerrakete von Mariner 8 konnte nicht stabilisiert werden und stürzte mitsamt dem Raumschiff ins Meer. In aller Eile wurde umdisponiert. Mariner 9 wurde nun auf eine andere Flugbahn gesandt und mußte einen Teil der für die Schwesternsonde bestimmten Aufgaben übernehmen. Am 30. Mai 1971 gelang der Start. Nach einer fünfeinhalb Monate dauernden Reise erreichte Mariner 9 am 13. November den Planeten und schwenkte – nach exakt vorgenommener Bremszündung – in eine Umlaufbahn ein. Die Parameter der Flugbahn betrugen am

Der von einem Schild aus gefrorenem Kohlendioxyd und Wassereis bedeckte Nordpol. Aus den verschobenen halbkreisförmigen Moränenwällen schließen Marsforscher auf mehrere Polverlagerungen. Die Stärke der Eiskalotte in Marswinter wird auf 100 bis 1200 Meter geschätzt.

marsnächsten Punkt 1650 Kilometer, am marsfernsten Punkt 17.100 Kilometer. Fast gleichzeitig langten auch zwei sowjetische Raumsonden in Marsnähe an: Mars 2 und Mars 3. Eine dieser Sonden führte eine weiche Landung aus. Offensichtlich war aber der Anprall auf der Mars-Oberfläche doch so heftig, daß die Funkverbindung abriß und das Gros der von den Wissenschaftlern sehnlich erwarteten Daten ausblieb.

Der Mars zeigte sich bei der Ankunft von Mariner 9 keineswegs freundlich. Er hüllte sich in einen derart gewaltigen Staubsturm, wie er seit dem Jahr 1956 nicht mehr hatte beobachtet werden können. Beinahe der ganze Planet war von dem mit einer Geschwindigkeit bis zu vierhundert Stundenkilometern dahinziehenden Sturm betroffen. Zunächst war die ganze südliche Hemisphäre verschleiert, dann griffen die Staubmassen auch auf die nördliche Halbkugel über. Dieses Naturereignis hatte am 22. September eingesetzt, und als die Sonde im November in den Umlauf einschwenkte, schien es, als müsse man die Mission als verloren ansehen. Die Staubstürme reichten bis in eine Höhe von 75 Kilometern. Die Astronomen nahmen an, unter den gegebenen Umständen würde es ein ganzes Jahr dauern, ehe sich der Feinstaub wieder abgelagert hätte. Bis dahin wären aber die Batterien von Mariner 9 bereits erschöpft gewesen.

Es kam anders. Die Sonnenzellen der Sonde arbeiteten mit einer wesentlich höheren Leistung, als man erwartet hatte, und luden die Akkumulatoren immer wieder auf. Mittels von der Erde ausgesandter Befehle untersuchte man nun die Zusammensetzung der Staubpartikel. Die Analyse ergab einen sehr hohen Kieselsäure-Anteil. Daraus aber konnte man mit größter Sicherheit schließen: der Mars mußte ein sehr intensives vulkanisches Stadium durchgemacht haben. Kieselsäure ist das Produkt magmatischer Entmischungsprozesse. Von der Oberfläche des Planeten konnte man wegen der Staubstürme freilich noch immer nicht viel sehen. Allen damit beschäftigten Gelehrten war klar, daß derartige Stürme sicherlich sehr starke Erosionswirkungen ausüben und daß diesem

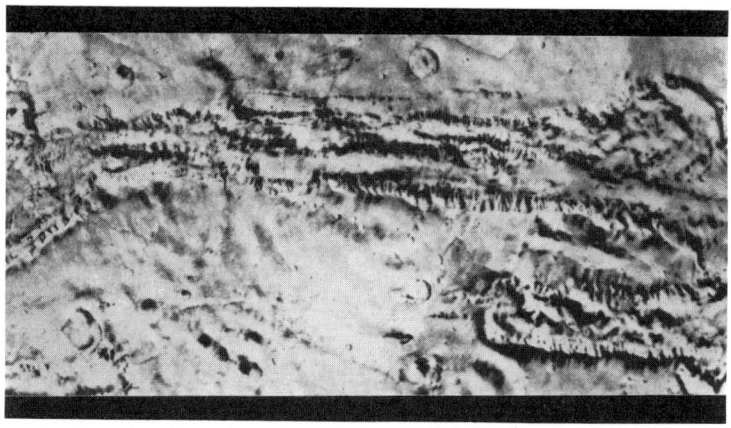

Ungeheuer große Cañons, deren Seitentäler starke Ähnlichkeit mit dem Grand Cañons des Coloradoflusses haben, verlaufen nahezu parallel zum Marsäquator. Vieles spricht dafür, daß diese Täler von fließendem Wasser geschaffen wurden.

enormen Sandstrahlgebläse selbst massive Felsen kaum auf die Dauer standhalten konnten.

Mariner 9 konnte die „geheimnisvollen" Marsmonde photographieren. Der längste Durchmesser von Phobos beträgt 25, der kürzeste 21 Kilometer; die entsprechenden Maße des wie eine Kartoffel gestalteten Daimon betragen 12,5 und 11 Kilometer.

Aufgrund der Gegebenheiten stellte man im Jet Propulsion Laboratory in Pasadena (diese als „Institut für Strahlantrieb" bezeichnete Forschungsstätte untersteht sowohl der NASA wie auch dem berühmten California Institute of Technology) die Beobachtung des Mars vorübergehend ein. 350mal umkreiste Mariner 9 „schlafend" den Planeten. Die Sonde wurde erst wieder geweckt, als der Staubsturm – rascher, als man gedacht hatte – verebbt war. Nun wurden die beiden Kameras – die eine war mit Weitwinkel-, die andere mit Teleobjektiven ausgerüstet – in Betrieb genommen.[1] Von da an traf eine Fülle höchst informativer Bilder bei den Bodenstationen ein: Die einzelnen Aufnahmen zeichneten sich durch äußerste Schärfe aus.

Als man schließlich auf diese Weise etwa 85 Prozent der Marsoberfläche photographiert hatte und mit Hilfe von Computern die mit Farbfiltern und im Infrarotbereich aufgenommenen Bilder übereinander kopierte und zu plastischen, detailreichen Mappierungen gelangte, lernte man einen Mars kennen, der völlig anders gestaltet war, als ihn sich selbst phantasiebegabte Science-fiction-Autoren vorgestellt hatten. Auf dem Planeten fielen vier geologisch sehr unterschiedliche Regionen auf:

1. eine vulkanische Zone,
2. eine schüsselförmige Region,
3. eine Sandwüstenzone und
4. eine Plateau-Region.

Die vulkanische Zone präsentiert sich in Lavafeldern, Calderen und dunklen, bis zu dreizehn Kilometer aufragenden Hochflächen. Dazu gehören etwa die bisher als „Oasen" angesehenen Maria, z. B. die Nix Olympica (= Schnee auf dem Olymp), ein

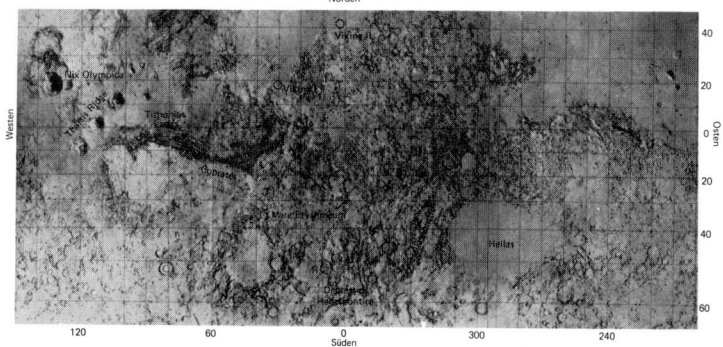

Wenn auch auf dem Mars Krustenverschiebungen, also Polsprünge erfolgen, lassen sich damit vielleicht die tiefen Täler erklären. Sie wurden offensichtlich von fließendem Wasser ausgewaschen. Im äußersten Westen, wo das Flußsystem beginnt, erheben sich bis zu 6000 Meter hohe Berge und Hochplateaus. Befand sich in dieser Region einstmals der Nordpol, dann hat sicherlich das Schmelzwasser der Polkappe die Flußläufe gegraben. Der Südpol könnte im Gebiet von Hellas gelegen sein, wo es Depressionen gibt, in die das Schmelzwasser des Polarwassers einfloß. Es bildete ein Meer, bis es verdunstete, sublimierte und sich über den neuen Polregionen ablagerte.

ovaler Caldera-Krater von siebzig Kilometern Länge und sechzig Kilometern Breite, der zahlreiche Innenkrater aufweist, aber auch die Oasen Lacus Ascraeus, Nodus Gordii (= Gordischer Knoten) und Pavonis Lacus (= Pfauen-See). Einige davon haben einen Durchmesser von über 110 Kilometern. Man konnte zwar keinen aktiven Vulkanismus auf dem Mars feststellen; dennoch müssen diese Kratersysteme – zumal sie nicht vom Sand bedeckt sind – geologisch relativ jung sein. Man entdeckte auch typische Einbruchscalderen, die konzentrische Terrassen und eine bezeichnende Anordnung von Zwillingskratern aufweisen. In ihrer Umgebung lagert dunkle, vulkanische Asche, die offensichtlich aus den Kratern ausgespieen worden war. Wäre das vor längerer Zeit geschehen, könnte man die Asche nicht mehr erkennen; zudem wäre sie von Sand bedeckt worden. Die Vulkane sind wesentlich größer als ähnliche Formationen auf der Erde.

Die Plateau-Region in der Nähe des Mars-Äquators ist von tiefen Rissen und Cañons durchzogen. Einer davon ist zehnmal so

415

lang und dreimal so tief wie der Grand Cañon im Südwesten der USA. Man entdeckte auch regelrechte „Flußsysteme", Rinnen im Marsboden, die nur von fließendem Wasser ausgewaschen worden sein können. Riesige wolkenbruchartige Regenfälle müssen auf der Erde monatelang niedergehen, bis solche Formationen entstehen können. Da es auf dem Mars keinen Regen gibt, müssen dort plötzlich Hunderte Meter hohe Eismassen geschmolzen sein, so daß die Wasserfluten sich reißend dahinwälzten, schließlich wieder im Sand versickerten oder als Eiswolken in die Atmosphäre aufstiegen und sich an den Polen als Eiskappen niederschlugen. Eines scheint jedenfalls eindeutig festzustehen: Auf dem Mars muß es ungeheure Sintfluten gegeben haben.

Um dem Wasser auf dem Mars nachzuspüren, richtete man die Infrarot-Sensoren auf die im Mars-Sommer abschmelzende Südpolkappe. Es zeigte sich, daß die Temperatur der weißen Haube wesentlich über dem Verdampfungspunkt von Trockeneis lag. Zunächst war die Eiskappe, also gefrorene Kohlensäure – physikalischen Gesetzen gemäß –, verdunstet. Das Karbondioxyd verflüchtigte sich, es dampfte aus dem festen Zustand ab. Solange dieser Prozeß noch im Gange war, hatte die Polkappe eine konstante Temperatur von minus 125 Grad Celsius, was genau dem Sublimationspunkt des Kohlensäureschnees entspricht. Dann verblieb eine hunderttausend Quadratkilometer große Restkappe. Nun stellte man Temperaturen von durchschnittlich minus 83 Grad Celsius fest. Das konnte also nicht mehr Trockeneis sein; es mußte sich um Eis – also um gefrorenes Wasser handeln. Tatsächlich entdeckte man in der Atmosphäre über dem südpolaren Gebiet Wasserdampf.

Hier soll ein Wort über die atmosphärischen Gegebenheiten auf dem Mars gesagt werden: Die „Mars-Luft" besteht zum größten Teil aus Kohlendioxyd, also aus jenem Gas, das in der Erdatmosphäre nur in einem Anteil von 0,04 Prozent zu finden ist. Kohlendioxyd ist wesentlich schwerer als Luft, die im wesentlichen aus 78 Prozent Stickstoff und 21 Prozent Sauerstoff besteht. Da der Mars jedoch eine viel geringere Anziehungskraft besitzt als die Erde, kann er die relativ leichten Gasmoleküle von Wasserstoff, Stickstoff und Sauerstoff nur schwer halten. Diese Gase haben sich nach und nach in den Weltraum verflüchtigt. Nur das schwere Kohlendioxyd ist zurückgeblieben. Dennoch ist auf unserem Nachbarplaneten der Atmosphärendruck nur sehr gering. Er beträgt ein Hundertstel bis ein Zweihundertstel des Luftdrucks auf der Erde, also in Millibar ausgedrückt: fünf bis zehn Millibar. Auf der Erde werden im Durchschnitt tausend Millibar gemessen. Nun hängt aber der Sättigungsgrad eines Gases mit Wasserdampf sowohl vom Druck wie auch von der Temperatur ab. In die Mars-Atmosphäre kann nur sehr wenig Wasser aufgenommen werden. Die Temperatur beträgt im Durchschnitt minus fünfzig Grad; sie kann im Polargebiet und in der Marsnacht bis auf minus 130 Grad absinken. Nur in der Umgebung des Äquators und wenn die Sonnenstrahlen senkrecht einfallen, steigt die Temperatur über den Gefrierpunkt an und erreicht Werte bis zu plus dreißig Grad Celsius. Das Eis an den Polkappen kann nur zu einem ganz geringen Teil schmelzen, wobei es örtlich in den Sand versickert, der sich offensichtlich auch im Polargebiet bei direkter Einstrahlung im Sommer über den Gefrierpunkt erwärmen kann. Das Gros des Polareises verdampft jedoch. Es sublimiert, geht ebenso wie der Kohlensäureschnee direkt vom festen in gasförmigen Zustand über.

Interessant ist nun, daß die Bilder, die Mariner 9 zur Erde sandte, eindeutig zeigten: den größten Teil der Mars-Oberfläche bedeckt eine von Kratern überzogene Wüste, über die enorme Sanddünen wandern. Nur an einer einzigen Stelle finden sich die bereits beschriebenen topographischen Anomalien, „Wasserläufe", große Risse in der Marskruste und Vulkanismus. Das ist mehr als seltsam. Merkwürdigerweise liegt diese Zone in Äquatornähe. Sie erstreckt sich über eine Länge von viertausend Kilometern, hat eine durchschnittliche Breite von hundert Kilometern und ist bis zu 6,5 Kilometer tief. Manchmal verlaufen mehrere Rillen nebeneinander, wobei Terrassenbildungen deutlich erkennbar sind.

Wie aber kommt es zu diesem Phänomen? Diese Frage gibt den Wissenschaftlern nicht nur in Pasadena, sondern auf der ganzen

Welt Rätsel auf. Im folgenden einige heute gängige Erklärungsversuche: Manche Professoren meinen, der Mars wäre bisher ein toter Planet gewesen, der nun infolge radioaktiver Prozesse in der Marskruste langsam zu kochen beginne. Diese Auffassung zeugt von einer – gelinde gesagt – sehr großen Selbstsicherheit. Der Planet dürfte wohl kaum entscheidend jünger als Erde und Mond sein, ist also immerhin 4,6 Milliarden Jahre alt. Sollte er gerade so lange damit gewartet haben, seine vulkanischen Eigenschaften zu demonstrieren, bis die Amerikaner imstande waren, eine in den Orbit einschwenkende Sonde zu bauen? Dann nämlich stellt man sich vor (und das ist schon wieder eine Hypothese), könnte für den „Wasserrohrbruch" auf dem Mars der sogenannte Permafrost verantwortlich gemacht werden. Darunter versteht man gefrorenes Wasser, das sich mehrere Meter unter der Oberfläche befindet und durch die darüberliegenden Gesteinsmassen vor Verdunstung bewahrt bleibt. Er soll aber in großer Stärke in die Tiefe des Marsbodens reichen.[2]

Der Permafrost scheint ein Lieblingskind speziell der amerikanischen Astronomen zu sein. Im Jahre 1969, fünf Monate vor dem Start der Apollo-11-Mission, erklärte mir Dr. Wernher von Braun, viele Geologen und Selenologen seien der Ansicht, auf dem Mond gäbe es Permafrost, was nicht mehr oder weniger heißt, als daß es in einer bestimmten Tiefe auf dem Mond auch Wasser gäbe. Nun hat man inzwischen verschiedene Bodenexperimente unternommen, Wärmeflußmessungen durchgeführt und Massenspektrometer aufgestellt. Aber Wassermoleküle, die vom Permafrost stammen könnten, hat man nirgends festgestellt. Weder in den Bohrkernen noch bei der Analyse des Mondgesteins fand man irgendeinen Anhaltspunkt dafür, daß auf dem Mond Wasser in größeren Mengen vorhanden sein könnte. Es ist allerdings wahrscheinlich, daß sich das „nasse Element" in eventuell noch tätigen Vulkanen durch Entmischungsvorgänge bildet. Der Dampf dürfte aber schleunigst in den Weltraum abwandern. Nun feierte die Permafrost-Hypothese auf dem Mars fröhliche Urständ.

Andere Forscher sind hingegen davon überzeugt, der Mars kippe von Zeit zu Zeit um; dann weise eine der Polkappen direkt auf die Sonne, das Wasser schmelze und fließe ab.[3] So weit, so gut! Nur verlaufen die „Flußtäler" auf dem Mars parallel zum Äquator, und bis zur Polarzone ist ein fast viertausend Kilometer weiter Weg zurückzulegen.

Bei der Vermessung der Flugbahn von Mariner 9 hat man in der Marskruste enorme Schwereanomalien festgestellt. Diese „Mascons" (mass concentration) sollen von Zeit zu Zeit die Rotation des roten Planeten beeinflussen, so daß eine Achsverlagerung herbeigeführt wird. Im Prinzip handelt es sich um dasselbe Phänomen wie beim sogenannten Brummkreisel, mit dem sich Physiker schon um die Jahrhundertwende befaßt haben. Er ist in seinem Unterteil schwerer und stellt sich, in Rotation versetzt, auf die Spitze. Währenddessen bleibt die Stellung der Rotationsachse in ihrer Winkellage vollkommen gleich, sie macht aber eventuell eine kegelförmige Schwankung mit. Es kommt zu einer echten Verlagerung der Masse des Kreisels. Es liegt ja im Wesen eines Kreisels, daß seine Achse stabil ist und die Richtung beibehält.

## Meine Theorie vom Mars bestätigt

Angenommen, auf dem Mars erfolgt ein Polsprung, es verschiebt sich also spontan die Marskruste: Dann könnten die Pole plötzlich in Äquatornähe rücken, dann könnten auch die vermutlich tausend Meter hohen Eiskappen schneller zu Wasser werden, das sich tief in den Marsboden eingräbt. Derartige Vorgänge müssen sich in relativ junger Zeit ereignet haben. Sandstürme haben nach und nach alle früheren Narben in der Landschaft zugeschüttet. Nur die Täler sind noch nicht zugeweht. Nehmen wir weiter an, einer der Pole hätte in einem Gebiet gelegen, in dem es Vulkanberge gab oder in dem die Marskruste bei der Verschiebung aufgerissen ist, wobei Lava austrat. Der andere Pol lag dagegen in einer Art Talbecken. Als die Verschiebung einsetzte, wurden die der Polkappe benachbarten Vulkane vermutlich wieder aktiv. Die Calderakegel wuchsen, und der Marsboden erhitzte sich infolge der Pressung von innen her. Die Temperatur stieg beträchtlich an.

Überdies lag die Eiskalotte nun in Äquatornähe; die Schneedecke schmolz rasch ab. Der Mars hat aber nicht nur einen Pol. Auch über dem anderen muß sich eine Eiskappe befunden haben, die gleichfalls in Äquatornähe glitt und durch die höhere Einstrahlung aufgeschmolzen wurde. Es ist allerdings nicht einzusehen, warum nur auf einer Marshälfte Wasser fließen sollte. Wenn wir nun voraussetzen, der eine Pol habe sich in einer vulkanischen Gebirgsregion mit tektonischen Verwerfungen befunden, der andere hingegen in einer großen Mulde, müßte sich folgende Situation ergeben: Beide Polkappen beginnen zu schmelzen. In der Vulkanzone geht der Vorgang rascher vor sich. Aus dem Hochland fließt das Schmelzwasser – den Gesetzen der Schwerkraft folgend – zu Tal, und es bilden sich Flußsysteme, die dort enden, wo das Wasser schließlich versickert. In der gegenüberliegenden Beckenlandschaft kann das Wasser nicht abströmen; es wird vielleicht ein Meer bilden und allmählich verdunsten beziehungsweise sublimieren und versickern.

Wie sieht die Anordnung auf dem Mars aus? Zwischen dem vierzigsten und dem zehnten nördlichen Breitengrad liegen die überaus gebirgigen Zonen des Nix Olympica und der sogenannten Tarsis-Schwelle (hundert bis hundertfünfzig Grad westliche Länge). Zwischen dem fünfundvierzigsten und dem zwanzigsten südlichen Breitengrad (fünfzigster bis hundertster Grad östliche Länge) befindet sich eine Beckenlandschaft: das wie eine Schüssel wirkende Hellas.[4] Nimmt man an, daß in diesen Gebieten einst die Mars-Pole lagen, erscheint die Anordnung durchaus logisch. In Hellas – einem der beiden Pole – konnte das Schmelzwasser nicht abfließen; es sublimierte oder verdunstete, und der Wasserdampf wurde von der Atmosphäre zu den Polregionen gebracht, wo er sich niederschlug und eine neue Eiskappe aufbaute. In der Tarsis-Region und im benachbarten Tithonius lacus schmolz das Eis der Polkappe, und nun bildeten sich gewaltige Täler. Das Wasser kann sogar in Felsspalten abgeflossen sein, die sich infolge der Zerrungen bei der Krustenverschiebung gebildet hatten. Die Hellas-Ebene hingegen ist eine beckenförmige Landschaft, die nur wenige Erhebungen zeigt. Krater fehlen fast völlig.

Es bestehen einige Anzeichen dafür, daß es zwischen den großen Krustenverschiebungen zu kleineren Polsprüngen kam. Als man die Südpolarzone genau untersuchte und aus unzähligen Einzelphotos ein Reliefbild zusammensetzte, entdeckte man eine fast schuppenartige Landschaftsformation. Plättchenförmige Ebenen überdecken sich, und mehrere Forscher kamen zu dem Urteil, daß es sich um moränenähnliche Gebilde und Erdwälle handeln dürfte. Die seltsame Landschaftsform scheint das Werk von Gletschern gewesen zu sein, von Gletschern, die durch den Druck des auflastenden Eises vorgeschoben wurden, dabei das Bodenmaterial vor sich her transportierten und sich dann wieder zurückzogen. Interessanterweise reicht diese topographische Form allerdings viel weiter als die Vereisungszone. Nun ist man sich nicht im klaren, wie dick die Wassereisdecke und wie stark die Schicht aus Kohlensäureschnee sein kann. Die Schätzungen schwanken zwischen Extremwerten: Da werden 1200 Meter Wasser- und nur wenige Zentimeter Trockeneis genannt, oder aber auch nur einige Meter Wassereis und bis zu tausend Meter Kohlensäureschnee. Nach anderer Meinung könnte die Marsatmosphäre eine Zeitlang feuchter gewesen sein, und die Polkappen könnten sich entsprechend weiter ausgedehnt haben. Später sollen – nach dieser Ansicht – die Wasserstoff- und Sauerstoffatome in das Weltall entwichen sein. Aber auch wenn die Eisschilde mächtiger gewesen wären, könnten die Moränen nicht so geformt sein, wie sie sich uns darbieten. Die Wälle reichen nämlich bis zum siebzigsten Breitengrad, während die Eiskalotte selbst in den Wintermonaten maximal nur den fünfundsiebzigsten Breitengrad erreicht. Es scheint, als würden sich die Pole sprungweise verschieben. Die Randgebiete der Polkappen sind dann zeitweise von Eis bedeckt, nach einem neuerlichen Sprung können diese Regionen wieder freigegeben werden. Möglich also, daß Polsprünge in kleinerem Ausmaß auf dem Mars gar nicht so selten sind.[5]

Diese Erkenntnisse der Marsforschung zeigen verblüffende Parallelitäten zu meiner Theorie über die entsprechenden Vorgänge auf der Erde. Dennoch fehlt ein wichtiges Verbindungsglied, nämlich der auslösende Faktor für einen Polsprung auf dem Mars:

Die Verlagerung des Magnetfeldes. Hier *scheint* es keine Gemeinsamkeit zu geben, denn der Mars hat nach den von den Mariner-6- und Mariner-7-Sonden durchgeführten Messungen kein Magnetfeld. In die Sonde Mariner 9 hatte man gar kein Magnetometer mehr eingebaut. Wohl aber waren die sowjetischen Sonden Mars 2 und Mars 3 mit derartigen Geräten ausgestattet. Unter den ansonsten recht spärlichen Meßdaten, die diese Sonden geliefert hatten, fanden sich unter anderem Ergebnisse von Magnetometermessungen; sie gaben eine Feldstärke von durchschnittlich 0,006 Gauß an. Das entspricht zwar nur einem Tausendstel des irdischen Magnetfeldes, ist aber wesentlich mehr, als das interplanetarische Magnetfeld in der Marsumgebung aufweist. S. S. Dolginow teilte im Februar 1973 mit, man habe auf dem Mars sogar einen magnetischen Äquator festgestellt. Ob das Magnetfeld unseres Nachbarplaneten auf gleiche Weise zustandekommt wie bei der Erde (Dynamo-Effekt), konnte nicht geklärt werden.[6] Aber selbst, wenn es sich um in der Marskruste zurückgebliebenen Restmagnetismus handelt, bedeutet dies, daß der Mars vor Zeiten ein sehr intensives Feld gehabt haben mußte; die Feldstärke im interplanetarischen Raum beträgt nur ein Zehntel des Marsmagnetismus.

Das irdische Magnetfeld ist durch den Dynamo-Effekt zustandegekommen. Bei Umpolungsprozessen verschwand es oder wurde stark abgeschwächt. Der Mars ist aber wesentlich kleiner als die Erde, und da er aus weniger dichtem Material besteht, dürfte er keinen oder einen sehr kleinen Kern besitzen. Ein Dynamo baut sich auf und kann wieder verschwinden. Die Möglichkeit, daß der Mars derzeit kein Magnetfeld hat, dieses sich aber wieder aufbauen könnte, ist also nicht von der Hand zu weisen.

Auch wie die Bewegungen im Erdinneren zusammenhängen, können wir nur vermuten. Wir wissen es nicht. Aus den wenigen bekannten Meßdaten lassen sich keine Analogien zu den physikalischen und dynamischen Vorgängen im Mars ableiten. Es dürfte der Mars aber, weil er – was bewiesen wurde – ein viel erdähnlicherer Planet ist, als ursprünglich angenommen worden war, auch den gleichen geodynamischen Prozessen unterworfen sein.

Mit anderen Worten: Der Mars könnte sporadisch ein starkes

Magnetfeld besitzen, und es könnten sich in seinem Innern ähnliche Prozesse abspielen wie im Erdinnern. Dann könnten Umpolungen auch die Verschiebung der Marskruste herbeiführen. Andererseits wären hierfür auch Auslöseeffekte denkbar, die mit der Sonnenaktivität zusammenhängen. Wenn die Sonnenwinde die Erdrotation bremsen, dürften diese Kräfte und die Marsdrehung beeinflussen; es könnte die gleiche Folgeerscheinung eintreten, die ich als mögliches geodynamisches Verhalten der Erde geschildert habe. Nach Aufweichung einer slushähnlichen Zone könnten die über den Polen liegenden Eiskappen, den Schwerkraftgesetzen folgend, dem Äquator zustreben.

Möglicherweise wird man dieses Rätsel lösen und die Fragen nach dem Leben auf dem Mars, und ob die großen Cañons wirklich von fließendem Wasser ausgeschwemmt worden sind, bald beantworten können. Im Sommer des Jahres 1976 sollen die ersten Automaten der amerikanischen Raumfahrtbehörde NASA weich auf der Marsoberfläche landen, Viking 1 und Viking 2. Ihr Start erfolgte im Sommer 1975. Beide Sonden sollen zunächst in eine Umlaufbahn einschwenken und ihr vorgesehenes Landegebiet erkunden. Hierfür stehen Fernsehkameras zur Verfügung, die Bilder zu den Bodenstationen senden werden. Die erste Sonde soll am Ende des großen Cañons, im Chryse-Gebiet, niedergehen und auf dem sechs Kilometer tiefen Talboden aufsetzen. Möglicherweise wird man dann feststellen können, ob diese gewaltige Rinne durch fließendes Wasser entstanden ist. Wäre das der Fall, müßte dort vielfältiges Gesteinsmaterial abgelagert worden sein, so daß die Mars-Geologie reiche Ausbeute erhoffen könnte. Die zweite Landekapsel soll im Gebiet von Cydonia im Mare Acidalium, etwa 44,5 Grad nördlicher Breite, zehn Grad westlicher Länge, landen. Von ihren Untersuchungen erwarten die Biologen Aufschluß, ob es am Mars primitives Leben gab oder gibt. Bis in diesen Bereich müßte sich im Frühjahr das Schmelzwasser vom Nordpol ausbreiten. Außerdem ist der Einstrahlungswinkel des Sonnenlichts dort so steil, daß Temperaturen über null Grad auftreten. In beiden Robotersonden sind biologische Spürgeräte eingebaut. Diese können Aminosäuren, die Bausteine von Eiweiß, aufspüren.

Die Viking-Sonden sollen während des Landeunternehmens durch Bremsraketen so weit verlangsamt werden, daß sie unbeschädigt aufsetzen können. Man hat hierfür neuartige Retroraketen entwickelt, die auf einer rotierenden Plattform angebracht sind. Sie werden den Abstiegsteil der Sonde auch genau stabilisieren.[7]

Aus bisherigen Erkundungen durch amerikanische Sonden geht jedenfalls hervor, daß die Veränderungen auf der Marsoberfläche – insbesonders die Flußtalbildungen – aus geologisch jüngster Zeit stammen müssen; aus der Zeit vor 5000, 10.000, maximal vielleicht aus der Zeit vor 20.000 Jahren. Manche Wissenschaftler meinen, der Mars kippe alle 50.000 Jahre aus seiner Achslage.[8] Andere legen die Zeitspanne für dieses Ereignis mit 28.000 Jahren fest. Die Talbildungen, der Vulkanismus und das Aufreißen der Cañons auf dem Mars können aber keinesfalls vor Jahrmillionen oder Jahrmilliarden erfolgt sein; dann hätten die immer wieder auftretenden gewaltigen Staubstürme inzwischen alles eingeebnet.

Einige Marsforscher vertreten den Standpunkt, es gäbe möglicherweise sogar eine „Tektonik der Krustenplatten" auf unserem Nachbarplaneten. Man denkt also wieder an Konvektionsströme, die eine Art Kontinentaldrift auf dem Mars herbeiführen sollen. Faltengebirge konnte man freilich nicht feststellen. Wenn man aber eine ähnliche Krustenverschiebung wie bei einem Polsprung akzeptiert, braucht man kein Kippen der Marsachse und keine Ausbreitung des Meeresbodens bemühen. Nach der Polsprungtheorie wird es – infolge von Zerrungen – zu Aufreißungen des Marsbodens kommen; Cañons können entstehen, und der Vulkanismus wird aktiviert.[9]

Nimmt man hingegen an, die Marsachse verlagere sich von Zeit zu Zeit, stimmen die Folgen, die daraus resultieren müßten, nicht mit den Beobachtungen auf dem Roten Planeten überein. Wohl würde bei entsprechender Schräglage das Eis im Marssommer auf der nördlichen und anschließend auf der südlichen Hemisphäre schmelzen. Da aber die Eiskalotten auf den gleichen Plätzen liegen würden wie heute, das Marsflußsystem aber 4000 bis 5000 Kilometer von den Polarregionen entfernt ist, bleibt der Wassertransport weiter rätselhaft.

Ich habe in diesem Buch versucht, eine Fülle von einleuchtenden Argumenten ins Treffen zu führen, die alle die Richtigkeit meiner Theorie untermauern sollen. Akzeptiert man, daß auf der Erde in bestimmten Abständen Polsprünge und in deren Gefolge Krustenverlagerungen eintreten, ist es denkbar, daß ähnliche tektonische Vorgänge auch auf dem Mars möglich sind. Die Idee der Polverschiebung ist übrigens nicht neu.

## Die Pendulationshypothese

Um die Jahrhundertwende entwickelte der deutsche Geologe Paul Reibisch die „Pendulationstheorie". Hypothetisch nahm er immer wiederkehrende Polverschiebungen an. Eine diesbezügliche Arbeit, *Ein Gestaltungsprinzip der Erde*, veröffentlichte er im 27. Jahresbericht des „Vereins für Erdkunde zu Dresden" im Jahre 1901 und ergänzte den Aufsatz in der gleichen Zeitschrift vier Jahre später.[10] Er glaubte, eine zweite Achse durchmesse die Erde, und unser Planet habe zwei Schwingpole: in Ekuador und auf Sumatra. Über diese Achse kippe nun von Zeit zu Zeit die Erdachse. Bei diesen plötzlichen Bewegungen komme es zu Verschiebungen des Nord- und Südpols. Dadurch – und weil die Erde ein Geoid ist – könnten die Meere an manchen Stellen trockengelegt werden. Die Distanz zwischen Erdmittelpunkt und Pol ist ja um 21 Kilometer kürzer als jene zwischen Erdmittelpunkt und Äquator. Das würde also ausreichen, selbst die tiefsten Meeresstellen an die Oberfläche zu heben. Freilich nahmen Reibisch und später der an der Universität Leipzig lehrende Professor Heinrich Simroth an, die Erde sei ein fester Körper und der Äquatorwulst könne sich nicht verändern. Simroth, ein Zoologe, stellte sehr umfangreiche vergleichende Forschungen an und kam zu Ergebnissen, mit denen er die bis dahin rätselhafte Verbreitung der Tiere und Pflanzen über die Welt erklären wollte. Seine heute lebenden Nachfolger haben es leichter, denn viele Fragen werden durch die Kontinentaldrift beantwortet, also durch die Tatsache, daß früher die Kontinente *eine* Landmasse gebildet

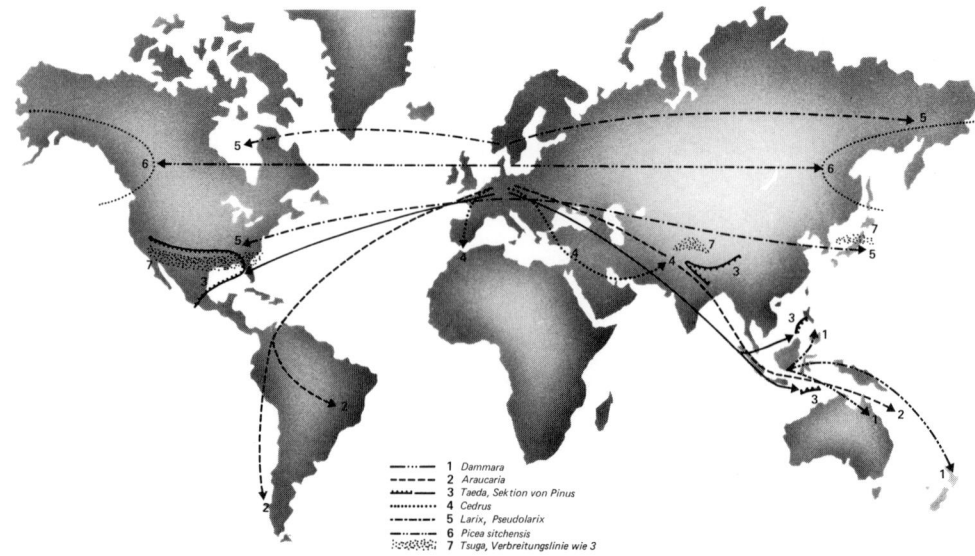

So stellte sich Prof. Heinrich Simroth nach der um die Jahrhundertwende veröffentlichten Pendulationstheorie von Paul Reibisch die Verbreitung der Koniferen über die Erde vor.

hatten. Simroth dagegen glaubte, durch das Austrocknen der Ozeane seien Landbrücken entstanden, über die ein Austausch der Fauna und Flora möglich gewesen wäre.

Interessant ist seine vor fast 75 Jahren erfolgte Feststellung: „Überall, wo ich sie (die Pendulationstheorie) anwandte, schien sie stichzuhalten, zumindest zur Entwirrung des Schöpfungsplanes mehr zu leisten als irgendeine der bisher gangbaren Hypothesen. Sie war aber allen diesen, welche mit alten Landverbindungen, mit Verschiebungen, Verschleppungen durch Strömungen, durch Tiere, Pflanzen und den Menschen, mit den Niederschlagsverhältnissen, mit den Gebirgsbildungen und dergleichen, vereinzelt sogar mit Polverschiebungen und ähnlichen Anklängen an die Pendulationstheorie rechnen, insofern weit überlegen, als sie alle diese unter einem einheitlichen Gesichtspunkt zu bringen erlaubte und dabei in jeder Hinsicht mehr zu bieten schien, als sie alle zusammengenommen."[11]

Simroth teilte die Welt in vier Sphären ein, die durch die Polarachse und die bereits geschilderte Schwingachse gebildet würden. Es gelang ihm auch, daraus eine Subtheorie abzuleiten, mit der er die „Gebirgsaufstauchungen" begründete. Für ihn sind Faltengebirge eine direkte Folge der polaren Pendulationsbewegungen. Er geht sehr ausführlich auf die einzelnen Faltengebirge dieser Welt ein und leitet vieles durchaus logisch ab. So heißt es über die Pendulationsbewegungen und ihre Folgen: „. . . und wir werden sehen, daß ihr (der Pendulationstheorie) dieses Übergewicht seit den Uranfängen der Schöpfungsgeschichte zukommt, wie denn der große Vorzug der Pendulationstheorie darin liegt, keineswegs die bisher festgestellten Tatsachen revolutionär umzustoßen, sondern in einfacher Klarheit aus einem einheitlichen Gesichtspunkt zu beleuchten und verständlich zu machen."[12]

Freilich hatte sogar Reibisch schon einen Vorgänger, nämlich Dr. D. Kreichgauer, der bereits im neunzehnten Jahrhundert eine ständige S-förmige Weiterbewegung der Pole vom Präkambrium bis zur Jetztzeit annahm. Auch er kam zur Überzeugung, daß im Diluvium, also während der Eiszeit, der Nordpol auf Südgrönland gelegen sein müßte. Auf seinen heutigen Platz soll er schließlich in Form einer großen Kurve eingeschwenkt sein. Kreichgauer glaubte bereits zu einer Zeit, als über den remanenten Magnetismus überhaupt noch nichts bekannt war, an eine komplette Polumkehr.[13]

Anders dachte Reibisch: Er war von Pendelbewegungen der Pole überzeugt, die vor allem in Epochen erfolgen, die durch Gebirgsbildungen, große Hebungen oder Meeresüberschwemmungen gekennzeichnet sind. Die Ursache dieser Bewegungen konnte er freilich nicht exakt angeben. Auch er griff auf die Möglichkeit zurück, ein Erdmond könne abgestürzt sein, und versuchte, die atlantische Schwelle und Afrika als Reste dieses auf die Erde gefallenen Mondmaterials zu deuten. Die Arbeiten von Paul Reibisch und Heinrich Simroth sind heute den wenigsten Geologen und Geophysikern bekannt.

Auch der aus Wien stammende und an der Hochschule von Cochabamba in Bolivien lehrende Ingenieur Louis Suball nimmt an, die Erde sei einst um 180 Grad verdreht gewesen. Im Präkambrium habe ein ruckweiser Umdrehungsprozeß eingesetzt, die Erde habe sich ähnlich verhalten wie der erwähnte Kreisel, der in seinem unteren Teil schwerer ist als im oberen. Er meint, ein Blick auf den Globus lasse erkennen, daß die südliche Hemisphäre hauptsächlich von Meer bedeckt, also wesentlich leichter sei, während die schweren Landmassen auf der nördlichen Halbkugel zu finden sind. Ursprünglich wäre dies umgekehrt gewesen, infolge der Gyro-Gesetze habe sich unser Planet jedoch umgedreht. Dieser Prozeß sei anfangs sehr langsam vor sich gegangen, die Schübe seien nach sehr langen Ruheperioden erfolgt. Erst in der letzten Phase habe sich der Umkehrungsprozeß beschleunigt, nun seien alle schweren kontinentalen Massen „oben" angelangt, und die Umdrehung sei beendet.[14]

Gegen diese Theorie wird zu Recht ins Treffen geführt, daß es im Weltraum kein „oben" und „unten" gibt. Die Gesetze des Spielkreisels gelten ja nur bei wirksamer Erdschwere. Hunderte in den Weltraum geschossene Satelliten rotieren mit Hilfe der sogenannten Spin-Stabilisierung – trotz unterschiedlicher Schwereverhältnisse – ohne Abweichungen um ihren Schwerpunkt und nehmen eine ständig gleichbleibende Position ein. Weiter berücksichtigt Suball die einschlägigen jungen Theorien nicht. Kontinentaldrift und Meeresbodenausbreitung haben ja zu einer permanenten Veränderung in der Verteilung der Kontinente über die Erde geführt. Seitdem man mit der Radioisotopenmethode das Alter von Gesteinsschichten bestimmen kann, hat Suballs Idee kaum noch Wahrscheinlichkeitswert.

Soweit zeitgenössische wissenschaftliche Arbeiten zum Thema Polsprung und Polverschiebung. Es gibt aber noch andere Berichte über diese Ereignisse. Berichte ohne direkte Beweiskraft, die aber durch ihre Übereinstimmung trotz der Vielzahl der Sprachen, Dialekte und Religionen verblüffen. Sie alle erzählen von einem Polsprung und seinen Folgen.

In einem vorhergehenden Kapitel habe ich sozusagen die Augenzeugenberichte über eine Polsprungkatastrophe zitiert. Sowohl die biblische Exodus-Erzählung als auch der Ipuwer-Pa-

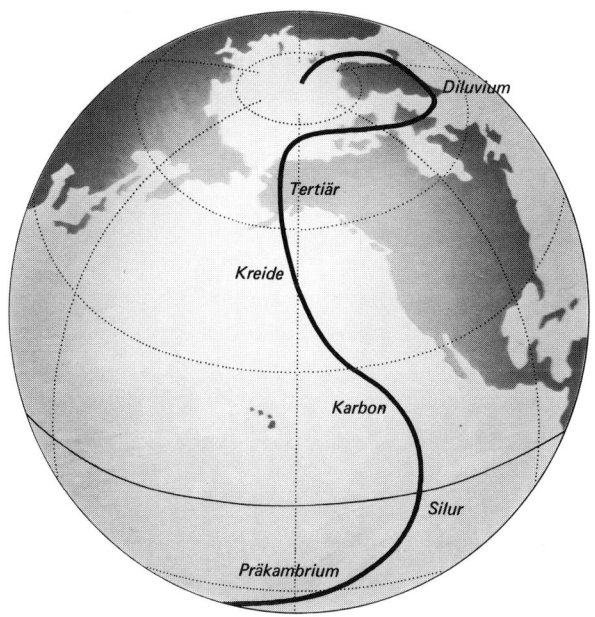

Schon im 19. Jahrhundert war der Geologe Dr. Kreichgauer von der Polwanderung überzeugt.

pyrus schildern ein gewaltiges Ereignis, das jede nur denkbare lokale Katastrophe beträchtlich übertrifft. Nun gibt es aber auch in anderen Mythologien sehr viele Überlieferungen, die sich auf Polverschiebungen beziehen müssen. Bei den Griechen, Römern und Mazedoniern, aber auch in den griechischen Kolonien Kleinasiens waren Sagen verbreitet, die in ihrem Kern Polsprünge mit allen verhängnisvollen Folgeereignissen schildern.

Der römische Schriftsteller Ovid berichtet in seinem Buch „Metamorphosen" über Phaeton, den Sohn des Sonnengottes Helios. Phaeton heißt der „Strahlende", der „Lodernde". Es wird erzählt, wie der junge Phaeton eines Tages den Entschluß faßte, den Sonnenwagen, den sein Vater Helios täglich über das Firmament lenkt, selbst zu kutschieren. Zunächst scheint alles gut zu gehen. Aber dann spüren die Rosse die der Zügel ungewohnten Hände. Die Tiere werden unruhig. Phaeton stemmt sich mit

Gewalt gegen die Riemen, kann aber die scheuenden Pferde nicht halten. Der Sonnenwagen bricht aus der gewohnten Richtung aus. Beim Versuch, sich gegen die „rasende Achse" zu stemmen, die infolge der „wirbelnden Pole" hin und hergeschleudert wird, verliert der Gottessproß den Stand und wird vom Wagen geschleudert. Die nun zügellos dahinrasenden Rösser irren völlig von ihrer Bahn ab. Die Sonne folgt „nicht mehr denselben Bahnen wie vorher", die Pferde stürmen ziellos dahin, stoßen an die tief in den Himmel gesetzten Sterne und zerren den Wagen weiter auf unerforschte Bahnen. Die Sternbilder des Großen und des Kleinen Bären schwanken und drohen, in ein verbotenes Meer zu tauchen. Der Sonnenwagen streift durch unbekannte Himmelsregionen. „Gerade wie ein Schiff dahingetragen wird, das vor dem tobenden Orkan dahinfliegt und das der Steuermann, sein Ruder verlassend, den Göttern und den Gebeten überantwortet hat."

Dieser Ausbruch des Sonnenwagens hat gewaltige Folgen. Die Erde geht in Flammen auf. Zuerst lodern die höchsten Gipfel, dann bilden sich tiefe Risse im Boden, aus denen Feuer kommt. Alle Feuchtigkeit versiegt, die Wiesen verbrennen. Ebenso werden die Blätter der Bäume und die reifen Kornfelder von den Flammen zu weißer Asche verzehrt. Große Städte gehen mitsamt ihren Mauern unter, und ungeheure Feuersbrünste vernichten ganze Völker. Der Kaukasus brennt, die Alpen, der Apennin, der Parnaß, und aus dem Ätna strömt Feuer. Phaeton erschrickt, als er sieht, wie die Erde in Flammen steht. Die Wolken um ihn lodern auf. Rauch verhüllt die Welt, er kann nicht sehen, wo er sich befindet. Er weiß nicht, wohin der Sonnenwagen gerast ist. Das Wasser großer Flüsse verdunstet, die sieben Mündungen des Nils liegen trocken, das Meer schrumpft, Wüsten bilden sich. Die bis dahin weißhäutigen Menschen in Libyen und Äthiopien werden von der Hitze verbrannt und sind von da ab schwarz. Zeus, der Göttervater, schleudert einen Blitzstrahl auf Phaeton. Phaeton stirbt. Nach dieser katastrophalen Fahrt vergeht ein ganzer Tag, an dem die Sonne nicht erscheint. Aber die brennende Welt erleuchtet die Nacht. Die Erzählung Ovids gibt sogar einen Hinweis dafür, daß sich die Erdkruste und die Breitenlage aller Orte auf der Welt verschoben haben: „Indem sie alle Dinge unter ihrem gewaltigen Beben erschüttern ließ, sank schließlich die ganze Erde tiefer unter ihren gewohnten Platz."[15] Publius Ovidius Naso, wie Ovid mit vollem Namen hieß, war nur einer der Poeten, die sich von der Phaeton-Sage inspirieren ließen und das Geschehen im Gedicht festhielten.

Einige Teile der griechischen Sage sind besonders bemerkenswert, weil sie damals keinen logischen Zusammenhang ergeben haben konnten. Warum sollte es für die Erde so katastrophale Folgen haben, wenn die Sonne aus ihrer Bahn geworfen wird? Warum sollten dabei Erdbeben und Brände entstehen? Warum werden die wirbelnden Pole erwähnt, und die Reise durch unbekannte Sternbilder? Für den Menschen der Antike war ja die Erde niemals ein labiler, relativ kleiner Stern. Für ihn war sie das Zentrum des Universums, Inbegriff absoluter Festigkeit und Beständigkeit. Wenn sich die festgefügten Beziehungen unserer Welt zum Himmelszelt veränderten, mußte dies den Untergang der Welt bedeuten, war dies ein „merkwürdiges" Ereignis.

Die sich in ihrer Bahn verändernde oder stillstehende Sonne ist aber nicht nur in der römischen Mythe zu finden. Auch die Bibel erwähnt im Buch Josua eine derartige Szene. In den Versen 10/12 und 13 wird erzählt, wie Josua Krieg mit den Kanaanitern führte. In der Schlacht von Beth-Horon befiehlt der König der Sonne stillzustehen, um die fliehenden Feinde völlig vernichten zu können. „. . . und vor den Augen Israels rief er aus: Sonne stehe still über Gibeon, und Mond über Ajalons Tal." „Da stand sie still, und auch der Mond blieb stehen, bis das Volk Rache genommen an seinen Feinden. Ist dies nicht aufgeschrieben im Buche des Gerechten? Die Sonne blieb stehen mitten am Himmel, und fast einen ganzen Tag lang verzögerte sie ihren Untergang." Dieser Satz hat immer wieder Bibelforscher angeregt. Schon in den vorhergehenden Versen wird darauf hingewiesen, daß die Kanaaniter, als sie nach der verlorenen Schlacht flohen, von „Hagelsteinen, die vom Himmel auf sie herniederfielen, dezimiert wurden". Von den Felsbrocken wurden mehr feindliche Soldaten erschlagen als von den Schwertern der Israeliten. Gleichzeitig mit dem

Stillstand der Sonne gab es also auch Felsstürze und Steinlawinen. Der biblischen Erzählung scheinen aber keine Vorkommnisse aus der Zeit Josuas zugrunde zu liegen. Die wie nebenbei eingeflossene Bemerkung: „Ist es nicht aufgeschrieben im Buche des Gerechten?" deutet auf ein zurückliegendes Ereignis hin. Irgend etwas muß bei der Erzählung des Kampfes der Soldaten Josuas gegen die Kanaaniter die Erinnerung an die viel ältere Legende geweckt haben. Ein Erdbeben, ein Vulkanausbruch oder aber der geschilderte Steinschlag könnten zum Rückgriff auf die Überlieferung geführt haben. Manche Bibelforscher meinen, diese Ereignisse stammen aus dem viel älteren Buch Jasher, das uns nur bruchstückweise erhalten ist.

Auch in der *Edda* finden sich Verse, in denen die Verschiebung des Sternenhimmels geschildert wird. „Die Sonne wußte nicht mehr, wo ihre Heimat sei", heißt es dort. Ähnlich berichtet auch das finnische Kalevala-Epos, das überhaupt keine Verwandtschaft mit der Edda aufweist, sondern vermutlich in jene Zeiten zurückreicht, als die finnisch-ugrischen Völker noch einem einzigen, gemeinsamen, vielleicht in der Mongolei beheimateten Stamm angehörten.

Die Atlantissage erzählt vom veränderten Lauf der Sonne, nachdem die Insel untergegangen war.

In den Traktaten Taanit und Avoda Zara wird im Talmud ebenfalls von beträchtlichen Störungen der Sonnenbewegung zur Zeit des Exodus und des Durchzugs durch das Rote Meer berichtet. So heißt es dort, daß auch später, als Moses die Gebote verlautete, die Sonne viermal aus der Bahn gedrängt worden sein soll.

Die Maya-Priester lehrten, die Welt würde immer wieder neu erschaffen. Die letzte Welt soll im Feuer untergegangen sein. Damals war auch die Sonne verschwunden, und man wußte nicht, wo sie neu erscheinen werde. Forscher, die sich mit der Eschatologie befaßten, also der Lehre vom Weltuntergang, stießen immer von neuem auf Schilderungen von Indianerstämmen und primitiven Völkern, ja selbst auf Erzählungen von Inselbewohnern, in denen berichtet wurde, der Himmel sei aufgeborsten, und die

Sterne hätten ihre Plätze vertauscht. Auch das Verschwinden der Sonne wird häufig erwähnt. Im altamerikanischen Codex Chimal-popoca wird berichtet, wie im Kosmos das Chaos einzog, die Sterne aus ihrer Bahn gedrängt wurden und die Sonne lange Zeit verschwunden war. Die Nacht hörte nicht mehr auf, heißt es dort.[16]

Die südamerikanischen Inkas verehrten den Gott Vira-Cocha, der für Ordnung im Himmelsgewölbe zu sorgen hatte. Als er einmal schlief, ereignete sich eine Katastrophe. Sonne und Mond gerieten aus ihrer Bahn. Tag und Nacht, Frühling und Winter kamen durcheinander.[17] Also eine ähnliche Situation, wie sie in der *Edda* beschrieben wird. Dort heißt es: Die Ozeane und Meere verdampften, und während eines langen „Fimbul-Winters" fiel der Wasserdampf als Schnee über neue Polgebiete. Die Erdachse wies eine andere Richtung auf, und die Jahreszeiten hatten sich verändert.[18]

Auch die Chinesen kennen eine Sage über die stillstehende Sonne. Ein Heerführer namens Lu-Yang winkte während einer Schlacht der Sonne mit seinem Speer zu. Daraufhin bewegte sich die Sonne zunächst nach rückwärts und stand später still.[19]

In Amerika gibt es Indianerfabeln, die von Veränderungen des Sonnenlaufes erzählen. Einmal ist es eine Maus, die die Sonne aufhält, ein anderes Mal eine Kröte oder ein boshafter Hase. Die Mythen enden fast immer mit der Beschreibung von Kämpfen, die zwischen dem Tier und den Gestirnen ausbrechen. Dabei geht die Welt in Flammen auf, die Wälder verbrennen, und Feuer lodert aus den Bergspitzen. Die Flüsse kochen über, und die Erde bricht auf. Das erzählten unter anderen die Uthe-Indianer und die Schoscho-nen, die in Colorado und Nevada leben.[20]

Die Eingeborenen auf den polynesischen Inseln berichten von einem Tag, an dem die Erde wankte und tanzte, und an dem das Dunkel hereinbrach, das Meer sich erhob und eine neue Erde aus dem Meer hervortrat. Ebenso weisen die alten hawaiianischen Volkslieder immer wieder auf ein Unheil hin, von dem einmal die Inselwelt betroffen wurde. Damals war die Sonne verschwunden, und der Mond hatte seinen festen Platz verloren.[21]

Die Azteken berichten in ihrer bereits erwähnten Sage über die Wanderung von Aztlán zum Kontinent, daß die Sonne viele Jahre verschwunden war. Die Stammeshäuptlinge hielten täglich durch die trübe Atmosphäre nach dem Schein der Sonne Ausschau. Untereinander wetteten sie, wo das Gestirn zum erstenmal auftauchen werde. Als aber dann die Sonne im Osten wirklich aufging, hatten sich alle verrechnet.[22]

In der Hauptstadt der Azteken Tenochtitlan, dem heutigen Mexiko City, wurden im Jahre 1487 achtzigtausend Gefangene geopfert. Ahuitzotl, der Herrscher des Indianerreiches, stieß als erster den Gefangenen sein scharfes Obsidianmesser in die Brust und riß die noch schlagenden Herzen heraus. Vier Tage sollen der Überlieferung nach die Priester und Stammesfürsten gebraucht haben, um die in langen Reihen angestellten Kriegsgefangenen zu töten. Alljährlich wurden Menschen geopfert, um die Götter zu beruhigen. Die Azteken glaubten, der Mensch sei jeden Tag von neuem von einer kosmischen Katastrophe bedroht: dem endgültigen Untergang der Sonne. Um der Rache der Götter zu entgehen, war es für die Azteken einfach eine Notwendigkeit, dem Gott Huitzilopochtli Menschen zu opfern.[23]

Auch die Sagen der Mayas kennen die verschwundene Sonne. Die Priester dieses Volkes hielten ebenfalls nach der Sonne Ausschau, die plötzlich fort war. Manche dachten, sie werde im Norden erscheinen, andere tippten auf den Süden, nur jene, die aufmerksam nach Osten spähten, sollten recht behalten.[24]

Für einen Großstadtmenschen mag heute die Frage nach den Himmelsrichtungen von sekundärer Bedeutung sein. Bei Naturvölkern ist aber die Verbundenheit mit dem Universum viel stärker verankert. Ändert sich die Situation im Weltall bemerkbar, wird die göttliche Ordnung gestört, bleibt dieses gewaltige Ereignis unvergessen. Es wird mündlich von Generation zu Generation überliefert.

Es gibt noch weitere Berichte über Störungen des Sonnenumlaufes. Ovid etwa zitierte an einer anderen Stelle seiner „Metamorphosen" die Sage vom Tod des Romulus, des ersten sagenhaften Königs und Gründers von Rom. Romulus fuhr mit den Rossen seines Gott-Vaters zu den Sternen. Dabei verschwand das Licht der Sonne, und es senkte sich Nacht über den Tag herab. Ruhe und Frieden waren dahin. Wilde Windstöße und fürchterlicher Donner fegten über die in Aufruhr geratene Welt. Während der Himmel von Flammenstrahlen zerrissen wurde, wankten die beiden Pole, weil Atlas die Last des Himmels verlagerte.[25]

Bei vielen Völkern ist die Zeit in sogenannte Weltalter gegliedert. Ging eines zu Ende, verschwanden entweder die Götter bei einer Art Götterdämmerung, oder das ganze Volk wurde bis auf ein oder zwei Begnadete ausgerottet. Diese waren meist von den Göttern als Stammeltern des neuen Menschengeschlechtes zum Überleben bestimmt worden. Die Griechen etwa waren der Meinung, einmal sei die Welt durch Sintfluten zugrunde gegangen (Kataklysmus), ein anderesmal durch einen Brand (Ekpyrosis). Die Bezeichnung Kataklysmus verwendeten später Deluc und Cuvier für ihre Lehre. Sie hatten anhand der Veränderungen in den geologischen Schichten und aus dem Wechsel der Fossilien angenommen, in bestimmten Abständen sei das Leben auf der Welt immer wieder zerstört worden. Diese Meinung war deshalb falsch, weil die Anhänger der Kataklysmentheorie glaubten, nach jeder Katastrophe müsse sich das Leben völlig neu bilden. Das aber konnte einwandfrei widerlegt werden.

Der griechische Philosoph Aristoteles hat den Beginn eines neuen Weltalters mit Annus supremus bezeichnet. Er war der Meinung, die Sonne und alle ihre Planeten kehrten immer wieder in eine bestimmte Stellung zurück, um sich von diesem astronomischen Ausgangspunkt neu auf ihren interplanetarischen Weg zu machen. Jeweils bei der Rückkehr in diesen Annus supremus käme es auch zu Eiszeiten! Bei Heraklit ist nachzulesen, ein Weltalter dauere jeweils 10.800 Jahre und würde durch einen Weltbrand beendet. Der Philosoph Aristarch von Samos, der als erster nicht die Erde in den Mittelpunkt der Welt stellte, sondern schon die Sonne als zentrales Muttergestirn ansah, erklärte, die Welt gehe jeweils durch Verbrennung oder Überflutung zugrunde. Auch die Etrusker kannten Weltalter, die immer wieder mit einer Katastrophe endeten. Sieben derartige Weltalter hatten die Etrusker bereits hinter sich gebracht, als sie im achten – noch andauernden Weltalter – von den Römern besiegt und erobert wurden. Das ganze Volk wurde nach und nach von den Beherrschern assimiliert. Die philosophische Schule der Stoiker lehrte, die Welt gehe in periodischen Weltenbränden zugrunde und werde jeweils neu geformt. Hesiod, ein griechischer Schriftsteller, schrieb, vier Weltalter seien geschaffen und vier Geschlechter durch den Zorn Zeus' zerstört worden. Nunmehr sei das eiserne Geschlecht an der Herrschaft. Den Untergang der Welt schilderte Hesiod folgendermaßen: Vulkane würden aktiv, und die Ozeane begännen zu kochen. Dabei müßten Wellen entstehen, die über Städte und Dörfer am Meer hinwegrollten. Ein ständiges Donnern, ein Heulen der Stürme, als würden Erde und Himmelsgewölbe miteinander verschmelzen, sei zu vernehmen, laut Hesiod werde es so kommen, „denn so sei es auch gewesen".[26]

In der Hindu-Religion werden vier vergangene Weltalter angenommen, die mit Kalpas bezeichnet werden und jeweils in Katastrophen, wie Feuersgluten, Fluten und Orkanen endeten. Dabei wurde stets fast die ganze Menschheit ausgerottet. Auch die Mayas schildern den Untergang von Weltaltern durch Fluten, Vulkanismus, Erdbeben und Stürme. Deshalb benannten sie jede dieser Perioden nach den Katastrophen, durch die die Sonne ausgelöscht worden war. Sie heißen Wassersonne, Erdbebensonne, Orkansonne und Feuersonne. Die Chinesen kennen zehn Weltalter. Sie nennen die Zeit, die jeweils von einer Katastrophe zur anderen vergeht, das „große Jahr". Es wird durch schwere Erdbeben, Gebirgsbildungen und Überflutungen beendet. Flüsse verändern ihren Lauf, das Leben wird zerstört, die Spuren der Vergangenheit werden ausgelöscht.

Die alte persische Religion von Zoroaster (oder Zarathustra) spricht von Weltaltern, die immer wieder untergingen. Nach den Vorstellungen der Polynesier gab es neun Zeitalter, und jeweils bei ihrem Anbruch wurden neue Inseln aus dem Ozean gehoben. Hier stimmen die Anzahl der Weltalter mit den Überlieferungen der Germanen und Wikinger in der Edda überein. Auch diese berichten von neun Perioden. Ebenso wie die Sintflutsagen ist auch der Weltuntergang ein allen Völkern geläufiger Begriff. Bei Naturvölkern besteht ein offensichtlich kollektives Wissen. Nur die Arten der Weltvernichtung und die Namen der strafenden Götter sind verschieden.

Sigmund Freud und Carl Gustav Jung haben versucht, der Mythologie den ihr gebührenden Platz einzuräumen. Ihrer Meinung nach stehen die Erzählungen aus der Götterwelt in echter Beziehung zu tatsächlich erlebten Ereignissen. Die Tiefenpsychologie versucht ja, zu den Wurzeln des dem Menschen arteigenen kollektiven Wissens vorzudringen. Biologen sprechen vom Instinktbereich, Forscher in anderen Disziplinen nennen es Verhaltensmuster. Bestimmte Reaktionen sind oft für den Fortbestand einer Tierart oder einer Rasse entscheidend. In der Eschatologie werden offensichtlich atavistische Erinnerungen festgehalten, die von gewaltigen Erlebnissen geprägt wurden. Gleichartig schilderten über die ganze Welt verstreute Völker und Stämme plötzlich entfesselte Naturgewalten, die unmöglich dem Phantasiebereich entsprungen sein können. Alle Versuche, als Quelle der mythologischen Erzählungen auch heute noch vorkommende Naturereignisse anzunehmen, müssen scheitern. Die Ballung der Ereignisse, ihre gleichartigen Folgen und vor allem das Erkennen der gesetzmäßigen Veränderungen sprechen mit größter Sicherheit für authentische Beobachtungen, die allen mythologischen Erzählungen zugrundeliegen. Für die Menschen waren die katastrophalen Geschehnisse unerklärlich. Nur die Götter konnten Überflutungen, fürchterliche Erdbeben oder jene Finsternis anbefohlen haben, die infolge des schwebenden Vulkanstaubs einsetzen mußte. Auch die Verdrängung der Sonne aus ihrer Bahn kann nur von einer Gottheit erzwungen worden sein. Wenn sich die Sternenwelt verschob, mußten mythische Kräfte am Werk gewesen sein. Nur der Zorn der beleidigten Götter konnte Tod und Zerstörung verursacht haben, deren Sinn und Ziel man nicht verstand. Die wenigen, die das Weltunglück überstanden, entgingen der Katastrophe offensichtlich dank göttlicher Gnade. Die Weltzerstörung grub sich tief in das Bewußtsein der überlebenden Menschen ein. In der Überlieferung wurde das Erlebnis an Kinder und Kindeskinder weitergegeben und verwandelte sich in eine göttliche Strafaktion. So sind die Berichte bis in unsere Zeit erhalten geblieben.

Vielleicht sind die bei solchen Katastrophen auftretenden Streß-belastungen ausreichend, um die bereits geschilderten Gedächtnis-moleküle aufzubauen. Dann geht das „kollektive Unbewußte", wie C. G. Jung dieses gemeinsame Wissen nennt, in die Erbmasse ein. Das Erlebnis wird in die Gene so massiv eingeprägt, daß es im Unterbewußtsein von Generation zu Generation weitervererbt wird. Der „Déjà-vu-Effekt" stellt sich ein, wenn etwa ein beson-ders heftiges Gewitter, ein hochwasserführender Fluß, ein Erdbe-ben oder eine Feuersbrunst die sogenannte „Urangst" wecken. Warum aber ist die menschliche Psyche mit der Urangst belastet?

Die Augenzeugen eines Vulkanausbruchs erleben das Natur-schauspiel emotionell stärker, als es den Risiken der Situation angemessen wäre. Das Urwissen bringt die Seele aus dem Gleich-gewicht. Das geistige Erbe, das uns die Überlebenden einer Weltkatastrophe übermittelten, ist uns bei solchen Anlässen prä-sent. In der menschlichen Seele war der Ablauf der Sintflut vielleicht schon vor Beginn des im Gilgamesch-Epos geschilderten Verhängnisses visionär gespeichert. Auch als der Evangelist Johan-nes seine Offenbarung aufzeichnete, öffnete sich ihm vielleicht ererbtes und im Unbewußten bewahrtes Wissen. Die Eschatologie ist die Schilderung jener Ereignisse, die gemäß der immerwähren-den Naturgesetze periodisch eintreten. Schließlich bedeutet die Übersetzung des griechischen Wortes Katastrophe nichts anderes als Umwendung.

*Ein Medium sieht den Polsprung voraus*

Bei Vorträgen und Diskussionen wurde ich wiederholt gefragt, ob ich, bevor ich das Buch „Die Rückkehr der Gletscher" zu schreiben begann, die Schriften von Immanuel Velikovsky und Edgar Cayce gelesen hätte. Ich hatte von keinem der beiden jemals etwas gehört. Über Cayce konnte ich mir bald entsprechendes

Material verschaffen. 1971 war die deutsche Übersetzung eines vier Jahre zuvor in Amerika herausgegebenen Buches erschienen.[27] Die Bücher Velikovskys hingegen waren seit Jahren vergriffen. Ein Freund überließ mir schließlich Velikovskys „Welten im Zusammenstoß". Die amerikanische Ausgabe dieses Buches war nach dem Zweiten Weltkrieg ein Bestseller in den USA. Der sehr belesene jüdisch-amerikanische Arzt geht primär von der Mythologie aus und vertritt die Meinung, im 14. oder 13. Jahrhundert vor Christus sowie im 7. Jahrhundert sei einmal durch die Venus und einmal durch den Mars, die ihre Bahn verlassen hatten, die Welt aus „den Angeln gehoben" worden. Ungeheure Naturkatastrophen seien eingetreten. In den Büchern „Zeitalter im Chaos" und „Welten im Zusammenstoß" zitiert der Autor die aus verschiedenen Religionen zusammengetragenen mythologischen Berichte. In den Mythen werden die katastrophalen Zustände beschrieben, die durch astronomische Ereignisse ausgelöst worden sein sollen. Velikovsky glaubt an Kometen und an quer über den Himmel ziehende, vom Jupiter ausgeschleuderte Planeten in der Größe der Venus, durch die die Welt verdreht, gestürzt und verändert wird. Dies ist natürlich der schwächste Punkt in dem mit wissenschaftlicher Akribie aufgebauten Werk. Weder ein auf die Erde gestürzter Komet noch die ihre Bahnen verlassenden Planeten werden heute noch von der Astronomie ernstgenommen. Nach Velikovsky sollen beim Vorbeiflug der Planeten auf der Erde Gravitationskräfte wirksam geworden sein, einen Großteil des Lebens zerstört und den Mond ausgeschleudert haben.[28] Die Mondlandungen konnten aber einwandfrei beweisen, daß unser natürlicher Trabant kein Bestandteil der Erde war und auch niemals bei einer interplanetarischen Kollision aus seiner jetzigen Bahn geschleudert worden ist. Erde und Mond sind vielmehr zur gleichen Zeit entstanden. Beide haben ein Alter von rund 4,6 Milliarden Jahren. Auch Mars und Venus sind keine eingefangenen Kometen.

Als Velikovsky in den frühen vierziger Jahren sein Buch schrieb, wußte er nichts von der Kontinentaldrifttheorie, nichts vom remanenten Magnetismus, der die in regelmäßigen Perioden erfolgende Polumkehr aufzeigt, und es gab noch keine Carbon-14-Methode, mit der man organische Gegenstände hätte datieren können. Wäre all dies dem Autor bekannt gewesen, so hätte er vermutlich sein Buch auch geschrieben. Allerdings hätte er dann andere Kräfte als Ursache für die Polverschiebungen angenommen.

Ganz anders Cayce, der Zeit seines Lebens als mediale Persönlichkeit galt. Er lebte davon, daß er kranken Menschen die Diagnose stellte. Freilich untersuchte er keinen der Heilungsuchenden wie ein Arzt, sondern er fiel in Trance. In seinem hypnotischen Schlafzustand soll er die Ursachen der Krankheit gesehen und die entsprechenden Therapien bekanntgegeben haben.

Edgar Cayce lebte bis zum 3. Januar 1945. Er erreichte ein Alter von 67 Jahren und besaß außer seiner Fähigkeit, auf parapsychologischem Wege zu heilen, auch prophetische Gaben. So soll er den Zweiten Weltkrieg und verschiedene andere Weltereignisse vorausgesagt haben. Wie dem auch immer sei, Hellseherei, als Lebensunterhalt betrieben, hat in den seltensten Fällen „echte Treffer" zu verzeichnen. Prophezeiungen, die sich nicht erfüllen, werden im nachhinein nie erwähnt. Wenn man für eine genügend breite Streuung sorgt – also seine Prognosen möglichst verschwommen stellt – wird man sicherlich Erfolge aufweisen können.

Für die Parapsychologie hat Edgar Cayce jedenfalls eine sehr wichtige Funktion. Nach seinem Tode wurde ein Institut gegründet, das seinen Namen trägt, heute noch besteht und Forschungen auf dem Gebiet der außersinnlichen Wahrnehmungen durchführt. Er prophezeite einen Polsprung. Innerhalb von 40 Jahren, beginnend mit 1958, werde es auf der Erde zu verheerenden Umwälzungen kommen. Unterschiedslos würden Kalifornien, Connecticut und Neu-England zerstört werden. Los Angeles und San Francisco würden in Trümmerstätten verwandelt und weite Teile Japans im Meer versinken. Der Abfluß der großen Seen in Kanada werde nicht mehr über den St.-Lorenz-Strom erfolgen, sondern in den Golf von Mexiko. Das alles als Folge einer plötzlichen Verschiebung der Pole. Das Kippen der Erdachse werde noch weitere drastische Veränderungen auf der Erdoberfläche verursachen. Festland werde sich in Ozean verwandeln, aus dem Meer werden sich Inseln und Landmassen erheben.

440

Cayce erklärte, zuerst werde der heiße, elastische Mantel unter der Erdkruste nachgeben. Dabei werde sich das Land über Hunderte Kilometer hinweg bewegen. New York, London und Paris würden verschwinden, und in Europa werde sich das Klima schlagartig ändern, ebenso in der Arktis und Antarktis. Vulkanausbrüche in der heißen Zone seien als Vorläufer der Polverlagerung und der weitgehenden Umkehr der Erdklimate anzusehen.

Schon 1934 hatte Cayce in einem Reading, wie diese Seancen von Parapsychologen genannt werden, diese Veränderungen bis zum Jahre 1998 angekündigt: „Es wird Hebungen in der Arktis und Antarktis geben, die zur Eruption von Vulkanen in der heißen Zone führen, danach wird es zur Verlagerung der Pole kommen, so daß in Gegenden, wo bis dahin kaltes oder subtropisches Klima herrschte, tropischere Klimate einziehen oder Moos und Farne wachsen werden.“[29]

Das alles erklärte der Prophet im Trancezustand. Er war dabei nicht ansprechbar und erinnerte sich später nicht mehr an seine Worte. Einige andere Aussagen sind heute bestätigt worden. So etwa meinte er, die Sahara sei einstmals ein bewohntes Land und sehr fruchtbar gewesen. Ebenso schilderte er die Vorgänge bei der Kontinentaldrift und der Bildung der Ozeane. Tatsächlich sind einige Zusammenhänge, wie Cayce sie beschrieb, von der Wissenschaft als richtig erkannt worden. So etwa seine Voraussage, man werde im Meer das größte Gebirge der Welt entdecken, das aber auch ein gefährlicher Vulkan sei.

Freilich sind andere Prophezeiungen, die längst eingetroffen sein müßten, noch ausständig. So etwa die Ankündigung, die Hauptstadt von Atlantis, Poseidonia, werde in den Jahren 1968 und 1969 aufsteigen. Über Atlantis meinte der Prophet, der angeblich Platons Erzählungen über dieses sagenhafte Land nicht kannte, es sei erstmals um das Jahr 15.600 vor Christus untergegangen und habe sich damals in drei große Inseln aufgespalten. 10.000 vor Christus sei die Masse dieses Landes abermals über Nacht vom Meer verschlungen worden. Teile davon bestünden jedoch noch heute als Inseln östlich des Schelfabhanges im Atlantik. Cayce deutete an, die Nachfahren der Atlanter seien die Basken. Andere

Stämme der Atlantiden seien in den Völkern der Ägypter, der Inkas, aber auch der Griechen aufgegangen.

1973 stellte der Wiener Universitätsprofessor Dr. Hans Mukarovsky vom Institut für Afrikanistik der Wiener Universität fest, das Baskische sei die einzige präindogermanische Sprache Europas. Sie habe weder in Europa noch in Afrika, sondern an einem dritten unbekannten Ort ihren Ursprung. Da man auch in Sardinien eine dem Baskischen ähnliche Sprache gesprochen hat, kommt der Paläo-Philologe zu dem Schluß, das Baskische sei der einzige überlebende Vertreter einer Sprachfamilie in Europa, die bereits in vorgeschichtlicher Zeit von anderen Sprachen überdeckt worden ist.[30]

Bei allen Geologenkongressen wird die Frage diskutiert, ob es neben der Kontinentaldrift auch zu Polverschiebungen kommt. Die verschiedenen Ansichten reichen von einer „langsamen Polwanderung" bis zu einer „sprunghaften Versetzung". Alfred Wegener, der Begründer der Kontinentaldrift-Theorie, war überzeugt, während des Diluviums wäre der Pol im nördlichen Grönland gelegen. Das brachte ihm den Vorwurf ein, er berücksichtige die *vier* von Penck und Brückner entdeckten Eiszeiten nicht. Wegener war nicht imstande, aufzuklären, welche Kraft den Pol viermal hin und her bewegt habe. Seine physikalisch unrichtig untermauerte Theorie machte es seinen Gegnern leicht, die Thesen des Forschers zu widerlegen. Die Diskussionen mit dem Gelehrten wurden durch dessen frühen Tod – er kam während einer Grönland-Expedition im Jahre 1930 ums Leben – für immer beendet. Nun hätte Wegener die Annahme von *vier* Haupteiszeiten, die mehr als fünfzig Jahre lang sakrosankt war, nicht so wichtig nehmen müssen. Denn heute gibt es wenige Geologen, die sich mit dieser bereits veralteten Ansicht zufriedengeben. In diesem Buch wurde schon mehrmals darauf hingewiesen, daß die klassische Eiszeiteinteilung viel zu vage ist, um damit alle Phänomene erklären zu können. Es scheint vielmehr, daß die Eisvorstöße während des Quartärs nur relativ kurze Zeit angedauert haben, dafür aber viel intensiver waren, als man bisher vermutete. Die Ansichten der Ozeanographen und Glaziologen gehen extrem auseinander. Man findet noch konservative Anhänger der Vier-Eiszeiten-Theorie, obwohl man längst den Penck-Brücknerschen Eisvorstößen eine Donau- und Bibereiszeit vorangestellt hat. Professor David Ericson ist aufgrund seiner Untersuchungen von Bohrkernen aus dem Ozeanboden überzeugt, die Eiszeiten hätten vor fast zwei Millionen Jahren eingesetzt.[31] Ein Vertreter der Theorie, es habe viele Eiszeiten gegeben, ist Cesare Emiliani. Er untersuchte ebenfalls Mikroorganismen, die Bohrkernen aus Ozeanböden entnommen wurden. Emiliani hat zusammen mit dem Schweizer Johannes Geiss eine eigene Eiszeittheorie entwikkelt, die im großen und ganzen auf dem Selbstverstärkungseffekt eines vorhandenen Eisschildes beruht, der so lange anhält, bis das den Eispanzer umgebende oder angrenzende Meer zugefroren ist. Dann kommt es infolge Aushungerns der Gletscher zu einem Eisrückzug.[32] Freilich hat auch diese Theorie einige schwache Punkte; sie kann vor allem das Fluktuieren, die kurzen, inzwischen einwandfrei nachgewiesenen Eisvorstöße und -rückzüge nicht aufklären. Auf diese Weise steht heute nach wie vor Meinung gegen Meinung; ein und dasselbe meteorologische Geschehen kann einmal als Auslöseeffekt für eine neue Eiszeit angesehen werden, ein anderesmal als Beendigung einer Eiszeit. So ergibt sich etwa die Frage, ob kalte Winter und warme trockene Sommer eine Eiszeit begünstigen, oder ob kühle, feuchte Sommer und relativ warme, niederschlagsreiche Winter die Eisschilder und Gletscher anwachsen lassen. Keine der angestammten Theorien ist imstande, das Phänomen zu erklären, warum zum Beispiel im Nordosten Amerikas und im Nordwesten Europas die intensivsten Vergletscherungen festzustellen sind, während es gleichzeitig in Sibirien und Alaska beträchtlich wärmer war als heute.

Nur wenige Eiszeiten sind exakt datierbar. Dazu gehört die jüngere Dryaszeit, die auch als jüngerer Tundrenvorstoß bezeichnet wird. Es handelte sich dabei sozusagen um das „letzte Aufbäumen" der Eiszeit, um einen sehr heftigen und intensiven Kältevorstoß, der vermutlich nicht länger als maximal achthundert bis tausend Jahre angehalten hat. Niemand aber ist imstande zu sagen, wie lange die ältere Dryas gedauert hat, wann sie begann und wie sich die klimatischen Verhältnisse entwickelten. Man weiß nur, daß es einige sehr intensive Kältevorstöße in dieser Periode gegeben haben muß: Die jüngere Dryaszeit eingerechnet, vermutlich drei. In den Vereinigten Staaten hat man sie einwandfrei feststellen können und sie Valder-, Mancato- und Tazewell-Eiszeit genannt. Der letzte Vorstoß entspricht der europäischen jüngeren Dryas. Ich bin überzeugt, daß auch der vorhergehende Eisvorstoß nur von relativ kurzer Dauer gewesen sein dürfte; er währte meiner Meinung nach nicht länger als zweieinhalb Jahrtausende und scheint – wie bereits erwähnt – vor 14.000 bis 15.000 Jahren begonnen zu haben.

Durch diesen Kälteeinbruch wurde das Aurignacien beendet, also jene bedeutende Kulturstufe des Cro-Magnon-Menschen, in der die prächtigen Höhlenzeichnungen in Altamira, Lascaux und in anderen Höhlen in den Pyrenäen und in der Dordogne entstanden sind.

Diese Zeitenwende ist deutlich markiert. Damals (zu Ende des Aurignacien) starben die Mammuts in West- und Mitteleuropa aus. Sie lebten von da an nur noch in Asien, speziell in Sibirien, sowie in Nordamerika, wo sie erstmals vor 13.000 Jahren eingewandert waren. Vielleicht werden noch sehr beträchtliche Veränderungen im paläolithischen Kalender vorgenommen werden müssen. Wir datieren die einzelnen Kulturepochen nach der C-14-Methode. Allerdings ist die Zahl geeigneter organischer Proben aus dieser Zeit beschränkt. Wenn es inzwischen noch weitere Polsprünge gegeben hat, muß mit zunehmendem Alter der Relikte auch die Fehlerquote bei den C-14-Messungen anwachsen. Alle Gegenstände müßten jünger erscheinen, als sie wirklich sind. Wie diese Abweichungen korrigiert werden könnten, ist derzeit noch offen. Wenn die Funde also mit C-14-Atomen anormal angereichert sind, könnten die paläolithischen Kulturepochen ohne weiteres 2000 bis 4000 Jahre älter sein.

Mit Ende der Eiszeit sind zahlreiche Tierarten ausgestorben, etwa der Neochoerus, ein Nagetier, oder das Riesenfaultier, das Eremotherium, das fünf bis sechs Meter hoch wurde. Es hatte einen etwas kleineren Vetter, Megalonyx, ein Tier, das fast drei

Neochoerus    Macrauchenia    Megalonyx    Eremotherium    Titanotylopus

Diese Galerie gigantischer Tiere lebte bis zum Ende der Eiszeit in Amerika. Als dann optimale Klimabedingungen anbrachen, starben die wärmeliebenden Tiere rätselhafterweise aus.

Meter hoch wurde. Das größte unter diesen Tieren war das giraffenähnliche Kamel Titanotylopus. Es holte sich sein Futter aus fünf bis fünfeinhalb Meter Höhe, indem es Laub von den Bäumen fraß. Dieses Monstrum hatte einen „kleinen Bruder", das langlippige Kamel Macrauchenia. Es erreichte nur eine Schulterhöhe von einem Meter achtzig. Alle diese offensichtlich in warmem oder gemäßigtem Klima lebenden Geschöpfe starben eines geheimnisvollen Todes.

Wiederholt hat man sich die Frage vorgelegt, warum alle diese Riesen zu Ende der Eiszeit verschwunden sind. In diesem Zusammenhang soll darauf hingewiesen werden, wie überheblich der Mensch selbst im negativen Sinne ist: Mehrere Forscher sind davon überzeugt, daß der Mensch diese verlorene Tierwelt ausgerottet habe. Auf sein Konto gingen auch die Vernichtung des Mammuts, des Wollhaarnashorns und des Säbelzahntigers, einer dreieinhalb Meter großen Bestie mit bis zu zwanzig Zentimeter langen Reißzähnen. Auch die Höhlenbären sollen der Mordlust des Menschen zum Opfer gefallen sein. Während ein Teil der Forscher die Meinung vertritt, der Mensch habe diese Tiere jagend erbeutet und ausgerottet, glauben andere an einen indirekten Massenmord: Der Mensch habe das ökologische Gleichgewicht durcheinandergebracht und den Haushalt der Natur so empfindlich gestört, daß die Großsäuger zu wenig Futter gefunden hätten und deshalb verhungern mußten.

445

Auf diese reichlich anmaßende Vermutung muß näher eingegangen werden. Zwar ist mit größter Wahrscheinlichkeit erwiesen, daß schon vor fünfzigtausend Jahren Menschen auf dem amerikanischen Kontinent gelebt haben. Es müssen aber überaus primitive Geschöpfe gewesen sein, vermutlich unintelligenter als der Neandertaler. Die wenigen verbliebenen Spuren zeugen von einer Werkzeugtechnik, die sich hauptsächlich auf Faustkeile und Schaber beschränkte. Diese Kulturstufe ist primitiver als das Moustérien und typisch für den Neandertaler. Vor 12.000 bis 13.000 Jahren dürften etwas besser ausgerüstete Menschen über die Beringstraße Amerika abermals erreicht haben. Zu einem späteren Zeitpunkt brachten die jüngere Tundreneiszeit in Europa respektive der Valder-Eisvorstoß in Nordostamerika abermals Schnee und Eis ins Land. Alaska und Ostsibirien dagegen blieben eisfrei. Man hat Steinwaffen und „Projektile" gefunden, mit denen die Immigranten die amerikanische Tierwelt jagten. Ihre größte „Fernwaffe" war ein langer Holzspeer mit steinerner Spitze, vermutlich gab es aber auch noch leichtere Kurzspeere. Durch die Entdeckung eines Grabes in Wilsal im Bundesstaat Montana glauben zwei Wissenschaftler das Geheimnis einer besonders wirksamen Waffe entschlüsselt zu haben. Die kanadischen Archäologen L. Lahren und R. Bonichsen fanden neben zwei von noch jugendlichen Jägern stammenden Skeletten mehrere besonders fein bearbeitete und ausgeformte Röhrenknochen und dazupassende Feuersteinklingen. Diese mußten durch Tiersehnen fest miteinander verbunden gewesen sein. Die Knochen waren zu kurz, um sie als Speer oder Pfeil verwenden zu können. Sie ließen sich aber vermutlich wie ein Bajonett auf einen massiven, aus Holz gefertigten Speerschaft aufsetzen. Auf diese Weise konnten die Urjäger relativ leichte Speerspitzen mit sich tragen. Die auf den Holzspeer aufgesetzten Kurzspieße wurden der Jagdbeute in den Leib gerannt, der schwere Speer dann aus der Verbindung gelöst und rasch „nachgeladen".[33]

Der amerikanische Zoologe Dr. Paul S. Martin (Universität Arizona) und Dr. Grover S. Krantz (Universität Washington), vertreten überzeugt die Meinung, der Mensch sei der Missetäter,

446

der die Tierwelt ausgerottet habe: Er soll bedenkenlos das Gras der Prärie angezündet haben, um das Wild zusammenzutreiben. In der Folge hätte es keine Weidemöglichkeit gegeben, schon aus diesem Grund sollen sehr viele Tiere zugrunde gegangen sein. Danach habe man hinterlistig die Herden der Riesenkamele in den Wäldern zusammengetrieben und ihnen – ein leichtes Spiel – den Garaus gemacht. Auch die „dummen" Riesenfaultiere hätten auf ähnliche Weise daran glauben müssen. Offensichtlich galt ihr Fleisch als Leckerbissen. Daß diese Hypothesen keine Rücksicht auf die geringe Kopfzahl der damaligen Jägerstämme nehmen, sei nur am Rande erwähnt. Immerhin wohnen gegenwärtig in den Vereinigten Staaten und in Kanada über 250 Millionen Menschen, im Paläolithikum dürften gegen Ende der Eiszeit kaum 100.000 Urjäger in Nordamerika existiert haben. Dennoch haben die 250 Millionen Menschen mit ihren weittragenden Feuerwaffen nicht einmal die Bisons gänzlich ausrotten können.

Warum aber überlebten nur die Bisons das Gemetzel der Steinzeitjäger? Wie wurden die wehrhaften Säbelzahntiger, wie die europäischen Höhlenbären ausgerottet? Phantasievoll wurde das so rekonstruiert: Die Steinzeitjäger in Amerika haben vor allem auf alte, kranke Bisons Jagd gemacht (die europäischen Jäger bevorzugten Wisente), es wurden also Tiere gejagt, die bis dahin vornehmlich Beute der Säbelzahntiger und Höhlenbären waren. Die um ihren Mittagstisch geprellten Raubtiere mußten daraufhin – nach Meinung der beiden Amerikaner – verhungern! Als der letzte europäische Höhlenbär und die letzte säbelzähnige Raubkatze in der Neuen Welt ihren Geist ausgehaucht hatten, waren – so meinen die Wissenschaftler – die Bisonherden ihrer natürlichen Feinde beraubt und begannen sich sprunghaft zu vermehren. Als zehntausend Jahre später die ersten Siedler aus Europa nach Amerika kamen, fanden sie in der Prärie riesige Bisonherden vor, und zwar ungeachtet dessen, daß die Indianer die Tiere in großem Stil gejagt hatten. Sie gingen speziell dann rücksichtslos vor, wenn die Büffel im Schnee nicht rasch genug flüchten konnten. Die Rothäute, mit Schneebrettern an den Füßen, waren den Herden weit überlegen und schlachteten die im Harsch steckengebliebenen Tiere mitleidslos ab. Die Bisonherden wuchsen nicht nur zur Zeit der Irokesen, der Huronen oder der Sioux, sondern schon in den Tagen der Cro-Magnon-Menschen sprunghaft an. Denn, so die zweite Version, die sich rasch entwickelnden Bisonherden fraßen nun den armen Großsäugern, den Faultieren, Antilopen und Kamelen, das Futter weg. Was von diesen Tieren der Mordlust des Menschen entkommen war, verhungerte nun jämmerlich.[34] (Der Langhorn-Bison, der größer war als seine heute lebenden Vettern, muß aus unerfindlichen Gründen auch von den blutgierigen Steinzeitjägern ausgerottet worden sein.)

Alle diese – sagen wir: ausgefallenen – Ideen spiegeln die Hilflosigkeit der Forschenden wider. Wie sonst soll diese Zeit abgelaufen sein? fragt man sich ohnmächtig. Wenn sich das Eiszeitklima langsam, innerhalb einiger hundert Jahre, gewandelt hat, gibt es keine vernünftige Auslegung für das Verschwinden ganzer Tierarten. Unerklärlich sind auch die deutlich erkennbaren Katastrophen, der Vulkanismus, der sich überall in den geologischen Schichten zeigt, oder die Sintflut, die sich in anderen Ablagerungen manifestiert. Keines dieser Anzeichen konnte entsprechend gedeutet werden, weil sie nicht in das große Schema paßten, weil man derzeit lieber an den „geodynamischen Riesen" glaubt, der geheimnisvoll, sachte und unentdeckbar im Erdinnern die Kontinente verschiebt: ein gigantisches Heinzelmännchen, das sozusagen in der Nacht die Bewegungen vollbringt, die man nur im zehntausendjährigen Kalender der Geologie entdecken kann, nie aber arbeitenderweise im „dynamischen Workshop".

*Der Begründer der vier klassischen Eiszeiten irrte*

Ich habe bereits von den Entdeckungen des amerikanischen Archäologen Richard MacNeish berichtet, der bei seinen Ausgrabungen im Hochland von Peru feststellte, daß jeweils, wenn im Norden Amerikas ein Kältevorstoß im Gange war, auf der 2200 Meter hoch gelegenen Ebene warmes Klima geherrscht hat. Zog hingegen dort kaltes Klima ein, so muß es im Norden des

Kontinents warm gewesen sein.[35] Warum – ist bis heute ein Rätsel geblieben. Nimmt man aber die Polsprungtheorie zu Hilfe, ordnen sich die Vorgänge logisch: denn bei Verschiebung der Erdkruste muß es nördlich und südlich des Äquators zu Temperaturveränderungen gekommen sein. War es im Norden kalt, muß es im Süden warm gewesen sein, und umgekehrt. Dabei ist allerdings zu berücksichtigen, daß bei Polsprüngen infolge der Vulkanasche, die hoch in die Stratosphäre gejagt wird, weltweit eine Abkühlung erfolgt sein muß.

Lassen wir jetzt die wissenschaftlichen Meßergebnisse Revue passieren, die in letzter Zeit bezüglich der Eiszeiten, ihres Verlaufes und ihrer Dauer ermittelt wurden. Zu den bereits erwähnten Daten kommen weitere: Die dänischen Arktis-Forscher Clausen, Daansgard und Johnson, die gemeinsam mit dem amerikanischen Physiker C. C. Lagway einen 1400 Meter langen, aus dem grönländischen Eis herausgeschälten Bohrkern untersuchten, kamen zu folgendem Schluß: Vor 89.500 Jahren gab es eine kurzfristige, katastrophale Klimaveränderung – eine Mini-Eiszeit.[36] Seltsamerweise stimmen die Untersuchungsergebnisse aus arktischen und antarktischen Eiskernen nicht überein. Dazu kommt noch, daß man nicht weiß, wie eine Eismasse von dreitausend Metern Höhe überhaupt in der Antarktis zustandegekommen ist. In dieser kältesten Region der Erde gibt es nahezu keine Niederschläge, es hat eher den Anschein, als würde mehr Schnee verdunsten, als durch Niederschläge hinzukommt. Da das Eis nun einmal vorhanden ist, muß es in Form von Niederschlägen auf den antarktischen Kontinent gefallen sein. Wann, warum und wieso, darüber wissen die Polarforscher noch allzu wenig, denn die gegenwärtigen Klimaverhältnisse können das Phänomen nicht erklären. Es scheint aber, als würden von Zeit zu Zeit in der Antarktis ungeheure Schneemassen abgelagert werden; dann dürfte es wieder Perioden gegeben haben, in denen der Eiszuwachs jahrhundertelang ausgeblieben ist. Deshalb kann das Alter von sehr vielen antarktischen Bohrkernschichten nicht einwandfrei bestimmt werden.

Für die dänischen Arktisforscher steht einwandfrei fest, daß die

449

Würmeiszeit vor 73.000 Jahren begonnen hat. Warm wurde es, der Auswertung des Bohrkernes zufolge, vor zwölftausend Jahren.[37] Dieses Ereignis deckt sich mit dem sogenannten Gothenburg Flip, einer magnetischen Anomalie, die eine Polumkehr anzeigt. Erst später setzte die Klimaverschlechterung der jüngeren Dryaszeit ein.

Aufgrund neuerer Untersuchungen mit radiometrischen Datierungsmethoden stellten H. W. Franke und M. A. Geyh vom niedersächsischen Landesamt für Bodenforschung, Hannover, einwandfrei fest, die Würmeiszeit habe in den Alpen vor 21.000 Jahren begonnen. Die beiden Forscher, die ihre Ermittlungen unabhängig voneinander durchgeführt haben, untersuchten Stalagmiten in Alpenhöhlen und in Sintergestein eingeschlossene Hölzer. Sie sind überzeugt, daß die letzte Eiszeit vor 10.000 Jahren beendet war.[38] Amerikanische Wissenschaftler, die sich mit aus der Antarktis stammenden Bohrkernen befaßten, kamen zu anderen Schlüssen. Sie stellten fest, daß jeweils vor besonders intensiven Kältevorstößen erhöhter Vulkanismus auftrat. Jeweils nach den Schichten mit besonders viel Vulkanasche verzeichnete man mit Hilfe der $O^{18}$-$O^{16}$-Methode – das Verhältnis zwischen Sauerstoffatom und seinem schwereren Isotop gibt Aufschluß darüber, wie warm es zu bestimmten Zeiten war – ein Absinken der Temperaturen um mehrere Grad Celsius. Ein intensiver Kältevorstoß muß vor 17.000 bis 16.000 Jahren stattgefunden haben. Er wurde von einer besonders dicken Schicht vulkanischen Staubs eingeleitet.[39]

Wie immer man diese teils widersprüchlichen Meßergebnisse beurteilen will, eines kristalliert sich deutlich heraus: Die vier großen Eiszeitperioden dürften sich aus Serien von kurzen, aber sehr intensiven Eisvorstößen zusammengesetzt haben. In den Zwischenzeiten, den Interstadialen, könnten die Temperaturen an die gegenwärtigen herangereicht haben, kälter oder sogar wärmer gewesen sein.

Immer wieder hat man festzustellen versucht, wann Eiszeiten geherrscht und wann sie sich am stärksten ausgewirkt haben. Die Urgeschichtler unterscheiden einige Eisvorstöße und haben sie unter „erstes Solutréen" oder „zweites Solutréen" registriert. Dazu gibt es noch verschiedene lokale Namen, aber nur selten ein erkennbares Zusammenfallen von Zeit und Dauer.

Dagegen fiel vielen Geologen schon vor Jahrzehnten eine seltsame Übereinstimmung auf: Jeweils, wenn eine neue Eiszeit einsetzte, scheinen die Berge irgendwie gewachsen zu sein. Infolge von Hebungen verlagerten sich die Flußläufe in den sogenannten Urstromtälern. Die heutigen Flüsse nehmen mitunter ganz andere Wege.

Es gibt sogar Theorien, die etwa von Cesare Emiliani und Johannes Geiss vertreten werden, denen zufolge die Eiszeiten von Gebirgsbildungen ausgelöst worden sind. Wenn ein Gebirge höher aufgepreßt wird, können sich neue Gletscher bilden. Die Gletscher speichern die Luftfeuchtigkeit und kühlen vorüberstreichende Luftmassen ab. Dem Meer wird Wasser entzogen, der Meeresspiegel sinkt ab, und damit steigt die relative Höhe der Gebirge. Die Eisschilder wachsen weiter an.[40]

Obwohl Emiliani und Geiss vor allem einen Verstärkereffekt infolge der Wechselwirkung zwischen örtlichen Klimaverschlechterungen und der Eis- und Gletscherbildung annehmen, die Gebirgsbildung also nur indirekt ins Spiel bringen (ein zweitausend Meter hohes Eisschild ist auch ein Gebirge), haben andere Geographen und Geologen echte Zusammenhänge zwischen Hebungsprozessen und Eiszeiten festgestellt. Einer von ihnen ist der österreichische Geomorphologe, Topograph und Statistiker Hofrat Dr. Richard Engelmann. Der Forscher, ein Schüler von Alfred Penck, befaßte sich vor allem mit den geomorphologischen Verhältnissen in der Böhmischen Masse, also jener schräggestellten Tafellandschaft nördlich der Donau, die bis zu den Sudeten reicht. In seinen Arbeiten „Die Terrassen der Moldau – Elbe", „Die Entwicklung des böhmischen Flußnetzes seit der Tertiärzeit",

451

„Die Entstehung des Egertales", „Der Elbe-Durchbruch" und „Krustenbewegungen und morphologische Entwicklung im Bereich der Böhmischen Masse", die zwischen 1910 und 1941 veröffentlicht wurden, beschäftigt sich Dr. Engelmann mit diesen rätselhaften Hebungen. Freilich konnte er das Alter der einzelnen Terrassen, die einen abrupten Klimawechsel markieren, nicht exakt bestimmen. Aber es gelang ihm, diese Terrassen mit den Ablagerungen der vier klassischen Eiszeiten in zeitliche Relation zu setzen. Hierbei kommt er zu folgendem Schluß: „Meines Erachtens stehen auch der Annahme, daß die Hebungen hauptsächlich in die Eiszeiten oder an deren Beginn fallen, keine besonderen Schwierigkeiten entgegen. Die große Schotterführung und Ablagerungen der Flüsse in den Eiszeiten wären dann nicht nur auf klimatische Ursachen zurückzuführen, die die schützende Vegetationsdecke der Erdoberfläche wenigstens in höheren Lagen schwinden ließen, sondern auch auf Hebung besonders der Randgebirge, die auch steilere Abdachungen schuf, die Erosion der Bäche und Flüsse in den Hochländern verstärkte."[41] Der Forscher folgert daraus, daß an einigen Plätzen Hebungen von sogar 100 bis 120 Metern keineswegs ungewöhnlich waren. Jeweils, wenn infolge der Kälte die Wasserführung der Flüsse zurückging und die Aufschotterung einsetzte, haben sich die Flußläufe deutlich verändert. Das kann nur durch Hebungen und Schrägstellungen des Untergrundes verursacht worden sein. Weil Wasser nicht bergauf fließen kann, suchte sich der Fluß einen neuen Lauf, den er dann auch beibehielt, als es wieder wärmer geworden war. Diese überraschende Feststellung Engelmanns trifft für fast alle böhmischen Flüsse zu. Eine Erklärung für diese tektonischen Veränderungen knapp vor dem Kälterwerden bieten nur die zwangsläufig bei einem Polsprung auftretenden Krustenverschiebungen.

Interessanter noch als die historischen Vereisungen sind vielleicht Prognosen für die künftige Klimaentwicklung. Auch hier möge ein kleiner Ausschnitt aus den vielfältigen, divergierenden Meldungen die eigenwilligen Interpretationen verschiedener Naturereignisse aufzeigen.

„Die polare Eiskappe der Arktis schmilzt schneller, als dies von

452

den Meteorologen erwartet wurde", meldete Associated Press am 26. Oktober 1972: Der norwegische Arktisexperte und Forscher Bernt Balchen hatte in einem Vortrag in Washington berichtet, er habe bei Flügen über Labrador, über Grönland, Norwegen, die kanadische Arktis und das Polarmeer das Abschmelzen der Eiskalotte beobachten können. Balchen ist der Ansicht, das Eismeer werde um die Jahrtausendwende, vor allem infolge der starken vulkanischen Aktivität auf den Philippinen, völlig eisfrei sein.

United Press International meldete am 21. Juli 1972, amerikanische Wissenschaftler seien der Meinung, die nächste Eiszeit stehe bevor. Die Meteorologen R. S. Bradley und G. H. Miller, beide vom Institut für Polar- und Gebirgsforschung an der Universität von Colorado, untersuchten die klimatischen Veränderungen in der kanadischen Arktis und auf Baffin Island. Dabei stellten sie fest, daß seit dem Jahre 1960 ein deutlicher Klimawechsel eingetreten sei. Neue Gletscher hätten sich gebildet. Die Sommertemperaturen seien gesunken, das Eisschild sei gewachsen. In den Jahren 1969 und 1971 schloß sich selbst über Gebiete, die vorher eisfrei waren, eine Eisdecke. Die Forscher glauben, diese Tendenz werde sich in Zukunft verstärken, da seither im Nordpazifik ein Wechsel in den Kalt-Warm-Strömungen erfolgt sei, weshalb es zu größeren Verdunstungen und höheren Niederschlägen käme.

Im Oktober 1972 tagten in Stockholm Klimafachleute aus 14 Ländern als Gäste der schwedischen Akademie der Wissenschaften. Alle kamen übereinstimmend zu der Ansicht, bis zum Jahre 2000 würden die Temperaturen so sehr ansteigen, daß es kein zugefrorenes Eismeer geben würde. Ein Großteil der Gletscher soll bis dahin abgeschmolzen sein. Als Ursache nimmt man vor allem Regulierungen von Flußläufen an, auch das starke Abholzen von Wäldern, die intensive Weidenutzung, das Abbrennen von Feldern nach der Ernte, besonders aber die fortschreitende Industrialisierung. Die Abgase der Fabriken und der Autos verseuchten die Luft mit Kohlendioxyd und Schmutzpartikeln, wodurch mehr Sonnenenergie absorbiert werde und es weltweit zu einer Temperatursteigerung komme. Auch die künstliche Bewässerung von Steppen- und Wüstenzonen wirke sich unvorteilhaft aus, weil der

Grundwasserspiegel gesenkt werde. Auch vermehrter Wasserdampfgehalt der Luft sei wärmesteigernd. Er wird durch die Anlage neuer Stauseen und die dadurch hervorgerufene stärkere Verdunstung verursacht. Die Wirkung dieser Wärmesteigerung könne deutlich an der arktischen Eisdecke abgelesen werden. Sie habe sich innerhalb eines Jahrhunderts drastisch vermindert und werde vermutlich bald gänzlich verschwunden sein.[42]

Die im Nordatlantik (zwischen dem 25. und 65. Grad nördlicher Breite) schwimmenden Wetterschiffe, die laufend die Oberflächentemperaturen des Meerwassers kontrollieren, meldeten eine ständige Abnahme der Wassertemperatur. Im Jahre 1953 wurden noch über zwölf Grad gemessen, nun ist die Durchschnittstemperatur auf 11,5 Grad gesunken. Eine Abkühlung von 0,5 Grad in nur zwanzig Jahren ist nach Ansicht der Meteorologen enorm. Im Durchschnitt der letzten drei Jahre wäre es während 68 Prozent des Jahres kälter geworden; nur innerhalb 26 Prozent der Jahreszeit sei eine Erwärmung eingetreten. In der restlichen Zeit sei die Temperatur gleichgeblieben. Die Tendenz zu einer weiteren Abkühlung sei deutlich festzustellen.[43]

Fast gleichzeitig kam der Forscher S. B. Idso vom amerikanischen „Agricultural Research Service" aufgrund sehr eingehender Untersuchungen eines Sandsturmes in Phönix, Arizona, zu dem Schluß, die zunehmende Verschmutzung der Atmosphäre werde die Temperaturen ansteigen lassen. Die Durchschnittswerte werden sich um drei bis vier Grad erhöhen.[44]

Meteorologen der Freiburger Universität stellten aus Daten, die sich über einen Zeitraum von 150 Jahren erstrecken, fest, daß die Sommer in Europa beträchtlich kühler geworden seien und daß polares Treibeis immer weiter nach Süden vordringe.[45]


*Weltweite Klimaschwankungen*


Professor Oleg Brosdow vertritt die Ansicht, die Durchschnittstemperaturen werden bis zum Jahre 2000 wesentlich ansteigen. Es werde zu Klimarevolutionen kommen, weil der Mechanismus des

Wärmeaustausches zwischen Meer und Atmosphäre durch die zunehmende menschliche Zivilisation gestört sei. Das gehe vor allem aus dem Zurückweichen des Polareises deutlich hervor.[46]

Weltweite Klimaschwankungen ließen den Schluß zu, daß eine neue Eiszeit bevorstehe, meint der amerikanische Meteorologe William Cobb. Er hat für die Zeit zwischen 1880 und 1940 ein globales Ansteigen der Temperaturen festgestellt. Seit 1940 aber sinken die Temperaturen. Nach Cobb ist daran die zunehmende Luftverschmutzung schuld, die das Sonnenlicht daran hindere, in die Atmosphäre einzudringen. Deshalb nehme im Norden Amerikas die Vergletscherung und die Eisbildung zu.[47]

Auch eine Gruppe amerikanischer Klimatologen vertrat zu Beginn des Jahres 1974 die Meinung, die Welt stehe vor einer neuen Eiszeit. Bis in das Jahr 1880 zurückreichende statistische Aufzeichnungen bewiesen den Trend zu einem allgemeinen Temperaturrückgang. In England sei die agrarische Wachstumsperiode zur Zeit schon um zwei Wochen kürzer als im Durchschnitt der fünfziger Jahre. Viele Tiere wanderten in südlichere Breiten ab, und zum erstenmal in diesem Jahrhundert war die Schiffahrt nach Island durch Treibeis schwer behindert.[48] Im Frühjahr 1975 interviewte ich in den Vereinigten Staaten für das österreichische Fernsehen Klimatologen an den Universitäten von Seattle, Princeton sowie im National Centre of Atmospheric Research in Bouldern in Colorado. Durchwegs ist man dort überzeugt, es habe eine globale klimatische Veränderung stattgefunden. Wie sich unser Klima künftig gestalten wird, und ob die weltweit festgestellten Wetteranomalien sich fortsetzen werden, wagte allerdings keiner der Forscher vorherzusagen.

„Unser Klima wechselt ständig", meinte der weltberühmte Professor Joe Smagorinsky aus Princeton. „Das war so in der fernen und nahen Vergangenheit und wird auch in Zukunft so bleiben. Wir gehen zweifellos einer weiteren Eiszeit und auch noch einer Hitzeperiode entgegen. Wann sie aber eintreffen werden, läßt sich derzeit absolut nicht abschätzen."

Daß wir in einer Zeit der Wetterkapriolen leben, darüber gibt es wohl keinen Zweifel.

Mitte 1974 veröffentlichte die Österreichische Zentralanstalt für Meteorologie in Wien einen Bericht über das anomale Wetter im Januar, Februar und März dieses Jahres. Es waren die wärmsten Wintermonate, die hier jemals gemessen wurden.[49] Auf der nördlichen Halbkugel haben sich die Gletscher und arktischen Eisfelder um zwölf Prozent vergrößert. Um ebensoviel hat sich die Saharazone in südlicher Richtung erweitert.[50]

Versuchen wir herauszufinden, welche Elemente und Veränderungen die Prognose unseres künftigen Klimas berücksichtigen muß. Wichtig ist die Erhöhung des $CO_2$-Gehaltes der Atmosphäre, herbeigeführt durch die Verbrennung von fossilen Kohlenwasserstoffen, wie Ölen, aber auch fester Kohle, Holz und so weiter. Vielfach wird angenommen, die mit $CO_2$ gesättigten Auspuffgase der Autos habe unsere irdische Atmosphäre so verändert, daß wir von einem baldigen Wärmetod bedroht sind.

Ob der Arrhenius-Effekt, nämlich das Zurückhalten der langwelligen Wärmestrahlen, wirklich eintritt, ist unbewiesen. Wird es nämlich auf diese Art wärmer, muß mehr Wasser verdunsten, und es wird auch mehr Wolken geben. Diese reflektieren jedoch mehr Sonnenlicht, wodurch es wieder kühler wird. In diesem Zusammenhang muß auch eine andere falsche Standardmeinung über Bord geworfen werden:

Nach landläufiger Ansicht „erzeugen" die Pflanzen mit Hilfe der sogenannten Photosynthese Sauerstoff. Das ist jedoch falsch. In den Gewächsen wird Sauerstoff nur zu bestimmten Zeiten freigesetzt. Aus sechs Molekülen $CO_2$ und sechs Molekülen $H_2O$ wird bei einem Verbrauch von 675 Kalorien ein Glukosemolekül ($C_6H_{12}O_6$) gebildet. Dabei werden sechs Sauerstoffmoleküle (sechs $O_2$) freigesetzt. Mengenmäßig sieht das etwa so aus: aus 264 Gramm $CO_2$ und – dem Molekulargewicht entsprechend – 108 Gramm $H_2O$ werden unter Verbrauch von 675 Kalorien 180 Gramm Glukose gebildet, wobei 192 Gramm Sauerstoff freigesetzt werden. Aber damit ist der zyklische Prozeß noch nicht abgeschlossen. Glukose, der Baustein der Zellulose, wird nämlich nur in den Frühjahrs- und Sommermonaten gebildet (Assimilation). Sobald die Blätter sich verfärben, absterben und zu Boden fallen, wandeln sich die organischen Substanzen wieder in die einfacheren Moleküle zurück. Bei diesem Dissimilationsprozeß wird dann aber die Glukose oder Zellulose verbrannt. Der gesamte chemische Prozeß ist jetzt rückläufig: Aus 180 Gramm Glukose bilden sich 164 Gramm Kohlendioxyd, die freigesetzt werden. Weiter wird Wasser gebunden, und dabei werden 192 Gramm Sauerstoff verbraucht. 675 Kalorien werden wieder an die Umgebung abgegeben. Das bedeutet, daß mit Ausnahme jener Sauerstoffmenge, die im Holz des Stammes oder in den Ästen verbleibt, ebensoviel Sauerstoff wieder verbraucht wird, als in der warmen Jahreszeit bei der Bildung der Glukose freigesetzt worden ist.[51]

Woher nehmen wir also den Sauerstoff? Wieso gibt es immer noch genügend Sauerstoff in der Atmosphäre, obwohl immer mehr Oxygen verfeuert oder von Automotoren verbraucht wird? Auf lokalen Plätzen, bei ungünstiger Witterung und schlechten Windverhältnissen kommt es wohl fallweise zu Sauerstoffmangel. Weltweit hingegen hat sich an der Zusammensetzung unserer Luft nichts geändert. Sauerstoff wird in der obersten Atmosphäre durch den sogenannten Urey-Effekt erzeugt. In der Stratosphäre wird infolge der dort sehr stark wirkenden ultravioletten Strahlung Wasserdampf in Wasserstoff und Sauerstoff zerlegt. Aus zwei Molekülen Wasser entstehen zwei Moleküle Wasserstoff und ein Molekül Sauerstoff. Dabei kommt es zu einer Wechselwirkung: Ist in der Stratosphäre viel Sauerstoff – in diesem Fall das aus drei Atomen bestehende Ozon ($O_3$) – vorhanden, werden die ultravioletten Strahlen abgebremst; fehlt es an der Ozonschicht und damit an Sauerstoff, dringen die ultravioletten Strahlen tiefer vor und zerlegen um so mehr Wassermoleküle. Auf diese Weise wird der Sauerstoffgehalt der Atmosphäre konstant gehalten. Wasserstoffmoleküle sind leichter und steigen in die Thermo- und Ionosphäre auf. Dort werden sie bis auf 1200 Grad Celsius erwärmt, und ihre Eigenschwingung nimmt so stark zu, daß sie sich in Einzelatome spalten, die in das Weltall entweichen.

Der Anteil des Sauerstoffs in der Atemluft beträgt bekanntlich 21 Prozent; sie setzt sich weiter aus 78 Prozent Stickstoff, 0,9 Prozent Argon, Spuren von anderen Edelgasen und – örtlich verschieden – 0,03 bis 0,04 Prozent Kohlendioxyd zusammen. Tatsächlich ist das Mischungsverhältnis noch etwas komplizierter, weil in dieser Prozentrechnung der Wasserdampf nicht berücksichtigt ist. Der Anteil an Wasserdampf beträgt bis 0,4 Prozent und ist von Druck und Temperatur abhängig.

Auf die ganze Erde umgelegt, ergibt die Menge des in der Atmosphäre verteilten Kohlendioxyds die enorme Größe von zweieinhalb Billionen Tonnen. Dennoch sind in einer Tonne Luft nur 460 Gramm Kohlendioxyd, hingegen 231,5 Kilogramm Sauerstoff enthalten. In einer Tonne Wasser sind dagegen nach der Formel $H_2O$ 890 Kilogramm Sauerstoff gebunden. Das Atomgewicht von Wasserstoff beträgt nämlich 1, das von Sauerstoff dagegen rund 16.[52]

Das Mischungsverhältnis der verschiedenen Gase in unserer Atmosphäre ist für unser Leben ebenso von entscheidender Bedeutung wie die sogenannten Partialdrucke von Kohlendioxyd und Sauerstoff. Der Mensch kann noch bei einem Luftdruck von einem Viertel Atmosphäre existieren, wenn diese Atmosphäre aus reinem Sauerstoff besteht. Für die Aufnahmefähigkeit der Lungen ist nämlich nur der Partialdruck des Sauerstoffs ausschlaggebend. Diesen Umstand hat man sich in der Raumfahrt zunutze gemacht: Die Amerikaner flogen mit einem Druck von 0,35 Atm in ihrem Raumschiff zum Mond. In ihren Raumanzügen, mit denen sie die Landefähre verließen, hatten sie sogar nur 0,25 Atm. Unter diesem geringen Druck werden die Raumanzüge nicht aufgebläht, sie bleiben beweglich. Es gibt Anzeichen dafür, daß innerhalb der beiden letzten Jahrzehnte der $CO_2$-Gehalt der Atmosphäre um etwa zehn Prozent zugenommen hat. Meteorologen haben auf dem Mauna Loa auf Hawaii eine Forschungsstation eingerichtet, weil sie überzeugt sind, inmitten des Pazifiks keine Fehlwerte zu riskieren. Der Mauna Loa ist aber ein Vulkan und hat nach langer Ruhepause 1975 eine Lavaaustritt gehabt.

Auch der Partialdruck des Kohlendioxyds ist von Bedeutung. Nimmt er zu, dann wird von den Weltmeeren, den Binnengewässern, der Bodenluft und den Bodenbakterien mehr Kohlendioxyd gebunden und meist in Karbonaten abgesetzt. Die Natur ist noch immer der größte Produzent von Kohlendioxyd. Schätzungsweise stammen etwa neun Zehntel des in der Atmosphäre enthaltenen Kohlendioxyds aus Vulkanen, aus Verwesungsprozessen und aus den Mooren. An der Universität von Stanford hat man genaue Messungen vorgenommen. Man wollte nicht nur klären, ob der $CO_2$-Gehalt der Luft zugenommen hat, sondern auch, ob der Anteil an Kohlenmonoxyd im Steigen begriffen ist. Dieses giftige Gas ist für Säugetiere deshalb so gefährlich, weil es, eingeatmet, mit dem Hämoglobin eine nur schwer zerstörbare chemische Verbindung eingeht. Zum Unterschied von Kohlendioxyd bindet sich Kohlenmonoxyd fest an die roten Blutkörperchen, die dann nicht mehr als Sauerstoffträger funktionieren können.

Man hat errechnet, daß die Abgase der Autos, Fabriken und Kraftwerke jährlich etwa 400 Millionen Tonnen CO-Gase in die Luft blasen. Das ist sehr viel, denn die gesamte Atmosphäre dürfte nicht mehr als 600 Millionen Tonnen enthalten. Glücklicherweise hat Kohlenmonoxyd nur eine begrenzte Lebensdauer. Es oxydiert innerhalb von etwa zwei Jahren zu Kohlendioxyd.[53]

Man hat überprüft, ob die irdische Atmosphäre früher anders zusammengesetzt war. Eiskerne aus der Antarktis wurden ins Labor gebracht. Die in dem mehrere tausend Jahre alten Eis eingeschlossenen Gasblasen wurden analysiert. Man fand dieselbe prozentuelle Zusammensetzung aus Stickstoff, Sauerstoff, Kohlendioxyd, Edelgasen und Kohlenmonoxyd, wie sie heute besteht. Die Absorptionsfähigkeit des Erdbodens und die Oxydierung des Kohlenmonoxyds gehen über den Nachschub an CO weit hinaus. Ein Quadratkilometer Land kann jährlich 495 Tonnen Kohlenmonoxyd, 78 Tonnen Stickstoffdioxyd und 5200 Tonnen Schwefeldioxyd absorbieren. Während an der Eliminierung von Kohlenmonoxyd und Äthylen Mikroorganismen beteiligt sind, werden Stoffe wie Schwefeldioxyd und Stickstoffdioxyd vor allem auf rein chemischem Weg gebunden. Wahrscheinlich sind derartige Prozesse dafür verantwortlich, daß bisher die Konzentration an schädlichen Abgasen in der Atmosphäre global kaum angestiegen ist. Die biologische Verarbeitungskapazität des Bodens beträgt für Kohlendioxyd rund das Fünffache der gegenwärtig in den USA jährlich erzeugten Menge.[54]

Ein anderes, das Klima beeinflussendes Element sind die kleinen Schmutzpartikelchen aus den Abgasen von Autos und Schornsteinen, die die Atmosphäre trüben. Hier scheiden sich die Geister. Die einen erklären, Staub in der Atmosphäre verhindere die Sonneneinstrahlung und habe somit einen Temperaturrückgang zur Folge. Andere meinen, die Partikel erwärmten sich stärker durch die zurückgeworfene langwellige Strahlung, und das Wetter werde wärmer. Meinung steht gegen Meinung. Tatsache ist, daß die Luftverschmutzung wohl lokal bedrohliche Werte erreicht, daß aber jeder Regen Hunderttausende Tonnen Schmutzpartikel auswäscht und sie als Niederschlag zum Erdboden zurückbringt. Dazu kommt, daß manche Meteorologen Staub als Ursache eines regenreichen Klimas ansehen, weil Kristallisationskerne in der Atmosphäre die Bildung von Wolken begünstigen; an ihnen können sich im unterkühlten Nebelzustand Tropfen bilden. Unter entsprechenden Bedingungen kommt es dann zu einem Abregnen, zu erhöhter Feuchtigkeit, zu einem humideren Klima.

Um endlich die großen Zusammenhänge zwischen Wetterbildung und Klimaablauf zu erforschen, wurde im Jahre 1974 das „Global Experiment" gestartet. Dieses abgekürzt auch GARP (Global Atmospheric Research Programme) genannte Vorhaben wird sechs Jahre dauern und praktisch von allen meteorologischen Stationen der Welt durchgeführt werden. Man will zum erstenmal ein mathematisches Modell des Wetterablaufs bilden. Zu diesem Zweck werden die größten Computer in den Vereinigten Staaten, in der Sowjetunion und in Australien tagtäglich die einlaufenden Daten verarbeiten und auswerten. Die Computeranlagen werden über einen eigenen Satelliten, den „GTS", untereinander in Verbindung stehen und so erstmals den weltweiten Wetterablauf erfassen können.

Auftakt dieses internationalen Programms war im Sommer 1974 das Atlantic Tropical Experiment. Von der Westküste Afrikas bis Amerika untersuchten 4000 Mann in 38 Meßschiffen die Wetterentwicklung in Äquatornähe. Den Forschern standen dreizehn

Flugzeuge, sechs Wettersatelliten sowie zahlreiche automatische Meßbojen zur Verfügung, mit deren Hilfe man alle Daten über die Wetterentwicklung in diesem Raum sammeln konnte. Höhepunkt von GARP wird das Jahr 1977 sein. Aber noch bis zum Jahr 1980 sollen Messungen in den Polarregionen, in den Monsungebieten und in den Weltozeanen zusammengetragen und verarbeitet werden.

Zum erstenmal will man auf diese Weise ein globales Wettermodell erstellen, das eine exakte Prognose für vier bis maximal sieben Tage gestatten soll. Außerdem hofft man, die Mechanismen der Wetterbildung kennenzulernen, die man bis jetzt nur ungenügend überblickt. So will man klären, welchen Einfluß Veränderungen auf der Sonne und das Erdmagnetfeld auf den Wetterablauf ausüben.

Die Sonne ist unser zentrales, lebenspendendes Muttergestirn. Die Sonne, die 150 Millionen Kilometer von der Erde entfernt ist (das ist mehr als 350mal die Distanz Erde–Mond), sendet ständig 23 Billionen PS – das ist die Zahl 23 mit zwölf Nullen – Wärmeenergie auf die Erde. Ein Teil dieser Wärme wird zwar von der Oberfläche des Wassers, des Eises und der Wolken in den Weltraum zurückgestrahlt. Dennoch verbleibt der überwiegende Teil dieser unerhörten Menge auf der Erde. Was innerhalb von 24 Stunden durch Sonneneinstrahlung an Energie gewonnen wird, ist wesentlich mehr, als die Menschheit seit ihrer Existenz an animalischer, motorischer oder Wärmeenergie erzeugen konnte. Die von der Sonne gelieferte Energie ist so gewaltig, daß die vom Menschen erzeugte oder verbrauchte Kraft in dieser Bilanz nicht einmal mit einem Zehntel Promill figuriert. Selbst die Atomkraft kann diese Bilanz kaum verändern.

Nun, was geschieht mit dieser ungeheuren Wärmeenergie? Sie dient dazu, die „Wettermaschine" zu betreiben; sie macht, daß Winde wehen, daß Bäche und Flüsse fließen, daß in den Weltmeeren warme und kalte Strömungen zustandekommen, daß Pflanzen und Tiere wachsen. All das ist der Sonnenkraft zu verdanken. Die Sonne macht das Wetter auf der Erde. Es ist im Prinzip derselbe Vorgang, der sich ereignet, wenn wir in einem Kessel Wasser erhitzen, den Dampf in einen Zylinder führen und dort einen Kolben hin und her bewegen. Wenn wir dann noch den Dampf abkühlen und in Wasser zurückführen, ist der gleiche Effekt erzielt, den die Wettermaschine permanent leistet. Das Wasser wird in den Tropen gekocht und in Dampf verwandelt. Die Kolben sind mit den Luftmassen vergleichbar, die nun zu den kühleren Polen geleitet werden. Auf dem Weg dorthin, oder auch erst an Ort und Stelle, erfolgt die Abkühlung, dann die Rückführung des Wassers in das Leitungssystem der Erde, die Flüsse und Meere. Man mag sich nach der Leistung fragen, die erbracht wird, um Winde wehen zu lassen, Wasser aufzusaugen und mit Hilfe der Photosynthese Kohlendioxyd aufzuspalten. Eine kurze Rechnung ergibt gigantische Quantitäten. Auf jedem Quadratzentimeter Erde lastet eine Luftsäule, deren Gewicht ein Kilogramm beträgt. Auf der ganzen Erde ruht die ansehnliche Last von fast sechstausend Billionen Tonnen, sechs Millionen mal eine Milliarde Tonnen! Diese Lasten werden ständig durch Sonnenenergie bewegt und transportiert. Dazu kommt, daß die Luft nicht „leer" fliegt, sondern laufend Milliarden Tonnen Wasser, Staub und Sand transportiert. Wenn man diese ungeheuren Größen bedenkt, scheinen noch so gut fundierte statistische Erwägungen über Störungen durch „erhöhte Wärmeabgabe" infolge Industrie und Technik wissenschaftliche G'schaftelhuberei zu sein.

# DIE GESTÖRTE SONNE

*„Wenn der Komet kommt..."*

Am 29. Januar 1661, morgens um fünf Uhr, hatten sich zahlreiche Bewohner der Stadt Straßburg vor ihren Häusern versammelt. Sie beobachteten einen besonders hell leuchtenden Kometen, der zwischen den Sternbildern des Adlers und des Delphins am nächtlichen Himmel stand. Viele Menschen beteten. Ein Komet galt damals als göttliches Zeichen: Unglück war zu erwarten, Krieg, Pest, Überschwemmungen, Erdbeben, Stürme, Teuerungen, Mißernten oder der unerwartete Tod eines Landesvaters. Die Angst vor dem vazierenden Himmelskörper war im Denken der Menschen tief eingewurzelt. Mit den Worten: „Wenn der Komet kommt", konnte man jederzeit Weltuntergangsstimmung herbeiführen.

Diese Angst vor dem Ungewissen, dem Neuen, ist uns geblieben. Die Urangst. Wir fürchten uns vor einem Ereignis, das wir weder definieren noch abwenden können. Es scheint in unserem Gehirn verschüttete Erinnerungsfetzen zu geben, die bei jeder außergewöhnlichen Situation auftauchen: bei Katastrophen, Erdbeben, Überschwemmungen, Dürren oder Unwettern. Zwar wissen wir heute, daß ein Komet der Erde kaum gefährlich werden kann, weil die Wahrscheinlichkeit für einen Zusammenstoß äußerst gering ist. Dennoch haben viele Menschen Angst. Man weiß, woraus sich der Kometenschweif zusammensetzt. Er besteht aus fast substanzloser Materie, etwa aus Wasserstoff-, Cyan- und Kohlenwasserstoffgasen, in manchen Fällen aus Eisendämpfen; er entwickelt sich nur in Sonnennähe. Der Kometenkern mit einem

463

Durchmesser, der selten länger als zwei bis zwanzig Kilometer ist, besteht aus einer Materie, deren Zusammensetzung bisher unbekannt ist. Die Meinung, Kometen seien die Urbaustoffe des Universums, hat nach der Beobachtung des Kometen Kohoutek im Dezember 1973 und Januar 1974 sehr an Wahrscheinlichkeit verloren. Kometenkerne dürften aus sehr vielfältigen Materialien bestehen.

Ein anderer Himmelskörper scheint unsere Psyche viel direkter beeinflussen zu können: die Sonne. Und zur Zeit kann man von einer „gestörten Sonne" sprechen.

Anfang August 1972 gab es besonders große Protuberanzen und Sonnenflares. Gleich den im siebzehnten Jahrhundert lebenden Bürgern von Straßburg warnten auflagenstarke deutsche und englische Zeitungen vor den Folgen dieser Sonnenaktivität: „Enorme Gefahren für die Erde . . .", „Die Krebsgefahr nimmt zu . . .", „Erdbeben drohen . . .", „Konzentrationsschwächen bei Schülern . . .", „Wir werden schneller alt . . .", „Die Unfallziffern werden rapid ansteigen . . ." Mit diesen Prognosen eröffneten die Boulevardblätter in der Bundesrepublik Deutschland und in England die Berichterstattung über die entfesselten Sonnenstürme. Zwar meldeten sich überall angesehene Geophysiker zu Wort und dementierten oder schwächten diese solaren Tatarenmeldungen ab. Aber die latente Urangst war geweckt. Zu diesem Zeitpunkt war die Suche nach den Ursachen der großen, weltweiten Wetteranomalien bereits in vollem Gange.[1]

Obwohl noch immer zahlreiche Meteorologen gegenteiliger Ansicht sind, stehen inzwischen andere auf dem Standpunkt, daß Sonnenstürme das Leben auf der Erde in vieler Beziehung durchaus beeinflussen können. Selbst für Geophysiker war die bereits erwähnte Bremsung der Erdrotation, als deren Ursache die Sonnenstörungen anzusehen sind, völlig neu. Andere Anomalien spiegelt seit Jahren der Wetterbericht wider. Das Wetter „spielt total verrückt". Das ist keine subjektive Empfindung des Autors, sondern eine Feststellung der Weltorganisation für Meteorologie. Ende April 1973 veröffentlichte das Genfer Büro seinen Jahresbericht 1972. Dort heißt es unter anderem: Zahlreiche, seit Jahrzehnten bestehende Rekorde an Trockenheit, Niederschlägen oder Temperaturen wurden im Jahre 1972 gebrochen. Detailliert erwähnt die Bilanz: Schweden erlebte den wärmsten Winter seit Menschengedenken, die Engländer hingegen den kältesten Sommer seit 1916; die Sowjetunion und Finnland wurden von einer Hitzewelle heimgesucht. Die Temperaturen lagen um fünf Grad über dem langjährigen Durchschnitt. In der UdSSR hatte überdies eine folgenschwere Trockenheit geherrscht. Auf den Feldern verdorrte das Getreide, und über die Tundragebiete wälzte sich monatelang ein unlöschbarer Brand. Tausende Quadratkilometer Torfmoore standen in Flammen. Der Wasserspiegel in den Sümpfen war infolge der Dürre gesunken. Das Feuer konnte sich unterirdisch weiterfressen. Es gab kaum Möglichkeiten, die immer wieder aufflackernden Brände zu löschen.

Der Don sank auf den niedersten Wasserstand seit neunzig Jahren. Auch der Rhein war nahezu ausgetrocknet. Am 20. Oktober 1972 flossen bei Basel nur 360 Kubikmeter pro Sekunde durch das Strombett. Fast nur ein Zehntel der Normalmenge.

Stürme von ungewohnter Heftigkeit fegten über den amerikanischen und den europäischen Kontinent. Am 23. Januar 1972 wurden auf dem Brocken im Harz (DDR) Spitzengeschwindigkeiten von 244 Kilometer in der Stunde gemessen. Am 13. November brauste ein anderer Orkan über weite Gebiete Norddeutschlands hinweg. Innerhalb weniger Stunden wurden Millionen Bäume zerfetzt und entwurzelt. Als die Forstbehörden Bilanz zogen, stellte man Milliardenschäden fest: Um das zum Teil zersplitterte Windwurfholz abzutransportieren, hätte man eine Million Güterwaggons bereitstellen müssen. In Niedersachsen, Brandenburg und im Oberharz werden sich die verwüsteten Wälder vermutlich erst in zwanzig Jahren erholt haben. Manche Forstbetriebe werden fünfzig Jahre lang auf die Einnahmen aus den Wäldern verzichten müssen.[2] Drastische Folgen ereigneten sich 1975: wochenlang brannten mehrere tausend Quadratkilometer Heide und Wald in Niedersachsen. Menschen und zahlreiche Häuser fielen dem Feuer zum Opfer. Der Brand war nach einer Hitzeperiode im ausgedörrten Bruchholz entstanden.

Im Nordatlantik schwammen 1972 zehnmal so viele Eisberge südwärts, als es dem langjährigen Durchschnitt entspricht. In Kanada gab es die größte jemals beobachtete Kälte, und in weiten Teilen des amerikanischen Bundesstaates Arizona fiel erstmals seit 96 Jahren überhaupt kein Regen. Im ersten Jahresdrittel registrierte man in diesem Teil der USA eine Hitzewelle mit Temperaturen bis 46,7 Grad Celsius. Im Osten verwüstete der Hurrikan „Agnes" mehrere Bundesstaaten. Dreimal fegten Wirbelstürme über die Philippinen hinweg und brachten Überflutungen; Millionen Menschen wurden obdachlos. Sintflutartige Wolkenbrüche töteten in Japan zwischen dem 7. und 13. Juli 464 Personen; in Hongkong gab es Hunderte Tote, als zwischen dem 16. und 18. Juni 652 Millimeter Regen fielen. Auch in Seoul (Korea) kamen mehr als fünfhundert Menschen um, als am 18. und 19. August ein Drittel der jährlich registrierten Regenmenge innerhalb 26 Stunden fiel. Im Iran sank am 13. Februar die Quecksilbersäule des Thermometers auf minus 36 Grad. Die Australier erlebten den heißesten je registrierten Sommer, aber auch den kältesten Winter. Nach drei Jahren Trockenheit versank in den Wintermonaten Afghanistan unter einer meterhohen Schneedecke. Nachfolgende Warmwettereinbrüche lösten Lawinen und Überschwemmungen aus. Diese Naturereignisse brachten Tod und Verderben.

Auch die Jahre 1973 und 1974 boten ähnliche Extreme. Ende April 1973 versanken Kanada und die nördlichen Staaten der USA in einem Schneeunwetter. Gleichzeitig ließen enorme Wolkenbrüche den Mississippi auf den höchsten je registrierten Pegelstand anschwellen. In Israel, Ägypten, Jordanien und Saudiarabien fiel selbst in Wüstengebieten Schnee. Algerien und Tunis wurden von den schwersten Überschwemmungskatastrophen seit Menschengedenken heimsucht.

Der Winter 1973/74 war von weltweiten Störungen im Wetterablauf gekennzeichnet. Wieder fiel Schnee in Nordafrika, im Libanon, im Irak, in Jordanien, Israel (in Jerusalem an einem Tag mehr als fünfzig Zentimeter) und selbst in Saudiarabien. Im Osten Australiens registrierte man schwere Regengüsse und Überschwemmungen mit Hochwassermarken, wie sie nie zuvor verzeichnet worden waren. Mittel- und Osteuropa erlebten zur gleichen Zeit den wärmsten Winter. Am 3. Februar 1974 maß man in Innsbruck 13 Grad Celsius im Schatten. Auch in Moskau herrschte Vorfrühlingswetter. Dann wurde es kühl. Europa hatte nie zuvor einen kälteren und verregneteren Sommer. Auch das Jahr 1975 war durch Wetteranomalien gekennzeichnet. In den Ostalpen fielen Rekordschneemengen. In der Schweiz, in Bayern und Österreich kam zeitweilig der Verkehr zum Erliegen. In Brasilien erfroren die Kaffeepflanzen, und Rußland hatte infolge der langanhaltenden Dürre eine Mißernte zu beklagen. Während der Westen Europas mit der britischen Insel von einer noch nie registrierten Hitzewelle heimgesucht wurde, überfluteten verheerende Überschwemmungen Süddeutschland, Österreich, Jugoslawien, Ungarn und vor allem Rumänien. Die Katastrophe wurde von schweren, über Italien entstandenen Tiefdruckgebieten ausgelöst. Ähnliche Verhältnisse herrschten in Asien. Dort wurden indische Provinzen, vor allem Bihar, die drei Jahre zuvor von Dürrekatastrophen heimgesucht worden waren, von den größten Überschwemmungen dieses Jahrhunderts betroffen. Schließlich registrierte man in den ersten Tagen des Jahres 1976 den mächtigsten und längsten Orkan, der je über Europa hinwegfegte. Von Südskandinavien bis Nordfrankreich wüteten die entfesselten Elemente. Die weit über tausend Kilometer breite Sturmfront verursachte in England, Holland, Belgien, Dänemark, Deutschland, Österreich, der Tschechoslowakei, Polen und Ungarn jeweils Milliardenschäden. Im Harz wurden Windgeschwindigkeiten bis 212 Stundenkilometer gemessen.

Man fragt sich zu Recht, warum eine einmalige Sonnenaktivität, wie die am 4. August 1972 verzeichnete, so langanhaltende Wetterkuriosa zur Folge haben sollte. Es kann aber, wie die Beobachtung der Sonne im folgenden Jahr ergeben hat, von einem einmaligen Ereignis absolut nicht die Rede sein. Forscher, die in einem der größten amerikanischen Sonnenobservatorien auf dem Kitt Peak im Bundesstaat Arizona tätig sind, neigen nun zu der Ansicht, es habe auf der Sonne ein völlig neuer Zyklus eingesetzt.[3] William Livingstone, Jack und Karen Harvey sowie Bruce Gillespie

467

beobachteten am 22. August 1973 auf der Südhälfte der Sonne eine gewaltige Serie neuer Flecken. Offensichtlich hat sich der langjährige Rhythmus geändert.

Mit dem neuen Zyklus hat sich auch das magnetische Hauptfeld der Sonne umgepolt. Die neue aktive Region, die interessanterweise in wesentlich höheren Breiten auftrat als sonst, weist nun positive Polarität auf.

Nach Meinung der Wissenschaftler wird der neue Zyklus seinen Höhepunkt im Jahre 1980 erreichen. Das entspräche zwar auch den vom Amateurastronomen Heinrich Schwabe 1843 entdeckten Minima-Maxima-Perioden; ungewöhnlich an der jetzigen Situation ist jedoch der Umstand, daß auch der alte Zyklus, der schon längst abgeklungen sein müßte, noch immer aktiv ist. Das wird auch durch die 35.000 von den Astronauten der dritten Skylab-Besatzung am 8. Februar 1974 zur Erde gebrachten astronomischen Aufnahmen bestätigt. Die meisten dieser Bilder zeigen die vom Weltraum aus aufgenommene Sonne. Vielleicht wird die systematische Auswertung dieser photographischen Dokumentation dazu beitragen, die Zusammenhänge zwischen Wetterablauf und Sonnenaktivität zu klären.[4]

Schon im vorigen Jahrhundert, und zwar im Jahre 1852, erkannte der Leiter des Züricher Observatoriums, Rudolf Wolf, den Auslöseeffekt von Sonnenflecken für Nordlichter. Der Forscher vermutete auch einen Einfluß auf den Wetterablauf. Weil es aber nie gelang, die Gesetzmäßigkeit in der Steuerfunktion der Sonnenaktivität auf meteorologische Ereignisse festzustellen, ließ man bisher den Einfluß der Sonne auf Wetteranomalien in der Meteorologie nicht gelten. Dennoch gibt es unzählige Arbeiten, in denen derartige Vergleiche vorgenommen werden. Übereinstimmend wird jeweils der festgestellte Störfaktor hervorhoben.[5]

Wetteranomalien brachten für die Menschen in der Dritten Welt Ernährungskrisen mit Hunger und Tod. In Indien waren etwa zweihundert Millionen Menschen von der schlimmsten Dürre betroffen, die je in den Annalen verzeichnet werden konnten. Im Bundesstaat Maharashtra gab es unter den Hungernden blutige Aufstände. Militär mußte die Revolten niederschlagen. Ähnlich tragisch war die Situation in dem Indien benachbarten Königreich Nepal. Dort waren Hunderttausende Menschen in den Seitentälern des Himalaja vom Hungertod bedroht. Britische Militärmaschinen warfen 2000 Tonnen Getreide über den Katastrophengebieten ab.

Dazu kam noch das Fiasko der sogenannten „Grünen Revolution". Seit dem Jahre 1960 war die FAO, die Welternährungsorganisation der UNO, mit der Propagierung neuer ertragreicher Reis-, Weizen- und Maissorten beschäftigt. Mit sehr großem Propagandaaufwand und materieller Unterstützung wurden in den Ländern der Dritten Welt die Felder mit neuen Sorten bepflanzt. Das schien den Hunger in der Welt endgültig gebannt zu haben, denn, um ein Beispiel zu schildern – auf den philippinischen Reisfeldern, wo bis dahin pro Hektar eineinhalb Tonnen geerntet werden konnten, erzielte man nun Rekorderträge: An manchen Orten, wie etwa in Los Banos, konnten sogar sechs Tonnen Reis pro Hektar eingebracht werden. Aber der Rückschlag kam. Die neuen Getreidesorten, sogenannte Hybridzüchtungen, verlangen eine intensive Düngung. Die nationalen Agrarbehörden waren aber unfähig, die erforderlichen Kunstdünger bereitzustellen. Versagen der Administration, Korruption der Händler, mangelnder Maschineneinsatz, fehlender Kunstdünger und Unwetter führten zu schweren Rückschlägen.

Der Schaden ist aber viel schwerwiegender. Der Boden wurde total ausgelaugt, und nach Jahren guter Ernten trugen die Felder nun weniger als je zuvor. Eine neugezüchtete Maissorte, die speziell in Mexiko und in Südamerika zur Aussaat kam, wurde von Pflanzenschädlingen befallen, gegen die normale Kukuruzsorten resistent sind. Alle Versuche, die Landwirtschaft in den Entwicklungsgebieten zu modernisieren, scheiterten in erster Linie an der traditionellen Einstellung der Bauern. Sie sind – meist nur landwirtschaftliche Pächter – nicht imstande, das Neue zu erfassen. Die FAO hat eine erschütternde Bilanz gezogen: Zwei Drittel der insgesamt acht Millionen Kinder in Asien, Afrika und Lateinamerika hungern. Sie erhalten zu wenig Protein-Nahrung und weisen Symptome von Unterernährung auf.

Das Katastrophenwetter hat inzwischen sogar die pessimistischen Voraussagen der Experten des Klubs von Rom übertroffen. Die Situation ist ernster als prognostiziert. In Mittelamerika, in den Staaten südlich der Sahara, in Senegal, Mali, Obervolta, Niger, Mauretanien und Tschad war bis zu sieben Jahre lang der Regen ausgeblieben. Die Ernteerträgnisse – sie sollen 25 Millionen Menschen ernähren – sanken auf ein Drittel. Zu Millionen verdursteten Rinder, Schafe und Ziegen. Zu Hunderttausenden verließen die ausgemergelten Menschen ihre Wohngebiete und zogen in die Städte.

In Äthiopien trockneten selbst die tiefsten Brunnen aus. Die FAO gab – beunruhigt durch die außergewöhnliche Situation – Auftrag, Wissenschaftler mögen untersuchen, ob die Wetterkapriolen möglicherweise einen Klimawechsel signalisieren, ob das verrückte Wetter Vorbote einer neuen Eiszeit sein könnte. Der amerikanische Nobelpreisträger Norman E. Borlaugh, der als Initiator der „Grünen Revolution" gilt, forderte die Errichtung einer Weltnahrungsmittelbank, in der aus Überschußgebieten Lebensmittel für Hungerkatastrophen eingelagert werden sollten. Zu diesem Zeitpunkt, Anfang Mai 1973, betrugen die Weltvorräte an Getreide nur mehr 30 Millionen Tonnen. Diese Quantität wird aber allein in den Vereinigten Staaten in einem Zeitraum von sieben Wochen konsumiert.[6] Die großen Aufkäufe der Sowjetunion, Chinas und Indiens hatten die überquellenden Silos innerhalb eines einzigen Jahres geleert. Die Ernte 1974 wurde schon im Frühjahr von den Feldern weg an Exporteure verkauft. Noch fünf Jahre zuvor bezahlte die amerikanische Regierung Prämien an Farmer, die ihre Äcker brachliegen ließen. Das Ernteergebnis war jedoch erschreckend. Trotzdem die Anbaufläche in den wichtigsten Kulturen für Weizen und Futtermittel in Amerika um 20 Prozent vergrößert wurde, sank die Ernte um 16 Prozent. Daraufhin wurden zunächst von Präsident Ford alle Getreide- und Futtermittelexporte gestoppt. Diese Ausfuhren benötigten von nun an eine von der Regierung erteilte Sondergenehmigung. Abermals mußte die Sowjetunion Millionen Tonnen Getreide in Amerika einkaufen. 1975 waren nur zwei Drittel des Ernte-Plansolls erreicht worden.

Es gibt genügend Anzeichen dafür, daß das Wetter auf der Erde auch weiterhin anomal verlaufen wird. Unter dem Begriff „Wetter" versteht man den täglichen Witterungsablauf, Klima hingegen ist das sich über lange Zeiträume hinweg erstreckende Wettergeschehen, die Gleichmäßigkeit des periodisch wiederkehrenden Wetterablaufs. Klimaschwankungen können deshalb nur über Jahrzehnte beobachtet werden, niemals jedoch von einem Jahr zum anderen.

Nach meinen Vorträgen wurde ich immer wieder gefragt, ob das gegenwärtige abnorme Wetter eine beginnende Eiszeit und einen Polsprung signalisieren könnte. Nach meiner Theorie werden Eiszeiten nicht durch meteorologische Vorgänge ausgelöst, sondern durch geophysikalische Ereignisse: Polsprünge führen zu großen Krustenverschiebungen; dadurch verändern sich die geographischen Breiten, und Gebiete, die vordem in wärmeren Zonen lagen, verschieben sich in kalte Regionen beziehungsweise in Polarbereiche. Die Wetterkapriolen sind meiner Meinung nach keine direkten Startzeichen für eine Klimaänderung in Richtung einer neuen Eiszeit. Eiszeiten traten ganz plötzlich auf, das habe ich am Beispiel der eingefrorenen Mammuts, die im Norden Kanadas und Alaskas sowie in der Tundra gefunden wurden, bereits erläutert. Wenn aber, wie das in diesem Buch schon erklärt wurde, die gestörte Sonne ein Auslösefaktor für einen Umpolungsprozeß ist, dann sind allerdings die Wetteranomalien ein bedrohliches Zeichen.

Seit fünfzehn Jahren scheint es – das entspricht auch den meteorologischen Aufzeichnungen – ein Störmoment zu geben, das sich auf den sogenannten „langjährigen Durchschnitt" erheblich auswirkt. Zweifellos hängt dieser rätselhafte Störeffekt mit der Sonnenfleckentätigkeit und damit zwangsläufig mit dem irdischen Magnetfeld zusammen. Nach neuesten Forschungen sind großräumige Veränderungen auf der Sonne für unser Wettergeschehen von entscheidender Bedeutung. Ein Forscherteam vom Lamont-Doherty-Observatorium in New York hat die magnetologischen und meteorologischen Aufzeichnungen aus nicht weniger als zweihundert Stationen analysiert. Dabei ergab sich für die letzten vierzig Jahre eine erstaunliche Übereinstimmung: Wo örtlich die Intensität des Magnetfeldes zugenommen hatte, war es kälter geworden; wo hingegen die Magnetkraft zurückging, wurde es wärmer. Ein Rückgang der durchschnittlichen Temperaturen wurde in Schottland, Schweden, Griechenland und Ägypten verzeichnet. Dort hatte sich der Erdmagnetismus verstärkt. In Mexiko, in verschiedenen Teilen der Vereinigten Staaten und Kanadas zeigten sich umgekehrte Verhältnisse. Dort hatten sich die örtlichen Magnetfelder abgeschwächt, und es war wärmer geworden. Auch kurzzeitige Schwankungen des Erdmagnetismus haben plötzliche Wetterveränderungen zur Folge. Die Reaktion erfolgt fast stets ein Jahr später: dann kommt es meist zu entsprechenden Wetteranomalien.[7]

Noch ein weiterer erstaunlicher Zusammenhang zwischen Sonnenaktivität und irdischem Wetter wurde von amerikanischen Forschern entdeckt. Die Meteorologen W. O. Roberts und R. H. Olsen vom amerikanischen Wetterbüro registrierten bei der Auswertung von statistischen Daten die Wechselwirkungen zwischen der Sonne und der Ausbildung von Tiefdruckzonen. Bei erhöhter Sonnenaktivität, die sich besonders in nachfolgenden Nordlichtern zeigt, verlagern sich die Zentren der sich neuausbildenden Tiefdruckzonen um 350–400 Kilometer südwärts. Nordlichter sind immer Begleiterscheinungen von magnetischen Stürmen, die infolge erhöhter Sonnenfleckentätigkeit auf der Sonnenoberfläche entstehen und in den Weltraum abgestrahlt werden. Sobald die elektromagnetische Strahlung in Nachbarschaft der Erde eintritt, wird auch das irdische Magnetfeld beeinflußt. Es kommt zu erdmagnetischen Stürmen, Telefonkabel und elektrische Leitungen laden sich auf. Im Norden Kanadas, in Alaska und im nördlichen Norwegen, wo sich die elektromagnetischen Stürme besonders heftig entwickeln, konnte man sogar wiederholt Brände in Telephonzentralen beobachten. Zwischen den Strom- und Telephonkabeln und dem Erdboden wurden Spannungen von mitunter mehr als 2500 Volt gemessen.

Die beiden amerikanischen Wissenschaftler werteten Beobachtungen aus, die zwischen 1964 und 1971 im Golf von Alaska und den benachbarten Regionen gemacht worden waren. Es zeigte sich, daß nach erdmagnetischen Stürmen sogenannte Tiefdruckrinnen (Entwicklungszonen von Schlechtwetterfronten) ganz erheblich verstärkt werden. Dieser Effekt tritt meist vier Tage später ein. Obwohl sich nicht alle Tiefdruckrinnen nur nach magnetischen Anomalien ausbilden, ist der Verstärkungseffekt nach einem derartigen geophysikalischen Ereignis klar zu erkennen.[8]

Auch eine Forschergruppe von der Stanford-Universität in Palo Alto, Kalifornien, kam zur Überzeugung, zwischen der Sonnenaktivität und der Bildung von Tiefdrucktrögen bestünden eindeutig Wechselbeziehungen. Die Struktur des solaren Magnetfeldes steuere das Wettergeschehen. Das Magnetfeld der Sonne könne in vier Sektoren unterteilt werden, durch die Rotation des Muttergestirns würden aber die Grenzen dieser Sektoren zu Spiralen verformt. Die Übergangszonen dieser Felder schwächen die Sonnenwinde ab, wodurch auch das irdische Magnetfeld beeinflußt wird. Ein weiterer Störfaktor entsteht aus der Umpolung des solaren Windes. Diese Veränderungen verursachen nach Ansicht der Forschergruppe von Stanford mitunter empfindliche Wetterstörungen. Der Meteorologe J. W. King stellte fest, Sonnenflecken beeinflussen intensiv die Wachstumsperiode. In den Jahren mit Sonnenfleckenmaxima konnte eine bis zu 25 Tage längere Wachstumsperiode pro Jahr ermittelt werden. Der Forscher wertete Beobachtungen aus, die sich über einen Zeitraum von mehr als fünfzig Jahren, nämlich von 1916 bis 1969, erstreckte. Diese Erkenntnisse werden auch durch ausgeprägte Jahresringe von Bäumen bestätigt.[9]

Lange Zeit wollte die Meteorologie die Ansicht, das Wettergeschehen hänge eng mit Veränderungen des Magnetfeldes zusammen, nicht zur Kenntnis nehmen. Nun, die neuesten amerikanischen Forschungen, über die allerdings umfassende Fachpublikationen noch ausstehen, dürften bald einen Wandel der Meinungen herbeiführen. Dabei ist es naheliegend, auf Zusammenhänge zwischen einer erhöhten Sonnenaktivität und Wettervorgängen auf der Erde zu schließen. Man kennt ja die Auswirkungen der Sonnenfleckenperioden. Etwa alle elf Jahre kommt es zu Sonnenfleckenmaxima.

### Sonnenflecken verändern den Wetterablauf

Schon Ende des neunzehnten Jahrhunderts haben die Meteorologen Brooks und Störmer die Meinung vertreten, Sonnenflecken veränderten nicht nur die irdischen Magnetfelder, sondern auch den Wetterablauf. Das hat sich inzwischen einwandfrei bestätigt. Aus den unterschiedlichen Stärken der Baumringe kann man den elfjährigen Zyklus genau erkennen. Die Jahre mit Sonnenfleckenmaxima spiegeln sich deutlich in jedem abgesägten Baumstamm und in jedem Bohrkern, der aus einem Baum oder Balken herausgeholt wird. Brooks fand noch weitere Beweise für seine Theorie. Er verglich über eine lange Periode die Pegelstände des Victoria-Sees in Ostafrika. Die Seehöhe zeigt sehr genau die Niederschlagsmenge über diesem weiten Gebiete an. In regenreichen Jahren steigt der Wasserstand bis zu eineinhalb Meter über seine Durchschnittsmarke. Brooks fand tatsächlich, daß die Jahre, in denen der See einen Wasserhöchststand aufwies, mit denen identisch waren, in denen auch Sonnenfleckenmaxima registriert worden waren. Spätere Untersuchungen zeigten gleiche Korrelationen beim Albertsee und bei den Pegelständen im Kaspischen Meer.

Welche Zusammenhänge bestehen aber in den letzten Jahren zwischen der Sonnenfleckentätigkeit und dem Wetterverlauf? Nun, um es vorwegzunehmen: die Periodizität der Sonnenflecken im Rhythmus von 11,1 Jahren stimmt nur mehr bedingt. Es hat den Anschein, als fielen die Jahre mit Sonnenfleckenminima aus. Das letzte Jahr mit einem der Regel entsprechenden Sonnenflekkenmaximum war 1968/69. Damals warnten Astronomen und Geophysiker die NASA, die geplante Mondlandung durchzuführen. Ihrer Meinung nach stellten die Sonnenflares eine Gefährdung der Astronauten dar. Dennoch betraten im Juli 1969 zum erstenmal Menschen den Mond. Die beiden Astronauten Armstrong und Aldrin trugen trotz erhöhter Sonnenaktivität keine gesundheitlichen Schäden davon.

Entsprechend dem 11,1jährigen Zyklus hätten 1972–1974 Jahre der ruhigen Sonne sein müssen. Aber es kam anders. Die im August 1972 registrierten Eruptionen waren die größten je beobachteten. Im Zentrum der Flares stiegen die Strahlungswerte um das Zehntausendfache an. Schon in früheren „ruhigen" Jahren hatte es gewaltige Ausbrüche und wandernde Sonnenflecken gegeben, etwa zwischen 1961 und 1964. Im Jahr 1972 herrschte aber auf der Sonnenoberfläche nur an 72 Tagen Ruhe. Die übrige Zeit konnte man enorme Sonnenfackeln beobachten, die in wenigen Minuten eine Höhe von 80.000 bis 100.000 Kilometern erreichten. Am 31. Mai 1973 beobachtete Paul Weitz, einer der drei Astronauten der ersten Skylab-Besatzung, durch sein spezielles Sonnenteleskop einen gewaltigen Gasausbruch. Zum erstenmal konnten alle Phasen dieser Entwicklung in der Sonnencorona beobachtet und vom Weltraum aus photographiert werden. Zwischen der Kamera des Skylab und der Sonne störte keine irdische Atmosphäre, durch die Strahlen gefiltert werden.[10] Die beiden Kosmonauten im sowjetischen Raumschiff Sojus 14 waren im Juli 1974 ebenfalls vier Tage von erhöhter Sonnenaktivität bedroht. Pawel Popowitsch und Juri Artjuchin mußten verstärkte Sicherheitsmaßnahmen einhalten. Nach Angaben der Flugleitung hatte die Strahlung „maximale Werte erreicht". Bei einem Mondflug, also außerhalb des schützenden Van-Allen-Gürtels, hätte für die Raumfahrer Lebensgefahr bestanden.[11]

Über die Entstehung der Sonnenflecken gibt es viele Theorien. Dennoch ist keine imstande, dieses Phänomen wirklich zu erklären. Man weiß nur, daß dem Auftreten der Flecken gewaltige magnetische Anomalien vorausgehen. Es bilden sich auf der Sonnenoberfläche in der Nähe des Äquators starke Magnetfelder, die ähnlich wirken wie unter einem Blatt Papier sich bewegende Hufeisenmagneten. Jeweils zwei benachbarte Flecken sind unterschiedlich polarisiert. Sie scheinen in Verbindung zu stehen und wandern langsam zu den Polarzonen. Noch rätselhafter als die Sonnenflecken selbst sind die Zusammenhänge zwischen ihnen und dem irdischen Magnetfeld. Wenn Sonnenflecken Eruptionen auslösen, dann strömen von der Sonne mit unterschiedlichen Geschwindigkeiten sehr intensive Strahlungswolken ab. Manche dieser elektromagnetischen Schleier wandern mit einem Tempo von etwa 1500 Kilometern in der Sekunde durch den interplanetarischen Raum. Es gibt auch Partikelströme, die sich der Erde nicht geradlinig nähern. Sie erreichen nur etwa ein Drittel der Geschwindigkeit, nämlich fünfhundert Kilometer in der Sekunde. Treffen diese Korpuskularströme im äußeren Magnetvorfeld der Erde ein, so wird dieses sehr stark beeinflußt. Offensichtlich wird aber auch das Hauptfeld der Erde – das endogene Magnetfeld – empfindlich gestört. Welche Zusammenhänge hier bestehen, ist für die Geophysiker noch unklar; es gibt verschiedene Theorien.

Das Hauptfeld – also das aus dem Erdinneren kommende Feld – macht etwas mehr als neunzig Prozent des gesamten Erdmagnetfeldes aus. Es ist an den Polen fast doppelt so stark wie in Äquatornähe. Ihm überlagert ist das äußere oder exogene Magnetfeld. Obwohl es wesentlich schwächer ist, kann es das Hauptfeld doch sehr entscheidend beeinflussen. Seit langem ist bekannt, daß magnetische Störungen unangenehme Auswirkungen auf den Kurzwellenfunk haben. Aber es gibt noch viel entscheidendere Zusammenhänge zwischen Sonneneruptionen und dem Leben auf der Erde. Nach großen Ausbrüchen auf der Sonnenoberfläche konnte nach einem bestimmten Verzögerungsfaktor ein Ansteigen der Unfälle statistisch festgestellt werden. Diese Zusammenhänge wurden interessanterweise gleichzeitig in Europa und in Amerika entdeckt.[12]

476

Später fand man auch eine Beziehung zwischen dem gestörten Orientierungsvermögen von Vögeln und der Sonnenaktivität heraus. Hier ein Beispiel aus zahlreichen Beobachtungen: Am 22. Juni 1971 meldete die Nachrichtenagentur Associated Press eine Brieftaubentragödie, die sich in Frankreich abgespielt hatte. Einige Tage zuvor waren in Nordfrankreich Tausende Brieftauben aufgelassen worden. Die Tiere stammten von Züchtern aus Lille und Dünkirchen. Die meisten Eigentümer der gefiederten Boten mußten diesmal eine Enttäuschung erleben. Nur etwa 15 Prozent der Vögel erreichten die heimatlichen Taubenschläge. Die meisten Tiere lagen tot oder völlig erschöpft irgendwo auf der 500 bis 550 Kilometer langen Flugstrecke. Es gab vorerst keine plausible Erklärung für das abnorme Verhalten der Tiere. Später erst konnte man die Zusammenhänge feststellen: Zwei Tage vor dem Brieftaubenwettbewerb hatten auf der Sonne schwere Eruptionen stattgefunden. Die ausgeschleuderten Sonnenwinde trafen am Tag des Startes ein und wurden auch von den Meßinstrumenten der damals um die Erde kreisenden sowjetischen Raumstation Saljut registriert. Inzwischen weiß man: kommt es zu Störungen des örtlichen Magnetfeldes, werden die Tauben in ihrer Fähigkeit, den Heimweg über weite Distanzen zu finden, irritiert. Sie fliegen zunächst mit größter Kraftanstrengung hin und her, bis sie erschöpft zu Boden fallen. Einige Tiere bleiben apathisch sitzen, sie verhalten sich geradezu neurotisch.[13] Das Ehepaar Wolfgang und Roswitha Wiltschko betreibt biologische Forschungen an der Universität Frankfurt und experimentierte mit drei verschiedenen Grasmückenarten. Bis dahin meinte man, diese Zugvögel richteten sich untertags nach der Sonne und des Nachts nach den Sternen. Die beiden Biologen setzten die Tiere einem künstlichen, mit dem irdischen gleichstarken, aber um 120 Grad versetzten Magnetfeld aus. Die Vögel flogen nun in die falsche Richtung.[14]

Ebenso verhängnisvoll wirkten sich im Herbst 1974 Magnetanomalien in ganz Europa aus. Millionen Schwalben kamen um, weil die Tiere offenbar „die Orientierung verloren" hatten. In der Bundesrepublik Deutschland, in Frankreich, in der Schweiz und in

Österreich wurden Hunderttausende Rauch- und Mehlschwalben, die infolge der im Oktober aufgetretenen Kältewelle völlig ermattet waren, eingefangen und in Flugzeugen in den Süden gebracht.

Allerdings ist das Orientierungsvermögen der Zugvögel unterschiedlich ausgebildet. Nicht alle Tiere navigieren ihre Reise nach dem Erdmagnetismus. Einige richten sich nach der Polarisierung des Sonnenlichts, andere nach den Sternbildern. Es scheint, daß jede Vogelart über ein anderes, mitunter sehr komplexes System verfügt, mit dessen Hilfe die Zugrichtung eingeschlagen und das ferne Ziel erreicht wird.[15]

Im Sommer 1964 fand in Leningrad am Pulkowo-Observatorium ein internationales astronomisch-astrophysikalisches Symposion statt. Auf dieser Tagung gab der Leiter des chemisch-physikalischen Instituts in Florenz, Giorgio Piccardi, eine überraschende Entdeckung bekannt: Er hatte in unzähligen Versuchen herausgefunden, daß die Sonnenaktivität sogar chemische Reaktionen einfachster Natur beeinflusse. Wenn etwa aus einer wäßrigen Lösung Wismuthchlorid ausfällt, ändert sich die Geschwindigkeit des Prozesses, sobald man das Reagenzglas in eine Metallabschirmung stellt. Der Niederschlag bei chemischen Reaktionen ist vom örtlichen Magnetfeld und dieses wiederum von der Sonnenaktivität abhängig. In Tausenden Versuchen wurde das einwandfrei bewiesen.

Da aber alle unsere Lebensprozesse sogenannte wäßrige Lösungen benötigen, ist die Sonnenaktivität auch für den Chemiehaushalt des Körpers von größter Bedeutung. Das hat man schon früher gewußt. So hatte schon vor dem Zweiten Weltkrieg der japanische Hämatologe Professor Maki Takato von der Universität Tokio bei Blutsenkungen die sogenannte Sonnenaufgang-Reaktion entdeckt. Sie wird auch F-Reaktion genannt und spiegelt das Auftreten von Sonnenflecken exakt wieder. Unser Blut reagiert sogar sehr empfindlich auf Tag- und Nachtzeiten. Schon lange vor den Entdeckungen Takatos und Piccardis hatte der sowjetische Wissenschaftler Alexander Tschischewskij eine andere sensationelle Übereinstimmung gefunden. Er hatte festgestellt, daß große

478

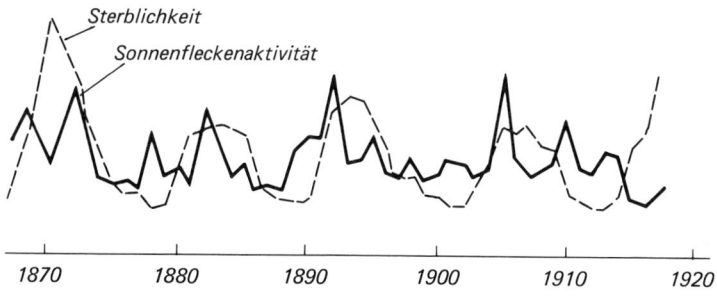

Sterblichkeit
Sonnenfleckenaktivität

1870    1880    1890    1900    1910    1920

Heliobiologie ist eine von russischen Forschern entwickelte Lehre. Sie stellt einen Zusammenhang zwischen Sonnenfleckentätigkeit und Sterblichkeit her. Die Kurven zeigen die Jahre mit Sonnenfleckenmaxima und die Sterblichkeitsrate.

Epidemien und Seuchen jeweils in Jahren mit Sonnenfleckenmaxima auftraten. Aus den Chroniken sammelte Tschischewskij alle Daten über Epidemien, die zwischen 1430 und 1899 ausgebrochen waren. Stets entsprach der Rhythmus der Krankheitsausbreitung dem der Sonnenaktivität. Nicht nur Cholera, Typhus und Pest, sondern auch Grippe scheinen in ihrem epidemischen Auftreten von der Sonnenaktivität abhängig zu sein.

Die sowjetischen Wissenschaftler Dr. Alexandrow und Dr. Jagodinskij entdeckten auch Zusammenhänge zwischen der Ausbreitung der durch Viren verursachten Gehirnhautentzündung und den Magnetstürmen auf der Sonne. Eine Abart der Enzephalitis wird im Fernen Osten von bestimmten Fliegen übertragen. Freilich gelang es nicht, die Ursache der biophysikalischen Auswirkungen einwandfrei zu klären. Man weiß nicht, ob sich bei Sonnenaktivität die Zahl der Fliegen erhöht oder die Krankheitskeime virulenter werden. Daß es Wechselwirkungen zwischen elektromagnetischer Strahlung und dem Zustand des Organismus gibt, wird aber nicht angezweifelt. Professor Tschischewskij hat aus seinen Erkenntnissen einen neuen Wissenszweig begründet, den er Heliobiologie nannte. Er stellte sogar überraschende Korrelationen zwischen Sterblichkeitsrate und Sonnenaktivität fest. Alle elf Jahre weist die Statistik der Todesfälle deutlich erkennbare Spitzenwerte auf. Immer mehr hält man besonders die langwellige Strahlung, die bei Sonnenstürmen auch die Erde erreicht, für den bioaktiven Teil der Sonnenwinde. Die kurzwelligen Gammastrahlungen scheinen hingegen für die Beeinflussung der Lebensvorgänge weniger wichtig zu sein.[16]

Im Jahre 1971 gaben sowjetische Mediziner das Ergebnis einer elfjährigen Forschungsreihe bekannt, die sich mit den Wechselwirkungen zwischen Sonnenaktivität und Krankheitsverlauf befaßt. Ärzte aus Swerdlowsk im Ural hatten in ihren Kliniken festgestellt, daß sich bei Sonnenaktivität die Zahl der Herzinfarkte und damit auch der Todesfälle bei herzkranken Patienten auf das Dreifache erhöhte. Überdies dauerte es länger, bestimmte Krankheiten während einer Periode erhöhter Sonnenaktivität auszuheilen. Die sowjetischen Ärzte begnügten sich nicht mit statistischen Feststellungen, sondern schufen künstlich Bedingungen, wie sie bei elektromagnetischen Stürmen auftreten. Man baute die gleichen oszillierenden elektromagnetischen Felder auf, die bei Sonnenflecken auf der Erde entstehen, und prüfte dann in diesen Kammern das Verhalten von Gefäßen und Nerven. Dabei stellte man dieselben pathologischen Effekte fest, wie wenn menschliche und tierische Zellen auf die Sonnenaktivität reagierten.[17]

Nicht nur Brieftauben werden durch Magnetfeldstörungen irritiert. Sie orientieren sich offensichtlich beim Fliegen nach den magnetischen Feldlinien, die sie kreuzen. Sie müssen etwas wie ein „magnetisches Gedächtnis" haben, also ein System, das ähnlich wie Magnetimpulse auf einem Tonband oder wie die rasch rotierende Magnettrommel in einem Computer funktioniert. Nach dem Magnetfeld scheinen sich auch zahlreiche Insekten zurechtzufinden, vor allem jene Kerbtiere, die in ständiger Dunkelheit leben, etwa die Termiten. Bei umfangreichen Versuchsreihen stellte man fest, daß die Tiere die Gänge ihres Baues nicht mehr durchwandern können, sobald ein neues künstliches elektromagnetisches Feld das natürliche Erdmagnetfeld überlagert und auslöscht. Die Termiten verlieren ihren Orientierungssinn und bleiben hilflos im Labyrinth des Hügels stecken.

Völlig neue Aspekte brachten Untersuchungsergebnisse der in Wien wirkenden Biologieprofessorin Dr. Else Jahn und des Physikers Dr. Nobert Nessler von der Innsbrucker Universität. Wie die beiden Forscher beweisen konnten, ist das irdische Magnetfeld sehr entscheidend für die Fruchtbarkeit der Insekten. Mit anderen Worten, Magnetfelder sind für Bevölkerungsexplosionen bei bestimmten Insektenarten von ausschlaggebender Bedeutung. Die Forscherin, die im Institut für Forstschutz der österreichischen forstwirtschaftlichen Bundesversuchsanstalt in Wien arbeitet, befaßte sich mit der Fruchtbarkeit und der Entwicklung der Nonne. Dieser Falter (Lymantria monacha L.) tritt von Zeit zu Zeit massenhaft in Wäldern auf und kann bei Windbrüchen oder in trockenen Jahren ungeheure Schäden anrichten. Schon Anfang der dreißiger Jahre haben Forscher im In- und Ausland eine seltsame Übereinstimmung gefunden: Jeweils während der Jahre mit Sonnenfleckenmaxima kam es auch zu Massenentwicklungen bei verschiedenen Schädlingen. Nach dem Krieg veröffentlichten russische Forscher ihre Ergebnisse über die Zusammenhänge zwischen Magnetfeldern und der Aktivität von Insekten.[18]

Frau Dr. Else Jahn untersuchte nun, wie die abgelegten Eier der Falter und später die Raupen auf magnetische Felder reagieren. Die Gelege wurden einer Bestrahlung mit sehr langen Wellen ausgesetzt. Die Frequenz betrug nur drei Kilohertz. Das entspricht einer Wellenlänge von hundert Kilometern. Die Wellenlängen wurden aber auch in ihrer Bandbreite bis zu einer Frequenz von 120 Kilohertz verkürzt. Das entspricht einer Wellenlänge von etwa zweieinhalb Kilometern. Die Experimente wurden zwischen 1965 und 1970 durchgeführt, und man achtete streng darauf, keine Bestrahlungsintensität zu wählen, die höher war als die irdische. Man sammelte die an den Bäumen abgelegten Raupen ein und verglich ihre Entwicklung mit Eiern, die in Magnetspulen untergebracht waren. Außerdem gab es noch Laborkulturen, die magnetisch unbeeinflußt blieben. Bei den bestrahlten Raupen und auch bei den später ausgeschlüpften Faltern wurde nicht nur eine wesentlich höhere Aktivität und Fruchtbarkeit festgestellt, sondern diese Nonnen waren auch viel widerstandsfähiger gegen Virenkrankheiten. Die Raupen in der Magnetspule schlüpften durchschnittlich 8 bis 14 Tage früher aus als die in den nichtbehandelten Kulturen. Je nach Intensität und Länge der Bestrahlung gab es ganz unwahrscheinliche Resultate. Aus den unbehandelten Gelegen schlüpften nur ein Fünftel bis die Hälfte der Anzahl von Tieren, die im künstlichen Magnetfeld gezüchtet worden waren.[19]

Heute ist man überzeugt, daß auch das plötzliche Massenauftreten von Heuschrecken und die sprunghafte Vermehrung bei anderen Schädlingen die Folge von Magnetfeldänderungen ist. Diese Populationsvermehrungen scheinen aber nicht nur auf Insekten beschränkt zu sein, auch bei Pflanzen und Kleinstlebewesen wurden ähnliche Reaktionen festgestellt. Sowjetische Forscher entdeckten, wie geschildert, den gleichen Effekt auch beim Wachstum von Bakterienkulturen. Im Magnetfeld vermehrten sich die Mikroben wesentlich schneller als in den unbestrahlten Petrischalen.

Diese Erkenntnisse schaffen völlig neue Aspekte. Vor allem scheint eine von mir geäußerte Ansicht – die vielleicht nach Spekulation aussah – nun ihre Bestätigung zu finden. Ich bin der Meinung, die menschliche Bevölkerungsexplosion ist eine Folge der Veränderungen des irdischen Magnetfeldes. Hier handelt es sich allerdings nicht um eine kurzfristige Schwankung, sondern um einen jahrhundertelang zurückreichenden Umstellungsprozeß. Die jüngsten eben geschilderten Forschungsergebnisse erhöhen die Wahrscheinlichkeit für diese meine These. In der Zeit zwischen 1650 und 1700 hat die exponentielle Vermehrung der Menschheit begonnen. Vorher war die menschliche Populationsrate nahezu ausgewogen. Nur örtlich war es zu verstärkter Bevölkerungsentwicklung gekommen, die meist politische oder wirtschaftliche Ursachen hatte. Stieg die Prosperität in einem Land an und war die Kriegsgefahr auf längere Zeit gebannt, erhöhten sich auch die Einwohnerzahlen. Weltweit gab es hingegen nur eine sehr langsame Bevölkerungszunahme. So sind manche Forscher der Ansicht, während der Römerherrschaft hätten in Europa mehr Menschen gelebt als im Hochmittelalter.

Nun gibt es da einen erstaunlichen Aspekt: Wie bereits erläutert, gab es zwischen 1650 und 1725 eine Periode ohne Sonnenfleckenmaxima.[20] Es scheint damals kaum Aktivität auf der Sonnenoberfläche gegeben zu haben. Als die Anomalien wieder einsetzten, begann sich – zunächst nur ganz langsam – die Populationsspirale zu drehen. Seltsamerweise steuert auch jetzt, da die Sonnenflecken immer häufiger auftreten, die Zunahme der Weltbevölkerung ihrem Höhepunkt zu. Wir Menschen sind, wie das in vielen Mythologien immer wieder aufscheint, Kinder der Sonne. Die „große Mutter" steuert unser Leben, unsere Gesundheit, sicherlich auch unsere Fruchtbarkeit.

Wie intensiv die magnetischen Stürme und die von der Sonne ausgehenden Strahlen unser Leben beeinflussen, ist in den Details noch zu wenig erforscht: Man kennt wohl die vielfältige Strahlung, die unseren Planeten aus dem Weltraum erreicht. Wir überblicken aber die mannigfaltigen Folgeerscheinungen nicht, die ausgelöst werden, wenn die Alpha-, Beta- und Gammastrahlen, also elektromagnetische und korpuskulare Ströme, in Erdnähe gelangen. Die Sonnenwinde setzen sich speziell aus Partikelstrahlung zusammen. Wenn sie die Erde erreichen, verändern sie deutlich meßbar die Ionosphäre, also die über der Stratosphäre gelegene Zone. Wie die Wechselwirkungen zustandekommen, darüber sind sich Geophysiker und Meteorologen allerdings noch nicht einig. Es gibt zu viele Wirkungen und Effekte, die unser Wettergeschehen sehr entscheidend zu beeinflussen scheinen, die aber praktisch gar nicht berücksichtigt werden. Wer die Wetterprognose für den kommenden Tag verfolgt, wird feststellen können, daß trotz der mehrmals täglich eingeholten Daten von Wettersatelliten, des Einsatzes von Groß-Computeranlagen und der modernen globalen Wetterbeobachtung die Wahrscheinlichkeit der Wettervoraussagen die Siebzig-Prozent-Marke noch nicht wesentlich überschritten hat. Es mutet fast wie ein Scherz an, wenn Meteorologen treuherzig versichern, sie seien sehr wohl imstande, das Wetter für den nächsten Tag im voraus zu berechnen. Aber trotz des Einsatzes von elektrischen Datenverarbeitungsanlagen dauern derartige Rechenoperationen eben länger als 24 Stunden. Kurz, bis es die Meteorologen ausgerechnet haben, ist das zu berechnende Wetter schon eingetroffen. Auf diese Weise nimmt man eine Fehlerquote von rund einem Drittel in Kauf und bleibt bei der alten, dynamischen oder auch synoptischen Wettertheorie. Sie besagt, vereinfacht ausgedrückt, daß ein den Breitengraden entsprechendes Wettergeschehen durch wechselseitige Beeinflussungen von Hoch- und Tiefdruckzonen erfolgt. Die Einflüsse der gestörten Sonne oder des Mondes bleiben unberücksichtigt.

### Wie magnetisch ist der Mond?

Das irdische Magnetfeld wird auch vom Mond indirekt beeinflußt. Wie allerdings unser natürlicher Erdtrabant seine schwächende oder verstärkende Funktion ausübt, ist bisher ungeklärt. Seit langem vermutet man Zusammenhänge zwischen den Mondphasen und dem Wetterablauf. In alten Bauernregeln spielt der Mond – also Neumond, Vollmond, zunehmender und abnehmender Mond – eine bedeutende Rolle. Trotz eifriger Beobachtungen und Auswertung von umfangreichem statistischem Material gibt es aber bis heute keine Anhaltspunkte dafür, wie die Mondphasen das Wettergeschehen steuern könnten. Zwar weiß man seit 1969, als die Astronauten von Apollo 12, Alan Bean und Charles „Pete" Conrad, im Meer der Stürme ein Magnetometer aufstellten, daß auch der Mond ein Magnetfeld besitzt. Es ist mit dreißig bis vierzig Gamma wesentlich stärker, als man ursprünglich angenommen hatte (also ähnlich wie auf dem Mars). Verglichen mit dem irdischen Magnetfeld beträgt die Feldstärke des Mondes zwar nur ein Tausendstel; dennoch ist sie wesentlich größer als das Magnetfeld im interplanetaren Raum. Dort registrierte man nämlich nur fünf bis zehn Gamma.

Inzwischen hat man auch bei den Flügen von Apollo 14, 15, 16 und 17 Vorrichtungen zur Messung des Mond-Magnetfeldes mitgenommen. Unter anderem zwei kleine Satelliten, die aus der Versorgungseinheit des Apollo-Raumschiffes in eine Umlaufbahn um unseren natürlichen Trabanten gestartet worden sind und eine Vielfalt von Meßdaten zur Erde gesendet haben. Der Mond muß nach Ansicht amerikanischer Geologen (Selenologen) eine sehr starke „Magnetquelle" gehabt haben. Daraus ergeben sich ähnliche Phänomene wie bei unserem Bruderplaneten Mars. Auch beim Mond weiß man nicht, wie diese Magnetkraft zustande kam. Einen Dynamo-Effekt als Quelle der magnetischen Kraft anzunehmen, ist beim Mond kaum möglich, weil er sich nur einmal in 28 Tagen um seine Achse dreht. Vielleicht aber hat er sich früher rascher bewegt, vielleicht war er – was eine andere Gruppe von Astronomen annimmt – einmal ein freischwebender, um die Sonne kreisender Planet, der erst im Laufe der Zeit von der Erde eingefangen und zum Satelliten gemacht wurde. Wenn das der Fall war, dürfte auch der Mond – höchstwahrscheinlich durch tief unter der Mondkruste zirkulierende Konvektionsströme – ein magnetisches Feld produziert haben. Das wird durch die Auswertung von Daten der auf dem Mond aufgestellten Seismometer sogar sehr wahrscheinlich. Man konnte nämlich in letzter Zeit mehrere Mondbeben beobachten. Die aufgezeichneten Schwingungen haben nahezu bestätigt, daß der Mond einen flüssigen Kern besitzt. Manche Forscher sind sogar davon überzeugt, daß der Mond in seiner Struktur der Erde viel ähnlicher ist, als man ursprünglich angenommen hat.[21]

Keine Messung und kein Experiment auf dem Mond vermochte jedoch einen Anhaltspunkt dafür zu liefern, wie der Mond das Wetter auf unserer Erde beeinflussen könnte. Andererseits messen manche Geophysiker dem Mond beim Aufbau des erdmagnetischen Feldes entscheidende Bedeutung zu. Diese Wissenschaftler sind der Meinung, der Erdsatellit sei eine Art Rotor, der wie bei einer Dynamo-Maschine den Aufbau des Magnetfeldes in Gang hält. Andere Experten lehnen diese Ansicht ab. Manche Physiker und Meteorologen glauben sogar, Zusammenhänge zwischen den Mondphasen und der Luftelektrizität auf der Erde gefunden zu haben. Aber eine klare Gesetzmäßigkeit konnte bisher nicht erkannt werden. Die statische Aufladung der Atmosphäre mit Elektrizität scheint andererseits für unser Wettergeschehen von eminenter Bedeutung zu sein.

Dagegen hat die Bauernregel, Vollmond bringe Kälte, wenig mit dem Einfluß des Mondes zu tun. Ist nämlich der Vollmond klar am Himmel zu sehen, ist das ein Symptom für wolkenlosen Himmel. Damit aber wird mehr Wärme von der Erde in den Weltraum abgestrahlt, und das hat wieder kältere Nächte und einen Abkühlungsprozeß zur Folge.[22]

Es ist noch viel Geheimnisvolles um die Wirkungen und Rückkopplungsprozesse des Magnetfeldes. Nach und nach setzt sich aber immer mehr die Meinung durch, daß unser Leben vermutlich nur in einem Magnetfeld Entwicklungschancen gehabt hat. Leben scheint unter Blitz und Donner im Urschlamm einer von Methangasen erfüllten „Vorwelt" entstanden zu sein. Aber dieses Magnetfeld können wir nicht „spüren".

Denn der Mensch hat mit seinen fünf Sinnen nur eine beschränkte Möglichkeit, seine Umwelt zu fühlen. Es mangelt ihm völlig an einem Informationsapparat, um etwa gefährliche radioaktive Strahlung zu erkennen. Ebensowenig kann man die Wirkung von Magnetfeldern wahrnehmen. Radioaktive Strahlung und wechselnde elektromagnetische Felder beeinflussen nicht nur die Gesundheit, sie können in Überdosis lebensbedrohende Folgen haben.

Rasch oszillierende elektromagnetische Felder sind hingegen zu fühlen. Sie werden auch zur Heilung bestimmter Leiden in der physikalischen Therapie verwendet und haben einen weiten medizinischen Anwendungsbereich.

### Somnambulismus und Föhn

Dennoch bemerkt der Mensch nur in den seltensten Fällen Veränderungen der Luftelektrizität und der Magnetfelder. Es gibt zweifellos Zusammenhänge zwischen der statischen Aufladung der Atmosphäre und physiologischen Reaktionen des Körpers. Auch der Vollmond löst eine unerklärliche Verhaltensweise aus: den Somnambulismus. Bei bestimmten atmosphärischen Verhältnissen reagieren Mondsüchtige sehr stark auf Vollmond. Auch hier können vorläufig noch keine physiologisch-medizinischen Zusammenhänge erkannt werden. Man weiß nicht, ob eine Suggestionskraft vom Mond ausgeht, weshalb dafür anfällige Leute in eine Art Trance verfallen und sich wie hypnotisiert fortbewegen. Da der Mensch über keine entsprechenden Sensoren verfügt, um diese Strahlung oder wie immer dieser elektromagnetische Zustand bezeichnet werden kann, wissentlich zu empfinden, ist der Somnambulismus weiterhin eine rätselhafte Erscheinung.

Etwas anders verhält es sich mit dem Föhn. Föhn ist für viele Menschen sehr deutlich zu fühlen. Er ist eine Folge von veränderten Magnetfeldschwingungen und nicht nur auf die Täler und Gebiete nördlich des Alpenhauptkammes beschränkt. Die Auswirkungen des Föhns finden sich ebenso in anderen Teilen der Welt, nur nennt man die dort auftretenden Winde nicht „Föhn". Sie heißen in Frankreich „Mistral", in Italien „Schirocco", in Südkalifornien „Santa Ana", in Argentinien „Zonda", in Nordamerika „Chinook" und im arabischen Raum „Chamssin". Die Wirkung ist trotz der verschiedenen Namen in allen Erdteilen völlig gleich. Föhnfühlige Menschen werden von Schwindel- und Angstgefühlen erfaßt, sie ermüden viel schneller, sind gereizter und reagieren auf Störungen mit Zornausbrüchen. Andere sind depressiv und leiden unter Kreislaufbeschwerden, Herzaffektionen, Kopfschmerzen und mitunter sogar an Atemnot. An Föhntagen gibt es mehr Unfälle, und die Verbrechensrate schnellt empor.

Diese Zustände treten nicht nur an dem Tag auf, an dem der Föhn, Schirocco oder Mistral einsetzt. Die Beschwerden beginnen bereits zwei Tage vorher. Zu diesem Zeitpunkt entsteht nämlich bereits die positive Ionisierung der Luft. Es bilden sich dann schnell oszillierende elektromagnetische Felder. Sie kennzeichnen die herannahende Wetterfront. Sehr viele bedeutende Mediziner haben sich mit dem Phänomen des Föhn-Streß befaßt. So etwa lieferte der Innsbrucker Professor Hauptmann in den vierziger und fünfziger Jahren sehr wertvolle Grundlagen, auf denen auch die meisten neueren Arbeiten fußen.

Professor Felix Gad Sulman von der Hebräischen Universität in Jerusalem hat in zehnjähriger intensiver Forschungstätigkeit die Ursachen und Wirkungen der Föhnkrankheit untersucht. Er kommt zu der überraschenden Ansicht, an Föhn gäbe es keine Gewöhnung! Im Gegenteil, die Beschwerden nehmen bei föhnfühligen Menschen im Laufe der Zeit immer mehr zu.

In Jerusalem weht durchschnittlich an 150 Tagen des Jahres der heiße Chamssin, das sind Süd- und Südostwinde, die sich über den arabischen Wüstengebieten und den kahlen Bergen der Judäischen Wüste erhitzt haben. Bei Touristen, die während eines Chamssins in Jerusalem weilten, oder bei Neuankömmlingen, stellt man stets eine erhöhte Adrenalinausschüttung fest. Die Nebenniere produziert dieses Hormon, das in allen Streß-Situationen und bei Gefahr freigesetzt wird. Es verengt die Gefäße, vermindert die Schweißbildung und erhält so das Wohlbefinden. Menschen die so reagieren, empfinden ihre „Föhnkrankheit" nicht unangenehm. Sie sind hellwach und euphorisch gestimmt. Die meisten sind überaus unternehmungslustig. Anders dagegen ist das Verhalten von Personen, bei denen nach und nach dieser physiologische Reaktionsprozeß versagt. Bei den alteingesessenen Bewohnern Israels verliert die Nebenniere mit der Zeit die Fähigkeit, bei Chamssin-Winden genügend Adrenalin freizusetzen. Als Folge treten bei dieser Wetterlage Ermüdung, mangelnde Konzentrationsfähigkeit, Depressionen und rapide Verschlimmerung latenter Leiden auf.

Die erhöhte Adrenalinausschüttung konnte man mit Hilfe unzähliger Urinanalysen feststellen. Zehntausend Israelis sandten monatelang Fläschchen mit Harnproben ein. Die Urinteste ergaben, daß Alteigesessene unfähig waren, Adrenalin auszuschütten.

Aber nicht nur Adrenalinmangel wirkt sich auf das Wohlbefinden ungünstig aus. Infolge der überhöhten Schweißabsonderung wird dem Körper sehr viel Natrium entzogen. Es wird durch Kalium ersetzt. Kalium im Blut beeinflußt aber die Herztätigkeit. Dies ist auch der Grund, warum bei Föhn Herzkranke so häufig akute Anfälle haben. Auch an und für sich gesunde Menschen können föhnfühlig sein. Die physikalische Abnormität der Luft kann bei ihnen Kreislaufbeschwerden auslösen. Es kommt zu Schwächeanfällen mit Schweißausbrüchen, zu Migräne, ja sogar zu rheumatischen Schüben. Bei Föhn werden von gesunden Menschen nicht nur Adrenalin, sondern auch andere Hormone produziert, Wirkstoffe, die meist gemeinsam mit dem Adrenalin ausgeschüttet werden: Vor allem das Schlafhormon Serotonin. Bei den meisten Patienten veranlaßt ein veränderter Serotoninspiegel Schlaflosigkeit, Reizbarkeit, Übelkeit bis zum Erbrechen, Herzschmerzen, ja sogar Schüttelfrost. Die Abwehrkräfte gegen Schnupfenviren sinken, und vielen Menschen werden die gewohnten Schuhe zu klein. Infolge der Kreislaufschwäche schwellen nämlich die Füße an. Personen, die nicht mehr imstande sind, Adrenalin in ihrer Nebenniere zu produzieren, leiden besonders unter dem erhöhten Serotoningehalt im Blut. In diesen Fällen erzeugt nämlich das sonst beruhigend wirkende Hormon Streß.

Nach Ansicht des israelischen Professors kann man in den meisten Fällen einen erheblichen Teil der Beschwerden durch einfache Mittel beseitigen: mit Zucker und Salz. Zucker vertreibt Kalium aus dem Blut, und Salz ersetzt den Verlust an Natrium. Wer allerdings bereits eine organische Krankheit hat, dem werden diese Mittel nur wenig Hilfe bringen. Es gibt aber Medikamente, die den Serotoninspiegel wieder senken oder aber die Nebennieren zu kontinuierlicher Adrenalinproduktion anspornen.[23] Diese lange Abschweifung soll zeigen, wie empfindlich der Organismus auf Veränderungen im elektromagnetischen Feldbereich unserer Umwelt reagieren kann. Obwohl wir die umgewandelten elektromagnetischen Wellen nicht spüren, treten mitunter komplexe physiologische und psychische Reaktionen auf, die nicht nur unsere Stimmung beeinflussen, sondern uns regelrecht krank machen können.

Die Höhe des Serotoninspiegels spielt bei Säugetieren noch eine andere, ganz entscheidende Rolle. Eine plötzliche Verringerung dieses Hormons stellt unter besonderen Bedingungen das beste bisher bekannte Aphrodisiakum dar.

Im August des Jahres 1972 gab es in Kopenhagen einen Kongreß, der hauptsächlich von Pharmakologen und Neurologen besucht war. Man diskutierte die Wirkungen neuartiger Psychopharmaka, also von Medikamenten, mit deren Hilfe man das psychische Verhalten von Mensch und Tier beeinflussen kann. Dr. A. Pletscher aus der Forschungsabteilung eines Basler Chemie-Konzerns hatte einige Versuchstiere mitgebracht, die – medikamentös behandelt – dem Kollegium vorgestellt wurden. Unter anderem auch einen Rammler – also ein männliches Kaninchen. Diesem war ein Psychopharmakum injiziert worden. Das Kaninchen stürzte sich sofort auf einen Kater und versuchte immer wieder, dieses Tier zu besteigen. Selbst wütende Attacken der Katze konnten das Liebesspiel des erregten Kaninchens nicht hemmen. Ebenso verhielten sich ein mit dem gleichen Medikament behandeltes Rattenpärchen und mehrere Rattenmännchen. Sie versuchten immer von neuem miteinander zu kopulieren.

Wie und womit hatte man diese Tiere präpariert? Es handelte sich um ein neues Medikament, das im allgemeinen gegen eine andere Krankheit eingesetzt wird. Neuropsychiatern war in letzter Zeit die Nebenwirkung des Heilmittels L-Dopa aufgefallen, das gegen die Parkinsonsche Krankheit verabreicht wird. Die Parkinsonsche Krankheit, auch Schüttellähmung genannt, entsteht im Zentralhirn. Verursacht wird das Leiden vermutlich dadurch, daß eine Dopamin genannte Substanz nicht produziert werden kann. Wie bereits erklärt wurde, müssen für fast alle im Gehirn ablaufenden Prozesse neben elektrischen Impulsen auch chemische Substanzen aktiv werden. Zu diesen Neurotransmittern zählen vor allem das Noradrenalin und Azetylcholin, überdies Dopamin, Katecholamin, Serotonin, GABA, und vielleicht sogar das Adrenalin. Über dessen vielseitige Wirkung ist man sich noch nicht ganz im klaren. Man weiß nur, daß mit der Verstärkung und der Unterdrückung eines dieser Neurotransmitter gewaltige Veränderungen in der tierischen oder menschlichen Psyche herbeigeführt werden können.

Als man nun den an Schüttellähmung erkrankten Patienten L-Dopa, eine Aminosäure, verabreichte, stellte man selbst bei älteren Personen eine gesteigerte Potenz fest. Zunächst führte man diese Nebenwirkung auf die Verbesserung des Allgemeinzustandes des Kranken zurück. Dann untersuchte man jedoch in einigen neuropsychiatrischen Kliniken dieses Phänomen genauer und fand die Lösung: Aminosäure L-Dopa wirkt auf bestimmte Zonen des zentralen Nervensystems, und zwar auf die extrapyramidalen Zentren, in besonderer Art ein. Sie verhindert die Ausschüttung von Serotonin. Sobald dieses „Schlafhormon", das vermutlich auch die Schmerzempfindung stark beeinflußt, unter einen bestimmten Wert sinkt, wird das Sexualverhalten aktiviert.[24] Diese Droge darf aber nur der Arzt verabreichen.

Diese physiologische Reaktion wurde noch auf eine andere Weise kontrolliert. Italienische Forscher spritzten Rattenmännchen einen anderen Neurotransmitter, der BCPA (b-Chlorphenylalanin) genannt wird, ein. Diese chemische Verbindung senkt ebenfalls die Serotonin-Synthese. Auch in diesem Fall brach in den Käfigen der Laborratten eine wahre Sex-Orgie aus. Man vermutet, daß für den gesenkten Serotoninspiegel eine gesteigerte Dopaminkonzentration erforderlich ist. Schwedischen Pharmakologen ist es sogar gelungen, Ratten in ihrem Geschlecht umzudrehen. Weibchen, die zusätzlich das männliche Hormon Testosteron, und Männchen, die Östrogen gespritzt bekamen, zeigten sich sexuell gewaltig stimuliert. Allerdings mit umgekehrten Vorzeichen. Die Männchen wurden zu Weibchen; die Weibchen zu Männchen. Das ging so weit, daß zum Beispiel die Weibchen nach der Kopulation und dem Orgasmus den nicht vorhandenen Penis abzulecken versuchten – wie sich eben Rattenmännchen nach einem Geschlechtsakt verhalten.[25]

Diese Erkenntnisse wirken zunächst sehr amüsant. Seit eh und je strebt der Mensch danach, sein Sexualverhalten willkürlich zu steuern. Für den Mann war und ist eine hohe Potenz die wichtigste Forderung, die er an seinen Körper stellt. Mit dem Handel von Spanischen Fliegen und anderen Aphrodisiaka sind schon Millionenvermögen verdient worden. Und das, obwohl die angebotenen

Präparate kaum eine echte Leistungssteigerung zur Folge hatten. Wo tatsächlich eine Wirkung zu verzeichnen war, dürfte eine autosuggestive Stimulierung erfolgt sein. Die Erfolglosigkeit dieser Mittel hat aber vermutlich auch ihre guten Seiten gehabt. Die gewollte oder ungewollte „Manipulation" des Menschen war sehr schwierig. Das kann sich in Zukunft ändern, wenn man Psychopharmaka einsetzt. Es scheint sich nun ein verhängnisvoller Kreis in der Anthropogenese zu schließen: Dank der Entwicklung seines Gehirns konnte sich der Mensch aus dem Tierreich lösen und stieg zum Beherrscher unseres Planeten auf. Aber gerade dieses Gehirn ist eine potentielle Gefahr. Über zwei oder drei schmerzfrei ins Gehirn verpflanzte Elektroden kann ein hochintelligenter Mensch mit Hilfe von schwachen Stromstößen in ein reißendes Raubtier verwandelt werden. Diese Technik wird schon heute von der Neurochirurgie beherrscht. Freilich besteht vorerst keine Gefahr, es könnte eine Armee elektronengesteuerter Soldaten auf Knopfdruck ferngelenkt in furchtlose, hochaggressive Roboter verzaubert werden. Um derartige Ziele zu erreichen, gibt es feinere Methoden.

### Gehirnmanipulation mit Psychopharmaka

Unser Gehirn läßt sich durch Psychodrogen leicht beeinflussen. Es wäre möglich, Kritik, latente Aggressionslust des Bürgers gegen die Staatsmacht, ja, jeden Auflehnungsversuch zu dämpfen. Um dies zu erreichen, müßten zur Zeit noch relativ große Dosen sehr gleichmäßig verteilt werden. Niemand in der Bevölkerung dürfte ja zu viel von einem Präparat erhalten, das seine Gesundheit schädigen könnte. Gelingt es aber einmal, mit Hilfe von biochemischen Substanzen, die in kleinsten Mengen verabreicht angewandt werden können, die kritische Einstellung des Menschen zu stoppen, kann der perfekte Untertan geschaffen werden, wird die „ideale Diktatur" möglich. Die von George Orwell geschilderte totale Überwachung und Gängelung des Menschen könnte schlagartig Realität werden. Man ist diesen Schlüsselsubstanzen bereits

492

auf der Spur; man kennt ihre Zusammensetzung, ja, man wird sie vermutlich bald synthetisch herstellen können: Die sogenannten Prostaglandinen – biologische Substanzen, durch die die Ausschüttung von Hormonen veranlaßt wird – sind relativ einfache Fettsäuremoleküle. Sie bestehen aus nur wenigen Kohlenstoffatomen und u-förmigen Fettsäureketten. Man kennt bisher die Wirkungen von vierzehn verschiedenen Prostaglandinen im menschlichen Körper. Die Forscher vermuten jedoch, daß es noch wesentlich mehr solcher Wirkstoffe gibt, die ganz entscheidende Funktionen für die Physiologie und das Verhalten des Menschen haben.

Um eine erfolgreiche Wirkung der Prostaglandinen zu erzielen, sind nur ganz geringe Mengen erforderlich. Einige Milliardstel Gramm reichen aus, um Reaktionen im Organismus auszulösen. So kennt man heute die Funktion eines Prostaglandins, das wie die Anti-Baby-Pillen wirkt. Andere dieser Schlüsselsubstanzen können vorzeitig Geburtswehen einleiten, Magengeschwüre heilen, Schockzustände bessern und biologische Steuerungsprozesse im Körper auslösen. Erstaunlich und überraschend ist die geringe Menge, die für die gewünschten Reaktionen benötigt wird. Überdies gibt es bei Prostaglandinen vermutlich keine Überdosierung. Man kann unbedenklich mehr von den Wirkstoffen zu sich nehmen, ohne daß die geringste gesundheitliche Gefährdung auftritt. Wer hingegen zu hohe Dosen eines Psychopharmakums schluckt, gerät in Gefahr, sich zu vergiften. Das gilt sowohl für Dämpfungsmittel wie für Weckamine.

Kommt nun jemand auf den Gedanken, ein bestimmtes Prostaglandin in relativ hoher Konzentration dem Trinkwasser einer Stadt beizumengen, wird er die Einwohnerschaft psychisch steuern können. Er kann die verschiedensten Reaktionen auslösen, ja vermutlich wird man mit gewissen Kombinationen schließlich Angst, Freude, Apathie, Aggression oder erhöhtes, auf ein Objekt gerichtetes Libido erwecken können. Die benötigten Mengen sind so gering, daß sie etwa auch als Aerosole durch die Klimaanlagen in die Atemluft versprüht werden könnten. Gelingt es also, die Prostaglandinen synthetisch und billig herzustellen, ist man auch in der Lage, den hormonalen Haushalt in unserem Körper zu verändern, die Menschheit „in den Griff zu bekommen". Vielleicht wird das in sehr kurzer Zeit schon geschehen. Jedenfalls gibt es kaum ein pharmazeutisches Herstellerwerk, das sich nicht sehr intensiv mit der Erforschung der Prostaglandinen beschäftigt. Mit Hilfe dieser Drogen wäre auch ein anderer Weg zu beschreiten. Vermutlich wird man einmal die Menschen vermöge der Prostaglandinen in euphorische Stimmung versetzen können. Der Entzug der Wirkstoffe würde aber zu Unlustgefühlen führen und als Strafe empfunden werden. Der permanente Rausch, das ständige Lustgefühl könnte vielleicht ein wirksames Mittel werden, um die Beherrschten den Wünschen der Machthaber gefügig zu machen. Schon die Drohung, den auf diese Art süchtigen und willenlosen Menschen die lustbringende Droge zu entziehen, müßte Widerstrebende zur Räson bringen. Diese schaurigen Zukunftsvisionen könnten überall wahr werden. Ein Staat, dessen Regierung nur einen Bruchteil seiner Untertanen in derartige psychische Uniformen stecken kann, würde zur beherrschenden Macht aufsteigen. Die Armee dieses Landes würde aus Soldaten bestehen, die keinerlei Angstgefühle hätten. Eine den Machthabern willenlos ergebene Polizei oder eine fanatisierte Volksmenge würden kritiklos jeden Befehl ausführen. Dieser Staatsmoloch könnte seine neuen Heere aus zwangsweise behandelten Menschen von eroberten Gebieten rekrutieren. Auch sie würden zu willenlosen Werkzeugen werden. Keine Kriegstechnik wäre imstande, diese psychische Pest zu bekämpfen.

Andererseits könnten bestimmte, noch zu entwickelnde Prostaglandinen vielleicht eine vage Chance darstellen, mit den Auswirkungen der Bevölkerungsexplosion fertig zu werden. Antikonzeptive Drogen auf Basis dieser hormonalen Schlüsselsubstanzen müßten besser wirken als die Pille. Man könnte den mitunter tödlichen Kindersegen in Slums und Notstandsgebieten einschränken und so den Eltern Überlebenschancen bieten. Über die Technik der Verabreichung gibt es freilich noch keine konkreten Vorstellungen.

## Die Bevölkerungsexplosion

Die größte Gefahr, von der die Menschheit heute bedroht wird, ist die Bevölkerungsexplosion. Diese rasche Vermehrung wirkt sich zur Zeit nur in Hungergebieten fühlbar aus. Aber auch in den Ländern der Dritten Welt, wo es bereits an Nahrungsmitteln fehlt, werden nicht alle Schichten und Stände vom Hungertod bedroht. Standeshierarchien und Kasten leben auf unterschiedlichem Niveau. Versuche, in Entwicklungsländern mit Hilfe von empfängnisverhütenden Mitteln die Geburtenrate zu senken, haben bisher nur sehr bescheidene Erfolge gebracht. Nach wie vor steigt in Lateinamerika, in zahlreichen afrikanischen Staaten und vor allem in den asiatischen Ländern die Bevölkerung rapid an. Nach den Statistiken der UNO werden im Jahr gegenwärtig 75 Millionen Menschen „zusätzlich" geboren. Man überlege: nur wenig mehr als 75 Millionen Menschen wohnen zur Zeit in der Bundesrepublik Deutschland und der Deutschen Demokratischen Republik. So viele wachsen jährlich der bereits zu zwei Drittel zum Hunger verurteilten Menschheit zu.

Theoretisch könnte man zwar in vielen Ländern der Erde die Fruchtbarkeit des Bodens beträchtlich verbessern. Dort aber, wo es dringend erforderlich wäre, kommen diese Maßnahmen zu spät. Mitunter werden in den von Hunger heimgesuchten Ländern gar keine Anstrengungen gemacht, die Nahrungsmittelproduktion zu steigern. Die zum Großteil arbeitslose Bevölkerung ist zu arm, um Lebensmittel zu kaufen. Mangels Nachfrage wird aber nach den Usancen des kapitalistischen Marktes das Angebot nicht erhöht.

Das Schicksal des Menschen ist die Überbevölkerung. An ihren Folgen droht er zugrunde zu gehen. Das läßt sich scheinbar leicht mit einer simplen Hochrechnung beweisen. Das exponentielle Wachstum wird aber nicht in einer einfachen geometrischen Kegelschnittlinie ansteigen. Es wird vielmehr Verzerrungen geben, weil zunehmend Störfaktoren in dieser unheilvollen Entwicklung auftreten und in bestimmten Gebieten den Trend bremsen werden. Diese Art der Wachstumseinschränkung wird aber schrecklich sein. Möglicherweise werden gewaltige Seuchen die halbverhungerten Menschen dezimieren, oder die Elenden werden sich in Bürgerkriegen vernichten. Theoretisch wäre der Teufelskreis leicht zu durchbrechen: durch die weithin praktizierte Zwei-Kinder-Ehe. Aber die Realisierung dieser Idee hat keine große Chance. Auf der ersten UNO-Konferenz für Bevölkerungsfragen in Bukarest im August 1974 erklärten zahlreiche Vertreter von Entwicklungsländern, hoher Kindersegen sei ein Symptom und die Voraussetzung für eine expandierende Wirtschaft. Die Krise könnte durch bewußte Einschränkung der Menschen in den Industrieländern behoben werden. In der westlichen Welt verbraucht ein Mensch während dreier Monate ebenso viele Güter und Energien, wie von einem Einwohner der Dritten Welt für ein ganzes Leben benötigt werden. So gibt es zur Zeit kein Rezept, die Bevölkerungsexplosion zu bewältigen. In vielen Ländern werden bestenfalls Diskussionen abgehalten, ob das werdende Leben durch die Androhung empfindlicher Strafen geschützt werden soll, oder ob jede Frau selbst entscheiden kann, ob durch eine medizinisch einwandfreie und gekonnte Schwangerschaftsunterbrechung ein Bruchteil der exponentiellen Kurve des Bevölkerungsanstieges abgeflacht werden könnte.

*Kostspieliges Übergewicht, aber kein Geld für Hungernde*

Geradezu schizophren ist auch ein anderes menschliches Verhalten: In den Industrieländern geben die übersättigten Menschen jährlich Milliardenbeträge aus, um ihr Übergewicht zu reduzieren. Mit fast dem gleichen Aufwand, den die Werbung für Abmagerungsmittel verschlingt, werden gleichzeitig Lebensmittel und Spezialitäten offeriert, die zum Teil aus Hungergebieten stammen. Diese importierten Waren gelten meist als Delikatessen, und um sie zu verkaufen, muß die Reklametrommel gerührt werden. Jeder Versuch, hier eine Änderung herbeizuführen, wird als schwere Störung gewertet, die unabsehbare Konsequenzen für die nationalen Wirtschaften bringen müßte. Dieses völlig absurde Verhalten wird sich auch in Zukunft nicht ändern. Wir sind eine

496

Verbrauchergesellschaft, die nur so lange im Wohlstand existieren kann, als die in immer rascherem Tempo und immer leichter herzustellenden Erzeugnisse von einem ständig expandierenden Markt aufgesogen und rasch verbraucht werden. Nur so sind nach Ansicht der Wirtschaftsexperten Vollbeschäftigung und Prosperität gesichert. Unser gesamtes Leben scheint diesem unheimlichen Gesetz der exponentiellen Entwicklung unterworfen zu sein.

Um aber diesen Wettlauf zwischen Hasen und Igel durchzuhalten, müssen in erhöhtem Maße Rohstoffe bereitgestellt werden. Diese aber werden zunehmend knapper. Schon heute läßt sich sagen: Künftige Kriege werden nicht mehr aus imperialistischem Streben geführt werden, sondern sie werden um den Besitz von Rohstoffquellen entbrennen.

Die heraufbeschworene Ölkrise hat Ende 1973 die Situation der Entwicklungsländer noch beträchtlich verschlimmert. Infolge der Erhöhung der Rohölpreise müssen die Staaten der Dritten Welt nun für die gleichen Mengen an Ölprodukten jährlich um etwa zehn Milliarden Dollar mehr bezahlen. Dieser Betrag ist höher als die Summe, die im selben Zeitraum von den Industrienationen als Entwicklungshilfe vergeben wird.

Die Menschen von heute scheinen durch einen gewaltigen Störfaktor in allen Bereichen ihrer Existenz beunruhigt zu werden. Die Industrienationen werden ihrer mühsam erkämpften Errungenschaften nicht froh. Noch nie hat es für die Bewohner dieser Länder so viel soziale Sicherheit, so viel Freizeit und so viel Lohn gegeben. Trotzdem steigen mit dem Lebensniveau Unrast, Streß, Neurosen und Lebensüberdruß an.

Von der Wiener Universitätsklinik für Psychiatrie wurden die Ergebnisse einer Reihenuntersuchung bekanntgegeben, deren Resultate aber nicht nur für den lokalen Bereich Gültigkeit haben dürften, sondern die Situation in allen Industrieländern widerspiegeln. Nach Ansicht der Psychiater ist die Zahl der Neurotiker in den letzten Jahren beträchtlich gestiegen und wird noch weiter zunehmen. Fünfzehn Prozent der Österreicher leiden an sexuellen Störungen, Zwangsvorstellungen, Ticks und Angstzuständen. Es gelingt ihnen nicht, mit der hemmungslosen Konsum- und Karrieregesellschaft fertig zu werden. Perversionen und Verlogenheit nehmen zu, diese psychischen Störungen beginnen bereits bei Kleinkindern. Auf sie überträgt sich die seelische Labilität der Eltern. Wie abwegig unsere Zivilisation ist, zeigt sich vor allem in dem Trend, Bedürfnisse zu wecken, damit gar nicht benötigte Dinge gekauft werden. Um diese Prestigekäufe zu ermöglichen, hetzt sich der Staatsbürger in eine Karrierehysterie. Die Propaganda treibt ihn in den „totalen Seelenkrieg" und läßt ihm keine private Nische. Die Werbung schreibt selbst im Sexualverhalten hohe Leistungen vor und zwingt jedem den Stempel uniformen Verhaltens auf.[26]

Unser Hirn, das beste und vollkommenste, das in der drei Milliarden Jahre dauernden Entwicklung des Lebens entstanden ist, scheint plötzlich eine kritische Phase in der menschlichen Existenz nicht mehr bewältigen zu können. Es sieht so aus, als wäre unser Planet zu klein geworden, um die sich hemmungslos vermehrende Menschheit noch ernähren zu können.

Unser Hirn erkennt zwar die Gefahr, ist aber unfähig, neue Verhaltensmuster auszubilden, die imstande wären, der Bedrohung Herr zu werden.

Eine verunsicherte Gesellschaft, für die es keine seelischen Parameter mehr gibt, kann künftig relativ leicht „manipuliert" werden. (Allein die Verfremdung des Wortes Manipulation für einen seelischen Zustand ist schon bezeichnend für unsere heutige Schlagwort-Gesellschaft.)

Das alles sind vielleicht nur die Symptome der Überbevölkerung. Das Gros der Menschheit wird nicht verhungern, sondern es wird dem psychischen Streß erliegen, der sich aufschaukelnden seelischen Belastung, die bei allen auf zu engem Raum zusammengepreßten Lebewesen entsteht. Unsere Sinne begreifen nur ein lineares, langsames Wachsen. Das liegt in der Natur unseres biologischen Werdens begründet: Der Mensch entwickelt sich aus einem stecknadelgroßen befruchteten Ei. Bedrohend für unser Dasein ist das progressive Wuchern, die exponentielle Zunahme. Dem entfesselten Galopp kann sich der Mensch nicht anpassen. Wenn man etwa in einer Petrischale, die mit einer Nährlösung

498

gefüllt ist, einen mikroskopisch kleinen Bakterienstamm aussetzt, wird man folgendes Verhalten beobachten können: Die Kultur wird sich in einer bestimmten Zeiteinheit – sagen wir jeden Tag – auf das zweifache vergrößern. Dann wird es vielleicht Wochen dauern, bis der Bakterienstamm für das Auge sichtbar wird. Von nun an wird sich das Wachstum rapid steigern. Sobald aber die Kultur ein Viertel der Oberfläche der Nährlösung bedeckt, ist bereits das allerletzte Stadium ganz nahe. Der Überzug auf nur einem Viertel der Schale sieht nicht so bedrohlich aus. Bedenkt man aber, daß nur mehr zwei Tage vergehen werden, bis die gesamte Schale randvoll ausgefüllt ist, kann man das exponentielle Wachstum verstehen, kann man auch die eminente Gefahr erkennen, die uns allen schon heute durch die Bevölkerungsexplosion droht. Das exponentielle Wachstum ist die Pointe in der Erzählung von dem legendären chinesischen Kaiser, der seinen klugen Schachpartner belohnen wollte. Der Monarch erklärte sich bereit, einen Wunsch des Schachmeisters zu erfüllen. Dieser bat um jene Getreidemenge, die sich ergibt, wenn man auf die 64 Felder des Schachspieles, mit einem beginnend, jeweils nach und nach die doppelte Anzahl von Körnern auflegt. Der Kaiser dachte den scheinbar bescheidenen Wunsch seines Spielpartners leicht erfüllen zu können. Aber die Realität sieht anders aus: Bei diesem exponentiellen Anwachsen ergibt sich eine Getreidemenge, die in Jahrtausenden nicht geerntet werden kann.

Einem ähnlichen Prozeß sind wir zur Zeit unterworfen. Unser Logos kann eine exponentiell anwachsende Welt nicht erfassen. Unser Geist ist nicht imstande, entsprechende Schlüsse zu ziehen und geeignete Abwehrreaktionen zu veranlassen. Niemand kann bindende Ratschläge geben.

Weltfremd sind Einfälle, wie sie von so manchen Biologen vorgebracht werden. Einer, der offensichtlich zu lange mit den sich so rasch vermehrenden Taufliegen (Drosophilae) experimentiert hat, unterbreitete jüngst den Vorschlag: Die pharmazeutische Industrie möge so rasch als möglich eine sogenannte Maskulin-Pille entwickeln. Durch dieses Präparat soll die Geburt von Mädchen drastisch eingeschränkt werden. Wenn etwa fünf- bis fünfzigmal mehr Jungen auf die Welt kämen, hätten Frauen nur mehr die Funktion von Bienenköniginnen und könnten staatlich überwacht genau die erforderliche Anzahl von weiblichen Nachkommen zur Welt bringen. Die Männer hingegen würden für eine Fortsetzung des hohen Wirtschaftsstandards sorgen, wenngleich man auch ein gewisses Maß an Homosexualität in Kauf nehmen müßte. Auch die Polyandrie – eine Familie mit einer Frau und mehreren Männern – wäre in diesen sozialen Gemeinschaften zu vertreten. Nach Ansicht dieses Biogenetikers würde die Maskulin-Pille bei südamerikanischen, asiatischen und afrikanischen Völkern sehr freudig begrüßt werden. Dort nämlich ist männlicher Nachwuchs das höchste Ziel.[27]

Eine weitere Verunsicherung des Menschen ergibt sich aus der zunehmenden Vielfalt der Meinungen, die über jedermann hereinbrechen. Noch nie ist über die Menschheit eine derart große Informationslawine niedergegangen. Unsere Kommunikationsmittel gestatten es, die neuesten Erkenntnisse innerhalb kürzester Zeit der gesamten Menschheit mitzuteilen. Darauf ist aber die menschliche Psyche offensichtlich nicht vorbereitet.

Heute übertragen Synchronsatelliten ein Geschehen gleichzeitig rund um die Welt. Auf die Sekunde genau zur selben Zeit sehen Millionen das Ereignis im Farbfernsehen und hören jedes Wort der Agierenden. Die Menschheit war Augen- und Ohrenzeuge, als die ersten Astronauten im Juli 1969 den Mond betraten. Sie nimmt teil an blutigen Kriegen und glanzvollen Hochzeiten. Die Aufnahmefähigkeit unseres Gehirns wird mit Einzelauskünften überfordert. Der Mensch bringt die Synthese nicht zustande, ermüdet, weil er zu oft kritisch zu divergierenden Nachrichten Stellung nehmen soll.

Jahrtausendelang hat die Religion dem Menschen alle Fragen nach seiner Herkunft, nach den Ursachen der Ereignisse, nach dem Sinn des Lebens beantwortet. Dann begann der Mensch selbständig nach dem Wesen der Dinge zu forschen. Dieses Naschen vom Baum der Erkenntnis war eine Sünde wider die Religion, und die Strafe folgte auf dem Fuße: Die Vertreibung aus dem geistigen Garten Eden.

## Der babylonische Wissenschaftsturm

Aus ihrem Himmel geistiger Verantwortungslosigkeit wurde die Menschheit vertrieben, als sie versuchte, autonom zu denken und zu forschen. Die Wissenschaftler waren es, die versprachen, man werde Not, Hunger, Krieg und Krankheit mit Hilfe des Geistes besiegen. Der Fortschritt wurde zum Religionsersatz erhoben. Das materialistische Glaubensbekenntnis beinhaltet eine gerechte, sorgenfreie Zukunft, geistige und seelische Zufriedenheit. Aber das Experiment ist einwandfrei fehlgeschlagen. Wir sind nicht mehr imstande, unser erarbeitetes Wissen zu verwerten. Noch nie war das Gleichnis vom Turmbau zu Babel so aktuell wie heute. Dieser gigantische Bau, der hochaufragend zum Sitz Gottes emporführen sollte, konnte nicht beendet werden, denn Gott verwirrte die Sprache der Menschen. „Da stieg Jahve herab, um die Stadt und den Turm anzusehen, den die Menschen gebaut hatten. Und Jahve sprach: ‚Siehe, sie sind ein Volk und sprechen alle eine Sprache. Das ist erst der Anfang ihres Tuns. Fortan wird für sie nichts mehr unausführbar sein, was immer sie zu tun ersinnen. Wohlan, wir wollen hinabsteigen und dort ihre Sprache verwirren, so daß keiner mehr die Sprache des anderen versteht.' " (Genesis 11/5–7.)

Tatsächlich ist die Sprachverwirrung bereits perfekt. Jede Fachrichtung, jede Untergruppe hat ihre eigene Terminologie. Täglich werden Hunderte neuer Begriffe geschaffen, wird der wissenschaftliche Jargon um neue Kunstwörter bereichert. Das große Unbehagen geht quer durch die Wissenschaften. Allen Ernstes wird der Ruf nach jenem sagenhaften Großcomputer immer lauter, der imstande sein soll, alle Fragen zu beantworten, die den Horizont des Menschen schon überstiegen haben. Diese Denkmaschine soll das exponentiell wachsende Wissen unserer Zeit vereinen, Fehlmeinungen und überholte Theorien ausscheiden und Patentrezepte zur Lösung der auftauchenden Probleme liefern. Von dem Götzen Computer erhofft man sich Errettung vor den immer bedrohlicher werdenden Krisen, die die Existenz der Menschheit gefährden. Das elektronische Superhirn soll die Mängel unseres Gehirns kompensieren.

Wir bewegen uns in einem Hexenkreis: Um die Auswirkung der Überbevölkerung einzudämmen, muß die Forschung vorangetrieben werden. Neue Medikamente und geeignetere medizinische Praktiken sind die Folge. Das Leben von Millionen Menschen wird dadurch erhalten und verlängert, und die Überbevölkerung steigt. Also muß die Wissenschaft etwas gegen die Auswirkungen der Bevölkerungsexplosion tun; die Forschung wird intensiviert . . .

Der Ruf nach umfassendem Umweltschutz, nach Beseitigung der Abfallprodukte unserer Zivilisation, wird immer lauter. Erdboden, Gewässer und Luft sollen wieder so sauber werden, wie sie einst waren, als statt vier Milliarden nur fünf Millionen Menschen diesen Planeten bewohnten. Aber die Umweltverschmutzung ist nur ein Symptom der Bevölkerungsexplosion und unserer falschen Lebensweise. Sie ist nicht ihre Ursache. Es ist, als würde man einem TBC-Kranken das Husten verbieten und stolz erklären, man habe die Krankheit besiegt. Die Umweltverschmutzung läßt sich an vielen Orten drastisch einschränken, aber wenn die Menschheit eine bestimmte Überzahl erreicht hat, gehen alle Maßnahmen ins Leere. Wer vom Hungertod bedroht ist, wird wenig Verständnis für Naturschutz und für die Rettung einer gefährdeten Tierwelt aufbringen.

Nach den Erhebungen des Club of Rome gibt es auf unserem Planeten etwa 2,2 Milliarden Hektar Boden, der landwirtschaftlich genutzt werden könnte. Nur auf etwa der Hälfte dieses Areals wird zur Zeit Feld- oder Forstwirtschaft betrieben. Die anderen Flächen müßten gerodet, trockengelegt, bewässert oder mit Nährstoffen angereichert werden. Den Berechnungen zufolge könnte um einen Betrag von durchschnittlich je viertausend D-Mark jeder brachliegende Hektar in fruchtbares Ackerland umgewandelt werden. Diese Kosten scheinen auf den ersten Blick akzeptabel zu sein. Bei intensiver Bodennutzung kann heute ein Mensch von den Erträgnissen einer Fläche in der Größe von einem Drittel Hektar leben. Mit anderen Worten: theoretisch gäbe es noch für 6,6 Milliarden Menschen anbaufähiges Land, bei verbesserten landwirtschaftlichen Techniken vielleicht für neun Milliarden. Weil aber nur ein Teil dieser Flächen relativ billig, die anderen Gebiete hingegen nur mit sehr großem Aufwand urbar gemacht werden könnten, wird man in Zukunft maximal zwei bis drei Milliarden Menschen zusätzlich mit Nahrungsmitteln versorgen können. Aber auch diese Rechnung besitzt nur theoretischen Wert.[28]

Wie sieht ein anderer Fachmann dieses Problem? Professor H. Flohn legte bei der 107. Versammlung der deutschen Naturforscher und Ärzte im Oktober 1972 in München Berechnungen vor, die sich mit den noch vorhandenen Wasservorräten und ungenutzten Landflächen beschäftigen. Von letzteren liegen mehr als die Hälfte in Steppen oder Wüstengebieten. Um sie landwirtschaftlich nutzbar zu machen, wäre künstliche Bewässerung erforderlich. Mindestens zwanzig Zentimeter Beregnung müßten während der Trockenmonate vorgenommen werden. Nur so kann man Ernten in Gebieten erzielen, die einer erhöhten Verdunstung ausgesetzt sind. Das ergibt eine erforderliche Wassermenge von 36.000 Kubikkilometern, ein Drittel der Quantität, die jährlich weltweit als Regen zur Erde fällt. Die globale Niederschlagsmenge wurde mit 109.000 Kubikkilometern berechnet. Woher also das Wasser nehmen?

Schon jetzt wird in den Ballungszentren das Trink- und Nutzwasser zu wenig. Um also Wüsten zu bewässern, gibt es zur Zeit – wenn man von dem unsinnigen Plan absieht, das Eis der Antarktis in wärmeisolierende Plastiksäcke verpackt in die Trokkengürtel nördlich und südlich der Tropen zu transportieren – nur den Plan, das Meerwasser zu entsalzen. Nach Berechnungen des deutschen Professors wären hierfür Energien in der Größenordnung von hundert Millionen Megawatt erforderlich. Das aber ist mehr als das Zehnfache des gegenwärtigen Weltenergieverbrauches. Es ist absolut undenkbar, daß eine solche Strommenge erzeugt werden kann. Beim Einsatz der heute gebräuchlichen Atomkraftwerke (die Frage, woher das benötigte spaltbare Material genommen werden könnte, soll ebensowenig erörtert werden wie die gegensätzlichen Standpunkte über die Sicherheit der Atomkraftwerke) würde die Ableitung der Kühlwässer in Flüsse und Meere zu schweren Gleichgewichtsstörungen im Wärmehaushalt der Natur führen. Kurz, zur Zeit sind wir außerstande, derartige Projekte zu realisieren.[29]

Welches Problem wir auch immer anfassen und welche Lösung von den Spezialisten angeboten wird, alle erweisen sich letzten Endes als undurchführbar. Überall in unserem Dasein manifestiert sich Schizophrenie. Gegenwärtig müssen in den Industriestaaten die Anlagen zur Stromerzeugung alle zehn Jahre verdoppelt werden. Wie sich jeder ausrechnen kann, wird man dieses Spiel nicht ewig fortsetzen können. Die meisten Kraftmaschinen werden mit kalorischer Energie betrieben, wobei Wärme an die Umgebung abgegeben wird. Gleichgültig, welche Primärenergie wir auch wählen, bei weiterer exponentieller Steigerung der Erzeugung wird der Tag kommen, an dem es keine Kühlmöglichkeit mehr geben wird. Selbst wenn wir Sonnenenergie im Weltraum in Elektrizität verwandeln und den Strom zur Erdoberfläche transportieren könnten, droht uns der Wärmetod, weil sich unsere Flüsse, Meere und die Atmosphäre nach dem Gesetz der Erhaltung der Energie aufheizen müßten.

Unsere Zivilisation ist auf die Fiktion von einem immerwährenden Frieden aufgebaut. Ein relativ begrenzter und kurzer Konflikt, wie etwa der Yom-Kippur-Krieg und in Verbindung damit der Einsatz des Erdöls als Waffe, hat demonstriert, wie fragil unser Wohlstand ist. Es ist müßig, wenn Wirtschaftsexperten nach gehörigem Zeitabstand überzeugend beweisen, daß überhaupt kein Mangel, sondern nur eine Psychose bestanden habe. Will man Sicherheit schaffen, muß man bei der Dimensionierung der Notausgänge auch eine eventuelle Panik einkalkulieren. Das Fazit ist eindeutig: Stockt der Erdölzustrom, bricht unsere hochtechnisierte Welt zusammen, besteht häufig nicht einmal die Möglichkeit, sich einzuschränken. Relativ leicht mag es für den Privatmann sein, auf sein Auto zu verzichten. Wie aber heizt er seine Wohnung, wenn die Zentralheizung versagt? Wie kocht man in der vollelektrifizierten Küche, wenn es keinen Strom gibt? Wohin mit den verdorbenen Vorräten aus der Tiefkühltruhe, wenn die Müllabfuhr zusammenbricht? Wer soll das gesperrte Erdgas aus Algerien, Sibirien oder anderen nunmehr unerreichbaren Quellen ersetzen? Bei einem kompletten Netzzusammenbruch wird es kein funktionierendes Telephon, keine Wasserversorgung, mancherorts nicht einmal eine Kanalisation und Belüftung der Arbeitsstätten und Wohnräume geben. Wie bewältigt eine transportintensive Zivilisation die Verteilung der Nahrungsmittel?

Vor dem Zweiten Weltkrieg versuchten viele Staaten die Auswirkungen der Weltwirtschaftskrise durch Autarkiebestrebungen zu bewältigen. Bei den damals relativ bescheidenen zivilisatorischen Bedürfnissen ließ sich das in beschränktem Ausmaß praktizieren. Heute ist die multinationale Wirtschaftsverflechtung viel stärker. Für die Erzeugung von Geräten oder Produkten sind Halbfabrikate oder Rohstoffe aus zahlreichen in- und ausländischen Quellen erforderlich. Eine rationelle, aber komplizierte Transportkette setzt sich über nationale Grenzen hinweg. Um sie störungsfrei in Betrieb zu halten, ist die ständige Auslieferung immer gigantischerer Mengen an Erdöl und billigst geförderter Kohle notwendig. Stockt die Zufuhr, gehen die Lichter aus, bricht der Kreislauf zusammen. Es ist keineswegs gewiß, ob es in einem solchen Fall gelingen würde, auf die primitiveren Systeme zurückzugreifen, die vordem die Existenz unserer Großeltern sicherten.

Noch hat in den hochindustrialisierten Ländern nur jeder vierte Staatsbürger ein eigenes Auto, jeder fünfte eine Tiefkühltruhe, nur jeder zweite einen Waschvollautomaten, und der Prozentsatz an in Betrieb stehenden Geschirrspülern und Klimaanlagen ist, besonders in Europa, noch sehr gering. Es besteht also noch ein sehr großer „Nachholbedarf". Keine demokratische Regierung könnte es wagen, infolge der zu erwartenden Stromkrise jenen Leuten die Anschaffung von stromverbrauchenden Geräten zu verbieten, deren Haushalte noch ungenügend mechanisiert sind. Das würde gegen den Gleichheitsgrundsatz der demokratischen Verfassungen verstoßen. Zur Zeit ist überdies unser Wohlstand nur dann zu erhalten, wenn auf Überfluß produziert wird. Die Betriebe müssen ständig gezwungen sein, zu investieren und ihre alten Produktionsausrüstungen immer rascher durch neue, bessere und leistungsstärkere zu ersetzen. Mit allen Mitteln wollen auch die Länder der Dritten Welt das Niveau der Industrienationen erreichen. Um den Anschluß nicht zu verfehlen, denkt man dort nicht an Umweltschutz. Rücksichtslose Ausbeutung der Rohstofflager und Raubbau sind an der Tagesordnung. Aber dieser Eingriff in die Natur rächt sich bitter. Auf der Umweltschutzkonferenz in Stockholm kamen die Sünden, die in den Entwicklungsländern begangen wurden, zur Sprache. Hier einige Beispiele:

Die Monokulturen in Kenia führen zu verstärkter Bodenerosion. Schwere Regengüsse schwemmen die Ackererde fort und machen die Felder zu unbewachsenen Arealen.

Beim Bau der Trans-Amazonas-Straße durch Brasilien wurde der Urwald auf weite Strecken vernichtet. Ist einmal das ökologische Gleichgewicht im Regenwald gestört, verwandelt sich der Boden in kürzester Zeit in eine unbrauchbare Steinwüste.

Der Bau des Assuan-Staudammes hat die Ökologie in Ägypten gewaltig verändert. Seit Jahrtausenden lebten die Landwirtschaft betreibenden Fellachen von den Überschwemmungen des Nils. Der Fluß brachte den düngenden Schlamm auf die Felder. Seit der Staudamm fertiggestellt ist, bleiben die Fluten aus. Die Bauern müssen jetzt ihre Felder chemisch düngen. 13.000 Tonnen Kaliumnitrat werden alljährlich ausgestreut. Dieses Düngemittel gelangt jedoch auch in die Bewässerungsbecken und Wasserkanäle des Nils. Dort läßt es verschiedene Arten von Algen besonders üppig sprießen, die den sogenannten Vector-Schnecken als Futter dienen. Die Schnecken haben sich infolge des reichlich vergrößerten Nahrungsangebotes um ein X-faches vermehrt. Sie sind ihrerseits Zwischenwirte für Fadenwürmer, die beim Menschen die sogenannte Bilharziose (Schistosomiasis) verursachen. Die kleinen Würmer gelangen mit ungekochtem Wasser in den Körper und nisten sich in verschiedenen Organen ein, unter anderem auch im Harnleiter und in der Blase. Diese sehr schmerzhafte Krankheit verläuft meistens tödlich. Es besteht kaum Aussicht, der Seuche Herr zu werden.

Das Fehlen des Nilschlamms hat aber auch andere unangenehme Begleiterscheinungen. Er diente zahlreichen Arten von Meeresplankton im Mündungsgebiet des Nils als Nahrung. Seit es ihn nicht mehr gibt, gibt es auch viel weniger Kleinkrebse. Sie waren jedoch die bevorzugte Nahrung der Sardinenschwärme vor der ägyptischen Küste. Die einheimischen Fischer kehren seit Jahren mit immer kärglicher gefüllten Netzen in ihre Häfen zurück. Meeresbiologen befürchten, die Fauna im Mittelmeer könnte sich komplett verändern. Nur nebenbei sei bemerkt, daß sich das seit vermutlich sechstausend Jahren bebaute Ackerland stellenweise schon in Steppenboden verwandelt. Der Haushalt der Natur in diesem Teil der Welt scheint für immer gestört zu sein.

Die Erträgnisse aus Landwirtschaft und Viehzucht gehen in vielen Teilen der Dritten Welt bereits zurück. Ist der Boden verbraucht, und nimmt der Hunger zu, wandern die Menschen auf der Suche nach Arbeit und Nahrung ab. Ihr Ziel sind die Städte, wo die Zuwanderer in den immer größer werdenden Slums dahinvegetieren. Diese Elendsquartiere verhindern jeden sozialen Aufstieg und drücken das Lohnniveau. Auf der Welternährungs-konferenz im November 1974 sprach man es offen aus: Man schätzte für das Jahr 1975 die Zahl der Hungertoten oder jener Elenden, die als Folge des Hungers tödliche Krankheiten erleiden, auf fünfzig Millionen. Dennoch hat in diesem Jahr die Menschheit die Viermilliarden-Schwelle überschritten.

Auf der Vorkonferenz für das internationale Symposion gegen die Umweltverschmutzung, die von der UNO im Juni 1972 in Stockholm abgehalten wurde, meinte der Botschafter von Sri Lanka, dem ehemaligen Ceylon: „Die Entwicklungsländer wären gerne bereit, selbst hundert Prozent Umweltverschmutzung zu akzeptieren, wenn sie auf diese Weise ihre Wirtschaft durch Industrialisierung auf eine breitere Basis stellen könnten." Die Worte des Diplomaten fanden bei seinen Kollegen aus anderen Entwicklungsländern volle Zustimmung. Ihr Standpunkt lautete, „nicht wir haben die Umweltverschmutzung herbeigeführt, die Schuld liegt vielmehr bei den Industriegesellschaften. Diese haben auch für die Kosten der Beseitigung aufzukommen".[30]

Schuld ist niemals der Mörder, sondern immer der Ermordete. Im großen Kollegium potentieller und aktiver Mörder ist es aber schwierig, die Schuld auf die Kumpane und gleichzeitigen Wider-sacher abzuwälzen. Krasser Egoismus und primitiver Chauvinismus dominieren. Atavistische Verhaltensmuster, nach denen der „Fremde" automatisch mit dem Feindbild identifiziert wird, scheinen stärker zu sein als der Intellekt. Das Gefühl siegt noch immer über den Verstand.

*Das existentielle Vakuum*

Wir haben das Gefühl für den Sinn des Lebens verloren, wir leben in einem existentiellen Vakuum. Das ist der Preis für hemmungslose Entwicklung. Um der Ausweglosigkeit zu entrinnen, flüchten labile Charaktere in den Mißbrauch von Rauschgift und Sex. Aggressionen werden auf mannigfache Art direkt oder indirekt abreagiert. Sublimiert man die aufgestauten Gefühle durch den Kauf eines schnellen, leistungsstarken Autos, ist das relativ harmlos. Aber zunehmende, meist sinnlose Brutalität ist das bedauerlichste Symptom dieser Entwicklung.

So etwa werden Twens von Psychosen ergriffen, die früher erst bei 45- bis 60jährigen auftraten. Schon junge Mädchen verfallen einer Art Torschlußpanik. Derartige Neurosen entstanden einstmals kurz vor dem Klimakterium, wenn man noch keinen Partner gefunden hatte. Heute ist sogar die zu erbringende Sexualleistung Pflicht. Junge Frauen sind unglücklich, wenn sie die in den Aufklärungsrubriken der Illustrierten geforderte Zahl von Geschlechtsakten nicht erreichen. Wer keinen boy-friend oder gar „Schwierigkeiten beim Orgasmus" hat, wird nicht als „vollwertig" angesehen. Man denkt in Extremen, genießt in Extremen und strebt nach Extremen, so banal sie sein mögen. Der goldene Mittelweg ist nicht mehr gefragt.

Gibt es einen Ausweg aus diesem „sinnlosen" Leben? Man spricht von Lebensqualität, Erlebnisfreude und Lebenssinn. Sobald man aber eine Definition für diese Schlagwörter fordert, verstummen die Verkünder der Pseudo-Lebensweisheiten. Tatsächlich ist es leichter, einen Slogan zu prägen, als seinen Sinn zu explizieren. Die Frage nach dem Sinn des Lebens ist um so schwerer zu beantworten, je strikter religiöse Maximen abgelehnt werden und auf wissenschaftliche Erkenntnisse eingegangen wird. Die neuen Ergebnisse führen zu keinem besseren Verständnis unserer Welt, sondern werfen immer mehr Fragen auf.

Vielleicht wird man einwenden, ich habe die heutige Situation des Menschen simplifiziert dargestellt. Das geschilderte Verhalten gelte nicht für alle Menschen, sondern nur für einen nicht repräsentativen Teil von ihnen. Ich halte aber die aufgezeigten Störungen für Symptome eines Zustands, dessen Entwicklung schon vor mehr als 170 Jahren vorausgesagt wurde. Damals warnte der englische Pfarrer Thomas Robert Malthus in seiner Schrift „An Essay on the Principle of Population" die Welt vor der Bevölkerungsexplosion. Schon im Jahre 1798 erklärte er, die Menschheit werde exponentiell anwachsen. Die Nahrungsmittelproduktion hingegen könne nur linear gesteigert werden. Dadurch werde es weltweit zu Hungersnöten kommen. Die Veröffentlichungen des englischen Propheten riefen zahlreiche Kritiker auf den Plan. Man nahm gegen die Ansichten Malthus' heftig Stellung und erklärte, eine derartige Entwicklung sei völlig unmöglich. Einer solchen Wachstumsrate seien sicherlich oberste Grenzen gesetzt. Früher oder später werde sich der Zuwachs reduzieren. Eines Tages würde sich die Weltbevölkerung, vermutlich bei einer Zahl von 1,7 Milliarden, einpendeln. Das entsprach etwa der Theorie des Belgiers Pierre François Verhust, seiner „logistischen Wachstumskurve".

Inzwischen weiß man mit Sicherheit: Malthus hat sich verrechnet. Die Weltbevölkerung ist viel vehementer angewachsen. Heute leben 4000 Millionen Menschen auf der Welt. Trotz zunehmendem Hunger und mehr und mehr ansteigender Sterberate müßte die Weltbevölkerung in fünfunddreißig bis vierzig Jahren abermals auf das Doppelte emporgeschnellt sein: auf über acht Milliarden! In fünfzig Jahren wären es schon mehr als zehn Milliarden. Damit aber wird jeder Versuch, genügend Nahrungsmittel zu produzieren und dabei auch noch die Umwelt erhalten zu wollen, zur Farce. Ebensogut könnte man ein brennendes Haus mit einer Kaffeetasse voll Wasser löschen.

Die nüchterne Statistik sieht so aus: Zur Zeit sind etwa vierzig

Prozent der Erdbevölkerung jünger als fünfzehn Jahre. Für das Anwachsen der Bevölkerung ist die Fertilität in ihrer Relation zur Mortalität entscheidend. In der Statistik berechnet man die Fruchtbarkeit, indem man die Anzahl der Lebendgeburten, bezogen auf ein Jahr und tausend Frauen im gebärfähigen Alter, durch die Zahl der Todesfälle pro Jahr und tausend Personen dividiert. In fünf bis zehn Jahren werden die Kinder von heute fortpflanzungsfähig sein. Der Statistiker nennt dies nüchtern „reproduktionsfähig".[31] Durch die Antibabypille, durch Aufklärung, Schwangerschaftsunterbrechung und verstärkte Sterilisierung wird die Bevölkerungsexplosion nicht aufgehalten werden können. Wohl aber wird der in den nächsten zehn Jahren mit voller Wucht einsetzende Nahrungsmittelmangel zu unvorstellbar grausigen Zuständen führen. Die Vorräte sind erschöpft. Zunehmende Wetteranomalien werden weiterhin zu Mißernten führen. Unser kapitalistisches System von Angebot und Nachfrage wird zusammenbrechen. Lebensmittel und bestimmte Rohstoffe werden mancherorts zur Rarität werden.

In seinem Roman „Die Herren Callgirls" nimmt Arthur Koestler die von Weltkonferenz zu Weltkonferenz reisenden Umweltschützer aufs Korn. Wiederkäuend tragen sie in gleicher Form und vor gleichem Auditorium auf allen Symposien ihre hochgestochenen Argumente vor. Die Vorträge werden stets mit denselben Gegenargumenten quittiert. Keiner der Fachleute kann eine echte Lösung anbieten, niemand erwartet Zustimmung zu seinen Vorschlägen. L'art pour l'art, auf die Forschung übertragen, ist bei Koestler der Daseinszweck dieser Umweltforscher.

Mit unheilvoller Präzision treibt das Schiff, mit der gesamten Menschheit an Bord, dem bereits erkennbaren Riff zu. Es gibt keine Möglichkeit, Steuermanöver vorzunehmen. Der Untergang dieser „Super-Titanic" wird allen Insassen schrecklich bewußt werden. Eine rasch um sich greifende Panik wird das Vernichtungswerk auf makabre Weise ergänzen. Politisch wird man sich nämlich mit größtem Eifer allen Erscheinungen von untergeordneter Bedeutung zuwenden, und alle Kraft an eine erbitterte Bekämpfung der Symptome verschwenden.

510

Unter diesen Aspekten gesehen, könnte – wenn die unheilvolle Entwicklung in ein unerträgliches Stadium getreten ist – ein Polsprung mit allen seinen katastrophalen Folgen letztlich Erlösung von einem unheilbaren Weltsiechtum sein.

Es gibt einen Hoffnungsschimmer in der Trostlosigkeit unserer verlorenen Zukunft. Die Entwicklung des Menschen hat sich sprunghaft vollzogen. Mutationen haben neue, immer besser ausgerüstete und ausgestattete Wesen vom Stamme Homo entstehen lassen. Diese Menschwerdungen vollzogen sich jeweils bei Umpolungsprozessen. Wenn das Magnetfeld zusammengebrochen war, wenn die Sekundärstrahlung wesentlich stärker war als heute, wurden neue, überlegene Menschenarten geboren. Es ist also möglich, daß beim nächsten Polsprung ein neuer Menschentyp geschaffen wird. Ein Homo, der sich kraft seines von Trieben und neurotischen Zwängen befreiten Geistes auf dem Raumschiff Erde neue Überlebenschancen schafft. Er wird vielleicht erkennen können, was uns infolge unserer beschränkten geistigen Fähigkeit verschlossen blieb: den wahren Sinn des Lebens.

Gibt es also keine Möglichkeit, Vorkehrungen gegen die zu erwartende Katastrophe zu treffen? Doch! Vielleicht wird man, wenn man eindeutig festgestellt hat, daß es keine permanente Kontinentaldrift im Zeitlupentempo gibt, technische, wirtschaftliche und psychologische Vorbeugemaßnahmen einleiten, die den Menschen Überlebenschancen bieten könnten. Schließlich haben auch die technisch und geistig schlechter gerüsteten Vorfahren unserer heutigen Menschenrassen die Weltuntergänge überlebt. Unsere zur Mammutgröße angewachsene Zivilisation wird freilich den Weltenbrand nicht überstehen und gleich den Tieren, deren Name ein Synonym für Hypertrophie ist, eben den Mammuts, für immer verschwinden. Der Mensch hingegen wird überleben. Vielleicht wird das Produkt der bestimmt zu erwartenden Mutationsvorgänge ein Typ sein, der dem Homo sapiens mit seinem dem Größenwahn verfallenen Ego überlegen ist.

# ANMERKUNGEN

## PROLOG

1 Cox, Allan. A perfect case of Serendipity. In: Mosaic 2/1972

## Erstes Buch: *Adam kam aus der Eiszeit*

### WOHIN GEHST DU, MENSCH?

1 Die Zeit, Hamburg, 18. 5. 1973
2 Frankfurter Allgemeine Zeitung, 15. 3. 1972
3 Ebenda
4 APA (Austria Presse-Agentur), 5. 12. 1973
5 White jr., L., *Die historischen Wurzeln unserer ökologischen Krise.* In: Gefährdete Zukunft, München 1973
6 Der Spiegel, Interview mit Arnold Toynbee, Hamburg, 50/1972
7 ibf (Informationsdienst für Bildung und Forschung), Vortrag von Konrad Lorenz, 23. 3. 1973
8 Agentur Reuter/AP, 18. 4. 1973
9 AP (Associated Press), 20. 4. 1973
10 AP, 17. 11. 1972
11 AFP (Agence France Press), 26. 7. 1973
12 dpa (Deutsche Presse-Agentur), 24. 7. 1973
13 dpa, 9. 5. 1973
14 AFP, 3. 10. 1972
15 AFP, 30. 5. 1973
16 APA, 7. 2. 1973
17 dpa, 14. 7. 1973
18 AFP/AP, 4. 7. 1973
19 ibf, 19. 3. 1973
20 AP, 12. 1. 1973
21 Der Spiegel, Hamburg, 4. 10. 1971
22 Deutsche Medizinische Wochenschrift, Stuttgart, Bd. 97, Januar 1972

23 Weltwoche, Zürich, 26. 1. 1972
24 Frankfurter Allgemeine Zeitung, 7. 3. 1973
25 AP, 9. 3. 1973
26 Zürcher Zeitung, 31. 12. 1970 und ibf, 14. 5. 1973
27 Darwin, Ch., *Ursprung der Arten,* 1871
28 Napier, J. R., *Vom Primaten zum Menschen.* In: UNESCO-Kurier, Nr. 8/9 1972
29 Ardrey, R., *Der Gesellschaftsvertrag,* Wien, München, Zürich, 1971
30 Schweißgut, O., *Kreuzungen in der Haflinger Zucht.* In: Freizeit im Sattel, Bonn, Nr. 8/1072
31 Petter, Dr. J. J./Schilling, A., Lexikon. In: *Die Primaten* von Adolph H. Schultz, Lausanne 1971
32 Reuter/AFP/TASS vom 20. 3. 1973
33 de Ricqlès, Armand, *Die Dinosaurier waren Warmblütler.* In: Weltwoche, Zürich 7. 3. 1973
34 Leaky, L. B., *Fundgrube Ostafrika,* In: UNESCO-Kurier, Nr. 8/9 1972
35 Ebenda
36 Weiner, J. S., *Entstehungsgeschichte des Menschen,* Lausanne 1972
37 Teleki, G., *The Omnivorous Chimpanzee.* In: Scientific American 1/1973
38 Kovacs, I., *Eine Ursache der Parodontose,* University of Chicago 1971, Brüssel 1975
39 Visnews News Service, 9. 11. 1972. Und: Frankfurter Allgemeine Zeitung, 29. 11. 1972
40 AFP, 17. 12. 1973
41 Broom, R., *Finding the Missing Link,* London 1950
42 Frankfurter Allgemeine Zeitung, 10. 1. 1973
43 *The Origins of Homo Sapiens,* Dokumente über das Kolloquium des internationalen Symposiums zur Frage der Vorgeschichte des Homo sapiens, Paris 1969. Und: Louis B. Leakey, *Fundgrube Ostafrika.* In: UNESCO-Kurier, Nr. 8/9 1972
44 Ebenda
45 Holloway, R. L., *The Casts of Fossil Hominid Brains.* In: Scientific American 7/1974
46 Ardrey, R., *Der Gesellschaftsvertrag,* Wien, München, Zürich 1971
47 Frankfurter Allgemeine Zeitung, 9. 2. 1972
48 Premack, A. J./Premack, D., *Teaching Language to an Ape.* In: Scientific American 10/1972
49 Weltwoche, Zürich 3. 4. 1974
50 Der Spiegel, Hamburg 17. 6. 1974
51 Weltwoche, Zürich 3. 4. 1974
52 Rosenzweig, M. R./Benett, E. L./Diamond, M. C., *Brain Changes in Response to Experience.* In: Scientific American 2/1972
53 Frankfurter Allgemeine Zeitung, 3. 4. 1974

54 Weltwoche, Zürich 28. 2. 1973
55 Ebenda
56 Weiner, J. S., *Entstehungsgeschichte des Menschen*, Lausanne 1972
57 Frankfurter Allgemeine Zeitung, 22. 7. 1970
58 Die Zeit, Hamburg 25. 2. 1972
59 Frankfurter Allgemeine Zeitung, 21. 7. 1971
60 *Science and the Citizen: Last Adam.* In: Scientific American 10/1972

IN DER EISZEIT STAND DES MENSCHEN WIEGE

1 Huxley, Th. H., *Stellung des Menschen in der Natur*, Leipzig 1891
2 Klaatsch, H., *Die Entwicklung des Menschengeschlechts.* In: Weltall und Menschheit, Berlin 1902
3 Calder, N., *Erde – ruheloser Planet*, Bern, Stuttgart 1972
4 Eigen, M./Winkler, R., *Das Spiel*, München, Zürich 1975
5 Agentur Reuter, 21. 2. 1973
6 MacNeish, R. S., *Early Man in the Andes.* In: Scientific American 4/1971
7 Haynes jr., C. V., *Elephant-hunting in North America.* In: Scientific American, 6/1966
8 Vértes, L., *Bilan des Découvertes les plus importantes faites de 1963 à 1966 dans les Fouilles du Site Paléolithique inferieur de Vértesszöllös/Hongrie.* In: Revue Anthropologique 1968
Vértes, L., *Rates of Evolution in palaeolithic Technology*, Acta Arch. Hung. 20/1968
9 Ardrey, R., *Der Gesellschaftsvertrag*, Wien, München, Zürich 1971
10 Weidenreich, F., *Apes, Giants and Man*, Chicago 1946
11 Fischer Lexikon, *Anthropologie*, Hrsg.: G. Heberer/I. Schwidetzky/H. Walter, Frankfurt/M. 1970
12 Hauser, O., *Der Mensch vor 100.000 Jahren*, Zürich 1917
13 Solheim II, W. G., *An Earlier Agricultural Revolution.* In: Scientific American 4/1972
14 Ebenda
15 Flint, R. F., *Glacial and Pleistocene Geology*, New York 1957
16 Lierl, H. J., *Steinzeitmenschen auf Spitzbergen.* In: Bild der Wissenschaft, 6/1972
17 Tichy, H., *Tau-Tau*, Wien, München, Zürich 1973
18 Stern, Hamburg 30. 3. 1973. Und: L'Express, Paris 3. 9. 1972
19 Newsweek, New York 17. 2. 1969
20 Eibl-Eibesfeldt, I., *Die !Ko-Buschmann-Gesellschaft*, München 1972
21 Medwedjew, S. A., *The Rise and Fall of T. D. Lyssenko*, Columbia 1969. Und: Flad-Schnorrenberg, B. In: Frankfurter Allgemeine Zeitung, 6. 1. 1971
22 Die Zeit, 23. 7. 1973

23 Koestler, A., *Der Krötenküsser*, Wien, München, Zürich 1972
24 Lashley, K. S., *The Neuro-Psychology of Lashley selected Papers*, New York 1960
25 Pribram, K. H., *The Neurophysiology of Remembering*. In: Scientific American 1/1969. Und: Geschwind, N., *Language and the Brain*. In: Scientific American 4/1972
26 Hardy, A., *The Living Stream*, London 1965
27 McConnell, J. V., *Die Suche nach dem Engramm*. In: n+m, 9/1965
28 Scheimann, I., *Gedächtnismoleküle*. In: Bild der Wissenschaft, Stuttgart 9/1971
29 Ungar, G., *Das Gedächtnis in biochemischer Sicht*. In: Umschau 6/1971
30 Nature, 7/1972, Bd. 238

## Zweites Buch: *Die Physik der Weltkatastrophe*

### DIE SONNE IST DER ERDE MUTTER

1 Durant, W., *Kulturgeschichte der Menschheit*, Lausanne 1968
2 Wheeler, M., *Civilizations of the Indus Valley and Beyond*, New York 1966
3 Bryson, R./Baerreis, D., *Possibilities of Major Climatic Modification and their Implications*. In: Bulletin of the American Meteorological Society, März 1967
4 Gardiner, A. H., *The Admonitions of an Egyptian Saga from a Hieratic Papyrus in Leiden*, Leipzig 1909
5 Die Bibel, Freiburg 1969
6 Griffit, E. L., *The Antiquities of Tell el Yahudiyeh and Miscellaneous Work in Lower Egypt during the Years 1887/88*, London 1890
7 Vandenberg, Ph., *Nofretete*, Wien, München, Zürich 1975
8 Gardiner, A. H., *New Literary Works from Ancient Egypt*. In: Journal of Egyptian Archaeology, 1. Bd., London 1914
9 Mavor jr., J. W., *Reise nach Atlantis*, Wien, München, Zürich 1969
10 Wooley, L. C., *Ur of the Chaldees*, London 1954
11 Wiesner, J., *Die Kunst des Alten Orients*, Frankfurt, Berlin 1963
12 Schaeffer, C. F., *Ugaritica*, Paris 1939
13 Cox, A., *A Perfect Case of Serendipity*. In: Mosaic, Vol. 3 Nr. 2/1972. Und in: Nature 4. 10. 1974
14 Symposium der Nobelpreisträger, Lindau 1971
15 Douglass, A. E., *The Secret of the Southwest solved by talkative Tree-Rings*. In: National Geographic, Nr. 12, 1929
16 *Radiocarbon Variations and Absolute Chronology*, Protokolle des 12. Nobel-Symposiums, Stockholm 1970
17 Suess, H. E., *Die Eichung der Radiocarbonuhr*. In: Bild der Wissenschaft, Stuttgart Nr. 2, 1969

18  Ostrander, S./Schroeder, L., *PSI*, Bern, München, Wien 1972
19  Mendelson, K., *Gedanken eines Naturwissenschaftlers zum Pyramidenbau*. In: Physik in unserer Zeit, 3/1972
20  Die Zeit, Hamburg 16. 3. 1973. Und: Science, 2. 3. 1973
21  Biedermann, H., *Das Europäische Megalithikum*, Frankfurt, Berlin 1963
22  Ebenda
23  Hill, P. A., *Sarsen Stones of Stonehenge. How and by what route were the stones transported*. In: Science, vol. 133, 1961
24  Renfrew, C., *Carbon 14 and the Prehistory of Europe*. In: Scientific American 10/1971
25  *Der erste Seehandel 7000 vor Chr*. In: Frankfurter Allgemeine Zeitung, 20. 10. 1971
26  Srejović, D., *Lepenski Vir*, Bergisch Gladbach 1973
27  Renfrew, C., *Carbon 14 and the Prehistory of Europe*. In: Scientific American 10/1971
28  Bartholomae, K., *Arische Forschungen*, Halle 1883/87
29  Fester, R., *Die Eiszeit war ganz anders*, München 1973
30  Platon, Sämtliche Werke, Bd. 5, Hamburg 1966
31  Mavor jr., J. W., *Reise nach Atlantis*, Wien, München, Zürich 1969
32  Müller, F., *Fragmenta historicorum graecorum*, Bd. 1, Paris 1841
33  ibf, 15. 8. 1975

## DIE FIKTION VON DER STÄNDIGEN MEERESBODENAUSBREITUNG

1   Calder, N., *Erde – ruheloser Planet*, Bern, Stuttgart 1972
2   Hochvulkanisches Island. In: Frankfurter Allgemeine Zeitung, 7. 2. 1973
3   Calder, N., *Erde – ruheloser Planet*, Bern, Stuttgart 1972
4   New York Herald Tribune, 1. 8. 1974
5   Frankfurter Allgemeine Zeitung, 5. 12. 1973
6   Der Spiegel, Hamburg, 29. 10. 1973
7   Weltwoche, Zürich 23. 7. 1975
8   Scientific American 8/1975
9   Frankfurter Allgemeine Zeitung, 7. 8. 1974
10  Frankfurter Allgemeine Zeitung, 3. 3. 1971
11  Cox, A., *A Perfect Case of Serendipity*. In: Mosaic 2/1972
12  Dr. F. Vonbun auf der 17. COSPAR-Tagung in Sao Paulo Juni 1974 und in Gesprächen mit dem Autor in Greenbelt, Maryland und Wien 1975
13  Bachmann, E., *Wer hat Himmel und Erde gemessen*, Thun, München 1965
14  Faller, J. E., 14. COSPAR-Tagung, Seattle Juni 1971
15  Smylie, D. E./Mansinha, L., *The Rotation of the Earth*. In: Scientific American 12/1971
16  Nature Nr. 243, 1973. Und: Frankfurter Allgemeine Zeitung, 23. 5. 1972

17  TASS, 5. 8. 1975 und UPI, 5. 8. 1975
18  Cox, A., *A Perfect Case of Serendipity*. In: Mosaic 2/1972
19  Frankfurter Allgemeine Zeitung, 4. 10. 1972 und 20. 12. 1972
20  Heye, D., Referat bei der 34. Physikertagung, Salzburg, 30. 9. 1969
21  Calder, N., *Erde – ruheloser Planet*, Bern, Stuttgart 1972
22  Nature, 4. 10. 1974
23  Fink, Prof. J., *Chronologie der fossilen Böden in Österreich*. In: Archäologia Austriaca 31/1962. Und: Blätter zur physikalischen Geographie 1970–1972
24  Fliri, Prof. F., *Der Bänderton von Baumkirchen, eine neue Schlüsselstelle zur Kenntnis der Würmvereisung der Alpen*. In: Zeitschrift für Gletscherkunde und Glazialgeologie 4, Heft 1–2, 1970. Und: Fliri, Prof. F., *Beiträge zur Stratigraphie und Chronologie der Inntal-Terrassen im Raum Innsbruck*. In: Veröffentlichungen des Tiroler Landesmuseums Ferdinandeum, Bd. 51/1971
25  Smylie, D. E./Mansinha, L., *The Rotation of the Earth*. In: Scientific American 12/1971
26  Ebenda
27  Neue Zürcher Zeitung, 18. 2. 1971
28  Faller, J. E., *The Apollo Retroreflector Arrays and a new Multilensed Receiver Telescope*, 14. COSPAR-Tagung, Seattle, Juni 1971
29  Vonbun, F., *Spacecraft Missions and Experiment Important to Geodynamics*, 17. COSPAR-Tagung, Sao Paulo, Juni 1974
30  *Weltweite Erdkrustenmobilität*. In: Frankfurter Allgemeine Zeitung, 4. 9. 1974
31  AP/Reuter, 20. 7. 1974

## DIE SINTFLUT AUF DEM MARS

1  Sagan, K., *Mars: The View from Mariner 9*. In: Astronautics and Aeronautics, Nr. 9/1972
2  Murray, B. C., Pressekonferenz Pasadena, 24. 8. 1972
3  Sullivan, W., *Observation of Mars Revives Debate on Earth Axis Shift*. In: International Herald Tribune, 13. 3. 1973
4  Murray, B. C., *Mars from Mariner 9*. In: Scientific American 1/1973
5  NASA, *Mars as viewed by Mariner 9*, Washington 1974. Und: Hartmann, W. K. u. Raper, O., *The New Mars*, Washington 1974
6  *Ein Marsmagnetfeld*. In: Frankfurter Allgemeine Zeitung, 28. 2. 1973
7  *Zwei Landegebiete für die Mars-Sonden*. In: Frankfurter Allgemeine Zeitung, 23. 5. 1973
8  International Herald Tribune, 13. 3. 1973
9  Carr, M. H., *The Volcanoes of Mars*. In: Scientific American 1/1976
10  Reibisch, P., *Ein Gestaltungsprinzip der Erde*. In: 27. Jahresbericht des Vereins für Erdkunde, Dresden 1901
11  Simroth, Dr. H., *Die Pendulationstheorie*, Leipzig 1907

12  Ebenda
13  Kreichgauer, D., *Die Äquatorfrage in der Geologie*, Steyle 1902
14  Suball, L., *Die Neuentdeckung der Erde*, Wien, München 1958
15  Haupt, J., *Ovidius Naso Metamorphoses*, Berlin 1880–1886
16  Lehmann, W., *Die Geschichte der Königreiche von Colhuacan und Mexiko*. In: Quellenwerk zur alten Geschichte Amerikas, 1. Bd., Leipzig 1938
17  Ebenda
18  Müllenhoff, *Deutsche Altertumskunde*, Bd. 5, Berlin 1883
19  Velinkovsky, I., *Welten im Zusammenstoß*, Zürich, Wien 1952
20  Lowie, R. H., *Shoshonian Tales*. In: Journal of American Folklore, Bd. 37, 1924
21  Williamson, J., *Religious and Cosmic Beliefs of Central Polynesia*, New York 1929
22  de Sahagun, B., *Historia general de las Cosas de Nueva España*, Mexiko 1938
23  Davies, N., *Die Azteken*, Düsseldorf 1974
24  Cordan, W., *Popol Vuh*, Düsseldorf, Köln 1962
25  Haupt, J., *Ovidius Naso Metamorphoses*, Berlin 1880–1886
26  Steitz, *Die Werke und Tage Hesiods*, Leipzig 1869
27  Stearn, J., *Der schlafende Prophet*, Genf 1971
28  Velikovsky, I., *Welten im Zusammenstoß*, Zürich 1952
29  Stearn, J., *Der schlafende Prophet*, Genf 1971
30  *Die baskische Sprache kommt aus Afrika*. In: Die Presse, Wien, 2. 7. 1973
31  Ericson, D. B./Wollin, G., *The Deep and the Past*, New York 1964
32  Emiliani, C.,/Geiss, J., *Eiszeiten und ihre Ursachen*. In: Geologische Rundschau, Bd. 46, 2. Teil, 1967
33  Der Spiegel, Hamburg, 4. 11. 1974
34  Der Spiegel, Hamburg, Nr. 19, 1970
35  MacNeish, R. S., *Early Man in the Andes*. In: Scientific American 4/1971
36  *Minieiszeit entdeckt*. In: Die Zeit, Hamburg, 10. 3. 1973
37  Ebenda
38  Die Naturwissenschaften, 11/1971
39  *Eiszeiten durch Vulkanausbrüche*. In: Die Presse, Wien, 20. 3. 1972
40  Emiliani, C./Geiss, J., *Eiszeiten und ihre Ursachen*. In: Geologische Rundschau, Bd. 46, 2. Teil, 1967
41  Engelmann, R., *Krustenbewegungen und morphologische Entwicklung im Bereich der böhmischen Masse*. In: Mitteilungen der Geographischen Gesellschaft, Wien 1941
42  AFP, 23. 10. 1972
43  Der Spiegel, Hamburg, 12. 8. 1973
44  UPI, 28. 3. 1973
45  Der Spiegel, Hamburg, 12. 8. 1973
46  TASS, 28. 3. 1973
47  UPI, 26. 2. 1971

48  AP, 29. 1. 1974
49  APA, 1. 2. 1974
50  Science 7/1974
51  Krapfenbauer, A., *Der Baum im Sauerstoffhaushalt der Stadt*. In: Die Presse, Wien, 26. 3. 1973
52  Die Zeit, Hamburg, 9. 3. 1973
53  Science, 6. 11. 1971
54  Nature, 11. 6. 1971

DIE GESTÖRTE SONNE

1  Der Spiegel, Hamburg, Nr. 34, 1972. Und: ibf (Informationsdienst für Bildung und Forschung), 8. 8. 1972
2  AFP, 29. 4. 1973
3  Frankfurter Allgemeine Zeitung, 6. 2. 1974
4  Die Zeit, Hamburg, 1. 2. 1974
5  Reiter, R., *Meteorobiologie und Elektrizität der Atmosphäre*, Leipzig 1960
6  AFP/Reuter, 5. 5. 1973. Und: Die Zeit, Hamburg, 5. 10. 1973
7  Welt am Sonntag, Hamburg, 11. 3. 1973
8  *Sonnenwinde, Magnetstürme und Wetter*. In: Frankfurter Allgemeine Zeitung, 14. 3. 1973
9  *Sonnenaktivität und Erdenwetter*. In: Frankfurter Allgemeine Zeitung, 27. 3. 1973
10  NASA-Pressekonferenz Cape Kennedy, 27. 7. 1973
11  UPI, 15. 7. 1974
12  Reiter, R., *Meteorobiologie und Elektrizität der Atmosphäre*, Leipzig 1960. Und: Gun-Bayer, Dr. F., *Lunar Magnetics Periods*, Santiago de Chile, 1959
13  AP, 22. 6. 1971
14  Frankfurter Allgemeine Zeitung, 30. 1. 1974
15  Keeton, W. T., *The Mystery of Pigeon Homing*. In: Scientific American 12/1974. Und: Emlen, S. T., *The Stellar-Orientation System of a Migratory Bird*. In: Scientific American 8/1975
16  Protokolle des Internationalen Astrokongresses, Leningrad 1964. Und: Schischma, J., *Steuerung aus dem All*, Novosti Press, Moskau 1967
17  Kurier, Wien, 3. 9. 1971
18  Tschernitschew, D. V., *Einflüsse von Störungen des Erdmagnetfeldes auf die Aktivitäten der Insekten*, Vortrag, Moskau, 22. 9. 1966
19  Anzeiger für Schädlingskunde und Pflanzenschutz, 8/1971
20  Douglass, A. E., *The Secret of the Southwest solved by talkative Tree-Rings*. In: National Geographics, Nr. 12/1929
21  Frankfurter Allgemeine Zeitung, 16. 1. 1974. Und: Science, 6. 7. 1973
22  Kletter L., Kurier, Wien, 16. 11. 1963

23  Weltwoche, Zürich, 14. 6. 1972
24  Birkmayer, Prof. W., ORF-Interview 1974
25  Protokolle C.I.N.P. (Collegium Internationale Neuro-Psychopharmacologi-
    cum), Kopenhagen 1972
26  Zapotoczky, H. G. In: ibf, 16. 4. 1973
27  Sussex, P. J. In: Reuter, 6. 4. 1973
28  Meadows, D., *Die Grenzen des Wachstums*, Stuttgart 1972
29  Frankfurter Allgemeine Zeitung, 25. 10. 1972
30  Der Spiegel, Hamburg, 19. 6. 1972
31  Mesarović, M./Pestel, E., *Menschheit am Wendepunkt*, Stuttgart 1974

# DIE WICHTIGSTEN FACHAUSDRÜCKE:

*Anthropogenese:*     Entwicklung des Menschen von den Anfängen über
die Hominiden bis zu den heutigen Formen.

*Anthropoiden:*     Menschenaffen (Gibbons, Schimpansen, Gorillas,
Orang-Utans).

*Antiklinale:*     Bei der Gebirgsfaltung durch seitlichen Zusammen-
schub von geschichteten Gesteinen aufgeworfener
Sattel. Zwei Sättel (Gebirgskämme) werden durch
eine Mulde (Synklinale) verbunden.

*Archanthropus:*     Hominidengruppe zwischen den Australopithecinen
und den Paläanthropinen; Zunahme des Gehirn-
volumens bei gleicher Schädelgröße. Unterteilung
in Fernöstliche Archanthropinen (Pithecanthropus
von Java, Sinanthropus aus China), Europäische A.
(Homo heidelbergensis). Nun unter Homo oder
Homo erectus eingeordnet.

*Archetyp:*     Urbild, Urform, älteste erreichbare Gestalt einer
Schrift oder eines Zustands.

*Artefakt:*     (lat. = Kunsterzeugnis) vorgeschichtliches Werkzeug.

*Australopithecus:*     Gruppe afrikanischer Primaten, die sowohl Affen-
wie Menschenmerkmale und Übergänge zwischen
beiden aufweisen.

*Biface:*     Auf zwei Seiten bearbeitetes Werkzeug, erstmals in
der Abbevillien-Kultur verwendet.

*Biotop:*     Lebensraum, der einer bestimmten Lebensgemein-
schaft artverschiedener Organismen die ihnen zu-
sagenden gleichen Lebensbedingungen bietet.

*Brachiatoren:*     Tiere, die sich an ihren Armen hängend durch das
Geäst der Bäume bewegen.

| | |
|---|---|
| *Brahmapithecus:* | Fossiler Anthropoide, der vermutlich mit dem gleichzeitig lebenden Ramapithecus verwandt war. |
| *Caldera:* | Durch Einsturz eines vulkanischen Gipfels entstehender Kessel. |
| *Cañon:* | Schluchtartiges, steilwandiges, tiefeingeschnittenes Engtal mit fast horizontaler Gesteinslagerung. |
| *C-14-Methode:* | Altersbestimmung von Fossilien und organischen Substanzen mit Hilfe von C-14-Isotopen. Ein von Höhenstrahlung getroffenes Stickstoffatom verwandelt sich in ein Kohlenstoff-14-Isotop und gelangt durch Assimilation in Pflanzen und über diese in tierische Organismen. Beim Tod hört die Zufuhr von C-Atomen auf. Aus dem Zerfall der C-14-Isotopen, die eine Halbwertszeit von 5.730 Jahren haben, kann das Alter des Organismus berechnet werden. |
| *Chopping-tool:* | Ein meist aus einem Feuersteinstück durch Abschlagen mit einem anderen Stein hergestelltes Werkzeug, das immer muschelförmige Bruchstellen aufweist. |
| *Coriolis-Effekt:* | Scheinbare Ablenkung eines Gegenstandes, der sich über die Oberfläche eines rotierenden Körpers bewegt. Das Objekt scheint infolge seiner Eigenbewegung auf der nördlichen Halbkugel nach rechts, auf der südlichen nach links abgelenkt zu werden. Der C. verursacht charakteristische Winde in Äquatornähe und beeinflußt die Bewegung großer Luft- und Wassermassen. |
| *Dendrochronologie:* | Datierung mit Hilfe von Baumringen. Die unterschiedliche jährliche Zuwachsrate zeigt sich in den Baumringmustern und ist auf Wetterschwankungen zurückzuführen. |
| *Dissipation:* | Übergang irgendeiner Energieform in Wärmeenergie. Als Folge Aufschmelzung zähplastischer Materie. |
| *Dryopithecus:* | (Auch Eichaffe) Fossile affenähnliche Anthropoidenart aus dem mittleren und späteren Miozän. Dryopithecinenfossilien wurden in großer Zahl in Europa und Asien gefunden. |

| | |
|---|---|
| *Dynamotheorie:* | Die Vermutung, das Magnetfeld der Erde werde durch einen Dynamo- oder Generatoreffekt aufgebaut. Mechanische werde in elektrische Energie verwandelt, wobei durch Induktion ein starkes magnetisches Dipolfeld entstehe. |
| *Ekliptik:* | Die scheinbare Bahn, die von der Sonne im Laufe eines Jahres vollzogen wird. Sie ist das Spiegelbild der Bewegung der Erde in ihrer Bahn um das Zentralgestirn. |
| *Gene:* | Die materiellen Träger einzelner Erbanlagen. |
| *Geodäsie:* | Wissenschaft und Technik zur Bestimmung von Form und Größe der Erde, der Ausmessung der Erdoberfläche und der Messung der Erdschwere. |
| *Geomorphologie:* | Wissenschaft von den Formen der Erdoberfläche. |
| *Geosynklinale:* | Sammeltrog an der Erdoberfläche, der an die 1000 Kilometer lang sein kann und in dem sich Sedimente absetzen, wobei die G. kontinuierlich absinkt. In der Folge können durch seitlichen Druck die Sedimente zusammengepreßt, verformt und (Orogenese) zu Gebirgen aufgefaltet werden. |
| *Gondwana:* | Der vor etwa 200 Millionen Jahren auseinandergebrochene Urkontinent, der wahrscheinlich zusammen mit Laurasia Pangäa gebildet hat. |
| *Heidelberg-Mensch:* | Siehe Archanthropus. |
| *Herbavoren:* | Pflanzenfresser. Tiere, die sich ausschließlich von Pflanzen ernähren. |
| *Hominiden:* | Unterordnung der Primaten von den Archanthropinen (eventuell schon von den Australopithezinen) bis zum heutigen Menschen. Sie unterscheiden sich von den übrigen Primaten durch die Entwicklung des Gehirns, den freien Gebrauch der Hände, aufrechte Körperhaltung, begriffliches Denken und artikulierte Sprache. |
| *Hominoidea:* | Höchstentwickelte menschenähnliche Primaten. |
| *Homo erectus:* | Siehe Pithecanthropus. |
| *Homo habilis:* | Von L. S. B. Leakey geschaffene Bezeichnung für Funde in der Olduvaj-Schlucht und im Omo-Tal. Der H. h. ist ein früher Australopithecus. |

| | |
|---|---|
| *Hybridform:* | Pflanzliche oder tierische Bastardarten. |
| *Hypozentrum:* | Der in der Tiefe der Erde liegende Herd eines Erdbebens. Das H. liegt meist direkt unter dem Epizentrum (Mittelpunkt eines Erdbebenherdes auf der Oberfläche der Erde), mitunter bis 700 km tief. |
| *Isotope:* | Abarten eines chemischen Elements mit gleichen Protonenzahlen bei verschiedenen Neutronenzahlen. Es gibt stabile und instabile Isotopen, letztere zerfallen spontan nach charakteristischen Halbwertszeiten. |
| *Java-Mensch:* | Siehe Archanthropus. |
| *Kalium-Argon-Methode:* | Verfahren zur Bestimmung des Alters von Mineralien, nutzt die radioaktive Umwandlung des Kaliumisotops $^{40}K$ in Argon 40 ($^{40}Ar$). |
| *Karnivore:* | Fleischfresser, fleischfressende Tiere. |
| *Kataklysmentheorie:* | (Kataklysmen = griech. Überschwemmungen, im übertragenen Sinn Verwirrung, in der alles zugrunde geht.) Die von Cuvier und Agassiz vertretene K. besagt, daß sich nach jeder Katastrophe das Leben auf der Erde neu bildete. |
| *Keniapithecus:* | Fossilien eines Primaten aus dem Miozän (14 Mio. Jahre). Seine Zurechnung zu den Anthropoiden oder zu den Hominiden ist stark umstritten. |
| *Korpuskularströme:* | Von der Sonne ausgehende Strahlung, die im Gegensatz zur Wellenstrahlung aus Teilchen, wie Elektronen, Ionen, Neutronen und Mesonen besteht. |
| *Mascon:* | Kurzform von mass concentration. Schwereanomalien in der Kruste des Mondes und der Planeten. Die M. sind meist dichte basaltische oder erzhaltige Gesteine. |
| *Mohorovičic-Diskontinuität:* | Unstetigkeitsfläche zwischen der Erdkruste und dem Erdmantel. An der M.-D. nimmt die Geschwindigkeit seismischer Wellen sprunghaft zu. Unter den Kontinenten liegt die M.-D. zwischen |

526

| | |
|---|---|
| | 25 und vielleicht sogar 80 km Tiefe. Unter dem Meeresboden befindet sie sich z. T. schon in 2 bis 15 km Tiefe. |
| *monozentrische Struktur:* | Eine oder mehrere Organismengruppen stammen von einer einzigen gemeinsamen Stammform ab. |
| *Mutation:* | Von Einwirkungen der Umwelt unabhängige, sprunghaft auftretende Veränderung erblicher Eigenschaften bei Tieren und Pflanzen. |
| *Neandertaler:* | Ausgestorbener Hominiden-Typ mit mächtigen Überaugenwülsten, Neigung der Okzipitalregion und fliehender Stirn, schufen in Europa die Moustérien-Kultur. |
| *Neutron:* | Elektrisch neutrales, langlebiges Elementarteilchen, bildet mit dem Proton zusammen die beiden Zustände des Nukleons. |
| *Ökologie:* | Lehre von den Beziehungen zwischen den Lebewesen und ihrer Umwelt. |
| *Omnivore:* | Allesfresser. Tiere, die sowohl pflanzliche als auch Fleischnahrung zu sich nehmen. |
| *Oreopithecus:* | Fossiler Anthropoide, der lange Zeit den Vorfahren der Menschenaffen zugerechnet wurde, dem nun aber auch hominide Merkmale zuerkannt werden. Fossilien aus dem Miozän. |
| *Orogenese:* | Alle Vorgänge, die zur Bildung von Gebirgsketten führen; beginnend mit der Entstehung der Geosynklinalen, über die weiteren petrogenetischen Stadien, wie die Bildung der Antiklinalen, der Falten und Verwerfungen. Die O. wird durch horizontale oder tangentiale Kräfte in der Erdkruste hervorgerufen. Werden Veränderungen in der Erdkruste von vertikalen Kräften bewirkt, spricht man von Epirogenese. |
| *Oszillograph:* | Gerät zur Sichtbarmachung und Aufzeichnung sich zeitlich ändernder physikalischer Vorgänge, vor allem elektromagnetischer Schwingungen. |
| *Pangäa:* | Der von Alfred Wegener geprägte Ausdruck für den Urkontinent, der sowohl Gondwana als auch |

527

| | |
|---|---|
| | Laurasia umfaßte. Die Kontinentaldrift zerspaltete P. in die heute bestehenden Landmassen. |
| *Paranthropus:* | Affenähnliche Australopithezinen aus dem Miozän. |
| *Photosynthese:* | Aufbau von Kohlehydraten aus Kohlendioxyd und Wasser, der sich im Licht und unter Mitwirkung des Chlorophylls vollzieht. Eine der wichtigsten biochemischen Reaktionen, bei der Wasser in Wasserstoff und Sauerstoff gespalten wird. |
| *Pithecanthropus:* | (Homo erectus) Hominiden-Gattung aus der Gruppe der Archanthropinen mit mächtigen Überaugenwülsten, fliehender Stirn, sehr flacher Schädelwölbung, 800–900 cm³ Schädelkapazität, kinnlosem Unterkiefer. |
| *Pliopithecus:* | Fossiler Anthropoide aus dem Miozän mit stark affenähnlichen Charakteristika. |
| *polyphyletisch:* | Stammesgeschichtlich biologisch verschiedenartig. |
| *polyphyletische Struktur:* | Mehrere scheinbar verwandte Formen beruhen auf verschiedenen Stammformen und sind durch ähnliche Lebensverhältnisse zu einem übereinstimmenden Äußeren gelangt. |
| *Pongidae:* | Menschenaffen (Orang-Utan, Gorilla, Schimpanse, Gibbon). |
| *Pongo:* | Gattungsname für Orang-Utan. |
| *Präzession:* | Taumel- und Schwingungsbewegungen der Rotationsachse eines sich drehenden Körpers. Die Erd-P. besteht in einer Schwingung der Rotationsachse infolge der Anziehungskräfte von Sonne und Mond. Gravitationsanomalien verstärken diesen Effekt. Eine komplette Präzessionsschwingung der Erde dauert rund 26.000 Jahre. |
| *Primaten:* | Säugetiere der obersten Tierordnung, unterscheiden sich von den anderen Tieren am wesentlichsten durch den Hirnschädel (Neokranium). |
| *Proconsul:* | Fossile Anthropoiden-Gattung aus dem unteren Miozän, vermutlicher Ahne von Gorilla und Schimpanse. |
| *Propliopithecus:* | Vermutlich frühester Anthropoidenvorfahre mit stark affenähnlichen Merkmalen. Fossilfunde in Fayum, Ägypten. |

| | |
|---|---|
| *Protuberanzen:* | Leuchtende, hauptsächlich aus Wasserstoff, Helium und Calcium bestehende Gasmassen, die aus der Chromosphäre der Sonne mit einer Geschwindigkeit bis zu fast 1000 km/s ausgeschleudert werden. |
| *Paläanthropinen:* | Alle zur Gattung Homo zu rechnenden Hominiden, wie Präsapiens, Präneandertaler, Neandertaler und Neandertaloide. |
| *Ramapithecus:* | Nach letztem Stand der Lehrmeinung erste Hominidenart, die den Übergang vom Tier zum Menschen darstellt. Fossilien aus dem Miozän (ca. 14 Mio. Jahre). |
| *Remanenter Magnetismus:* | (Restmagnetisierung) Derjenige Bruchteil der Sättigungsmagnetisierung eines Ferromagneten, der als permanente Magnetisierung zurückbleibt, wenn das erregte Magnetfeld abgeschaltet ist. |
| *Ridges:* | Zirka 70.000 km lange mittelozeanische Gebirgsketten, -schwellen oder -rücken. Sie verlaufen von der Arktis über die Mitte des Atlantiks um Afrika und Südamerika. Im Indischen Ozean teilen sich die R. abermals vor Madagaskar und führen so wohl durch das Rote Meer in die Jordansenke als auch unter das afrikanische Festland (Ostafrikanischer Grabenbruch), südlich Australiens in den Pazifik und dort in mehreren Strängen bis Alaska. Die R. weisen fast auf ihrer gesamten Länge eine Mittelspalte auf und bestehen aus links und rechts davon symmetrisch angeordneten vulkanischen Gesteinen. Sie scheinen ein Riß in der Erdkruste zu sein, in den Magma eindringt. |
| *Sekundärstrahlung:* | Entsteht durch Aufprall von Primärstrahlung auf Materie, z. B. Röntgenstrahlung und Sekundärelektronen; Höhenstrahlung in Wechselwirkung mit Luftmolekülen und deren Atomkernen erzeugt Teilchenstrahlung, auch Sekundärkomponente genannt. |
| *Sinanthropus:* | Siehe Archanthropinen. |
| *Sonnencorona:* | Strahlenförmige äußerste Schicht der Sonnenatmosphäre, die ihre Form während eines Sonnenfleckenzyklus von elf Jahren stark verändert. |

529

| | |
|---|---|
| *Sonnenflare:* | Wenige Minuten dauernde Strahlungsausbrüche auf der Sonnenoberfläche. |
| *Sonnenwind:* | Ständiger Strom von der Sonne ausgehender Partikel aus Protonen und Elektronen, der noch in Erdnähe eine Geschwindigkeit von annähernd 300 km/s hat. Bewegt sich auf Bahnen, die durch die Feldlinien des solaren Magnetfeldes gebildet werden. |
| *Steinheim-Mensch:* | Fossil nächst Stuttgart (200.000 Jahre), das den Übergang vom Homo erectus zum Homo sapiens darstellt. |
| *Stratigraphie:* | Teilgebiet der Geologie zur Untersuchung der räumlichen und zeitlichen Aufeinanderfolge von Gesteinsschichten und geologischen Formationen sowie der Bestimmung der darin enthaltenen Gesteine und Fossilien. |
| *Sublimation:* | Direkter Übergang eines Stoffes vom festen in gasförmigen Aggregatzustand (oder umgekehrt), ohne flüssig zu werden. |
| *Swanscomb-Mensch:* | Fossilien aus dem unteren Themsetal in England (200.000 bis 300.000 Jahre), Übergang vom Homo erectus zum Sapiens-Typ. |
| *toroidal:* | Das in einer Toroid-Magnetspule erzeugte gerichtete Magnetfeld. (Die Kernform einer Toroid-Spule ist ein torusförmiger Körper, d. h. ein von einer Ringfläche oder einem Kreiswulst, der durch Rotation eines Kreises um eine in seiner Ebene liegende, den Kreis nicht treffende Gerade entsteht, begrenzter Körper.) |
| *Van-Allen-Gürtel:* | Benannt nach dem amerikanische Physiker James Alfred van Allen. Der V.-A.-G. wird aus zwei die Erde umschließenden schalenförmigen Zonen verstärkter Strahlungsintensität gebildet. Ursache ist das irdische Magnetfeld. Im V.-A.-G. werden die hochenergetischen Elementarteilchen eingefangen. Der innere Gürtel, in dem hauptsächlich energiereiche Protonen absorbiert werden, reicht über dem magnetischen Äquator bis in eine Höhe von 3.200 km über der Erdoberfläche, die größere äußere Zone umschließt den |

magnetischen Äquator in rund 16.000 km Abstand und reicht bis in 50.000 km Höhe. An den magnetischen Erdpolen erreicht die Weltraumstrahlung durch trichterförmige Öffnungen im V.-A.-G. die Ionosphäre.

*Vektor:* In geometrischer Deutung eine gerichtete Strecke.

*Vértesszöllös-Mensch:* Bei Vértesszöllös in Ungarn entdecktes Fossil (500.000 Jahre). Vermutlich Übergang vom Homo erectus zum Homo sapiens. Erster Hominidenfund mit Feuerspuren am selben Ort.

*Winkelgeschwindigkeit:* Der bei einer Drehung in der Zeiteinheit zurückgelegte Winkel, den die Verbindungslinie vom Zentrum einer Rotation zu einem Punkt eines Systems mit einer zeitlich konstanten Bezugsrichtung bildet.

*Zinjanthropus boisei:* (Nußknackermensch) Von L. S. B. Leakey in Ostafrika gefundenes Fossil (1,750.000 Jahre). Ähnlichkeiten mit Australopithezinen und Paranthropinen. Dieser typische Pflanzenfresser wurde von Leakey als Urahne des Menschen abgelehnt.

# LITERATURHINWEISE

Ardrey, R., *Der Gesellschaftsvertrag*, Wien, München, Zürich 1971

Arrhenius, S., *On the influence of carbonic acid in the air upon the temperature of the ground*, Phil. Mag., 41, 1896

Bachmann, E., *Wer hat Himmel und Erde gemessen*, Thun, München 1965

Beiser, A., *Die Erde*, Stuttgart 1974

Bibel, *Die Heilige Schrift des alten und neuen Bundes*, Freiburg, Basel, Wien 1969

Biedermann, H., *Das Europäische Megalithikum*, Frankfurt, Berlin 1963

Bischoff, G., *Der Griff ins Erdinnere: Praktische Geologie*, Berlin 1961

Broecker, W. S., Turekian, K. K. u. Heeren, B. C., *The relation of deep sea sedimentation rates to variations in climate*. In: American Journ. of Science, New Haven 1958

Broom, R., *Finding the Missing Link*, London 1950

Bryson, R./Baerreis, D., *Possibilities of Major Climatic Modification and their Implications*. In: Bulletin of the American Meteorological Society, März 1967

Bullard, Sir E., *The Origin of the Oceans*. In: Scientific American, Band 221, Heft 3, New York 1969

Cailleux, A., *Der unbekannte Planet*, Frankfurt/Main 1972

Calder, N., *Erde, ruheloser Planet*, Bern, Stuttgart 1974

Carr, M. H., *The Volcanoes of Mars*. In: Scientific American 1/1976

Ceram, C. W., *Götter, Gräber und Gelehrte*, Hamburg 1949

Cohen, D., *Weltuntergang?* Bergisch Gladbach 1974

Collison, D. W. u. Runcorn, S. K., *Polar wandering and continental drift evidence from paleomagnetic observations in the United States*. In: Bull. Geol. Soc. Amer., 71, New York 1960

Cordan, W., *Popol Vuh*, Düsseldorf, Köln 1962

Cox, A., *A Perfect Case of Serendipity*. In: Mosaic Vol. 3, 2/1972

Davies, N., *Die Azteken*, Düsseldorf 1974

Dietrich, G. u. Ulrich, J., *Atlas zur Ozeanographie*, Mannheim 1968

Dietz, R. S. u. Menard, H. W., *Origin of abrupt change in slope at continental shelf margin*. In: Bull. Am. Ass. Petrol. Geol. 35, 1951

Dolezol, T., *Planet des Menschen*, Wien, Heidelberg 1975

Douglass, A. E., *The Secret of the Southwest solved by talkative Tree-rings*. In: National Geographic, Nr. 12, 1929

Dubois, *Pithecanthropus erectus, eine menschenähnliche Übergangsform aus Java*, Batavia 1894

Durant, W., *Kulturgeschichte der Menschheit*, Lausanne 1968

Eibl-Eibesfeldt, I., *Die !Ko-Buschmann-Gesellschaft*, München 1972

Eigen, M./Winkler, R., *Das Spiel*, München, Zürich 1975

Emiliani, C., *Pleistocene temperatures*. In: Journ. of Geology 63, Chicago 1955

Emiliani, C./Epstein, S., *Temperature variations in the Lower Pleistocene of southern California*. In: Journ. of Geology, 61, Chicago 1953

Emiliani, C./Geiss, J., *Eiszeiten und ihre Ursachen*. In: Geologische Rundschau, Bd. 46, 2. Teil 1967

Ericson, D. B./Wollin, G., *The Deep and the Past*, New York 1964

Fester, R., *Die Eiszeit war ganz anders*, München 1973

Ders., *Protokolle der Steinzeit*, München, Berlin 1974

Fischer Lexikon, *Allgemeine Geographie*, Hg. G. Fochler-Hauke, Frankfurt/Main 1968

Fischer Lexikon, *Anthropologie*, Hg. G. Heberer/I. Schwidetzky/H. Walter, Frankfurt/Main 1970

Fischer Lexikon, *Geophysik*, Hg. J. Bartels/G. Angenheister, Frankfurt/Main 1969

Fraser, R., *Die Erde*, Frankfurt/Main 1969

Gardiner, A. H., *The Admonitions of an Egyptian Saga from a Hieratic Papyrus in Leiden*, Leipzig 1909

Hardy, A., *The Living Stream*, London 1965

Hartmann, W. K./Raper, O., *The new Mars*, Washington 1974

Haupt, *Ovidius Naso Metamorphoses*, Berlin 1880–1886

Haynes jr., C. V., *Elephant-hunting in North America*. In: Scientific American 6/1966

Heirtzler, J. R., *Sea-Floor Spreading*. In: Scientific American, Band 219, Heft 6, New York 1968

Heisenberg, W., *Das Naturbild der heutigen Physik*. In: Die Künste im Technischen Zeitalter, München 1966

Herm, G., *Die Kelten*, Düsseldorf, Wien 1975

Herodot, *Historien*, deutsch von E. Richtsteig, Augsburg 1961

Holloway, R. L., *The Casts of Fossil Hominid Brains*. In: Scientific American 7/1974

Huxley, Th. H., *Die Stellung des Menschen in der Natur*, Leipzig 1891

Kaiser, P., *Die Rückkehr der Gletscher*, Wien, München, Zürich 1971

Klaatsch, H., *Die Entwicklung des Menschengeschlechts*. In: Weltall und Menschheit, Berlin 1902

*Knaurs Lexikon der Naturwissenschaften*, München, Zürich 1969

Koestler, A., *Der Krötenküsser*, Wien, München, Zürich 1972

Kühn, H., *Erwachen und Aufstieg der Menschheit*, Frankfurt/Main, Hamburg 1966

Landsberger, B., *Babylonisch-assyrische Texte*. In: E. Lehmann–H. Hass, Textbuch zur Religionsgeschichte, 2. Aufl., Leipzig 1922

Lehmann, W., *Die Geschichte der Königreiche von Colhuacan und Mexiko*. In: Quellenwerk zur alten Geschichte Amerikas, 1. Bd., Leipzig 1938

Mavor, jr., J. W., *Reise nach Atlantis*, Wien, München, Zürich 1969

MacNeish, R. S., *Early Man in the Andes*. In: Scientific American 4/1971

McKenzie, D. P., *Plattentektonik und Meeresbodenausbreitung*. In: Forschung 74, Frankfurt/Main 1973

Meadows, D., *Die Grenzen des Wachstums*, Stuttgart 1972

Medwedjew, S. A., *The Rise and Fall of T. D. Lyssenko*, Columbia 1969

Mesarović, M./Pestel, E., *Menschheit am Wendepunkt*, Stuttgart 1974

*Meyers Lexikon der Technik und der exakten Naturwissenschaften*, Mannheim 1969

Murray, B. C., *Mars from Mariner 9*. In: Scientific American 1/1973

NASA, *Mars as viewed by Mariner 9*, Washington 1974

Platon, *Werke*, deutsch v. F. Schleiermacher u. H. Müller, Schleswig 1969

Premack, A. J./Premack, D., *Teaching Language to an Ape*. In: Scientific American 10/1972

Pribram, K. H., *The Neurophysiology of Remembering*. In: Scientific American 1/1969

Renfrew, C., *Carbon 14 and the Prehistory of Europe*. In: Scientific American 10/1971

Rosenzweig, M. R./Benett, E. L./Diamond, M. C., *Brain Changes in Reponse to Experience*. In: Scientific American 2/1972

Schaeffer, C. F., *Ugaritica*, Paris 1939

Schumann, W., *Knaurs Buch der Erde*, München 1974

Schwarzbach, M., *Das Klima der Vorzeit. Eine Einführung in die Paläoklimatologie*, Stuttgart 1961

Sagan, K., *Mars: The View from Mariner 9*. In: Astronautics and Aeronautics, Nr. 9 9/1972

Smylie, D. E./Mansinha, L., *The Rotation of the Earth*. In: Scientific American 12/1971

Solheim II., W. G., *An Earlier Agricultural Revolution*. In: Scientific American 4/1972

Srejović, D., *Lepenski Vir*, Bergisch Gladbach 1973

Stearn, J., *Der schlafende Prophet*, Genf 1971

Sueß, E., *Das Antlitz der Erde*, Wien, Leipzig 1885–1909

Suess, H. E., *Die Eichung der Radiocarbonuhr*. In: Bild der Wissenschaft, Stuttgart Nr. 2, 1969

Taylor, G. R., *Das Selbstmordprogramm*, Frankfurt/Main 1971

Teleki, G., *The Omnivorous Chimpanzee*. In: Scientific American 1/1973

Tichy, H., *Tau-Tau*, Wien, München, Zürich 1973

Udinstev, G. B., *Mittelozeanische Rücken und die globale Tektonik der Erde*. In: Forschung 71, Frankfurt/Main 1970

*UNESCO-Kurier*, Nr. 8/9 1972

535

Ungnad, A., *Die Religion der Babylonier und Assyrer*, Jena 1921

Urey, H. C., *The Planets, their Origin and Development*, New Haven, Conn. 1952

Vandenberg, Ph., *Nofretete*, Wien, München, Zürich 1975

Velikovsky, I., *Welten im Zusammenstoß*, Zürich, Wien 1952

Vértes, L., *Bilan des Découvertes les plus importantes faites de 1963 à 1966 dans les Fouilles du Site Paléolithique inferieur de Vértesszöllös*/Hongrie. In: Revue Anthropologique 1968

Wegener, A., *Die Entstehung der Kontinente und Ozeane*, 5. Aufl., Braunschweig 1962

Weidenreich, F., *Apes, Giants and Man*, Chicago 1946

Weiner, J. S., *Entstehungsgeschichte des Menschen*, Lausanne 1972

Weinert, H., *Entstehung der Menschenrassen*, Stuttgart 1948

White jr., L., *Die historischen Wurzeln unserer ökologischen Krise*, In: Gefährdete Zukunft, München 1973

Wunderlich, H. G., *Die Steinzeit ist noch nicht zu Ende*, Hamburg 1974

# BILDNACHWEIS:

Haflinger-Pferde: Fritz Kern. Paläolithische Werkzeuge, Thera Santorin, Nofretete, Pyramiden Ägyptens und Maya-Pyramide: Bildarchiv Preußischer Kulturbesitz. Tasadays: Herbert Tichy. Knossos, Mykene: Peter Kaiser. Marsoberfläche: NASA.

# INHALT:

541

# RICHARD FESTER

# Protokolle der Steinzeit

## Kindheit der Sprache

Richard Fester, Begründer der Paläolinguistik, versteht es, seinen
Leser, bei dem er Vorkenntnisse nicht voraussetzt, so zu engagie-
ren, daß er sich auf einer Forschungsreise wähnt, die zu immer
neuen und oft erstmaligen Entdeckungen führt. Er macht deutlich, daß die Steinzeit gleich draußen vor unserer Tür beginnt,
daß der moderne Mensch durch seine Muttersprache noch unmittelbar mit der Steinzeit verbunden ist, und daß weder seine
geistigen oder kultischen noch seine sozialen und zwischen-
menschlichen Vorstellungen etwas anderes sind als die logische
Fortsetzung von Denkweisen und Ordnungen, die von unseren
steinzeitlichen Vorfahren entwickelt wurden. Da ragt Mutterrecht-
liches – Fester stützt sich dabei auf Bachofens „Mutterrecht"
und Sir Galahads „Mütter und Amazonen" – noch in die Gegenwart, da reflektiert heutige Glaubenspraxis uralte Kulte. Als
Kompendium wissenschaftlich begründeter und als zutreffend
nachgewiesener Erkenntnisse über den gemeinsamen Ursprung
aller Sprachen dieser Erde sind die „Protokolle der Steinzeit"
ein Grundlagenwerk, dem an Durchschlags- und Faszinationskraft
auf seinem Gebiet zur Zeit kaum etwas an die Seite zu stellen ist.

## Herbig